Anais da II Reunião de Ciência do Solo da Amazônia Ocidental

14 a 17 de outubro de 2014, Porto Velho - RO

HENRIQUE NERY CIPRIANI

ALAERTO LUIZ MARCOLAN

FERNANDO MACHADO PFEIFER

ALEXANDRE MARTINS ABDÃO DOS PASSOS

MARCELO CURITIBA ESPÍNDULA

ANGELO MANSUR MENDES

Núcleo Regional Amazônia Ocidental da Sociedade Brasileira de Ciência do Solo

Imagem Capa/Seções: Rafael Alves da Rocha

Arte Capa: CreateSpace/Paulo G. S. Wadt

Diagramação: Henrique Nery Cipriani & Paulo G. S. Wadt

C380   Cipriani, H. N.; Marcolan, A. L.; Pfeifer, F. M.; Passos, A. M. A. dos; Espindula, M. C.; Mansur, A. M.

2014   Anais da II Reunião de Ciência do Solo da Amazônia Ocidental. 14 a 17 de outubro de 2014, Porto Velho, RO. ANAIS. Porto Velho: Núcleo Regional Amazônia Ocidental da Sociedade Brasileira de Ciência do Solo. 2014.

380p.

Bibliografia

1. Solos. 2. Sociedade Brasileira de Ciência do Solo. 3. Núcleo Regional Amazônia Ocidental da SBCS. I. Cipriani, H. N. II. Marcolan, A. L. III. Pfeifer, F. M. IV. Passos, A. M. A. dos. V. Espindula, M. C. VI. Mansur, A. M.. VII. Título.

CDD 19ª ed. 631.4
CDD 20ª ed. 631.4

O conteúdo dos trabalhos voluntários (resumos expandidos) é de responsabilidade dos respectivos autores, não representando a opinião dos editores ou da Sociedade Brasileira de Ciência do Solo.

Copyright © 2014 Núcleo Regional Amazônia Ocidental da Sociedade Brasileira de Ciência do Solo

Todos os direitos reservados.

ISBN-13:978-1505397604
ISBN-10: 150539760X

EDITORES

Henrique Nery Cipriani
Engenheiro Florestal, Mestre em Agronomia (Solos e Nutrição de Plantas).
Pesquisador da Empresa Brasileira de Pesquisa Agropecuária (Embrapa Rondônia).
E-mail: henrique.cipriani@embrapa.br

Alaerto Luiz Marcolan
Engenheiro Agrônomo, Doutor em Ciência do Solo
Pesquisador da Empresa Brasileira de Pesquisa Agropecuária (Embrapa Rondônia).
E-mail: alaerto.marcolan@embrapa.br

Fernando Machado Pfeifer
Engenheiro Agrônomo, Mestre em Zootecnia
Professor da Faculdades Integradas Aparício Carvalho (FIMCA).
E-mail: agropfeifer@gmail.com

Alexandre Martins Abdão dos Passos
Engenheiro Agrônomo, Doutor em Fitotecnia
Pesquisador da Empresa Brasileira de Pesquisa Agropecuária (Embrapa Rondônia).
E-mail: alexandre.abdao@embrapa.br

Marcelo Curitiba Espíndula
Engenheiro Agrônomo, Doutor em Fitotecnia
Pesquisador da Empresa Brasileira de Pesquisa Agropecuária (Embrapa Rondônia).
E-mail: marcelo.espindula@embrapa.br

Angelo Mansur Mendes
Engenheiro Agrônomo, Mestre em Ciência do Solo
Pesquisador da Empresa Brasileira de Pesquisa Agropecuária (Embrapa Rondônia).
E-mail: angelo.mansur@embrapa.br

APRESENTAÇÃO

A II Reunião de Ciência do Solo da Amazônia Ocidental, realizada de 14 a 17 de outubro de 2014, em Porto Velho – RO, no auditório das Faculdades Integradas Aparício Carvalho (FIMCA), realizada conjuntamente pela Empresa Brasileira de Pesquisa Agropecuária (Embrapa Rondônia), Universidade Federal de Rondônia (UNIR) e Instituto Federal de Rondônia (IFRO) e com o apoio da Universidade Federal do Amazonas (UFAM), Universidade Federal Rural do Rio de Janeiro (UFRRJ), Universidade Federal Rural de Pernambuco (UFRPE), Universidade Federal de Lavras (UFLA), Universidade Federal do Acre (UFAC), Instituto Internacional de Nutrição de Plantas (IPNI) e Instituto Federal do Acre (IFAC), foi por todas considerada um grande sucesso.

Fundamental para esse sucesso foi o comprometimento e o envolvimento de todos os membros da Comissão Organizadora e a excelente participação dos palestrantes, confererencistas e moderadores, bem como o público de participantes formado por estudantes e profissionais.

Destaque-se, entretanto, a excelente contribuição com os trabalhos voluntários, que totalizando sessenta e nove contribuições, são nesta obra apresentados na forma de resumos expandidos.

Por este motivo, o principal objetivo desta obra foi registrar essas contribuições voluntárias. Além disto, apresentamos também informações sobre a programação do evento, atas de assembleias gerais realizadas durante a atual gestão do Núcleo Regional, nomes dos participantes do evento, da comissão organizadora e dos sócios da Sociedade Brasileira de Ciência do Solo vinculados ao Núcleo Regional da Amazônia Ocidental.

Porto Velho, RO, 5 de dezembro de 2014

Alaerto Luiz Marcolan

Diretor do Núcleo Regional Amazônia Ocidental da SBCS

PREFÁCIO

Desde sua constituição, o Núcleo Regional Amazônia Ocidental da Sociedade Brasileira de Ciência do Solo (SBCS) tem buscado formas de desenvolver e divulgar a Ciência do Solo nos estados que o constituem (AC, AM, RO e RR). Uma dessas ações é a realização de um evento regional bianual, cuja primeira edição ocorreu em 2012, em Humaitá, no sul do Amazonas. O evento foi importante por reunir professores, pesquisadores, profissionais e estudantes da Ciência do Solo, proporcionando um espaço de interação, discussão e compartilhamento de experiências.

Realizada em 14 a 17 de outubro de 2014, a II Reunião de Ciência do Solo da Amazônia Ocidental foi um sucesso de público, contando com a participação de 18 palestrantes e quatro conferencistas, de diversas regiões do país, totalizando 252 participantes e 69 trabalhos apresentados na forma de pôsteres. Preocupado em registrar essa conquista e divulgar os trabalhos apresentados, o Núcleo Regional elaborou dois livros: um contendo parte das palestras ministradas e o presente livro, com os resumos expandidos apresentados na reunião e outras informações.

Nestes anais, além dos dados científicos, há valiosas informações sobre a ciência do solo na Amazônia Ocidental. Verificamos que, dos 69 trabalhos, dois pertencem à Comissão Solo no Espaço e no Tempo, 12 à Processos e Propriedades do Solo, 53 à Uso e Manejo do Solo e dois à Solo Ambiente e Sociedade.

Esperamos que as informações destes anais sejam úteis e que sirvam de inspiração para novos trabalhos em Ciência do Solo na Amazônia.

Porto Velho, RO, 5 de dezembro de 2014

Os editores

Sumário

1. SOLO NO ESPAÇO E NO TEMPO 1

CARACTERIZAÇÃO E CLASSIFICAÇÃO DE SOLOS EM UMA TOPOSSEQUÊNCIA SOB TERRAÇOS ALUVIAIS NA REGIÃO DO MÉDIO RIO MADEIRA (AM) 3

VARIABILIDADE ESPACIAL DOS ATRIBUTOS QUÍMICOS DO SOLO EM ÁREA DE PASTAGEM NO ESTADO DE RONDÔNIA 9

2. PROCESSOS E PROPRIEDADES DO SOLO 15

AVALIAÇÃO DAS CARACTERÍSTICAS DO SOLO EM UMA RECUPERAÇÃO DE MATA CILIAR NO MUNICÍPIO DE OURO PRETO D'OESTE, RONDÔNIA 17

BIOMASSA E TEORES DE NUTRIENTES DA SERRAPILHEIRA E CARACTERIZAÇÃO DO SOLO EM SISTEMA AGROFLORESTAL DE CASTANHEIRA-DO-BRASIL E CUPUAÇUZEIRO EM PORTO VELHO, RONDÔNIA 23

CARACTERIZAÇÃO QUÍMICA DE UM SOLO SOB UMA ÁREA DE CULTIVO E DE FLORESTA NATIVA NA REGIÃO DE APUÍ – AM 28

CICLAGEM DE NUTRIENTES COM FARINHA DE OSSOS CALCINADA NO CULTIVO DE TIFTON NA ZONA DA MATA RONDONIENSE 32

COMPARAÇÃO DE MÉTODOS PARA A DETERMINAÇÃO DE CARBONO EM SOLOS NO ESTADO DO ACRE 39

DISPERSANTES QUÍMICOS E TIPOS DE AGITAÇÃO MECÂNICA NA DETERMINAÇÃO DAS FRAÇÕES GRANULOMÉTRICAS DE SOLOS DO ESTADO DO ACRE 43

EFEITO DO FOGO NAS PROPRIEDADES QUÍMICAS DO SOLO EM UM FRAGMENTO DE FLORESTA NATIVA E PLANTIO DE CUPUAÇU EM PORTO VELHO, RONDÔNIA 48

ESTABILIDADE DE AGREGADOS DO SOLO EM FUNÇÃO DO MANEJO E SUCESSÃO DE CULTURAS EM AMBIENTE AMAZÔNICO 54

INFLUÊNCIA DE DIFERENTES TIPOS DE VEGETAÇÃO SOBRE A TEMPERATURA DE UM ARGISSOLO VERMELHO EUTRÓFICO 60

INFLUÊNCIA DO GESSO AGRÍCOLA NOS TEORES DE FÓSFORO, CÁLCIO E MAGNÉSIO EM SOLO CULTIVADO COM CAFEEIRO NA REGIÃO DA ZONA DA MATA DE RONDÔNIA 66

MACROFAUNA EDÁFICA EM POMAR DE GUARANAZEIRO SOB DIFERENTES DOSES DE CALCÁRIO 70

PONTO DE MURCHA PERMANENTE DO FEIJOEIRO COMUM EM LATOSSOLO VERMELHO-AMARELO DISTRÓFICO EM RONDÔNIA 75

3. USO E MANEJO DO SOLO — 81

Acúmulo de nitrogênio em frutos de cafeeiro em função da adubação nitrogenada — 83
Acúmulo de potássio em frutos de cafeeiro em diferentes manejos de adubação — 89
Adubação nitrogenada associada à inoculação com *Azospirillum brasilense* na cultura do milho no município de Vilhena, RO — 95
Adubação organomineral em cafeeiros clonais — 101
Análise de acúmulo de matéria seca e expansão foliar na cultura do sorgo granífero em Rolim de Moura, Rondônia — 107
Análise de acúmulo de massa seca e área foliar de girassol em sistema de plantio convencional na zona na Mata Rondoniense — 111
Antecipação da amostragem foliar em cafeeiros canéfora na avaliação do estado nutricional pelo método do nível crítico — 116
Antecipação da amostragem foliar para cafeeiros canéfora clonais na Amazônia Sul-Ocidental — 121
Atributos agronômicos do milho sob diferentes manejos de solo e sucessões de cultura no Sudoeste Amazônico — 126
Avaliação da área foliar e massa seca da cultura do amendoim na região da Zona da Mata Rondoniense — 131
Avaliação da germinação de sementes da bandarra (*Schizolobium parahyba* var. *amazonicum* (Huber ex. Ducke) Barneby) em três profundidades de semeio — 136
Avaliação de diferentes fontes de cálcio e fósforo em relação aos níveis de clorofila em capim Mombaça — 141
Avaliação do crescimento inicial de mudas de ipê-roxo (*Handroanthus impetiginosus*) em Latossolo Amarelo no município de Ji-Paraná/RO — 146
Avaliação do enriquecimento de compostos orgânicos com sangue de bovinos e seu uso na cultura do milho verde — 152
Avaliação do método da Distribuição Normal Reduzida na obtenção de valores de referência para a diagnose nutricional das plantas na cafeicultura — 158
Características de crescimento de abacaxizeiro em função da adubação fosfatada em sistema irrigado — 162
Compostos orgânicos enriquecidos de sangue bovino para produção de milho verde — 167
Constantes de umidade de um Argissolo Vermelho sob diferentes usos em Colorado do Oeste, Rondônia — 172
Contribuição da incorporação de cama de frango semidecomposta e calcário para a fertilidade de solo arenoso na Amazônia Ocidental — 177
Correlação entre teores de nutrientes do solo, foliar e produção da castanha-do-brasil na Amazônia Sul Ocidental — 183
Crescimento inicial de mudas de *Euterpe precatoria* em função da adubação nitrogenada — 187

CRESCIMENTO INICIAL DE UM EUCALIPTO CLONADO SOB DIFERENTES ADUBAÇÕES EM PORTO VELHO, RONDÔNIA 192

CRESCIMENTO VEGETATIVO DE CAFEEIRO CANÉFORA EM DIFERENTES MANEJO DE ADUBAÇÃO 198

DENSIDADE E POROSIDADE DE UM ARGISSOLO VERMELHO EUTRÓFICO TÍPICO SOB VEGETAÇÃO NATIVA E CULTIVO ANUAL 204

DESENVOLVIMENTO INICIAL DO ARROZ DE SEQUEIRO SUBMETIDO A DOSES DE NITROGÊNIO EM ROLIM DE MOURA - RO 210

DISTRIBUIÇÃO NORMAL REDUZIDA PARA OBTENÇÃO DE NÍVEL CRÍTICO: INFLUÊNCIA DA NORMATIZAÇÃO DOS DADOS 216

DOSES DE BORO NO DESEMPENHO PRODUTIVO DE BRÓCOLOS NA AMAZÔNIA OCIDENTAL 220

EFEITOS DE DIFERENTES DOSES DE HERBICIDAS NA CULTURA DO MILHO EM CONSÓRCIO COM *BRACHIARIA BRIZANTHA* CV. MARANDU 223

EFEITOS DE DOSES DE NITROGÊNIO E FÓSFORO EM MUDAS CLONAIS DE CAFEEIRO (*COFFEA CANEPHORA*) 228

ESPAÇAMENTO, MONOCULTIVO E CONSÓRCIO NO CULTIVO DE RABANETE E RÚCULA NA AMAZÔNIA OCIDENTAL 232

ESTOQUE DE CARBONO NO SOLO SOB DIFERENTES COBERTURAS VEGETAIS – REFLORESTAMENTO, PASTAGEM, CANA DE AÇÚCAR E FLORESTA NATIVA EM ARIQUEMES, RONDÔNIA 236

FAIXA DE SUFICIÊNCIA E NÍVEL CRÍTICO PARA CAFEEIROS CLONAIS EM DUAS ÉPOCAS DE AMOSTRAGEM NA AMAZÔNIA SUL-OCIDENTAL 241

FONTES DE ADUBAÇÃO E ESPAÇAMENTO DO RABANETE PARA A REGIÃO DA ZONA DA MATA DO ESTADO DE RONDÔNIA 246

FORMAÇÃO DE CAFEEIROS CLONAIS SUBMETIDOS A DIFERENTES DOSES DE ADUBAÇÃO ORGÂNICA 250

INCREMENTO DA ÁREA FOLIAR E MATÉRIA SECA NA CULTURA DO ARROZ EM LATOSSOLO VERMELHO-AMARELO DISTRÓFICO NA AMAZÔNIA OCIDENTAL 254

INCREMENTO DE ÁREA FOLIAR E ACÚMULO DE MASSA SECA EM PLANTAS DE SOJA CULTIVADA SOB PLANTIO CONVENCIONAL NA ZONA DA MATA RONDONIENSE 259

ÍNDICE DE CLOROFILA FALKER (ICF) EM FEIJOEIRO COMUM NA ZONA DA MATA RONDONIENSE 263

ÍNDICES DE CLOROFILA EM *BRACHIARIA BRIZANTHA* SUBMETIDA À ADUBAÇÃO ORGÂNICA E MINERAL NA ZONA DA MATA RONDONIENSE 267

ÍNDICES DE CRESCIMENTO EM PLANTAS DE SOJA SOB PREPARO CONVENCIONAL DO SOLO EM ROLIM DE MOURA, RONDÔNIA 273

MOLIBDÊNIO VIA FOLIAR EM FEIJOEIRO COMUM NA ZONA DA MATA RONDONIENSE 277

NORMAS DRIS PARA CAFEEIROS CANÉFORA CLONAIS NA AMAZÔNIA SUL-OCIDENTAL 281

NUTRIÇÃO E DESENVOLVIMENTO DO JATOBÁ (*HYMENAEA COURBARIL* L. VAR. *STILBOCARPA* (HAYNE) LEE ET LANG.) POR MEIO DA ANÁLISE DA OMISSÃO DO POTÁSSIO (K) 286

PARCELAMENTO DA ADUBAÇÃO NITROGENADA EM COBERTURA PARA FEIJOEIRO COMUM NA ZONA DA MATA RONDONIENSE 291

PERSISTÊNCIA DE FITOMASSA E CICLAGEM DE NUTRIENTES EM RESÍDUOS DE PLANTAS CULTIVADAS COMO COBERTURA DE SOLO 295

PORCENTAGEM DE SATURAÇÃO EM SOLO DE ÁREA CULTIVADA COMPARADO AO SOLO DE FLORESTA NO MUNICÍPIO DE COLORADO DO OESTE, RO 302

PRODUÇÃO DE MATÉRIA SECA ANUAL DE TRÊS ESPÉCIES DE GRAMÍNEAS DOS GÊNEROS *BRACHIARIA*, *PANICUM* E *CYNODON* SOB DIFERENTES NÍVEIS DE ADUBAÇÃO EM RONDÔNIA 307

PRODUTIVIDADE DE AMENDOIM CULTIVADO EM DIFERENTES PREPAROS DO SOLOS E DOSES DE FÓSFORO NA AMAZÔNIA OCIDENTAL 312

PRODUTIVIDADE DE AMENDOIM CULTIVADO EM DIFERENTES PREPAROS DO SOLOS E DOSES DE POTÁSSIO NA AMAZÔNIA OCIDENTAL 317

RENDIMENTO DE RÚCULA SOB ADUBAÇÃO MINERAL E ORGÂNICA NO MUNICÍPIO DE VILHENA, RONDÔNIA 322

QUALIDADE ESTRUTURAL DE SOLOS EM ÁREA CULTIVADA E FLORESTA NATIVA 326

SISTEMAS DE MANEJO DO SOLO E SUCESSÃO DE CULTURAS SOBRE OS ATRIBUTOS AGRONÔMICOS DA CULTURA DE SOJA (*GLYCINE MAX*) NO SUDOESTE AMAZÔNICO 333

SUBSTRATOS A BASE DE COPRÓLITOS DE MINHOCAS NO DESEMPENHO PRODUTIVO DE RABANETE 337

TEORES DE NUTRIENTES EM MUDAS CLONAIS DE *COFFEA CANEPHORA* BRS OURO PRETO EM DIFERENTES VOLUMES DE TUBETES 342

4. SOLO, AMBIENTE E SOCIEDADE 349

ANÁLISE DO POTENCIAL AGRÍCOLA DAS TERRAS DOS PROJETOS DE ASSENTAMENTO NO ESTADO DE RONDÔNIA 351

O IMPACTO DA ATIVIDADE SUCROALCOOLEIRA SOBRE AS NASCENTES DO RIO IQUIRI 357

5. II REUNIÃO DE CIÊNCIA DO SOLO DA AMAZÔNIA OCIDENTAL 361

PROGRAMAÇÃO E ATIVIDADES DESENVOLVIDAS 363

DIA 14 DE OUTUBRO DE 2014 – PERÍODO NOTURNO 363

DIA 15 DE OUTUBRO DE 2014 – PERÍODO VESPERTINO 363

DIA 15 DE OUTUBRO DE 2014 – PERÍODO NOTURNO 363

DIA 16 DE OUTUBRO DE 2014 – PERÍODO VESPERTINO 363

DIA 16 DE OUTUBRO DE 2014 – PERÍODO NOTURNO 364

DIA 17 DE OUTUBRO DE 2014 – PERÍODO MATUTINO 364

DIA 17 DE OUTUBRO DE 2014 – PERÍODO VESPERTINO 364

DIA 17 DE OUTUBRO DE 2014 – PERÍODO NOTURNO 364

ATAS DAS ASSEMBLEIAS GERAIS ORDINÁRIAS 366

ATA DE ASSEMBLEIA GERAL DO NÚCLEO REGIONAL AMAZÔNIA OCIDENTAL, REALIZADA EM 17 DE OUTUBRO DE 2014, NO AUDITÓRIO DA EMBRAPA RONDÔNIA DURANTE A II REUNIÃO DE CIÊNCIA DO SOLO DA AMAZÔNIA OCIDENTAL. 366

ATA DE ASSEMBLEIA GERAL DO NÚCLEO REGIONAL AMAZÔNIA OCIDENTAL, REALIZADA EM 29 DE JULHO DE

2013, NA SALA SANTA MARIA II NO XXXIV CONGRESSO BRASILEIRO DE CIENCIA DO SOLO.	368
PARTICIPANTES DA II REUNIÃO DE CIÊNCIA DO SOLO DA AMAZÔNIA OCIDENTAL	371
SÓCIOS DA SOCIEDADE BRASILEIRA DE CIÊNCIA DO SOLO VINCULADOS AO NÚCLEO REGIONAL AMAZÔNIA OCIDENTAL	376
COMISSÃO ORGANIZADORA	378
COORDENADOR GERAL	378
VICE COORDENAÇÃO DE INFRA-ESTRUTURA	378
VICE COORDENAÇAO DE APOIO OPERACIONAL, COMUNICAÇÃO E LOGÍSTICA	378
VICE COORDENAÇÃO FINANCEIRA:	378
VICE COORDENAÇÃO DE DIVULGAÇÃO E PROMOÇÃO DO EVENTO:	378
COORDENADOR DO COMITÊ EDITORIAL	378
VICE COORDENADORES DO COMITÊ EDITORIAL	378
EDITOR CHEFE DA OBRA ANAIS DA II REUNIÃO DE CIÊNCIA DO SOLO DA AMAZÔNIA OCIDENTAL	378
EDITORES ASSISTENTES DA OBRA ANAIS DA II REUNIÃO DE CIÊNCIA DO SOLO DA AMAZÔNIA OCIDENTAL	378
EDITOR CHEFE DA OBRA MANEJO DE SOLOS E A SUSTENTABILIDADE DA AGRICULTURA NA AMAZÔNIA OCIDENTAL	379
EDITORES ASSISTENTES DA OBRA MANEJO DE SOLOS E A SUSTENTABILIDADE DA AGRICULTURA NA AMAZÔNIA OCIDENTAL	379
EQUIPE DE COORDENAÇÃO GERAL	379
EQUIPE DE APOIO OPERACIONAL, COMUNICAÇÃO E LOGÍSTICA	379
EQUIPE DE DIVULGAÇÃO E PROMOÇÃO DO EVENTO	380

1. SOLO NO ESPAÇO E NO TEMPO

Caracterização e classificação de solos em uma topossequência sob terraços aluviais na região do médio rio Madeira (AM)

Mariana Coutrim dos Santos[1]; Luís Antônio Coutrim dos Santos[2]; Milton César Costa Campos[3]; Heron Salazar Costa[3]; Anne Relvas Pereira[4]

(1) Graduanda em Agronomia, Instituto de Educação, Agricultura e Ambiente da Universidade Federal do Amazonas, UFAM; Rua Circular Municipal, 1141, CEP: 69800-000, Humaitá, AM, Brasil; E-mail: marianacoutrimsantos@gmail.com (2) Doutorando em Ciência do Solo, Universidade Federal de Santa Maria; Departamento Ciência do Solo, CEP: 97.105-900, Santa Maria, RS, Brasil. Email: santoslac@gmail.com (3) Professor do Instituto de Educação, Agricultura e Ambiente da Universidade Federal do Amazonas, UFAM; Rua Circular Municipal, 1141, CEP: 69800-000, Humaitá, AM, Brasil; E-mail: mcesarsolos@gmail.com; heronscosta@gmail.com (4) Mestranda em Tecnologia Ambiental e Recursos Hídricos, Universidade de Brasília, UnB. Campus Darcy Ribeiro. CEP: 70910-900, Brasília, DF. E-mail: annerelvas@gmail.com

RESUMO – Estudos preocuparam-se em investigar as relações existentes entre os atributos do solo e as paisagens em diferentes locais. O objetivo do trabalho foi estudar a caracterização de solos em uma topossequência sob terraços aluviais na região do médio rio Madeira (AM). O caminhamento foi estabelecido com base na vegetação e no relevo. A topossequência foi subdividida em quatro segmentos de vertente: a) campo natural; b) cerradão; c) floresta; e d) floresta de galeria. Foi aberta uma trincheira em cada unidade de vertente para a realização das análises morfológica e coleta de amostras para análises físicas (granulometria do solo) e químicas (pH em água e KCl, Ca, Mg, P disponível, Al trocável, H+Al e C orgânico). A textura do solo foi semelhante (franco argila siltosa, franco siltosa e argilo siltosa), a fração silte foi dominante em todos os solos analisados. Verificou-se que a topografia exprime solos completamente diferentes ao longo do relevo e que as mudanças deste interferem na capacidade de uso destes. Os solos foram classificados como Gleissolo Háplico, Cambissolo Háplico alítico; Cambissolo Háplico alumínico e Gleissolo Háplico. A saturação por bases e a soma de bases foram baixas, já a saturação por alumínio foi elevada em todos os solos, o que confere um caráter distrófico e álico respectivamente aos solos estudados

Palavras-chave: campos naturais, floresta, pedogênese, solos amazônicos.

INTRODUÇÃO – O sul do estado do Amazonas apresenta diferentes ambientes fisiográficos, um destes é denominado de Campos Naturais, que compreende as áreas dos "Campos de Puciari - Humaitá", o qual compreende formações campestres, onde se alternam, às pequenas árvores isoladas ou as florestas de galerias ao longo dos igarapés (BRAUN; RAMOS, 1959). Assim é possível constatar relações diretas e interdependentes entre vegetação, condições topográficas e atributos do solo (CAMPOS et al., 2010).

Vários estudos vêm sendo realizados para investigar as relações entre os atributos do solo e a paisagem no qual o mesmo está inserido. Para Bui et al. (1999) essa relação pode ser percebida como o padrão de distribuição espacial dos atributos do solo e suas relações de dependência com a disposição do relevo.

Nos estudos da relação solos-paisagem são essenciais considerar material de origem e os aspectos topográficos, no caso do último por condicionar os fluxos da água que orientam o transporte e acúmulo de massa (erosão e deposição) (BARTHOLD et al., 2008).

Atualmente as informações na região do médio rio Madeira sobre a distribuição e o comportamento dos solos são baseadas, principalmente, em levantamentos generalizados, já que poucos são os trabalhos em nível de reconhecimentos semidetalhado (CAMPOS et al., 2011). A geologia da região é formada por materiais de diversas idades geológicas e apresentam diferentes naturezas, dentre os substratos rochosos, predominam os sedimentos da formação Solimões (BRASIL, 2006) formados por argilitos, siltitos e arenitos. Assim o objetivo deste trabalho foi estudar a caracterização de solos em uma toposequência sob terraços aluviais na região do Médio Rio Madeira, AM.

MATERIAL E MÉTODOS – A área de estudo localiza-se na região do Médio Rio Madeira, sul do estado do Amazonas. A área de estudo segundo a classificação de Köppen, pertence ao grupo A (Clima Tropical Chuvoso) e tipo climático Am (chuvas do tipo monção), apresentando um período seco de pequena duração, com pluviosidade limitada pelas isoietas de 2.250 e 2.750 mm, com período chuvoso iniciando em outubro e prolongando-se até junho, já as temperaturas médias anuais variam entre 25 °C e 27 °C e a umidade relativa fica entre 85 e 90 % (BRASIL, 1978).

A toposequência está inserida em uma área com geologia caracterizada pela presença de sedimentos aluviais indiferenciados ou antigos, que são cronologicamente oriundos do Holoceno. Estabeleceu-se um caminhamento, iniciando-se na área de campo natural topo da toposequência, seguindo-se até o sopé da mesma as margens de um igarapé. A paisagem foi subdividida em quatro segmentos de vertente: a) campo natural (400 m de extensão), b) cerradão (200 m de extensão), c) floresta (250 m de extensão) e d) floresta de galeria (150 m de extensão).

Foi aberta uma trincheira em cada unidade de vertente para caracterização morfológica e coleta de amostras para as análises físicas e químicas. A identificação dos horizontes e a descrição morfológica foram realizadas conforme (SANTOS et al., 2005), com coleta de amostras por horizontes. A análise granulométrica foi realizada pelo método da pipeta, utilizando uma solução de NaOH 0,1 N como dispersante químico, e agitação mecânica em aparato de alta rotação por 10 minutos. A fração argila foi separada por sedimentação, as areias grossa e fina por tamisação e o silte calculado por diferença, segundo metodologia da (EMBRAPA, 1997).

O pH foi determinado potenciometricamente utilizando-se relação 1:2,5 de solo: em água e KCl (EMBRAPA, 1997). Cálcio, magnésio e alumínio trocáveis foram extraídos com a solução extratora de KCl, o fósforo disponível foi extraído pelo o extrator Mehlich-1, a acidez potencial (H+Al) foi determinada através da extração com solução tamponada a pH 7,0 de acetato de cálcio utilizando-se metodologia proposta pela Embrapa (1997). Com base nos resultados das análises químicas, foram calculadas as somas de bases (SB), a capacidade de troca catiônica (CTC), a saturação por bases (V%) e por alumínio. O carbono orgânico total foi determinado pelo método de oxidação via úmida, com aquecimento externo (YEOMANS; BREMNER, 1988). Os solos foram classificados segundo critérios estabelecidos pelo o Sistema Brasileiro de Classificação de Solos (EMBRAPA, 2006).

RESULTADOS E DISCUSSÃO – As áreas de campo natural e floresta de galeria apresentaram matiz de 10 YR com valor 6 nos horizontes diagnósticos e croma variando de 1 a 6, esses solos apresentam cores acinzentadas características destes tipo de solo (Tabela 1). Observou-se também presença de uma área de estagnação de água muito próximo da superfície, corroborando assim com Brasil (1978), que afirma que nas áreas inundáveis ocorrem solos do tipo Gleissolos caracterizados pela cor acinzentada, com lençol freático permanente ou temporário e com aeração inadequada, resultando na redução de ferro e manganês. Os horizontes subsuperficiais apresentaram mosqueado, segundo Campos (2009), estes são devido à baixa permeabilidade e ao período de inundação que estes solos sofrem. A estrutura apresentou grau de desenvolvimento semelhante para todos os perfis de solos estudado, com tamanho de média a grande e com estrutura de blocos angulares e subangulares.

Na análise granulométrica a fração silte foi dominantes, com teores mais elevados no sopé da toposequência (floresta de galerias), fato justificável pela natureza aluvial dos sedimentos que constituem o material de origem (BRASIL, 1978). Valores mais elevados de silte foram observado também por Martins et al. (2006) realizando trabalho com campos nativos e matas adjacentes da região de Humaitá/AM. Segundo Rosolen e Herpin (2008), esse comportamento se deve, principalmente, à posição rebaixada, e ocorrência em depressões topográficas que favorecem o carreamento e a deposição de sedimentos mais finos.

Os valores de pH em água apresentaram-se com acidez média, o campo natural teve valores mais elevados, os outros solos apresentaram valores de pH muito próximos, os valores são menores em superfície. O pH determinado em KCl apresentou valores menores para todos os solos analisados. Os valores de ΔpH evidenciam a predominância de cargas negativas ou seja o solo tem maior capacidade de reter cátion.

Os teores de carbono orgânico total (COT) foram maiores nos horizontes superficiais e diminuíram em subsuperfície, o qual pode ser atribuído em decorrência da incorporação de matéria orgânica pela vegetação. O teor de COT são maiores nas florestas de galerias, devido ao carreamento de restos vegetais que são depositados nestas áreas e passam por um lento processo de decomposição (MARTINS et al., 2006).

Os baixos valores de bases trocáveis são semelhantes aos encontrados por Campos et al. (2011) que estudaram as relações solo-paisagem em uma toposequência sobre substrato granítico em Santo Antônio do Matupi, Manicoré (AM).

Os valores de Mg^{2+} foram maiores que os de Ca^{2+} para todos os perfis estudados (Tabela 1). Realizando trabalho com caracterização e classificação de solos desenvolvidos de arenitos da formação Aquidauana (MS), Schiavo et al. (2010) constataram que nos horizontes subsuperficiais do terço inferior e sopé da encosta, os valores de Mg^{2+} foram maiores que os de Ca^{2+}. Analisando Plintossolos de origem da formação Itapecuru, no estado do Maranhão, Anjos et al. (2007) observaram esse padrão, o qual os autores atribuíram à contribuição de maiores teores de Mg dos sedimentos, ressaltou ainda à maior solubilidade do Mg em relação ao Ca. A saturação por bases (V%) e a soma de bases (SB) também foram baixas o que confere um caráter distrófico aos solos.

Os solos foram classificados como campo natural – Gleissolo Háplico alítico típico, textura argilo-siltosa, A moderado; cerradão – Cambissolo Háplico alítico típico, textura franco-argilo-siltosa, A moderado; floresta – Cambissolo Háplico alumínico típico, textura franco-argilo-siltosa, A moderado; floresta de galerias – Gleissolo Háplico alítico típico, textura franco-siltosa, A moderado, concordando com Brasil (1978) que afirma que estas são as principais classes que ocorrem na região do vale do rio Madeira.

CONCLUSÕES – A topografia exprime solos diferentes ao longo do relevo e as mudanças desta interferem nos atributos do solo. Os valores de pH, saturação por bases e a CTC baixos e a saturação por alumínio são característicos dos solos desta região.

AGRADECIMENTOS – Os autores agradecem ao CNPq, à Fundação de Amparo a Pesquisa do Amazonas – FAPEAM e à Universidade Federal do Amazonas UFAM, pelo o apoio no trabalho.

REFERÊNCIAS

ANJOS, L.H.C.; PEREIRA, M.G.; PÉREZ, D.V.; RAMOS, D.P. Caracterização e classificação de Plintossolos no município de Pinheiro-MA. **Revista Brasileira de Ciência do Solo**, Viçosa, v.31, n.5, p.1035-1044, 2007.

BARTHOLD, F.K.; STALLARD, R.F.; ELSENBEER, H. Soil nutrient–landscape relationships in a lowland tropical rainforest in Panama. **Forest Ecololgy and Management**, v.255, p.1135-1148, 2008.

BRASIL. **Projeto RADAM BRASIL. Folha SC. 20 Porto Velho; Geologia, Geomorfologia, Pedologia, Vegetação e Uso Potencial da Terra**. Departamento Nacional de Produção Mineral, Rio de Janeiro, 1978.

BRASIL, **Base Cartográfica Digital: Programa de Integração, Atualização e Difusão de Dados de Geologia do Brasil. Subprograma Mapas Geológicos Estaduais**. Ministério de Minas e Energia, Serviço Geológico Brasileiro – CPRM,Superintendência Regional de Manaus – SUREG-MA, 2006.

BRAUN, E.H.G.; RAMOS, J.R. de A. Estudo agroecológico dos campos Puciarí-Humaitá (Estado do Amazonas e Território Federal de Rondônia). **Revista Brasileira de Geografia**, Rio de Janeiro, v.21, n.4, p.443-497, 1959.

BUI, E.N.; LOUGHEAD, A.; CORNER, R. Extracting soil-landform rules from previous soil surveys. **Australian Journal of Soil Research**, v.37, p.495–508, 1999.

CAMPOS, M.C.C. **Pedogeomorfologia aplicada à ambientes amazônicos do médio Rio Madeira,** 2009. 242f. Tese (Doutorado em Ciência do Solo) – Universidade Federal Rural de Pernambuco. Departamento de Agronomia. Recife, 2009.

CAMPOS, M.C.C.; RIBEIRO, M.R.; SOUZA JÚNIOR, V.S.; RIBEIRO FILHO, M.R.; COSTA, E.U.C. Interferências dos pedoambientes nos atributos do solo em uma topossequência de transição Campos/Floresta **Revista Ciência Agronômica**, Fortaleza-CE, v.41, n.4, p.527-535, 2010.

CAMPOS, M.C.C.; RIBEIRO, M.R.; SOUZA JÚNIOR, V.S.; RIBEIRO FILHO, M.R.; SOUZA, R.V.C. Relações solo-paisagem em uma topossequência sobre substrato granítico em Santo Antônio do Matupi, Manicoré (AM). **Revista Brasileira de Ciência do Solo**, Viçosa, v.35, n.1, p.13-23, 2011.

EMPRESA BRASILEIRA DE PESQUISA AGROPECUÁRIA - EMBRAPA. Centro Nacional de Pesquisa de Solos. **Manual de métodos de análise de solo**. Rio de Janeiro, 1997. 212p.

EMPRESA BRASILEIRA DE PESQUISA AGROPECUÁRIA – EMBRAPA. Centro Nacional de Pesquisa de Solos. **Sistema Brasileiro de Classificação de Solos**. Brasília, 2006. 354p.

MARTINS, G.C; FERREIRA, M.M.; CURI, N.; VITORINO, A.C.T.; SILVA, M.L.N. Campos nativos e matas adjacentes da região de Humaitá (AM): atributos diferencias dos solos. **Ciência e Agrotecnologia**. Lavras, v.30, n.2, p.221-227, 2006.

ROSOLEN, V.; HERPIN, U. Expansão dos solos hidromórficos e mudanças na paisagem: um estudo de caso na região Sudeste da Amazônia Brasileira. **Acta Amazônica**, Manaus, v.38, n.03, p.483-490, 2008.

SANTOS, R.D.; LEMOS, R.C.; SANTOS, H.G.; KER, J.C.; ANJOS, L.H.C. **Manual de descrição e coleta de solo no campo**. 5. ed. Revista e ampliada, Viçosa, Sociedade Brasileira de Ciência de solo, 2005. 100p.

SCHIAVO, J.A.; PEREIRA, M.G.; MIRANDA, L.P.M.; DIAS NETO, A.H.; FONTANA, A. Caracterização e classificação de solos desenvolvidos de arenitos da formação Aquidauana-MS. **Revista Brasileira de Ciência do Solo**, Viçosa, v.34, n.3, p.881-889, 2010.

YOEMANS, J.C.; BREMNER, J.M. A rapid and precise method for routine determination of organic carbon in soil. **Communication in Soil Science and Plant Analysis**. v.19, n.13, p.1467-1476, 1988.

Tabela 1. Caracterização morfológica, física e química de solos em uma toposseqüência sob terraços aluviais na região do médio rio Madeira (AM).

Horiz.	Prof.	Cor úmida	Estrutura	Análise granulométrica			pH H₂O	pH KCl	Ca²⁺	Mg²⁺	SB	H+Al	CTC	V	m	P	COT
	cm			Areia	Silte	Argila											
				g kg⁻¹					cmol$_c$ kg⁻¹					%		mg kg⁻¹	g kg⁻¹
Campo Natural – Gleissolo Háplico alítico típico, textura argilo-siltosa, A moderado																	
A	0 – 18	10YR 5/6	mod. méd. a gr., la. sub.	105	569	326	5,2	3,53	0,06	0,35	0,55	8,04	8,59	6,45	91,33	2,00	33,82
AC	18 – 31	10YR 6/4	fo. méd. a gr., bl. ang. e bl. sub.	45	555	399	5,3	3,57	0,03	0,54	0,69	7,18	7,87	8,79	93,30	3,00	19,92
Cg₁	31 – 50	10YR 6/5	fo. méd. a gr., bl. ang. e bl. sub.	52	550	399	5,6	3,51	0,03	1,10	1,26	8,70	9,95	12,65	89,79	3,00	17,44
Cg₂	50 – 75	10YR 6/2	fo. méd. a gr., bl. ang. e bl. sub.	51	519	430	5,9	3,47	0,04	2,44	2,70	8,65	11,34	23,78	79,16	5,00	17,44
Cg₃	75 – 102	10YR 6/1	fo. méd. a gr., bl. ang. e bl. sub.	66	482	452	6,0	3,39	0,05	5,52	5,88	8,75	14,63	40,21	63,79	9,00	17,44
Cg₄	102 – 130	10YR 6/1	fo. méd. a gr., bl. ang. e bl. sub.	24	536	440	6,0	3,41	0,04	6,30	6,69	7,66	14,35	46,64	60,22	3,00	18,86
Cerradão – Cambissolo Háplico alítico típico, textura franco-argilo-siltosa, A moderado																	
A	0-19	7,5YR 4/5	fo. méd. a gr., bl. ang. e bl. sub.	125	637	238	4,6	3,42	0,05	0,35	0,64	6,85	7,48	8,56	90,02	2,00	28,07
AB	19-40	7,5YR 5/6	fo. méd. a gr., bl. ang. e bl. sub.	109	599	292	4,8	3,53	0,05	0,23	0,48	6,52	7,00	6,85	93,46	1,00	25,54
Bw₁	40-62	5YR 4/6	fo. méd. a gr., bl. ang. e bl. sub.	129	500	371	5,0	3,59	0,04	0,13	0,29	7,39	7,68	3,79	96,27	0,50	23,81
Bw₂	62-87	2,5YR 5,8	fo. méd. a gr., bl. ang. e bl. sub.	100	593	307	5,2	3,62	0,04	0,12	0,25	6,67	6,92	3,62	97,08	0,40	22,70
Bw₃	87-121	2,5YR 4,8	fo. méd. a gr., bl. ang.	107	644	249	5,3	3,61	0,04	0,15	0,27	8,07	8,34	3,24	96,61	3,00	23,01
Bf	121-148+	7,5YR 5/6	fo. méd. a gr., bl. ang. e bl. sub.	120	684	196	5,3	3,59	0,03	0,18	0,30	8,35	8,65	3,50	96,99	5,00	21,89

Continua...

Tabela 1 (Continuação).

Horiz.	Prof.	Cor úmida	Estrutura	Areia	Silte	Argila	pH H$_2$O	pH KCl	Ca^{2+}	Mg^{2+}	SB	H+Al	CTC	V	m	P	COT
	cm			g kg^{-1}					cmol$_c$ kg^{-1}					%		mg kg^{-1}	g kg^{-1}
			Floresta – Cambissolo Háplico alumínico típico, textura franco-argilo-siltosa, A moderado														
A	0-20	7,5YR 6/7	mod. méd. a gr., bl. ang. e bl. sub.	179	601	220	4,6	3,32	0,07	0,29	0,56	7,95	8,51	6,59	90,90	7,00	31,10
BA	20-48	7,5YR 6/8	fo. méd. a gr., bl. ang. e bl. sub.	145	567	288	4,9	3,46	0,04	0,12	0,24	7,77	8,01	2,98	96,69	2,00	25,72
Bw$_1$	48-80	7,5YR 6/6	fo. méd. a gr., bl. ang. e bl. sub.	120	549	331	5,1	3,49	0,04	0,06	0,18	6,55	6,73	2,61	97,70	6,00	23,62
Bw$_2$	80-112	7,5YR 7/8	fo. méd. a gr., bl. ang. e bl. sub.	102	510	388	5,2	3,48	0,03	0,04	0,15	6,29	6,43	2,27	98,16	2,00	24,12
Bw$_3$	112-132	7,5YR 7/8	fo. méd. a gr., bl. ang. e bl. sub.	99	520	381	5,2	3,50	0,03	0,04	0,14	7,16	7,30	1,90	98,12	2,00	18,25
BC	132-160	7,5YR 7/6	fo. méd. a gr., bl. ang. e bl. sub.	111	497	392	5,3	3,50	0,04	0,16	0,28	8,28	8,57	3,31	97,22	6,00	16,52
			Floresta de Galeria – Gleissolo Háplico alítico típico, textura franco-siltosa, A moderado														
A$_1$	0-20	10YR 2/1	mod. méd. a gr., bl. ang. e bl. sub.	85	646	269	4,8	3,57	0,06	0,14	0,34	11,50	11,84	2,83	94,14	3,00	62,94
A$_2$	20-30	10YR 2/2	mod. méd. a gr., bl. ang. e bl. sub.	4	678	318	5,1	3,45	0,05	0,13	0,31	9,77	10,08	3,08	95,57	3,00	45,14
CA	30-44	10YR 6/3	fo. méd. a gr., bl. ang. e bl. sub.	14	649	337	5,2	3,33	0,03	0,16	0,32	8,05	8,37	3,83	95,58	2,00	25,48
Cg$_1$	44-59	10YR 6/1	fo. méd. a gr., bl. ang. e bl. sub.	30	736	234	5,3	3,35	0,06	0,15	0,29	5,63	5,92	4,97	94,61	2,00	18,06
Cg$_2$	59-72	10YR 6/1	fo. méd. a gr., bl. ang. e bl. sub.	46	712	242	5,4	3,34	0,05	0,19	0,35	5,00	5,35	6,47	94,43	1,00	16,83

Horiz.: Horizonte; Prof.: Profundidade; SB: Soma de bases; CTC: CTC potencial; COT: Carbono Orgânico Total.

Variabilidade espacial dos atributos químicos do solo em área de pastagem no Estado de Rondônia

Kleygston Richardi Martins[1]; Patrícia Silva de Oliveira Kanarski[2]; SivaldoPerícles Alcântara Maciel[3]; Wagner Walker Alves de Albuquerque[4]

(1) Engenheiro Agrônomo Emater, Cujubim-RO. E-mail: kleygston@hotmail.com (2)Engenheira Agrônoma M&A Pescados Ji-paraná-RO. E-mail: patriciakanarski@outlook.com (3) Engenheiro Agrônomo autônomo Ji-paraná-RO. E-mail: spampericles@hotmail.com (4) Prof. Dr. Curso de Agronomia, UNIR Rolim de Moura RO. E-mail: wagnerwaa@gmail.com

RESUMO – A adequação da utilização de insumos dentro das reais necessidades de cada tipo de solo e para cada tipo pastagem é fundamental para a sustentabilidade do setor, tanto no nível econômico como no ambiental. O presente trabalho teve como objetivo, analisar a variabilidade espacial dos atributos químicos do solo de uma área destinada à pastagem no município de Ji-paraná/RO, nos meses de março a junho do ano de 2012. Amostras de solo foram coletadas na profundidade de 0-20 cm, nos pontos de cruzamento de uma malha com intervalos regulares de 20 m, perfazendo o total de 25 amostras de solo, que foram analisadas quanto aos teores químicos de alumínio, cálcio, fósforo, potássio, magnésio e acidez do solo (pH-Kcl e H_2O). Os atributos químicos revelam que o solo sob pastagem, apresenta baixa fertilidade, em função do manejo adotado e do longo tempo, sem aplicação de fertilizantes e corretivos. A grande maioria dos atributos avaliados apresentou dependência espacial, a qual pode influenciar a amostragem desses atributos e o manejo adequado da adubação.

Palavras-chave: adubação, fertilidade, geoestatística.

INTRODUÇÃO – Um sistema agrícola que adote a agricultura de precisão requer três subsistemas: sensoriamento (levantamento dos dados), gerenciamento (tomada de decisão) e controle (manipulação dos dados). Embora todos sejam imprescindíveis, o sensoriamento é o mais importante deles (SCHUELLER et al., 2000). Dessa forma, o estudo da variabilidade espacial, com a finalidade de sensoriamento da área, torna-se parte essencial da agricultura de precisão.

Pesquisas de campo têm mostrado a importância do estudo das variações das condições do solo como aspecto fundamental para se implementar uma agricultura mais eficiente e rentável. Segundo Coelho et al. (1983) com exceção do pH dos solos, as propriedades químicas apresentam maior variação que as propriedades físicas dos solos.

No uso do solo, as maiores alterações nas propriedades químicas do solo ocorrem sob uso agrícola, principalmente pelo manejo adotado e o baixo nível tecnológico (ALVARENGA; DAVIDE, 1999). Do ponto de vista da eficiência agronômica, o bom manejo, uso correto de fertilizantes e corretivos favorece a produtividade e melhorias no ecossistema implantado (SANTOS et al., 2010).

As modernas técnicas de cultivo com mecanização intensa e a elevada taxa de uso dos solos, têm promovido mudanças no comportamento dos seus atributos físico-químicos o que, consequentemente, influencia a produção, o equilíbrio dos recursos naturais e a dinâmica da água no solo (GOMES et al., 2007).

Além disso, a eficácia da amostragem do solo pode ser aumentada com a incorporação de um modelo de variabilidade espacial (BRUS, 1993). A estatística clássica permite a descrição de uma propriedade, sem considerar a posição espacial das respectivas coletas. Como a ação do sistema de preparo do solo não é uniforme em toda área, torna-se importante avaliar também a distribuição espacial dos valores das suas propriedades. A geoestatística tem como base o semivariograma (VIEIRA et al., 1997), o qual permite a descrição da dependência espacial destas propriedades (WEBSTER; OLIVIER, 1990). Desta forma, o intuito deste trabalho foi analisar a variabilidade de alguns atributos químicos do solo em uma área de pastagem no estado de Rondônia.

MATERIAL E MÉTODOS – O experimento foi conduzido no município de Ji-paraná no estado de Rondônia, no sítio Bella Vista, localizado na linha 8, travessão da Itapirema, lote 50 gleba Piryneus, nos meses de março a junho de 2012. A referida propriedade está localizada a uma latitude 10° 53' 07" Sul e a uma longitude 61° 57' 06" Oeste, situada a uma altitude de 170 metros. Seu clima segundo a classificação de Köppen é Awi-Clima Tropical-quente e úmido. A temperatura média anual oscila em torno de 25 °C, e a precipitação pluviométrica anual de 2.250 mm, com umidade relativa do ar média de 85 %.

Para execução do experimento, foram coletadas 25 amostras de solo de uma pastagem onde se encontra implantada *Brachiaria brizantha* em uma área de 1 hectare, distribuídas em uma malha de 20 x 20m, na profundidade 0-20 cm, onde foram identificadas na seguinte sequência: o relevo da área apresenta uma topografia levemente ondulada com declividades médias variando de 5 a 10 %, seu tipo de solo resulta em um Argissolo. As amostras de solo coletadas foram secas ao ar, destorroadas e passadas em peneiras de 2 mm, caracterizando terra fina seca ao ar (TFSA) e encaminhadas para análise no Laboratório de Solos da instituição ULBRA, Ji-paraná. Os atributos químicos estudados foram alumínio, cálcio, fósforo, potássio, magnésio, conforme a metodologia UFPR (2003), e a determinação da acidez do solo (pH-Kcl e H_2O), segundo metodologia recomendada pela EMBRAPA (1997).

Para verificar a aderência ou não dos dados a distribuição normal, foi aplicado o teste de Komolgorov-Smirnov (KS) ao nível de 1 % de probabilidade, o qual consiste, segundo Costa Neto et al. (1997), no cálculo das diferenças entre as probabilidades da variável normal reduzida e as probabilidades acumuladas dos dados experimentais. Se o valor calculado em módulo for menor que o tabelado, a distribuição experimental é aceita como aderente à distribuição normal.

RESULTADOS E DISCUSSÃO – As medidas descritivas calculadas para as variáveis amostradas são apresentadas na Tabela 1. Através dela é possível verificar que para o cálcio foi encontrado uma média de 1,29 mmol dm^{-3}, com valores máximos de 2,1 e mínimos de 0,7 mmol dm^{-3} com coeficiente de variação média de 29,25 %. No magnésio ocorreu uma média de 0,76 mmol dm^{-3}, com os valores máximos de 1,7 e mínimos de 0,1 mmol dm^{-3} e um coeficiente de variação média de 47,02 %. Já no cálcio mais magnésio (Ca+Mg) foi encontrada uma média de 2,05 mmol dm^{-3}, onde os valores máximos foram 3,1 e mínimos de 1,3 mmol dm^{-3} e um coeficiente de variação média de 25,01 %. O alumínio apresentou uma média de 0,05 cmol dm^{-3}, com valores máximos 0,15 e mínimos de 0,05 cmol dm^3 e o coeficiente de variação média de 37,04 %. No fósforo apresentou-se uma média de 3,32 mg kg^{-1}, com valores máximos de 11,1 e mínimos de 1,2 mg kg^{-1} e um coeficiente de variação alto de 62,91 %. O potássio apresentou uma média de 0,17 cmol dm^{-3}, com valores máximos de 0,54 e mínimos de 0,08 cmol dm^{-3} e um coeficiente de variação alto de 69,47 %. Na Tabela 2, verifica-se a estimativa dos parâmetros dos modelos ajustados aos semivariogramas para os valores de alguns atributos químicos do solo numa área de pastagem em Rondônia. De acordo com o mapa de isolinhas (Figura 1), observa-se que na área estudada foi possível identificar que os menores teores de cálcio foram encontrados na parte central norte a sul em numa faixa de 20 m e no sentido leste a oeste toda faixa de 100 m. Na parte sul, houve uma menor concentração de cálcio na parte central em uma faixa de 20 m. Através desses dados podemos realizar correções do teor de cálcio, onde na maioria das pastagens a recomendação ideal seria ente 2 a 6 mmol dm^3, EMBRAPA (1997).

Através do mapa de isolinha do magnésio (Figura 2), verifica-se que os teores se encontram em menor proporção no sentido norte a sul nas extremidades nordeste e sudeste sendo baixos também esses teores na parte do centro entre a junção do noroeste e sudoeste em um raio aproximado de 40 m.

CONCLUSÕES – Os atributos químicos revelam que o solo sob pastagem, apresenta baixa fertilidade, em função do manejo adotado e do longo tempo sem aplicação de fertilizantes e corretivos. A grande maioria dos atributos avaliados apresentou dependência espacial, a qual pode influenciar a amostragem desses atributos e o manejo adequado da adubação. O maior alcance indica maior continuidade espacial na área, contribuindo para estimativa mais confiável desse atributo, pelo método de krigagem. A confecção dos mapas, para cada atributo, permitiu visualizar a sua distribuição espacial na área, fato que não ocorre quando se utiliza somente análise da estatística clássica.

REFERÊNCIAS

ALVARENGA, M.I.N. e DAVIDE, A.C. Características físicas e químicas de um Latossolo Vermelho-escuro e a sustentabilidade de agroecossistemas. **Revista Brasileira de Ciência do Solo,** Viçosa, n.23, p.933-942, 1999.

BRUS, D. **Incorporating models of spatial variation in sampling strategies for soil.Wageningen**, Agricultural University, p.211, 1993.

COELHO, M.G. Variabilidade espacial de características físicas e químicas em um solo salino sódico. **Ciência Agronômica**, Fortaleza, v.14, p.149-156, 1983.

COSTA NETO, P.L.O. **Estatística**. 15. ed. São Paulo: Edgard Blucher, 1997. 468p.

EMBRAPA – Empresa Brasileira de Pesquisa Agropecuária. Centro Nacional de Pesquisa de Solos. **Manual de métodos de análise de solo**. 2. ed. Rio de Janeiro: Ministério da Agricultura e Abastecimento, 83p. 1997

GOMES, N.M.; FARIA, M.A. de; SILVA, A.M. da; MELLO, C.R. de; VIOLA, M.R. Variabilidade espacial de atributos físicos do solo associados ao uso e ocupação da paisagem. **Revista Brasileira de Engenharia Agrícola e Ambiental**, vol.11, n.4, p.427-435, 2007.

SCHUELLER, J.K. **O estado da arte da agricultura de precisão nos EUA**. In: SIMPÓSIO SOBRE AGRICULTURA DE PRECISÃO, Piracicaba, Piracicaba, Escola Superior de Agricultura Luiz de Queiroz, 2000. p.8-16, 2000.

SANTOS, A.C. dos; SALCEDO, I.H. Relevo e Fertilidade do Solo dos diferentes estratos da Cobertura vegetal na Bacia Hidrográfica da Represa Vaca Brava, Areia, PB. **Revista Árvore**, v.34, n.2, p.277-285, 2010.

UFPR, UNIVERSIDADE FEDERAL DO PARANÁ. **Departamento de Solos e Engenharia Agrícola**. 2. ed. ampl. Curitiba: Departamento de Solos e Engenharia Agrícola, p.86-95p. 2003.

VIEIRA, S.R**.** Variabilidade espacial de argila, silte e atributos químicos em uma parcela experimental de um Latossolo Roxo de Campinas (SP). **Bragantia**, v.56, p.181-190, 1997.

WEBSTER, R.; OLIVIER, M.A. **Statistical methods in soil and land resource survey**.Oxford, Oxford University Press, 1990. 316p

Tabela 1. Valores estimados para as principais características das variáveis estudadas na camada 0-20 cm do solo numa área de pastagem no Estado de Rondônia.

Parâmetros	Cálcio	Magnésio	Ca + Mg	Al	Fósforo	Potássio
	mmol	mmol	mmol	cmol	mg	cmol
Média	1,29	0,76	2,05	0,05	3,32	0,17
Mediana	1,3	0,7	1,9	0,1	2,7	0,1
Variância	0,14	0,13	0,26	0,0004	4,37	0,014
Desvio-Padrão	0,38	0,36	0,51	0,02	2,09	0,12
CV%	29,25	47,02	25,01	37,04	62,91	69,47
Mínimo	0,7	0,1	1,3	0,05	1,2	0,08
Máximo	2,1	1,7	3,1	0,15	11,1	0,54
Teste KS	0,082**	0,153**	0,182**	0,176**	0,136**	0,140**

** Significativo ao nível de 1 % de probabilidade

Tabela 2. Estimativa dos parâmetros dos modelos ajustados dos semivariogramas para os valores de alguns atributos químicos do solo numa área de pastagem em Rondônia.

Parâmetros		Efeito pepita	Patamar	Alcance (m)	Dependência espacial %	Aleatoriedade
Variáveis	Modelo	Co	Co+C	a	(Co/(Co+C)).100	E=(Co/C)
Cálcio	Linear	0,89	1,17	65,00	76,0 fraca	3,17 msig
Magnésio	Linear	0,32	1,06	65,00	30,1 mod	0,43 sig
Ca + Mg	Esférica	0,226	1,017	46,00	20,51 forte	0,28 sig
Alumínio	Linear	0,99	1,302	65,19	76,0 fraca	3,17 msig
Fósforo	Esférica	0,20	1,03	84,60	19,4 forte	0,24 sig
Potássio	Exponencial	0,125	2,260	308,70	5,5 forte	0,05 psig

Forte, moderada, fraca, msig- muito significativo, sig – significativo, psig- pouco significativo.

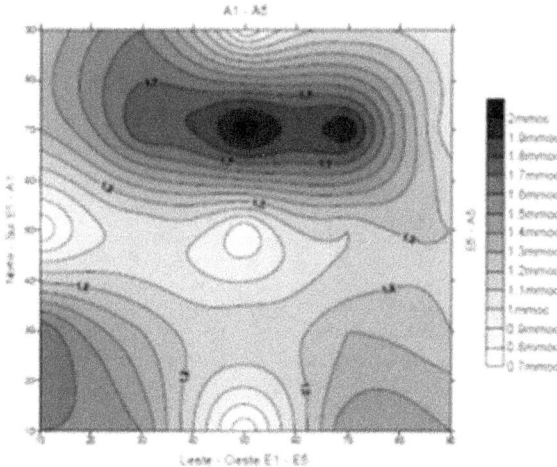

Figura 1. Mapa de isolinhas dos teores de cálcio em mmol dm-3 na profundidade de 0-20 cm em área de pastagem

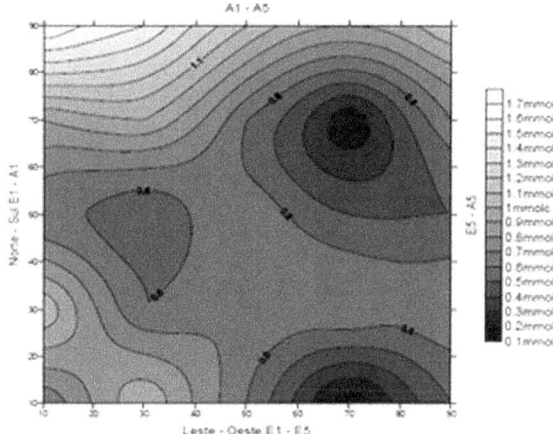

Figura 2. Mapa de isolinhas dos teores de magnésio em mmol dm-3 na profundidade de 0-20 cm em área de pastagem.

2. PROCESSOS E PROPRIEDADES DO SOLO

Avaliação das características do solo em uma recuperação de mata ciliar no município de Ouro Preto d´Oeste, Rondônia

Marilia Locatelli[1]; Ednaldo Lino Gonçalves[2]; Eugênio Pacelli Martins[3]; Paulo Humberto Marcante[4]; Gleice Gomes Costa[5]; Mayra Costa dos Reis[6]

(1) Eng. Florestal, Pesquisadora da Embrapa Rondônia e Professora do Mestrado em Geografia da UNIR, BR 364 km 5,5, Cidade Jardim, CEP 76815-800, Porto Velho, RO. E-mail: marilia.locatelli@embrapa.br (2) Eng. Florestal, Porto Velho, Rondônia; ednaldolino1@hotmail.com (3) Eng. Florestal, Professor do Curso de Eng. Florestal, FARO, Porto Velho, Rondônia. E-mail: pacellimar@yahoo.com.br (4) Biólogo, Embrapa Rondônia, Porto Velho, Rondônia. E-mail: paulo.marcante@embrapa.br (5) Graduanda do Curso de Eng. Florestal, FARO, Porto Velho, Rondônia. E-mail: gleice.costa@live.com (6) Acadêmica do Curso de Eng. Florestal, FARO, Bolsista PIBIC/CNPQ, Embrapa Rondônia, Porto Velho, RO. E-mail: mayracostareis@hotmail.com

RESUMO – É de notório saber que a mata ciliar é de extrema importância no contexto da conservação dos recursos hídricos, atributo que atua diretamente na proteção das aguas e conecta o ambiente da rede de drenagem com os diversos ecossistemas de terra firme. Este trabalho foi realizado na bacia do rio Boa Vista localizada no município de Ouro Preto do Oeste Rondônia, com o intuito de avaliar os componentes químicos e resistência à penetração do solo submetido à recuperação da mata ciliar três anos após o plantio comparando com uma área ao lado de pastagem convencional. Nos estudos das análises dos atributos químicos do solo não foram encontradas grandes diferenças entre a área submetida à recuperação e a área testemunha. Nas avaliações de resistência à penetração notou-se diferença significativa na camada superior da área testemunha (pastagem) apresentando maior índice de compactação, na área com plantio o maior valor de resistência encontrado foi nas camadas subsequentes.

Palavras-chave: mata ripária, características de solo, recuperação.

INTRODUÇÃO – A partir do assentamento dos agricultores pelo INCRA em terras na região Amazônica que foram entregues aos colonos brasileiros pelo governo, na década 1970, sem acompanhamento nem apoio técnico ou financeiro para cultivá-las, o que se pensava era desmatar para cultivar, sendo que por isso o processo de desmatamento foi muito severo não respeitando nem as áreas de preservação permanente derrubando e queimando-as insensivelmente. Por isso se justifica a execução de programas, projetos e políticas públicas direcionadas para aumentar a produtividade rural pensando em preservar e conservar os recursos naturais que ainda existem, e recuperar e restaurar as áreas de preservação permanente que foram degradadas desordenadamente pela antropização nas décadas de 1970, 1980 e 1990 principalmente. Consequentemente com essas aplicações o produtor rural terá uma vida melhor garantindo sua permanência no campo, além de estar respeitando a biodiversidade de nosso planeta, devendo respeitar as culturas tradicionais e locais e caminhar juntos com métodos participativos e de aprendizagem mútua e coletiva visando sempre o bem estar das pessoas, sua integração social e a preservação do meio ambiente com alternativas sustentáveis de desenvolvimento, sendo, de primordial importância à interação entre o poder público, famílias, lideranças, empresários, escolas, sociedade civil organizada que moram e atuam na comunidade ou no seu entorno, lembrando que o bom manejo dos recursos hídricos é dever de todos e garantir à atual e às futuras gerações a necessária disponibilidade de água em padrões adequados é o nosso dever.

Schuch (2005) retrata a importância na proteção de mananciais, pois as matas ciliares controlam a chegada de nutrientes, sedimentos e a erosão das ribanceiras, atuam na interceptação e absorção da radiação solar, contribuindo para a estabilidade térmica e qualidade da água, determinando assim as características físicas, químicas e biológicas dos cursos d' água, além disso, a conservação da biodiversidade e suporte alimentar a peixes e animais.

O objetivo deste trabalho foi avaliar as características químicas do solo (pH, fósforo assimilável, potássio, cálcio, magnésio, alumínio trocáveis, matéria orgânica e acidez potencial) e físicas (determinação da resistência à penetração do solo) em uma recuperação de mata ciliar no município de Ouro Preto d'Oeste, Rondônia.

MATERIAL E MÉTODOS – A propriedade onde foi realizada a pesquisa está localizada na linha 12 da 81 km 4,0 gleba 20-b, Ouro Preto do Oeste Rondônia com área total de 100 hectares tendo sido ocupada no ano de 1973. A área se encontra entre as seguintes coordenadas geográficas: 10° 44' 10,04" S; 62° 23' 06,52" O e 10° 43' 59,18"S; 63° 22' 18,50"O.

Segundo a caracterização da Embrapa (1983), o solo da região onde se localiza a propriedade e a área de estudo é o Argissolo Vermelho eutrófico. Nos anos que antecederam a recuperação das margens do rio, foram cultivadas diversas culturas tais como arroz, milho, feijão e o capim que se estabeleceu por mais tempo. Nas margens do rio foi plantado o capim bico-de-pato, pois essa espécie adapta-se bem sobre solos encharcados, é palatável para o gado e é uma alternativa de pastagens verdes no verão, e é nesta área onde está sendo realizado um projeto de recuperação da mata ciliar do rio Boa Vista passando perpendicularmente de um lado a outro da propriedade.

A escolha da área foi feita pelo fato desta estar apresentando ótima condução do projeto, com plantio efetuado ano de 2009, a área está toda bem cercada com cerca nova de arame liso e mourão de madeira de aquariquara de 4 em 4 metros de distância, ervas daninhas e braquiária controladas, e plantadas árvores exóticas e nativas da região amazônica com bom desenvolvimento. A área de estudo tem 480 metros de comprimento por uma média de 80 metros de largura seccionada em três partes sendo as das extremidades com comprimento de 190 metros, submetidas a recuperação com plantio de essências florestais, e a do meio com comprimento de 100 metros sem nenhum cultivo diferenciado, considerada como testemunha (Figuras 1, 2a e 2b)

No ano de 2011, foram estabelecidas três parcelas medindo 30 x 15 metros na área submetida à recuperação. Foram feitas três amostras compostas (de cinco simples) de solo em cada profundidade de 0-20cm e 20-40cm nas áreas recuperada e testemunha. A amostragem de solo para análise química (pH, fósforo assimilável, potássio; cálcio; magnésio e alumínio trocáveis; matéria orgânica; acidez potencial), foi realizada conforme metodologia descrita em Embrapa (1997).Também foram efetuadas medidas de características físicas do solo medindo a resistência à penetração onde foi utilizado o penetrômetro de impacto modelo IAA/Planalsucar-Stolf (STOLF et al., 2004), em 10 pontos aleatoriamente em ambas as áreas.

RESULTADOS E DISCUSSÃO – As diferenças estatísticas encontradas levando em conta as duas áreas, testemunha e a submetida à recuperação foram no teor de fósforo e cálcio, onde em ambos os casos apresentou-se maior na área testemunha (Tabela 1). Com relação aos valores de pH verificou-se que nas duas áreas foram medianamente ácido (TROEH; THOMPSON, 2007).

Os teores de fósforo foram considerados baixos em ambas as áreas, e o potássio apresentou teores altos nas duas áreas estudadas (RODRIGUES et. al., 1998).

Observou-se para cálcio e magnésio valores médios respectivamente (SOUSA; LOBATO, 2004).

Nota-se que os solos apresentaram saturação por bases superior a 50 %, ou seja, são eutróficos, não necessitando aplicação de calcário. Pereira (2011) estudando espécies da caatinga observa que o crescimento está ligado diretamente com a fertilidade do solo, onde solo que apresenta um pH entre 6 e 7,5 e uma saturação de bases superior a 50 % às vezes dispensa correção com calcário e adubação mantendo um excelente desenvolvimento das espécies.

Os teores de matéria orgânica apresentaram valores médios para área testemunha e baixo para área submetida à recuperação, de acordo com (SOUSA; LOBATO, 2004).

A Figura 3 mostra que na camada de zero a dez centímetros de profundidade no perfil do solo a resistência foi maior na área testemunha, invertendo substancialmente esses valores entre dez e trinta centímetros e logo a partir dos trinta até os cinquenta cm, sendo que esses valores tenderam a similaridade.

Fortalecendo os resultados encontrados, Mascarenhas et al. (2012) estudando a resistência á penetração de um Argissolo Vemelho eutrófico na grande região amazônica em diferentes sistemas de manejo concluíram que nas áreas de pastagem o solo apresentou maior resistência a penetração na camada de 0-10 cm de profundidade em relação ao policultivo, plantio de teca, capoeira e sistema agroflorestal.

Visualizando a Tabela 2 nota-se que na camada de 0-10 cm a área testemunha apresentou um valor de 2,83 MPa e a plantada 2,72 MPa, sendo que na camada de 10-20 cm os resultados inverteram bruscamente 2,76 MPa na plantada e 2,50 MPa na testemunha. Nas demais profundidades avaliadas os resultados foram semelhantes chegando aos 2,94 MPa na área plantada e 3,03 MPa na testemunha. Considerando o limite de impedimento para o crescimento das raízes propostos por Tormena e Roloff (1996) e Taylor et al. (1966) de 2 MPa, todos os resultados foram acima deste limite.

Portugal et al. (2010) destacam em seus trabalhos que em áreas submetidas a pastoreio de animais o solo oferece maior resistência à penetração na camada superior até os dez primeiros centímetros de profundidade, sendo isto devido à carga exercida por pisoteio pelos animais. Já em florestas tende a ser mais resistente nas camadas subsequente ou até mesmo pode não oferecer diferença.

CONCLUSÕES – As espécies estudadas foram plantadas em solo com valor de pH alto e saturação de bases superior a 50 %, o que dispensa correção com calcário e adubo, e condições satisfatórias para o crescimento das mesmas.

A compactação do solo se atribui geralmente pela pressão exercida sobre ele, com isso a área de pastagem (testemunha) apresentou maiores valores de compactação na camada superior do solo, isso pode ser causado pelo pisoteio de animais continuadamente na área. A rede formada pelas raízes das árvores pode ser o fator que explica o maior valor de compactação nas profundidades subsequentes na área reflorestada.

REFERÊNCIAS

EMPRESA BRASILEIRA DE PESQUISA AGROPECUÁRIA – EMBRAPA. **Levantamento de reconhecimento de média intensidade dos solos e avaliação da aptidão agrícola as terras do Estado de Rondônia**. Rio de Janeiro: Embrapa: Serviço Nacional de Levantamento e Conservação do Solo. Rio de Janeiro, 1983, 896p.

EMPRESA BRASILEIRA DE PESQUISA AGROPECUÁRIA – EMBRAPA. Centro Nacional de Pesquisa de Solos.

Manual de métodos de análise de solos. 2 ed. rev. e atual. Rio de Janeiro: EMBRAPA, 1997. 212p.

MASCARENHAS, J.B.; SANTOS, F.C.V. dos; FREITAS, I.C.s de; CORRECHEL, V. **Resistência à penetração de um Argissolo na região pré-Amazônica**. In: REUNIÃO BRASILEIRA DE MANEJO E CONSERVAÇÃO DO SOLO E DA ÁGUA,18., Lages, SC, 2012. **Anais...** Lages-SC, 2012.

PEREIRA, O. da N. **Reintrodução de espécies nativas em área degradada de caatinga e sua relação com os atributos do solo.** 2011. Tese (Mestrado em Ciências Florestais) – Universidade Federal de Campina Grande, Centro de Saúde e Tecnologia Rural, Campus de Patos, Paraíba, 2011.

PORTUGAL, A.F.; COSTA, O.D.'A.V.; COSTA, L.M. da. Propriedades físicas e químicas do solo em áreas com sistemas produtivos e mata na região da zona da mata mineira. **Revista Brasileira de Ciência do Solo,** v.34, p.575-585, 2010.

RODRIGUES, A.N.A.; AZEVEDO, D.M.P.; LEONIDAS, F. das C.; COSTA, R.S.C. da. **Introdução de análises de solo e recomendação de adubação e calagem**. Porto Velho: Embrapa Rondônia, 1998. (Circular técnica, 39).

SCHUCH, D.R. **Recuperação de um trecho de mata ciliar do rio caeté, município de Urussanga, SC**. 2012. Tese (Especialização em gestão de Recursos Naturais) – Universidade do Extremo Sul Catarinense, Criciúma, 2012.

SOUSA, D.M.G. de; LOBATO, E. **Correção do solo e adubação**. 2. ed. Brasília, DF: Embrapa Cerrados Informação Tecnológica, 2004. 416p.

STOLF. R.; FERNANDES, J.; FURLANI NETO, V.L. **Recomendação para o uso de Penetrômetro de impacto**. IAA/PLANALSUCAR-STOLF. KAMAQ. Araras-SP. 12p. 2004.

TAYLOR, H.M.; ROBERSON, G.M.; PARKER JUNIOR, J.J. Soil strength-root penetration relations for medium- to coarse-textured soil materials. **Soil Science**, v.102, p.18-22, 1966.

TORMENA, C.A.; ROLOFF, G. Dinâmica da resistência à penetração de um solo sob plantio direto. **Revista Brasileira de Ciência do Solo**, Viçosa, v.20, n.2, p.333-339, 1996.

TROEH, F.R.; THOMPSON, L.M. **Solos e fertilidade do solo.** 6. ed. São Paulo, SP: Andrei, 2007.

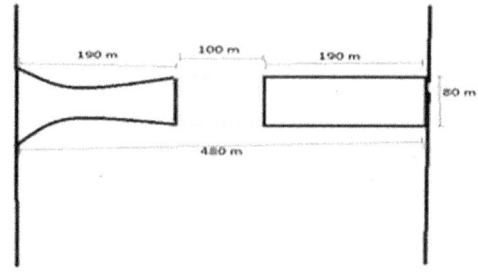

Figura 1. Croqui da área de estudo em Ouro Preto do Oeste.

Figura 2. a) Plantio da área de estudo, no município de Ouro Preto do Oeste, 2012, b) Interior do plantio da área de estudo, no município de Ouro Preto do Oeste, 2012. Fotos: Ednaldo Lino Gonçalves, 2012.

Tabela 1. Valores médios para os atributos químicos do solo encontrados na área de estudo em Ouro Preto do Oeste.

Prof. (cm)	pH em água		P mg dm^{-3}		mmol$_c$ dm^{-3}										MO g kg		V %	
					K		Ca		Mg		Al+H		Al					
	1	2	1	2	1	2	1	2	1	2	1	2	1	2	1	2	1	2
0-20.	6	5,9	8	5	2,17	0,78	70,5	46,3	7,3	12,3	53,9	43,5	0	0	25,7	18,6	60	58
20-40.	6,2	6,2	6	4	0,74	0,43	59	40,5	9,8	9,7	32,5	23,7	0	0	14,8	10,6	68	68
Médias	6,1 a	6,1 a	7 a	4,5 b	1,5 a	0,6 a	64,8 a	43,4 b	8,6 a	11 a	43,2 a	33,6 a	0	0	20,2 a	14,6 a	64,2 a	62,8 a

* As médias seguidas pela mesma letra na linha para cada atributo analisado não diferem estatisticamente entre si pelo Teste de Tukey ao nível de 5 % de probabilidade. 1: área testemunha. 2: área submetida à recuperação.

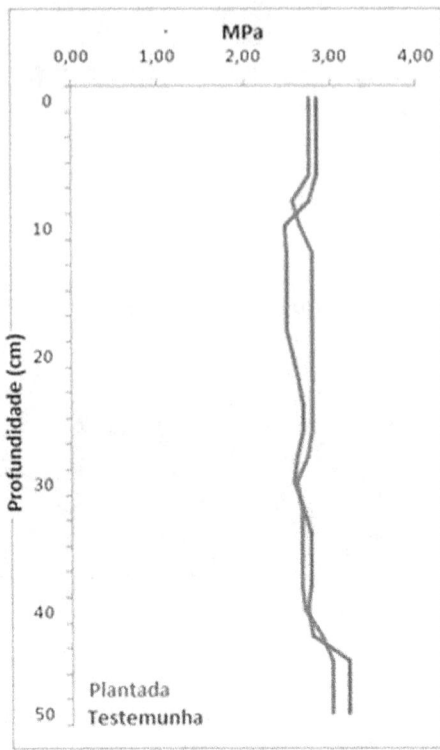

Figura 3. Dados de resistência à penetração para a área testemunha e a submetida à recuperação.

Tabela 2. Médias dos resultados da resistência à penetração do solo em MPa em uma área de recuperação de mata ciliar em Ouro Preto d'Oeste, Rondônia, 2011.

Profundidade (cm)	Áreas	
	Plantada	Testemunha
0-10	2,72	2,83
10-20	2,76	2,50
20-30	2,78	2,65
30-40	2,66	2,72
40-50	2,94	3,03

Biomassa e teores de nutrientes da serrapilheira e caracterização do solo em sistema agroflorestal de castanheira-do-brasil e cupuaçuzeiro em Porto Velho, Rondônia

Marilia Locatelli[1]; Talita Cavalcante de Paula[2]; Eugênio Pacelli Martins[3]

(1) Eng. Florestal, Pesquisadora da Embrapa Rondônia e Professora do Mestrado em Geografia da UNIR, BR 364 km 5,5, Cidade Jardim, CEP 76815-800, Porto Velho, RO. E-mail: marilia.locatelli@embrpa.br (2)Eng. Florestal, Secretaria do Meio Ambiente, Prefeitura Municipal de Candeias do Jamari, RO. E-mail: talitapaula13@gmail.com (3) Eng. Florestal, Professor do Curso de Eng. Florestal, FARO, Porto Velho, RO. E-mail: pacellimar@yahoo.com.br.

RESUMO – A implantação de sistemas agroflorestais é uma forma de minimizar a degradação do solo causada pela agricultura, pastos e queima. O objetivo deste trabalho foi avaliar a produção de serrapilheira e os teores de nutrientes presentes na mesma e no solo em um sistema agroflorestal de castanheira-do-brasil e cupuaçuzeiro, em Porto Velho, Rondônia. O experimento foi conduzido no Município de Porto Velho, estado de Rondônia, em área de plantio consorciado de castanheira-do-Brasil e cupuaçuzeiro com 25 anos de idade está localizada. O solo da propriedade é um Latossolo Vermelho-Amarelo distrófico, bem drenado e argiloso. Foram avaliadas a biomassa seca da serrapilheira e os teores de nutrientes presentes na mesma e no solo, nas profundidades de 0-20 cm e 20-40 cm. A deposição média de biomassa de serrapilheira no sistema agroflorestal de castanheira-do-brasil e cupuaçuzeiro foi de 8187 kg ha^{-1}. Os teores de nutrientes na biomassa de serrapilheira para as espécies analisadas apresentaram a seguinte ordem: N > Ca > K > Mg > P. O sistema agroflorestal com castanheira-do-brasil e cupuaçuzeiro apresenta bom potencial mesmo em solo de baixa fertilidade, com pH ácido, baixa capacidade de troca de cátions, baixa saturação por bases e alta saturação por alumínio.

Palavras-chave: consorciação, liteira, SAF's.

INTRODUÇÃO – Os sistemas agroflorestais são considerados por Dubois et al. (1996) como uma das alternativas mais promissoras para o desenvolvimento de uma agricultura sustentável, uma vez que, se adequadamente manejados, podem permitir, simultaneamente, o uso racional dos recursos naturais com benefícios sociais. De maneira geral os sistemas agroflorestais são considerados como sistemas de uso da terra em que se combinam, deliberadamente, de maneira consecutiva ou simultânea, na mesma unidade de aproveitamento da terra, espécies arbóreas perenes com cultivos agrícolas anuais, e/ou animais, para obter uma maior produção.

A plantação comercial de Sistemas Agroflorestais (SAF's) tem emergido como uma alternativa promissora de uso da terra, para pequenos agricultores da América Tropical devido ao seu potencial de reduzir a degradação do solo, melhorar o padrão de vida e diminuir a pressão sobre as áreas de florestas (SMITH et al., 1998; McGRATH et al., 2000). O grande desafio tem sido desenvolver sistemas capazes de conciliar, de forma harmoniosa, interesses de conservação ambiental com sustentabilidade econômica, em substituição à agricultura migratória praticada atualmente e, quase sempre, sem preocupação com o ambiente.

Os SAF's podem contribuir para o desenvolvimento sustentável, por isso torna-se essencial o entendimento dos princípios básicos que os norteiam e o conhecimento de suas potencialidades e limitações sob os aspectos ecológicos, econômicos e sociais, que constituem a base do triângulo da sustentabilidade.

O objetivo deste trabalho foi avaliar a produção de serrapilheira e os teores de nutrientes presentes na mesma e no solo em um sistema agroflorestal de castanheira-do-brasil e cupuaçuzeiro, em Porto Velho, Rondônia.

MATERIAL E MÉTODOS – O estudo foi desenvolvido em uma propriedade rural localizada no município de Porto Velho, Rondônia, no ano de 2006 num sistema agroflorestal de 25 anos de idade envolvendo duas espécies: castanheira-do-brasil (*Bertholletia excelsa* Bonpl.) e cupuaçuzeiro (*Theobroma grandiflorum* (Willd. ex Spreng.) Schum).

A área total da propriedade é de 6,5 ha e a área estudada é de 1,31 ha. Sua posição geográfica é definida pelo extremo Sul com latitude de 8° 45' 41,25" de longitude Oeste de 63° 49' 03,72". Na área de estudo havia um total 57 árvores de castanheira-do-brasil, não obedecendo a um espaçamento regular, e 573 cupuaçuzeiros, com espaçamentos variando de 2,0 a 3,0 metros, não obedecendo a um espaçamento uniforme.

A análise química do solo foi realizada partir de amostras de solo, visando avaliar a fertilidade do solo nas profundidades de 0-20 cm e de 20-40 cm. Foram retiradas 15 amostras simples para formar uma composta. As caracterizações químicas foram efetuadas de acordo com as normas da EMBRAPA (1997) para determinação dos teores e concentrações de: Ca e Mg (Espectrofotometria de absorção atômica), P (Colorimetria e fotômetro de chama) e K (Espectrometria de absorção).

Para coleta da serrapilheira, utilizou-se um coletor de 1 m² construído com ripas de madeira. Foram realizadas quatro coletas: duas na época seca e duas na chuvosa, cada coleta com cinco amostras. Depois de retiradas as amostras às mesmas foram acondicionadas em sacos de papel devidamente identificadas. Para determinação do peso seco o material foi submetido à secagem em estufa a 65 °C, até peso constante. Após a secagem o material foi pesado, misturado e retirado aproximadamente 500 g, em seguida foi encaminhado ao laboratório da Embrapa para ser submetido à análise química para a determinação de macronutrientes: N (destilador de nitrogênio - Kjeldahl), P, K, Ca e Mg (digestão com ácido nítrico e perclórico; determinação através do espectrofotômetro de chama (Ca e Mg), determinação por colorimetria – P (MURPHY; RILEY, 1962), e determinação por fotometria de chama (K).

A média do acumulo de serrapilheira foi calculada usando dados de kg ha^{-1} de biomassa seca da serrapilheira aplicando a fórmula: Média = (1ª coleta + 2ª coleta + 3ª coleta + 4ª coleta)/4.

RESULTADOS E DISCUSSÃO – Observa-se na serrapilheira o acúmulo de biomassa entre os períodos de coleta, verificando-se assim que o período chuvoso apresenta maior acúmulo de serrapilheira com 9776 kg ha^{-1} na 3ª coleta e uma média de 8187 kg ha^{-1} (Tabela 1). Esses resultados são superiores aos encontrados por Locatelli et al. (2001) que, em um agroecossistema com as mesmas espécies, encontraram um estoque de serrapilheira na superfície do solo de 4287 kg ha^{-1} com maiores concentrações nos períodos secos. Essa quantidade média de resíduos orgânicos se deve possivelmente ao prolongado período de estiagem anterior aquele período com decomposição da serrapilheira. Em consórcio de seringueira com cacaueiro de 15 anos Teixeira et al. (1994), encontraram uma média de 6760 kg ha^{-1}, com maiores estoques correspondentes ao período de deposição de resíduos vegetais e de menor precipitação.

Na serrapilheira de castanha-do-brasil x cupuaçuzeiro foi observado um comportamento diferenciado de acordo com o nutriente avaliado. Foi analisada a somatória dos nutrientes N, P, K, Ca e Mg observando-se assim que o consórcio de castanheira-do-brasil com cupuaçuzeiro obteve o valor de 225,68 kg ha^{-1}. A quantidade desses nutrientes no sistema foi similar ao encontrado por Teixeira et al. (2001), em conteúdo de nutrientes no consórcio de castanheira-do-Brasil com cacaueiro, com 228,11 kg ha^{-1}. No entanto, foram superiores aos encontrados por Müller (1986), em vegetação de regeneração natural cacaueiro em sub-bosque e consórcio de cacaueiro com pupunheira. E foram inferiores aos relatados por Teixeira (2001), em floresta primária com 196,44 kg ha^{-1}, em consórcio de seringueira com cacaueiro com 158,73 kg.ha^{-1} e ainda em capoeira com 107,05 kg ha^{-1}.

Os teores de macronutrientes na biomassa de serrapilheira para as espécies analisadas apresentaram a seguinte ordem: N > Ca > K > Mg > P (Tabela 2).

O solo da propriedade é um Latossolo Vermelho-Amarelo distrófico, bem drenado e argiloso. É importante ressaltar que o valor de saturação por bases (V) encontrado é muito baixo 5 %, de 0-20 cm, e 11 %, de 20-40 cm. Os teores de fósforo são baixos de 4 e 2 mg dm^{-3} de 0 – 20 cm e 20 – 40 cm, respectivamente, como na maioria dos solos do estado de Rondônia. A matéria orgânica foi maior na camada superficial, diminuindo para a camada mais profunda. Os valores foram de 31,7 g kg^{-1} e 21,2 g kg^{-1}, para as camadas de 0-20 cm e 20-40 cm, respectivamente (Tabela 3).

Comparando-se os valores de matéria orgânica, em Porto Velho, no plantio consorciado estudado, com os resultados obtidos por Locatelli et al. (2003), em plantio solteiro de castanheira-do-brasil, verifica-se que são similares devido ao fato de que durante algum tempo foi realizado experimento com bubalinos na área, o que pode ter contribuído para aumentar os valores de matéria orgânica, pela decomposição de estrume dos animais.

De maneira geral, nas condições estudadas, com relação ao acúmulo de serrapilheira em plantio consorciado de castanheira-do-brasil x cupuaçuzeiro apresentou grande quantidade de serrapilheira representando uma fonte de ingresso de nutrientes para produção de frutos para as espécies consorciadas, obtendo-se assim um valor médio de 8187 kg ha^{-1}. O N e P foram os nutrientes encontrados na análise química da serrapilheira com maiores e menores teores, respectivamente.

CONCLUSÕES – A deposição média de biomassa de serrapilheira no sistema agroflorestal de castanheira-do-brasil e cupuaçuzeiro foi de 8187 kg ha^{-1}. Os teores de nutrientes na biomassa de serrapilheira para as espécies analisadas apresentaram a seguinte ordem: N > Ca > K > Mg > P. O sistema agroflorestal com castanheira-do-brasil e cupuaçuzeiro apresenta bom potencial mesmo em solo de baixa fertilidade, com pH ácido, baixa capacidade de troca de cátions, baixa saturação por bases e alta saturação por alumínio.

REFERÊNCIAS

DUBOIS, J.C.L.; VIANA, V.M.; ANDERSON, A.B. Sistemas e práticas agroflorestais para a Amazônia. **Manual agroflorestal para Amazônia**, Rio de Janeiro: REBRAF, 1996. v.1, cap.1, p.2 – 27.

EMBRAPA. Centro Nacional de Pesquisa de Solos. **Manual de métodos de análise de solo**. 2.ed. ver. Atual, 1997. 212p. (EMBRAPA-CNPS. Documentos; 1).

LOCATELLI, M.; VIEIRA, A.H.; SOUSA, V.F.; QUISEN, R.C. **Nutrientes e biomassa em sistemas agroflorestais com ênfase no cupuaçuzeiro, em solo de baixa fertilidade.** Porto Velho: Embrapa Rondônia, 2001. 17p. (Boletim de Pesquisa e Desenvolvimento, 1).

LOCATELLI, M.; SILVA FILHO, E.P. da; VIEIRA, A.H.; MARTINS, E.P.; PEQUENO, P.L. de L. Castanha-do-Brasil- Opção para solo de baixa fertilidade na Amazônia. In: SEMINÁRIO NACIONAL DEGRADAÇÃO E RECUPERAÇÃO AMBIENTAL, 2003, Foz do Iguaçu. **Anais...** Seminário Nacional Degradação e Recuperação Ambiental, 2003. p.1 – 7.

McGRATH, D.A.; COMENFORD, N.B.; DURYEA, M.L. Litter dynamics and monthly fluctuations in soil phosphorus availability in Amazonian agroforestry. **Forestry Ecology and Management,** St. Paul, v.131, p.167-184, 2000.

MÜLLER, A.A. **Produção de liteira e retorno de fósforo, potássio, cálcio e magnésio ao solo em agrossistema de cacau e em regeneração natural.** 1986. 72f. Tese (Mestrado) – INPA/FUA. Manaus.

SMITH, N.J.H.; DUBOIS, J.; CURRENT, D.; CLEMENT, C. **Experiências agroflorestais na Amazônia Brasileira: restrições e oportunidades.** Brasília: Banco Mundial, 1998. 146p. (Programa Piloto para Proteção das Florestas Tropicais do Brasil).

TEIXEIRA, L.B.; BASTOS, J.B.; OLIVEIRA, R.F. de. **Biomassa vegetal em agroecossistema de seringueira consorciada com cacaueiro no nordeste paraense.** Belém: EMBRAPA-CPATU, 15p. 1994 (EMBRAPA-CPATU. Boletim de Pesquisa, 153).

TEIXEIRA, L.B.; OLIVEIRA, R.F. de; MARTINS, P.F. da S. Ciclagem de nutrientes através da liteira em floresta, capoeira e consórcio com plantas perenes. In: **Revista de Ciências Agrárias**, Belém, n.36, p.9-17, 2001.

Tabela 1. Biomassa seca da serrapilheira do período seco e chuvoso em um sistema agroflorestal com castanha-do-brasil e cupuaçuzeiro em Porto Velho, RO, Brasil, 2007.

Período seco		Período chuvoso		Total	Média
1ª coleta	2ª coleta	3ª coleta	4ª coleta		
---------------------------------- kg ha^{-1} de biomassa seca ----------------------------------					
6853	7016	9776	9104	32749	8187

Tabela 2. Teores médios de N, P, K, Ca e Mg na biomassa de serapilheira em um sistema agroflorestal com castanha-do-brasil e cupuaçuzeiro e estimativa de liberação de nutrientes, baseada na concentração média desses nutrientes na serapilheira. Porto Velho, RO, Brasil, 2007.

N		P		K		Ca		Mg	
g kg^{-1}	kg ha^{-1}	g kg^{-1}	kg ha^{-1}	g kg^{-1}	kg ha^{-1}	g kg^{-1}	kg ha^{-1}	g kg^{-1}	kg ha^{-1}
15,48	126,37	0,46	3,76	2,40	19,64	7,85	64,26	1,38	11,29

Tabela 3. Caracterização do solo em um sistema agroflorestal de castanha-do-brasil e cupuaçuzeiro. Porto Velho, RO, Brasil, 2007.

Profundidade	pH	P	K	Ca	Mg	H + Al	Al	MO	V
cm	H$_2$O	mg dm^{-3}	------------- mmol$_c$ dm^{-3} -------------					g kg^{-1}	%
0 – 20	4,2	4	1,79	3.5	5,7	204,6	42,8	31,7	5
20 – 40	4,1	2	1,26	3.0	6,1	80,9	52,4	21,2	11

Caracterização química de um solo sob uma área de cultivo e de floresta nativa na região de Apuí – AM

Mariana Coutrim dos Santos[1]; Luís Antônio Coutrim dos Santos[2]; Milton César Costa Campos[3]; Uilson Franciscon[4]; Pérsio de Paula Neto[4]

(1) Graduanda em Agronomia, Instituto de Educação, Agricultura e Ambiente da Universidade Federal do Amazonas, UFAM; Rua Circular Municipal, 1141, CEP: 69800-000, Humaitá, AM, Brasil. E-mail: marianacoutrimsantos@gmail.com (2) Doutorando em Ciência do Solo, Universidade Federal de Santa Maria; Departamento Ciência do Solo, CEP: 97.105-900, Santa Maria, RS, Brasil. E-mail: santoslac@gmail.com (3) Professor do Instituto de Educação, Agricultura e Ambiente da Universidade Federal do Amazonas, UFAM; Rua Circular Municipal, 1141, CEP: 69800-000, Humaitá, AM, Brasil. E-mail: mcesarsolos@gmail.com (4) Graduando em Engenharia Ambiental, Instituto de Educação, Agricultura e Ambiente da Universidade Federal do Amazonas, UFAM; Rua Circular Municipal, 1141, CEP: 69800-000, Humaitá, AM, Brasil. E-mail: uilson_100@hotmail.com; pv_apui@hotmail.com

RESUMO – A implantação de atividades agrícolas, pecuárias e/ou florestais, vem ocasionando a modificação da cobertura vegetal original de grande parte do território brasileiro. O conhecimento dos danos provocados pelos diferentes sistemas de manejo é essencial para melhorar à qualidade do solo, assim objetivou-se com esse trabalho realizar a caracterização química do solo sob uma área de cultivo e floresta nativa na região de Apuí – AM. A área de estudo localiza-se no município de Apuí – AM. Foram selecionadas duas áreas para estudo, sendo a primeira uma de agricultura de subsistência e a segunda área de solo sob mata nativa. Foi demarcada uma área de 60x80 m, com vinte (20) pontos amostrais e os solos coletados nas camadas de 0,00 – 0,20 m. Foram realizadas análises físicas (granulometria do solo) e químicas (pH em água, cálcio, magnésio e alumínio trocáveis, fósforo e potássio disponíveis, acidez potencial (H+ Al) e carbono orgânico total). O pH, magnésio, fósforo, carbono orgânico total e CTC apresentaram diferença de valores entre as áreas estudadas. O solo sob mata nativa apresenta maior teor de carbono orgânico e fósforo disponível, o qual possivelmente é resultante do maior aporte de material orgânico desses solos.

Palavras-chave: agricultura de subsistência, mata nativa, manejo de solo, solos amazônicos.

INTRODUÇÃO – A implantação de atividades agrícolas, pecuárias e/ou florestais, vem ocasionando a modificação da cobertura vegetal original de grande parte do território brasileiro. Alguns dos ecossistemas naturais como o cerrado e a floresta amazônica vêm perdendo suas características originais e cedendo lugar para essas atividades agrícolas.

Em sua maioria os solos da região Amazônica são referenciados como de baixa fertilidade natural e baixa capacidade de troca de cátions, apresentando ainda moderada a alta acidez (CUNHA et al., 2007). Já nas áreas de várzeas da região, os solos normalmente apresentam maior fertilidade, apresentando assim elevados valores de cátions trocáveis e saturação por base (LIMA et al., 2006). Devido à maior fertilidade desses solos, os mesmos são comumente escolhidos pela população ribeirinha para a realização de plantios de subsistência, o qual é realizado na época de vazante.

Martins et al. (2006), comparando áreas de mata e campo nativo observaram que ambos possuem baixos valores de pH e altos valores de alumínio trocável no solo. No estado do Amazonas as informações a respeito da distribuição e do comportamento dos atributos dos solos são baseadas, principalmente, em levantamentos de solos generalizados, já que poucos são os trabalhos em nível detalhado (CAMPOS et al., 2011).

A quantificação das alterações dos atributos do solo, ocasionadas pela a intensificação de sistemas de uso e manejo, pode fornecer informações relevantes para a definição de sistemas melhor manejados, contribuindo para tornar o solo menos suscetível à perda de capacidade produtiva (NEVES et al., 2004).

O conhecimento dos danos provocados pelos diferentes sistemas de manejo é essencial para melhorar à qualidade do solo, assim objetivou-se com esse trabalho realizar a caracterização química do solo sob uma área de cultivo e floresta nativa na região de Apuí – AM.

MATERIAL E MÉTODOS – A área de estudo localiza-se no município de Apuí, região Sul do Estado do Amazonas. O clima segundo a classificação de Köppen, é do tipo Am (chuvas do tipo monção), caracterizado por apresentar um período seco de pequena duração, com precipitações entre 2.250 e 2.750 mm e temperaturas médias anuais variando entre 25ºC e 27ºC (BRASIL, 1978).

Foram selecionadas duas áreas para estudo, sendo a primeira uma área sob cultivo de uma agricultura de subsistência, com cultivos de várias espécies na área, com 10 a 15 anos de cultivos; e uma segunda sendo composta por mata nativa pouco densa e sem muitas árvores de grande porte. As áreas são contíguas, com a floresta distribuída em uma parte superior da paisagem.

Em cada sistema de uso foi demarcada uma área de aproximadamente 60x80 m, com vinte (20) pontos amostrais e os solos coletados nas camadas de 0,00 – 0,20 m, em cada área.

A análise granulométrica foi determinada pelo método da pipeta, após dispersão da amostra com NaOH 1,0 mol L^{-1} e agitação rápida (6.000 rpm), por 15 minutos (EMBRAPA, 1997). O pH foi determinado potenciometricamente utilizando-se relação 1:2,5 (solo: água). Cálcio, magnésio e alumínio trocáveis foram extraídos com a solução extratora de KCl, o potássio, sódio e fósforo disponível, foram extraídos pelo extrator Mehlich-1, a acidez potencial (H+Al) foi determinada através da extração com solução tamponada a pH 7,0 de acetato de cálcio utilizando-se metodologia proposta pela Embrapa (1997). Com base nos resultados das análises químicas, foram calculadas as somas de bases (SB), a capacidade de troca catiônica (CTC), a saturação por bases (V%) e por alumínio (m%).

O carbono orgânico total foi determinado pelo método de oxidação via úmida, com aquecimento externo (YEOMANS; BREMNER, 1988), e a matéria orgânica foi estimada com base no carbono orgânico total. Todas as análises foram realizadas seguindo os procedimentos da Embrapa (EMBRAPA, 1997). Os dados foram submetidos à análise de variância e, quando significativos, foram analisados pelo teste de Tukey (p ≤ 0,05). Foi utilizado o software estatístico ASSISTAT versão 7.6 (SILVA; AZEVEDO, 2009).

RESULTADOS E DISCUSSÃO – Os resultados das análises são apresentados na Tabela 1. Os maiores valores de argila foram observados para o solo sob mata nativa, enquanto os maiores teores de silte foram observados para a área de agricultura de subsistência, o que pode ser resultante do carreamento de partículas de silte para a parte mais baixa da paisagem, neste contexto, Rosolen e Herpin (2008) relatam que partículas mais finas podem ser encontradas em áreas mais baixas devido principalmente, à posição rebaixada, e ocorrência em depressões topográficas que favorecem o carreamento e a deposição desses sedimentos mais finos.

As áreas não apresentaram diferença de teores de cálcio e potássio. Para magnésio a área em mata nativa apresenta os maios valores. Observa-se que os valores dos cátions trocáveis são muito baixo, dados característicos dos solos amazônicos, corroborando com Cunha et al., (2007) que relatam que na Amazônia os solos são de baixa fertilidade natural.

Não houve diferença dos teores de alumínio entre as áreas estudadas, assim como para a saturação por alumínio, observa-se que os valores de saturação por alumínio é elevado, conferindo aos solos caráter álico. Para o pH do solo a área sob cultivo apresenta o menor valor de pH (maior acidez), o que provavelmente poderá ser atribuído ao uso dessa área para a agricultura, uma vez que a mesma não passou por processos de calagem, ao longo de seu uso. Martins et al. (2006), comparando áreas de mata e campo nativo no estado do Amazonas observaram que ambos possuem baixos valores de pH e altos valores de alumínio trocável no solo.

A área de mata nativa apresenta os maiores valores para teor de carbono orgânico total e fósforo disponível. Nessa área os teores mais elevados de carbono no solo são decorrentes do maior aporte de resíduos vegetais e não perturbação do sistema. Os menores teores de carborno orgânico total observado no solo sob cultivo, pode ser decorrente também do mau manejo do solo, assim esses quando mal manejados consomem materiais geradores de C, perdem matéria orgânica e representam fonte de CO_2 para a atmosfera (MOREIRA; SIQUEIRA, 2002).

CONCLUSÕES – O solo sob mata nativa apresenta maior teor de carbono orgânico e fósforo disponível, o qual possivelmente é resultante do maior aporte de material orgânico desses solos.

Ambos os solos apresentam baixa fertilidade natural e elevada acidez do solo.

AGRADECIMENTOS – Os autores agradecem ao CNPq, a Fundação de Amparo a Pesquisa do Amazonas – FAPEAM e a Universidade Federal do Amazonas UFAM, pelo o apoio no trabalho.

REFERÊNCIAS

BRASIL **Projeto RADAM BRASIL**. Folha SC. 20 Porto Velho; Geologia, Geomorfologia, Pedologia, Vegetação e Uso Potencial da Terra. Departamento Nacional de Produção Mineral, Rio de Janeiro, 1978.

CAMPOS, M.C.C.; RIBEIRO, M.R.; SOUZA JÚNIOR, V.S.; RIBEIRO FILHO, M.R.; SOUZA, R.V.C. Relações solo-paisagem em uma topossequência sobre substrato granítico em Santo Antônio do Matupi, Manicoré (AM). **Revista Brasileira de Ciência do Solo**, Viçosa, v.35, n.1, p. 13-23, 2011.

CUNHA, T.J.F.; MADARI, B.E.; BENITES, V.M.; CANELLAS, L.P.; NOVOTNY, E.H.; MOUTTA, R.O.; TROMPOWSKY, P.; SANTOS, G.A. Fracionamento químico da matéria orgânica e características de ácidos húmicos de solos com horizonte a antrópico da Amazônia (Terra Preta). **Acta Amazônica**, v.37, p.91-98, 2007.

EMPRESA BRASILEIRA DE PESQUISA AGROPECUÁRIA - EMBRAPA. Centro Nacional de Pesquisa de Solos. Manual de métodos de análise de solo. Rio de Janeiro, 1997, 212p.

LIMA, H.N.; MELLO, J.W.V.; SCHAEFER, C.E.G.R.; KER, J.C.; LIMA, A.M.N. Mineralogia e química de três solos de uma topossequência da Bacia Sedimentar do Alto Solimões, Amazônia Ocidental. **Revista Brasileira de Ciência do Solo**. v.30, p.59-68, 2006.

MARTINS, G.C; FERREIRA, M.M.; CURI, N.; VITORINO, A.C.T. SILVA, M. L.N. Campos nativos e matas adjacentes da região de Humaitá (AM): atributos diferencias dos solos. **Ciência e Agrotecnologia**, Lavras, v.30, n. 2, p.221-227, 2006.

MOREIRA, F.M.S.; SIQUEIRA, J.O. Microbiologia e bioquímica do solo. Lavras: UFLA, 2002. 626p.

NEVES, C.M.N. SILVA, M.L.N. CURI, N.; MACEDO, R.L.G.; TOKURA, A.M. Estoque de carbono em sistema agrossilvopastoril, pastagem e eucalipto sob cultivo convencional na região Noroeste do estado de Minas Gerais. **Ciência e Agrotecnologia**, Lavras, MG, v.28, n.5, p.1038-1046, 2004.

ROSOLEN, V.; HERPIN, U. Expansão dos solos hidromórficos e mudanças na paisagem: um estudo de caso na região Sudeste da Amazônia Brasileira. **Acta Amazônica**, Manaus, v.38, n.03, p.483-490, 2008.

SILVA, F.A.S.E.; AZEVEDO, C.A.V.A. Principal Components Analysis in the Software Assistat-Statistical Attendance. In: WORLD CONGRESS ON

COMPUTERS IN AGRICULTURE, 7., Reno-NV-USA: American Society of Agricultural and Biological Engineers, 2009.

YEOMANS, J.C.; BREMNER, J.M. A rapid and precise method for routine determination of organic carbon in soil. **Communications in Soil Science and Plant Analysis**, v.19, p.1467-1476, 1988.

Tabela 1. Granulometria e caracterização química do solo sob uma área de cultivo e de floresta nativa na região de Apuí – AM.

Área	Granulometria			Análises Químicas											
	Areia	silte	Argila	pH	Ca^{2+}	Mg^{2+}	K^+	Al^{3+}	$H+Al$	SB	CTC	v	m	P	COT
	---------- g kg^{-1} ----------				---------------- cmol$_c$ kg^{-1} ----------------							------%------		mg kg^{-1}	g kg^{-1}
Mata Nativa	67a	208b	725a	4,2a	0,89a	0,14a	0,1a	1,7a	12,12a	1,17a	13,30a	8,6a	59,0a	4,74a	33,68a
Agricultura de subsistência	64b	386a	550b	3,7b	0,88a	0,10b	0,10a	1,7a	10,54b	1,14a	11,69b	9,6a	59,6a	3,81b	24,31b

SB: Soma de bases; V: Saturação por bases: m: Saturação por alumínio; COT: Carbono orgânico total. Médias seguidas de mesma letra não diferem (Tukey p ≤ 0,05) # Ciclagem de nutrientes com farinha de ossos calcinada no cultivo de tifton na Zona da Mata Rondoniense

Marisa Pereira Matt[1]; Douglas Borges Pichek[1]; Odair Queiroz Lara[1]; Diego Boni[1]; Clauton Eferson Cordeiro Fernandes[1]; Ronaldo Willian da Silva[1]; Tiago Pauly Boni[1]; Marlos Oliveira Porto[2]; Jucilene Cavali[2]; Elvino Ferreira[3]

(1) Acadêmico de Agronomia da Fundação Universidade Federal de Rondônia, Rolim de Moura, RO. E-mail: marisa_matt@hotmail.com; douglasbpichek@hotmail.com; odair.queiroz.lara@hotmail.com; d.boni@hotmail.com; clautoneferson10@hotmail.com; ronaldo_willian1@hotmail.com; tiago.boniaf@hotmail.com (2) Professor do Departamento de Engenharia de Pesca e Aquicultura da Fundação Universidade Federal de Rondônia, Presidente Médici, RO. E-mail: mportoufv@pop.com.br; jcavali@unir.br (3) Professor do Departamento de Agronomia da Fundação Universidade Federal de Rondônia, Rolim de Moura, RO. E-mail: elvinoferreira@yahoo.com.br

RESUMO – O aproveitamento de resíduos industriais na agricultura surge como uma alternativa de fonte de nutrientes, além da vantagem de poder ser pouco agressivo ao meio ambiente e contribuir para a redução dos altos custos de produção, principalmente no que diz respeito à agricultura familiar. Dentre os resíduos, há a farinha de ossos calcinada, rica em cálcio e fósforo e disponível a baixo custo. O objetivo deste trabalho foi avaliar a farinha de ossos calcinada como fonte de fósforo para o capim tifton nas condições da zona da mata rondoniense. O experimento foi instalado na fazenda experimental da Fundação Universidade Federal de Rondônia, *Campus* de Rolim de Moura. As unidades experimentais foram constituídas por baldes plásticos, com capacidade de 6,2 kg de solo peneirado. O solo utilizado é classificado como Latossolo Vermelho-Amarelo distrófico, textura areia franca. O delineamento experimental foi inteiramente casualizado com 14 tratamentos e 3 repetições. Como material de pesquisa, foi utilizada a farinha de ossos calcinada (FOC) e o superfosfato simples (SS) e a espécie forrageira, foi a *Cynodon dactilon*. cv. tifton 85. O intervalo de cortes foi de 30 dias em um total de quatro cortes. As variáveis analisadas foram a Matéria Fresca e Matéria Seca do capim. Os tratamentos com FOC responderam de maneira satisfatória ao desenvolvimento do capim tifton, sendo promissora fonte de nutrientes, considerando a ciclagem de nutrientes.

Palavras-chave: pastagem degradada, resíduo, fertilização fosfatada, agricultura familiar.

INTRODUÇÃO – A ciclagem de nutrientes é compreendida como as inter-relações no complexo atmosfera-planta-animal-solo (ANGHINONI et al., 2011). Estudos sobre a ciclagem de nutrientes são de importância fundamental, pois possibilitam a previsão de situações que poderiam ser críticas a médio e longo prazo, tanto em relação à produtividade, como em relação às características do solo (SCHUMACHER et al., 2003).

Ferreira et al. (2011) consideram que em um sistema de produção agropecuária a disponibilidade de nutrientes para as plantas está diretamente ligada à sua disponibilidade no solo e à velocidade de liberação de resíduos e, quando as saídas de nutrientes são maiores que as entradas na lavoura ou propriedade, têm-se um fator de insustentabilidade. Portanto, o conhecimento da ciclagem de nutrientes em sistemas de produção agrícola pode fornecer informações básicas da sua sustentabilidade ao longo do tempo.

Para Marcelino (2002) a degradação de pastagens está associada à compactação do solo, que consequentemente causa alterações na disponibilidade de nutrientes, devido às mudanças na mineralização da matéria orgânica do solo ou dos resíduos vegetais e animais, bem como a alterações na movimentação dos nutrientes no perfil do solo.

Com o aumento populacional há uma grande produção de resíduos industriais, que na maioria das vezes têm um destino final incorreto. A destinação racional de resíduos via utilização agronômica tem apresentado alto potencial de melhoria das características químicas, físicas e biológicas dos solos, diminuindo custos no processo produtivo (MELO; MARQUES, 2000 apud CHACÓN et al., 2011). Dejetos de matadouros têm sido amplamente utilizados como fertilizantes orgânicos ou condicionadores do solo. Por exemplo, os ossos de bovinos podem ser tratados para atuarem como fonte de fósforo e cálcio para plantas (MATTAR et al., 2013).

A farinha de osso calcinada pode ser uma opção na substituição, mesmo que parcial, de adubos industrializados em culturas exigentes em fósforo, como é o caso do capim tifton. Nesse contexto, por se tratar de um produto rico em cálcio e fósforo, a farinha de ossos calcinada surge como uma alternativa de promover a ciclagem de nutrientes. Assim, neste trabalho se objetivou avaliar a farinha de ossos calcinada como promotora da ciclagem de nutrientes, no tocante ao seu fornecimento de fósforo para o capim tifton nas condições da zona da mata rondoniense.

MATERIAL E MÉTODOS – O experimento foi instalado em 08/04/2014, na fazenda experimental da Fundação Universidade Federal de Rondônia, *Campus* de Rolim de Moura, localizada à rodovia RO - 479 Norte, Km 15, a 277 m acima do nível do mar, latitude 11° 43' S e longitude 61° 46' W. O clima da região segundo a classificação de Köppen-Geiger é Tropical Quente e Úmido (Aw), com estação seca bem definida (maio/setembro), temperatura média de 28 °C, precipitação anual média de 2.250 mm e umidade relativa do ar elevada, oscilando em torno de 85 % (RONDÔNIA, 2010).

As unidades experimentais foram constituídas por baldes plásticos, com capacidade de 6,2 kg de solo peneirado. O solo utilizado é classificado como Latossolo Vermelho-Amarelo distrófico, textura areia franca e apresentava os seguintes atributos químicos e físicos nos primeiros 20 cm de profundidade: pH em água = 4,90; $P_{Mehlich}$ = 2,20 mg dm^{-3}; $K_{Mehlich}$ = 0,15 cmol$_c$ dm^{-3}; Ca = 0,32 cmol$_c$ dm^{-3}; Mg = 0,16 cmol$_c$ dm^{-3}; Al = 0,44 cmol$_c$ dm^{-3}; H+Al = 5,50 cmol$_c$ dm^{-3}; Soma de Bases (SB) = 0,6 cmol$_c$ dm^{-3}; Matéria Orgânica = 21 g dm^{-3}; Areia = 322 g kg^{-1}; Silte = 89 g kg^{-1}; Argila = 589 g kg^{-1}.

Como material de pesquisa, foi utilizado a farinha de ossos calcinada (FOC) e o superfosfato simples (SS) a fim de se avaliar sua eficiência no processo de ciclagem de nutrientes para a planta neste solo. A espécie forrageira utilizada foi a *Cynodon dactilon* cv. tifton 85, em função de seu elevado potencial produtivo e de ser uma espécie exigente e responsiva às adubações fosfatadas.

O experimento seguiu o delineamento experimental inteiramente casualizado de 14 tratamentos, com 3 repetições, contendo 4 plantas em cada parcela. As mudas foram obtidas da coleção de forragicultura da UNIR, por meio de corte em posição intermediária no estolão a fim de permitir a presença de 4 entrenós. Para a farinha de ossos foi utilizado pré-tratamento em ambiente ácido a fim de se verificar o aumento na disponibilidade de fosfato (DUARTE et al., 2003). Foram utilizados o ácido acético e o ácido clorídrico (HCl). Para este tratamento utilizaram-se os extratores nas concentrações de 100 % para o ácido acético, cuja fonte utilizada foi o vinagre comercial (acidez volátil 4 %) e de 1 % para o ácido clorídrico PA. Os pré-tratamentos se deram na relação 1:1 (p/v), e após 30 minutos esse material foi acondicionado em estufa de circulação forçada de ar a 65 °C para perder umidade até atingir massa constante.

Os tratamentos foram dispostos segundo o esquema: 1- Testemunha absoluta; 2- SS; 3- SS + Nitrogênio e Potássio; 4- SS + Nitrogênio e Potássio + Calcário; 5- FOC; 6- FOC + Nitrogênio e Potássio; 7- FOC + Nitrogênio e Potássio + Calcário; 8- FOC (trat. Ácido Acético 100 %); 9- FOC (trat. Ácido Acético 100 %) + Nitrogênio e Potássio; 10- FOC (trat. Ácido Acético 100 %) + Nitrogênio e Potássio + Calcário; 11- FOC (trat. Ácido HCl 1 %); 12- FOC (trat. Ácido HCl 1 %) + Nitrogênio e Potássio; 13- FOC (trat. Ácido HCl 1 %) + Nitrogênio e Potássio + Calcário; 14- Nitrogênio e Potássio. As doses dos adubos utilizados foram de acordo com a recomendação da literatura, sendo 60 kg ha^{-1} de N na forma de ureia, 60 kg ha^{-1} de K$_2$O na forma de cloreto de potássio e 100 kg ha^{-1} de P$_2$O$_5$ na forma de superfosfato simples e farinha de ossos calcinada. Para o calcário (97 % PRNT) usou-se a quantidade equivalente a 2,5 t ha^{-1}.

O intervalo de cortes foi de 30 dias sendo feitos na altura de 15 cm do solo, totalizando-se quatro cortes. Foram analisadas a variável Matéria Fresca (MF) e Matéria Seca (MS) da parte aérea do tifton 85. Os dados foram submetidos à análise de variância sendo aplicado o teste de Scott-Knott para os testes de comparação de médias, utilizou-se o programa Assistat 7.7 (SILVA; AZEVEDO, 2004).

RESULTADOS E DISCUSSÃO – Para os dados de Matéria Fresca (MF) pode ser observado, para primeira coleta (30 d) que a melhor resposta em produção ocorreu com o uso da fonte de fosfato de maior solubilidade (SS) desde que associada ao Nitrogênio, Potássio com ou sem calcário. Com a ausência desses macronutrientes, o uso do SS gerou produções iguais em significância ao tratamento testemunha (Tabela 1). Esse menor nível de produção também foi observado na fonte de menor solubilidade de P, ou seja, FOC. O efeito de ácidos na solubilização de fosfato não promoveu efeito diferenciado estatisticamente nessa primeira coleta.

Para segunda coleta (60 d) tanto a forma mais solúvel (SS) quanto a de menor solubilidade (FOC) apresentaram os melhores resultados quando associados aos macronutrientes, independentemente do tratamento ácido. O pior desempenho ocorreu com os tratamentos testemunha e NK, sendo também observado com o terceiro corte (90 d). Aos 120 dias não ocorreu diferença estatística entre os tratamentos para os dados de MF. Semelhante desempenho pode ser observado com os dados de MS (Tabela 2).

Os tratamentos com o fósforo, na forma de superfosfato simples, geraram as maiores produções quando associado ao nitrogênio e ao potássio e/ou calagem, evidenciando a carência desses nutrientes no solo. Para o fósforo na forma de farinha de ossos calcinada observou-se produções menores, porém com contrastes significantes entre as médias em função dos tratamentos aplicados.

Conforme o decorrer do período experimental, houve uma diminuição nos níveis de resposta na produção da parte aérea da forragem em função do avanço do período da estacionalidade. Contudo, comparando-se a eficiência produtiva, observa-se que os maiores níveis produtivos foram obtidos com o uso de SS associado aos macronutrientes, produzindo cerca de sete vezes mais matéria seca em relação ao tratamento testemunha no período de 120 dias, no período seco do ano (Tabela 3). Níveis de eficiência relativa importantes também ocorreram com o uso da FOC associada aos macronutrientes, produzindo cerca de cinco vezes mais matéria seca, associados ou não a tratamento ácido (Tabela 3).

Na comparação entre as fontes de fosfato isoladamente, tanto o SS como FOC não geraram resultados discrepantes (SS/FOC = 1,08) e sua associação com macronutrientes proporcionaram respostas superiores em média de 23 % para o SS em relação à FOC (Tabela 3).

Para os níveis de resposta da FOC com tratamentos ácidos obteve-se que o uso do ácido acético reduziu em 30 % a produção da MS da parte aérea do tifton em relação ao emprego da FOC sem qualquer tratamento. Já com o uso do HCl houve um aumento em 25 % na produção relativa (Tabela 3).

Em avaliação de comparação de métodos in vitro para determinação da biodisponibilidade de fósforo, Duarte et al. (2003) avaliaram a solubilidade do fósforo de variadas fontes com diferentes extratores. Para água, obtiveram um pequeno nível de solubilidade de 0,05 % o que pode ser aumentado com o uso de outros extratores como o HCl 0,5 %, gerando níveis de solubilidade de 42 % e ácido cítrico 30 % obtendo solubilização completa. Neste estudo, apesar do emprego do dobro da concentração de HCl (1 %) em relação ao usado por Duarte et al. (2003), não foi conseguido uma resposta em produção de MS semelhantes aos níveis observados com o uso de SS para o primeiro corte da parte aérea do tifton. Certamente a quantidade solubilizada com o tratamento ácido foi menor com as observadas na fonte originalmente mais solúvel (SS) e, com a dinâmica desse nutriente no solo nos mecanismos de adsorção (NOVAIS, 1999) não permitiram respostas imediatas como as observadas com o uso do superfosfato simples.

A FOC apresenta em termos nutricionais, uma alternativa viável aos produtores, em especial à agricultura de cunho familiar, pois a mesma apresenta capacidade de substituição do adubo químico, cujos preços são mais elevados, além do fornecimento de cálcio e magnésio e da influência positiva que esta exerce sobre as propriedades químicas, físicas e biológicas do solo. Desta maneira, por se tratar de um produto orgânico rico em nutrientes, o emprego deste resíduo contribui com a otimização/maximização do processo de ciclagem de nutrientes.

CONCLUSÕES – A farinha de ossos calcinada apresentou resultados satisfatórios em produção de parte aérea do capim tifton, mas não superando a produção obtida com o uso de superfosfato simples.

Os tratamentos ácidos para farinha de ossos calcinada não se mostraram eficientes em promover respostas significativamente maiores para a produção do capim tifton.

REFERÊNCIAS

ANGHINONI, I.; ASSMANN, J.M.; MARTINS, A.P.; COSTA, S.E.; CARVALHO, P.C.F. Ciclagem de nutrientes em integração lavoura-pecuária. In: ENCONTRO DE INTEGRAÇÃO LAVOURA - PECUÁRIA NO SUL DO BRASIL, 6., 2011, Pato Branco. **Anais eletrônicos...** Pato Branco: Universidade Tecnológica Federal do Paraná, 2011. Disponível em: <http://www.ufrgs.br/gpep/documents/artigos/2011/Ciclagem%20de%20nutrientes%20em%20iLP.pdf>. Acesso em: 09 abr. 2014.

CHACÓN, E.A.V.; MENDONÇA, E.S.; SILVA, R.R.; LIMA, P.C.; SILVA, I.R.; CANTARUTTI, R.B. Decomposição de fontes orgânicas e mineralização de formas de nitrogênio e fósforo. **Revista Ceres**, Viçosa, v.58, n.3, maio/jun. 2011.

DUARTE, H.C.; GRAÇA, D.S.; BORGES, F.M.O.; DI PAULA, O.J. Comparação de métodos *"in vitro"* para determinação da biodisponibilidade de fósforo. **Arquivo Brasileiro de Medicina Veterinária e Zootecnia**, Belo Horizonte, v.55, n.1, fev. 2003.

FERREIRA, E.V.O.; ANGHINONI, I.; ANDRIGHETTI, M.H.; MARTINS, A.P.; CARVALHO, P.C.F. Ciclagem e balanço de potássio e produtividade de soja na integração lavoura-pecuária sob semeadura direta. **Revista Brasileira de Ciência do Solo**, Viçosa, v.35, n.1, jan./fev. 2011.

MARCELINO, K.R.A. **Reciclagem de nutrientes sob condições de pastejo**. 2002. Trabalho apresentado como requisito parcial para aprovação na Disciplina Tópicos Especiais em Forragicultura, Universidade Federal de Viçosa, Viçosa, 2002.

MATTAR, E.P.L.; FRADE JÚNIOR, E.F.; OLIVEIRA, E. **Cinza de osso**: Fósforo e cálcio para a agricultura. Universidade Federal do Acre: Virtual Books, 2013.

Disponível em: <http://www.ufac.br/portal/agroecologia/Cinzadeossofsforoeclcioparaaagricultura.pdf>. Acesso em: 07 abr. 2014.

NOVAIS, R.F. Utilização de fosfatos naturais de baixa reatividade. In: RIBEIRO, A.C.; GUIMARÃES, P.T.G.; V., V.H.A. (Eds.). **Comissão de fertilidade do solo do estado de Minas Gerais – Recomendações para o uso de corretivos e fertilizantes em Minas Gerais – 5ª aproximação.** Viçosa, 1999. p.62-63.

RONDÔNIA, ano 2007. Porto Velho: SEDAM, 2010. 40p.

SCHUMACHER, M.V.; BRUN, E.J.; RODRIGUES, L.M.; SANTOS, E.M. Retorno de nutrientes via deposição de serapilheira em um povoamento de acácia-negra (*Acacia mearnsii* De Wild.) no estado do Rio Grande do Sul. **Revista Árvore**, Viçosa, v.27, n.6, p.791-798, 2003.

SILVA, F.A.S.; AZEVEDO, C.A.V. **Assistência Estatística**. DEAG-CTRN-UFCG, Campina Grande, 2004.

Tabela 1. Valores médios de matéria fresca (g m^{-2}) de capim tifton 85 adubado com farinha de ossos calcinada (FOC), tratada ou não com ácido acético ou clorídrico (1 %) e superfosfato simples (SS) na base de 100 kg ha^{-1} P_2O_5, associados ou não adubação nitrogenada (N), potássica (K) e a calcário (Ca), em função dos intervalos de corte a cada 30 dias.

Tratamentos	Matéria Fresca (g m^{-2})			
	1º Corte	2º Corte	3º Corte	4º Corte
Testemunha	12,78 c	2,46 c	5,55 b	5,68 a
SS	15,12 c	12,98 b	12,86 a	10,49 a
SS, NK	70,22 a	18,66 a	14,41 a	9,74 a
SS, NK Ca	64,81 a	19,63 a	16,79 a	11,45 a
FOC	17,00 c	10,90 b	11,90 a	8,38 a
FOC, NK	20,50 c	32,31 a	17,44 a	15,12 a
FOC, NK Ca	36,52 b	22,17 a	18,03 a	11,40 a
$FOC_{Acético}$	6,74 c	7,43 b	12,89 a	7,51 a
$FOC_{Acético}$ NK	24,20 b	23,12 a	15,71 a	8,78 a
$FOC_{Acético}$ NK Ca	16,07 c	18,83 a	18,46 a	9,84 a
FOC_{HCl}	10,70 c	13,95 b	20,80 a	17,31 a
FOC_{HCl} NK	35,72 b	25,29 a	14,69 a	8,93 a
FOC_{HCl} NK Ca	32,34 b	26,34 a	16,90 a	10,45 a
NK	3,62 c	1,10 c	0,45 b	0,34 a
CV (%)	40,54	32,36	28,53	57,22

Médias seguidas de letras minúsculas diferentes na coluna diferem pelo teste de Scott-Knott (p<0,05).

Tabela 2. Valores médios de matéria seca (g m^{-2}) de capim tifton 85 adubado com farinha de ossos calcinada (FOC), tratada ou não com ácido acético ou clorídrico (1 %) e superfosfato simples (SS) na base de 100 kg ha^{-1} P$_2$O$_5$, associados ou não adubação nitrogenada (N), potássica (K) e a calcário (Ca), em função dos intervalos de corte a cada 30 dias.

Tratamentos	Matéria Seca (g m^{-2})			
	1º Corte	2º Corte	3º Corte	4º Corte
Testemunha	0,91 c	0,66 d	1,28 b	1,45 a
SS	4,29 c	3,96 c	2,93 a	3,67 a
SS, NK	18,03 a	6,21 b	3,43 a	3,15 a
SS, N Ca	15,38 a	6.07 b	3,99 a	3,76 a
FOC	4,84 c	3,29 c	2,75 a	2,78 a
FOC, NK	4,70 c	11,37 a	4,12 a	4,59 a
FOC, N Ca	8,79 b	6,86 b	4,27 a	3,85 a
FOC$_{Acético}$	1,87 c	2,40 c	3,05 a	2,30 a
FOC$_{Acético}$ NK	6,04 b	6,72 b	3,80 a	2,79 a
FOC$_{Acético}$ NK Ca	7,15 b	6,17 b	4,18 a	2,99 a
FOC$_{HCl}$	3,09 c	4,36 c	4,80 a	4,93 a
FOC$_{HCl}$ NK	9,54 b	8,32 b	3,41 a	3,43 a
FOC$_{HCl}$ NK Ca	8,04 b	7,99 b	3,93 a	3,57 a
NK	1,03 c	0,36 d	0,10 b	0,18 a
CV (%)	42,14	32,72	29,31	49,46

Médias seguidas de letras minúsculas diferentes na coluna diferem pelo teste de Scott-Knott (p<0,05).

Tabela 3. Relação entre as produções médias de matéria seca (g m^{-2}) dos tratamentos submetidos a duas fontes de fosfato (Super simples – SS e Farinha de Ossos Calcinada– FOC) para o capim tifton (*Cynodon dactilon*).

Tratamentos	Relação numérica	Resultado
SS/ Testemunha	14,85/4,3	= 3,45
SS, NK/ Testemunha	30,82/4,3	= 7,16
SS, NK Ca/ Testemunha	29,20/4,3	= 6,79
FOC/ Testemunha	13,66/4,3	= 3,17
FOC, NK/ Testemunha	24,78/4,3	= 5,76
FOC, NK Ca/ Testemunha	23,77/4,3	= 5,52
FOC$_{Acético}$/ Testemunha	9,62/4,3	= 2,23
FOC$_{Acético}$ NK/ Testemunha	19,35/4,3	= 4,50
FOC$_{Acético}$ NK Ca/ Testemunha	20,49/4,3	= 4,76
FOC$_{HCl}$/ Testemunha	17,18/4,3	= 3,99
FOC$_{HCl}$ NK/ Testemunha	24,70/4,3	= 5,74
FOC$_{HCl}$ NK Ca/ Testemunha	23,53/4,3	= 5,47
NK/ Testemunha	1,67/4,3	= 0,38
SS/FOC	14,85/13,66	= 1,08
SS, NK/FOC NK	30,82/24,78	= 1,24
SS NK Ca/FOC NK Ca	29,20/23,77	= 1,22
FOC$_{Acético}$/FOC	9,62/13,66	= 0,70
FOC$_{HCl}$/FOC	17,18/13,66	= 1,25

Tratamentos: SS (superfosfato simples; 100 kg ha^{-1} de P$_2$O$_5$), FOC (Farinha de ossos calcinada; 100 kg ha^{-1} de P$_2$O$_5$), Nitrogênio (60 kg ha^{-1} de N-ureia), Potássio (60 kg ha^{-1} de K$_2$O-KCl) e Ca (calcário 97% PRNT; quantidade equivalente a 2,5 t ha^{-1}).

Comparação de métodos para a determinação de carbono em solos no estado do Acre

Lucielio Manoel da Silva[1]; Maria de Jesus Mendes Rodrigues[2]; Paulo Guilherme Salvador Wadt[3]; André Marcelo de Souza[4]; Luis Claudio de Oliveira[1]

(1) Embrapa Acre, BR 364, Km 14, BR465, 69970-180 – Rio Branco – AC. E-mail: lucielio.silva@embrapa.br (2) Pós-Graduação Ciência, Inovação e Tecnologia para a Amazônia. E-mail: mariadejesus2008@bol.com.br (3) Embrapa Rondônia, Rodovia BR-364, Km 5,5, CEP: 76815-800 - Porto Velho – RO. E-mail: paulo.wadt@embrapa.br (4) Embrapa Solos, Rua Jardim Botânico, nº 1.024, Bairro Jardim Botânico, CEP: 22460-000, Rio de Janeiro, RJ

RESUMO – O presente trabalho teve por objetivo comparar dois métodos para determinação de carbono em solos: o método de oxidação com dicromato em meio ácido com o de determinação elementar. Foram utilizadas 190 amostras de solos coletadas no Estado do Acre, as quais foram tomadas em triplicadas e analisadas pelo método de oxidação por dicromato e em duplicatas no analisador elementar. Os teores de carbono no solo variaram de 0,33 a 26,28 por oxidação úmida e 1,66 a 48,90 pelo método elementar. Observou-se alta correlação entre os métodos, com coeficiente de determinação acima de 0,90.

Palavras-chave: Matéria orgânica, manejo de solo, dinâmica de nutrientes.

INTRODUÇÃO – O solo é considerado a principal reserva de carbono do mundo, todavia, alterações no sistema de uso da terra podem afetar esses estoques, sendo a perda de carbono no solo mais frequente quando solos agrícolas são manejados de forma incorreta dado que fração importante do carbono presente no solo encontra-se na forma de compostos orgânicos oxidáveis e portanto, sendo sensível a alterações em seu teor (CORSI et al., 2012).

O monitoramento do estoque de carbono no solo depende de técnicas analíticas para sua quantificação rápida e precisa. A grande maioria dos laboratórios de análises de solos no Brasil ainda utiliza métodos baseados na oxidação da matéria orgânica na presença de dicromato de potássio em meio intensamente ácido (WALKLEY; BLACK, 1934), apesar da existência de diversas técnicas analíticas modernas.

O método do dicromato de potássio consiste de uma técnica simples e rápida, embora os reagentes utilizados sejam nocivos à saúde e ao meio ambiente.

Ainda, o método do dicromato apresenta baixa exatidão, por isso é usado um fator para compensar a oxidação parcial, uma vez que formas de carbono mais estáveis, como aquelas ligadas aos carvões, carbonatos e humina, não são totalmente oxidadas pelo dicromato.

Devido às desvantagens apresentadas pelo método proposto por Walkley e Black (1934) e o aumento crescente da preocupação com o meio ambiente e a exigência de se determinar o teor de carbono mais próximo possível do teor do solo, nas últimas décadas surgiram técnicas que suprem essas necessidades.

Dentre estas a que mais ganhou espaço nos últimos anos foi a de determinação elementar. Essa técnica é baseada na oxidação das amostras em temperatura de aproximadamente de 1000 °C. Nessa temperatura o carbono do solo é oxidado em forma de CO_2 que é quantificado ao passar pelo detector. Essa técnica além de gerar menos resíduos tóxicos, determina o mais próximo do valor real do elemento no solo.

Entretanto, para a adoção de qualquer nova técnica faz-se necessários estudos de comparação com os métodos adotados em rotina, visando estabelecer correlação entre os valores estimados pela técnica convencional com aquela resultante da técnica proposta.

Nesse sentido o presente trabalho tem como objetivo comparar a técnica de oxidação por dicromato e a de determinação elementar na determinação de carbono em amostras de Solos do Estado do Acre.

MATERIAL E MÉTODOS – Foram selecionadas de forma aleatória 190 amostras da soloteca do laboratório de Solos da Embrapa Acre. A seleção foi aleatória e estratificada. A estratificação foi feita para incluir amostras representativas das diferentes de classe de solos, diferente manejos, mineralogia e granulometria e dentro de cada um destes grupos, as amostras foram aleatorizadas.

Inicialmente, o teor de carbono foi determinado em triplicatas seguindo o método Walkley e Black (1934) (WB), que consistiu em pesar 0,5 g de solo passado em peneira de 2 mm, adicionando 5 mL de $K_2Cr_2O_7$ 0,166 mol L^{-1} e 10 mL de H_2SO_4 concentrado. Após a oxidação do carbono, foi adicionado 47 mL de água destilada e 3 mL de H_3PO_4 e realizou-se a titulação do excedente do dicromato com sulfato ferroso amoniacal $[(NH_4)_2Fe(SO_4)_2.6H_2O)]$ a 0,2 mol L^{-1}, na presença de difenilamina com indicador.

As análises pelo método elementar foram realizadas em duplicatas. Para tanto, pesaram-se cerca de 25 mg de cada amostra, após macerado em almofariz de ágata. Posteriormente, as amostras foram analisadas em um determinador elementar, onde o carbono foi todo oxidado na forma do gás dióxido de carbono.

Após os procedimentos laboratoriais, os resultados analíticos foram tabulados e realizadas analises estatísticas de correlação de Pearson usando o Programa SAS, considerando o teor de carbono obtido pelo método de determinação elementar como variável independente. Também foi calculado fator de correção seguindo a metodologia sugerida por Gatto et al., (2009) que considera o método de determinação elementar como o de referência.

RESULTADOS E DISCUSSÃO – Os teores de cálcio pelo método de WB variou de 0,33 a 26,28 g kg^{-1} com média de 5,93 g kg^{-1}. O coeficiente de variação médio foi 6,35 %. No método de análise elementar o teor de carbono médio foi de 9,29, variando de 1,6 a 48,90. Para esse método o coeficiente de variação médio foi 4,92 %. Em ambos os métodos os valores dos coeficientes de variação médios foram abaixo de 10 %, mantendo-se praticamente constante independente do teor de carbono (Figura 1).

Quando os teores de carbono foram comparados entre os dois métodos e considerando o método analisador elementar como sendo o método que determina 100 % do carbono no solo, verificou-se que o método WB determinou, em média, apenas 64 % do carbono existente no solo.

Essa determinação parcial do carbono existente no solo pode ser devido ao fato de que o método de WB oxida parcialmente as formas de carbono no solo, não sendo eficiente em oxidar o carbono presente, principalmente, nos carvões e nos carbonados.

Entretanto, o valor de recuperação de carbono pelo método de WB usado no presente trabalho está de acordo com os dados da literatura, onde essa recuperação variar de 60 a 86 %.

Adotando-se a metodologia proposta por Gatto et al., (2009) que considera o método elementar como referência, o fator de correção para os solos do Acre quando a análise for realizada por WB deve ser de 1,59.

Vale ressaltar que o laboratório de solos da Embrapa Acre, responsável por grande parte das análises do estado, usa o método de WB, atribuindo um fator de correção de 1,32, proposto pelos próprios autores do método de WB para compensar a oxidação parcial do carbono. Assim, para que se possam corrigir os valores a fim de comparação de resultados entre o método adotado no referido laboratório e o método de referência se faz necessária a aplicação do fator adicional de 1,20 nos resultados obtidos até o momento, para que se possa efetivamente ter uma estimativa mais precisa do carbono presente nos solos.

Pela análise de correlação observa-se que houve alta correlação entre os métodos, apresentando R^2 de 0,90 (Figura 2), indicando que o método do WB pode ser utilizado para determinar o carbono no solo, aplicando-se o fator de correção de 1,59.

CONCLUSÕES – Recomenda-se que o fator de correção para o método de Walkley e Black (1934) seja de 1,59 e que os resultados analíticos obtidos sem o uso deste fator sejam corrigidos por um fator adicional de 1,20.

REFERÊNCIAS

GATTO, A.; BARROS, N.F.; NOVAIS, R.F.; SILVA, I.R.; SÁ MENDONÇA, E.; VILLANI, E.M.A. Comparação de métodos de determinação do carbono orgânico em solos cultivados com eucalipto. **Revista Brasileira de Ciência do Solo**, v.33, p.735-740, 2009.

CORSI, S.; FRIEDRICH,T.; KASSAM. A.; PISANTE,M.; SÀ, J.M. Soil organic carbon accumulation and carbon budget in conservation agriculture: a literature review. **Integrated Crop Management**, v.16, p.1-41,2012.

WALKLEY, A. & BLACK. I.A. An examination of the Degtjareff method for determining soil organic matter and a proposed modification of the chromic acid titration method. **Soil Science**, v.37, p.29-38, 1934.

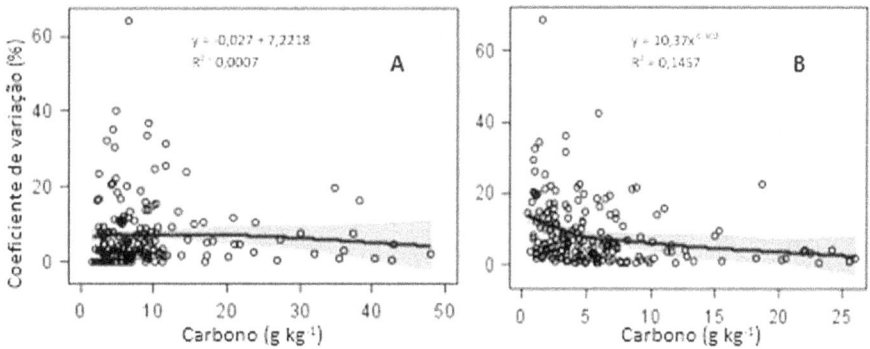

Figura 1. Coeficiente de variação dos dois métodos testados. A: Método de análise elementar; B: oxidação por dicromato em meio ácido.

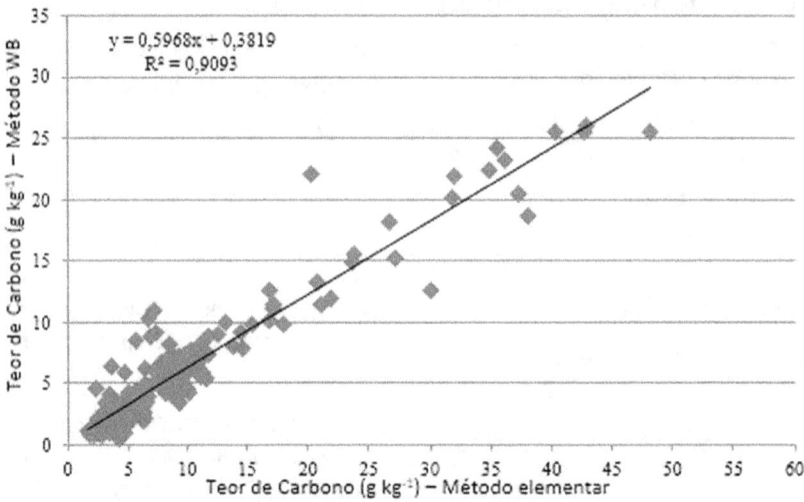

Teor de Carbono (g kg^{-1}) – Método elementar

Figura 2. Correlação entre os teores de carbono em amostras de solos do Estado do Acre determinado pelos métodos elementar e oxidação com dicromato. WB: Walkley e Black (1934).

Dispersantes químicos e tipos de agitação mecânica na determinação das frações granulométricas de solos do estado do Acre

Lucielio Manoel da Silva[1]; Rayany Andarde Martis[2]; Paulo Guilherme Salvador Wadt[3]; João Herbert Moreira Viana[3]; Guilherme Kangussu Donagemma[3]

(1) Analista de pesquisa, Embrapa Acre, BR 364 km 14, Rio Branco, Acre. E-mail: lucielio.silva@embrapa.br (2) Mestrando do Curso de Pós-Graduação em Agronomia da Universidade Federal do Acre, Rio Branco, Acre. E-mail: rayany_andrade@hotmail.com (3) Pesquisador, Embrapa. E-mail: paulo.wadt@embrapa.br; guilherme.donagemma@embrapa.br; joao.herbert@embrapa.br

RESUMO – A distribuição granulométrica do solo é um atributo físico usado em diversas aplicações na agricultura. Esse atributo é determinado usando, na maioria dos solos do Brasil, o dispersante químico solução de NaOH 1 mol L^{-1} para dispersar a suspensão. Entretanto, para alguns solos, outros dispersantes são mais eficientes que o NaOH. Diante disso, o presente trabalho objetivou avaliar a eficiência de três dispersantes químicos e de dois tipos de agitação mecânica para a dispersão de solos do estado do Acre. Foram usados oito solos estudados na IX Reunião Brasileira de Classificação e Correlação de Solos; um Espodossolo (AC-P01); um Latossolo (AC-P02); quatro Argissolos Vermelhos (AC-P04, AC-P05, AC-P09 e AC-P10; um Vertissolo (AC-P11) e um Plintossolo (AC-P13). Os três dispersantes químicos usados foram o NaOH, $(NaPO_3)_6$ e $NaOH+(NaPO_3)_6$ e os agitadores tipo Wagner e orbital com movimento circular, como tipos de agitação mecânica. Observou-se que o dispersante $NaOH+(NaPO_3)_6$ foi mais eficiente que os demais para os solos estudados. Quanto à agitação mecânica, houve diferença estatística entre os métodos, sendo o agitador orbital mais eficiente para os solos AC-P02, AC-P05 e AC-P13 e o Wagner para os solos AC-P02 e AC-P09.

Palavras-chave: Solos sedimentares, Formação Solimões, textura, Formação Cruzeiro do Sul.

INTRODUÇÃO – A análise granulométrica do solo consiste em determinar a proporção das frações argila, silte e areia, podendo essa última subdividir-se em areia muito grossa, grossa, média, fina e muito fina.

O conhecimento da granulometria do solo tem diversas aplicações práticas para a agricultura. É usado como referência em portarias normativas do Ministério do Desenvolvimento Agrário para a determinação do potencial agrícola das terras com base no teor de argila, para subsidiar a definição de unidades de uso da terra aptas ao crédito agrícola no zoneamento edafoclimático do cafeeiro (PORTARIA..., 2005) ou algodão (PORTARIA..., 2008), ou diretamente no manejo da correção do solo. Faz também parte dos critérios das políticas agrícolas para liberação de financiamento e de seguro agrícolas (INSTRUÇÃO..., 2008). Também pode ser utilizada, associada ou não, a outros indicadores, para estimar diversas propriedades do solo por meio de equações de pedotransferência, além de ser um atributo usado na classificação dos solos (EMBRAPA, 2013).

No Brasil, o método de quantificação das frações finas (argila e silte) mais usado nos laboratórios de prestação de serviços é o do densímetro, e nos de pesquisa é o da pipeta. O dispersante químico mais usado é a solução de NaOH 1 mol L^{-1} (EMBRAPA, 2011). No estado de São Paulo, o dispersante oficial é a mistura $NaOH+(NaPO_3)_6$ (CAMARGO et al., 2009). Mauri et al. (2011), ao compararem diversos dispersantes a base de sódio e lítio em amostras de oito Latossolos do estado de Minas Gerais, concluíram que o NaOH ainda foi o mais eficiente. Rodrigues et al., (2009), comparando a eficiência da dispersão do NaOH e do $(NaPO_3)_6$ para diferentes tipos de solos do Ceará e do Rio Grande do Sul, também, concluíram que o NaOH é o dispersante mais eficiente.

A utilização do dispersante está relacionada à classe de solo e mais diretamente às propriedades do solo, como textura, mineralogia da fração argila e a presença de carbonatos e de sais. Com relação à dispersão física, têm sido usadas a agitação rápida (12.000 rpm) e lenta (50 a 180 rpm) (Embrapa, 1997; CAMARGO et al., 2009; DONAGEMMA et al.; 2011). Para a agitação lenta são ainda usados diferentes agitadores, tempos de agitação e de rotação. No caso da agitação lenta, têm sido mais utilizados o agitador tipo Wagner e o agitador reciprocante. Nesse sentido, verifica-se a necessidade de padronização dos métodos da análise granulométrica, sobretudo regionalmente, verificando a agitação e o dispersante mais adequados para uma dispersão eficiente do solo. Para os solos mais utilizados na agricultura do Sudeste e Centro-Oeste, o procedimento padronizado já se encontra publicado (ALMEIDA et al.; 2012) e fará parte da nova versão do Manual de Métodos da Embrapa.

A padronização de métodos para análise granulométrica para solos da região Norte, incluindo o estado do Acre, ainda não foi feita. Ressalta-se que os solos desta região apresentam uma grande variabilidade mineralógica da fração argila, cujas propriedades físico-químicas podem afetar o processo de dispersão (ANJOS et al., 2013). Diferentemente dos solos mais intemperizados da porção central do Brasil, áreas extensas do Acre são cobertas por solos derivados da Formação Solimões, constituídos por sedimentos recentes de mineralogia montmorillonítica, que tem comportamentos distintos dos solos cauliníticos e oxídicos mais comuns em outras regiões.

Diante do exposto, o objetivo deste trabalho foi comparar o desempenho de três dispersantes químicos e de dois tipos de agitação em amostras de solos do estado do Acre.

MATERIAL E MÉTODOS – As análises foram realizadas em oito amostras representativas de solos da Formação Solimões e Formação Cruzeiro do Sul, no estado do Acre, em horizontes de perfis descritos no Guia de Campo da IX Reunião Brasileira de Classificação e Correlação de Solos (ANJOS et al., 2013). As amostras foram selecionadas em função das diferenças observadas nas características químicas e físicas, principalmente quanto à CTC, à saturação por bases e às frações granulométricas (Tabela 1).

Todas as amostras foram secas em estufa de circulação forçada, na temperatura de 45 °C, e, a seguir, passadas em peneiras de 2 mm, consistindo no equivalente à Terra Fina Seca ao Ar (TFSA).

Foram usados três dispersantes químicos; solução de hidróxido de sódio 1 mol L^{-1}; hexametafosfato de sódio (35,7 g L^{-1}); e a mistura desses dois, conforme recomendação da Embrapa (2011) e IAC (2009). O procedimento consistiu na pesagem de 20 g de cada amostra, adição de 10 mL de dispersante e 100 mL de água, no caso do NaOH e do $(NaPO_3)_6$ e de 100 mL do dispersante da mistura do dois reagentes.

Após a mistura, as amostras foram submetidas à agitação, por dois tipos de agitação: (a) agitação lenta em agitador de Wagner por um período contínuo de 16 horas, a 50 rpm; e (b) agitação lenta em mesa agitadora do tipo orbital com movimento circular a 150 rpm por 16 horas.

Após esse período, a suspensão foi passada em peneira de 0,053 mm e o material que não foi retido na peneira foi transferido para a proveta, completando-se o volume para 1000 mL. A seguir, agitou-se a suspensão por 20 segundos com um bastão, retirando-se com auxílio de uma pipeta volumétrica, na profundidade de 5 cm da superfície da suspensão na proveta, uma amostra de 50 ml para a determinação da massa de silte e argila na suspensão (RUIZ, 2005). Transferiu-se para bequer de 50 mL e secou-se a 105 °C por 24 horas e, posteriormente, pesou-se em balança analítica.

Após a retirada da suspensão de silte + argila, determinou-se a temperatura da suspensão e obteve-se o tempo de sedimentação da argila, com base na equação de Stokes. Após este tempo, pipetou-se da mesma maneira a suspensão de argila, procedendo-se a secagem e, após 24 horas, a pesagem. Neste trabalho consideraram-se o dispersante e o método de agitação mais eficientes aqueles com os quais foram obtidos os maiores teores de argila.

RESULTADOS E DISCUSSÃO – Houve diferença estatística entre os três dispersantes químicos testados para maioria das classes de solos, com exceção do AC-P02 e AC-P04 para os quais não houve diferença entre os três dispersantes (Tabela 2).

O dispersante NaOH+(NaPO$_3$)$_6$ foi mais eficiente nos solos AC-P01, AC-P05 e AC-P11. Porém, não se diferenciou estaticamente do hexametafosfato no AC-P09 e AC-P10, nem do NaOH no AC-P13, sendo os dispersantes que dispersaram maior teor de argila respectivamente para esse solo (Tabela 2).

Cunha et al. (2014) concluíram que o NaOH foi o dispersante químico mais adequado na análise granulométrica em 26 solos do estado de Pernambuco, por apresentar maior efetividade em relação ao (NaPO$_3$)$_6$+NaOH ou (NaPO$_3$)$_6$ + Na$_2$CO$_3$ na desagregação da argila.

Souza Neto et al. (2009) estudaram o efeito dos diferentes dispersantes químicos (NaOH 0,1 mol L^{-1}; NaOH 1 mol L^{-1}, (NaPO$_3$)$_6$ 0,1 mol L^{-1}; HCl+NaOH 0,1 mol L^{-1} e HCL+NaOH 1 mol L^{-1}) em Latossolo irrigado e sob mata nativa. Observou-se que todos os dispersantes proporcionaram maior desagregação da argila no solo sob mata nativa, no entanto, exceção foi observada para o HCL+NaOH 1 mol L^{-1}, que não apresentou diferença estatística entre os solos estudados. Os autores atribuíram esse resultado ao alto teor de Ca no solo irrigado (cerca de seis vezes superior, devido à precipitação da água utilizada) sendo que a utilização de HCL 1 mol L^{-1} foi capaz de solubilizar o precipitado de Ca, liberando CO$_2$ na forma de gás para a atmosfera.

Quanto ao tipo de agitação mecânica, observa-se que os teores de argila apresentaram diferença significativa entre os dois métodos testados. Entre as oito classes de solos estudadas, o agitador orbital com movimento circular apresentou maior desagregação de argila nos solos AC-P04, AC-P05 e AC-P13 e o tipo Wagner no AC-P02 e AC-P09. Para os demais solos não houve diferença estatística.

Miyazawa e Barbosa (2011) compararam o processo de dispersão física por movimento reciprocante, 180 rpm, 2 h de agitação; Coqueteleira, 3.200 rpm, 15 min de agitação; Coqueteleira 12.500 rpm, 15 min de agitação; Movimento circular, 220 rpm, 2 h de agitação nas determinações de dois Latossolos e concluíram que a agitação em coqueteleira 12.500 rpm e agitação por movimento reciprocante 180 rpm mostraram ser mais efetivas, ao gerar maior proporção de argila.

CONCLUSÕES – A mistura NaOH+(NaPO$_3$)$_6$ sódio se mostrou efetiva para todos os solos estudados, podendo ser recomendada para os solos do Acre. Recomenda-se nesse momento a dispersão com a agitação com agitador tipo Wagner, 50 rpm por 16 horas. O estudo da dispersão de argila nos diferentes solos, em resposta ao tipo de agitador, no entanto, deve ser aprofundada para se recomendar a mais adequada.

REFERÊNCIAS

ANJOS, L.H.C.; JACOMINE, P.K.T.; OLIVEIRA, V.A.; BARDALES, N.G.; ARAÚJO, E.A. de; FRANCELINO, M.R.; CALDERANO, S.B. Caracterização morfológica, química, física, mineralógica e classificação dos solos estudados na IX Reunião Brasileira de Classificação e Correlação de Solos. In: SILVA, L.M.; WADT, P.G.S.; ANJOS, L.H.C.; PEREIRA, M.G.; LUMBREIRAS, F.J.; COSTA, F. S. (Ed.). **Guia de Campo da IX Reunião Brasileira de Classificação e Correlação de Solos**. Rio de Janeiro: Embrapa; Viçosa: SBCS. 2012.

ALMEIDA, B.G.; DONAGEMMA, G.K.; RUIZ, H.A.; BRAIDA, J.A. ; VIANA, J.H.M.; REICHERT, J.M.M.; OLIVEIRA, L.B.; CEDDIA, M.B.; WADT, P.S.; FERNANDES, R.B.A.; PASSOS, R.R.; DECHEN, S.C.F.; KLEIN, V.A.; TEIXEIRA, W.G. **Padronização de Métodos para Análise Granulométrica no Brasil**. Rio de Janeiro: Embrapa, 2012. 11p. (Comunicado técnico, 66).

CAMARGO, O.A.; MONIZ, A.C.; JORGE, J.A.; VALADARES, J.M.A.S. **Métodos de Analise Química, Mineralógica e Física de Solos do Instituto Agronômico de Campinas**. Campinas, Instituto Agronômico, 2009. 77p. (Boletim técnico, 106, Edição revista e atualizada).

CUNHA, J.C.; FREIRE, M.B.G. dos.; RUIZ, H.A.; FERNANDES, R.B.A.; ALVAREZ V.; V.H. Comparação de dispersantes químicos na análise granulométrica de solos do estado de Pernambuco. **Revista Brasileira de Engenharia Agrícola e Ambiental**, Campina Grande, PB, v.18, n.8, p.783–789, 2014.

DONAGEMMA, G.K.; CAMPOS, D.V.B.; CALDERANO, S.B.; TEIXEIRA, W.G.; VIANA, J.H.M. (Org.). **Manual de métodos de análise de solos**. Rio de Janeiro: Embrapa Solos, 2011. 230p. (Embrapa Solos. Documentos; 132).

EMPRESA BRASILEIRA DE PESQUISA AGROPECUÁRIA - EMBRAPA. Centro Nacional de Pesquisa de Solos. **Sistema Brasileiro de Classificação de Solos**. 3. ed. Rio de Janeiro: Embrapa Solos, 2013.

EMPRESA BRASILEIRA DE PESQUISA AGROPECUÁRIA – EMBRAPA. **Manual de métodos de análise de solo**. 2. ed. Rio de Janeiro: Centro Nacional de pesquisa de Solos, 1997. 212p.

INSTRUÇÃO NORMATIVA Nº 2. Ministério da Agricultura Pecuária e Abastecimento. Documento digital. www.agricultura.gov.br.

MAURI, J.; RUIZ, H.A.; FERNADES, B.A.; KER, J.C.; REZENDE, L.R.M. Dispersantes químicos na análise granulométrica de Latossolos. **Revista Brasileira de Ciência do Solo**, v.29, p.1277-1284, 2011.

MIYAZAWA, M.; BARBOSA, G.M.C. de. Efeitos da agitação mecânica e matéria orgânica na análise granulométrica do solo. **Revista Brasileira de Engenharia Agrícola e Ambiental**, Campina Grande, PB, v.15, n.7, p.680–685, 2011.

PORTARIA 58 DE 11 DE JULHO DE 2005, Ministério da Agricultura, Pecuária e Abastecimento.

PORTARIA 141 DE 11 DE JULHO DE 2008, Secretaria de Política Agrícola. Departamento de Gestão de Risco Rural.

RODRIGUES, W.S.; LACERDA, N.B.; OLIVEIRA, T.S. Análise granulométrica em solos de diferentes classes por agitação horizontal. **Revista Ciência Agronômica**, Fortaleza, v.40, n.4, p.474-485, out-dez, 2009.

RUIZ, H.A. Incremento da exatidão da Análise Granulométrica do solo por meio da coleta da suspensão (silte + argila). **Revista Brasileira de Ciência do Solo**, v.29, p.297-300, 2005.

SOUSA NETO, E.L. de.; FIGUEIREDO, L.H.A.; BEUTLER, A.N. Dispersão da fração argila de um Latossolo sob diferentes sistemas de uso e dispersantes. **Revista Brasileira de Ciência do Solo**, Viçosa, MG, v.33, p.723-728, 2009.

WADT, P.G.S.; CRAVO, M.S. Interpretação de resultados de análises de solos. In: WADT, P.G.S. (Ed.). **Manejo do solo e recomendação de adubação para o Estado do Acre**. Rio Branco, AC: Embrapa Acre, 2005. p.245-252.

Tabela 1. Características físicas e químicas das amostras de solos utilizadas.

Perfil	Classe	Horizonte	Areia grossa	Areia Fina	Silte	Argila	pH água	T	V	Grau de floculação
			g kg⁻¹					cmol_c kg⁻¹	%	
AC-P01	Espodossolo Humilívico	Ap	400	408	112	80	5,1	2,3	9	75
AC-P02	Latossolo Amarelo	Bw1	280	380	75	265	5,3	3,4	12	100
AC-P04	Argissolo Vermelho	Bt2	18	150	293	539	5,1	11,7	3	100
AC-P05	Argissolo Vermelho	BC	7	29	296	668	5,3	26,5	21	100
AC-P09	Argissolo Vermelho Amarelo	Bt2	6	501	147	346	5,5	24,7	39	100
AC-P10	Argissolo Vermelho Amarelo	Bt1	13	83	279	625	5,7	23,2	55	68
AC-P11	Vertissolo Háplico	BA	13	76	366	545	5,2	27,8	74	76
AC-P13	Plintossolo Argilúvico	Btf1	23	30	249	698	5,0	19,8	19,8	100

Fonte: Anjos et al. (2013).

Tabela 2. Teores argila em diferentes solos obtidos por três diferentes tipos de dispersantes químicos (NaOH, (NaPO$_3$)$_6$ e NaOH+(NaPO$_3$)$_6$) e dois tipos de dispersão física (agitador Wagner e mesa orbital com movimento circular).

Solo	Dispersante químico			Agitador	
	NaOH	(NaPO$_3$)$_6$	NaOH+ (NaPO$_3$)$_6$	Wagner	Orbital
	Teor de argila (g kg⁻¹)				
AC-P01	3,3 a	9,6 b	11,4 c	7,7 A	8,5 A
AC-P02	215,6 a	217,8 a	219,9 a	220,7 B	214,9 A
AC-P04	460,0 a	455,2 a	453,4 a	452,3 A	460,1 B
AC-P05	540,8 a	538,1 a	550,6 b	540,0 A	546,3 B
AC-P09	304,9 a	340,9 b	338,0 b	333,5 B	322,4 A
AC-P10	651,1 a	663,1 b	663,6 b	658,4 A	660,1 A
AC-P11	732,1 b	666,9 a	763,9 c	718,3 A	723,7 A
AC-P13	676,9 b	662,1 a	676,4 b	662,3 A	681,4 B

Médias seguidas de mesma letra, na linha, não diferem estatisticamente em nível de 5 % de probabilidade pelo teste de Tukey.

Efeito do fogo nas propriedades químicas do solo em um fragmento de floresta nativa e plantio de cupuaçu em Porto Velho, Rondônia

Paulo Humberto Marcante[1]; Marília Locatelli[2]; Mayra Costa dos Reis[3]; Gleice Gomes Costa[4]

(1) Biólogo, Embrapa Rondônia, BR 364 km 5,5, Cidade Jardim, CEP 76815-800, Porto Velho, RO. E-mail: paulo.marcante@embrapa.br (2) Pesquisadora da Embrapa Rondônia e Professora do Mestrado em Geografia da UNIR, BR 364 km 5,5, Cidade Jardim, CEP76815-800, Porto Velho, RO. E-mail: marilia.locatelli@embrapa.br (3) Acadêmica do Curso de Engenharia Florestal da FARO, Bolsista PIBIC/CNPq, Embrapa Rondônia Porto Velho, RO. E-mail: mayracostareis@hotmail.com (4) Graduanda em Engenharia Florestal da FARO, Porto Velho, RO. E-mail: gleice.costa@live.com

RESUMO – Todos os anos grandes áreas da floresta Amazônica são atingidas com incêndios decorrentes de ações antrópicas, e essas áreas sofrem várias alterações bióticas e abióticas pelo efeito do fogo. Dentre essas alterações se encontram os efeitos do fogo sobre a fauna, flora e o solo, que sustenta toda a cobertura vegetal. O objetivo desse trabalho foi avaliar as alterações químicas do solo em uma área de floresta nativa, e uma área de plantio de cupuaçu com idade de 20 anos, após um incêndio, ocorrido no Campo Experimental da EMBRAPA no município de Porto Velho – RO. Foram realizadas coletas de amostras de solo, nas profundidades de 0 a 20 cm e 20 a 40 cm, na mata e cupuaçu não queimados, e na mata e cupuaçu queimados, em dois momentos, logo após a ocorrência do fogo e aos 72 meses após. Para efeito comparativo foram analisados além da matéria orgânica (MO), os seguintes parâmetros químicos do solo: pH, P, K, Ca, Mg, H+Al, Al, V% e C orgânico. Pela análise de solo verificou-se que a maioria dos atributos químicos do solo sofreu pequenas alterações e que após setenta e dois meses da ocorrência do fogo esses atributos voltaram a seus valores iniciais ou muito próximos a esses.

Palavras-chave: Solo, alteração química, incêndio, fertilidade.

INTRODUÇÃO - Fogo designa o fenômeno físico que é resultado da combustão de material orgânico (madeira, por exemplo) e o oxigênio. Produzindo calor (SOARES; BATISTA, 2007,).

O fogo foi uma das primeiras fontes de energia descobertas e dominadas pelo homem, na qual constitui um fenômeno natural que sempre existiu, contribuindo para a predominância de diversos ecossistemas terrestres. (SOARES, 1995).

Um incêndio florestal pode ter várias etapas, incialmente ele queima o material lenhoso gerando grande calor, que causa a morte das plantas, prejudica a fauna, danifica o solo, alterando suas propriedades. Também os resíduos minerais do combustível causam importantes mudanças na química do solo e nutrição das plantas (SOARES; BATISTA, 2007).

Dessa maneira, o fogo em um curto espaço de tempo, torna-se um causador da mineralização, devido às cinzas com alta concentração de P, K e Ca, fazendo com que se aumente a disponibilidade de nutrientes para o crescimento das plantas, especialmente em profundidades menores que 0,5 cm de solo (COUTINHO, 1990; KAUFFMAN et al., 1994).

Além das alterações físicas, podem também ocorrer no solo algumas mudanças químicas após o fogo. O efeito químico mais repentino da queima é a liberação de elementos minerais. O fogo agiliza a mineralização da matéria orgânica do solo, fazendo em poucos minutos um trabalho que em condições normais poderia levar meses ou até anos. O grande problema desse processo, no entanto é a rápida liberação de nutrientes num curto espaço de tempo. Essa quantidade disponibilizada é, portanto muito superior à capacidade de assimilação das plantas, ocorrendo assim perdas por erosão (eólica e/ou hídrica), lixiviação ou percolação. Apesar de essa rápida mineralização proporcionar perdas de nutrientes, em determinados casos, ela pode ser desejável. (FREITAS; SANT´ANNA, 2004). O objetivo deste trabalho foi avaliar os atributos químicos do solo, em área de cupuaçu e floresta após incêndio acidental em Porto Velho, Rondônia.

MATERIAL E MÉTODOS – A coleta dos dados foi realizada no Campo Experimental de Porto Velho, pertencente à Empresa Brasileira de Pesquisa Agropecuária – EMBRAPA, no município de Porto Velho – Rondônia, nas coordenadas geográficas 8°48'33,43"S e 63°51'10,33"W. O clima, segundo a classificação de Köppen, é do tipo Aw, caracterizado como clima tropical úmido, com precipitação média do mês mais seco inferior a 10 mm e uma precipitação média anual de 2.300 mm. A média anual de temperatura gira em torno de 25 ±1 °C com temperatura máxima entre 30 °C e 34 °C e mínima entre 17 °C e 23 °C. A média anual da umidade relativa do ar varia de 85 % a 90 % no verão, e em torno de 75 % no outono/inverno (SILVA et. al., 2004).

O solo da área é um Latossolo Amarelo, moderado, textura muito argilosa floresta equatorial subperenifólia relevo plano.

Foram amostrados quatro locais para coleta das amostras de solo, duas áreas atingidas por fogo, floresta nativa e plantio de cupuaçu, e duas áreas não atingidas pelo fogo, floresta nativa e plantio de cupuaçu, as quais serviram como testemunha para comparação dos dados analisados. As coletas foram realizadas em dois momentos diferentes, dois meses e setenta e dois meses após a ocorrência do incêndio, acontecido em agosto em 2010, nas profundidades de 0 a 20 cm e 20 a 40 cm, utilizando-se trado holandês, através de uma amostra composta de cinco amostras simples em cada área citada, perfazendo dessa forma um total de 12 amostras nas duas profundidades, nos dois momentos. As análises das amostras foram realizadas no laboratório de solos da EMBRAPA – Rondônia, conforme EMBRAPA (2011). Foram realizadas comparações dos dados das análises das áreas nos dois momentos para verificação de alterações dos parâmetros químicos de fertilidade do solo.

RESULTADOS E DISCUSSÃO – Na Tabela 1 são apresentados os atributos químicos do solo analisados nas áreas estudadas, cupuaçu e floresta, sem ocorrência do fogo e após dois e setenta e dois meses da ocorrência em um Latossolo Amarelo, Porto Velho, Rondônia.

pH: Para a área queimada de cupuaçu, na profundidade de 0-20 cm, houve aos dois meses uma redução de pH de 4,3 para 4,0 comparando com a área testemunha, e aos setenta e dois meses uma elevação para 4,6. Para área de floresta o pH se manteve inalterado logo após a queima, e setenta e dois meses depois houve um aumento de pH de 3,9 para 4,3. Na profundidade de 20-40 cm, houve diminuição quando da queima no cupuaçu e, aumento substancial após setenta e dois meses. Para um período de um ano os efeitos da queima não provocam modificações significativas, e os atributos tendem aos valores originais (RHEINHEIMER et al., 2003).

P: Com relação aos níveis de P (0-20 cm), na área de cupuaçu atingida pelo fogo, ocorreu um aumento de 2,0 mg dm^{-3} aos dois meses, retornando a 1,0 mg dm^{-3} após setenta e dois meses, chegando ao mesmo nível da área não afetada, que foi de 1,0 mg dm^{-3}. Para a floresta aos dois meses os níveis de P estavam em 1,3 mg dm^{-3}, e aos setenta e dois meses com 1,0 mg dm^{-3}, ficando abaixo de 2,0 mg dm^{-3} da área não afetada. Para profundidade de 20-40 cm apenas o cupuaçu queimado apresentou aumento de P na segunda amostragem, passando de 1,0 mg dm^{-3} para 1,3 mg dm^{-3}. Alguns nutrientes como N, S e P podem ser volatilizados em quantidades consideráveis durante o processo da queima num incêndio (DE BANO, 1989).

K: O potássio se manteve quase inalterado nas duas áreas para profundidade de 0-20 cm. Para o cupuaçu na área queimada ficou em 0,08 $cmol_c$ dm^{-3} aos dois e setenta e dois meses após a ocorrência do fogo e na área não afetada com 0,09 $cmol_c$ dm^{-3}, enquanto que para área de floresta o K também manteve-se quase inalterado com 0,09 e 0,08 $cmol_c$ dm^{-3} aos dois e setenta e dois meses, respectivamente e 0,10 $cmol_c$ dm^{-3} na área não queimada. O potássio aumentou substancialmente após a queima na profundidade de 20-40 cm, em ambas as situações.

Ca: Para o Ca na profundidade de 0-20 cm, na área de cupuaçu atingida, houve redução para 0,26 $cmol_c$ dm^{-3} e 0,15 $cmol_c$ dm^{-3} aos dois meses e setenta e dois meses respectivamente, se comparado com a área não afetada que foi de 0,31 $cmol$ dm^{-3}. Na floresta o valor de Ca nas áreas afetadas, aos dois meses, se manteve a mesma, com 0,16 $cmol_c$ dm^{-3}, baixando os níveis para 0,05 $cmol_c$ dm^{-3}, após setenta e dois meses. Para a profundidade de 20-40 cm, nas áreas queimadas aos dois meses houve aumento substancial em ambos os casos, reduzindo quase aos valores iniciais na segunda análise efetuada.

Mg: Na área de cupuaçu (0-20 cm) os valores foram de 0,12 $cmol_c$ dm^{-3} e 0,02 $cmol_c$ dm^{-3} aos dois meses e setenta e dois meses respectivamente, após o fogo, enquanto que na área não afetada este valor ficou em 0,21 $cmol_c$ dm^{-3}. Para floresta os valores de Mg foram de 0,09 $cmol_c$ dm^{-3} aos dois meses e setenta e dois meses, contra 0,13 $cmol_c$ dm^{-3} da área não afetada. Na profundidade de 20-40 cm, o teor aumentou de 0,10 $cmol_c$ dm^{-3} para 0,42 $cmol_c$ dm^{-3} do cupuaçu não queimado para o queimado, e setenta e dois meses após voltou a diminuir. Para floresta ocorreu uma diminuição para 0,08 $cmol_c$ dm^{-3} se comparado aos 0,12 $cmol_c$ dm^{-3} da área não afetada.

Alguns elementos químicos do solo, como Mg, K e Na, apesar de não volatilizarem, durante o processo de queima, podem sair do sítio através da própria fumaça do fogo (DE BANO 1989).

H+AL: Para o H+Al na profundidade de 0-20 cm obteve-se aos dois meses um valor de 13,5 $cmol_c$ dm^{-3}, com um aumento aos setenta e dois meses para 14,0 $cmol_c$ dm^{-3} na área de cupuaçu queimada, enquanto a área não afetada teve 13,6 $cmol_c$ dm^{-3}. Na área de floresta tivemos 12,8 $cmol_c$ dm^{-3}, aos dois meses, com aumento para 14,2 $cmol_c$ dm^{-3} após setenta e dois meses da ocorrência do fogo, enquanto que na área não afetada o valor de H+Al foi de 14,2 $cmol_c$ dm^{-3}. No entanto, no que se refere a 20-40 cm houve incremento de cerca de três vezes o valor inicial tanto para a área de cupuaçu quanto para mata queimada, e continuando a aumentar em menor escala mesmo aos setenta e dois meses após a queima.

Al: O alumínio na profundidade de 0-20 cm, para área de cupuaçu afetada, teve seu valor em 1,5 $cmol_c$ dm^{-3} após dois meses, e uma elevação nessa mesma área para 2,7 $cmol_c$ dm^{-3} aos setenta e dois meses, na área não afetada pelo fogo esse valor ficou em 3,2 $cmol_c$ dm^{-3}. Para a floresta os resultados foram de 1,7 $cmol_c$ dm^{-3} e 2,3 $cmol_c$ dm^{-3} na área queimada aos dois meses e aos setenta e dois meses respectivamente e 4,0 $cmol_c$ dm^{-3} na área não queimada e os valores para alumínio na profundidade de 20-40 cm foram superiores tanto no cupuaçu quanto na mata logo após a queima, apresentando valores ainda maiores setenta e dois meses após. Foram observados diminuições nos teores de Al trocável em alguns solos do cerrado após a queima, e isso foi atribuído a elevação de pH devido ao aumento na concentração das bases (COUTINHO, 1990), sendo que os dados do presente trabalho mostram comportamento contrário ao daquele autor.

MO: Na profundidade de 0-20 cm, na área de cupuaçu afetada, a matéria orgânica após dois meses teve seu valor reduzido para 25,4 g kg^{-1}, e um pequeno acréscimo aos setenta e dois meses indo a 27,7 g kg⁻¹, ficando com valores abaixo da área não atingida, que foi de 32,0 g kg⁻¹. Para área de floresta esse valor ficou em 38,9 g kg⁻¹ na área não atingida com uma redução na área queimada de 31,3 g kg⁻¹ após dois meses, e 24,0 g Kg⁻¹ após setenta e dois meses. O mesmo padrão em termos de decréscimo ocorreu de 20-40 cm, ou seja, redução na área de cupuaçu queimada, mas para floresta os níveis se mantiveram aos dois meses, com decréscimo após os setenta e dois meses.

C: O Carbono orgânico para profundidade de 0-20 cm teve a mesma tendência da MO, com redução dos valores aos dois meses para 14,8 g kg⁻¹ elevando-se para 16,0 g kg⁻¹ aos setenta e dois meses, inferiores ao resultado da área não afetada que ficou em 18,6 g kg⁻¹ Para área de floresta o C orgânico também teve redução após o fogo, ficando com 18,2 g kg⁻¹ após dois meses e com 13,9 g kg⁻¹ após setenta e dois meses, e na área não afetada ficou com 22,5 g kg⁻¹. Para profundidade entre 20-40 cm para as duas áreas afetadas, cupuaçu e floresta, houve redução dos valores do C orgânico em ralação a área não afetada pelo fogo. Em regiões com florestas que sofreram constantes incêndios, observou-se que podem ocorrer aumento no teor de C do solo, como também podem ocorrer reduções (REDIN et al., 2011).

CTC: Na Capacidade de Troca de Cátions de 0-20 cm, ocorreu uma variação pequena na área de cupuaçu atingida pelo fogo, com 14,00 cmol$_c$ dm⁻³ aos dois meses, e um aumento para 14,22 cmol$_c$ dm⁻³ após os setenta e dois meses da ocorrência, valores muito próximos da área não atingida que ficou em 14,21 cmol$_c$ dm⁻³. Para floresta ocorreu o mesmo comportamento com níveis de CTC na área atingida em 13,16 cmol$_c$ dm⁻³ aos dois meses e um aumento para 14,41 cmol$_c$ dm⁻³ aos setenta e dois meses, chegando próximo dos 14,58 cmol$_c$ dm⁻³ da área não atingida. Na profundidade de 20-40 cm, houve a mínima alteração nos dois tipos de vegetação.

Em áreas atingidas pelo fogo com temperaturas elevadas (460 °C) as partículas de argila podem sofrer deshidroxilização, ocorrendo com isso redução da CTC, as concentrações de N, P e Ca também podem ser afetadas (COUTO et al., 2006).

V%: A Saturação por Bases de 0-20 cm na área de cupuaçu atingida pelo fogo foi de 3,3 % aos dois meses e de 2,0 % aos setenta e dois meses, inferior à área não atingida que foi de 4,5 %. Na área de floresta atingida os valores foram de 2,7 % aos dois meses com redução para 1,3 % aos setenta e dois meses, ficando esse último valor inferior ao nível de saturação por bases da área não afetada, que foi de 2,5 %. No caso de 20-40 cm de profundidade este parâmetro aumentou no cupuaçu aos dois meses após a queima, com reduções dos níveis tanto no cupuaçu como na floresta após os setenta e dois meses.

CONCLUSÕES – Os atributos químicos do solo sofreram pequenas alterações logo após o incêndio, alguns desses atributos como o pH, H+Al e CTC, retornaram aos seus valores de referência iguais aos das áreas que não foram afetadas pelo fogo. Com Ca, Mg e MO, houve uma redução nos valores com uma tendência a aumentar com o tempo mas, mesmo após os setenta e dois meses da ocorrência não chegaram aos níveis de referência das áreas não atingidas, ficando abaixo desses.

REFERÊNCIAS

COUTINHO, L.M. O cerrado e a ecologia do fogo. **Ciência Hoje**, Brasília, v.12, n.68, p.22-30, 1990.

COUTO, E. G.; CHIG, L. A.; CUNHA, C. N. da.; LOUREIRO, M. de F. **Estudo sobre o impacto do fogo na disponibilidade de nutrientes, no banco de sementes e na biota de solos da RPPN SESC Pantanal** - Rio de Janeiro : SESC, Departamento Nacional, 2006.

DE BANO, L.F. **Effects of fire on chaparral soils in Arizona and California and post fire management implications.** In: Symposium on Fire and Watershed Management (1988: Sacramento). Proceedings. GenTech. Rep., U.S.D. A. Forest Service, Berkeley, PSW-109, 1989, p.55-62.

EMPRESA BRASILEIRA DE PESQUISA AGROPECUÁRIA - EMBRAPA - **Manual de métodos de análise de solo** – EMBRAPA Solos, Rio de Janeiro, RJ, 2011. 230p.

KAUFFMAN, D.; CUMMINGS, D.; WARD, D. Relationships of fire, biomass and nutrient dynamics along vegetation gradient in the Brazilian Cerrado. **Journal of Ecology**, Oxford, v.82, n.3, p.519-531, 1994.

REDIN, M.; SANTOS G. de F.; MIGUEL P.; Impactos da queima sobre atributos químicos, físicos e biológicos do solo. **Ciência Florestal**, Santa Maria, v.21, n.2, p.381-392, abr.-jun. 2011.

FREITAS, L.C. de; SANT´ANNA, G.L.. Efeito do fogo nos ecossistemas florestais. **Revista da Madeira**, n. 79, 2004 Disponível em: <http://www.remade.com.br/br/revistadamadeira_materia.php?num=508&subject=Inc%EAndios&title=Efeitos%20do%20fogo%20nos%20ecossistemas%20florestais>. Acesso em: 02 ago. 2014.

SILVA, M.J.G. da.; SARAIVA, F.A.M.; ARAÚJO, M.L.P. de. Aspectos climáticos de Porto Velho-Rondônia, In: CONGRESSO BRASILEIRO DE METEOROLOGIA, 13., 2004, Fortaleza. **Anais**... Fortaleza, 2004.

SOARES, R.V.; BATISTA, A.C. **Incêndios florestais: controle e uso do fogo.** Curitiba: UFPR, 2007. 31p.

SOARES, R.V. Queimadas controladas: prós e contras. In: FÓRUM NACIONAL SOBRE INCÊNDIOS FLORESTAIS, 1., 1995, Piracicaba. **Anais**, Piracicaba: IPEF, 1995. p.6-10.

RHEINHEIMER, D. dos S.; SANTOS, J.C.P.; FERNANDES, V. B. B.; MAFRA, A. L.; ALMEIDA, J. A. Modificações nos atributos químicos de solo sob campo nativo submetido à queima. **Ciência Rural**, Santa Maria, v.33, n.1, p.49-55, 2003.

Tabela 1. Propriedades químicas do solo das áreas estudadas, cupuaçu e floresta, sem ocorrência do fogo e após dois e setenta e dois meses da ocorrência em um Latossolo Amarelo, Porto Velho, Rondônia.

Profundidade (cm)	Cupu. 10	C. Q. 10	C. Q. 14	Mata 10	M. Q. 10	M. Q. 14
			pH H_2O			
0 - 20	4,3	4,0	4,6	3,9	3,9	4,3
20 - 40	4,3	4,1	4,8	4,1	4,1	4,4
			P (mg dm^{-3})			
0 - 20	1,0	2,0	1,0	2,0	1,3	1,0
20 - 40	1,0	1,0	1,3	1,0	1,0	1,0
			K ($cmol_c$ dm^{-3})			
0 - 20	0,09	0,08	0,08	0,10	0,09	0,08
20 - 40	0,06	0,16	0,09	0,06	0,27	0,21
			Ca ($cmol_c$ dm^{-3})			
0 - 20	0,31	0,26	0,15	0,16	0,16	0,05
20 - 40	0,15	0,78	0,26	0,18	0,87	0,19
			Mg ($cmol_c$ dm^{-3})			
0 - 20	0,21	0,12	0,02	0,13	0,09	0,09
20 - 40	0,10	0,42	0,11	0,08	0,81	0,12
			H+Al ($cmol_c$ dm^{-3})			
0 - 20	13,6	13,5	14,0	14,2	12,8	14,2
20 - 40	10,6	36,9	40,6	10,2	41,3	40,9
			Al ($cmol_c$ dm^{-3})			
0 - 20	3,2	1,5	2,7	4,0	1,7	2,3
20 - 40	3,3	7,1	7,5	3,1	4,3	4,7
			MO (g kg^{-1})			
0 - 20	32,0	25,4	27,7	38,9	31,3	24,0
20 - 40	33,0	17,6	17,2	24,2	24,1	17,8
			C orgânico (g kg^{-1})			
0 - 20	18,6	14,8	16,0	22,5	18,2	13,9
20 - 40	19,1	10,2	10,0	14,0	14,0	10,3
			CTC ($cmol_c$ dm^{-3})			
0 - 20	14,21	14,00	14,22	14,58	13,16	14,41
20 - 40	10,87	10,52	10,39	10,47	10,96	11,29
			V%			
0 - 20	4,5	3,3	2,0	2,5	2,7	1,3
20 - 40	2,5	3,3	1,0	3,5	3,0	1,0

Cupu. 10 = Cupuaçu não queimado, outubro de 2010; C.Q. 10 = Cupuaçu Queimado, outubro de 2010.; C.Q. 14 = Cupuaçu Queimado, agosto de 2014; Mata 10 = Mata não queimada, outubro 2010; Mata 10 = Mata queimada, outubro 2010; Mata 14 = Mata queimada, agosto 2014.

Estabilidade de agregados do solo em função do manejo e sucessão de culturas em ambiente amazônico

Lenita Aparecida Conus Venturoso[1]; Luciano dos Reis Venturoso[1]; Antonio Carlos Tadeu Vitorino[2]; Jairo André Schlindwein[3]; Elaine Cosma Fiorelli Pereira [3]; Lorival Antonio Venturoso[3]; Elisabete dos Reis Venturoso[3]

(1) Professor, Dr. do Instituto Federal de Rondônia, Campus Ariquemes, Rodovia RO, 257, km 13, Caixa Postal 130, CEP 76870-970, Ariquemes-RO. E-mail: lenita.conus@ifro.edu.br; luciano.venturoso@ifro.edu.br (2) Professor, Dr. da Universidade Federal da Grande Dourados, antonio.vitorino@ufgd.edu.br (3) Professor da Universidade Federal de Rondônia, jairojas.estagio@yahoo.com.br; agroelaine@gmail.com; lorival.venturoso@unir.br; bette_grv@hotmail.com

RESUMO – Objetivou-se avaliar a estabilidade de agregados em diferentes sistemas de manejo do solo, cultivados com soja e milho no verão em sucessão a cultura do milho e feijão na região da Zona da Mata de Rondônia. O trabalho foi realizado na safra 2011/2012 no campus experimental da Universidade Federal de Rondônia (UNIR), em Rolim de Moura - RO. O experimento foi conduzido em blocos casualizados, em esquema de parcelas subdivididas, com três repetições. Nas parcelas foram alocados os sistemas de manejo do solo: PC (preparo convencional com uma operação utilizando grade aradora e duas com grade niveladora); PC+S (preparo convencional com uma operação de subsolagem e uma com grade niveladora); PD (plantio direto); e PD+S (plantio direto com uma operação de subsolagem no quarto ano, coincidindo com o ano de instalação do experimento). As subparcelas foram constituídas pelas sucessões de culturas: SF (soja/feijão); SM (soja/milho); MF (milho/feijão); e MM (milho/milho). A estabilidade de agregados foi determinada nas profundidades de 0,0 a 0,05 m e 0,05 a 0,10 m. Os resultados foram utilizados no cálculo do diâmetro médio ponderado (DMP), diâmetro médio geométrico (DMG), índice de estabilidade de agregados (IEA) e índice de agregados com diâmetro superior a 2 mm (AGRI). O plantio direto apresenta maior estabilidade de agregados, independentemente da sucessão de cultura utilizada. Provavelmente, não há necessidade de mobilização do solo, mesmo que esporadicamente, com subsolador no sistema de plantio direto.

Palavras-chave: plantio direto, subsolagem, índices de agregação.

INTRODUÇÃO – A maior parte dos solos do estado de Rondônia, originalmente cobertos pela Floresta Amazônica, mas com baixa fertilidade natural, apresentavam produtividades relativamente altas, devido, principalmente à ciclagem de nutrientes e a preservação da matéria orgânica, que proporcionavam melhor qualidade ao solo (SCHLINDWEIN et al., 2012). A ocupação dessas terras basicamente com a derrubada da floresta, queima da vegetação e implantação de pastagens sem nenhuma técnica de manejo do solo (FERNANDES; GUIMARÃES, 2003), constituiu-se em uma das alterações ambientais mais importantes e problemáticas dessa região. Rondônia possui pouco mais de 8 milhões de hectares cultivados, sendo a maior parte com pastagens de *Brachiaria* spp. e uma menor parte cultivada com culturas perenes e anuais (IBGE, 2012). Das áreas utilizadas na agropecuária, raros são os casos da utilização de práticas conservacionistas de manejo do solo, fato que tem acelerado a degradação do mesmo e imposto maior pressão sobre as áreas florestais.

O preparo do solo constitui-se na prática de manejo com maior potencial de modificações das propriedades físicas do solo, sendo seu efeito dependente do implemento utilizado, intensidade do uso e condições edafoclimáticas por ocasião das operações. O cultivo convencional, muito utilizado no Estado, com as tradicionais práticas de aração e gradagem, tem proporcionado a cada safra significativas alterações, seja nas propriedades químicas, físicas e/ou biológicas. Por outro lado, com a expansão de sistemas de manejo do solo, como o plantio direto, tem-se verificado a possibilidade de obter um sistema mais estável e mais bem estruturado (JIAO et al., 2006).

As alterações nos atributos físicos do solo têm sido mais pronunciadas no sistema de preparo convencional, quando comparado àqueles que adotam práticas conservacionistas. Este fato está relacionado principalmente ao revolvimento do solo, que pode alterar a densidade, volume e distribuição de tamanho dos poros, assim como a estabilidade dos agregados, o que influencia diretamente na infiltração de água, erosão hídrica e no crescimento e desenvolvimento das plantas (BERTOL et al., 2004). No entanto, tem sido relatado que a utilização do plantio direto continuamente, após três a quatro anos, também tem proporcionado efeitos negativos sobre os atributos do solo, devido ao arranjamento natural das partículas e pressão exercida pelo trânsito de máquinas. Esse fenômeno tem feito com que alguns agricultores, eventualmente, utilizem o escarificador ou subsolador em suas áreas sob plantio direto, o que, segundo alguns autores, pouco interferem no aspecto conservacionista de manejo do solo, já que a semeadura direta volta a ser empregada nos cultivos subsequentes (SILVEIRA NETO et al., 2006; CALONEGO; ROSOLEM, 2008; PANACHUKI et al., 2011).

Nesse contexto, objetivou-se avaliar a estabilidade de agregados em diferentes sistemas de manejo do solo, cultivados com soja e milho no verão em sucessão a cultura do milho e feijão na região da Zona da Mata de Rondônia.

MATERIAL E MÉTODOS – O trabalho foi realizado na safra 2011/2012 no campus experimental da Universidade Federal de Rondônia (UNIR), em Rolim de Moura - RO. De acordo com a classificação de Köppen, na região predomina o clima do tipo Aw, tropical chuvoso, apresentando chuvas intensas nos meses de outubro a abril e escassez entre maio a agosto, com média anual de precipitação entre 1400 a 2600 mm, temperatura do ar variando entre 24 a 26 °C (RONDÔNIA, 2012) e umidade relativa do ar oscilando em torno de 85 % no período chuvoso, entre outubro e maio.

O solo foi classificado como Latossolo Vermelho-Amarelo distrófico, cuja composição granulométrica, determinada pelo método da pipeta (CLAESSEN, 1997), foi de 558 g kg^{-1} de argila, 132 g kg^{-1} de silte e 311 g kg^{-1} de areia nos primeiros 0,10 m.

O experimento foi conduzido em blocos casualizados, em esquema de parcelas subdivididas, com três repetições. Nas parcelas foram alocados os sistemas de manejo do solo: PC (preparo convencional com uma operação utilizando grade aradora e duas com grade niveladora); PC+S (preparo convencional com uma operação de subsolagem e uma com grade niveladora); PD (plantio direto); e PD+S (plantio direto com uma operação de subsolagem no quarto ano, coincidindo com o ano de instalação do experimento). As subparcelas foram constituídas pelas sucessões de culturas: SF (soja/feijão); SM (soja/milho); MF (milho/feijão); e MM (milho/milho).

As coletas de amostras deformadas foram realizadas após os preparos do solo e antes da semeadura das culturas de verão (novembro). A estabilidade de agregados foi determinada nas profundidades de 0,0 a 0,05 m e 0,05 a 0,10 m, através do tamisamento por via úmida das amostras de solo no aparelho Yoder, segundo método descrito por Kiehl (1979). Foram retirados blocos de solo com estrutura levemente alterada, secos ao ar e passados em peneiras de 4,0 e 2,0 mm. Os agregados retidos na peneira de 2,0 mm foram empregados nas análises de estabilidade de agregados via úmida, a qual foi realizada colocando as amostras sobre um jogo de peneiras com malhas de 2,0; 1,0; 0,50, 0,25 e 0,106 mm, que foram submetidas a oscilações verticais, durante 15 minutos numa frequência de 32 oscilações por minuto. O solo retido em cada peneira foi transferido para recipientes com auxílio de jatos de água fracos dirigidos ao fundo das peneiras, sendo em seguida, colocado para secagem em estufa a 105 °C e posterior pesagem para a obtenção do peso seco de cada classe de agregados. Os resultados foram utilizados no cálculo do diâmetro médio ponderado (DMP), diâmetro médio geométrico (DMG), índice de estabilidade de agregados (IEA) e índice de agregados com diâmetro superior a 2 mm (AGRI).

Os dados foram submetidos à análise de variância com auxílio do programa SISVAR. Verificando-se interação significativa entre os fatores, procederam-se os necessários desdobramentos, sendo as médias comparadas pelo teste de Tukey a 5 % de significância.

RESULTADOS E DISCUSSÃO – A estabilidade de agregados estimada pelo diâmetro médio geométrico (DMG), diâmetro médio ponderado (DMP), índice de estabilidade de agregado (IEA) e índice de agregados de diâmetro superior a 2 mm (AGRI), apresentou efeito entre os tratamentos com interação entre eles nas duas camadas avaliadas na semeadura.

Os parâmetros de agregação, na profundidade de 0,0 a 0,05 m, foram mais elevados no PD e no PD+S, principalmente nas sucessões que incluíram o milho (Tabela 1). Quando o milho foi cultivado somente na safrinha, essa tendência no plantio direto foi observada no DMG e no IEA, igualando-se ao preparo convencional nos demais parâmetros avaliados. Já na sucessão SF verificou-se diferenças significativas somente no DMG e DMP, onde o PD+S foi superior, mas não diferiu do PC+S e do PD.

Diâmetros médios mais elevados em PD também foram constatados por Bilibio et al. (2010) e HICKMANN et al. (2011) que atribuíram esses resultados à ausência de revolvimento associada ao maior teor de matéria orgânica acumulado nesse sistema de manejo. Além disso, Silva e Mielniczuk (1998) afirmam que os resíduos vegetais de gramíneas, por possuírem maior relação C/N e menor taxa de decomposição, atuam por um período maior no solo melhorando a estabilidade de agregados. Calonego e Rosolem (2008), ao avaliarem a estabilidade de agregados após o manejo com diferentes rotações de culturas, observaram que os tratamentos com ausência de espécies de sistema radicular fasciculado (girassol e crotalária) proporcionaram menor quantidade de agregados com diâmetro superior a 2 mm na camada de 0,0 a 0,05 m.

As mesmas tendências para o manejo do solo foram observadas na profundidade de 0,05 a 0,10 m, onde o PD e o PD+S apresentaram maiores valores para os parâmetros de agregação do solo, principalmente na presença de milho na sucessão (Tabela 2). O efeito de raízes na estruturação do solo em PD foi constatado por Castro Filho et al. (1998), que verificaram que a estabilidade do solo com a sucessão milho/trigo/milho, na profundidade de 0,0 a 0,10 m, foi 20 % superior quando comparada com a sucessão soja/trigo/soja.

O preparo convencional do solo com a subsolagem (PC+S) apresentou diferença significativa entre as sucessões de culturas, com reduções nos valores do DMG e DMP, bem como dos índices IEA e AGRI nas sucessões MF e MM nas duas profundidades avaliadas. A ação mecânica das hastes de implementos descompactadores, escarificador ou subsolador, tem proporcionado à ruptura da estrutura do solo, conforme observado por Calonego e Rosolem (2008), que encontraram menor DMP e AGRI quando utilizaram a escarificação na camada de 0,05 a 0,10 m num Nitossolo Vermelho de textura argilosa.

CONCLUSÕES – O plantio direto apresenta maior estabilidade de agregados, independentemente da sucessão de cultura utilizada. Provavelmente, não há necessidade de mobilização do solo, mesmo que esporadicamente, com subsolador no sistema de plantio direto.

REFERÊNCIAS

BERTOL, I.; ALBUQUERQUE, J.A.; LEITE, D.; AMARAL, A.J.; ZOLDAN JUNIOR, W.A. Propriedades físicas do solo sob preparo convencional e semeadura direta em rotação e sucessão de culturas, comparadas às do campo nativo. **Revista Brasileira de Ciência do Solo**, v.28, n.1, p.155-163, 2004.

BILIBIO, W.D.; CORRÊA, G.F.; BORGES, E.N. Atributos físicos e químicos de um Latossolo, sob diferentes sistemas de cultivo. **Ciência & Agrotecnologia**, v.34, n.4, p.817-822, 2010.

CALONEGO, J.C.; ROSOLEM, C.A. Estabilidade de agregados do solo após manejo com rotações de culturas e escarificação. **Revista Brasileira de Ciência do Solo**, v.32, n.4, p.1399-1407, 2008.

CASTRO FILHO, C.; MUZILLI, O.; PODANOSCHI, A.L. Estabilidade dos agregados e sua relação com o teor de carbono orgânico num Latossolo Roxo distrófico, em função de sistemas de plantio, rotações de culturas e métodos de preparo das amostras. **Revista Brasileira de Ciência do Solo**, v.22, n.3, p.527-538, 1998.

CLAESSEN, M.E.C. (Org.). **Manual de métodos de análises de solo**. 2. ed. Rio de Janeiro: Embrapa-CNPS, 1997. 212p. (Documentos, 1).

FERNANDES, L.C.; GUIMARÃES, S.C.P. (Coords.). **Atlas geoambiental de Rondônia**. Porto Velho: SEDAM, 2003. 138p.

HICKMANN, C.; COSTA, L.M.; SCHAEFER, C.E.G.R.; FERNANDES, R.B.A. Morfologia e estabilidade de agregados superficiais de um Argissolo Vermelho-Amarelo sob diferentes manejos de longa duração e Mata Atlântica secundária. **Revista Brasileira de Ciência do Solo**, v.35, n.6, p.2191-2198, 2011.

IBGE - Instituto Brasileiro de Geografia e Estatística. **Produção agrícola municipal**: culturas temporárias e permanentes. v.39. Rio de Janeiro: Ministério do Planejamento, Orçamento e Gestão, 2012. 101p.

JIAO, Y.; WHALEN, J.K.; HENDERSHOT, W.H. No-tillage and manure applications increase aggregation and improve nutrient retention in a sandy-loam soil. **Geoderma**, v.134, n.1-2, p.24-33, 2006.

KIEHL, E.J. **Manual de edafologia**: relação solo-planta. São Paulo: Agronômica Ceres, 1979. 262p.

PANACHUKI, E.; BERTOL, I.; ALVES SOBRINHO, T.; OLIVEIRA, P.T.S.; RODRIGUES, D.B.B. Perdas de solo e de água e infiltração de água em Latossolo Vermelho sob sistemas de manejo. **Revista Brasileira de Ciência do Solo**, v.35, n.5, p.1777-1785, 2011.

RONDÔNIA. Secretaria do Estado do Desenvolvimento Ambiental (SEDAM). **Boletim climatológico de Rondônia - 2010**. v.12. Porto Velho: COGEO: SEDAM, 2012.

SCHLINDWEIN, J.A.; MARCOLAN, A.L.; FIORELI-PERIRA, E.C.; PEQUENO, P.L.L.; MILITÃO, J.S.T.L. Solos de Rondônia: usos e perspectivas. **Revista Brasileira de Ciências da Amazônia**, v.1, n.1, p.213-231, 2012.

SILVA, I.F.; MIELNICZUK, J. Sistemas de cultivo e características do solo afetando a estabilidade de agregados. **Revista Brasileira de Ciência do Solo**, v.22, n.2, p.311-317, 1998.

SILVEIRA NETO, A.N.; SILVEIRA, P.M.; STONE, L.F.; OLIVEIRA, L.F.C. Efeitos de manejo e rotação de culturas em atributos físicos do solo. **Pesquisa Agropecuária Tropical**, v.36, n.1, p.29-35, 2006.

Tabela 1. Diâmetro médio geométrico, diâmetro médio ponderado, índice de estabilidade de agregado e índice de agregados de diâmetro superior a 2 mm em áreas cultivadas com diferentes sucessões de culturas e sistemas de manejo do solo, na profundidade de 0,0 a 0,05 m, na semeadura da safra 2011/12.

Manejo do solo	Sucessões de culturas			
	SF	SM	MF	MM
	Diâmetro médio geométrico (mm)			
PD	1,90 AB b	2,17 A a	1,97 A ab	2,11 A ab
PC	1,77 B a	1,88 B a	1,65 B a	1,72 B a
PD+S	2,07 A a	1,96 AB a	2,13 A a	2,21 A a
PC+S	2,02 AB a	1,77 B ab	1,66 B b	1,70 B b
CV^a (%)	6,91			
CV^b (%)	6,16			
	Diâmetro médio ponderado (mm)			
PD	2,40 AB a	2,56 A a	2,42 A a	2,53 A a
PC	2,31 B ab	2,40 AB a	2,20 B b	2,29 B ab
PD+S	2,51 A a	2,43 AB a	2,54 A a	2,59 A a
PC+S	2,48 AB a	2,30 B ab	2,20 B b	2,26 B b
CV^a (%)	3,69			
CV^b (%)	3,60			
	Índice de estabilidade de agregado (%)			
PD	94,52 A b	96,28 A a	95,79 A ab	95,67 A ab
PC	93,95 A a	94,28 B a	93,43 B a	93,11 B a
PD+S	95,48 A ab	95,21 AB b	96,20 A ab	96,67 A a
PC+S	95,31 A a	94,27 B ab	93,70 B b	93,26 B b
CV^a (%)	0,94			
CV^b (%)	0,66			
	Índice de agregados de diâmetro superior a 2 mm (%)			
PD	71,51 A a	78,75 A a	72,55 A a	77,03 AB a
PC	67,83 A ab	72,62 AB a	62,46 B b	67,85 BC ab
PD+S	76,80 A a	73,09 AB a	77,68 A a	80,37 A a
PC+S	75,65 A a	66,80 B ab	62,59 B b	65,72 C b
CV^a (%)	5,94			
CV^b (%)	5,69			

PD: plantio direto; PC: preparo convencional; PD+S: plantio direto com subsolagem; PC+S: preparo convencional com subsolagem. S: soja, F: feijão, M: milho. Médias seguidas de mesma letra, maiúscula na coluna e minúscula na linha, não diferem entre si pelo teste de Tukey a 5 % de probabilidade. CV^a: coeficiente de variação referente ao manejo do solo (parcelas); CV^b: coeficiente de variação referente às sucessões de culturas (subparcelas).

Tabela 2. Diâmetro médio geométrico, diâmetro médio ponderado, índice de estabilidade de agregado e índice de agregados de diâmetro superior a 2 mm em áreas cultivadas com diferentes sucessões de culturas e sistemas de manejo do solo, na profundidade de 0,05 a 0,10 m, na semeadura da safra 2011/12.

Manejo do solo	Sucessões de culturas			
	SF	SM	MF	MM
	Diâmetro médio geométrico (mm)			
PD	2,24 AB a	2,43 A a	2,26 AB a	2,21 AB a
PC	1,95 B a	1,81 C a	1,99 BC a	2,00 BC a
PD+S	2,35 A a	2,21 AB a	2,29 A a	2,30 A a
PC+S	2,13 AB a	1,92 BC ab	1,86 C b	1,81 C b
CV^a (%)	4,34			
CV^b (%)	6,06			
	Diâmetro médio ponderado (mm)			
PD	2,59 AB a	2,70 A a	2,62 A a	2,57 A a
PC	2,43 B a	2,31 B a	2,37 B a	2,47 AB a
PD+S	2,67 A a	2,59 A a	2,62 A a	2,63 A a
PC+S	2,54 AB a	2,40 B ab	2,36 B b	2,31 B b
CV^a (%)	3,00			
CV^b (%)	3,23			
	Índice de estabilidade de agregado (%)			
PD	97,09 A a	98,03 A a	96,43 AB a	97,04 A a
PC	95,15 B ab	94,57 C b	96,57 A a	95,13 B ab
PD+S	97,38 A a	96,64 AB a	97,46 A a	97,17 A a
PC+S	96,29 AB a	94,97 BC ab	94,71 B ab	94,66 B b
CV^a (%)	0,63			
CV^b (%)	0,79			
	Índice de agregados de diâmetro superior a 2 mm (%)			
PD	80,23 AB a	85,28 A a	82,23 A a	78,76 A a
PC	72,93 B a	67,18 B a	68,50 B a	75,02 AB a
PD+S	83,59 A a	80,13 A a	81,28 A a	81,88 A a
PC+S	78,01 AB a	70,87 B ab	70,21 B ab	67,05 B b
CV^a (%)	5,18			
CV^b (%)	4,97			

PD: plantio direto; PC: preparo convencional; PD+S: plantio direto com subsolagem; PC+S: preparo convencional com subsolagem. S: soja, F: feijão, M: milho. Médias seguidas de mesma letra, maiúscula na coluna e minúscula na linha, não diferem entre si pelo teste de Tukey a 5 % de probabilidade. CV^a: coeficiente de variação referente ao manejo do solo (parcelas); CV^b: coeficiente de variação referente às sucessões de culturas (subparcelas)..

Núcleo Regional Amazônia Ocidental da Sociedade Brasileira de Ciência do Solo

Influência de diferentes tipos de vegetação sobre a temperatura de um Argissolo Vermelho eutrófico

Patrícia Silva de Oliveira Kanarski[1]; Ricardo Arnaldo Otto Kich[2]; Edivânia de Oliveira Santana[3]; Alessandro Góis Orrutea[4]

(1) Engenheira Agrônoma, M&A Pescados, Ji-paraná-RO. E-mail: patriciakanarski@outlook.com (2) Engenheiro Agrônomo, Amazon Terra Ambiental, Ji-paraná-RO. E-mail: ricardokich@outlook.com (3) Prof.ª do Instituto Federal do Acre, IFAC. E-mail: edivaniaoliveira@hotmail.com (4)Engenheiro Agrônomo, Agência de Defesa Sanitária Agrossilvopastoril do Estado de Rondônia-IDARON, Seringueiras-RO. E-mail: seringueiras@idaron.ro.gov.br

RESUMO – O solo é um dos principais fatores de produção, envolvendo a disponibilidade de água, nutrientes e temperaturas necessárias para o desenvolvimento vegetal, entretanto, a demanda por maiores produtividades tem levado, eventualmente, a uma considerável degradação deste recurso natural, em decorrência do manejo inadequado. Este manejo influencia diretamente algumas características do solo como temperatura, umidade e matéria orgânica, que são partes fundamentais para uma boa interação entre produtividade satisfatória e sustentabilidade. O tipo de vegetação pode ser um indicativo de que parâmetros físicos e químicos são diferentes dependendo do tipo de uso de um solo. Este trabalho teve como objetivo, avaliar em um Argissolo Vermelho localizado na Amazônia Meridional, a diferença de temperatura (amplitude térmica) ao decorrer de um dia em quatro diferentes tipos de ambientes, são eles: pastagem, cafezal, mandiocal e vegetação nativa. Os dados foram submetidos à análise de variância e as médias de tratamentos comparadas pelo teste Tukey a 1 % de probabilidade. Os resultados obtidos demonstraram diferença significativa entre os ambientes e as horas ao decorrer do dia. Sendo a vegetação nativa o ambiente que menos teve variação de temperatura com uma amplitude térmica 1,50 °C ao decorrer do dia, mantendo índices mais baixos, já no mandiocal foram observadas temperaturas mais elevadas com alta variação (3,83 °C de amplitude térmica) ao decorrer do dia.

Palavras-chave: umidade, coberturas, amplitude térmica.

INTRODUÇÃO – O solo constitui-se em um dos principais fatores de produção, seja pela sua função como suporte para as plantas, ou pelo fornecimento de condições indispensáveis ao seu desenvolvimento, envolvendo a disponibilidade de água, nutrientes e temperatura, entretanto, a demanda por maiores produtividades tem levado, eventualmente, a uma considerável degradação deste recurso natural, em decorrência do manejo inadequado (OLIVEIRA et al., 2005). Um dos manejos inadequados no uso do solo é a falta de proteção deste mesmo com coberturas vegetais inadequadas que pode causar a degradação de um solo produtivo. Com o aumento da população mundial, a produção agrícola tende a aumentar, no entanto este aumento tem ocasionando em um mau uso do solo por falta de orientação adequada, influenciando diretamente os fatores como temperatura, umidade e matéria orgânica do solo.

Dentre os fatores que influenciam as propriedades físicas do solo, temperatura umidade e teor de matéria orgânica são de fundamental importância para sua caracterização e definição quanto ao uso e manejo, além de serem parâmetros que nos permitem inferir sobre os diversos fatores como microbiologia e fertilidade, que atuam sobre o solo (GUARIZ et al., 2009).

A temperatura do solo pode variar por vários fatores adversos, como tipo de solo, clima, vegetação implantada, entre outros. Dentre estes a cobertura do solo influência diretamente, e um solo sem cobertura tem a tendência de aumentá-la, influenciando diretamente o crescimento vegetal. Segundo Eltz e Rovedder (2005), em condições de altas temperaturas do solo (acima de 35 °C), o crescimento vegetal é prejudicado pela redução ou paralisação da absorção de água e nutrientes. Um solo com um bom teor de matéria orgânica (em torno de 5 %) está mais propicio a ter uma umidade satisfatória e assim favorecer a manutenção de umidade adequada, pois a fração orgânica é um componente essencial dos solos produtivos, melhorando características químicas e físicas deles, contendo nutrientes essenciais para as plantas, que são liberados após a decomposição (BRUN, 2008). Assim a compreensão da influência do tipo de cobertura vegetal sob a temperatura do solo umidade e matéria orgânica é fundamental para a adoção de práticas de manejo do solo que favoreça a obtenção de um ambiente favorável ao desenvolvimento das culturas, com a mais adequada absorção de água e nutrientes pelas plantas.

Este trabalho teve como objetivo verificar as diferenças de temperaturas entre quatro diferentes tipos de ambiente (pastagem, café, mandioca e vegetação nativa) e a provável relação entre o índice de temperatura e o teor de umidade de cada área.

MATERIAL E MÉTODOS – A área de estudo está localizada no município de Ji-paraná-RO. Nos paralelos 10° 53' de latitude sul, em sua intersecção com o meridiano 61° 53' de longitude oeste, situada na bacia do Rio Ji-paraná (IBGE, 1993). O clima local é classificado segundo Köppen como Awi – Clima Tropical Chuvoso, com precipitação média anual entre 1400 e 2300 mm ano e média anual de temperatura do ar entre 23 °C e 26 °C (GAMA, 2000), e altitude média de 170 metros. O solo da área experimental foi classificado como Argissolo Vermelho eutrófico (IBGE, 1993). O relevo local é classificado como levemente ondulado. O delineamento experimental utilizado foi o delineamento em blocos casualizados, com quatro tratamentos e três repetições, os tratamentos utilizados para pesquisa foram: T.1 - Área de pastagem de *Brachiaria brizantha* cv. Marandu - foi implantado sob manejo inicial de derruba e queima, onde está implantada à cerca de seis anos, sem nenhum tipo de manejo químico e sistema de pastejo contínuo. T.2 - Cultivo de café (*Coffea canephora*), implantado sob manejo inicial de derruba e queima. Está implantado no local há quatro anos. Nesta área também nunca se aplicou adubos ou corretivos e o espaçamento utilizado é de 2,0 x 2,0 m. T.3 - Mandioca (*Manihot esculenta* Crantz) implantada com espaçamento de 1,0 x 1,5 m, sob manejo inicial de derruba e queima, onde permaneceu sobre cultivo alternado entre milho e mandioca, e assim está há quatro anos. Atualmente, o mandiocal está com cinco meses e nunca foi feito nenhum tipo adubação química ou correção. T.4 - A vegetação original (mata nativa) que é caracterizada pela Floresta Ombrófila Aberta pelo IBGE (1993).

Foram instalados termômetros coletores de temperatura nos quatro tipos de vegetações citadas acima, sendo cada uma das vegetações um tratamento, com três repetições em cada tratamento. A temperatura do solo foi obtida a cada duas horas, durante 24 horas, totalizando 12 medições em cada área, através de termômetros digitais da marca *Incoterm®*, do tipo espeto também conhecido como baioneta, tendo a haste destes termômetros as dimensões de 4 x 122 mm. O tamanho da haste é a profundidade em que o solo foi alcançado, ou seja, 12,2cm, com metodologia descrita por Oliveira et al. (2005). Foram dispostos três termômetros em cada área, ficando os três lado a lado com distância de 20 cm entre eles.Para a determinação da matéria orgânica e da umidade foram feitas coletas compostas aleatórias nos quatro tratamentos, em área adjacente à instalação dos termômetros, foram coletadas às 17 horas, armazenadas em caixa térmica e encaminhadas para o Laboratório de Solos do Centro Universitário Luterano de Ji-paraná, para posterior análise em laboratório. As análises laboratoriais foram feitas de acordo com metodologias descritas no Manual de Análise de Solos da Embrapa (1997).

Os dados foram submetidos à análise de variância e as médias de tratamentos comparadas pelo teste Tukey a 1 % de probabilidade. As análises estatísticas foram feitas com auxílio do programa *Sisvar®*.

RESULTADOS E DISCUSSÃO – As análises permitiram observar a amplitude térmica das quatro diferentes coberturas ao decorrer do dia (vinte e quatro horas), podendo notificar assim que houve diferença significativa entre as variações de temperatura ao decorrer do dia (Tabela 1). Nessa Tabela 1, podemos averiguar, também, que houve diferença significativa entre as áreas avaliadas e também entre a interação hora x área. A diferença de temperatura ao decorrer do dia (amplitude térmica) foi também demonstrada em trabalho conduzido por Oliveira et al. (2005), fazendo três medições diárias em um Argissolo intermediário para cambissolo localizado em Viçosa. Em sua pesquisa esses autores constataram diferença de 8,1 °C entre as temperaturas tirada às 12 h 30 min (33,6 °C) e às 8 h 30 min (25,5 °C) em um solo sem cobertura. Bortoluzzi e Eltz (2000), estudando o comportamento da temperatura em um solo com palha de aveia em relação a um solo sem proteção em trabalho efetuado em um Argissolo Vermelho localizado em Santa Maria (RS), encontraram resultados semelhantes a este trabalho, verificando uma diminuição de 5,2 °C entre os solos com diferentes coberturas.

Na Tabela 2 podemos verificar que a média de temperatura observada na vegetação nativa foi estatisticamente diferente da observada em cobertura de monocultivo (mandioca). Oliveira et al. (2005) obtiveram uma diferença de 0,5 °C entre vegetação espontânea e plantio de milho em monocultivo. Esta diferença pode estar relacionada à incidência de radiação solar e ao teor de umidade nos dois ambientes. Em ambiente vegetação nativa ou espontânea, a área de solo exposta aos raios solares é menor, o que influencia diretamente na umidade e na temperatura de um solo. Na Figura 1 está descrita a amplitude térmica, de cada ambiente. O ambiente de pastagem teve sua mínima temperatura na medição das 8 horas sendo essa de 25,03 °C, já a máxima temperatura foi observada às 16 horas sendo de 27,57 °C, ocasionando em uma amplitude térmica de 2,54 °C no decorrer de 24 horas (Figura 1a). Já para o ambiente com cobertura de cafezal, a amplitude térmica foi de 2,94 °C, tendo sua mínima registrada às 8 horas (24,73 °C), e máxima registrada às 14 horas (27,67 °C), (Figura 1b). O ambiente onde se observou a maior amplitude térmica foi o de cobertura por mandiocal (Figura 1c). A temperatura mínima registrada neste ambiente foi às 8 horas sendo de 25,50 °C e a máxima de 29,33 °C observada às 16 horas. Sendo assim, sua amplitude térmica foi de 3,83 °C. Assim como está descrito na Figura 1d, o ambiente com vegetação nativa, foi aquele onde se obtiveram as menores temperaturas e também a menor amplitude térmica ao decorrer de 24 horas, sua amplitude térmica foi de 1,50 °C, sendo a mínima registrada na leitura das 8 h (24,57 °C) e a máxima de 26,07 °C, registrada na leitura das 16 h. Então, observando a Figura 1, nota-se que o fluxo de radiação solar reduz à medida que penetra em um meio homogêneo. Resultados semelhantes foram encontrados por Merlin et al. (2011) em estudo realizado no município de Ouro Preto do oeste (RO). Os autores avaliaram a temperatura em cafezal e vegetação nativa e observaram que na cobertura com café a amplitude térmica ao longo de 24 h foi de 6 °C, enquanto na vegetação nativa foi de 1,1 °C. Segundo estes autores esta diferença de amplitude térmica foi por ocasião de o cafezal ter menor cobertura do solo e exposição, e então fica diretamente exposto aos raios solares, além disso, na área florestal se tem as serrapilheiras que fazem uma cobertura morta do solo. Já Torres et al. (2006), em um trabalho no município de Uberaba (MG), avaliando dois monocultivos, milho e soja, obtiveram temperaturas maiores na cultura do milho, com temperaturas tiradas a 10 cm de profundidade. Aferiram temperaturas máximas de 31,8 °C no milho e 29,0 °C na soja. Apesar de ter tido diferença entre as culturas, nas duas áreas as temperaturas estavam relativamente altas, pois se tratam de dois monocultivos, que deixam o solo com alta exposição aos raios solares.

Demonstrando que o tipo de preparo de solo também influencia na temperatura deste mesmo, Furlani et al. (2008), avaliando dois tipos de preparo do solo para a cultura aveia preta em consórcio com nabo forrageiro em um Nitossolo localizado em Botucatu (SP), observaram em leitura efetuada às 16 h diferença de 2,6 °C entre os sistemas de plantio direto (26,4 °C) e o convencional (29,1 °C). De acordo com estes autores o preparo do solo modifica suas condições naturais, e juntamente com o manejo da cultura nele implantada, altera os atributos da camada superficial. Sendo assim, a cobertura do solo funciona como proteção, reduzindo a amplitude de temperatura. Resende et al. (2005) obtiveram diferentes temperaturas em relação ao tipo de cobertura morta utilizado na cultura da cenoura. Com uma pesquisa efetuada em Marília (SP) estes autores monitoraram a temperatura do solo em uma área sem cobertura morta e outra com cobertura do tipo maravalha (resíduos de marcenaria no processamento da madeira). Para a área com cobertura de maravalha, a temperatura média durante o ciclo da cenoura foi de 28,27 °C, enquanto que na área sem cobertura morta foi de 31,99 °C. Esses autores afirmam que a cobertura morta contribui para manutenção da temperatura e umidade do solo em níveis adequados para o desenvolvimento das plantas.

A umidade do solo foi maior nas áreas de pastagem e vegetação nativa, sendo assim podemos deduzir que influenciaram diretamente na temperatura, pois estas duas áreas foram as que mantiveram as temperaturas menores e também as menores amplitudes térmicas. Enquanto que na cobertura de mandiocal a temperatura baixa se assimilou à temperatura que também foi baixa.

A maior umidade observada foi a de cobertura com pastagem, com uma média de 30,1 % de umidade, apesar desta cobertura não ter tido a menor média de temperatura registrada ela teve sua umidade maior que a vegetação nativa que foi de 26,16 %.

CONCLUSÕES – As temperaturas dos solos avaliados se mantiveram menores ao decorrer dia no solo com vegetação nativa. No decorrer das 24 horas do dia, pode-se avaliar a amplitude térmica do solo, com picos de temperaturas registrados às 16 horas, com exceção do cafezal que teve sua máxima às 14 horas. As mínimas temperaturas foram constatadas todas na leitura das 8 horas. A umidade do solo foi maior no ambiente de pastagem. Na mandioca onde o a umidade foi a menor relatada, a temperatura alta influenciou neste mesmo parâmetro, acelerando a evaporação.

REFERÊNCIAS

BORTOLUZZI, E.C.; ELTZ, F.L.F. Efeito do manejo mecânico da palhada de aveia preta sobre a cobertura, temperatura, teor de água no solo e emergência da soja em sistema plantio direto. **Revista Brasileira de Ciência do Solo**, Viçosa, v.24, p.449-457, 2000.

BRUN, E.J. **Matéria orgânica do solo em plantios de Pinus taeda e P. elliottii em duas regiões do Rio**

Grande do Sul. 118p. Universidade Federal de Santa Maria, Santa Maria, 2008.

EMPRESA BRASILEIRA DE PESQUISA AGROPECUÁRIA – EMBRAPA. **Manual de Métodos de Análise de Solo.** 2. ed. Rio de Janeiro: EMBRAPA, 1997. 212p.

FURLANI, C.E.A.; GAMERO, C.A.; LEVIEN, R.; SILVA, R.P. da; CORTEZ, J.W. Temperatura do solo em função do preparo do solo e do manejo da cobertura de inverno. **Revista Brasileira de Ciência do Solo,** Viçosa, v.32, p.375-380, 2008.

GAMA, M.J. **Boletim Climatológico de Rondônia.** Porto Velho: SEDAM/RO, 24p. 2000.

GUARIZ, H.R.; PICOLI, M.H.S.; CAMPANHARO, W.A.; CECÍLIO, R.A. Variação da umidade e da densidade do solo sob diferentes coberturas vegetais **Revista Brasileira de Agroecologia**, Alegre, v.4, n.2, 2009.

IBGE – INSTITUTO BRASILEIRO DE GEOGRAFIA E ESTATÍSTICA. **Recursos naturais e meio ambiente: Uma visão do Brasil.** Rio de Janeiro, Brasil: IBGE, 1993.

MERLIN, M.S.; ORRUTÉA, A.G.; AZEVEDO, E.U. de; SANT'ANA, S.A.; BARRETO, U. Avaliação de algumas propriedades físicas e da temperatura do solo sob duas diferentes coberturas. In: CONGRESSO BRASILEIRO DE CIÊNCIA DO SOLO, 33., 2011.

OLIVEIRA, M.L. de; RUIZ, H.A.; COSTA, L.M. da; SCHAEFER, C.E.G.R. Flutuações de temperatura e umidade do solo em resposta à cobertura vegetal. **Revista Brasileira de Engenharia Agrícola e Ambiental**, Campina Grande, v.9, n.4, p.535-539, 2005.

RESENDE, F.V.; SOUZA, L.S. de; OLIVEIRA, P.S.R. de; GUALBERTO, R. Uso de cobertura morta vegetal no controle da umidade e temperatura do solo, na incidência de plantas invasoras e na produção da cenoura em cultivo de verão. **Ciência e Agrotecnologia**, Lavras, v.29, n.1, p.100-105, 2005.

Tabela 1. Resumo do quadro da análise de variância.

F.V.	G.L.	Q.M.
Área	3	21,277**
Hora	11	10,944**
Área vs Hora	33	0,666**
Bloco	2	0,48^{ns}
C.V. (%)	1,01	

** Significativo ao nível de 1 % de probabilidade; * significativo ao nível de 5 % de probabilidade; ns: não significativo (p ≥ 0,05).

Tabela 2. Médias de temperaturas nos quatro tipos de vegetações avaliadas (pastagem, café, mandioca e vegetação nativa) em um Argissolo Vermelho eutrófico, localizado em Ji-paraná-RO.

Área	Temperatura média (°C)
1-Pastagem	26,166667 AB
2-Café	26,083333 AB
3-Mandioca	27,250000 A
4-Vegetação nativa	25,388889 B

As médias seguidas pela mesma letra não diferem estatisticamente entre si, segundo teste de Tukey a 1 % de probabilidade.

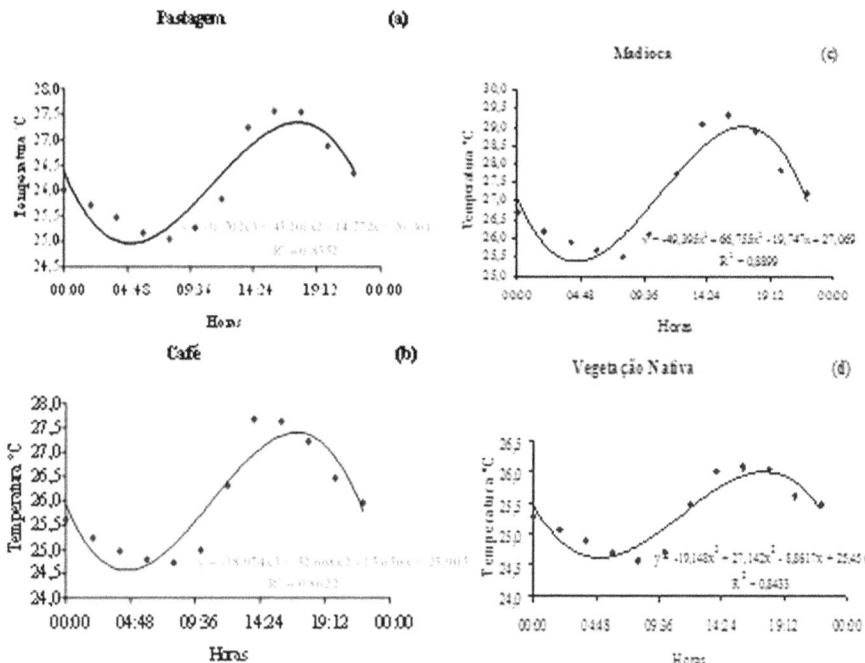

Figura 1. Variação da temperatura em função das horas do dia, nas quatro coberturas observadas: Pastagem (a), Café (b), Mandioca (c) e Vegetação Nativa (d).

Influência do gesso agrícola nos teores de fósforo, cálcio e magnésio em solo cultivado com cafeeiro na região da Zona da Mata de Rondônia

Ronaldo Willian da Silva[1]; Tiago Pauly Boni[1]; Douglas Borges Pichek[1]; Edilaine Istéfani Franklin Traspadini[1]; Carolina Augusto de Souza[1]; Marisa Pereira Matt[1]; Jucilene Correa Martendal[2]; Jairo Rafael Machado Dias[3]

(1) Acadêmicos do curso de Agronomia da Fundação Universidade Federal de Rondônia – UNIR, Rolim de Moura – RO. E-mail: ronaldo_willian1@hotmail.com; tiago.bonieaf@hotmail.com; douglasbpichek@hotmail.com; agroedilaine@hotmail.com; carolina_augusto@hotmail.com; marisa_matt@hotmail.com (2) Acadêmica do curso de Agronomia da Faculdade da Amazônia – IESA, Vilhena – RO. E-mail: jucilene.cmartendal@gmail.com
(3) Professor do departamento de Agronomia da Universidade Federal de Rondônia – UNIR, Rolim de Moura – RO. jairorafaelmdias@hotmail.com

RESUMO – O gesso agrícola pode estimular o enraizamento profundo no subsolo, essa ação se dá pelo aumento dos teores de cálcio e redução da saturação por alumínio. Diante disto, o presente trabalho tem como objetivos verificar a influência de doses de gesso agrícola aplicadas em um Latossolo Vermelho distrófico, no desempenho produtivo do cafeeiro, e o efeito destas doses nos teores de fósforo, cálcio e magnésio na solução do solo. O experimento foi implantado em janeiro de 2013 no município de Nova Brasilândia D'Oeste – RO, sob delineamento experimental em blocos casualizados com quatro repetições e cinco plantas por parcela, tendo as três plantas centrais da parcela como área útil. O experimento foi constituído de seis tratamentos: 0,0; 0,5; 1,0; 1,5; 2,0; 2,5 t ha^{-1} gesso agrícola aplicados a lanço em superfície. Dez meses após a implantação do experimento realizou-se coleta de solo para avaliação das seguintes características químicas: P, Ca e Mg nas profundidades de 0-10, 10-20, 20-40, 40-60 e 60-80 cm. Os dados foram submetidos à análise de variância aplicando-se o teste F ao nível de 5 % de probabilidade. Os atributos químicos do solo não foram alterados significativamente nas diferentes profundidades avaliadas em relação às doses de gesso aplicadas. O gesso agrícola não provocou alterações significativas nos teores de fósforo, cálcio e magnésio do solo, fazendo-se necessário a prolongação do estudo para que haja possibilidade de realizar novas avaliações.

Palavras-chave: gessagem, alumínio, subsolo e atributos químicos.

INTRODUÇÃO – O Brasil é o maior produtor e exportador mundial de café. A estimativa para a produção da safra cafeeira em 2014, indica que o país deverá colher um volume de 44,57 milhões de sacas. Neste cenário Rondônia destaca-se como o sexto maior produtor de café do Brasil e o segundo maior produtor da espécie *Coffea canephora*, porém a produção do estado é caracterizada pelo baixo nível tecnológico, fazendo com que a produtividade seja baixa com uma estimativa de produtividade para 2014 de 16,05 sacas (CONAB, 2014).

A predominância de solo de baixa fertilidade natural associado à existência de lavouras velhas ou decadentes, podas inadequadas ou faltas destas, falta ou inadequação da adubação e calagem contribui para a baixa produtividade da cultura do café no estado de Rondônia (EMBRAPA, 2005). Um dos maiores impedimentos das lavouras cafeeiras é a acidez do solo que proporciona elevado teor de alumínio e, ou manganês que são tóxicos e assim influenciam negativamente o crescimento, desenvolvimento e, consequentemente, a produção dos cafezais (EMBRAPA, 2005). Para neutralizar a saturação por Al além da porção arável, recomenda-se a gessagem.

O gesso pode estimular o enraizamento profundo no subsolo (RAIJ, 2013). Essa ação se dá pelo fato da gessagem promover aumentos nos teores de Ca trocável e SO_4^{2-}, diminuição no teor de Al trocável no solo além de arrastar cátions como K^+, Ca^{2+} e Mg^2 para camadas mais profundas, assim melhorando as condições do solo em profundidade (RAMPIM et al., 2011; SORATTO; CRUSCIOL, 2008).

Diante disto, o presente trabalho teve como objetivo verificar a influência de doses de gesso agrícola aplicadas em um Latossolo Vermelho distrófico nos teores de fósforo, cálcio e magnésio na solução do solo.

MATERIAL E MÉTODOS – O experimento foi conduzido na propriedade rural Ouro Verde, estabelecida no município de Nova Brasilândia D'Oeste, localizada na região da Zona da Mata do estado de Rondônia, sob Latossolo Vermelho-Amarelo distrófico, com altitude média de 271 metros, latitude de 11° 43' 51,34" S e longitude de 62° 12' 42,97" W.

A lavoura encontrava-se com dois anos de idade na implantação do experimento e espaçamento de 3 x 1,5 m sob condições irrigadas. Os atributos químicos do solo estão descritos na Tabela 1. Foi utilizado delineamento experimental em blocos casualizados com quatro repetições e cinco plantas por parcela, totalizando 120 plantas. A área útil da parcela experimental foi constituída pelas três plantas centrais. O experimento foi constituído por seis tratamentos: 0,0; 0,5; 1,0; 1,5; 2,0; 2,5 t ha^{-1} de gesso agrícola. Para adubação de produção utilizaram-se as quantidades de 440, 90 e 270 kg ha^{-1} de N, P_2O_5 e K_2O, respectivamente para uma produtividade esperada entre 71 – 100 sacas por hectare em todos os tratamentos, conforme descrito por (FERRÃO et al., 2007). As fontes minerais utilizadas foram a ureia (45 % de N), superfosfato triplo (41 % de P_2O_5) e cloreto de potássio (60 % de K_2O).

Em Janeiro de 2013 realizou-se a aplicação dos tratamentos, sendo que 60 dias antes do inicio da aplicação foi realizada a correção da acidez do solo com aplicação do corretivo a lanço (calcário dolomítico PRNT 70 %) com intuito de atingir a saturação de bases do solo em 60 %, conforme citado para a cultura por Ferrão et al. (2007) e Ribeiro et al. (1999). O gesso e os fertilizantes foram todos aplicados a lanço, sendo os adubos em torno da copa do cafeeiro em dose única para o P, e em três aplicações para N e K, com intervalo de 30 dias, e o gesso agrícola em área total em única aplicação no momento da ultima aplicação dos fertilizantes.

Dez meses após a implantação do experimento foi realizada coleta de solo para avaliação das características químicas de cada parcela experimental. Avaliaram-se os teores de fósforo, cálcio e potássio nas profundidades de 0-10, 10-20, 20-40, 40-60, e 60-80 cm de profundidade.

Os dados coletados foram submetidos à análise de variância (p≤0,05). As análises estatísticas foram realizadas com o auxílio do programa estatístico Assistat versão 7.6.

RESULTADOS E DISCUSSÃO – Os atributos químicos do solo; fósforo, cálcio e magnésio não foram alterados significativamente nas diferentes profundidades avaliadas em relação às doses de gesso aplicadas (Tabela 2). Esses resultados podem ser justificados pelo aumento das cargas negativas dependentes de pH ocasionado pela calagem e à alteração das cargas de cátions pela formação de ligantes orgânicos hidrossolúveis presentes em materiais orgânicos no solo (SILVA et al, 2004). Os mesmos autores não observaram alteração de P, Ca e Mg com a adição de 2000 kg ha^{-1} de gesso, portanto, não ocorrendo efeito de lixiviação desses cátions das camadas superficiais para as mais profundas.

É comum encontrar na literatura efeitos

significativos da ação do gesso sobre o P nas camadas superficiais e de Ca e Mg na solução do solo e/ou promover a lixiviação destes para camadas mais profundas, corrigindo a toxidez por Al, e seu efeito é potencializado quando aplicado conjuntamente com o calcário (RAMPIM et al., 2011). Entretanto, comumente utilizam-se doses acima de 2,5 t ha^{-1}, além de períodos maiores de monitoramento (CAIRES et al., 2003; CAIRES et al., 2004; RAMOS et al., 2013; SILVA et al., 2004; SORATO; CRUSCIOL, 2008). As quantidades ideais de gesso são particulares de cada solo, porém são relatados efeitos nocivos em superdosagens, como os citados por Moreira et al. (2002), onde a dose de 9 t ha^{-1} de gesso associada ao calcário diminuiu o pH e a saturação por bases do solo, as reduções dos valores de pH podem ser decorrentes da intensa lixiviação de cátions pela adição de SO^{4-} presente no gesso.

CONCLUSÕES – As doses de gesso testadas nas condições do presente trabalho não são suficientes para promover modificações nos teores de P, Ca e Mg ao longo do perfil do solo.

REFERÊNCIAS

CAIRES, E.F.; BLUM, J.; BARTH, G.; GARBUIO, F.J.; KUSMAN, M.T. Alterações Químicas do solo e resposta da soja ao calcário e gesso aplicados na implantação do sistema plantio direto. **Revista Brasileira de Ciência do Solo**, v.27, p.275-286, 2003.

CAIRES, E.F.; KUSMAN, M.T.; BARTH, G.; GARBUIO, F.J.; PADILHA, J.M. Alterações químicas do solo e resposta do milho à calagem e aplicação de gesso. **Revista Brasileira de Ciência do Solo**, v.28, p.125-136, 2004.

CONAB – Companhia Nacional de Abastecimento. **Acompanhamento da Safra Brasileira de Café**, Segundo Levantamento, maio de 2014. Disponível em: <http://www.conab.gov.br/>. Acessado em: 15 jun. 2014.

Empresa Brasileira de Pesquisa Agropecuária - EMBRAPA. **Cultivo do Café Robusta em Rondônia**. Sistemas de Produção, 5. Versão Eletrônica Dez./2005.

FERRÃO, R.G.; FONSECA, A.F.A.da; BRAGANÇA, S.M.; FERRÃO, M.A.G.; MUNER, L.H.de. **Café conilon**, Vitória: Incaper, 2007. 702p.

RAIJ, B.V. **Gesso na agricultura**. Campinas: Instituto Agronômico, 2013. 233p.

RAMOS, B.Z.; TOLEDO, J.P.V.F.; LIMA, J.M.; SERAFIM, M.E.; BASTOS, A.R.R.; GUIMARÃES, P.T.G.; COSCIONE, A.R. Doses de gesso em cafeeiro: influência nos teores de cálcio, magnésio, potássio e pH na solução de um Latossolo Vermelho distrófico. **Revista Brasileira de Ciência do Solo**, v.37, p.1018-1026, 2013.

RAMPIM, L.; LANA, M.C.; FRANDOLOSO, J.F.; FONTANIVA, S. Atributos químicos de solo e resposta do trigo e da soja ao gesso em sistema semeadura direta. **Revista Brasileira de Ciência do Solo**, v.35, p.1687-1698, 2011.

RIBEIRO, A.C.; GUIMARÃES, P.T.G.; ALVAREZ V.,V.H. **Recomendações para uso de corretivos e fertilizantes em Minas Gerais**, Viçosa: CFSEMG, 1999. 359p.

SILVA, C.A.; MELO, L.C.A.; RANGEL, O.J.P.; GUIMARÃES, P.T.G. Produtividade do cafeeiro e atributos de fertilidade de Latossolo sob influência de adensamento da lavoura e manejo da calagem. **Ciência e Agrotecnologia**, Lavras, v.28, p.1066-1076, 2004.

SORATTO, R.P.; CRUSCIOL, C.A.C. Atributos químicos do solo decorrentes da aplicação em superfície de calcário e gesso em sistema plantio direto recém-implantado. **Revista Brasileira de Ciência do Solo**, v.32, p.675-688, 2008.

Tabela 1. Propriedades químicas do solo da área experimental antes da implantação do experimento.

pH (CaCl$_2$)	MO (g kg^{-1})	P (mg dm^{-3})	K	Ca	Mg	H+Al	Al
			(cmol$_c$ dm^{-3})				
5,1	14	3	0,36	1,72	0,7	5,9	0,50

Tabela 2. Resumo da análise de variância para as características químicas do solo, fósforo (P), cálcio (Ca) e magnésio (Mg), nas camadas de 0-10, 10-20, 20-40, 40-60 e 60-80 cm de profundidade (Prof.), aos dez meses após a aplicação de gesso.

FV	GL	Prof. cm	P mg dm^{-3}	Ca cmol$_c$ dm^{-3}	Mg
			Quadrados médios		
Bloco	3		0,37^{ns}	4,21^{ns}	0,16^{ns}
Tratamentos	5	0 - 10	0,44^{ns}	1,08^{ns}	0,27^{ns}
Resíduo	15		0,95	1,70	0,25
CV %			28,43	55,15	32,69
Bloco	3		15,15*	6,80^{ns}	0,18^{ns}
Tratamentos	5	10 - 20	2,47^{ns}	1,28^{ns}	0,09^{ns}
Resíduo	15		2,85	2,77	0,25
CV %			54,05	72,42	50,43
Bloco	3		2,08*	2,04^{ns}	0,08^{ns}
Tratamentos	5	20 - 40	0,60^{ns}	0,22^{ns}	0,05^{ns}
Resíduo	15		0,46	1,22	0,08
CV %			35,99	91,68	53,04
Bloco	3		0,71^{ns}	0,53^{ns}	0,01^{ns}
Tratamentos	5	40 - 60	0,17^{ns}	0,28^{ns}	0,03^{ns}
Resíduo	15		0,44	0,52	0,05
CV %			48,33	108,40	61,68
Bloco	3		1,17^{ns}	0,18^{ns}	0,05^{ns}
Tratamentos	5	60 - 80	0,36^{ns}	0,02^{ns}	0,02^{ns}
Resíduo	15		0,70	0,10	0,04
CV %			59,06	73,27	70,55

** Significativo ao nível de 1 % de probabilidade; * significativo ao nível de 5 % de probabilidade; ^{ns} não significativo (p≥0,5). CV = Coeficiente de variação.

Macrofauna edáfica em pomar de guaranazeiro sob diferentes doses de calcário

Waldiane Araújo de Almeida[1]; Anna Frida Hatsue Modro[2]; Emanuel Fernando Maia de Souza[2]; Abimar Oliveira de Almeida[3]; Denis Borges Tomio[4]

(1) Doutoranda, Universidade Federal do Acre - UFAC, Campus Universitário – BR 364, km 04 – Distrito Industrial, CEP:69920-900, Rio Branco, AC. E-mail: diane.waa@gmail.com (2) Professor Universidade Federal de Rondônia - UNIR, Av. Norte Sul, 7300, Nova Morada, CEP: 76940-000, Rolim de Moura, RO. E-mail: fridamodro@yahoo.com.br; emanuel@unir.br (3) Assessor técnico, Secretaria Municipal de Agricultura de Rolim de Moura, Av. João Pessoa, Centro, 4478, CEP: 76940-000, Rolim de Moura, RO. E-mail: bill_rm@hotmail.com (4) Professor, Instituto Federal do Acre – IFAC, Rua João de Paiva, 1135, Senador Pompeu, CEP: 69970-000, Tarauacá, AC. E-mail: denis.tomio@gmail.com

RESUMO – No presente estudo avaliou-se o efeito de diferentes doses de calcário sobre a macrofauna edáfica, sob pomar de guaranazeiro. Organismos da macrofauna foram coletados com extrator 25x25 cm de solos em um pomar de guaraná no período de início da estação seca e na estação seca propriamente dita em Rolim de Moura, RO, 2010. Os organismos foram identificados ao menor nível taxonômico possível, utilizando-se para isso, literatura específica. Foram identificados 66 indivíduos, distribuídos em três filos taxonômicos, sendo eles: Arthropoda (57,57 %), Mollusca (36,36 %) e Annelida (6,06 %). Entre Mollusca somente a classe Gastropoda foi encontrada, e para Annelida, Oligochaeta. Para os Arthropoda foram identificadas quatro classes, sendo elas, Insecta (52,63 %), Diplopoda (39,47 %), Arachnida (5,26 %) e Chilopoda (2,63 %). A abundância de organismos apresentou maior variação em função das diferentes épocas de coleta sendo maior no período onde o solo se encontrava com maior umidade e sofreu pouca influência das diferentes doses de calcário avaliados.

Palavras-chave: *Paullinia cupana*; calagem, Amazônia.

INTRODUÇÃO – A ação da fauna, pode interferir nas condições estruturais do solo e na movimentação de partículas no seu perfil, o que melhora a mobilidade vertical do calcário aplicado na superfície de solos sendo sensível às interferências no ambiente agrícola, ocasionadas pelo manejo do solo e das culturas, como a qualidade e quantidade de resíduos vegetais, o sistema de cultivo, cobertura de solo, adubação e a calagem.

A calagem é uma das práticas de manejo agrícola recomendada para adicionar cálcio e magnésio e elevar o pH do solo, com isso, liberando nutrientes e neutralizando alumínio e manganês tóxicos, proporciona um incremento de produção para as culturas e apresenta uma alternativa promissora para a otimização do cultivo do guaranazeiro (*Paullinia cupana* var. *sorbilis*), planta nativa e cultivada na região Amazônica, com produto que apresenta grande potencial de mercado, para utilização principalmente nas indústrias de refrigerantes e farmacopeia (NASCIMENTO FILHO, 1983).

Considerando, a importância do plantio de guaranazeiro no estado de Rondônia, tendo a calagem como uma prática potencial para aumentar a produção desta atividade agrícola, e devido à sensibilidade dos organismos do solo aos diferentes manejos que pode refletir o efeito de uma determinada prática de manejo, este trabalho objetivou avaliar a ocorrência dos principais grupos taxonômicos da macrofauna edáfica presentes em pomar de guaranazeiro submetidos a diferentes doses de calcário.

MATERIAL E MÉTODOS – O experimento foi realizado em pomar comercial de guaranazeiro, situado no km 15 da linha 172 no município de Rolim de Moura - RO, região da Zona da Mata rondoniense. O solo classificado como Latossolo Vermelho-Amarelo distrófico de textura argilosa. As características químicas do solo foram: pH: em água = 5,0; Matéria Orgânica = 14 g kg^{-1}; PMehilich = 1,3 mg dm^{-3}; K = 0,08 cmol$_c$ kg^{-1}; Ca+Mg = 1,4 cmol$_c$ kg^{-1}; Al = 0,4 cmol$_c$ kg^{-1}; H+AL = 4,1 cmol$_c$ kg^{-1}; CTC = 5,5 cmol$_c$ kg^{-1}; V = 26 %.

As plantas, com 13 anos de idade, são oriundas de polinização aberta e apresentam variação de volume de copa, cuja operação da poda das plantas é realizada anualmente entre fev./mar.

A área cultivada apresenta aproximadamente 3 ha e com espaçamento de 5 x 5 m, sendo o talhão com plantas homogêneas selecionado para a realização do experimento, instalado em delineamento em blocos casualizados, com seis repetições.

A aplicação do calcário foi realizada em janeiro de 2009 numa área de 25 m² centralizada ao redor da planta. Os tratamentos consistiram na aplicação de doses de calcário para elevar a saturação de bases a 40, 50, 60 e 70 % representando 1,60; 2,75; 3,89; e 5,0 kg por parcela mais a testemunha, sendo considerada uma planta por parcela como unidade experimental, e entre cada planta útil, conservou-se uma planta como borda.

As coletas foram realizadas no mês de abril (início da estação seca) e julho (estação seca). Com a utilização de um extrator de 25 x 25 cm foram coletadas três amostras de serrapilheira e solo por tratamento, tendo duas subamostras de solo (0-10 cm e 10-20 cm).

RESULTADOS E DISCUSSÃO – De acordo com o método de Tropical Soil Biology and Fertility – TSBF – foram encontrados saprófitos ou predadores (Insecta: Coleoptera), carnívoros (Chilopoda, Insecta: Neuroptera e Arachnida: Aranea) fitófagos (Insecta: Hemiptera); carnívoros predadores (Arachnida: Araneae); Onívoro (Insecta: Coleoptera); Saprófito (Insecta: Diptera e Coleoptera) e Desconhecido (Insecta).

O aparelho bucal mastigador foi o mais frequente entre as classes sendo encontrados em Gastropoda, Chilopoda, Diplopoda e Insecta (Coleoptera e Diptera), seguido por picador sugador encontrado em Arachnida, mastigador mandibular presente em Insecta (Coleoptera), sugador e sugador labial em Insecta (Hemiptera) e sugador mandibular também na classe Insecta (Neuroptera).

Os organismos foram separados de acordo com o estágio de desenvolvimento, sendo a forma imatura a mais frequente. Foram encontrados apenas seis indivíduos adultos (Tabela 1).

As doses de calcário tiveram influência sobre a riqueza da macrofauna edáfica em ambos os períodos de coleta (Tabela 2), onde para a saturação de bases desejada de 40 % notou-se a menor riqueza da macrofauna e para a saturação de bases desejada de 50 % observa-se maior riqueza em média. Na testemunha e nos tratamento de 60 e 70 % pôde-se observar valores médios tanto no período de maior umidade do solo como no de menor umidade.

A riqueza de indivíduos nas diferentes profundidades foi de 39 indivíduos de 0-10cm de profundidade, 17 indivíduos de 10-20cm de profundidade e 10 indivíduos na serrapilheira em ambas as coletas (Tabela 3).

Na coleta na mata realizada no período de menor umidade do solo encontrou-se três do total de indivíduos, sendo um na serrapilheira e dois na profundidade de 0-10cm. Nascimento et al. (2007) mencionam que o uso de diferentes coberturas vegetais e de práticas culturais indica atuar diretamente sobre a população da fauna do solo.

A relação entre a densidade populacional e a profundidade é relatada por vários autores. Kuhnelt (1961) destacou que os artrópodes são mais abundantes nos quatro primeiros centímetros da superfície do solo, dados verificados também no presente estudo. A população de minhocas, segundo Fragoso e Lavelle (1992) se concentram até as camadas de 10 cm do solo, porém no presente estudo foi encontrado indivíduos até a profundidade de 20 cm do solo. Segundo Righi (1997) as galerias predominam nos horizontes superficiais, de 0 a 30 cm de profundidade, mas podem chegar até regiões mais profundas.

No início da estação seca (abril/2010) quando o solo ainda apresentava alta umidade, constatou-se uma maior quantidade de indivíduos do que na estação seca (julho/2010), propriamente dita, respectivamente 59,09 e 40,91.

CONCLUSÕES – O filo Artrhopoda foi o mais representativo nas coletas, e as classes com maior frequência foram Insecta e Diplopoda. Nas classes Gastropoda e Insecta estão os organismos da macrofauna edáfica com maior riqueza. Os organismos herbívoros foram encontrados em maior quantidade, e o aparelho bucal mastigador foi o mais frequente. Houve maior número de indivíduos na foram imatura. A profundidade 0-10 apresentou maior riqueza, seguida da profundidade 10-20 e serrapilheira. Nas doses de calcário para a saturação de bases desejada de 50 % houve maior riqueza de indivíduos, valores médios para as doses 60 %, 70 % e testemunha e menor para a dose de 40 %.

A riqueza no mês de abril foi maior devido às melhores condições de umidade e temperatura favoráveis à macrofauna em comparação ao mês de julho, assim as épocas de coleta influenciaram a variação da densidade de fauna.

REFERÊNCIAS

BARETTA, D.; SANTOS, J.C.P.; MAFRA, A.L.; WILDNER, L.P.; MIQUELLUTI, D.J. Fauna edáfica avaliada por armadilhas de catação manual afetada pelo manejo do solo na região oeste catarinense. **Revista de Ciência Agroveterinárias**, Lages, v.2, n.2, p.97-106, 2003.

FRAGOSO, C.; LAVELLE, P. Earthworm communities of tropical rain forests. In: INTERNATIONAL SYMPOSIUM ON EARTHWORM ECOLOGY, 4., June 11-15, 1990, Avignon. **Anais...** Avignon, France: Pergamon, 1992. p.1397-1408.

KÜHNELT, W. **Soil biology:** with special reference to the animal kingdom. London: Faber and Faber, 1961. 397p.

NASCIMENTO FILHO, F.J. do. **Aspectos biológicos, taxonômicos, geográficos e potencial da cultura do guaraná (*Paullinia cupana* H.B.K)** Trabalho de revisão bibliográfica apresentada À disciplina Origem e Evolução das Plantas Cultivadas, do curso de Pós Graduação em Genética. 1983.

NASCIMENTO, M.S.V.; HOFFMANN, R.B.; DINIZ, A.A.; ARAÚJO, L.H.A.; SOUTO, J.S. Diversidade da mesofauna edáfica como bioindicadora para o manejo do solo no brejo paraibano. In: CONGRESSO BRASILEIRO DE CIÊNCIA DO SOLO, 31., 2007, Gramado. **Anais...** Gramado: SBCS, 2007. CD-ROM.

RIGHI, G. **Invertebrados:** A minhoca. Coleção Cientistas de amanhã. São Paulo: Instituto Brasileiro de Educação Ciência e Cultura, 1966.

Tabela 1. Grupos taxonômicos encontrados em uma área de cultivo de guaranazeiro (*Paullinia cupana*), Rolim de Moura, 2010.

Filo	Classe	Ordem: família	Morfotipo*	Indivíduos
Mollusca	Gastropoda	Stylommatophora	Stylommatophora sp.1[I, MT, H]	10
			Stylommatophora sp.2[I, MT, H]	9
			Stylommatophora sp.3[I, MT, H]	5
Arthopoda	Arachnida	Araneae	Araneae sp.1[I, PS, CP]	1
			Araneae sp.2[I, PS, C]	1
	Chilopoda	Lithobiomorpha	Lithobiomorpha sp.1[I, MT, C]	1
	Diplopoda	-	Diplopoda sp.1[I, MT, H]	2
			Diplopoda sp.2[I, MT, H]	1
			Diplopoda sp.3[I, MT, H]	1
			Diplopoda sp.4[I, MT, H]	1
			Diplopoda sp.5[I, MT, H]	1
			Diplopoda sp.6[I, MT, H]	4
			Diplopoda sp.7[I, MT, H]	3
			Diplopoda sp.8[I, MT, H]	1
			Diplopoda sp.9[A, MT, H]	1
	Insecta	-	Insecta sp.1[I, -, -]	1
		Coleoptera	Coleoptera sp.1[I, MT, SP]	1
			Coleoptera sp.2[I, MT, SP]	5
			Coleoptera sp.3[I, MT, H]	2
			Coleoptera sp.4[A, MT, H]	1
			Coleoptera sp.5[I, MT, SP]	1
			Coleoptera sp.6[I, MT, SP]	2
			Coleoptera sp.7[I, MT, SP]	1
		Coleoptera: Carabidae	Carabidae sp.1[A, MD, OP]	1
		Coleoptera: Scarabaeidae	Scarabaeidae sp.1[A, MT, H]	1
		Diptera	Diptera sp.1[I, MT, S]	1
		Hemiptera: Cicadidae	Cicadoidea sp.1[I, S, F]	1
		Hemiptera: Pentatomidae	Pentatomidae sp.1[A, SL, F]	1
		Neuroptera: Ascalaphidae	Myrmeleontoidea sp.1[I, SM, C]	1
Annelida	Oligochaeta	-	Oligochaeta sp.1[I, MT, H]	1
			Oligochaeta sp.2[A, MT, H]	1
			Oligochaeta sp.3[I, MT, H]	1
			Oligochaeta sp.4[I, MT, H]	1

Dados sobrescrito entre parênteses e separados por vírgula: **Forma** (**I** – Imaturo; **A** – Adulto); **Aparelho bucal** (**MT** – Mastigador; **MD** – Mandibular **PS** – Picador sugador; **S** – sugador; **SL** – Sugador labial; **SM** – sugador mandibular); **Hábito alimentar** (**H** – Herbívoro; **C** – carnívoro; **CP** – Carnívoro predador; **SP** – Saprófito ou predador; **S** – Saprófito **OP** – Onívoro ou predador; **F** – Fitófago) – Desconhecido.

Tabela 2. Indivíduos da fauna edáfica coletados em uma área de cultivo de guaranazeiro (*Paullinia cupana*), em função de diferentes doses de calcário, e em área de mata nativa, Rolim de Moura, 2010.

Tratamentos	Coleta		
	Abril	Julho	Total
40 %	3	5	8
50 %	10	8	18
60 %	10	4	14
70 %	11	2	13
Testemunha	5	5	10
Área de mata	0	3	3
Total	39	27	66

Tabela 3. Riqueza de indivíduos encontrados nas camadas de coleta de solo em uma área de cultivo de guaranazeiro (*Paullinia cupana*), Rolim de Moura, 2010.

Classes	Épocas da Coleta	Profundidade		
		S	0-10 cm	10-20 cm
Gastropoda	Abril	2	10	0
	Julho	5	4	3
Arachnida	Abril	0	0	1
	Julho	0	1	0
Chilopoda	Abril	0	0	0
	Julho	0	0	1
Diplopoda	Abril	1	4	4
	Julho	0	2	4
Insecta	Abril	1	11	1
	Julho	1	5	1
Oligochaeta	Abril	0	2	2
	Julho	0	0	0
Total		10	39	17

Ponto de murcha permanente do feijoeiro comum em Latossolo Vermelho-Amarelo distrófico em Rondônia

Jucielton Hítalo da Silva[1]; Denis Cesar Cararo[2]

(1) Graduando em Agronomia – Faculdades Integradas Aparício Carvalho, Rua Araras, n° 241, Eldorado CEP. 78912-640. E-mail: hitalojhssilva@hotmail.com

(2) Analista, Embrapa Rondônia, BR 364 km 5,5, Cidade Jardim, CEP 76815-800, Porto Velho, RO. E-mail: denis.cararo@embrapa.br

RESUMO – Objetivou-se neste trabalho determinar o ponto de murcha permanente (PMP) e a evapotranspiração em função da umidade do solo, para o feijoeiro comum (*Phaseolus vulgaris* L.), em estádio fenológico de pré-florescimento em Latossolo Vermelho-Amarelo distrófico representativo no município de Porto Velho-RO. O trabalho foi conduzido em área aberta com uso de sombrites, em área residencial ao leste de Porto Velho. A semeadura foi realizada no dia 01 de agosto de 2014 em 20 vasos. O solo contido nos vasos foi destorroado e mantido úmido com duas irrigações diárias ate o estádio de pré-florescimento. Depois de atingir esse estádio, cessou a irrigação e ocorreu o inicio do estresse hídrico. Pesaram-se os vasos diariamente para acompanhar a evapotranspiração e coletou-se amostra de solo na profundidade de 0–20 para o controle da umidade do solo. Observado o primeiro sinal de murcha, as plantas dos respectivos vasos foram levadas para câmara escura com umidade do ar próxima a 100 % para a constatação do retorno da turgidez, ao seu retorno as plantas voltaram a pleno sol, em seguida, verificando-se a murcha, retornaram à câmara, repetindo este procedimento sucessivamente ate que ocorrer o não retorno da turgidez. Então se coletou o solo sem raízes nas camadas de 0-5; 5-10; 10-20, para determinação da umidade pelo método gravimétrico. O PMP quantificado pelo método fisiológico para o Latossolo Vermelho-Amarelo para o feijoeiro foi 16 % de umidade e a evapotranspiração da cultura do feijoeiro reduziu com o decréscimo da umidade com uma variação média de 1,9 mm d^{-1} em 30 % de umidade e 0,5 mm.d^{-1} em 14,15 % de umidade.

Palavras-chave: feijão comum, *Phaseolus vulgaris* L., ponto de murcha permanente, evapotranspiração, Latossolo Vermelho-Amarelo.

INTRODUÇÃO – O feijão tem extrema importância econômica e social no Brasil. De acordo com os valores divulgados pela Companhia de Abastecimento (Conab), na safra 2013, o feijão representou o quinto granífero mais produzido com 2,93 milhões de toneladas, ficando atrás da soja, do milho, do arroz e do trigo.

Para que o feijoeiro possa atingir seu rendimento potencial, torna-se necessário que a temperatura do ar apresente valores mínimo, ótimo e máximo como sendo 12 °C, 21 °C e 29 °C, respectivamente. Com relação à germinação do feijoeiro, valores de temperatura em torno de 28 °C são considerados ótimos.

O baixo rendimento da cultura é causado pelo uso de solos inadequados; preparo mal realizado; baixa densidade de plantio; baixos investimentos com a ausência de adubação; plantio atrasado, que leva à seca, ou antecipado causando a mela; alta temperatura no período de floração e estresse hídrico.

O plantio desta leguminosa é estendido a todas as regiões do território brasileiro. Considerada uma cultura de subsistência em pequenas propriedades, mas adotada também em sistemas de produção que requerem o uso de tecnologias intensivas como a irrigação.

A cultura do feijão requer boa disponibilidade de água no solo durante todo o ciclo, principalmente nas etapas de germinação/emergência, floração e enchimento do grão; as fases mais críticas com relação a este aspecto. A cultura exige um mínimo de 300 mm de precipitação pluviométrica bem distribuído durante o ciclo.

O período crítico ocorre 15 dias antes da floração. O déficit hídrico causa redução do rendimento devido ao menor número de vagens/planta e, em menor escala, à diminuição do número de sementes/vagem.

A quantificação da água disponível às plantas, situada entre a capacidade de campo (CC) e o ponto de murcha permanente (PMP), é necessária para o manejo da água do solo em agricultura irrigada, com reflexos nos cálculos da lâmina de água de irrigação, contudo esses limites têm sido objeto de crítica e estudos (CARLESSO, 1995; SOUZA; REICHARDT, 1996).

Em várias situações de cultivo, a água tem-se mostrado o recurso mais limitante ao crescimento e à produtividade das culturas (BEGG; TURNER, 1976). O volume explorado pelo sistema de raízes, a eficiência no uso da água e a capacidade de extração da água do solo determinam a capacidade competitiva de uma planta por esse recurso. Características morfológicas e fisiológicas das plantas determinam suas habilidades competitivas pela água do solo (GRIFFIN et al., 1989).

O Ponto de Murcha Permanente (PMP) é definido funcionalmente, como o momento no qual as plantas murcham e não mais recuperam a turgidez, mesmo que sejam colocadas em câmara escura e úmida (TAIZ; ZEIGER, apud NORTON; SILVERTOOTH, 1998). Para sua determinação são usadas, basicamente, duas metodologias: o método físico (ou indireto, em laboratório) e o método fisiológico (ou direto, utilizando plantas indicadoras) (BEZERRA et al., 1999).

Segundo Bezerra et al. (1999), o método fisiológico é realizado a partir de plantas indicadoras, sendo o girassol (*Helianthus annus*) e o feijão (*Vigna unguiculata* L.) as mais utilizadas. Deste modo, o PMP é determinado pela medição da umidade do solo quando uma planta indicadora murcha e não mais recupera o turgor (LOVEDAY, s.d.).

Normalmente, o Ponto de Murcha Permanente é considerado como sendo uma característica estática do solo, ao contrário da capacidade de campo (REICHARDT, 1988).

Desde que o PMP é também definido pela condição da planta, diversos fatores podem afetá-lo, incluindo espécie e estádio de crescimento da cultura e o tipo de solo (MUNRO, 1987; NORTON; SILVERTOOTH, 1998); assim, o murchamento de plantas sob condição de campo depende não só da umidade no solo, mas, também, do potencial de evapotranspiração, da capacidade das raízes da planta ramificar no solo, da condutividade hidráulica do solo (LOVEDAY, s.d.) e até do método como o murchamento permanente é determinado (MUNRO,1987).

Os objetivos deste trabalho foram determinar a umidade correspondente ao ponto de murcha permanente e obter a evapotranspiração em função da umidade do solo, para a cultura do feijão comum em estádio fenológico de pré-florescimento em latossolo vermelho-amarelo distrófico.

MATERIAL E MÉTODOS – O trabalho foi desenvolvido em área residencial ao leste do município de Porto Velho-RO, nas coordenadas geográficas 08° 78' 26" S e 63° 80' 84" W e altura de 95 m. O clima, segundo a classificação de Köppen, é do tipo Aw, caracterizado como clima tropical úmido, com uma estação relativamente seca durante o ano, temperaturas médias anuais de 25,5 °C, máxima de 31,5 °C e mínima de 20,7 °C, e precipitação anual em torno de 2.300 mm. A umidade relativa média do ar é elevada no decorrer do ano, em torno de 88 % no verão e valores inferiores no outono – inverno com média, em torno de 75 %.

No mês da realização do experimento as condições climáticas eram de temperatura máxima de 27,02 °C, mínima 25,36 °C e umidade relativa do ar máxima de 75,47 % e mínima de 25,36 % , velocidade do vento de 1,21 m s^{-1} e radiação de 3,22 kJ m^{-2}.

O experimento foi desenvolvido ao ar livre com utilização de sombrites antes do inicio do período de estresse hídrico. Após essa etapa, os sombrites foram retirados e as plantas ficaram expostas diretamente ao sol.

Para o trabalho, utilizaram-se vasos com capacidade de 7 litros de polietileno preto preenchidos com Latossolo Vermelho-Amarelo distrófico, conforme classificação da Embrapa, destorroado e passado em peneira de 2 mm. Após o preenchimento dos vasos, o solo foi mantido em capacidade de campo com duas irrigações diárias, sendo uma pela manhã e outra à tarde. Os vasos foram pesados com balança de precisão de 1 g antes das irrigações para estimar a evapotranspiração diária. A adubação e correção do solo foram realizadas conforme recomendação técnica da Comissão de Fertilidade do Solo do Estado de Minas Gerais.

Ao atingir o estádio fenológico de pré-florescimento, cessou-se a irrigação. Realizou-se a pesagem dos vasos no final de cada dia e coletou-se o solo na profundidade de 0-20 cm, para o acompanhamento da umidade diária, pelo método gravimétrico. As plantas foram colocadas a pleno sol na manhã de cada dia. Ao constatar a murcha, os respectivos vasos foram encaminhados a câmara escura, à umidade relativa do ar (UR) próxima a 100 % (à noite). Na manhã seguinte, as plantas túrgidas eram encaminhadas à condição ensolarada, e ao murcharem, eram novamente transportadas à câmara; processo este, repetido sucessivamente até o PMP.

Quando detectado o PMP, determinou-se a umidade do solo por meio do método gravimétrico padrão da estufa a 105 °C durante 24 horas, denominando-se este valor de umidade no ponto de murcha permanente (U_{PMP}) para cada área/profundidade da cultura em estudo.

RESULTADOS E DISCUSSÃO – Foram encontrados valores absolutos diferentes de umidade no solo referente ao momento em que ocorreu o ponto de murcha permanente, sendo em média 16 % em base de peso.

A absorção de água pelas raízes e a evaporação da água diretamente do solo, podem justificar a diferença apresentada, conforme apresentado na Tabela 1.

O feijoeiro comum tem característica de apresentar sistema radicular superficial em relação às outras culturas, fator que diminui sua eficiência hídrica em solo com déficit hídrico principalmente em estações do ano com menores índices pluviométricos, tornando dependente da umidade média superficial do solo.

No trabalho realizado, notou-se que a evapotranspiração do feijoeiro também tem uma relação direta com a umidade no solo, como visualizado na Figura 1, considerando que as condições climáticas se mantiveram durante o período mostrado. Ainda quanto a esta observação, notou-se que no momento referente ao ponto de murcha permanente, a evapotranspiração média estava em 0,6 mm d^{-1}.

CONCLUSÕES – A umidade em base de peso no ponto de murcha permanente para o feijoeiro comum em Latossolo Vermelho-Amarelo distrófico é de 16 %. A evapotranspiração do feijoeiro é diretamente relacionada à umidade no solo.

AGRADECIMENTOS – Irgo Mendonça pelo patrocínio com o banner, Sônia Maria pelo apoio no decorrer do trabalho.

REFERÊNCIAS

BEGG, S.E.; TURNER, N.C. Crop water deficits. **Advances in Agronomy**, v.28, p.161-217, 1976.

BEZERRA, J.R.C.; AMORIM NETO, M. da S.; LUZ, M.J.S. e; BARRETO, A.N.; SILVA, L.C. da. Irrigação do algodoeiro herbáceo. In: BELTRÃO, N.E. de M. (Org.). **O agronegócio do algodão no Brasil**. Brasília: Embrapa Comunicação para Transferência de Tecnologia, 1999, v.1, p.619-682.

CARLESSO, R. **Absorção de água pelas plantas: Água disponível versus extraível e a produtividade das culturas**. Ciência Rural, Santa Maria, v.25, p.183-88, 1995.

COMPANHIA DE ABASTECIMENTO – CONAB. **Produção Safras de 2013 e 2014** - Brasil - Julho 2014.

GRIFFIN, B.S.; SHILLING, D.G.; BENNETT, J.M; CURREY, W.L. The influence of water stress on the physiology and competition of soybean (*Glycine max*) and florida beggarweed (*Desmodium tortuosum*). **Weed Science**, v.37, p.544-551, 1989.

LOVEDAY, J. **Methods for analysis of irrigated soils**. Clayton: CAB, s.d. p.47-48 (Tech. Común., 54).

MUNRO, J.M. Cotton. 2. ed. **Singapore: Longman**, 1987. cap.10, p.130-146.

NORTON, E.R.; SILVERTOOTH, J.C. **Field determination of permanent wilting point**. Tuckson: The University of Arizona, 1998. (Disponivelemhttp://www.ag.arizona.edu/pubs/crops/az1006/az10065d.htm. Acesso em 25/08/2014).

REICHARDT, K. Capacidade de campo. **Revista Brasileira de Ciência do Solo**, Campinas, v.12, n.13, p.211-216, 1988.

REICHARDT, K. **Água nos sistemas agrícolas**. Piracicaba: Manole, 1990. 187p.

SOUZA, C.C. de; OLIVEIRA, F.A; SILVA, I. de F.; AMORIM NETO, M. da S. Avaliação de métodos de determinação de água disponível em solo cultivado com algodão. **Pesquisa Agropecuária Brasileira**, Brasília, v.37, n.3, p.337 – 341, 2002.

Embrapa Comunicação para Transferência de Tecnologia, 1999, v.1, p.619-682.

Tabela 1. Umidade no ponto de murcha permanente (U_{PMP}) em diferentes profundidades do solo.

Profundidade	U_{PMP}
cm	%
0-5	12,86
5-10	15,12
10-20	20,02

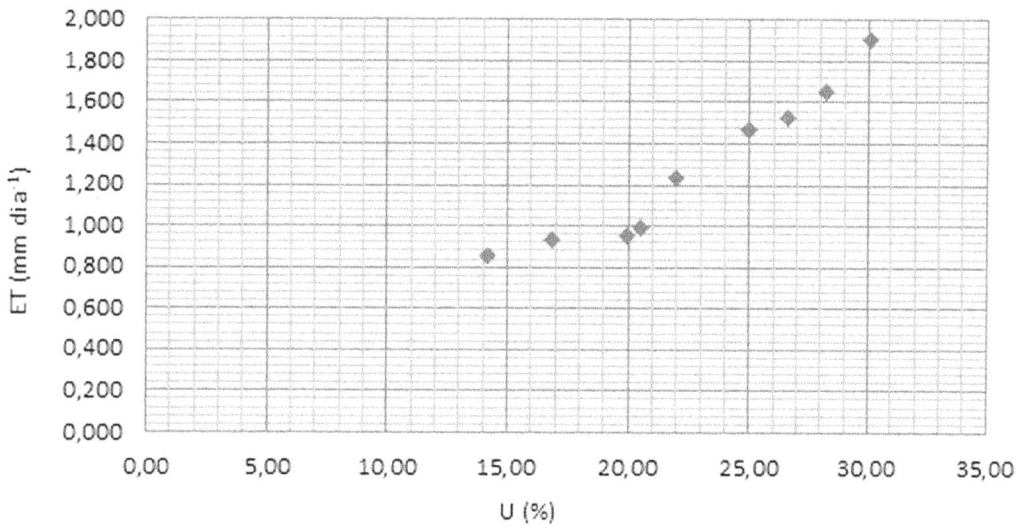

Figura 1. Evapotranspiração em função da umidade gravimétrica do solo.

3. USO E MANEJO DO SOLO

Acúmulo de nitrogênio em frutos de cafeeiro em função da adubação nitrogenada

Danielly Dubberstein[1]; Jairo Rafael Machado Dias[2]; Fábio Luiz Partelli[3]; Marcelo Curitiba Espíndula[4]; Raquel Schmidt[5]; Edilaine Istéfani Franklin Traspadini[6]; Ronaldo Willian da Silva[6]

(1) Mestranda, Universidade federal do Espírito Santo, BR 101 Norte, Km 60, Bairro Litorâneo, CEP: 29932-540, São Mateus, ES. E-mail: dany_dubberstein@hotmail.com (2) Professor adjunto, Universidade Federal de Rondônia, Av. Norte Sul, Nova Morada, CEP: 78987-000 Rolim de Moura-RO. E-mail: jairorafaelmdias@hotmail.com (3) Professor adjunto, Universidade Federal do Espírito Santo, BR 101 Norte, Km 60, Bairro Litorâneo, CEP: 29.932-540, São Mateus, ES. E-mail: partelli@yahoo.com.br (4) Pesquisador, Embrapa Rondônia, BR 364 km 5,5, Cidade Jardim, CEP 76815-800, Porto Velho, RO. E-mail: marcelo.espindula@embrapa.br (5) Mestranda, Universidade Federal do Acre, BR 364, Distrito Industrial, CEP: 69920-900 Rio Branco, AC. E-mail: schmidt_raquel@hotmail.com (6) Acadêmicos Universidade Federal de Rondônia, Av. Norte sul, Nova Morada, CEP: 78987-000, Rolim de Moura-RO. E-mail: agroedilaine@hotmail.com; ronaldo_willian1@hotmail.com

RESUMO – Objetivou-se avaliar a taxa de acúmulo de nitrogênio nos frutos de café adubado e não adubado da fase chumbinho até a maturação. O experimento foi realizado no município de Rolim de Moura-RO, em lavoura clonal de 2,5 anos de idade. O delineamento experimental utilizado foi blocos casualizados em esquema de parcela subdividida no tempo, tendo nas parcelas principais dois manejos de adubação (plantas adubadas e não adubadas) e nas subparcelas as épocas de avaliação. Cada tratamento conteve três blocos, com onze plantas úteis, e em cada planta foram marcados dois ramos plagiotrópicos produtivos. Os frutos foram coletados a cada 28 dias, desde chumbinho até a maturação, secos em estufa de ar forçado e encaminhados para análise química em laboratório. O acúmulo de nitrogênio por ramo coletado (g/ramo) foi feito através da fórmula: Acúmulo = Massa seca dos frutos (g) x concentração de nutriente (g kg^{-1}). A partir dos resultados obtidos foram calculados a média, o erro padrão e quantidade em mg de nutrientes por fruto. O acúmulo de nitrogênio foi maior para o tratamento adubado em comparativo ao não adubado. Inicialmente (julho a setembro), o acúmulo de nitrogênio foi praticamente nulo. De outubro a fevereiro ocorreram as maiores taxas, com comportamento linear. A adubação nitrogenada deve se concentrar neste período, a fim de atender às demandas do fruto, bem como para crescimento vegetativo.

Palavras-chave: Café canéfora, demanda nutricional, fase reprodutiva.

INTRODUÇÃO – A cafeicultura brasileira é destaque pelo fato de ser o único país a cultivar em grande escala e com níveis elevados de produtividade tanto espécie arábica (*Coffea arabica*) como também o conilon (*Coffea canephora*). Sendo que estas são as duas espécies de importância econômica dentro do gênero *Coffea* (DAVIS et al., 2011).

O estado de Rondônia se caracteriza como segundo maior produtor da espécie robusta, ficando atrás do Espírito Santo. Entretanto, possui baixas produtividades, em torno de 16 sacas por hectares (CONAB, 2014).

A nutrição mineral se destaca como um dos principais fatores que contribuem para a produção desta cultura (LAVIOLA et al., 2007a) devido à sua alta exigência nutricional e característica de acumular grande quantidade de nutrientes nos órgãos da planta. Bragança et al. (2008) relatam que os macronutrientes mais exigidos e acumulados pela planta de cafeeiro são N > Ca > K > Mg > S > P, na respectiva ordem. Evidencia-se que o N é o nutriente mais acumulado no tecido vegetal e exigido em maior quantidade pelo cafeeiro, pois este caracteriza como constituinte de muitos componentes da célula vegetal, como aminoácidos, proteínas e ácidos nucleicos (TAIZ; ZAIGER, 2013).

A fase reprodutiva do café canéfora é composta por diversas etapas, inicia-se com a floração, em sequencia ocorre o desenvolvimento do fruto composto pelos estádios de chumbinho, expansão rápida, granação e maturação (PARTELLI et al., 2014). Cada estádio de formação possui funções fisiológicas e metabólicas próprias, essenciais à formação final da semente de café (LAVIOLA et al., 2007b) e há variações na concentração e no conteúdo de elementos acumulados em cada estádio (LAVIOLA et al., 2006, 2007a).

Através do conhecimento das taxas de acúmulo é possível identificar o período em que a planta mais exige certos nutrientes, evidenciando os picos de acúmulo. De acordo com Laviola et al. (2008) o acúmulo de nitrogênio em cafeeiro arábica apresenta incrementos significativos nos estádios de expansão rápida e granação-maturação, sendo ainda maior no último.

Diante da carência de estudos com manejo nutricional do cafeeiro canéfora na região amazônica, este trabalho tem como objetivo avaliar as taxas de acúmulo de nitrogênio nos frutos de café adubado e não adubado desde a fase chumbinho até a maturação.

MATERIAL E MÉTODOS – O experimento foi realizado no município de Rolim de Moura, localizado na Zona da Mata do estado de Rondônia, em propriedade particular, com altitude média de 277 m, latitude de 11° 49' 43" S e longitude 61° 48' 24" O.

O clima predominante na região é Tropical Úmido Chuvoso - Aw (Köppen), com temperatura média anual de 25,2 °C e precipitação média de 1800 mm ano^{-1}. O período chuvoso está compreendido entre os meses de outubro até abril. O primeiro trimestre do ano apresenta o maior acúmulo de chuvas. O período mais quente fica compreendido entre os meses de agosto a outubro (RONDÔNIA, 2010). Durante a condução do experimento, os valores médios de temperatura mínima, média e máxima e precipitação foram coletados na estação meteorológica da Universidade Federal de Rondônia, localizado no mesmo município.

O experimento foi conduzido em lavoura de *C. canephora* com dois anos e meio de idade, cultivadas em condições de pleno sol, no espaçamento de quatro metros entre linhas e um metro entre plantas. O solo do local é classificado em Latossolo Vermelho-Amarelo distrófico, textura argilosa, com relevo plano, cujas características são apresentadas na Tabela 1.

O delineamento experimental utilizado foi em blocos casualizados em esquema de parcelas subdivididas no tempo. As parcelas principais contiveram os manejos de adubação (plantas adubadas e não adubadas) e nas subparcelas as épocas de avaliação (coletas). A adubação foi realizada de acordo com a recomendação para a cultura. As fontes minerais de nitrogênio, fósforo e potássio foram ureia (45 % de N), superfosfato simples (18 % de P_2O_5) e cloreto de potássio (60 % de K_2O), respectivamente, nas doses de 400, 180 e 35 g/planta dos fertilizantes. O fósforo foi aplicado em uma única vez (julho), e o nitrogênio e o potássio em quatro aplicações (julho, outubro, janeiro e fevereiro). Em períodos de estiagem foi realizada a irrigação por meio de aspersão convencional.

Cada tratamento foi composto por três blocos, contendo 11 plantas úteis, totalizando 33 plantas por tratamento. Nestas plantas foram realizadas as marcações de dois ramos plagiotrópicos a serem avaliados, com padronização de números de rosetas, escolhendo os ramos com 10 a 12 nós produtivos.

As coletas foram feitas a cada 28 dias, posteriormente à floração (16/07/2013) até a maturação (24/04/14), coletando-se sempre cinco ramos de cada tratamento.

Os ramos coletados foram encaminhados para estufa de circulação de ar forçado a 70 °C, secados até atingir peso constante. Após isso foi feita a separação e contagem das partes do ramo (folha, caule e fruto) e pesagem em balança de precisão. Nos ramos coletados em julho havia presença de flores e estas foram alocadas juntamente aos frutos chumbinhos.

O material foi moído em moinho Wiley, de aço inoxidável, para realização das análises químicas. As análises foram feitas em triplicatas no laboratório da Embrapa Rondônia, usando como metodologia a descrita por Silva et al. (1999).

O acúmulo de nutriente por ramo coletado (g/ramo) foi calculado pela fórmula: Acúmulo = Massa seca dos frutos (g) x concentração de nutriente (g kg^{-1}). A partir dos resultados obtidos foram calculados a média, o erro padrão e a quantidade de acúmulo de nitrogênio em mg/fruto.

RESULTADOS E DISCUSSÃO – A análise de variância mostrou que houve diferença entre os tratamentos para acúmulo de nitrogênio em frutos de cafeeiro da pós-florada até a maturação (Tabela 2). O acúmulo mostrou-se superior nos frutos adubados em comparação ao não adubado.

O nitrogênio se caracteriza como nutriente essencial a planta devido à sua presença em diversos compostos como purinas e alcaloides, aminoácidos, enzimas, vitaminas, hormônios, ácidos nucleicos, nucleotídeos e moléculas de clorofila (BRAGANÇA et al., 2007). Enfatiza-se também que o nitrogênio é o nutriente acumulado em maior proporção na planta inteira de cafeeiro em comparação aos demais nutrientes (BRAGANÇA et al., 2008). Diante do exposto fica evidenciada a importância da adubação nitrogenada para a cultura do cafeeiro.

As curvas de acúmulo de N nos frutos foram semelhantes entre os tratamentos na fase inicial (Figura 1). Ambos apresentando menores taxas ou até mesmo nulas no período de julho a setembro de 2013, isso ocorre devido a neste período os frutos estarem na fase de chumbinho, caracterizada pelo baixo crescimento e acúmulo de matéria seca, havendo assim menor acúmulo de nutrientes no tecido (LAVIOLA et al., 2006, 2007c, 2008).

Esses resultados concordam com Covre e Partelli (2013), que obtiveram baixas taxas de acúmulo de N em frutos de cafeeiro conilon na fase de chumbinho em condições irrigado e não irrigado no sul da Bahia. No entanto, Partelli et al. (2014) em genótipos precoces de conilon verificou incremento de acúmulo de nitrogênio a partir do segundo mês (outubro) de avaliação.

No período de outubro a fevereiro o acúmulo de nitrogênio apresentou comportamento linear, atingindo o máximo neste último mês. Sendo que para o tratamento adubado taxas de acúmulo mais pronunciadas foram verificadas em comparação às plantas não adubadas, comprovando o efeito positivo da aplicação de fontes nitrogenadas à cultura do cafeeiro.

Nessas épocas o fruto de café se encontra nas fases de expansão rápida, granação e maturação. Estádios caracterizados por rápido alongamento celular, enchimento do endosperma e aumento do teor de açúcar (LAVIOLA et al., 2007b), ou seja, alta demanda nutricional para formação final do fruto.

Resultados semelhantes foram encontrados por Laviola et al. (2008) e Covre e Partelli (2013), verificando incrementos significativos de acúmulo de N nos estádios de expansão rápida e de granação-maturação.

Na fase final, correspondente aos meses de março e abril, a taxa de acúmulo foi um tanto reduzida. Isto pode ser justificado pela total maturação em que se encontravam os frutos na última coleta, caracterizando-o como genótipo precoce, podendo estar ocorrendo efeito de diluição em função de um provável acúmulo de matéria seca, acarretando diminuição da concentração do elemento nos frutos até o momento da colheita (LAVIOLA et al., 2006).

Através dos resultados, sugere-se que a adubação nitrogenada ao cafeeiro deve se concentrar em maior proporção no período de outubro a fevereiro, devido às maiores taxas de acúmulo de N nos frutos ocorrerem neste período, visando a atender à demanda nutricional tanto para produção, bem como para manutenção do crescimento vegetativo.

CONCLUSÕES – O acúmulo de nitrogênio no período inicial (julho a setembro) é praticamente nulo. De outubro a fevereiro ocorrem as maiores taxas de acúmulo, sendo que as plantas adubadas acumulam maior teor de N nos frutos. A adubação nitrogenada deve se concentrar neste período.

AGRADECIMENTOS – À Capes, pelo fornecimento da bolsa estudantil.

REFERÊNCIAS

BRAGANÇA, S.M.; PREZOTTI, L.C.; LANI, J.A. Nutrição do Cafeeiro Conilon. In: FERRAO, R.G.; FONSECA, A.F.A. da.; BRAGANÇA, S.M.; FERRAO. M.A.G.; DE MUNER, L.H. (Ed.). **Café Conilon**. Vitória, ES: INCAPER. p.299-327, 2007.

BRAGANÇA, S.M.; MARTINEZ, H.E.P.; LEITE, H.G.; SANTOS, L.P.; SEDIYAMA, C.S.; ALVAREZ V., V.H.; LANI, J.A. Acumulation off macronutrients for the conilon coffee tree. **Journal of Plant Nutrition**, v.31 n.1, p.103-120, 2008.

CONAB - COMPANHIA NACIONAL DE ABASTECIMENTO. **Acompanhamento da safra brasileira**: café, safra 2014, segunda estimativa. Brasília: CONAB, 2014. 26p.

COVRE, A.M., PARTELLI, F.L. Nitrogênio em folhas e frutos de café conilon irrigado e não irrigado, no estado da Bahia. In: SIMPÓSIO BRASILEIRO DE PESQUISAS DOS CAFÉS. DO BRASIL, 8., 2013, Salvador, BA. **Resumos expandidos...** Brasília: Embrapa café, 2013. CD-ROM.

DAVIS, A.P.; TOSH, J.; RUCH, N.; FAY, M.F. Growing coffee: *Psilanthus* (Rubiaceae) subsumed on the basis of molecular and morphological data implications for the size, morphology, distribution and evolutionary history **Botanical Journal of the Linnean Society**, Oxford, v.167, n.3, p.357-377, 2011.

LAVIOLA, B.G.; MARTINEZ, H.E.P.; SOUZA, R.B de.; VENEGAS, V.H.A. Dinâmica de N e K em folhas, flores e frutos de cafeeiro arábico em três níveis de adubação. **Bioscience Journal**, Uberlândia, v.22, n.3, p.33-47, 2006.

LAVIOLA, B.G.; MARTINEZ, H.E.P.; SOUZA, R.B.; ALVAREZ V, V.H. Dinâmica de cálcio e magnésio em folhas e frutos de *Coffea arabica*. **Revista Brasileira de Ciência do Solo**, v.31, n.1, p.319-329, 2007a.

LAVIOLA, B.G.; MARTINEZ, H.E.P.; SALOMÃO, L.C.C.; CRUZ, C.D.; MENDONÇA, S.M.; ROSADO, L.D.S. Acúmulo de nutrientes em frutos de cafeeiro em duas altitudes de cultivo: Micronutrientes. **Revista Brasileira de Ciência do Solo**, v.31, n.1, p.1439-1449, 2007b.

LAVIOLA, B.G.; MARTINEZ, H.E.P.; SALOMÃO, L.C.C.; CRUZ, C.D.; MENDONÇA, S.M. Acúmulo de nutrientes em frutos de cafeeiro em quatro altitudes de cultivo: Cálcio, Magnésio e Enxofre. **Revista Brasileira de Ciência do Solo**, v.31, n.1, p.1451-1462, 2007c.

LAVIOLA, B.G.; MARTINEZ, H.E.P.; SOUZA, R.B.; VENEGAS, V.H.A. Dinâmica de P e S em folhas, flores e frutos de cafeeiro arábico em três níveis de adubação. **Bioscience Journal**, v.23, n.1, p.29-40, 2007d.

LAVIOLA, B.G.; MARTINEZ, H.E.P.; SALOMÃO, L.C.C.; CRUZ, C.D.; MENDONÇA, S.M.; ROSADO, L. Acúmulo em frutos e variação na concentração foliar de NPK em cafeeiro cultivado em quatro altitudes. **Bioscience Journal**, Uberlandia, v.24, n.1, p19-31, 2008.

PARTELLI, F.L.; ESPÍNDULA, M.C.; MARRÉ, W.B.; VIEIRA, H.D. Dry matter and macronutrient accumulation in fruits of conilon coffee with different ripening cycles. **Revista Brasileira de Ciência do Solo**, v.38, n.1, p.214-222, 2014.

RONDONIA. Secretaria de Estado do Desenvolvimento Ambiental. **Boletim Climatológico de Rondônia**, ano 2010. Porto Velho: SEDAM, 2012.

SILVA, F.C. **Manual de análises químicas de solos, plantas e fertilizantes**. Brasília: Empresa Brasileira de Pesquisa Agropecuária, 1999. 370p.

TAIZ, L.; ZEIGER, E. **Fisiologia Vegetal**. 5. ed. Porto Alegre: Artmed, 2013, 918p.

Tabela 1. Resultados da análise química de solo na área experimental (Propriedade Vista Alegre, no município de Rolim de Moura), em diferentes profundidades.

Profundidade	pH em água	P(rem) mg dm^{-3}	K	Ca	Mg	Al+H	Al	MO g kg^{-1}	V %
			------------------ mmol$_c$ dm^{-3} ------------------						
00-10 cm	7,2	86	19,23	66,1	17,2	18,2	0,0	34,5	85
10-20 cm	6,9	13	5,03	41,8	7,6	24,8	0,0	17,8	69
20-40 cm	7,3	45	8,21	69,7	8,4	11,6	0,0	17,8	87
40-60 cm	6,7	3	6,41	26,2	6,6	16,5	0,0	16,1	70

MO = matéria orgânica; P(rem) = fósforo remanescente.

Tabela 2. Resumo da análise de variância e média dos tratamentos adubado e não adubado para acúmulo de nitrogênio (g kg^{-1}) em frutos de cafeeiro canéfora.

Fonte de Variação	Graus de Liberdade	Soma de quadrados	F
Manejo da adubação (Ta)	1	14,66	94,28**
Período avaliativo (Tb)	10	746,40	71,59–
Int. Ta x Tb	10	14,96	1,43^{ns}
Médias do tratamento a			
Adubado			4,85a
Não adubado			3,91b
CV% = 8,99			

** Significativo a 1 % pelo teste F, ^{ns} não significativo, – tratamentos quantitativos.

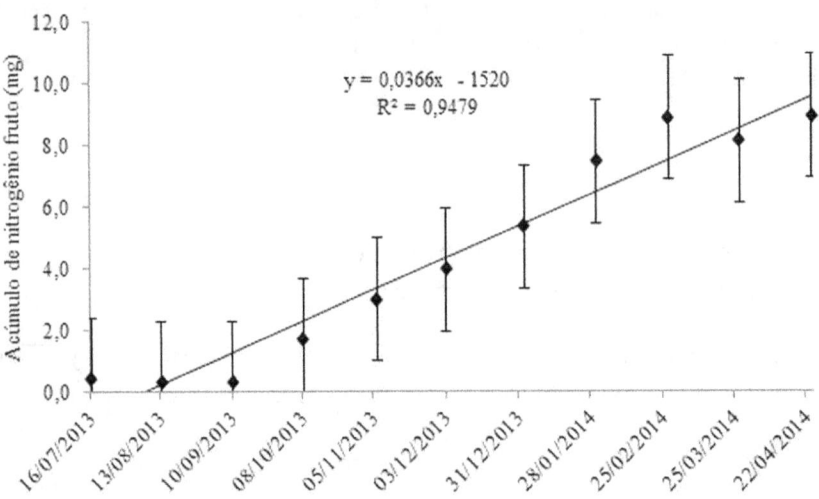

Figura 1. Acúmulo médio de nitrogênio em frutos de café canéfora coletados desde a fase chumbinho até a maturação. As barras representam o erro padrão.

Acúmulo de potássio em frutos de cafeeiro em diferentes manejos de adubação

Danielly Dubberstein[1]; Jairo Rafael Machado Dias[2]; Fábio Luiz Partelli[3]; Marcelo Curitiba Espindula[4]; Raquel Schmidt[5]; Thaimã Cristina J. Rodrigues[6]

(1) Mestranda, Universidade federal do Espírito Santo, BR 101 Norte, Km 60, Bairro Litorâneo, CEP: 29932-540, São Mateus, ES. E-mail: dany_dubberstein@hotmail.com (2) Professor adjunto, Universidade Federal de Rondônia, Av. Norte Sul, Nova Morada, CEP: 78987-000 Rolim de Moura-RO. E-mail: jairorafaelmdias@hotmail.com (3) Professor adjunto, Universidade Federal do Espírito Santo, BR 101 Norte, Km 60, Bairro Litorâneo, CEP: 29.932-540, São Mateus, ES. E-mail: partelli@yahoo.com.br (4) Pesquisador, Embrapa Rondônia, BR 364 km 5,5, Cidade Jardim, CEP 76815-800, Porto Velho, RO. E-mail: marcelo.espindula@embrapa.br (5) Mestranda, Universidade Federal do Acre, BR 364, Distrito Industrial, CEP: 69920-900 Rio Branco, AC. E-mail: schmidt_raquel@hotmail.com (6) Engenheira agrônoma, Universidade Federal de Rondônia, Av. Norte Sul, Nova Morada, CEP: 78987-000 Rolim de Moura-RO. E-mail: thaimarodrigues@gmail.com

RESUMO – O potássio tem importante papel na formação do fruto do cafeeiro, assim torna-se fundamental conhecer as curvas de acúmulo deste nutriente ao longo do período reprodutivo da planta. Objetivou-se avaliar as taxas de acúmulo de potássio nos frutos de café em distintos manejos de adubação da fase chumbinho a maturação. O experimento foi realizado no município de Rolim de Moura-RO, em lavoura clonal de 2,5 anos de idade. O delineamento experimental utilizado foi blocos casualizados em esquema de parcela subdividida no tempo, tendo nas parcelas principais dois manejos de adubação (plantas adubadas e não adubadas) e nas subparcelas as épocas de avaliação. Cada tratamento conteve três blocos, com onze plantas úteis e em cada planta foi marcado dois ramos plagiotrópicos produtivos. Os frutos foram coletados a cada vinte e oito dias, desde chumbinho até a maturação, secos em estufa de ar forçado e encaminhados para análise química em laboratório. O acúmulo de potássio por ramo coletado (g/ramo) foi feito através da fórmula: Acúmulo = Massa seca dos frutos (g) x concentração de nutriente (g kg-1). A partir dos resultados obtidos foram calculados a média, o erro padrão e o acúmulo em mg de nutrientes por fruto. Para as condições avaliadas a adubação não influenciou as taxas de acúmulo de potássio. Entre os meses de outubro a março, o acúmulo é crescente, obtendo as maiores taxas. A adubação quando necessária deve ser parcelada nesse período.

Palavras-chave: café canéfora, taxas de acúmulo, manejo nutricional.

INTRODUÇÃO – O café se destaca como uma das commodities mais comercializadas nos mercados mundiais, sendo que o Brasil se caracteriza como o maior produtor e exportador de café. A safra de 2014 esta estimada em 44,57 milhões de sacas, com redução de 9,33 % em comparativo ao ano anterior (CONAB, 2014).

O cafeeiro tem como particularidade alta exigência nutricional devido à grande extração (raízes, caules, ramos, folhas, flores e frutos) e exportação de nutrientes (colheita). Sendo assim, o manejo nutricional da cultura deve priorizar tanto à produção de grãos, bem como é preciso atender a demanda de nutrientes para a produção de novos ramos, folhas e raízes (LAVIOLA et al., 2008).

No decorrer do período de frutificação os frutos se caracterizam como os principais drenos na partição de nutrientes e com isso conclui-se que quanto maior for à produção de frutos, maior será a exigência da planta por nutrientes nesta fase. Cerca de 73 % do crescimento vegetativo da planta ocorre de outubro a abril, juntamente com a maior parte (80 %) do período de frutificação, aumentando assim ainda mais a demanda por nutriente nesta época (MATIELLO et al., 2005).

Através do conhecimento da dinâmica dos nutrientes minerais no cafeeiro, principalmente referente a frutos, a mobilização que ocorre de um órgão para outro da planta, torna-se possível identificar o período de maior exigência nutricional e assim diagnosticar o status nutricional em que a planta se encontra, podendo então, melhorar a eficiência das práticas de adubação e o manejo da fertilização da cultura (LAVIOLA et al., 2007a), possibilitando identificar os momentos em que a planta mais carece de nutrientes e a época adequada para aplicação de fertilizantes, com maior aproveitamento, evitando perdas e aumentando a eficiência do produto aplicado (RAMIREZ et al., 2002).

O potássio é um dos nutrientes requeridos em grandes quantidades pelo cafeeiro, sendo o terceiro mais acumulado pela planta. Essa demanda tende a aumentar com a idade e principalmente no período de frutificação, pois seu papel na biossíntese de amido, através da ativação da sintase de amido é essencial na obtenção de altos índices de colheita (BRAGANÇA et al., 2007).

Diante da carência de estudos com manejo nutricional do cafeeiro canéfora no estado de Rondônia, objetivou-se avaliar as taxas de acúmulo de potássio nos frutos de café em distintos manejos de adubação desde a fase chumbinho até a maturação.

MATERIAL E MÉTODOS – O experimento foi realizado no município de Rolim de Moura, localizado na zona da mata do estado de Rondônia, em propriedade particular, estabelecida na Linha 180, km 11 sul, com altitude média de 277 metros, latitude de 11° 49' 43" S e longitude 61° 48' 24" O.

O clima predominante na região é Tropical Úmido Chuvoso - Am (Köppen), com temperatura média anual de 25,2 °C e precipitação média de 1800 mm ano^{-1}. O período chuvoso está compreendido entre os meses de outubro a abril. O primeiro trimestre do ano apresenta o maior acúmulo de chuvas. O período mais quente ocorre de agosto a outubro (RONDÔNIA, 2012).

Durante a condução do experimento, os valores médios de temperatura mínima, média e máxima e precipitação foram coletados na estação meteorológica da Universidade Federal de Rondônia, localizado no mesmo município.

O experimento foi conduzido em lavoura de cafeeiro canéfora com dois anos e meio de idade, espaçados em quatro metros entre linhas e um metro entre plantas. Características do solo do local estão descritas na tabela 1.

O delineamento experimental utilizado foi em blocos casualizados em esquema de parcelas subdivididas no tempo, nas parcelas principais conteve os manejos de adubação (plantas adubadas e não adubadas) e nas subparcelas as épocas de avaliação (coletas). A adubação foi realizada de acordo com a recomendação para a cultura. As fontes minerais de nitrogênio, fósforo e potássio foram ureia (45 % de N), superfosfato simples (18 % de P_2O_5) e cloreto de potássio (60 % de K_2O), respectivamente nas doses de 400, 180 e 35 g/planta de cada fertilizante. O fósforo foi aplicado em uma única vez (julho), nitrogênio e potássio em quatro aplicações (julho, outubro, janeiro e fevereiro). Em períodos de estiagem foi realizada a irrigação por meio de aspersão convencional.

Cada tratamento foi composto por três blocos, cada uma contendo onze plantas úteis, nestas plantas foi realizada a marcação de dois ramos plagiotrópicos produtivos a serem avaliados, com padronização de números de rosetas, com dez a doze nós produtivos. As coletas foram feitas a cada vinte e oito dias, após a floração (16 de julho de 2013) até a maturação dos frutos (24 de abril de 2014), coletando cinco ramos de cada tratamento.

Os ramos coletados foram colocados em estufa de circulação de ar forçado a 70 °C e secos até atingirem peso constante. Posteriormente foi feita a separação e contagem das partes dos ramos (folha, caule e fruto) e pesadas em balança de precisão. Nos ramos coletados em julho havia presença de flores e estas foram alocadas junto aos frutos chumbinhos.

Os frutos foram moídos em moinho Wiley, de aço inoxidável, para realização das análises químicas. As análises foram feitas em triplicatas no laboratório da Embrapa Rondônia, usando a metodologia descrita por Silva et al. (1999).

O acúmulo de potássio por ramo coletado (mg/ramo) foi feita através da fórmula: Acúmulo = Massa seca dos frutos (g) x concentração de nutriente (g kg^{-1}). A partir dos resultados obtidos foram calculadas a média, o erro padrão e a quantidade em mg de acúmulo de nutrientes por fruto.

RESULTADOS E DISCUSSÃO – Para as condições experimentais os resultados mostraram que a adubação com cloreto de potássio não influenciou no acúmulo do nutriente no fruto em comparativo aos frutos não adubado, sendo que a media dos dois tratamentos foram estatisticamente iguais (Tabela 2).

A curva de acúmulo de potássio ao longo do período avaliativo apresentou comportamento linear (Figura 1). Inicialmente no período compreendido entre julho a setembro não houve acúmulo expressivo. Resultados semelhantes foram encontrados por Laviola et al. (2008) e Covre e Partelli (2013), com acúmulo nulo de potássio na fase do grão chumbinho.

No estádio chumbinho as baixas taxas de crescimento e acúmulo de matéria seca podem ser decorrentes da elevada taxa respiratória e intensa multiplicação celular (LAVIOLA et al., 2007b).

Nos primeiros frutos chumbinho coletados (julho) um pequeno incremento de potássio foi mais expressivo (0,25 mg) em comparação às duas avaliações seguintes (0,19 mg). Neste período as flores presentes nos ramos foram alocadas juntamente aos frutos para análise química. Malavolta et al. (2002) relata que as flores se constituem como forte dreno temporário de nutrientes, sendo que o potássio se caracteriza como um dos nutrientes presentes com teores elevados, podendo assim justificar tais resultados.

A partir do mês de outubro as taxas apresentaram acréscimos significativos, estendendo até o mês de março. Neste período os frutos passam pelos estádios de expansão rápida, granação e maturação, ou seja, crescem em tamanho e ganham peso, assim necessitam de maiores quantidades de potássio devido seu papel na formação do amido (ativação da sintase do amido), fundamental para a produção do cafeeiro (BRAGANÇA et al., 2008).

Comportamento similar foi observado por Partelli et al. (2014), Covre e Partelli (2013) e Laviola et al. (2008) em cafeeiro conilon no Espírito Santo e Bahia e arábica em Goiás, obtendo taxas máximas de acúmulo de potássio nesses três estádios do ciclo reprodutivo do cafeeiro. É perceptível que mesmo em espécies e locais distintos as taxas de acúmulo de K se comportam de forma similares.

Na Costa Rica, Ramirez et al. (2002) observaram em um ciclo reprodutivo de 240 dias do cafeeiro, que 93 % do K total foram acumulados nos últimos 180 dias, ou seja, a partir do terceiro mês até a maturação dos frutos, evidenciando comportamento bem parecido ao estudo em questão.

No entanto, Laviola et al. (2007c) ressaltam que o acúmulo de amido nos frutos pode cessar antes do final do estádio de granação, ou seja, as reservas das sementes são acumuladas antes dos frutos completarem sua formação final.

Clemente et al. (2013) relatam que a exigência de potássio aumenta com a idade da planta e é particularmente intensa quando atinge a maturidade, devido às quantidades necessárias para produção de grãos, influenciando diretamente na quantidade e tamanho de grãos, confirmando os resultados obtidos neste trabalho.

A partir destes resultados verifica-se que quando necessária à aplicação de potássio no solo, a fim de aumentar a eficiência da adubação e evitar desperdícios é necessário realizar o parcelamento da adubação, levando em consideração as épocas de maior demanda do nutriente pela cultura. Sendo assim em função das taxas de acúmulo deve concentrar-se em maior proporção no período de outubro a março.

CONCLUSÕES – Para as condições avaliadas a adubação não influencia as taxas de acúmulo de potássio. Entre os meses de outubro a março o acúmulo cresce linearmente, obtendo as maiores taxas. A adubação quando necessária deve ser parcelada nesse período.

AGRADECIMENTOS – À Capes pelo fornecimento da bolsa estudantil. Ao Consórcio Pesquisa Café pelo financiamento parcial do projeto e Embrapa Rondônia.

REFERÊNCIAS

BRAGANÇA, S.M.; MARTINEZ, H.E.P.; LEITE, H.G.; SANTOS, L.P.; SEDIYAMA, C.S.; ALVAREZ V., V.H.; LANI, J.A. Acumulation off macronutrients for the conilon coffee tree. **Journal of Plant Nutrition**, v.31, n.1, p.103-120, 2008.

BRAGANÇA, S.M.; PREZOTTI, L.C.; LANI, J.A. Nutrição do Cafeeiro Conilon. In: FERRAO, R.G.; FONSECA, A.F.A. da.; BRAGANÇA, S.M.; FERRAO. M.A.G.; DE MUNER, L.H. (Eds). **Café Conilon**. Vitória, ES: INCAPER. p.299-327, 2007.

CLEMENTE, J.A.; MARTINEZ, H.E.P.; ALVES, L.C.; LARA, M.C.R. Effect of N and K doses in nutritive solution on growth, production and coffee bean size. **Revista Ceres**, v.60, n.2, p.279-285, 2013.

CONAB - COMPANHIA NACIONAL DE ABASTECIMENTO. **Acompanhamento da safra brasileira**: café, safra 2014, segunda estimativa. Brasília: CONAB, 2014. 26p.

COVRE, A.M.; PARTELLI, F.L. Acúmulo de potássio em *Coffea canephora* irrigado e não irrigado, no estado da Bahia. In: SIMPÓSIO BRASILEIRO DE PESQUISAS DOS CAFÉS of Coffea. DO BRASIL, 8., 2013, Salvador, BA. Resumos expandidos... Brasília: Embrapa café, 2013. CD-ROM

LAVIOLA, B.G.; MARTINEZ, H.E.P.; SOUZA, R.B.; VENEGAS, V.H.A. Dinâmica de P e S em folhas, flores e frutos de cafeeiro arábico em três níveis de adubação. **Bioscience Journal**, v.23, n.1, p.29-40, 2007b.

LAVIOLA, B.G.; MARTINEZ, H.E.P.; SALOMÃO, L.C.C.; CRUZ, C.D.; MENDONÇA, S.M.; NETO, A.P. Alocação de fotoassimilados em folhas e frutos de cafeeiro cultivado em duas altitudes. **Pesquisa agropecuária brasileira**, Brasília, v.42, n.11, p.1521-1530, nov. 2007c.

LAVIOLA, B.G.; MARTINEZ, H.E.P.; SALOMÃO, L.C.C.; CRUZ, C.D.; MENDONÇA, S.M.; ROSADO, L. Acúmulo em frutos e variação na concentração foliar de NPK em cafeeiro cultivado em quatro altitudes. **Bioscience Journal**, v.24, n.1, p.19-31, 2008.

LAVIOLA, B.G.; MARTINEZ, H.E.P.; SOUZA, R.B.; ALVAREZ V, V.H. Dinâmica de cálcio e magnésio em folhas e frutos de *Coffea arabica*. **Revista Brasileira de Ciência do Solo**, v.31, n.1, p.319-329, 2007a.

MALAVOLTA, E.; FAVARIN, J.L.; MALAVOLTA, M.; CABRAL, C.P.; HEINRICHS, R. SILVEIRA, J.S.M. Repartição de nutrientes nos ramos, folhas e flores do cafeeiro. **Pesquisa Agropecuária Brasileira**, Brasília, v.37, p.1017-1022, 2002.

MATIELLO, J.B.; SANTINATO, R.; GARCIA, A.W.R.; ALMEIDA, S.R.; FERNANDES, D.R. **Cultura de café no Brasil**: novo manual de recomendações. Rio de Janeiro, MAPA/PROCAFE, 2005. 438p.

PARTELLI, F.L.; ESPÍNDULA, M.C.; MARRÉ, W.B.; VIEIRA, H.D. Dry matter and macronutrient accumulation in fruits of conilon coffee with different ripening cycles. **Revista Brasileira de Ciência do Solo**, v.38, n.1, p.214-222, 2014.

RAMIREZ, F.; BERTSCH, F.; MORA, L. Consumo de nutrimentos por los frutos y bandolas de cafe Caturra durante um ciclo de desarrollo y maduracion en

Aquiares, Turrialba, Costa Rica. **Agronomia Costarricence**, v.26, n.1, p.33-42, 2002.

RONDONIA. SECRETARIA DE ESTADO DO DESENVOLVIMENTO AMBIELTAL. **Boletim Climatológico de Rondônia**, ano 2010. Porto Velho: SEDAM, 2012.

SILVA, F.C. **Manual de análises químicas de solos, plantas e fertilizantes**. Brasília: Empresa Brasileira de Pesquisa Agropecuária, 1999. 370p.

Tabela 1. Resultados da análise química de solo na área experimental em diferentes profundidades.

Amostra	pH em água	P mg dm^{-3}	K	Ca	Mg	Al+H	Al	MO g kg^{-1}	V %
				mmol$_c$ dm^{-3}					
00-10 cm	7,2	86	19,23	66,1	17,2	18,2	0,0	34,5	85
10-20 cm	6,9	13	5,03	41,8	7,6	24,8	0,0	17,8	69
20-40 cm	7,3	45	8,21	69,7	8,4	11,6	0,0	17,8	87
40-60 cm	6,7	3	6,41	26,2	6,6	16,5	0,0	16,1	70

Tabela 2. Resumo da análise de variância e média dos tratamentos manejo de adubação (a) para acúmulo de potássio em frutos de cafeeiro canéfora.

Fonte de Variação	Graus de Liberdade	Soma de quadrados	F
Manejo adubação (a)	1	0,22	0,36^{ns}
Épocas de coleta (b)	10	911,27	201,19–
Int. Ta x Tb	10	3,61	0,79^{ns}
Médias do tratamento (a)			
Adubado			4,49 a
Não adubado			3,37 a
CV%: 17,76			

. * Significativo a 5 % pelo teste F, ^{ns} não significativo, – tratamentos quantitativos

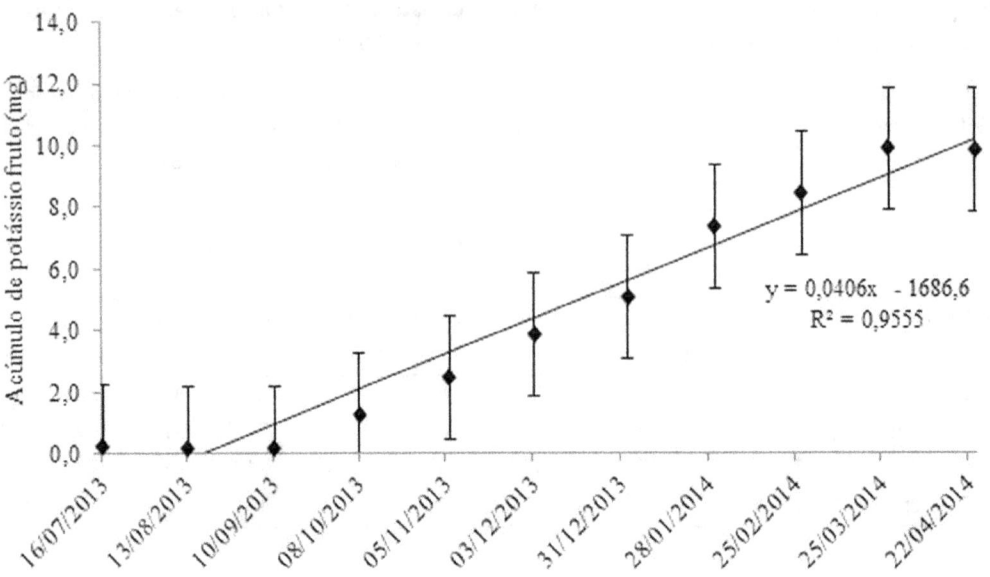

Figura 1. Acúmulo médio de potássio em frutos de café canéfora coletados desde a fase chumbinho até a maturação. As barras representam o erro padrão.

Adubação nitrogenada associada à inoculação com *Azospirillum brasilense* na cultura do milho no município de Vilhena, RO

Edyane Luzia Pires Franco[1]; Jucilene Correa Martendal[2]; Erica de Oliveira Araujo[1]; Priscila Ninon[2]; Leonardo Willian de Freitas[1]; Raphael Lorenzzi Pardins[2]; Paulo Francisco Regis[1]

(1) Professor(a), Fama – Faculdade da Amazônia – Rua 743, 2043, Cristo Rei, CEP 76980-000, Vilhena – RO. E-mail: edyaneflor@hotmail.com; ericabb25@hotmail.com; lwillianf@zootecnista.com.br; prof.paulo@fama-ro.com (2) Graduando(a) em Agronomia, Fama – Faculdade da Amazônia Rua 743, 2043, Cristo Rei, CEP 76980-000, Vilhena – RO. E-mail: jucilene.cmartendal@gmail.com; prilaagro@gmail.com; raphaellp.agronomo@gmail.com

RESUMO – O milho (*Zea mays* L.) é um grão de grande importância socioeconômica devido aos diversos usos, destacando-se a alimentação de seres humanos e animais, além da obtenção de bioenergia, sendo cultivado em praticamente todo território nacional e em diversos níveis de tecnologia. Essa cultura é considerada uma das mais exigentes em fertilizante para o seu desenvolvimento, destacando-se os nitrogenados. Diante disso, esse trabalho tem por objetivo avaliar o efeito da adubação nitrogenada e da inoculação com *Azospirillum brasilense* na cultura do milho. O delineamento experimental utilizado foi o de blocos casualizados, com seis tratamentos e cinco repetições, os tratamentos foram: T1 controle sem N e sem inoculação; T2 Inoculação com *Azospirillum brasilense*; T3 30 kg ha^{-1} de N no plantio; T4 30 kg ha^{-1} de N no plantio + *Azospirillum brasilense*; T5 30 kg ha^{-1} de N no plantio + 90 kg ha^{-1} de N em cobertura e T6 30 kg ha^{-1} de N no plantio + *Azospirillum brasilense* + 90 kg ha^{-1} de N em cobertura. A variável analisada foi o acumulo de nutrientes pela cultura. Os dados coletados foram submetidos à ANOVA (p > 0,05) do PROC GLM do SAS 9.0 e, quando significativo, as médias foram submetidas ao teste de Tukey a 5 % de probabilidade.

Palavras-chave: *Zea mays*, adubação mineral, bactérias diazotróficas, sustentabilidade.

INTRODUÇÃO – No estado de Rondônia, o milho é a principal cultura em área plantada, com níveis tecnológicos de produção desde o plantio de subsistência para atendimento da agricultura familiar, com ampla dispersão no estado, mas de maior representatividade nas regiões Centro-Oeste e Norte, até sistemas mais tecnificados, basicamente com sucessão à soja, e concentrados no Cone Sul (GODINHO, et al., 2008).

No agronegócio brasileiro a cultura do milho vem se destacando como uma das principais atividades, sendo expressiva também na agricultura familiar. A área plantada no Brasil na safra 2012/2013 foi de aproximadamente 15,84 milhões hectares com uma produção estimada de 79.077,9 mil toneladas de grãos (CONAB, 2013).

O milho é considerado uma das culturas mais exigentes em fertilizante para o seu desenvolvimento, destacando-se os nitrogenados (OHLAND et al., 2005).

Atualmente, grande parte do custo de produção do milho, vem de fertilizantes. Pesquisas indicam que nos próximos anos haverá um aumento no uso de fertilizantes no Brasil, principalmente fertilizante nitrogenado, para atender a intensificação da agricultura e à recuperação de áreas degradadas, se fazendo importante a busca por novas alternativas para diminuir o custo com fertilizantes (HUNGRIA et al., 2011).

Entre os organismos de vida livre empregados na agricultura para biofertilização, as bactérias diazotróficas microaerobias do gênero *Azospirilum* abrangem um grupo de bactérias promotoras de crescimento de plantas de vida livre que é encontrado em quase todos os lugares da Terra. Esses microrganismos ganharam grande destaque mundialmente a partir da década de 1970, com a descoberta pela pesquisadora Dra. Johana Dobereiner da capacidade de fixação biológica de nitrogênio por gramíneas.

O efeito do *Azospirillum* spp. no desenvolvimento do milho e de outras gramíneas tem sido pesquisado nos últimos anos, não somente quanto ao rendimento das culturas, mas também com relação às causas fisiológicas que, possivelmente, aumentam esse rendimento, esperando que a aplicação dessa forma alternativa de adubo reduza a necessidade de aplicação de N fertilizante para a cultura.

Destarte, o objetivo deste trabalho foi avaliar o efeito da adubação nitrogenada e da inoculação com *Azospirillum brasilense* na cultura do milho em Vilhena, RO.

MATERIAL E MÉTODOS – O experimento foi realizado no campo experimental da Faculdade da Amazônia, em Vilhena-RO, no período safrinha do ano agrícola de 2014. As coordenadas geográficas são, 12° 46' 12'' S e 60° 05' 39'' W, com altitude média de 612 m em relação ao nível do mar. Segundo a classificação de Köppen, o clima da região é do tipo Aw (BASTOS; DINIZ, 1982). O solo da área experimental é um Latossolo Vermelho-Amarelo (LVA) de textura argilosa. A precipitação média anual de Vilhena é de 2068 mm, sendo a estação chuvosa de outubro a abril, com média de precipitação mensal de 263 mm. A temperatura média máxima anual é de 29 °C e a mínima média é de 19,3 °C (RAMALHO et al.,2004).

A correção do solo e a adubação de base foram realizadas considerando-se os resultados da análise do solo (Tabela 1). A área foi irrigada após a implantação da cultura e em períodos de maior déficit hídrico. Os tratos culturais foram executados de acordo com as recomendações técnicas para a cultura do milho.

O delineamento experimental utilizado foi o de blocos casualizados, com seis tratamentos e cinco repetições, sendo os tratamentos: T1 Controle sem N e sem inoculação; T2 Inoculação com *Azospirillum brasilense*; T3 30 kg ha^{-1} de N no plantio; T4 30 kg ha^{-1} de N no plantio + *Azospirillum brasilense*; T5 30 kg ha^{-1} de N no plantio + 90 kg ha^{-1} de N em cobertura e T6 30 kg ha^{-1} de N no plantio + *Azospirillum brasilense* + 90 kg ha^{-1} de N em cobertura.

Foram utilizadas sementes do Hibrido CD 384HX previamente inoculadas com o produto comercial, contendo uma combinação de duas estirpes de *Azospirillum brasilense* (Ab-V5 e Ab-V6) em inoculante com formulação líquida. A dose aplicada foi de 2,4 ml para cada 800 g de sementes de milho para o inoculante com formulação líquida.

A semeadura foi realizada manualmente, contendo 5 sementes por m². Cada unidade experimental foi composta por 4 linhas de 6 metros de comprimento, espaçadas em 0,70 m entre linhas e 1,0 m entre parcelas. Para avaliação foram eliminadas as duas linhas laterais e 0,5 m de cada extremidade da parcela, avaliando os 5 m de cada uma das duas linhas centrais.

A adubação nitrogenada foi aplicada na dose de 30 kg ha^{-1} de N no plantio, na forma de ureia (36 %) colocada no sulco de semeadura e 90 kg ha^{-1} de N aplicados em duas vezes de 45 kg ha^{-1}, em cobertura, aplicadas a lanço na área total da parcela. A primeira aplicação de N em cobertura foi realizada no estádio de desenvolvimento V4, correspondente a 4 folhas totalmente expandidas, e a segunda aplicação no estádio de desenvolvimento V7, correspondente a 7 folhas totalmente expandidas.

No período de florescimento (aparecimento da inflorescência feminina "cabelo") da cultura, foram efetuadas amostragens foliares, conforme metodologia proposta por MALAVOLTA et al.

(1997), a fim de determinar o teor de N no tecido foliar das plantas. Para tanto, foi coletado o terço médio com nervura da folha oposta e abaixo da inserção da espiga principal, num total de 10 folhas por unidade experimental.

Todo o material vegetal coletado foi lavado em água corrente, solução de HCl a 0,1 mol L^{-1} e água deionizada. As amostras foram acondicionadas em sacos de papel e secos em estufa com circulação forçada de ar, à temperatura de 65 °C, por 72 horas, e posteriormente moídas. As amostras moídas foram submetidas à digestão sulfúrica, seguidas da determinação do teor foliar de N, utilizando a metodologia descrita em EMBRAPA (2009).

Os dados coletados foram submetidos à ANOVA (p > 0,05) do PROC GLM do SAS 9.0 e quando significativo as médias foram submetidas ao teste de Tukey a 5 % de probabilidade.

RESULTADOS E DISCUSSÃO – Neste trabalho foi possível verificar que os teores de N, P, K, Zn, Cu e Fe nas folhas de milho foram influenciados pela dosagem de adubação nitrogenada e a inoculação com bactérias diazotróficas, enquanto que o teor de Ca não obteve resposta a inoculação, Mg e S não responderam aos tratamentos e Mn teve resposta a adubação de 30 kg ha^{-1} N no plantio.

O teor de N nas folhas variou de 16,21 g kg^{-1} no tratamento controle, a 19,18 g kg^{-1} no tratamento com Azospirillum brasilense + 120 kg ha^{-1} de N em cobertura, evidenciando que a inoculação em combinação com 30 kg ha^{-1} de N no plantio + 90 kg ha^{-1} de N na cobertura aumentou o teor de N nas folhas de milho na ordem de 15 %.

Pequenas doses de N pode influenciar na fixação biológica de nitrogênio, isso ocorre porque sob condições de deficiência de N a planta não consegue excretar, depositar ou exsudar compostos orgânicos e/ou exsudados radiculares suficientes para emitir sinais aos microrganismos e assim efetuarem a colonização. Assim, é essencial a suplementação nitrogenada que proporcione o bom desenvolvimento da planta, mas que não venha prejudicar a FBN, uma vez, que a movimentação dos microrganismos em direção as raízes ocorrem quando existe um reconhecimento bioquímico.

Estudos realizados até o momento têm relatado efeito benéfico da inoculação com *Azospirillum* ou *Herbaspirillum* à cultura do milho. Kappes et al. (2013) constataram acréscimos de 9,4 % na produtividade de grãos de milho quando as sementes foram inoculadas com *Azospirillum brasilense*.

É importante salientar que os tratamentos com inoculação de bactérias diazotróficas, acrescidos de 30 kg ha^{-1} de N apresentaram resultados similares ao tratamento com a maior dose de N (120 kg ha^{-1} de N), o que permite afirmar que a adoção dessa tecnologia em milho pode proporcionar uma redução de 75 % no uso de fertilizantes nitrogenados sintéticos.

Quanto aos teores de N e K nas folhas de milho, a inoculação A. brasilense + 120 kg ha^{-1} N, A.brasilense + 30 kg ha^{-1} N promoveu maior incremento, respectivamente, diferindo estatisticamente dos tratamentos sem inoculação (Tabela 2). Já os teores de P e Ca nas folhas de milho, a inoculação com Azospirillum brasilense sem adubação nitrogenada promoveu maior incremento para o P, enquanto A.brasilense + 30 kg ha^{-1} N promoveu maior incremento para o Ca (Tabela 2).

Foi constatado aumento nas concentrações de P e Ca nas folhas de milho quando somente com a inoculação e que não inoculados com Azospirillum brasilense acrescidos de 30 kg ha^{-1} de N respectivamente (Figura 1 e Figura 2).

Essa maior absorção de nutrientes, como N, P, K e Zn pelas raízes pode ocorrer em razão da produção de substâncias promotoras do crescimento pela bactéria (BALDANI; BALDANI, 2005), ao aumento no número de raízes e pelos radiculares, o que permite melhor exploração do solo e aumenta a capacidade da planta em absorver nutrientes (CREUS et al., 2004), ou ainda, podem ser atribuídos à fixação de N_2 pelas bactérias.

CONCLUSÕES – Os teores de N, P e Zn nas folhas de milho aumentaram com a adubação nitrogenada e a inoculação com *A.brasilense* + 30 kg ha^{-1} N.

Os tratamentos com inoculação de bactérias diazotróficas, acrescidos de 30 kg ha^{-1} de N apresentaram resultados similares ao tratamento com a maior dose de N (120 kg ha^{-1} de N), o que permite afirmar que a adoção dessa tecnologia em milho pode proporcionar uma redução de 75 % no uso de fertilizantes nitrogenados sintéticos.

REFERÊNCIAS

ARAUJO, C. **Milho: história e arte**. Disponível em: <htttp://www.agencia.cnptia.embrapa.br/gestor/milho/arvore/CONTAG01_17_168200511157.html> Acesso em: 26 jun. 2014.

BALDANI, J.I.; BALDANI, V.L.D. History on the biological nitrogen fixation research in gramineaceous plants: special emphasis on the brazilian experience. **Anais da Academia Brasileira de Ciências**, v.77, p.549-579, 2005.

BASTOS, T.X.; DINIZ, T.D. de A.S. **Avaliação do clima do estado de Rondônia para o desenvolvimento agrícola**. Belém: EMBRAPA-CPATU, 1982. 28p.

CONAB – COMPANHIA NACIONAL DE ABASTECIMENTO. **Acompanhamento da Safra Brasileira de Grãos 2012/201**: Nono Levantamento, Julho/2013, Companhia Nacional de Abastecimento. – Brasília : Conab, 2013.

CREUS, C.M.; SUELDO, R.J.; BARASSI, C.A. Water relations and yield in *Azospirillum*-inoculated wheat exposed to drought in the field. **Canadian Journal of Botany**, Ottawa, v.82, n.2, p.273-281, Feb. 2004

EMPRESA BRASILEIRA DE PESQUISA AGROPECUÁRIA – EMBRAPA. **Manual de análises químicas de solos, plantas e fertilizantes**. 2. ed, Brasília, Embrapa Informação Tecnológica, 2009. 627p.

HUNGRIA, M. **Inoculação com *Azospirillum brasiliense*: inovação em rendimento a baixo custo**. Londrina: Embrapa Soja, 2011. 36p.

KAPPES, C.; ZANCANARO, L.; LOPES, A.A.; KOCH, C.V.; FUJIMOTO, G.R.; FRANCISCO, E.A.B. Fontes e doses de nitrogênio na cultura do milho em sistema de semeadura direta. In: CONGRESSO BRASILEIRO DE CIÊNCIA DO SOLO, 34., 2013, Florianópolis. **Programa & Resumos...** Florianópolis: EPAGRI/SBCS, 2013. (CD-ROM).

MALAVOLTA, E.; VITTI G.C.; OLIVEIRA, S.A. **Avaliação do estado nutricional das plantas: princípios e aplicações**. 2. ed. Piracicaba: POTAFOS, 1997. 319p.

OHLAND, R.A.A.; SOUZA, L.C.F. de; HERNANI, L.C.; MARCHETTI, M.E.; GONÇALVES, M.C. Culturas de cobertura do solo e adubação nitrogenada no milho em plantio direto. **Ciência e Agrotecnologia**, Lavras, v.29, n.3, p.538-544, 2005.

Tabela 1. Propriedades químicas do solo da área de cultivo antes da aplicação de calcário. Análises feitas conforme metodologia descrita em Embrapa (2009).

Profundidade	pH$_{H2O}$	P	K	Ca	Mg	Al+H	Al	MO	V
cm		mg dm^{-3}	------------------------------cmol$_c$ dm^{-3}-----------------------					g kg^{-1}	%
0-20	5,8	0,0	0,03	0,7	0,3	2,2	0,1	9,3	31,9

Tabela 2. Efeito da adubação nitrogenada e da inoculação com *Azospirillum brasilense* sobre o teor de macro (g kg^{-1}) e micronutrientes (mg g^{-1}) nas folhas de plantas de milho no florescimento, Vilhena, RO.

Tratamentos	N	(g kg^{-1})						(mg g^{-1})			
		P	K	Ca	Mg	S		Zn	Cu	Fe	Mn
1. Controle	16,21	1,88 ab	5,89	7,75 ab	2,67	0,73		11,94	3,58	561,46	9,77
2. *A. brasilense*	15,30	2,14 a	6,71	4,95 b	2,81	0,80		12,75	5,49	579,00	6,50
3. 30 kg ha^{-1} N	15,07	1,51 ab	6,35	6,68 ab	3,45	0,80		11,24	4,14	581,92	37,14
4. *A. brasilense* + 30 kg ha^{-1} N	18,50	1,74 ab	7,68	8,37 a	2,93	1,03		15,18	9,78	618,40	23,63
5. 30 kg ha^{-1} N + 90 kg ha^{-1} N	17,72	1,10 b	6,97	7,00 ab	3,00	0,82		11,50	6,48	682,88	12,19
6. *A. brasilense* + 120 kg ha^{-1} N	19,18	1,42 ab	6,53	7,78 ab	2,63	0,94		12,52	3,42	586,40	15,11
Média	17,00	1,63	6,69	7,09	2,92	0,85		12,52	5,48	601,74	17,39
Teste F	0,188^{ns}	0,043*	0,512^{ns}	0,039*	0,542^{ns}	0,175^{ns}		0,432^{ns}	0,858^{ns}	0,245^{ns}	0,602^{ns}
CV (%)	15,35	25,56	19,17	19,23	22,24	19,21		22,33	43,69	11,89	50,88

* e ns: significativo e não significativo a 5 % de probabilidade, respectivamente. Médias seguidas da mesma letra nas colunas, não diferem estatisticamente entre si pelo teste de Tukey, a 5% de probabilidade. CV: coeficiente de variação.

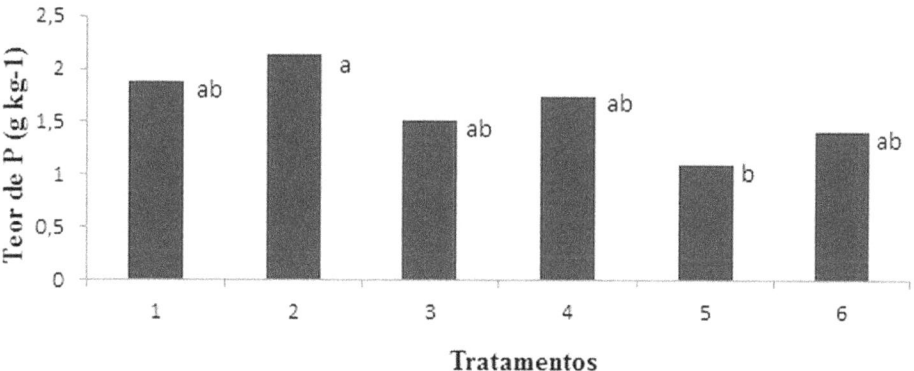

Figura 1. Teor de fósforo em plantas milho em resposta à adubação nitrogenada e inoculação com *Azospirillum brasilense*. (T1: Controle, T2: *A. brasilense*, T3: 30 kg ha^{-1} N, T4: *A. brasilense* + 30 kg ha^{-1} N, T5: 30 kg ha^{-1} N + 90 kg ha^{-1} N e T6: *A. brasilense* + 30 kg ha^{-1} N + 90 kg ha^{-1} N).

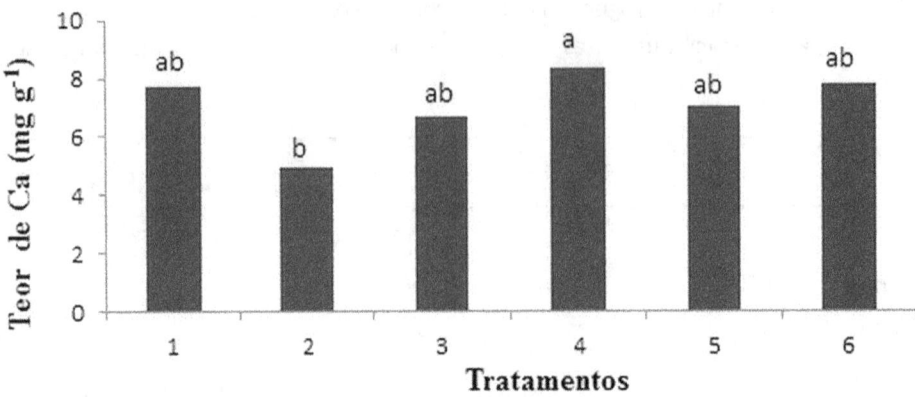

Figura 2. Teor de cálcio em plantas milho no pelo florescimento em resposta à adubação nitrogenada e da inoculação com *Azospirillum brasilense*. (T1: Controle, T2: *A. brasilense*, T3: 30 kg ha^{-1} N, T4: *A. brasilense* + 30 kg ha^{-1} N, T5: 30 kg ha^{-1} N + 90 kg ha^{-1} N e T6: *A. brasilense* + 30 kg ha^{-1} N + 90 kg ha^{-1} N).

Adubação organomineral em cafeeiros clonais

Patrícia Alves Bazoni[1]; Thaimã Cristina Jesus Rodrigues[1]; Jairo Rafael Machado Dias[2]

(1) Eng. agrônoma, Universidade Federal de Rondônia, Av. Norte Sul, Nova Morada, CEP 78987-000, Rolim de Moura, RO. E-mail: patibazoni@hotmail.com; thaimarodrigues@gmail.com (2) Professor Adjunto, Universidade Federal de Rondônia, Av. Norte Sul, Nova Morada, CEP 78987-000, Rolim de Moura, RO. E-mail: jairorafaelmdias@hotmail.com.

RESUMO – O cafeeiro canéfora é uma espécie extremamente exigente em fertilidade, e a combinação entre a adubação orgânica e mineral tem um melhor beneficio principalmente na translocação e absorção de nutrientes. Neste sentido objetivou-se com este trabalho avaliar as características biométricas e produtivas do cafeeiro canéfora submetido a distintas combinações em diferentes proporções de adubação organomineral. O experimento foi conduzido no município de Nova Brasilândia D'Oeste, em um Latossolo Vermelho-Amarelo distrófico. Utilizou-se delineamento experimental em blocos casualizados com sete tratamentos, sendo: Testemunha; 100 % da adubação com fonte orgânica; 100 % da adubação com fonte orgânica e 100 % mineral; 50 % da adubação com fonte orgânica e 50 % mineral; 75 % da adubação com fonte orgânica e 25 % mineral; 25 % da adubação com fonte orgânica e 75 % mineral; 100 % da adubação com fonte mineral. As distintas combinações em diferentes proporções das fontes de adubo organomineral não foram suficientes para incrementar a produção do cafeeiro na primeira safra comercial.

Palavras-chaves: *Coffea canephora*, fertilizantes, adubação orgânica e manejo cultural.

INTRODUÇÃO – O Brasil destaca-se como principal produtor mundial de café. Na safra 2013/2014, produziu mais que 44,57 milhões de sacas beneficiadas, sendo os principais Estados produtores Minas Gerais, Espírito Santo, São Paulo, Bahia, Paraná e Rondônia, responsáveis por mais de 95 % da produção nacional. Destes, 70 % correspondem a produção de *Coffea arabica* e 30 % de *Coffea canephora* (CONAB, 2014).

Em Rondônia a cafeicultura é a principal atividade agrícola sendo cultivado por mais de 35 mil produtores, utilizando-se primordialmente mão de obra familiar (OLIVEIRA et al., 2011). O Estado é o segundo maior produtor de *C. canephora*, ficando atrás apenas do Espírito Santo. Entretanto, a produtividade média do estado não supera 16,39 sacas ha^{-1} de café beneficiado. Entre os fatores que contribuem para essa baixa produtividade, destacam-se: sistema de cultivo pouco racional, práticas culturais inadequadas, elevados custos de insumos e da mão de obra, baixa fertilidade dos solos e cafezais decadentes (CONAB, 2014).

De forma geral no Brasil, tem sido constante a preocupação com a renovação do parque cafeeiro, em busca do aumento no rendimento das lavouras. Dentre as alternativas, destacam-se o manejo adequado de adubação e a utilização de variedades clonais na formação de novas lavouras, que por si, demandam manejo específico, uma vez que tendem a serem mais produtivas, comparativamente as lavouras seminais (MARTINS; PREZOTTI, 2009).

Dentre os desafios para adoção de práticas culturais específicas na cafeicultura clonal destaca-se o manejo da fertilização. A adubação visa fornecer os nutrientes minerais essenciais às plantas que apesar de comporem apenas 9 % do peso da massa seca total, estes são imprescindíveis para diversos processos ocorrentes na planta (BRAGANÇA et al., 2007). Aliados a outros fatores como luz, água e CO_2

constituem materiais utilizados pela planta para produção de triose fosfato, sendo este o primeiro açúcar a ser produzido através da fotossíntese, utilizado, ainda, como substrato para diversas rotas metabólicas na planta.

Para diminuir o custo da adubação, o uso conjunto de fontes orgânicas e minerais de fertilizantes permitem otimizar a produção. Sendo assim, para se obter altos rendimentos na produção cafeeira, o uso racional de fertilizantes se faz necessário. Desta forma objetivou-se avaliar as características biométricas e produtivas do cafeeiro canéfora submetido a distintas combinações em diferentes proporções de adubações organo-mineral.

MATERIAL E MÉTODOS – O experimento foi realizado na propriedade rural Ouro Verde, no município de Nova Brasilândia D'Oeste - RO, em um Latossolo Vermelho-Amarelo distrófico, com altitude média de 271 metros, latitude de 11° 43' 51,34" S e longitude de 62° 12' 42,97" W, onde predomina clima Tropical Chuvoso - Aw (Köppen), com temperatura média anual de 26 °C e precipitação média de 1.237 mm ano^{-1}. O período chuvoso ocorre nos meses de outubro-novembro a abril-maio.

As características químicas do solo estão descritas na tabela 1. Antes do plantio foi realizada a aplicação de calcário na área para elevar a saturação por bases do solo a 60 % (MARCOLAN et al., 2009). O plantio das mudas foi realizado em janeiro de 2011, sob condições irrigadas, em covas nas dimensões de 40x40x40 cm utilizando espaçamento de 3 x 1,5m.

O delineamento utilizado foi em blocos casualizados, com sete tratamentos, a partir de distintas combinações em diferentes proporções de adubações organomineral, sendo: Testemunha; 100 % da adubação com fonte orgânica (Orgânica); 100 % da adubação com fonte orgânica e 100 % mineral (O+M); 50 % da adubação com fonte orgânica e 50 % mineral (0,5O+0,5M); 75 % da adubação com fonte orgânica e 25 % mineral (0,75O+0,25M); 25 % da adubação com fonte orgânica e 75 % mineral (0,25O+0,75M); 100 % da adubação com fonte mineral (Mineral). A dose de 100 % da adubação mineral corresponde a de 380, 280 e 75 kg ha^{-1} de N, P_2O_5 e K_2O, respectivamente para uma produtividade esperada entre 51 – 70 sacas por hectare, conforme descrito por Ferrão et al. (2007). Para adubação orgânica a dose de 100 % corresponde a 4 t ha^{-1}. Cada tratamento contou com quatro repetições, contendo cinco plantas por repetição. Sendo que as três plantas centrais da parcela representaram a área útil experimental.

A adubação orgânica, independente da combinação com o fertilizante mineral foi aplicada em dose única em novembro de 2012. A adubação mineral foi parcelada em três aplicações, independente da combinação com a fonte orgânica, sendo todo o P (superfosfato triplo) aplicado em dose única e o N (ureia) e K (cloreto de potássio) em três aplicações. Para adubação orgânica utilizou-se como fonte o composto orgânico comercial OrganoSuper® (Tabela 2).

A colheita foi realizada em maio de 2013, avaliando-se: comprimento dos ramos plagiotrópicos, número de frutos por roseta, número de rosetas por ramos plagiotrópicos, produtividade e rendimento industrial (relação entre grãos e frutos secos). Todos os caracteres foram determinados a partir de doze ramos plagiotrópicos, coletados na porção mediana da copa das plantas da área útil de cada parcela.

Os dados foram submetidos ao teste de Shapiro-Wilk, ao nível de 5 % de probabilidade a fim de aferir sua normalidade. Seguido pela análise de variância e teste F, a 5 % de probabilidade. As médias foram comparadas por meio do teste Scott-Knott (p≤0,05), sendo as análises realizadas com auxílio do programa estatístico Assistat versão 7.6.

RESULTADOS E DISCUSSÃO – Todos os dados seguiram distribuição normal, aferidos pelo teste de Shapiro-Wilk, ao nível de 5 % de probabilidade. As distintas combinações em diferentes proporções de fontes de fertilizantes minerais e orgânico não foram suficientes para incrementar as características biométricas do cafeeiro (Tabela 3).

O comprimento do ramo plagiotrópico é uma característica pouco influenciada pelo manejo da adubação, entretanto possui relação direta com a produtividade (CARVALHO et al., 2010). Miranda et al. (2005) avaliando a produção das três primeiras safras de progênies F_5 em cruzamento de cafeeiro arábica (Catuaí Amarelo Vs. Hibrido Timor) verificaram correlações fenotípicas e genotípicas entre a produtividade e o comprimento dos ramos plagiotrópicos (CRP). Entretanto, a correlação genotípica não foi significativa, deste modo, evidencia-se que o crescimento do ramo plagiotrópico sofre maior influência do ambiente comparativamente ao da produtividade.

Segundo Silvarola et al. (1997) e Bonomo et al. (2004), o número de nós no ramo plagiotrópico é um indicador da quantidade disponível de gemas produtivas, já que é considerado um dos principais componentes de produtividade. Um ramo que apresenta maior quantidade de nós provavelmente possuirá uma maior quantidade de rosetas e assim uma produtividade superior. Brum (2007) concluiu que o número médio de rosetas por ramo plagiotrópico, bem como, o número de frutos em cada roseta são os componentes mais significativos para incrementar a produção.

No cafeeiro canéfora, as inflorescências são formadas a partir de gemas seriadas, que se encontram localizadas aleatoriamente nas axilas das folhas e ramos laterais que se formaram na estação de crescimento do ano corrente, de forma em que a floração é estreitamente dependente do crescimento do ramo plagiotrópico (DARDENGO, 2012). Na axila de cada folha do cafeeiro canéfora formam-se as rosetas, onde cada roseta exibe a potencialidade de produzir entre 22 e 24 frutos ou chumbinhos (RONCHI; DA MATTA, 2007).

Os resultados obtidos no presente trabalho (Tabela 3) mostram o número médio de frutos por rosetas em aproximadamente 15, independentemente do tratamento utilizado. Esses resultados estão de acordo com os encontrados por Ronchi et al. (2005), que observaram a média de 15 frutos por roseta em cafeeiro canéfora.

De forma semelhante às características biométricas, as diferentes combinações de adubações empregando fertilizantes mineral e orgânico não foram suficientes para incrementar os componentes de produção do cafeeiro (Tabela 4). A massa de grãos por ramo plagiotrópico apresentou amplitude de variação de 36,58 g para o tratamento 100 % mineral, com menor massa de grãos a 45,66 g para o tratamento 100 % orgânico, com maior massa de grãos por ramo plagiotrópico (Tabela 4). Essa característica é dependente do número de rosetas por ramo plagiotrópico assim como o tamanho dos frutos, quanto maiores esses atributos, maior será a massa de frutos por ramo plagiotrópico.

Para a produtividade, apesar de não haver diferença entre os tratamentos, observou-se rendimento superior a média do Estado em até dez vezes. Esse resultado mostra um grande diferencial de produtividade, e pode ser explicado pelo fato da lavoura em que o experimento foi instalado ser oriunda de matrizes altamente produtivas, e ainda ter utilizado uma técnica para a multiplicação do cafeeiro que proporciona plantas que já tenham passado pelo estádio juvenil, pois os brotos ortotrópicos, que deram origem a essas plantas, são considerados fisiologicamente adultos (TAIZ; ZEIGER, 2002).

CONCLUSÕES – As diferentes combinações de adubos orgânicos e minerais não foram suficientes para incrementar os componentes biométricos e produtivos do cafeeiro canéfora em sua primeira safra comercial.

As características que representam os componentes de produção devem ser avaliadas por mais safras para que possam evidenciar a contribuição da adubação organomineral no rendimento das lavouras cafeeiras.

REFERÊNCIAS

BONOMO, P.; CRUZ, C.D.; VIANA, J.M.S.; PEREIRA, A.A.; OLIVEIRA, V.R. de.; CARNEIRO, P.C.S. Avaliação de progênies obtidas de cruzamentos de descendentes do hibrido de Timor com as cultivares Catuaí Vermelho e Catuaí Amarelo. **Bragantia**, v.63, p. 207-219, 2004.

BRAGANÇA, S.M.; PREZOTTI, L.C.; LANI, J.A. Nutrição do café conilon. In: FERRÃO, et al. (Ed.). **Café Conilon**. Vitória, Espírito Santo. Incaper, 2007a.

BRUM, V.J. Café conilon em sombreamento com pupunheira. Dissertação de Mestrado. Universidade Federal do Espirito Santo. Alegre, Espirito Santo, 2007.

CARVALHO, A.M. de.; MENDES, A.N.G.; CARVALHO, G.R.; BOTELHO, C.E.; GONÇALVES, F.M.A.; FERREIRA, A.D. Correlação entre crescimento e produtividade de cultivares de café em diferentes regiões de Minas Gerais, Brasil. **Pesquisa agropecuária brasileira.** Brasília, v.45, n.3, p.265-275, 2010.

CONAB - COMPANHIA NACIONAL DE ABASTECIMENTO. Acompanhamento da safra brasileira: café, safra 2014, segundo levantamento. Brasília: CONAB, 2014. 66p.

DARDENGO, M.C.J.D. Crescimento, produtividade e consumo de água do cafeeiro conilon sob manejo irrigado e de sequeiro. Tese para obtenção do título de Doutor. Centro de Ciências e Tecnologias Agropecuárias da Universidade Estadual do Norte Fluminense Darcy Ribeiro. Campos dos Goytacazes – Rio de Janeiro, 2012.

FERRÃO, R.G.; FERRÃO, M.A.G.; FONSECA, A.F.A. da; PACOVA, B.E.V. Melhoramento Genético de *Coffea Canephora*. In: **Café Conilon**, Vitória – Espirito Santo, Incaper, p.702, 2007.

MARCOLAN, A.L.; RAMALHO, A.R.; MENDES, Â.M.; TEIXEIRA, C.A.D.; FERNANDES, C. de F.; COSTA, J.N. M.;VIEIRA JÚNIOR, J.R.; OLIVEIRA, S. de M.; FERNANDES, S.R.; VENEZIANO, W. **Cultivo dos Cafeeiros Conilon e Robusta para Rondônia**. ed. rev. atual. – Porto Velho: Embrapa Rondônia: EMATER-RO, 2009. 61p.

MARTINS, A.G.; PREZOTTI, L.C. Fertilização do café conilon. In: ZAMBOLIM, L. (Ed.). **Tecnologias para a produção do café conilon**. Minas Gerais, Universidade Federal de Viçosa. p.249-294. 2009.

MIRANDA, J.M.; PERECIN, D.; PEREIRA, A.A. Produtividade e resistência à ferrugem do cafeeiro (*Hemiléia vastatrix* Berk. Et. Br.) de progênie F_5 de Catuaí Amarelo com o hibrido de Timor. **Ciência e Tecnologia**, v.29, p.1195-1200, 2005.

OLIVEIRA, R.L. de.; CARVALHO, C.F.M. de.; MOURA, W.M. de.; LIMA, P.C. de.; RIOS, R.C.; PINTO, J.L.; SILVA, C.A. da. Avaliação de característica de fruto de café conilon. In: SIMPÓSIO DE PESQUISA DOS CAFÉS DO BRASIL, 8. 2013, Salvador - Bahia.

OLIVEIRA, S.J. de M.; ARAÚJO, L.V.; ARAÚJO, T.G. Avaliação econômica em sistemas de produção de café em Rondônia. In: SIMPÓSIO DE PESQUISA DOS CAFÉS DO BRASIL, 7., 2011, Araxá – MG.

RONCHI, C.P.; Da MATTA, F.M. Aspectos fisiológicos do café Conilon. In: FERRÃO, R.G.; FONSECA, A.F.A. da.; BRAGANÇA, S.M.; FERRÃO, M.A.G.; De MUNER, L.H. (Eds.). **Café Conilon**. Vitória: Incaper, cap.4, p.95-119, 2007.

RONCHI, C.P.; SILVA, A.A.; TERRA, A.A.; MIRANDA, G.B.; FERREIRA, L.F. Efeito do ácido 2-4-D diclorofenoxiacético aplicado como herbicida em amadurrecimento dos frutos e produção de café. **Pesquisa de Plantas Daninhas**, v.45, p.41-47, 2005.

SILVAROLLA, M.B.; GUERREIRO FILHO, O.; LIMA, M.M.A. de.; FAZUOLI, L.C. Avaliação de progênies derivadas do hibrido de Timor com resistência ao agente da ferrugem. **Bragantia**, v.56, p.47-58, 1997.

TAIZ, L.; ZEIGER, E. **Fisiologia Vegetal**. Tradução Eliane Romanato Santarém... [et al] Porto Alegre: Artmed, 690, 2002. 690p.

Tabela 1. Resultado da análise química da área do experimento.

pH (CaC$_2$)	MO (g kg^{-1})	P (rem) (mg dm³)	K	Ca	Mg	H+Al
				(cmol$_c$dm^{-3})		
4,03	21,53	17,66	0,27	2,10	0,37	4,02

Tabela 2. Resultado da análise química do fertilizante orgânico OrganoSuper®.

Atributos	In Natura	Base seca (65º C)
	%	
Matéria orgânica total (após ignição)	30,33	38,25
Carbono orgânico	11,77	14,84
Nitrogênio	1,40	1,76
Fósforo (P$_2$O$_5$)	2,28	2,87
Potássio (K$_2$O)	0,29	0,37
Cálcio (Ca^{++})	1,06	1,34
Magnésio (Mg^{++})	0,09	0,11
Enxofre (S)	1,44	1,82
Sódio (Na$^+$)	0,30	0,38
	mg kg^{-1}	
Boro (B)	19,12	24,12
Cobre (Cu^{++})	78,01	98,39
Manganês (Mn^{++})	238,90	301,30
Zinco (Zn^{++})	62,98	79,43
pH		8,27
Relação C/N		12,59

Tabela 3. Comprimento de ramos plagiotrópicos (CRP), número de frutos por roseta (NFR) e número de rosetas por ramo plagiotrópico (NRRP) de cafeeiros clonais submetidos à adubação organomineral.

Tratamentos	CRP (cm)	NFR (Und.)	NRRP (Und.)
Testemunha	84,54 a	13,02 a	15,29 a
Orgânica	79,71 a	14,85 a	14,35 a
O+M	78,04 a	15,68 a	13,99 a
0,5O+0,5M	79,95 a	15,75 a	13,97 a
0,75O+0,25M	79,27 a	12,87 a	13,72 a
0,25O+0,75M	80,00 a	15,24 a	14,22 a
Mineral	63,80 a	14,13 a	10,87 a
CV (%)	16,12	17,70	13,99

As médias seguidas pela mesma letra, minúscula na linha, não diferem entre si pelo teste de Scott-Knott ao nível de 5 % de probabilidade.

Tabela 4. Massa de grãos por ramo plagiotrópico (MGRP), rendimento industrial e produtividade de cafeeiros clonais submetidos à adubação organomineral.

Tratamentos	MGRP (g)	Rendimento Industrial (%)	Produtividade (sacas ha^{-1})
Testemunha	39,19 a	55,95 a	88,28 a
Orgânica	45,66 a	58,10 a	89,67 a
O+M	43,90 a	53,40 a	89,9 a
0,5O+0,5M	40,77 a	52,19 a	111,57 a
0,75O+0,25M	36,60 a	48,64 a	84,13 a
0,25O+0,75M	44,56 a	55,58 a	92,13 a
Mineral	36,58 a	58,70 a	67,81 a
CV (%)	22,76	11,49	24,61

As médias seguidas pela mesma letra, minúscula na linha, não diferem entre si pelo teste de Scott-Knott ao nível de 5 % de probabilidade.

Análise de acúmulo de matéria seca e expansão foliar na cultura do sorgo granífero em Rolim de Moura, Rondônia

Ivair Miguel da Costa[1]; Shierles Raisom knaack[1]; Danilo D. S. Coêlho[1]; Jairo Rafael Machado Dias[2]

(1) Graduando, Universidade Federal de Rondônia, RO 180, km 1, CEP 76940-000, Rolim de Moura, RO E-mail: ivair017@hotmail.com (2) Professor, universidade federal de Rondônia, RO 180, km 1, CEP 76940-000, Rolim de Moura, RO.

RESUMO – O sorgo surge com grande potencial para substituir parcialmente o milho nas rações para aves, suínos e ruminantes, com um benefício em relação ao milho de menor custo de produção. O objetivo do trabalho foi avaliar o acúmulo de matéria seca e a expansão da área foliar durante o ciclo da cultura do sorgo. O experimento foi conduzido no campus experimental da Universidade Federal de Rondônia, localizado na linha 184 km 15, lado norte, no município de Rolim de Moura. O campus esta situado a uma latitude 11° 34' 57,7'' S e longitude 61° 46' 0,02'' W a 259 metros de altitude. O delineamento utilizado foi o de blocos casualizados com cinco tratamentos e três repetições, totalizando quinze parcelas. Cada parcela possui três linhas de um metro cada sendo utilizada apenas a linha central como área útil. Os tratamentos foram compostos de cinco períodos de avaliação, sendo eles, 20, 40, 60, 80 e 100 dias após a emergência (DAE). O acúmulo de matéria seca apresentou crescimento linear durante todo o ciclo analisado. A área foliar apresentou um comportamento polinomial com uma rápida expansão até os 40 DAE, a partir deste ponto houve uma queda gradativa nos valores de expansão foliar. Assim infere-se que o maior acúmulo de MS ocorreu aos 100 DAE, quando a planta está no fim do seu ciclo de vida. A expansão foliar teve seu crescimento acelerado entre 20 a 40 DAE.

Palavras-chave: área foliar, desenvolvimento das folhas, fotoassimilados.

INTRODUÇÃO – O sorgo é um grão originário da África, pertencente à família Poaceae, gênero *Sorghum* e espécie *Sorghum bicolor* (L.) Moench. Conhecido vulgarmente no Brasil como "milho d'Angola" ou "milho da Guiné", chegou ao Brasil trazido por escravos africanos, no inicio do século XX (PAULA JÚNIOR; VENZON, 2007).

O sorgo apresenta ampla utilidade tanto na dieta alimentar humana, de forma direta farinhas dos grãos, quanto na indústria de rações e volumosos em pastoreios diretos ou silagens para animais (EMBRAPA, 2012). O grão é muito utilizado como componente de insumos energéticos, que entram na composição de rações para aves, suínos, bovinos, etc. Segundo Emydio (2010) este grão se destaca por apresentar bons rendimentos, tanto na produção do biocombustível como na utilização dos seus coprodutos (semente, bagaço) para a produção de rações.

O sorgo surge com grande potencial para substituir parcialmente o milho nas rações para aves, suínos e ruminantes, com um benefício em relação ao milho de menor custo de produção. A cultura tem mostrado bom desempenho como alternativa para uso no sistema de integração lavoura-pecuária e para produção de massa, proporcionando algumas vantagens como: maior proteção do solo contra a erosão, maior quantidade de matéria orgânica disponível e melhor capacidade de retenção de água no solo (EMBRAPA, 2012).

O sorgo aparece entre os cinco grãos mais cultivados no mundo, com amplas potencialidades para o seu futuro (EMBRAPA, 2012). A planta se adapta a uma variável gama de ambientes, permitindo que a cultura seja apita para todas as regiões do Brasil, tendo potencial expressivo para seu desenvolvimento na região amazônica. Segundo Godinho et al. (1998), o sorgo, pela sua rusticidade e tolerância ao "stress hídrico", pode ser utilizado em sucessão de culturas, juntamente com o milheto, milho, algodão e soja.

No Brasil a área plantada de sorgo na safra 2012/2013 foi de 801,7 mil hectares, com uma produção de 2.101,5 mil toneladas, sendo a região Centro-Oeste responsável por 60 % da área plantada e 67 % da produção total nacional (CONAB 2014).

O sorgo na região Norte ainda é pouco disseminado, principalmente pelas dificuldades na comercialização e no armazenamento, apresentando apenas 2 % da área total plantada no país com cerca de 20 mil hectares e com uma produção de 36,7 mil toneladas (CONAB, 2014).

O objetivo do trabalho foi avaliar o acúmulo de matéria seca e a expansão da área foliar durante o ciclo da cultura do sorgo.

MATERIAL E MÉTODOS – O experimento foi conduzido no campus experimental da Universidade Federal de Rondônia, localizado na linha 184 km 15, lado norte, no município de Rolim de Moura. O campus esta situado a uma latitude 11° 34' 57,7'' S e longitude 61° 46'0,02'' W a 259 metros de altitude.

O delineamento utilizado foi o de blocos casualizados com cinco tratamentos e três repetições, totalizando quinze parcelas. Cada parcela possui três linhas de um metro cada, sendo utilizada apenas a linha central como área útil. Os tratamentos foram compostos de cinco períodos de avaliação, sendo eles: 20, 40, 60, 80 e 100 dias após a emergência (DAE).

O solo da região é classificado como Latossolo Vermelho-Amarelo distrófico, sendo o plantio realizado em sistema convencional, precedido de uma gradagem e abertura de sulcos com 10 cm de profundidade. O espaçamento utilizado foi de 0,60 m entre linhas com 25 plantas por metro linear, seguindo recomendação Embrapa Rondônia.

A adubação foi realizada no momento do plantio e seguiu as recomendações técnicas da cultura do sorgo, baseado na analise de solo realizada. Foi realizada uma adubação de N em cobertura após 35 DAE.

Para o controle fitossanitário foram realizadas três pulverizações do inseticida cipermitrina nortox 250 EC, pertencente ao grupo químico dos piretroides, para o controle da praga *Spodoptera frugiperda*. O principal ataque ocorreu entre 20 e 70 DAE.

Para análise foram coletadas duas plantas por parcela. As folhas foram escaneadas e recortadas para obtenção da área foliar, posteriormente foram incorporadas ao restante da planta e levadas para secagem em estufa com circulação forçada, a 68 °C por 72 horas, para obter a matéria seca da parte aérea das plantas.

Os dados foram submetidos a analise de variância (ANOVA) pelo programa Assistat versão 7.7.

RESULTADOS E DISCUSSÃO – Os dados coletados foram analisados e obteve-se a média de área foliar (cm^2) e massa seca da parte aérea (g) para os tratamentos (20, 40, 60, 80 e 100 DAE), como demonstrado na Tabela 1.

O acúmulo de matéria seca apresentou crescimento linear durante todo o ciclo analisado. No entanto verificou-se que na fase inicial da cultura, até os 20 DAE, o acúmulo de MS foi relativamente lento. Este resultado corrobora com a analise de Ortiz et al. (2011), que observou pouco incremento de massa seca até os 20 dias da implantação da cultura. Isso decorre da grande movimentação de fotoassimilados para diferenciação dos tecidos das plantas na fase inicial.

A partir dos 20 DAE houve um crescimento acelerado das plantas, o que requer uma maior quantidade de nutrientes presente em sua composição, aumentando assim a absorção e consequentemente o acúmulo de MS (Figura 1).

O acúmulo maximo de MS ocorreu aos 100 DAE, isso deve-se ao fato de a planta, nessa fase, estar no fim do período de reprodução o que demanda grande quantidade de fotoassimilados.

A área foliar apresentou um comportamento polinomial com uma rápida expansão até os 40 DAE. Conforme pode-se observar na Figura 2, a partir dos 40 DAE houve uma queda gradativa nos valores de expansão foliar. Esse menor desenvolvimento das folhas nos estádios finais da cultura pode estar ligado ao remanejamento de fotoassimilados para as partes reprodutivas da planta, o que provoca a senescência das folhas mais velhas.

Outro fator que pode ter interferido na expansão da área foliar foi o espaçamento adotado causando sombreamento e competição entre plantas.

CONCLUSÕES – Assim infere-se que o maior acúmulo de MS ocorreu aos 100 DAE, quando a planta encontrava-se no fim do seu ciclo de vida. A expansão foliar teve seu crescimento acelerado entre 20 a 40 DAE.

AGRADECIMENTOS – À Universidade Federal de Rondônia, pelo espaço para realização do trabalho e à Embrapa Rondônia, que forneceu as sementes para o experimento.

REFERÊNCIAS

COMPANHIA NACIONAL DE ABASTECIMENTO – CONAB. **Acompanhamento Safra Brasileira de grãos**, v.1 - Safra 2013/14, n.4 - Quarto Levantamento, Brasília, p.1-67, jan. 2014.

EMPRESA BRASILEIRA DE PESQUISA AGROPECUÁRIA – EMBRAPA MILHO E SORGO. **Sistemas de produção. Cultivo do sorgo**. ISSN 1679-012X Versão Eletrônica - 8ª edição, 2012. Disponível em: <http://sistemasdeproducao.cnptia.embrapa.br/FontesHTML/Sorgo/CultivodoSorgo_8ed/mercado.htm>. Acesso em: 10 abr. 2014.

EMYDIO, B.M. **Produção de etanol a partir de sorgo sacarino. 2010**. Artigo em Hypertexto. Disponível em: <http://www.infobibos.com/Artigos/2010_4/sorgo/index.htm>. Acesso em: 17 abr. 2014.

GODINHO, V. de P.C.; UTUMI, M.M.; PRADO, E.E. do; TOWNSEND, C.R. **Competição de genótipos de sorgo (Sorghum bicolor L. Moench) em Vilhena, Rondônia**. Porto Velho: Embrapa Rondônia, 1998. 3p. (Embrapa Rondônia. Pesquisa em Andamento, 145).

ORTIZ, A. H. T.; FRANCO, A. A. N.; OKUMURA, R. S.; MARQUES, O. J. **Acúmulo de matéria seca em plantas de sorgo cultivado na Região norte de minas gerais**. VII EPCC – Encontro Internacional de Produção Científica Cesumar. Maringá – Paraná. Outubro de 2011.

PAULA JÚNIOR, T.J. de; VENZON, M. **101 Culturas – Manual de tecnologias agrícolas**. Belo Horizonte: EPAMIG, 2007. 800p.

Tabela 1. Médias obtidas das análises de matéria seca em gramas e área foliar da parte aérea (cm²).

Tratamentos	Matéria seca(g)	Área foliar (cm²)
20	2,44	589,33
40	24,04	2289,22
60	34,94	2041,55
80	61,93	1716,49
100	66,53	1138,54
CV%	27,46	21,00

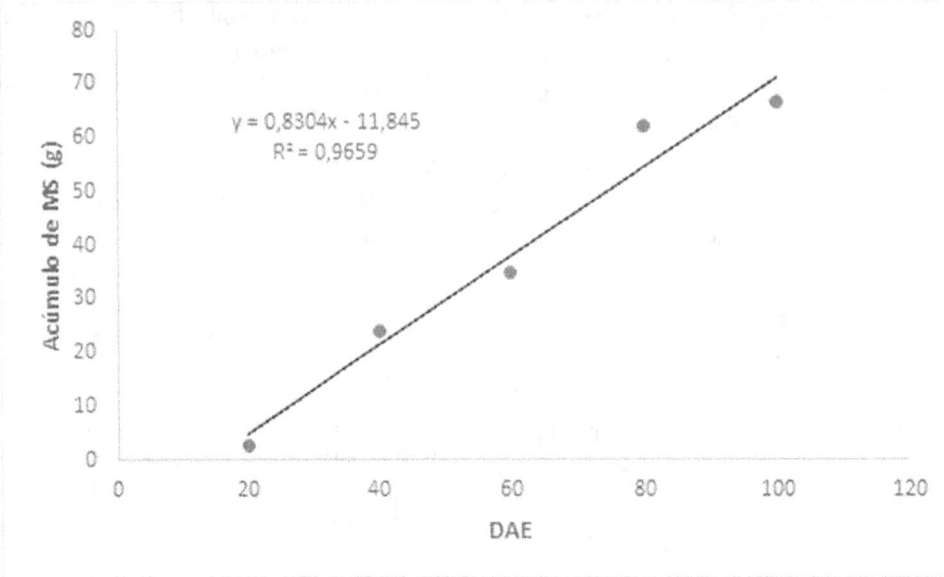

Figura 1. Acúmulo de matéria seca da parte aérea (g), em relação aos dias após a emergência.

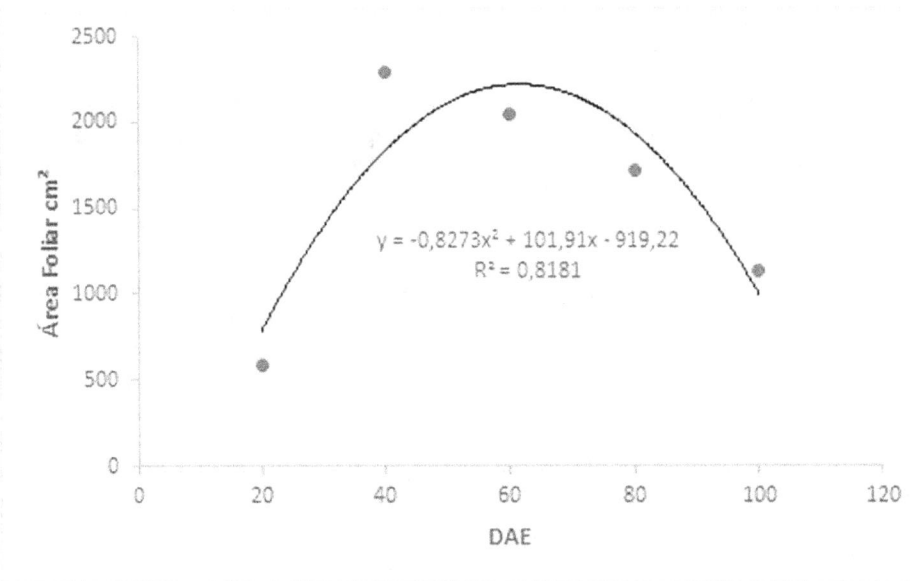

Figura 2. Expansão da área foliar durante 100 dias (cm^2).

Análise de acúmulo de massa seca e área foliar de girassol em sistema de plantio convencional na zona na mata rondoniense

Eliandra Donato Sandeski[1]; Eliziani Tosta Moreira[1]; Jairo Rafael Machado Dias[2]; NathanyTamara Zielinski[1]

(1) Acadêmicos do Curso de Agronomia, Fundação Universidade Federal de Rondônia, Av. Norte Sul, 7300, Bairro Nova Morada, CEP 76940-000, Rolim de Moura, RO. E-mail: eliandra.donato@hotmail.com, eli_ziani@outlook.com (2) Professor Dr em Agronomia Tropical, Fundação Universidade Federal de Rondônia, Av. Norte Sul, 7300, Bairro Nova Morada, CEP 76940-000, Rolim de Moura, RO. E-mail: jairorafaelmdias@hotmail.com

RESUMO – Características agronômicas como incremento de área foliar e massa seca podem ser bons indicadores do desempenho de uma espécie em um determinado agroecossistema. Este experimento foi realizado com objetivo de avaliar o acúmulo de massa seca e incremento de área foliar do girassol em sistema convencional de plantio. O experimento foi realizado no campo experimental da UNIR, no município de Rolim de Moura. A área foliar e a massa seca do girassol foram avaliadas aos 20, 40, 60 e 80 dias após a emergência. Adotou-se o delineamento de blocos casualizados com três repetições. O incremento da área foliar e acúmulo de matéria seca variaram com o tempo de desenvolvimento da planta de girassol com picos nas fases de início e fim da floração, respectivamente.

Palavras-chave: *Helianthus annus*, matéria seca, crescimento vegetativo.

INTRODUÇÃO – O girassol é utilizado na alimentação humana e animal, mas também apresenta aptidão ornamental e propriedades medicinais. O grande atrativo da cultura é a possibilidade de produção de óleo de excelente qualidade, principalmente pela presença de significativa quantidade de ácido linoleico, essencial para o organismo humano. Entre os óleos vegetais, o de girassol é considerado como o de melhor qualidade nutricional e organoléptica (BRUGINSK e PISSAIA, 2002). Como opção na alimentação animal, o girassol na forma de silagem chega a produzir de 50 a 70 toneladas de matéria verde por ha (SOUZA, 1998).

Tradicionalmente, o girassol é considerado uma cultura de grande plasticidade, pois, se desenvolve bem em regiões de clima temperado, subtropical e tropical (BARNI et al., 1995).

Segundo Souza et al. (2011) algumas características agronômicas são bons indicadores fenotípicos quando se pretende conhecer o desempenho de genótipos e cultivares em um determinado agroecossistema. Dentre estas características estão o incremento da área foliar (AF) e a massa da matéria seca total (MST) que indicam a capacidade do sistema assimilatório (fonte) das plantas em sintetizar e alocar a matéria orgânica nos diversos órgãos (drenos) que dependem da fotossíntese, respiração e translocação de fotoassimilados dos sítios de fixação aos locais de utilização ou de armazenamento.

As medidas obtidas ao longo do ciclo da cultura são tabeladas de forma que possam ser analisadas matematicamente ou graficamente. A utilização de equações de regressão não só corrige as oscilações normais, como permite avaliar a tendência do crescimento em função do tratamento, possibilitando também avaliar, de forma precisa, variações no padrão de crescimento de plantas em relação à altura, matéria seca ou área foliar em função dos tratamentos ou de variabilidade genética (BENINCASA, 2003; PEIXOTO; PEIXOTO, 2009).

Dessa forma, o objetivo neste trabalho foi o de avaliar o acúmulo de massa seca e incremento de área foliar do girassol em sistema convencional de plantio.

MATERIAL E MÉTODOS – O experimento foi desenvolvido no campo experimental da Fundação Universidade Federal de Rondônia (UNIR), no município de Rolim de Moura nas coordenadas geográficas 11° 43' 18" S e 61° 46' 00" W. O clima, segundo a classificação de Köppen, é do tipo Aw, caracterizado como clima quente e úmido, com precipitação média anual variando entre 1.800 a 2.400mm. A temperatura média anual gira em torno de 28 °C com temperatura máxima entre 32 °C e 34 °C e mínima entre 17 °C e 24 °C. A média anual da umidade relativa do ar varia de 75 a 85 % (FIERO,1999).

O solo da área experimental é caracterizado como Latossolo Vermelho Amarelo distrófico com textura média/argilosa. Os atributos químicos do solo estão descritos na Tabela 1. O preparo do solo foi realizado de forma convencional com uma aração seguido de duas gradagens.

O girassol foi semeado no dia 16 de abril de 2014, e o ciclo da cultura foi de 100 dias. Como adubação de plantio foi utilizado a dose de 0,843 kg de 4-14-8 (NPK) para cada parcela, sendo este aplicado no sulco da semeadura, com uma profundidade de 15 cm, após a adubação foram semeada 3 sementes por cova e irrigadas, dando continuidades nas irrigações durante todo ciclo. As operações de adubação e plantio e irrigação foram manuais. O espaçamento adotado foi de 0,70 m entre linhas e 0,36 m entre sendo que, cada parcela atendia ao tamanho de 13,5 m². Foi realizado o desbaste deixando somente uma planta por cova. O controle de plantas aninha foi realizado através de capinas manuais durante todo o ciclo da cultura.

O experimento consistiu em analisar as variáveis: incremento de área foliar (AF) e acúmulo de massa seca (MS) aos 20, 40, 60 e 80 dias após a emergência. O delineamento utilizado foi o de blocos casualizados, com três repetições. Cada bloco consistia em 4 linhas com 15 plantas em cada linha, totalizando 60 plantas por parcelas. Cada parcela continha 26 plantas úteis na qual se utilizou 2 plantas para realização das análises. As plantas analisadas foram cortadas na altura do coleto, levadas a estufa de ventilação forçada a 65 °C por 72 horas e posteriormente pesadas. A área foliar foi quantificada com o auxílio software ImageJ.

Os dados foram submetidos à análise de variância (ANOVA) e de regressão para se avaliar o efeito dos tratamentos. As análises foram processadas pelo programa estatístico Sisvar.

RESULTADOS E DISCUSSÃO – O acúmulo de matéria seca e incremento de área foliar variaram em função do tempo e desenvolvimento da cultura. Verificou-se, através dos resultados obtidos, que no início de desenvolvimento da planta a taxa de crescimento é constante e a cultura é principalmente vegetativa, caracterizando a fase exponencial (Figura 1 e 2). Após o desenvolvimento do sistema radicular e a expansão das folhas, aumenta o índice de área foliar (estádio R5, 40 DAE), passando a uma fase de crescimento linear, com o maior incremento na taxa de matéria seca (MS) (PEIXOTO; PEIXOTO, 2009).

A variação da AF em relação ao tempo apresentou a curva parabólica, característica, que em geral, aumenta até um máximo, diminuindo progressivamente até o final do ciclo. Segundo os autores Peixoto E Peixoto (2009) isto ocorre porque a planta, ao atingir o tamanho definitivo, entra na fase de senescência, diminuindo a AF, com menor intercepção de energia luminosa resultando em decréscimo no acúmulo da MS, com possível translocação desta para os órgãos de reserva e, consequentemente, degeneração do sistema fotossintético.

O maior índice de área foliar foi obtido na

fase fenológica R5.5 de florescimento pleno, aos 50 DAE, característica relevante para a produção de fotoassimilados, boa produtividade de grãos, ou de produção de massa seca para silagem (BRUGINSKI, 2004). Evidenciando o que foi observado por WATANABE (2007) em girassol ornamental no Paraná, BRUGINSKI (2004) analisando o crescimento de girassol em sistema de semeadura direta, e SOUZA et al., (2011) testando diferentes épocas de semeadura de plantas no recôncavo da Bahia. Este fato pode estar associado ao bom estado nutricional das plantas e as condições climáticas ideais.

Após este pico a parábola apresentou um declínio acentuado da AF reduzindo à zero. O que está relacionado ao estádio reprodutivo R6 (70 DAE), fase na qual a planta destina seus fotoassimilados para o desenvolvimento dos aquênios, reduzindo a área foliar.

Para o acúmulo de matéria seca, oriunda das frações haste e folha, verifica-se uma tendência sigmoidal para a curva (Figura 1). Essa projeção da curva é característica de culturas anuais, obtendo-se o crescimento até um ponto máximo (60 DAE) com uma inflexão diminuindo progressivamente até a senescência da cultura (PEIXOTO; PEIXOTO, 2009), e indica um balanço negativo da fotossíntese comparada à respiração, devido a fase de senescência foliar, com menor interceptação da energia luminosa, resultando em decréscimo do processo fotossintético (SOUZA et al., 2011).

Aos 90 DAE a cultura já se apresentava em fase de maturação fisiológica, com a colheita realizada estimou-se a produtividade, que esteve em torno de 1166,6 kg ha^{-1}.

CONCLUSÕES – Para os resultados deste experimento as condições climáticas da região em estudo, de clima tropical foram favoráveis para ao desenvolvimento da cultura. O incremento da área foliar e acúmulo de matéria seca variaram com o tempo de desenvolvimento da planta de girassol, destacando seu pico nas fases de início e fim da floração, respectivamente.

AGRADECIMENTOS – À Fundação Universidade Federal de Rondônia pela oportunidade dada a seus acadêmicos assim como ao Professor da Disciplina de Agricultura I, D.Sc. Jairo Rafael Machado Dias pelo incentivo no desenvolvimento do projeto.

REFERÊNCIAS

BRUGINSKY, D. C. Análise de crescimento de girassol em sistema de semeadura direta. **Revista acadêmica: Ciências Agrárias e Ambientais**, v.2, p.63-70, 2004.

BRUGINSK, D.H.; PISSAIA, A. Cobertura nitrogenada em girassol sob plantio direto na palha: ii – morfologia da planta e partição de massa seca. **Scientia Agraria**, v.3, n.1-2, p.47-53, 2002.

BARNI, N.A.; BERLATO, M.; SANTOS, A.; SARTORI, G. Análise de crescimento do girassol em resposta a cultivares, níveis de adubação e épocas de semeadura. **Pesquisa Agropecuária Gaúcha**, Porto Alegre, v.1, n.2, p.167-184, 1995.

BENINCASA, M.M.P. **Análise de crescimento de plantas:** noções básicas. Jaboticabal: UNESP, 2003. 41p.

FIERO - FEDERAÇÃO DAS INDÚSTRIAS DO ESTADO DE RONDÔNIA. **Projeção para nova dimensão econômica e integração comercial**: Rondônia/Bolívia/Peru. Porto Velho: SEBRAE, 1999.

PEIXOTO, C.P.; PEIXOTO, M. de F. da S.P. Dinâmica do crescimento vegetal. In: CARVALHO, C.A.L. de; DANTAS, A.C.V.L.; PEREIRA, F.A. de C.; SOARES, A.C.F.; MELO FILHO, J.F. de; OLIVEIRA, G.J.C. de. (Ed.). **Tópicos em Ciências Agrárias**. Universidade Federal do Recôncavo da Bahia, 2009. p.39-53.

SOUZA, L.H.B. et al. Fenologia, área foliar e massa da matéria seca de girassol em diferentes épocas de semeadura e populações de plantas no recôncavo da Bahia. **Enciclopédia Biosfera**, Goiânia, v.7, n.13, p.572, 2011.

SOUZA, W.K. Girassol. **Imagem Rural**, v.5, n.54, p.4-8, 1998.

WATANABE, A.A. **Desenvolvimento de plantas de girassol (*Helianthus annuus* L. cv. Pacino) com variação de nutrientes na solução nutritiva e aplicação de Daminozide).** 2007. 105f. Dissertação (Mestrado) – UniversidadeEstadual Paulista. Instituto de Biociências de Botucatu, Botucatu, 2007.

Tabela 1. Propriedades físicas e químicas do solo da área de cultivo na altura do plantio. Análises feitas conforme metodologia descrita em Embrapa (1997).

Profundidade	pH_{H2O}	P	K	Ca	Mg	Al+H	Al	MO	V
Cm		mg dm^{-3}	----------------------cmol$_c$dm^{-3}----------------------					g kg^{-1}	%
0-20	5,4	2,3	0,17	1,3	0,5	3,5	0,3	20,6	36

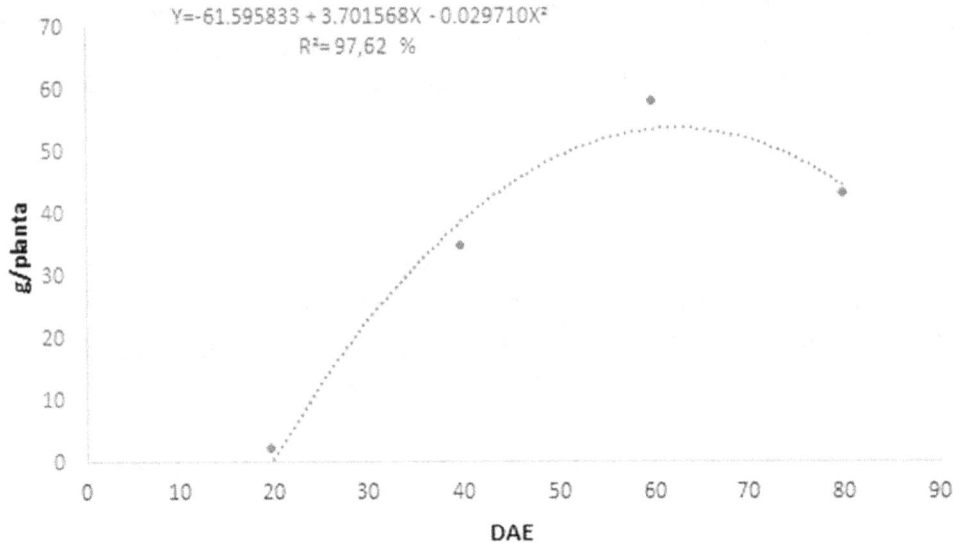

Figura 1. Acúmulo de matéria seca (MS) ao longo do tempo (DAE) no girassol (*Helianthus annuus*).

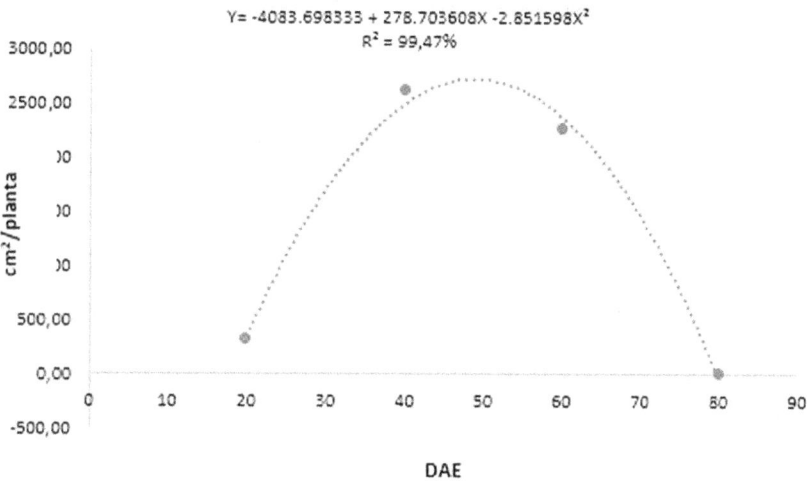

Figura 2. Variação da área foliar (AF) ao longo do tempo (DAE) no girassol (*Helianthus annuus*).

Antecipação da amostragem foliar em cafeeiros canéfora na avaliação do estado nutricional pelo método do nível crítico

Edilaine Istéfani Franklin Traspadini[1]; Paulo Guilherme Salvador Wadt[2]; Raquel Schmidt[3]; Jairo Rafael Machado Dias[4]; Carolina Augusto de Souza[1]; Ronaldo Willian da Silva[1]; Marcelo Curitiba Espindula[2]; Daniel Vidal Perez[2]

(1) Acadêmicos do curso de agronomia na Universidade Federal de Rondônia - Rolim de Moura, CEP 76940-000. E-mail: agroedilaine@hotmail.com; carolina_augusto@hotmail.com; ronaldo_willian1@hotmail.com (2) Pesquisadores na Empresa Brasileira de Pesquisa Agropecuária, Porto Velho-RO CEP 76815-800 e Rio de Janeiro – RJ, CEP 22460-000. E-mail: paulogswadt@dris.com.br; daniel.perez@embrapa.br; marcelo.espindula@embrapa.br (3) Acadêmica do curso de Mestrado na Universidade Federal do Acre - Rio Branco, CEP 69900-000. E-mail: schmidt_raquel@hotmail.com (4) Professor Dr. na Universidade Federal de Rondônia - Rolim de Moura, CEP 76940-000. E-mail: jairorafaelmdias@hotmail.com

RESUMO – A amostragem foliar em cafeeiros comumente é realizada no estádio fenológico de grão "chumbinho". Porém, alguns autores vêm considerando que esta seja feita antecipadamente como alternativa para aumentar a eficiência na diagnose e acelerar o processo para recomendar a adubação com base no monitoramento nutricional. O objetivo desde trabalho foi determinar o efeito da antecipação da época de amostragem foliar na avaliação do estado nutricional de cafeeiros canéfora da zona da mata Rondoniense pelo método do nível crítico. Foram coletadas amostras foliares de 123 lavouras cafeeiras comerciais, em duas épocas: amostragem antecipada no período de floração (agosto de 2013) e amostragem convencional no período de grão chumbinho (novembro de 2013). Após a coleta, as folhas foram secas em estufa e depois determinados os teores totais e determinado os níveis críticos para os nutrientes N, P, K, Ca, Mg, Cu, Fe, Mn, Zn e B. Determinou-se a classe produtiva das lavouras monitoradas; a porcentagem de lavouras deficientes para determinado nutriente; e fez-se a comparação dos diagnósticos, estimando-se assim o grau de concordância. Os níveis críticos determinados para as duas épocas de amostragem foliar mostraram-se distintos. Apresentaram para alguns nutrientes, como o N, Fe, Ca e Zn baixo grau de concordância. O maior grau de concordância encontrado foi para lavouras de média produtividade para o nutriente K, com 84 %. Os nutrientes que apresentaram maiores limitações foram o P e o Fe para a amostragem foliar antecipada e convencional respectivamente.

Palavras-chave: *Coffea canephora*, diagnose nutricional, deficiência.

INTRODUÇÃO – O monitoramento nutricional, de lavouras cafeeiras, associado à correta interpretação e diagnose do estado nutricional da planta, possibilita a indicação de adubações mais eficiente que irão suprir adequadamente as necessidades da planta (KURIHARA et al., 2005).

O nível crítico (NC) é o método comumente utilizado para realizar a avaliação do estado nutricional em cafeeiros. Porém para uma diagnose nutricional mais confiável é necessário que os valores de referência sejam determinados para cada época de amostragem. Em cafeeiros o indicado é que a amostragem foliar seja realizada com a planta no estádio fenológico de grão "chumbinho" (amostragem convencional) (RONCHI; DAMATA, 2007).

Alguns autores vêm propondo a amostragem foliar antecipada (GOMES et al., 2014; DIAS et al., 2014) considerando que esta seja a época adequada, pois assim seria possível diagnosticar e recomendar a adubação a tempo de corrigir as deficiências e excessos e assim aumentar a produtividade para o mesmo ano, já que na época de grão chumbinho, as adubações de produções já teriam sido iniciadas (DIAS et al., 2014).

Assim, o objetivo deste trabalho foi determinar o efeito da antecipação da época de amostragem foliar na avaliação do estado nutricional de cafeeiros canéfora da zona da mata Rondoniense pelo método do nível crítico.

MATERIAL E MÉTODOS – Foram monitoradas 123 lavouras comerciais de cafeeiros canéforas (*Coffea canephora*) na zona da mata Rondoniense. Em cada lavoura foram selecionadas 20 plantas para amostragem foliar, que consistiu na retirada de quatro folhas sempre no terço médio da planta, na terceira ou quarta posição do par de folhas do ramo plagiotrópico, na face da planta que corresponde aos quatro pontos cardiais. As amostragens foliares ocorreram na época de floração (antecipada) e com a cultura no estádio fenológico de grão chumbinho (agosto e novembro de 2013, respectivamente).

O material vegetal coletado foi acondicionado em sacos de papel e transportado para o laboratório, onde foi lavado, seco, moído e submetido à análise quanto aos teores totais de N, P, K, Ca, Mg, Cu, Fe, Mn, Zn e B (CARMO et al., 2000).

Após obtenção dos dados analíticos das concentrações foliares, para as duas épocas de amostragem foliar, estes valores foram inseridos em planilha eletrônica do Excel para Windows, onde foram realizados os cálculos para o Nível crítico pelo critério da distribuição normal reduzida proposto por Maia et al. (2001), e adaptado para planilha eletrônica (TRASPADINI et al., 2014).

Os dados foram normatizados pela transformação logaritmo neperiana do quociente Q de todos os nutrientes avaliados N, P, K, Ca, Mg, Cu, Fe, Mn, Zn e B, que consiste na relação da produtividade ha^{-1} (P) pelos teores dos nutrientes respectivos (n): Q=LN (P/n).

Em seguida foi calculada a média aritmética e o desvio padrão (DP) para o quociente Q log transformados dos nutrientes e produtividade. Sendo a média a soma do conjunto de teores dos nutrientes (ou produtividade) dividido pelo número de dados e o desvio padrão é a variabilidade dos teores à volta da média.

Posteriormente foi calculado o nível crítico, para obtenção destes em g kg^{-1} ou mg kg^{-1} (macro e micronutrientes, respectivamente), pela expressão: NCi= EXP(1,281552s_1 + x_1)/EXP(1,281552s_2 + x_2). Onde, s_1 e x_1 são o desvio padrão e a média aritmética da produtividade; e s_2 e x_2 são o desvio padrão e a média aritmética do quociente Q de cada nutriente.

Nas 123 lavouras monitoradas determinou-se a classe produtiva. As lavouras com produtividades menores que a média menos (-) o desvio padrão da produtividade foram consideradas classe baixa. As que possuíssem produtividade maior que a média + desvio padrão da produtividade foram consideradas de alta produtividade, e as demais foram consideradas de média produtividade.

Foi determinado o total de lavouras deficiente para cada nutriente nas duas épocas de amostragem foliar, a partir da comparação entre o nível crítico determinado e o teor do nutriente em cada lavoura. Foram considerados deficientes ou equilibradas os teores que se apresentavam inferiores e superiores ao NC, respectivamente a cada uma das épocas de amostragem.

Estimou-se ainda o grau de concordância (GC) entre as duas fases de amostragem foliar, através da comparação entre os diagnósticos. Foram consideradas concordantes, para cada nutriente, as lavouras que apresentaram o mesmo diagnóstico em cada uma das épocas de amostragem. Por exemplo: Se a lavoura "A" apresentou deficiência em nitrogênio tanto na coleta antecipada como na convencional, então foram consideradas concordantes e assim sucessivamente.

RESULTADOS E DISCUSSÃO – As 123 lavouras monitoradas foram classificadas em: lavouras de baixa, média e alta produtividade, sendo representadas por 15, 69 e 16 % das lavouras totais, respectivamente.

Quanto ao número de lavouras que foram diagnosticas como deficientes para determinado nutriente, o fósforo e o ferro foram os que apresentaram as maiores percentagens de deficiência para a amostragem foliar antecipada e convencional, respectivamente. Em contra partida o Cu foi o nutriente que demonstrou maior equilíbrio nutricional dentre as 123 lavouras monitoradas (Tabela 1).

Os níveis críticos dos nutrientes N, P, K, Mg, Cu, Zn e B da coleta antecipada mostraram-se inferiores comparados aos da amostragem convencional, enquanto que os demais nutrientes tiveram NC superiores (Tabela 1). Essas diferenças entre os NC nas duas épocas de amostragem foliar seguem a mesma tendência evidenciadas por Gomes et al. (2014) em lavouras de cafeeiros Conilon na região norte do Espirito Santo. Naquelas lavouras, os nutrientes N, P, K, Cu, Zn e B apresentaram teores nutricionais médios menores na coleta antecipada, enquanto que Ca, Mg, Fe e Mn apresentaram teores nutricionais médios superiores comparados aos da coleta no estádio fenológico de grão "chumbinho".

Em estudo sobre o manejo nutricional de cafeeiros clonais na Amazônia Ocidental Dias et al. (2014) afirmam que a amostragem foliar realizada no período da pré-florada, desde que já se tenha padrão nutricional disponível para a respectiva época, permite a diagnose nutricional antecipada, o que auxilia no manejo da adubação principal.

Porém os resultados deste estudo demonstram que para alguns nutrientes há baixo grau de concordância entre as duas épocas de amostragem foliar, principalmente o N que em lavouras de baixa produtividade apresentou GC inferior a 50 % (Tabela 2).

Outro nutriente com baixo GC foi o ferro, que apresentou o menor grau de concordância entre os diagnósticos obtidos para as duas épocas de amostragem foliar, chegando a apresentar nenhum GC nas lavouras de alta e média produtividade (Tabela 2).

O P e o Zn tiveram os maiores graus de concordância dentre o total de lavouras monitoradas. Enquanto que nas lavouras de produtividade média, o K foi o nutriente com maior percentagem de concordância (Tabela 2).

O grau de concordância avalia, se determinando nutriente considerado deficiente na coleta antecipada também será diagnosticado como deficiente na época convencional.

Vários fatores podem afetar o baixo grau de concordância dos diagnósticos, como por exemplo, a adubação que se iniciou na segunda época de amostragem ou diferenças na partição de nutrientes entre as duas épocas.

Como o grau de concordância entre as épocas de amostragem foliares de maneira geral foi baixo, isso indica que fazer a diagnose nutricional utilizando teores em folhas oriundas da coleta antecipada não pode ainda ser recomendado para cafeeiros, dado que os resultados atuais indicam que plantas consideradas deficientes para determinado nutriente na primeira época não serão assim consideradas quando a planta já estiver na granação.

CONCLUSÕES – Os níveis críticos determinados para as duas épocas de amostragem foliar mostraram-se distintos.

Os graus de concordância nos diagnósticos realizados nas duas épocas de amostragem indicam que a antecipação da amostragem pode resultar em diagnósticos incoerentes com aqueles obtidos na época convencional.

REFERÊNCIAS

CARMO, C.A.F. de S. do; ARAÚJO, W.S. de; BERNARDI, A.C.de C.; SALDANHA, M.F.C. **Métodos de análise de tecidos vegetais utilizados pela Embrapa Solos**. Rio de Janeiro: Embrapa Solos, p.41. 2000. (Embrapa Solos. Circular técnica, 6).

DIAS, J.R.M.; SCHMIDT, R.; DUBERSTEIN, D.; WADT, P.G.S.; ESPINDULA, M.C.; PARTELLI, F. L.; PEREZ, D.V. **Manejo nutricional de cafeeiros clonais na Amazônia Ocidental**. In: WADT, P.G.S.; MARCOLAN, A.L.; MATOSO, S.C.G.; PEREIRA, M.G. Manejo dos solos e a sustentabilidade da produção agrícola na Amazônia Ocidental. Porto Velho: Núcleo Regional Amazônia Ocidental da SBCS. p.129-143, 2014. (no prelo)

GOMES, W.R.; PARTELLI, F.L.; DIAS, J.R.M; ESPINDULA, M.C.; GONTIJO, I. Novos padrões foliares para o conilon no norte do Espirito Santo. In: PARTELLI, F.L. VITÓRIA, E.L. **Café Conilon: Tendências de Mercado e Mecanização**. São Mateus – ES. p.35-44, 2014.

KURIHARA, C.H.; MAEDA, S.; ALVAREZ V., V.H. **Interpretação de resultados de análise foliar**. Dourados: Embrapa Agropecuária Oeste; Colombo; Embrapa Florestas, p.42, 2005. (Embrapa Florestas. Documentos, 74).

MAIA, C.E.; MORAIS, E.R.C.; OLIVEIRA, M.. Nível crítico pelo critério da distribuição normal reduzida: uma nova proposta para interpretação de análise foliar. **Revista Brasileira de Engenharia Agrícola e Ambiental**, v.5, n.2, p.235-238, 2001.

RONCHI, C.P.; DAMATA, F.N. Aspectos fisiológicos do café conilon. In: FERRÃO, R.G.; FONSECA, A.F.A.; BRAGANÇA, S.M.; FERRÃO, M.A.G.; DE MUNER, L.H. **Café conilon**. Vitória: Incaper, p.93-119. 2007.

TRASPADINI, E.I.F.; WADT, P.G.S.; DIAS, J.R.M.; SCHMIDT, R.; PEREZ, D.V.. **Aplicação da Distribuição Normal Reduzida na Definição de Nível Crítico**. 1. ed. Porto Velho: NRAOc - SBCS, v.1, 2014. 47p.

Tabela 1. Níveis críticos e percentagem de lavouras cafeeiras deficientes nas duas épocas de a amostragem foliar: Coleta antecipadas (floradas) e no estádio fenológico de grão "chumbinho" para os nutrientes N, P, K, Ca, Mg, Cu, Fe, Mn, Zn e B.

Nutrientes		Coleta antecipada		Amostragem convencional	
		NC	Lavouras deficientes (%)	NC	Lavouras deficientes (%)
N		18,8	37	23,9	39
P		1,0	49	1,1	35
K	g kg^{-1}	12,6	30	14,3	31
Ca		9,7	41	9,3	43
Mg		1,7	29	1,8	33
Cu		8,2	26	13,6	27
Fe		103,3	33	50,9	49
Mn	mg kg^{-1}	54,6	33	34,5	29
Zn		3,7	41	5,0	43
B		29,2	45	39,9	44

Tabela 2. Grau de concordância dos nutrientes (N, P, K, Ca, Mg, Cu, Fe, Mn, Zn e B) entre a amostragem foliar antecipada e no estádio fenológico de grão "chumbinho" para total de lavouras cafeeiras analisadas e às classes produtivas: baixa, média e alta.

Nutrientes	Classe Produtiva			
	Baixa (%)	Média (%)	Alta (%)	Total (%)
N	47	68	59	58
P	89	74	73	75
K	37	84	77	71
Ca	74	58	72	70
Mg	79	74	69	73
Cu	63	74	68	66
Fe	0	0	1	1
Mn	79	68	80	79
Zn	58	53	55	57
B	68	74	64	65

Antecipação da amostragem foliar para cafeeiros canéfora clonais na Amazônia Sul-Ocidental

Raquel Schmidt[1]; Jairo Rafael Machado Dias[2]; Paulo Guilherme Salvador Wadt[3]; Marcelo Curitiba Espindula[3]; Ronaldo Willian da Silva[4]; Carolina Augusto de Souza[4]; Danielly Dubberstein[5]; Thaimã Cristina Jesus Rodrigues[6]

(1) Mestranda em Produção Vegetal, Universidade Federal Federal do Acre, BR 364, Distrito Industrial, CEP: 69920-900 Rio Branco, AC. E-mail: schmidt_raquel@hotmail.com (2) Professor, Dr. Adjunto a , Universidade Federal de Rondônia, Av. Norte Sul, Nova Morada,CEP: 78987-000, Rolim de Moura-RO. E-mail: jairorafaelmdias@hotmail.com (3) Pesquisador, Embrapa Rondônia, BR 364 km 5,5, Cidade Jardim, CEP: 76815-800, Porto Velho- RO. E-mail: paulo.wadt@embrapa.br; marcelo.espindula@embrapa.br (4) Acadêmico de Agronomia, Universidade Federal de Rondônia, Av. Norte Sul, Nova Morada,CEP: 78987-000, Rolim de Moura-RO. E-mail: ronaldo_willian1@hotmail.com; carolina_augusto@hotmail.com (5) Mestranda em Agricultura tropical, Universidade federal do Espírito Santo, BR 101 Norte, Km 60, Bairro Litorâneo, CEP: 29932-540, São Mateus – ES. E-mail: dany_dubberstein@hotmail.com (6) Engenheira Agrônoma, Universidade Federal de Rondônia, Av. Norte Sul, Nova Morada,CEP: 78987-000, Rolim de Moura-RO. E-mail: thaimarodrigues@gmail.com

RESUMO – A cafeicultura clonal é a medida mais adotada pelo produtores rondonienses para alavancar a produtividade do estado. No entanto, esse sistema clonal é altamente exigente em fertilidade e manejo de adubação intensiva. A análise foliar é uma ferramenta auxiliar para o processo de adubação. Através da diagnose foliar é possível ajustar as quantidades de nutrientes que estão em equilíbrio, excesso ou insuficientes. Para o cafeeiro, comumente é realizada a coleta de folhas no estádio fenológico "grão chumbinho"; porém, essa época pode se tornar tardia para o manejo equilibrado da adubação durante a fase produção. Diante desses impasses, visando à modernização do sistema cafeeiro do Estado de Rondônia, objetivou-se avaliar a antecipação da amostragem foliar em cafeeiros canefora clonais, otimizando o manejo da adubação, através do diagnóstico da composição nutricional (CND). Foram avaliadas 122 lavouras na região da zona da mata de Rondônia, em período de maior intensidade de florescimento do cafeeiro, em Agosto de 2013. Foram realizadas diagnoses da composição nutricional das lavouras cafeeiras de três municipios (Alta Floresta D'Oeste, Alto Alegre dos Parecis, Nova Brasilândia D'Oeste) em conjunto (Normas regional) e para cada município (Normas específicas). Foram estabelecidas normas DRIS para o Estádio fenológico floração e sugere-se o uso das normas para o determinado período amostrado.

Palavras-chave: *Coffea canephora*, DRIS/CND, balanço nutricional, monitoramento.

INTRODUÇÃO – Em Rondônia, o café (*Coffea canephora* Pierre ex Floehner) é a cultura perene mais difundida, uma das principais fontes de renda na agricultura familiar. Em 2013, a produção rondoniense foi de aproximadamente 1,55 milhões de sacas de café beneficiado, mantendo-se como o primeiro produtor da região norte e o segundo em nível nacional desta espécie. Apesar do sucesso, a estimativa de produtividade média para 2014 permanece uma das menores do país, 16,36 sacas ha^{-1} (CONAB, 2014).

Técnicas para aumentar a produtividade têm sido aplicadas, como a substituição de lavouras seminíferas pelas lavouras clonais (propagadas por estaquia), sistema podas e desbrotas, manejo de adubação e irrigação. Dentre essas, o equilíbrio nutricional das lavouras garante altas produtividades.

A amostragem foliar é um processo que auxilia no manejo de adubação visando racionalizar os insumos utilizados. Para o cafeeiro, esse método é empregado na fase de "grão chumbinho", no entanto, na fase de pré-florada e florada já ocorre exportação de nutrientes, havendo necessidade de uma amostragem foliar antecipada (GOMES, 2013).

Para a cultura do cafeeiro, normalmente, se usa a interpretação foliar pelo método do nível crítico ou da faixa de suficiência, que tem por característica a facilidade na interpretação dos resultados. No entanto, essas ferramentas necessitam de uma calibração para correto diagnóstico (PARTELLI, et al., 2007).

O sistema integrado de diagnose e recomendação (DRIS) é um método alternativo e eficaz, pois dispensa a calibração, podendo ser aplicado em plantios comerciais. Esse método compara relações bivariadas ou multivariadas dos nutrientes. O DRIS com relações multivariadas é denominado de diagnose da composição nutricional (CND), e foi proposto como um diagnóstico distinto e completo, pois corresponde ao logaritmo natural da relação entre o nutriente avaliado e a média geométrica da composição nutricional na amostra foliar (PARENT, 2011).

Por ser um método eficaz e de fácil aplicação o método CND vem sendo utilizado em diversas culturas comerciais, em diferentes regiões do Brasil, como: cafeeiros em Rondônia (WADT & DIAS, 2012), eucalipto em Minas Gerais (SILVA et al., 2005), laranjeiras no Amazonas (DIAS et al., 2013) e no estado de São Paulo (CAMACHO et al., 2012), arroz irrigado no Rio Grande do Sul (WADT et al., 2013), café arábica (BARBOSA, et al., 2006).

Tendo em vista as necessidades de informações sobre o manejo de adubação das lavouras cafeeiras da zona da mata de Rondônia na Amazônia Sul - Ocidental, objetivou-se com esse trabalho obter padrões nutricionais através do método CND das lavouras cafeeiras da zona da mata de Rondônia com normas em época de amostragem foliar antecipada para otimizar o manejo de adubação.

MATERIAL E MÉTODOS – Foram monitoradas 122 lavouras comerciais de cafeeiros canéforas clonais, nos municípios da zona da mata de Rondônia (Alta Floresta D'Oeste, Alto Alegre dos Parecis e Nova Brasilândia D'Oeste). Nesta região predomina o clima Tropical Chuvoso – (Am Köppen), com temperatura média anual de 26 °C e precipitação média de 1.850 mm ano^{-1}. O período chuvoso ocorre entre os meses de outubro a abril (RONDÔNIA, 2012).

As coletas antecipadas em relação à época padrão ("grão chumbinho") foram realizadas em agosto de 2013, período de maior intensidade de florescimento do cafeeiro. As lavouras apresentavam manejos distintos quanto ao espaçamento, irrigação, adubação; e a idade variou entre 3 e 11 anos. Foram coletadas, de 20 plantas, quatro folhas amadurecidas no segundo ou terceiro par de folhas do ápice para base do ramo plagiotrópico, no terço médio da planta em talhões homogêneos.

O material vegetal, coletado e mantido em caixas térmicas para cessar a respiração, e depois acondicionados em sacos de papel e transportado para o laboratório, secos em estufa de circulação de ar forçado a 65 °C. Após a secagem, as amostras foram moídas e submetidas à análise quanto aos teores totais de N, P, K, Ca, Mg, Cu, Fe, Mn, Zn e B.

A concentração foliar dos nutrientes, em todas as lavouras, foi ajustada para uma mesma unidade de medida (dag kg^{-1}). Em sequência, calculou-se o valor do complemento dos nutrientes para o total da biomassa foliar (valor R), conforme a expressão: R = 100 - (vN + vP + vK + vCa + vMg + vB + vCu + vFe + vMn + vZn), em que R é o valor do complemento para 100 dag kg$^-$

¹ de matéria seca em relação à soma dos teores dos nutrientes vi (i = N,..., Zn), em dag kg^{-1}; e vN, vP, vK, vCa, vMg, vB, vCu, vFe, vMn e vZn representam os teores de N, P, K, Ca, Mg, B, Cu, Fe, Mn e Zn, respectivamente. De posse da média geométrica (mGeo) calculada para os valores de cada amostra (Parent, 2011), obteve-se a variável multinutriente (zX) a partir da expressão: zX = ln (vX/mGeo), em que zX representa o valor da relação multivariada de cada um dos nutrientes avaliados (vX). Com os valores de zX em cada lavoura, calcularam-se os parâmetros descritivos – média aritmética (mX) e desvio-padrão (sX) – e as normas CND para cada lavoura de café canéfora clonal.

Obtida as normas, os índices CND foram calculados pela relação multivariada log-centrada (Parent, 2011): I_X = (zX -mX)/sX, em que I_X representa o índice CND; mX é a norma média; e sX é a norma do desvio-padrão, para cada um dos nutrientes avaliados.

O somatório, em módulo, dos índices CND dos nutrientes, em cada lavoura comercial de café canéfora clonal, constituiu o índice de balanço nutricional (IBN) dos pomares. O índice de balanço nutricional médio (IBNm) foi obtido dividindo-se o valor do IBN pelo número de nutrientes avaliados. O nutriente foi considerado nutricionalmente equilibrado quando o índice CND foi igual o IBNm (0); insuficiente, quando o índice CND foi menor que o IBNm (-1) e excessivo, ou na fase de consumo de luxo, quando índice CND maior que o IBNm (1) (WADT, 2005; DIAS et al., 2013). Os cálculos das normas CND, IBNm foram realizados em planilha eletrônica.

RESULTADOS E DISCUSSÃO – Foram estabelecidas as normas DRIS com relações multivariadas, para o estádio fenológico de floração para os municípios da zona da mata de Rondônia, e uma norma estadual (Tabela 01).

Os teores de N, P, Mg, Fe, B não diferiram entre as médias municipais, sendo que para o P as médias municipais diferiram da norma estadual. Para os nutrientes Cu e Zn observou-se média superior para o Município Alto Alegre (Tabela 02). Partelli, et al. (2006) observaram resultados com valores distintos para as lavouras com manejo convencional e orgânico e distintos aos observados nesse trabalho. Os mesmos autores indicam ainda o uso das normas DRIS especificas para o manejo cultural adotado.

As normas antecipadas para o período de floração favorecem o diagnóstico nutricional para as lavouras cafeeiras; no entanto, esses resultados devem ser utilizados no momento específico da floração.

CONCLUSÕES – Foram estabelecidas as normas DRIS com relações multivaridas para o período da floração do cafeeiro canéfora para os três municípios e uma norma DRIS geral.

Sugere-se que as normas sejam utilizadas para o diagnóstico no período amostrado. Uma vez que investigações mais apuradas estão sendo realizadas.

AGRADECIMENTOS – Universidade Federal do Acre, Universidade Federal de Rondônia, Embrapa Acre, Embrapa Rondônia, CNPq, Sítio Ouro Verde, pelo apoio financeiro e logístico, e aos colegas da Agronomia-UNIR pelo apoio em campo.

REFERÊNCIAS

CONAB - COMPANHIA NACIONAL DE ABASTECIMENTO. **Acompanhamento da safra brasileira:** café, safra 2014, segundo levantamento. Brasília: CONAB, 2014. 67p.

DIAS, J.R.M.; TUCCI, C.A.F.; WADT, P.G.S.; SANTOS, J.Z.L.; SILVA, S.V. Normas DRIS multivariadas para avaliação do estado nutricional de laranjeira 'Pera' no Estado do Amazonas. **Revista Ciência Agronômica**, Fortaleza, v.44, n.2, p.251-259, 2013.

GOMES, W.R. **Padrões foliares para cafeeiro conilon no norte do Espírito Santo: pré-florada e granação.** Dissertação 60f. (Mestrado em Agricultura Tropical) - Universidade Federal do Espírito Santo, Centro

Universitário Norte do Espírito Santo, São Mateus, Espírito Santo, 2013.

PARENT, L.E. Diagnosis of the nutrient compositional space of fruit crops. **Revista Brasileira de Fruticultura,** Jaboticabal, v.33, n.1, p.321-334, 2011.

PARTELLI, F.L.; VIEIRA, H.D.; CARVALHO, V.B.; MOURÃO FILHO, F.A.A. Diagnosis and Recommendation Integrated System Norms, Sufficiency Range, and Nutritional Evaluation of Arabian Coffee in Two Sampling Periods. **Journal of Plant Nutrition,** Athens, v.30, n.10, p.1651-1667, 2007.

RONDÔNIA. SECRETARIA DE ESTADO DO DESENVOLVIMENTO AMBIENTAL. **Boletim climatológico de Rondônia, ano 2010.** Porto Velho: SEDAM, 2012. 34p.

SILVA, G.G.C. da; NEVES, J.C.L.; ALVAREZ V., V.H.; LEITE, F.P. Avaliação da universalidade das normas DRIS, M-DRIS e CND. **Revista Brasileira de Ciência do Solo**, v.29, p.755-761, 2005.

WADT, P.G.S.; DIAS, J.R.M. Normas DRIS regionais e inter-regionais na avaliação nutricional de café conilon. **Pesquisa Agropecuária Brasileira**, Brasília. v.47, n.6, p.822-830, 2012.

Tabela 1. Média e desvio padrão para as normas de diagnose da composição nutricional (CND) para *Coffea canephora* em contraste entre normas obtidas nos municípios da zona da mata de Rondônia, no estádio fenológico floração.

Parâmetros	N	P	K	Ca	Mg	Cu	Fe	Mn	Zn	B
Normas DRIS Alto Alegre dos Parecis (AA) floração										
Média	3,09	0,58	2,87	2,63	0,78	-3,76	-1,75	-2,82	-5,23	-3,41
Desvio padrão	0,10	0,25	0,08	0,13	0,19	0,85	0,21	0,10	0,10	0,15
Normas DRIS Alta Floresta D'Oeste (AFO) floração										
Média	3,15	0,42	2,79	2,65	1,05	-4,39	-1,64	-2,64	-5,30	-3,22
Desvio padrão	0,39	0,24	0,22	0,17	0,32	0,42	0,34	0,31	0,11	0,23
Normas DRIS Nova Brasilândia D'Oestte (NBO) floração										
Média	3,24	0,22	2,90	2,43	0,87	-4,16	-2,01	-2,08	-5,33	-3,20
Desvio padrão	0,10	0,15	0,29	0,20	0,42	0,37	0,36	0,35	0,10	0,25
Normas DRIS Estadual										
Média	3,18	0,36	2,85	2,55	0,93	-4,19	-1,82	-2,42	-5,29	-3,24
Desvio padrão	0,26	0,24	0,24	0,21	0,36	0,53	0,37	0,44	0,21	0,24

Tabela 2. Teores foliares de *Coffea Canephora* nos municípios produtivos Alto Alegre dos Parecis (AA), Alta Floresta D'Oeste (AFO) e Nova Brasilândia D'Oeste (NBO), em amostras retiradas no periodo de floração.

Região	N	P	K	Ca	Mg	Cu	Fe	Mn	Zn	B
	----------(g kg^{-1})----------					----------(mg kg^{-1})----------				
Floração[1]										
AA	18,68a	1,57a	15,08a	11,89a	1,88a	29,91a	151,05ab	50,73c	5,31a	28,20a
AFO	18,79a	1,21a	12,84a	11,12ab	2,31a	10,64b	163,32a	58,29c	3,89b	32,17a
NBO	19,87a	0,98a	14,61a	8,98c	2,04a	13,29b	112,39b	102,11a	3,79b	33,20a
Estadual	19,26a	1,16b	13,97a	10,28b	2,12a	14,84b	138,45ab	76,87b	4,06b	32,01a
CV (%)	14,27	25,76	23,07	20,59	38,75	92,49	51,01	42,22	38,48	30,69

Atributos agronômicos do milho sob diferentes manejos de solo e sucessões de cultura no Sudoeste Amazônico

Andréia Marcilane Aker[1]; Elaine Cosma Fiorelli-Pereira[2]; Alaerto Luis Marcolan[3]; Alexandre Martins Abdão dos Passos[4]

(1) Engenheira agrônoma, mestranda em Ciências Ambientais pela Universidade Federal de Rondônia-UNIR e Empresa Brasileira de Pesquisa Agropecuária-EMBRAPA. E-mail: eng.aaker@gmail.com (2) Engenheira agrônoma, MSc. em Ciência do Solo, docente da Universidade Federal de Rondônia-UNIR, Campus, Rolim de Moura. E-mail: agroelaineper@hotmail.com (3) Engenheiro Agrônomo, D.Sc. em Ciências do Solo, pesquisador da Embrapa Rondônia, Porto Velho, RO. E-mail: alaerto.marcolan@embrapa.br (4) Engenheiro Agrônomo, D.Sc. em Fitotecnia, pesquisador da Embrapa Rondônia, Porto Velho, RO. E-mail: alexandre.abdao@embrapa.br

RESUMO – A escolha adequada do manejo do solo influencia na produtividade das culturas, bem como na conservação e recuperação do solo, com técnicas que possibilitem maior sustentabilidade de produção e retorno econômico ao produtor. Com o objetivo de avaliar a produtividade e outros atributos agronômicos da cultura do milho sob sistemas de sucessão de culturas e diferentes manejos de solo na região sudoeste da Amazônia o experimento foi instalado em um Latossolo Vermelho-Amarelo, na fazenda experimental da Universidade Federal de Rondônia - UNIR. Foi utilizado um esquema de parcelas subdivididas, considerando os preparos de solo com diferentes níveis de mobilização (preparo tradicional; preparo alternativo; plantio direto com preparo alternativo a cada quatro anos e plantio direto contínuo) e a sequência de culturas (milho/feijão e milho/milho) como fatores. Foram avaliados os seguintes atributos agronômicos: produtividade de grãos (umidade corrigida para 13 %), altura de planta (cm), altura de inserção da primeira espiga (cm), massa de 100 grãos, comprimento e diâmetro das espigas. As diferenças para os manejos de solos ocorreram para as variáveis produtividade, altura de planta e inserção de primeira espiga e peso de 100 grãos. Enquanto que a sucessão de culturas mostrou-se efetiva para a variável altura de planta, não diferenciando nos demais itens avaliados. Os sistemas preparo convencional alternativo e direto alternativo proporcionaram as maiores produtividades de grãos.

Palavras-chave: Conservação do solo, preparo de solo, produção de grãos.

INTRODUÇÃO – Atualmente, tem-se a consciência de que parte dos problemas técnicos vivenciados nas lavouras é consequência da intensa mobilização dos solos (SOUZA e ALVES, 2003; BAYER et al., 2004), resultando na desagregação superficial, assim como na dispersão de suas partículas, e na compactação de suas camadas (KLUTHCOUSKI et al.,2009). E com a pujante necessidade de se produzir alimentos em larga escala, alguns sistemas de produção vêm esgotando e empobrecendo os solos, pois são usados de maneira inadequada (SILVA; BOHNEN, 2006).

Na perspectiva de produtividades apropriadas o produtor rural deve adotar estratégias que possibilitem maior rentabilidade e estabilidade da sua atividade, pois os cuidados com o solo são essenciais para manter sua fertilidade. Dessa forma a correta adoção do manejo torna-se importante para o sucesso da lavoura, considerando que o solo responde de forma diferente a cada prática utilizada (VEZZANI, 2001).

Associado às diferentes práticas de preparo do solo, a sucessão de culturas funciona como integrante na conservação e acúmulo de matéria orgânica. Nesta ciclagem o material vegetal é decomposto e os nutrientes oriundos da mineralização da matéria orgânica ficam retidos nas camadas superficiais do solo, onde elementos mais móveis atingem maiores profundidades e menos móveis ficam situados, frequentemente na camada de 0-5 cm. Nessa situação, a sucessão de culturas, pode influenciar positivamente a produtividade das culturas disponibilizando nutrientes para seu uso e, desta forma, promovendo a sustentabilidade do meio agrícola (CARVALHO et al., 2006).

Neste contexto, esta pesquisa teve como objetivo avaliar a produtividade e outros atributos agronômicos da cultura do milho sob sistemas de sucessão de lavouras e diferentes manejos de solo na região sudoeste da Amazônia.

MATERIAL E MÉTODOS – O presente trabalho foi realizado na área experimental da Universidade Federal de Rondônia – UNIR, localizada no município de Rolim de Moura, Rondônia (11° 35' 20" S e 61° 46' 22" W, à altitude de 246 m).

O clima da região, de acordo com a classificação de Koppen é do tipo Am, tropical quente e úmido com estações seca bem definida (junho a setembro). A precipitação média anual é de 2.250 mm, umidade relativa do ar elevada, no período chuvoso, em torno de 85 %, com temperaturas médias anuais de aproximadamente 28 °C, sendo que as temperaturas médias mínimas são de 24 °C e máximas de 32 °C.

A área experimental é cultivada desde 2007, anteriormente constituída por capoeira, fase cerrado e seu solo classificado como Latossolo Vermelho-Amarelo distrófico, fase cerrado.

Para análise dos dados da safra de 2013/2014 foi adotado um delineamento em blocos casualizado - DBC, em esquema de parcelas subdivididas. O experimento é constituído por oito tratamentos, considerando quatro métodos de preparo de solo (parcelas), duas sucessões de culturas (subparcelas), com três repetições cada, totalizando 24 subparcelas que medem 59,4 m² (5,4 m x 11,0 m) cada, perfazendo uma área de 1425,6 m².

O fator métodos de preparo do solo é constituído de diferentes níveis de mobilização: PRT - preparo tradicional (uma operação com grade aradora e mais duas com grade niveladora anualmente), PRA - preparo alternativo (uma operação de subsolagem e uma com grade niveladora anualmente), PDA - plantio direto com um preparo alternativo a cada quatro anos e PDC - plantio direto contínuo. O fator sequência de culturas visa à obtenção de tratamentos com diferentes quantidades de produção de biomassa, na safra/safrinha, compreendendo as sequências: M/M: milho-milho e M/F: milho-feijão.

O controle de plantas daninhas e os tratamentos fitossanitários foram realizados de acordo com as indicações técnicas para a cultura. A colheita foi realizada manualmente com o auxílio de um cutelo, e os resíduos vegetais obtidos foram devolvidos à área do experimento.

Foram avaliados os seguintes atributos agronômicos: produtividade de grãos (umidade corrigida para 13 %), altura de planta (cm), altura de inserção de espiga (cm), massa de 100 grãos, diâmetro e comprimento das espigas.

Para análise dos dados, estes foram submetidos à análise de variância com auxílio do software Sisvar® (FERREIRA, 2011). Devido à significância dos fatores, foram realizados testes de Scott Knott para comparação das médias entre os sistemas.

RESULTADOS E DISCUSSÃO – Observou-se para a produtividade do milho efeito dos manejos de solo. O sistema de preparo alternativo (PRA) e sistema plantio direto alternativo (PDA) foram superiores aos demais sistemas. O sistema PRA promoveu incrementos na produtividade de grãos de 70 e 54 % sobre os tratamentos PRT e PDC, respectivamente.

Nas médias de altura de planta, e inserção de

primeira espiga, nota-se uma diferença entre os tratamentos. A altura de planta variou de 169 a 209 cm para os manejos enquanto para os resultados de sucessões de cultura as variações foram de 186 a 195 cm, destacando a sequência M/F. Os manejos que apresentaram as maiores alturas foram o PRA e PDA, seguidos pelos PRT e PDC que apresentaram as menores alturas.

Já na variável primeira inserção houve uma variação de 54 a 78 cm, sendo a sequência PDC (54cm), PRT (59cm), PRA (77cm) e PDA (78cm). Como observado nesse estudo, Santos et al. (2002), avaliando estas variáveis, indicam que a correlação de inserção da espiga é proporcional à altura de planta.

Os melhores rendimentos para o peso de 100 grãos foram observados no sistema PRA e PDC. Em áreas com uso sucessivo de plantio direto é preconizada a manutenção de resíduos e palhada sobre o solo, com a mínima alteração da sua estrutura, proporcionando aumento no acúmulo da matéria orgânica (BAYER; MIELNICZUK, 1997). Esta matéria orgânica acumulada fornece ao solo macro e micronutrientes essenciais ao desenvolvimento de plantas, por meio de sua liberação lenta que ocorre na decomposição. Este fato imprime reflexos diretos ou indiretos sobre os atributos químicos do solo e no desempenho da cultura implantada na área (RAIJ, 1991; SOUSA; LOBATO, 2004).

Estudos realizados por Vieiro et al. (2009) revelam que a cultura do milho após o uso de leguminosa apresentam resultados satisfatórios. Tais vantagens são expressas devido à fixação biológica de nitrogênio pelas bactérias associadas às leguminosas, que promove maior teor de nitrogênio presente no agroecossistema.

Para as variáveis comprimento e diâmetro de espiga, não houve diferença entre os manejos de solo e sucessões de culturas.

CONCLUSÕES – O manejo de solo PDA e PRA apresentaram os melhores rendimentos para os atributos avaliados. Para massa de cem grãos, o PDC promoveu os maiores valores, junto ao manejo PRA.

REFERÊNCIAS

BAYER, C.; MARTIN-NETO, L.; MIELNICZUK, J.; PAVINATO, A. Armazenamento de carbono em frações lábeis da matéria orgânica de um Latossolo Vermelho sob plantio direto. **Pesquisa Agropecuária Brasileira**, v.39, p.677-683, 2004.

BAYER, C.; MIELNICZUK, J. Características químicas do solo afetadas por métodos de preparo e sistemas de cultura. **Revista Brasileira de Ciência do Solo**, v.21, p.105-112, 1997.

CARVALHO, G.J.; CARVALHO, M.P.; FREDDI, O.S.; MARTINS, M.V. Correlação da produtividade do feijão com a resistência à penetração do solo sob plantio direto. **Revista Brasileira de Engenharia Agrícola e Ambiental**, v.10, n.3, p.765-771, 2006.

FERREIRA, D.F. Sisvar: a computer statistical analysis system. **Ciência e Agrotecnologia**, v.35, n.6, p.1039-1042, 2011.

KLUTHCOUSKI, J.; STONE, L.F.; AIDAR, H. Cobertura do solo na integração lavoura pecuária. In: SIMPÓSIO DE GADO DE CORTE, 5., Viçosa, MG, 2006. **Anais...** Viçosa, MG, Universidade Federal de Viçosa, 2006. p.81-156.

RAIJ, B. V. **Aplicação da fertilidade do solo**. Piracicaba: Ceres, Associação Brasileira para Pesquisa da Potássio e do Fosfato, 1991. 343p.

SILVA, L.S.; BOHNEN, H. Relações entre nutrientes na fase sólida e solução de um Latossolo durante o primeiro ano nos sistemas plantio direto e convencional. **Ciência Rural**, v.36, n.4, p.1164-1171, 2006.

SANTOS, P.G.; JULIATTI, F.C.; BUIATTI, A.L.; HAMAWAKI, O.T. Avaliação do desempenho agronômico de híbridos de milho em Uberlândia, MG. **Pesquisa Agropecuária Brasileira**, v.37, n.5, p.597-602, 2002.

SOUSA, D.M.G.; LOBATO, E. Adubação com nitrogênio. In: SOUSA, D.M.G. e LOBATO, E. (Ed.). **Cerrado**: Correção do solo e adubação. 2. ed. Planaltina: Embrapa Cerrados, 2004. p.129-144.

SOUZA, Z.M.; ALVES, M.C. Propriedades químicas de um Latossolo Vermelho distrófico de Cerrado sob diferentes usos e manejos. **Revista Brasileira de Ciência do Solo**, v.27, p. 133-139, 2003.

VEZZANI, F.M. **Qualidade do sistema solo na produção agrícola**. 2001. 184p. Tese – Programa de Pós-Graduação em Ciência do Solo, Faculdade de Agronomia, Universidade Federal do Rio Grande do Sul, Porto Alegre, 2001.

VIEIRO, F.; ROJAS, C.A L.; FONTOURA, S.M.V.; BAYER, C. Adubação Nitrogenada do Milho sobre Plantas de Cobertura em Plantio Direto no Centro-Sul do Paraná. In: CONGRESSO BRASILEIRO DE CIÊNCIA DO SOLO, 32. **Anais...**, 2009.

Tabela 1. Produtividade de grãos (PG), altura de planta (AP), altura de inserção de espiga (AI), comprimento de espiga (CE), diâmetro de espiga (DE) e peso de 100 grãos (PCG) de milho cultivado no município de Rolim de Moura, Rondônia, na safra de 2013/2014.

TRATAMENTO	PG (kg ha^{-1})	AP	AI	CE	DE	PCG (g)
		(cm)				
PRT	4.532 b	179 b	59 b	25 a	5 a	29 b
PDC	5.010 b	169 b	54 b	25 a	5 a	32 a
PDA	7.023 a	204 a	78 a	25 a	6 a	30 b
PRA	7.707 a	209 a	77 a	25 a	6 a	33 a
MF	6.052 a	195 a	69 a	25 a	6 a	32 a
MM	6.084 a	186 b	65 a	25 a	5 a	30 a
CV 1 (%)	28,77	7,21	11,06	9,05	7,72	7,06
CV 2 (%)	11,62	3,74	7,19	5,29	2,74	8,05
Média geral	6.068	190,3	70	25	5,5	31

Medias seguidas da mesma letra e número na coluna, não diferenciam entre si, pelo Teste Scott-Knott a 5 % de probabilidade.

Avaliação da área foliar e massa seca da cultura do amendoim na região da Zona da Mata Rondoniense

Rhayra Zanol Pereira[1]; Thiago Silva Oliveira[1]; João Dias[1]; Lucas Silva Falqueto[1]

(1) Acadêmico(a) do curso de Agronomia, Fundação Universidade Federal de Rondônia, UNIR, campus Rolim de Moura Rondônia. E-mail: rhayra_zanol@hotmail.com; thiagoengagro2012@gmail.com; joaodiasrm@gmail.com; lucas.falqueto@gmail.com

RESUMO – O amendoim na zona da mata rondoniense, apesar de não apresentar uma importância econômica muito grande para mercado financeiro do estado, tem importante participação nas localidades onde se cultiva essa cultura. Esse trabalho tem como objetivo avaliar a área foliar e a matéria seca em estufa à 65 °C após a semente emergir. O experimento foi instalado na Fazenda experimental da Unir, localizada na RO-184, Km 15, norte, no município de Rolim de Moura em um Latossolo. O delineamento experimental utilizado foi blocos ao acaso, com três repetições. O tratamento foi a biometria da planta a cada estádio de desenvolvimento, a área útil foi de duas plantas por parcela experimental a cada estádio de desenvolvimento, descontando a bordadura. Foi aplicado 1 kg da fórmula comercial 4-14-8 de N-P-K no sulco de semeadura com o custo de R$2,50 kg^{-1}, sendo que a adubação recomendada para a cultura é de 10 kg ha^{-1} de nitrogênio, 60 kg ha^{-1} de P_2O_5 e 30 kg ha^{-1} de K_2O, numa área de 24 m^2. O plantio foi realizado no dia 31/03/2014. Foi utilizado espaçamento de 0,50 metros entre linhas e 0,20 metros entre covas.

Palavras-chave: amendoim, matéria seca, importância econômica.

INTRODUÇÃO – O amendoim (*Arachis hypogaea* L.) é considerada uma das mais importantes culturas entre as leguminosas, ao lado do feijão e da soja (HENRIQUES NETO et al., 1998).

Pertencente à família Leguminosae, o amendoim é uma das principais oleaginosas produzidas no mundo, ocupando o quarto lugar, perdendo apenas para a cultura da soja, do algodão e da colza (canola) (FREITAS et al., 2005). É amplamente cultivado em mais de 80 países da América, Ásia e África (MORETZSOHN et al., 2004), com distribuição natural ao Brasil, Bolívia, Paraguai, argentina e Uruguai (VALLS; SIMPSON, 1994).O amendoim é um produto mundialmente comercializado e consumido in natura ou na forma de confeitos, além de ser fonte de óleo comestível largamente utilizado na culinária de muitos países (GODOY et. al, 1999).

No Brasil, a produção do amendoim vem se estabelecendo anualmente, situando-se em torno de 300.000 toneladas. A lavoura é conduzida por cultivares eretas e rasteiras (runner), sendo essas últimas mais expressivas no Sudeste brasileiro (SANTOS et al., 2005).

Em termos alimentares, os grãos de amendoim possuem alto valor e são altamente calóricos. As sementes possuem teores de óleo e proteína ao redor dos 48 % e 33 %, respectivamente, sendo, portanto, um alimento que pode contribuir significativamente para melhorar a dieta alimentar da população de baixa renda, especialmente para crianças na fase escolar, tanto pelo consumo isolado como suplementado com outros produtos (FREIRE et al., 2005).

O amendoim necessita de alta luminosidade, com luz solar direta pelo menos algumas horas por dia. O pH do solo ideal para o cultivo de amendoim situa-se entre 5,5 e 6,5. O espaçamento recomendado é de 15 a 30 cm entre as plantas e de 60 a 80 cm entre as linhas de plantio (EMBRAPA, 2006).

O cultivo do amendoim deve ser feito em solos que não apresentem restrições físicas e proporcionem equilíbrio nutricional durante o ciclo, visando maximizar sua produtividade (NASCIMENTO et al., 2010). O amendoim é uma espécie que tolera acidez do solo (ADAM; PEARSON, 1970).

No estado de Rondônia, o amendoim é cultivado em pequena escala, apenas pela agricultura familiar. A área cultivada anualmente com amendoim contribui com um pequeno percentual entre as lavouras convencionais, o que é insignificante, no contexto do agronegócio do amendoim. Contudo, devido às peculiaridades de solo e clima, o estado apresenta grande potencial para incremento da área cultivada.

MATERIAL E MÉTODOS – O presente experimento foi realizado na fazenda experimental da Unir, localizada na RO-184, Km 15, norte, no município de Rolim de Moura no estado de Rondônia. A análise de solo, feita de 0-20 centímetros, mostrou os seguintes valores nutricionais: pH 5,4; P 2,3 mg dm^{-3}; K 6,9mg dm^{-3}; Ca 1,3 mg dm^{-3}; Mg 0,5 cmol$_c$ dm^{-3}; Al 0,3 cmol$_c$ dm^{-3}; Al+H 3,8 cmol$_c$ dm^{-3}; MO 20,6 g dm^{-3}; argila 144 g kg^{-1}; silte 29 g kg^{-1}; areia 827 g kg^{-1} (Tabela 1). Para a correção do pH foi utilizado calcário, cuja necessidade foi calculda pelo método da soma de bases (V%), que era desejada 60 %.

O delineamento foi em DBC, blocos casualizados, com 3 blocos, 3 repetições e 5 tratamentos, 20, 40, 60, 80 e 100 DAE, (dias após emergência).

RESULTADOS E DISCUSSÃO – Para a área foliar (Tabela 2), os resultados foram significativos ao nível de 1 % de probabilidade (P<0,01) pelo teste F na análise de variância (ANOVA). Foi utilizada uma equação quadrática para representar a razão entre a área foliar e os dias após emergência – DAE (Figura 1).

Para a matéria seca (Tabela 3), os resultados foram significativos ao nível de 1 % de probabilidade (P<0,01) pelo teste F na análise de variância. Foi utilizada uma equação quadrática para representar a razão entre a matéria seca (MS) e os dias após emergência – DAE (Figura 2)

Nos 20 DAE houve pouco acúmulo de folhas (7456 cm²) e de matéria seca (163 g) da planta do amendoim por estar no começo do seu ciclo. Aos 40 DAE houve um acúmulo significativo das folhas (33246,67 cm²) para atender a demanda de foto assimilados para formação de vagens e da matéria seca (387 g), em razão de coincidir entre o estágio da formação inicial das vagens, aos 60 DAE houve uma queda na área foliar devido ao início da senescência de algumas folhas mais baixas e o ataque de doenças e insetos, diminuindo a área foliar. Na matéria seca ocorreu um acúmulo na parte aérea devido ao enchimento das vagens. Aos 80 DAE houve mais queda na área foliar de 25242,33cm² para 17384,67cm², coincidindo com o final da floração do amendoim (74 dias) e a incidência de pragas (lagarta falsa-medideira) e doenças (mancha preta e castanha). O acumulo máximo de matéria seca se deu aos 100 DAE devido às folhas começarem a secar.

CONCLUSÕES – 1. Na região Norte, o amendoim é cultivado basicamente por pequenos e médios agricultores utilizando baixo nível tecnológico, sendo que a produção visa atender principalmente o consumo in natura;

2. O maior desenvolvimento vegetal deu-se aos 40 DAE, decrescendo com o passar dos dias, característica da cultura;

3. O acúmulo máximo de matéria seca ocorreu aos 80 DAE, diminuindo posteriormente devido ao final da floração e a incidência de pragas e doenças, fatores que não afetaram a produtividade.

AGRADECIMENTOS – Ao professores que ajudaram a concluir este trabalho e aos familiares.

REFERÊNCIAS

ADAMS, J.F.; PEARSON, R.W. Differential response of cotton and peanuts to subsoil acidity. **Agronomy Journal**, Madison, v.62, p.9-14, 1970.

EMBRAPA. **Sistemas de Produção**, No. 7ISSN 1678-8710 Versão Eletrônica, Dez/2006.

FREIRE, R.M.M., NARAIN, N.; SANTOS, R.C. Aspectos nutricionais de amendoim e seus derivados. In: SANTOS, R.C. (Ed.). **O agronegócio do amendoim no Brasil**. Campina Grande: Embrapa Algodão, 2005. p.389–420.

FREITAS, S.M. de; MARTINS, S.S.; NOMI, A.K.; CAMPOS, A.F. Evolução do mercado brasileiro de amendoim. In: SANTOS, R.C. dos. (Ed.) **O Agronegócio do Amendoim no Brasil**. Campina Grande-PB: EMBRAPA, 2005. p.16-44.

GODOY, I.J. de; MORAES, S.A. de; SIQUEIRA, W.J.; PEREIRA, J.C.V.N.A.; MARTINS, A.L. de M.; PAULO, E.M. Produtividade, estabilidade e adaptabilidade de cultivares de amendoim em três níveis de controle de doenças foliares. **Pesquisa Agropecuária Brasileira**, v.4, n.7, p.1183-1191, 1999.

HENRIQUES NETO, D.H.; TAVORA, F.J.A.F.; SILVA, F.P.; SANTOS, M.A.; MELO, F.I.O. Componentes de produção e produtividade do amendoim submetido a diferentes populações e configurações de semeadura. **Revista de Oleaginosas e Fibrosas,** Campina Grande, v.2, n.2. p.113-122, 1998.

MORETZSOHN, M.C.; HOPKINS, M.S.; MITCHELL, S.E.; KRESOVICH, S.; VALLS, J.F.M.; FERREIRA, M.E. Genetic diversity of peanut (*Arachis hypogaea* L.) and its wild relatives based on the analysis of hypervariable regions of the genome. **BMC Plant Biology**, v.4, 2004.

NASCIMENTO, I.S.; MONKS, P.L.; VAHL, L.C.; COELHO, R.W.; SILVA, J.B.; FISCHER, V. Aspectos qualitativos da forragem de amendoim forrageiro cv. Alqueire-1 sob manejo de corte e adubação PK. **Revista Agrociência**, v.16, p.117-123, 2010.

SANTOS, R.C.; GODOY, J.I.; FAVERO, A.P. **Melhoramento do amendoim**. In: SANTOS, R.C. (Ed.). O agronegócio do amendoim no Brasil. Campina Grande: EMBRAPA Algodão, 2005. p.17-44.

VALLS, J.F.M.; SIMPSON, C.E. Taxonomy natural distribuition, and attributes of *Arachis*. In: KERRIDGE, P.C.; HARDY, B. (Eds). **Biology and agronomy of forage Arachis**. Cali: CIAT, 1994. pp.1–18.

Tabela 1. Propriedades químicas do solo da área de cultivo antes da aplicação de calcário. Análises feitas conforme metodologia descrita em Embrapa (2006).

Profundidade	pHH2O	P	K	Ca	Mg	Al+H	Al	MO
cm		mg dm-3		---------------------- mmolcdm-3 ----------------------				g dm-3
0-20	4,9	2,3	6,9	1,3	0,5	3,8	0,3	20,6

Tabela 2. Resumo da análise de variância ANOVA para a área foliar (cm^2) pelo teste F a 1 % de probabilidade

Tratamento	Valor do nível (dia)	Média do tratamento (cm^2)
1	20	7456,00
2	40	33246,67
3	60	27761,00
4	80	25242,33
5	100	17384,66

Tabela 3. Resumo da análise de variância ANOVA para a matéria seca (g) pelo teste F a 1 % de probabilidade.

Tratamentos	Valor do nível (dia)	Média dos tratamentos (g)
1	20	163
2	40	387
3	60	452
4	80	516
5	100	325

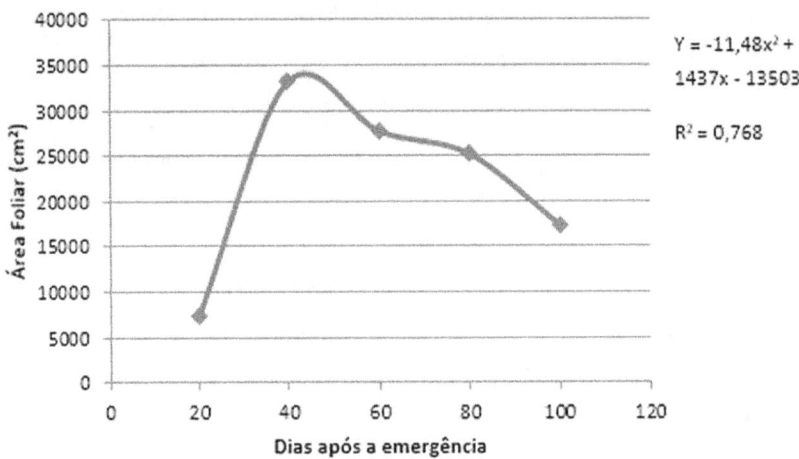

Figura 1. Área foliar em função dos dias após a emergência.

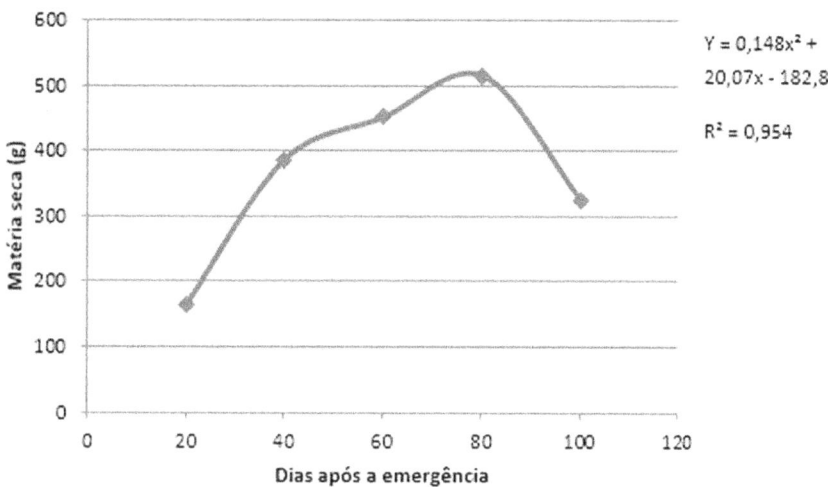

Figura 2. Matéria seca em função dos dias após a emergência.

Avaliação da germinação de sementes da bandarra (*Schizolobium parahyba* var. *amazonicum* (Huber ex. Ducke) Barneby) em três profundidades de semeio

Jéssica Rodrigues Dalazen[1]; Andréia Lopes de Morais[1]; Viviane Fagundes de Lima[2]; Marcia Fernanda Carneiro[2]; Wagner Walker de Albuquerque Alves[3]

(1) Acadêmica do curso de Agronomia, Universidade Federal De Rondônia, Avenida Norte e Sul, 7300, CEP 76940-000, Rolim de Moura, RO. E-mail: jessica_dalazen@hotmail.com; andreia-lopes02@hotmail.com (2) Acadêmica do Curso de Engenharia Florestal, Universidade Federal De Rondônia, Avenida Norte e Sul, 7300, CEP 76940-000, Rolim de Moura, RO. E-mail: vivi_liima@hotmail.com; marciaengflorestal@hotmail.com (3) Prof. Dr. Depto. de Engenharia Florestal, Universidade Federal De Rondônia, Avenida Norte e Sul, 7300, CEP 76940-000, Rolim de Moura, RO. E-mail: wagnerwaa@gmail.com

RESUMO – *Schizolobium parahyba* var. *amazonicum* (Huber ex. Ducke) Barneby é uma espécie florestal nativa da região Amazônica, apresentando suma importância econômica e social para o Brasil. As mudas dessa espécie são produzidas através das sementes, as quais possuem dormência tegumentar. O objetivo deste trabalho foi analisar a velocidade de germinação em três níveis de profundidades (um, dois e três centímetros). Para superar a dormência das sementes de *Schizolobium parahyba* var. *amazonicum*, as mesma foram submetidas a um tratamento utilizando-se a água quente. O teste de germinação foi realizado em um substrato com 50 % de subsolo e 50 % de areia, sob temperatura e luz natural. As avaliações de porcentagens e velocidade de germinação foram realizadas diariamente durante 15 dias, sendo consideradas germinadas as sementes que apresentaram cotilédone. Os dados foram submetidos à analise de variância e as médias comparadas pelo teste de Tukey (p=0,05). O semeio na profundidade de três centímetros foi o mais eficiente para a germinação das sementes e produção de plântulas normais em relação às demais profundidades.

Palavras-chave: dormência tegumentar, semeio, plântulas, análise de variância.

INTRODUÇÃO – A *Schizolobium parahyba* var. *amazonicum* (Huber ex. Ducke) Barneby conhecido popularmente como bandarra, pinho cuiabano e paricá, ocorre em toda a Amazônia brasileira, no Peru e na Colômbia, sendo que sua madeira é bastante utilizada para laminação no estado do Mato Grosso e Rondônia (CARVALHO, 1994). Sua madeira é considerada leve (0,30 g cm^{-3}), com indicações de uso para forros, palitos, canoas e papel (LE COINTE, 1947). A espécie pode alcançar de 20 a 30 m de altura e até um metro de diâmetro, sua copa é densa e regular, porém não impede o crescimento de vegetação de sub-bosque e rasteira. Sua madeira tem coloração branco-amarelado-claro, às vezes com tonalidade róseo-pálido e apresenta uma superfície lisa. Segundo Melo (1973), a espécie pode fornecer boa matéria-prima para a obtenção de celulose para papel, com fácil branqueamento e excelente resistência obtida com o papel branqueado.

Segundo Falesi e Santos (1996) a bandarra vem despertando interesse entre produtores rurais e madeireiros devido ao valor comercial da madeira, como também pelo crescimento rápido da espécie, principalmente nos primeiros anos, além de apresentar-se relativamente imune ao ataque de pragas e doenças. Por essas características Costa et al. (1998) indicam sua utilização em diferentes sistemas de plantios, como: homogêneos, consorciados, enriquecimento de capoeiras e com grande potencial para recuperação de áreas degradadas. Rondon (2000), avaliando 30 espécies florestais com 54 meses de idade, constatou que a bandarra está se destacando em crescimento e forma de plantio.

A propagação de um grande número de espécies florestais encontra sérias limitações em razão do pouco conhecimento que se dispõe quanto à profundidade do semeio para o melhor desenvolvimento das plântulas. Este cenário representa um entrave em qualquer programa de maior extensão que necessite periodicamente de mudas de alta qualidade para propagação dessas espécies, visando à preservação e utilização com os mais variados interesses.

O presente trabalho teve por objetivo testar o semeio de sementes de bandarra (*Schizolobium parahyba* var. *amazonicum*) em três profundidades, bem com a sua influência na porcentagem de germinação.

MATERIAL E MÉTODOS – Foi utilizada a quantidade de 1.000 sementes de procedência da Fazenda Matagal, Lote 03, Gleba 02, Setor Terebito II, Linha 85, município de Alta Floresta do Oeste. Inicialmente, foi feito o processo de separação das sementes de acordo com seu tamanho, eliminando-se as sementes defeituosas, restando apenas as sementes sadias.

O experimento foi realizado em outubro de 2012 no campo experimental da Universidade Federal de Rondônia, Campus de Rolim de Moura.

Para a aplicação da técnica de quebra de dormência das sementes, as mesmas foram imersas em água fervente por um período de 12 horas. Após esse procedimento foram retiradas e feita uma nova seleção das sementes que não apresentaram potencial para originar plântulas normais. Essas foram classificadas como sementes mortas, duras, dormentes e sementes danificadas (BRASIL, 1992). Foram utilizados para o preparo do substrato 50 % de solo extraído a uma profundidade de aproximadamente 45 cm da superfície, e 50 % de areia.

O semeio foi realizado na data de 11 de outubro de 2012. Em profundidades de um, dois e três centímetros com quatro repetições para cada profundidade, mensurada com auxilio de uma régua, e um cano de PVC, com espaçamentos de 5 x 5 centímetros em caixotes de 50 x 50 centímetros, totalizando 25 sementes por repetição, as quais foram cobertas por tela sombrite 50 %, sendo irrigadas diariamente.

A contagem das plântulas foi efetuada diariamente, tendo início a partir do terceiro dia após o semeio. Com o objetivo de medir a velocidade de germinação pelo teste Tukey (p= 0,05).

A interpretação do teste foi efetuada com base nos critérios gerais estabelecidos nas Regras para Análise de Sementes (BRASIL, 1992). Sendo que para o efeito de contagem de plântulas germinadas foram levadas em consideração plântulas normais, sendo aquelas que demonstraram ser aptas à produção de plantas normais sob condições favoráveis de campo. As características das plântulas normais originadas no teste foram: plântulas intactas, com os cotilédones, hipocótilo bem desenvolvidas e sadias e as anormais, que por sua vez, foram aquelas que não apresentaram potencial para originar plântulas normais sob condições favoráveis de campo. Assim, a anormalidade mais frequente manifestada foi deformidade na radícula após a germinação, estas sendo caracterizadas e fotodocumentadas por uma câmera digital Sony, 7.0 Megapixels. As avaliações foram efetuadas diariamente por um período de 15 dias após a instalação dos testes. Os resultados foram expressos em percentagem de germinação (BRASIL, 1992), velocidade de germinação (índice), determinada pelo tempo, conforme proposto por (FILHO et. al., 1987): **IVG = (G1/N1) + (G2/N2) + ... + (Gn/Nn)**; onde: **VG =**

velocidade de germinação (dias) **G1, G2, Gn** = número de plântulas normais computadas na primeira, na segunda, na terceira e na última contagem. **N1, N2, Nn** = número de dias de semeadura na primeira, segunda, na terceira e última contagem; e também plântulas normais, plântulas anormais, sementes duras e sementes mortas.

RESULTADOS E DISCUSSÃO – O início da germinação das sementes ocorreu a partir do terceiro dia em todas as profundidades, apresentando melhor resultado a profundidade de três centímetros.

A análise de variância da porcentagem de germinação e do IVG das sementes em três profundidades de semeadura em substrato de areia e subsolo (1/1), indicaram os resultados ilustrados na Figura 1. Portanto, de acordo com a mesma, pode-se observar que a porcentagem de germinação das sementes de bandarra foi significativamente superior para a profundidade de três centímetros, por apresentar potencial para originar plântulas normais. Sendo considerada plântula normal quando aquela que apresentou todas as suas estruturas intactas e bem desenvolvidas. A maioria dessas plântulas não apresentou radícula acima do substrato exibindo diretamente o hipocótilo e cotilédone, com isso a radícula que se desenvolveu dentro do substrato fixou-se melhor dando origem a plântulas com melhor qualidade que as demais (Figura 2).

Com relação às profundidades de um e dois centímetros, que obtiveram IVG inferior ao de três centímetros, indicaram maior percentual de radículas doentes, por estarem acima do substrato, ocorrendo o ressecamento e a interrupção do ciclo da água, impedindo o seu desenvolvimento (Figura 3).

CONCLUSÃO – Dentre as profundidades de semeio, a que apresentou melhores resultados, sendo a indicada pelo melhor Índice de Germinação, foi a profundidade de três centímetros, pois proporciona maior número de plântulas normais.

BIBLIOGRAFIA

BRASIL, Ministério da Agricultura e Reforma Agrária. **Regras para Análise de Sementes**. Brasília - DF, SNAD, DNDV, CLAV, 1992, 365p.

CARVALHO, P.E.R. **Espécies florestais brasileiras:** recomendações silviculturais, potencialidades e uso da madeira. Colombo: EMBRAPA – CNPF; Brasília: EMBRAPA – SPI, 1994. 640p.

COSTA, D.H.M.; REBELO F.K.; D'AVILA, J.L.; SANTOS, M.A.S. dos.; LOPES, M.L.B., **Alguns Aspectos Silviculturais sobre o paricá**. Belém: BASA, 1998. 23p. (Série rural, 2).

FALESI, I.C.; SANTOS, J.C. dos. **Produção de mudas de paricá Schizolobium amazonicum Huber ex Ducke.** Belém: FCAP. Sérico de Documentação e Informação. 1996. 16 p. (Informe Técnico, 20).

FILHO, J.M.; CICERO, S.M.; SILVA, W.R. **Avaliação da quadidade das sementes**. FAELQ. Piracicaba – SP, 1987.

LE COINTE, P. **Árvores e plantas úteis (indígenas e aclimadas)**. 2. ed. São Paulo: Nacional, 1947. 496p. (Brasiliana, 251).

MELO, C.F.M. de. **Relatório ao Instituto Brasileiro de Desenvolvimento Florestal sobre a Viabilidade do aproveitamento papeleiro do Paricá (Schizolobium amazonicum)**. Belém: EMBRAPA-CPATU, 1973. 6p.

RONDON, E.V. **Comportamento de Essências Florestais Nativas e Exóticas no Norte de Mato Grosso**. In: FOREST 2000 - CONGRESSO E EXPOSIÇÃO INTERNACIONAL SOBRE FLORESTAS, 6., 2000. Porto Seguro, BA. **Resumos Técnicos...** Porto Seguro: BIOSFERA, 2000. p.68.

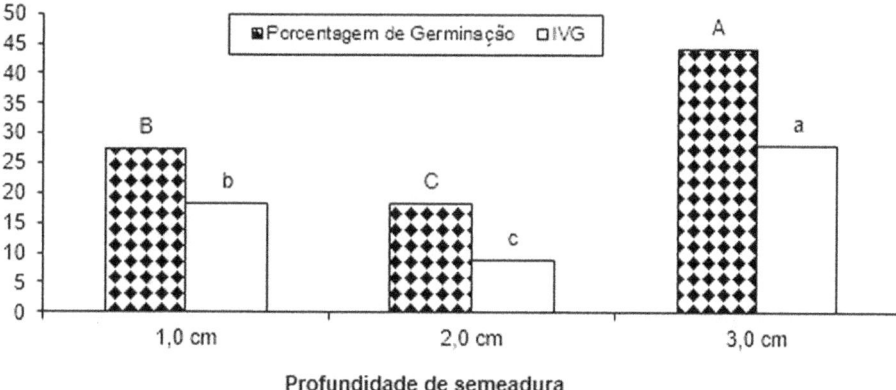

Figura 1. Porcentagem de germinação (A, B e C) e IVG (a, b e c) de sementes de bandarra com três profundidades de semeadura, em substrato de areia e subsolo (1/1), sob sombrite a 50 %.

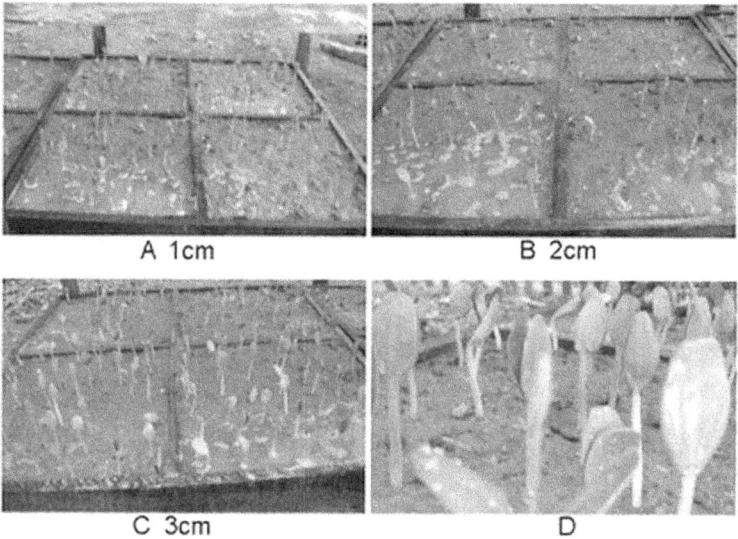

Figura 2. Plântulas provenientes das profundidades de semeio (A, B, C). Plântulas normais semeadas a três centímetros de profundidade (D).

Figura 3. Plântulas anormais.

Avaliação de diferentes fontes de cálcio e fósforo em relação aos níveis de clorofila em capim Mombaça

Thaimã Cristina Jesus Rodrigues[1]; Edilaine Istéfane Franklin Traspadini[1]; Danielly Dubberstein[2]; Elvino Ferreira[3]

(1) Eng. agrônoma, Universidade Federal de Rondônia, Av. Norte Sul, Nova Morada, CEP 78987-000, Rolim de Moura, RO. E-mail: thaimarodrigues@gmail.com; agroedilaine@gmail.com (2) Mestranda, Universidade Federal do Espírito Santo, BR 101 Norte, Km 60, Bairro Litorâneo, CEP: 29932-540, São Mateus, ES. E-mail: dany_dubberstein@hotmail.com (3) Professor adjunto, Universidade Federal de Rondônia, Av. Norte Sul, Nova Morada, CEP 78987-000, Rolim de Moura, RO. E-mail: elvinoferreira@yahoo.com

RESUMO – Avaliaram-se os teores de pigmentos fotossintéticos em capim Mombaça (*Panicum maximum* cv Mombaça), aos 160 dias após seu estabelecimento em área degradada. Os tratamentos constituíram-se por dois níveis de fosfato no solo (100 e 400 kg ha^{-1}) sendo usadas duas fontes (supersimples e farinha de ossos calcinada) combinadas com cinco níveis de cálcio (0, 0,5; 1,0; 1,5 e 2 vezes a quantidade necessária para elevação de saturação de bases em 60 %) nas formas de calcário em pó e de fertilizante liquido para uso em solo. As concentrações de clorofila *a*, clorofila *b* e total não apresentaram diferenças significativas. Apesar das condições de irradiância e temperatura não serem limitantes, esses fatores, combinados com o estresse hídrico desencadearam os mecanismos de proteção inibitórios a fotossíntese.

Palavras-chave: clorofiLOG, pigmentos fotossintéticos, fertilizantes.

INTRODUÇÃO – Na Amazônia a ocupação da floresta por pastagens cultivadas constitui importante problema ambiental (DIAS FILHO, 2003). Contudo, nesta região, a vida útil das pastagens cultivadas é reduzida devido a diversos fatores como o erro na escolha da forrageira, da não fertilização dos solos, e do manejo incorreto das pastagens, que levam à degradação do solo e à infestação destas por plantas daninhas (SERRÃO; HOMMA, 1991; DIAS FILHO, 2003). Tal processo pode chegar a comprometer a recuperação natural, acarretando na redução do rendimento e do desempenho animal e mesmo a perda da biodiversidade (MACEDO, 2002).

Para as opções em forrageiras tem-se o capim Mombaça, lançado no Brasil em 1993 pelo Centro Nacional de Pesquisa de Gado de Corte da EMBRAPA, sendo um cultivar de alta produtividade, com elevada porcentagem de folhas, principalmente na seca, e por apresentar menor estacionalidade de produção do que o cultivar Colonião (MULLER et al., 2002).

Nos processos de manutenção e mesmo de formação de pastagens uma das questões importantes que devem ser consideradas está na fertilidade dos solos, que normalmente são ácidos e de baixa fertilidade natural. Dentre os nutrientes pode ser destacado o fósforo (P) que atua no metabolismo das plantas, desempenhando papel importante na transferência de energia da célula, na respiração e na fotossíntese (GRANT; FLATEN, 2001). A resposta à adubação fosfatada depende, entre outros fatores, da disponibilidade de fósforo no solo e da disponibilidade de outros nutrientes.

Neste contexto a condição de nutrição de plantas forrageiras conta com pequena disponibilidade de fósforo (P). Além disto, a presença de óxidos de ferro e alumínio promove sua forte adsorção, reduzindo sua disponibilidade quando se aplicam adubações fosfatadas a fim de atender a demanda das plantas forrageiras comercializadas atualmente.

A adequada produção forrageira requer que as exigências nutricionais das plantas (tanto na formação quanto na manutenção) sejam atendidas (ALMEIDA NETO, 1992). O desbalanço nutricional da forrageira reflete negativamente no desempenho dos animais.

O fósforo (P) é um dos principais macronutrientes para as forrageiras com grande importância no estabelecimento e desenvolvimento das plantas, atuando no desenvolvimento do sistema radicular e no perfilhamento das gramíneas. Sua disponibilidade em solos tropicais é naturalmente baixa sendo esta afetada pela interação de muitos fatores de solo (mineralogia, umidade, topografia, compactação, acidez ou alcalinidade, textura etc), clima (temperatura, regime pluviométrico) e pela forrageira (adaptação quanto à nutrição fosfatada, sistema radicular, absorção e eficiência de utilização etc.). Assim os baixos níveis de fósforo disponível para os vegetais se traduz na produção de forragens com conteúdo subnormal de fósforo, que, no período de estiagem, acentua ou prolonga esse efeito, com reflexo negativo para a bovinocultura.

A adequada nutrição vegetal influencia diretamente a produção de biomassa da forragem e com isso se promove adequadas condições de fixação de CO_2 resultando em produção de biomassa. A base para a produção de biomassa forrageira está na transformação da energia luminosa em compostos orgânicos, por intermédio de pigmentos fotossintéticos principalmente situados nas folhas. As clorofilas estão relacionadas de forma direta com a produtividade das plantas por se relacionarem com a quantidade de radiação solar absorvida (STREIT et al., 2005).

Assim, no presente trabalho foram avaliadas características fotossintéticas de folhas de capim Mombaça adubados com diferentes fontes e doses de cálcio e fósforo aportados ao solo a fim de se estudar sua possível correlação com a produção de biomassa.

MATERIAL E MÉTODOS – O estudo foi realizado no Campus Experimental da Universidade Federal de Rondônia – UNIR, localizada no município de Rolim de Moura – RO cujas coordenadas geográficas são: 11° 48' 13" S de latitude e 61° 48' 12" W de longitude, com altitude média de 277 m acima do nível do mar.

O clima da região é Aw da classificação de Köppen sendo, portanto um clima equatorial com variação para o tropical quente e úmido, com estação seca bem definida, junho/setembro, temperatura mínima de 24 °C, máxima 32 °C, com precipitação anual média de 2.250 mm ano^{-1} e com umidade relativa do ar alta, em torno de 85 % (VALADÃO JÚNIOR et al., 2008).

As características químicas do solo estão descritas na Tabela 1. Sendo que neste solo foram aplicadas as seguintes doses de calcário (PRNT 95 %): 0,5; 1,0; 1,2 e 2 vezes a quantidade necessária para elevação de saturação de bases em 60 % (CFSEMG, 1999). Um mês após essa prática, foram aplicadas as mesmas quantidades equivalentes na forma de 'fertilizante líquido para uso via solo' – "calcário líquido" (suspensão homogênea com 22,5 % Ca, densidade a 20 °C 1,67 g cm^{-3}. Portanto, os tratamentos se constituíram de diferentes níveis (0; ½; 1; 1 ½ e 2) de cálcio associados a duas fontes (calcário em pó e "calcário líquido") combinados com dois níveis de fósforo (100 e 400 kg ha^{-1} P_2O_5) em duas formas (superfosfato simples e farinha de ossos calcinada (20 % P_2O_5). Todas as parcelas receberam as mesmas quantidades de nitrogênio (125 kg ha^{-1}) e potássio (34,5 kg ha^{-1}), exceto o tratamento testemunha.

A avaliação dos índices de clorofilas ("a" e "b") foram realizadas em junho 2013, usando-se o terço médio da primeira folha totalmente expandida do topo do dossel. Foram feitas três leituras com o clorofilometro ClorofiLOG, modelo CFL 1030, operado de acordo com as especificações do fabricante (FALKER, 2008). Esse procedimento foi repetido em 3 folhas por parcela. O delineamento experimental foi o de blocos casualizados em três repetições e os dados tratados estatisticamente com o uso do software Assistat.

RESULTADOS E DISCUSSÃO – Os tratamentos com diferentes combinações entre fontes de cálcio e fontes de fósforo resultaram em diferentes comportamentos fisiológicos quando avaliados visualmente após 90 dias da semeadura. Esta diferença visual se manifestou tanto na altura das plantas (os tratamentos com 1 ½ de calcário liquido e 400 kg ha^{-1} de superfosfato simples e o tratamento ½ calcário liquido e 400 kg ha^{-1} de superfosfato simples obtiveram média de 134, 55 cm e 123,73 cm, já os tratamentos com as menores médias foram: o tratamento com 100 kg ha^{-1} farinha de ossos calcinada e 2 vezes quantidade de calcário em pó recomenda, com 51,02 cm, e a testemunha, com 57,37 cm) como em sua coloração, apresentando variados tons de verde, por exemplo (RODRIGUES et al., 2013). Contudo, esta observação não correspondeu em diferenças significativas quanto ao teor de clorofilas nas folhas que foram avaliadas por meio do ClorofiLOG.

A falta de contraste estatístico (Tabela 2) pode estar associada à falta de variação na quantidade de adubo nitrogenado aplicado em mesma quantidade nas parcelas ou mesmo a outros fatores abióticos, uma vez que a intensidade de absorção de luz realizada pela planta dependerá do ambiente. O excesso de luz, assim como estresse hídrico, pH, temperatura entre outros, ativará mecanismos que diminuirão a absorção luminosa (fotoinibição e foto-oxidação) com o objetivo de proteger a planta, podendo inibir a fotossíntese (STREIT et al., 2005).

Os índices de clorofila a foram maiores do que de b, sendo sua relação de 4,11 (a/b = 19, 0358/4,6221). Na literatura se relata índice semelhante (3,9 ± 0,6) para a relação clorofila a/b. Explicam os autores que as plantas C4 possuem menor quantidade de moléculas de clorofila por cloroplasto, principalmente a clorofila b, a fim de não necessitarem investir mais energia na produção de pigmentos coletores de energia, em função de se desenvolverem otimamente em ambiente saturado de luz (SILVA et al., 2001).

Na literatura relata-se para o capim tifton 85 o índice máximo de clorofila Falker em 52,1 aos 16 dias após o cultivo em parcela adubada com 150 kg N ha^{-1}, na forma de ureia, enquanto o menor foi observado no tratamento controle (30) (BARBIERI JUNIOR et al., 2012). Ainda comentam os autores que os efeitos da adubação geraram índices menores em leitura feita por clorofilômetro quando comparados com os teores de clorofila total extraídos com acetona a 80 %.

Em relação a este trabalho comenta-se que até a presente data não foi encontrado registro do uso do ClorofiLOG para cultivares do gênero *Panicum* em condições tropicais, o que impossibilita a comparação direta de dados. Contudo a validade dos resultados pode ser aferida indiretamente uma vez que há registro de que os dados do ClorofiLOG possuem correlação positiva e satisfatória com os gerados pelo "Soil Plant Analysis Delevopment/SPAD" – Konica Minolta, Japão, ou seja, o primeiro e mais difundido instrumento para aferir, de forma indireta e não destrutiva, os teores de clorofila com base nas propriedades óticas das folhas (r = 0,721; P = 0,0081), ou mesmo com métodos destrutivos com uso de acetona 80 %. Para clorofila "a" essa correlação foi de 0,646 em relação aos teores entre 200 e 510 µmol m^{-2}, e os seus correspondentes valores de Índice de clorofila Falker (ICF), entre 22,8 e 36,9. Para clorofila "b" registra-se r = 0,797, em relação à variação entre 58 e 190 µmol m^{-2}, correspondente a valores de ICF entre 4,9 e 15,2 (BARBIERI JUNIOR et al., 2012). O intervalo citado para ambos os pigmentos também foram observados neste trabalho.

Em relação aos dados gerados, tem-se que as condições da Amazônia Ocidental e, em especial, Rondônia (Aw e Am – Koppen), não propicia importantes limitações quanto à luminosidade (acima de 300 cal cm^{-2} dia^{-1}) para o crescimento de *Panicum* (ROLIM, 1980; ALCÂNTARA; BUFARAH, 1985). Assim, espera-se que em condições de forragens irrigadas no período seco do ano os índices dos pigmentos fotossintéticos possam apresentar diferentes níveis em relação ao status de fertilidade dos solos que são cultivadas.

CONCLUSÕES – Não foram verificadas diferenças estatísticas em relação aos teores de clorofila a, b e total com o uso das fontes supersimples e farinha de ossos calcinada e doses de calcário líquido em capim Mombaça avaliado 160 dias após a semeadura no período seco do ano.

REFERÊNCIAS

ALCÂNTARA, P.B.; BUFARAH, G. **Plantas forrageiras:** gramíneas e leguminosas. São Paulo: Livraria Nobel, 1985. 150p.

BARBIERI JUNIOR, É. ROSSIELLO, R.O.P.; SILVA, R.V.M.M.; RIBEIRO, R.C.; MORENZ, M.J.F. Um novo clorofilômetro para estimar os teores de clorofila em folhas do capim Tifton 85. **Ciencia Rural**, Santa Maria, v.42, n.12, Dec. 2012.

CFSEMG - COMISSÃO DE FERTILIDADE DO SOLO DE ESTADO DE MINAS GERAIS. **Recomendação para o uso de corretivos de fertilizantes em Minas Gerais – 5ª** aproximação. RIBEIRO, A.C.; GUIMARÃES, P.T.C.; ALVAREZ V., V.H. (Ed.). Viçosa, MG, 1999. 359p.

DIAS FILHO, M. B. **Degradação de pastagens:** processos, causas e estratégias de recuperação. Belém: Embrapa Amazônia Oriental, 2003.

FALKER, Automação agrícola. **Manual do medidor eletrônico de teor clorofila (ClorofiLOG/CFL 1030).** Porto Alegre, 2008. 33p.

GRANT, C.A; FLATEN, D.N. **Importância do fósforo no desenvolvimento inicial da planta**. Piracicaba: Potafós, 2001. p.1-5. (Informações Agronômicas, 95).

MACEDO, M.C.M. Degradação, renovação e recuperação de pastagens cultivadas: ênfase sobre a região dos Cerrados. In: SIMPÓSIO SOBRE MANEJO ESTRATÉGICO DA PASTAGEM, 1., 2002, Viçosa. **Anais...** Viçosa: UFV, 2002. p. 85-108.

MULLER, M. dos. S. Produtividade do Panicum maximum cv. Mombaça irrigado, sob pastejo rotacionado. **Scientia Agricola**, Piracicaba, v.59, n.3, Sept. 2002.

RODRIGUES, T.C.J.; TRAPASDINI, E.I.F.; DIAS, J.M.; FERREIRA, E. Avaliação de fontes não convencionais de cálcio e fósforo na produção do capim Mombaça em área degradada. In: CONGRESSO INTERNACIONAL DO LEITE, 12., Porto Velho, Rondônia, 2013.

ROLIM, F.A. Estacionalidade de produção de forrageiras. In: SIMPÓSIO SOBRE MANEJO DA PASTAGEM, 6., Piracicaba, 1980. **Anais...** Piracicaba: FEALQ, 1980. p.243-270.

SERRÃO, E.A.S.; HOMMA, A.K.O. **Agriculture in the Amazon**: the question of sustainability. Washington: Committee for Agriculture and Environment in the Humid Tropics, 1991.

SILVA, F.A.S., AZEVEDO, C.A.V. Principal Components Analysis in the Software Assistat-Statistical Attendance. In: WORD CONGRESS ON COMPUTERS IN AGRICULTURE, 7., Reno-NV-USA. American Society of Agricultural and Biological Engineers, 2009.

SILVA, M.M.P. da. Diferenças varietais nas características fotossintéticas de *Pennisetum purpureum* Schum. **Revista Brasileira de Zootecnia**, Viçosa, v.30, n.6, supl. Dec. 2001.

STREIT, N.M. As clorofilas. **Ciencia Rural**, Santa Maria, v.35, n.3, June 2005.

VALADÃO JÚNIOR, D.D.; BERGAMIN, A.C.; VENTUROSO, L.R.; SCHLINDWEIN, L.A.; CARON, B.O.; SCHMIDT, D. Adubação fosfatada na cultura da soja em Rondônia. **Scientia Agraria**, Curitiba, v.9, n.3, p.379-365, 2008.

Tabela 1. Resultado da análise química da área do experimento.

pH (CaCl$_2$)	MO	Prem	K	Ca	Mg	H+Al
	(g kg^{-1})	(mg dm^{-3})	------------------ (cmol$_c$dm^{-3}) ------------------			
5,5	29,00	1,20	0,16	1,45	0,70	2,63

Tabela 2. Avaliação dos índices de clorofila (ClorofiLOG) em relação a diferentes doses e fontes de cálcio e fósforo para o capim Mombaça. As médias não diferiram entre si após a aplicação do teste de Tukey ao nível de 5 % de probabilidade.

Tratamentos Doses e fontes de		Índices de clorofila		
Fósforo	Cálcio	Clorofila a	Clorofila b	Clorofila total
100 SS	0 Calcário liq	21,87	5,16	27,03
	½ Calcário	19,48	4,62	24,11
	1 calcário liq	16,21	3,69	19,90
	1 ½ calc liq	17,15	3,92	21,29
	2 calc liq	17,38	3,92	21,29
400 SS	0 Calcário liq	17,21	3,75	20,95
	½ Calcario	19,17	4,28	23,71
	1 calcário liq	16,07	5,86	19,52
	1 ½ calc liq	22,34	5,45	27,80
	2 calc liq	14,32	3,16	17,97
100 FOC	0 Calcário pó	20,92	4,92	25,84
	½ Calcário pó	16,37	7,03	20,00
	1 calcário pó	20,87	4,85	25,72
	1 ½ calc. pó	22,53	5,32	27,86
	2 calc. pó	19,04	4,42	23,47
400 FOC	0 Calcário pó	16,87	3,53	20,84
	½ Calcário pó	20,79	4,48	25,92
	1 calcário pó	18,95	4,41	23,37
	1 ½ calc. pó	20,69	4,93	25,62
	2 calc. pó	21,62	5,03	26,65
	Testemunha	19,87	4,31	24,14
	Ponto médio	18,88	7,80	23,50
	dms	10,31	5,71	13,37
	CV%	17,38	39,59	18,27

SS: superfosfato simples. FOC: Farinha de osso calcinada.

Avaliação do crescimento inicial de mudas de ipê-roxo (*Handroanthus impetiginosus*) em Latossolo Amarelo no município de Ji-Paraná/RO

Adalberto Alves da Silva[1]; Jairo André Schlindwein[2]; Weslei Ortiz Ribeiro[3]

(1) Prof. IFRO, discente Programa de Pôs Graduação em Desenvolvimento Regional (PGDRA)-UNIR, BR 364 km 9,5, CEP 76801-059, Porto Velho, RO. E-mail: adalberto.alves@ifro.edu.br (2) Prof. Dr. Universidade federal de Rondônia (UNIR), BR 364 km 9,5, CEP 76801-059, Porto Velho, RO. E-mail: jairojas.estagio@yahoo.com.br (3) Prof. Ms. Instituto Federal de Rondônia (IFRO), jardim dos Migrantes, Nº 155, CEP 78908650, Ji-Paraná, RO. E-mail: weslei.ortiz@ifro.edu.br

RESUMO – Rondônia como integrante da Amazônia legal necessita preservar seus recursos madeireiros uma vez que constante desmatamento para exploração da madeira vem pondo em risco espécies nativas, como por exemplo, o ipê. Assim, são necessários que se efetivem estudos sistemáticos, relacionados à nutrição mineral, o qual exige informações sobre as condições e as exigências nutricionais de espécies florestais nativas de diferentes grupos ecológicos, como por exemplo, o do ipê. O presente estudo objetivou avaliar o crescimento inicial de mudas de ipê-roxo (*Handroanthus impetiginosus*) em viveiro, por intermédio da omissão de macro e micro nutrientes no município de Ji-Paraná/RO. O experimento foi conduzido em casa de vegetação do IFRO, *campus* Ji-Paraná, empregando o Latossolo Amarelo distrófico de textura argilosa como substrato. Os tratamentos consistiram de testemunha (teste); Completa mais calagem; completo com omissão individual em relação aos macros, micronutrientes e calagem. As mudas foram avaliadas quanto à altura, diâmetro do colo e número de folhas realizado aos cem dias após o transplantio. O delineamento foi inteiramente casualizado, constituído por oito tratamentos e três repetições totalizando 24 parcelas experimentais em vasos de polietileno com capacidade de 6 kg. Verificou-se que os elementos P, K, S limitaram o crescimento inicial das mudas, porém a omissão de N e micro (FTBR-12) não interferiram. Assim para a produção de mudas de ipê-roxo é aconselhável tratamento completo mais calagem.

Palavras-chave: omissão de elementos, fertilidade, produção de mudas, espécie nativa.

INTRODUÇÃO – No Brasil há aproximadamente mais de duzentos milhões de hectares de floresta nativa degradada o que requer mais quatro bilhões de mudas para sua recomposição e recuperação (IBGE, 2010). No entanto, o cenário de produção de mudas de espécies nativas é incipiente para atender à crescente demanda. Em Rondônia não é diferente. De acordo com o INPE (2014) houve aumento da taxa de desmatamento de 49 % no período de 2007-2008 e de 28% em 2012-2013, o que se associa à ocupação, expansão da fronteira agrícola e grandes empreendimentos na região o que põe em risco as espécies arbóreas nativas.

Para a recuperação de matas ciliares é necessária à seleção adequada de mudas evitando espécies exóticas e invasoras priorizando espécies nativas pioneiras, a exemplo do ipê, devido às suas características peculiares, pois sendo pioneira tem crescimento rápido oferecendo sombra para as espécies não pioneiras, além de desenvolver-se bem em solo com pouco nutriente e baixa umidade (BENTES-GAMA et al., 2005; MARTINS, 2005). Os programas de implantação, recomposição e revitalização das florestas nativas só terão sucesso garantido quando os métodos e sistemas empregados pelos viveiristas priorizarem a produção de mudas com qualidade e baixo custo (FONSECA et al., 2002).

Mudas com um bom crescimento têm melhores condições de competir com as plantas invasoras; e a produção de mudas em viveiro é uma etapa essencial para a regeneração artificial e recomposição da cobertura vegetal (TUCCI et al., 2004).

O ipê é uma árvore do gênero *Handroanthus* pertencente à família das bignoniáceas, podendo ser encontrada em seu estado nativo por todo o Brasil, apresenta sementes aladas que facilita a dispersão, porém com baixa viabilidade, o que restringe sua propagação, sendo necessários, estudos nutricionais para a espécie de modo a evitar sua extinção em decorrência da exploração predatória (SOUZA et al. 2002; LORENZI, 2008; ROSA, 2008). Assim, a espécie é útil na região amazônica devido a sua importância econômica e social. A madeira é de alta qualidade, densidade de 0,9 a 1,3 g cm^{-3}, mas de grande resistência a tensões, ao apodrecimento, ataque de cupins e fungos. Pelas suas características é ideal para a construção civil, fabricação de mourões, embarcações e instrumentos musicais; também é utilizada, na fabricação de pisos de madeira, na forma de tacos e tábuas (LOUREIRO et al. 2000; SOUZA et al. 2002; LORENZI, 2008).

O ipê é espécie preferida em plantios mistos destinados à recomposição de áreas degradadas de preservação permanente e urbanização, graças ao seu rápido crescimento e tolerância à luminosidade direta e resistência ao ataque de insetos e a umidade (CARVALHO, 1994; LORENZI, 2008).

O fosforo e o nitrogênio estão entre os nutrientes mais requeridos na fertilização das espécies de ipê, pois foi o que mais limitou o crescimento (SOUZA et al., 2006). Portanto, o estudo sobre o requerimento nutricional é essencial para a produção inicial de mudas de qualidade em viveiro.

O presente trabalho objetivou avaliar o crescimento inicial de mudas do ipê-roxo através da omissão de macro e micro nutrientes em Latossolo Amarelo distrófico em Ji-Paraná, RO.

MATERIAL E MÉTODOS – O experimento foi conduzido, em viveiro do Instituto Federal de Ciência e tecnologia de Rondônia (IFRO), *campus* Ji-Paraná, no período de maio a junho de 2014.

O substrato empregado foi do tipo Latossolo Amarelo distrófico, extraído da camada superficial com profundidade compreendida entre 20 a 40 cm, de textura argilosa e baixa fertilidade natural (Tabela 1).

O solo foi seco ao ar e destorroado em peneira de 4 mm de malha. Para a correção do pH foi aplicado calcário, dosagem de 2,4 t ha^{-1}, em solo úmido, com um mês de antecedência para o plantio e acondicionado em sacos de polietileno para incubação (SILVA, 2004; EMBRAPA, 2009).

As sementes foram coletadas diretamente das árvores matrizes na região central do estado, encaminhadas ao laboratório de sementes, secas em ambiente aberto e protegido do sol, selecionadas e acondicionadas em recipiente de vidro de modo a preservar sua viabilidade. Para a germinação empregou-se como substrato areia autoclavada (120 °C por 2 horas), sendo as mudas transplantadas após o surgimento do primeiro par de cotilédones.

O experimento ocorreu mediante oito tratamentos, conforme Tabela 2, a saber: 1) testemunha (TEST) solo natural; 2) tratamento completo (N, P, K, S mais micronutrientes e calagem; 3) completo menos nitrogênio (-N); 4) completo menos fósforo (-P); 5) completo menos potássio (-K); 6) completo menos enxofre (-S); 7) completo menos calagem (-Cal); 8) completo menos micro (-Mi). Os nutrientes foram aplicados na forma de reagentes p.a., misturados ao volume de solo em cada tratamento (Tabela 2) em recipiente de polietileno com capacidade de 6 kg. O delineamento experimental foi inteiramente casualizado compreendendo três repetições, perfazendo-se um total de 24 parcelas experimentais, no qual cada repetição foi constituído por três plantas por parcela. A adubação com nitrogênio ocorreu dez dias do transplantio das plântulas (50 % da dose) e o restante após trinta dias da primeira (MALAVOLTA et al., 1997).

A medição dos parâmetros altura, diâmetro do colo e número de folhas ocorreu aos 100 dias da implementação do transplantio das plântulas.

Os dados foram submetidos à análise de variância e as médias comparadas pelo teste de Scott-Knott, a 5 % de probabilidade, empregando o programa estatístico SISVAR, de modo a avaliar o desempenho dos tratamentos mediante a omissão dos nutrientes.

RESULTADOS E DISCUSSÃO – De acordo com os resultados a adubação, na fase inicial das mudas, potencializou o desenvolvimento em todos os tratamentos quando comparado com a testemunha (Tabela 3). No estado de Rondônia predominam os solos do tipo Latossolo distrófico, no qual o amarelo corresponde a 26 %, com elevada acidez e baixa carga de nutrientes, portanto, para o desenvolvimento da espécie no estado, e de acordo com Schlindwein et. al. (2012), estes solos apresentam baixa fertilidade. Para o bom desenvolvimento de plantas é necessário correção e adubação do solo.

Para o *Handroanthus impetiginosus*, o tratamento completo apresentou significativo crescimento em altura não divergindo estatisticamente pelo teste de Scott-knott a 5 % do tratamento com a omissão de micro nutrientes, indicando que a espécie não é tão exigente com relação aos micronutrientes o que está de acordo com o trabalho de Duboc et al. (1996) cuja omissão de B e Zn apresentou maior crescimento em relação ao tratamento completo, bem como Venturin et al. (2000) na omissão de Zn obteve resultado semelhante para *Trema micrantha Blume*. Souza et al. (2006) estudando o ipê-roxo na omissão de B, Ca e Zn também obteve resultado equivalente.

Os nutrientes N, P e S são os de maior requerimento nutricional para o desenvolvimento do ipê-roxo, embora não houvesse diferença significativa no experimento em termos estatísticos, conforme mostram os tratamentos T3, T4 e T5 (Tabela 3). Quando se compara o Tratamento T2 com o T3, não há diferença estatística entre os mesmos, sendo que no T2 a omissão de nitrogênio não limitou o crescimento da espécie, o que corrobora os estudos realizados por Ribeiro (2008) e Souza (2010), trabalhando com a C*edrela odorata* (cedro) e *Swietenia macrophylla King* (mogno), que apontou que a omissão do nitrogênio não limitou o crescimento das mesmas. Por outro lado, segundo Reno et al. (1997), trabalhando com cedro, canafístula e pau-ferro, verificaram que a omissão de nitrogênio limitou o desenvolvimento biométrico das espécies. Portanto, a omissão de nitrogênio pode ser fator limitante ou não, dependendo da variabilidade genética das espécies florestais, a qual é muito grande em nossa região Amazônica.

Com relação ao diâmetro do coleto o tratamento completo T2, quando comparado aos demais, obteve maior incremento, por outro lado, a ausência de fósforo indicado no T4, quando comparado ao tratamento completo T2, mostrou-se limitante (Tabela 3). Para Scremin-Dias et al. (2006) e Malavolta et al. (1997), este nutriente é fator importante para o crescimento inicial, pois indica a presença de reservas de nutrientes os quais são de suma importância no desenvolvimento radicular, na formação de novas raízes e na ativação de outros órgãos da planta.

Em relação ao número de folhas os tratamentos T2, T5, T6, T7 e T8 apresentaram o maior crescimento com relação à parte aérea, porém não houve diferença significativa entre eles (Tabela 3), sendo que o tratamento T2 foi menor quando comparado com os demais.

Portanto a omissão de fosforo (T4) limitou significativamente o número de folhas quando comparado com o tratamento completo (Tabela 3).

Desse modo a pesquisa demonstrou a real necessidade de adubação para produção inicial de mudas de ipê-roxo de modo a oferecer por silvicultores do estado, plantas com qualidade de modo a resistir à competitividade com as espécies invasoras em projetos de urbanização, recuperação de áreas impactadas e matas ciliares; e baixo custo na implantação dessa espécie. Porém, com o acompanhamento, ampliação dos tratamentos e a inclusão de outras espécies de *Handroanthus* possibilitarão a recomendação nutricional de espécies nativas uma vez que há poucos estudos com relação aos requerimentos nutricionais dessa espécie.

CONCLUSÕES – Nas condições do experimento com relação à disponibilidade nutricional o crescimento inicial das mudas é afetado pelos nutrientes P, K e calagem, porém o enxofre e micro nutrientes não afetaram. Assim é recomendável para a produção inicial de mudas de ipê-roxo o tratamento completo mais calagem o qual obteve boa resposta, pois o solo natural apresenta baixa fertilidade, sendo necessária correção, quanto à adubação e calagem.

AGRADECIMENTOS – Aos discentes do curso técnico em Florestas e Química, do IFRO campus Ji-Paraná pelo suporte na condução do experimento.

REFERÊNCIAS

BENTES-GAMA, M.M.; ROCHA, R.B.; CAPELASSO, P.H. da S.; PEREIRA, N.S. **Desenvolvimento inicial de espécies nativas utilizadas na recuperação de paisagem alterada em Rondônia**. Porto Velho, RO: Embrapa Rondônia, 2005. 4 p. (Embrapa Rondônia. Comunicado Técnico; 290).

CARVALHO, P.H.R. **Espécies florestais brasileiras**. Recomendações silvilculturais, potencialidades e uso da madeira. Colombo: Embrapa-CNPF. 674p, 1994.

DUBOC, E.; VENTURIN, N.; VALE, F.R. do. Nutrição do jatobá (*Hymenaea courbaril* L. var. *stilbocarpa* (Hayne) Lee et Lang). **Cerne**, Lavras, v.2, n.1, p.1-12, 1996.

EMBRAPA. **Manual de análises químicas de solos, plantas e fertilizantes**. Brasília, 2 ed. rev. Ampl., Embrapa solos informação tecnológica, 2009. 627p.

FONSECA, E.P.; VALÉRI, S.V.; MIGLIORANZA, E.; FONSECA, N.A.N.; COUTO, L. Padrão de qualidade de mudas de *Trema micrantha* (L) Blume, produzidas sob diferentes períodos de sombreamento. **Revista Árvore**, Viçosa, v.26, n.4, p.515-523, 2002.

INSTITUTO BRASILEIRO DE GEOGRAFIA E ESTATÍSTICA (IBGE). **Produção da extração vegetal e da Silvicultura**. Vol. 25, Rio de Janeiro, 2010.

INSTITUTO NACIONAL DE PESQUISAS ESPACIAIS. **Projeto PRODES** - monitoramento da floresta amazônica brasileira por satélite. Disponível em: <http://www.obt.inpe.br/prodes/index.php>. Acesso em: 29 jan. 2014.

LORENZI, H. **Árvores Brasileiras**: Manual de identificação e cultivo de plantas arbóreas do Brasil. 5. ed. v. 1. Nova Odessa/SP: Plantarum, 2008. 368p.

LOUREIRO, A.A.; RAMOS, K.B.L.; FREITAS, C.A.A. **Essências Florestais da Amazônia**. V. 4 .Manaus/AM: MCT/INPA CPPF, 2000.

MALAVOLTA, E; VITTI, G.C; OLIVEIRA, S.A. de. **Avaliação do estado nutricional das plantas**: princípios e aplicações. 2. ed. Piracicaba: Potafos, 1997. 262p.

MARTINS, S.V. **Recuperação de matas ciliares**. 2. ed. Viçosa/MG: Aprenda fácil, 2007. 255 p.

RENO; N.B.; SIQUEIRA, J.O.; CURI, N.; VALE, F.R. Limitação nutricional ao crescimento inicial de quatro espécies arbóreas nativas em Latosolo Vermelho-Amarelo. **Pesquisa Agropecuária Brasileira**, v 32, n.1, p17-25, 1997.

RIBEIRO, W. O. **Limitações nutricionais para o crescimento de mudas de cedro (*Cedrela odorata l.*), em Latossolo Amarelo**. 2008. 54p. Dissertação (Mestrado em Ciências Florestais e Ambientais) - Universidade Federal do Amazonas, Manaus, AM, 2008.

ROSA, R.H.L. *Handroanthus ochraceus* (Cham.) Mattos ssp. *ochraceus, Handroanthus serratifolius* (Vahl) S. Grose, *Tabebuia insignis* (Miq.) Sandwith ssp. *insignis e Tabebuia roseo-alba* (Ridl.) Sandwith – Bignoniaceae. **Caracterização morfológica de fruto, semente, desenvolvimento pós- seminal e plântula, como subsidio a taxonomia**. 2008. 53p. Dissertação de Mestrado - Universidade federal Rural da Amazônia e Museu Paraense Emílio Goeldi, Belém, PA, 2008.

SCHLINDWEIN, J.A.; MARCOLAN, A.L.; PEQUENO, P.L. de L.; MILITÃO, J.S.T.L. Solos de Rondônia: usos e perspectivas. **Revista Brasileira de Ciências da Amazônia**, v.1. Rolim de Moura, 2012. Disponivel em: <http://www.periodicos.unir.br/index.php/rolimdemoura/article/viewFile/612/660>. Acesso em: 27 jan. 2014.

SCREMIN-DIAS, E.; KALIFE, C.; MENGUCCI, Z.R.H.; SOUZA, P.R. de. **Produção de mudas de espécies florestais nativas**: manual. Campo Grande: UFMS, 2006. 59p. (Rede de sementes do Pantanal; 2)

SILVA, A.R.M. da. **Estimativa da necessidade de calagem para Produção de Mudas de Mogno (*Swietenia macrophylla* King vell.) e Sumaúma (*Ceiba pentandra*(L.) Gaertn)**. 2004. 60p. Dissertação de Mestrado - Universidade Federal do Amazonas - UFAM, Manaus, Amazonas, 2004.

SOUZA, C.A.S.; TUCCI, C.A.F; SILVA, J.F.; RIBEIRO, W.O. Exigências nutricionais e crescimento de plantas de mogno (*Swietenia macrophylla* King.). **Acta Amazônica**, Manaus, v.40, n.3, 2010.

SOUZA, M. H.;MAGLIANO, M.M.; CAMARGOS, J.A.A. **Madeiras Tropicais Brasileiras**. 2 ed., rev. Brasília: edições IBAMA, 2002.

SOUZA, P.A.; VENTURIN, N.; MACEDO, R.L.G. Adubação mineral do ipê-roxo (*Tabebuia impetiginosa*). **Ciência Florestal**, Santa Maria, v.16, n.3, p.261-270, 2006.

SOUZA, V.C. de.; ANDRADE, L.A.; BRUNOS, R.L.A.; CUNHA, A.O.; SOUZA, A.P. de. Produção de mudas de ipê-amarelo em diferentes substratos e tamanhos de recipientes. **Revista Agropecuária Técnica**, Areia, v.26, n.2, p.98–108, 2005.

TUCCI, C.A.; HARA, F.A.S., FREITAS, R.O. Adubação e Calagem para Formação de Mudas de Sumaúma (Ceiba Pentandra (L.) Gaertn). **Revista de Ciências Agrárias e Ambientais da UFAM**, v.11, n.2/2, 2004.

VENTURIN, N.; SOUZA P.A.; VENTURIN, R.P.; MACEDO, R.L.G. Avaliação nutricional da candiúva (*Trema micrantha* L. Blumes) em casa de vegetação. **Floresta**, Curitiba, v.29, n.1/2, p.15-26, 2000.

Tabela 1. Característica química do substrato, Latossolo Amarelo distrófico, antes dos tratamentos.

Profundidade	pH $_{H2O}$	P	K	Ca	Mg	Al+H	Al	MO	V
Cm		mg dm^{-3}	----------------------cmol$_c$ dm^{-3}----------------------					g kg^{-1}	%
20-40	5,2	1	0,07	0,30	0,11	3,0	0,49	3,3	13

Método de análise baseado no manual EMBRAPA (2009).

Tabela 2. Fonte de nutrientes e dosagem fornecida por tratamento.

Tratamento	Símbolo	Fonte/quantidade de nutrientes (mg kg^{-1} de solo)
T1 (Teste)	T	
T2 (Completo)	C	CH_4N_2O = 150; KCl =150; H_2PO_4 = 450; S= 50; FTEBR-12=150
T3 (C-menos nitrogênio)	-N	KCl =150; H_2PO_4 = 450; S= 50; FTEBR-12=150
T4 (C-menos fosforo)	-P	CH_4N_2O = 150; KCl =150; S= 50; FTEBR-12=150
T5 (C-menos potássio)	-K	CH_4N_2O = 150; H_2PO_4 = 450; S= 50; FTEBR-12=150
T6 (C-menos enxofre)	-S	CH_4N_2O = 150; KCl =150; H_2PO_4 = 450; FTEBR-12=150
T7 (C-menos micro)	-Mi*	CH_4N_2O = 150; KCl =150; H_2PO_4 = 450; S= 50;
T8 (C-menos calagem)	-Cal	CH_4N_2O = 150; KCl =150; H_2PO_4 = 450; S= 50; FTEBR-12=150

*FTEBR-12 composição (mg kg^{-1}): 13,5 Zn; 2,7 B; 1,2 Cu; 4,5 Fe; 3,00 Mo; nos tratamentos, exceto no –Mi.

Tabela 3. Avaliação de altura de plantas, diâmetro de colmo e número de folhas de ipê-roxo conduzidos em vaso com diferentes tratamentos de nutrientes.

Tratamento	Altura (cm)	Diâmetro (mm)	N° folhas
T1Testemunha	5,30 c	2,46 c	4,66 b
T2Completo	13,76 a	5,96 a	9,66 a
T3-N	11,36 a	4,15 b	8,00 b
T4-P	9,66 b	3,13 c	6,66 b
T5-K	9,53 b	4,31 b	11,33 a
T6-S	12,93 a	5,41 a	11,33 a
T7-Mi	12,20 a	5,23 a	11,33 a
T8-Cal	9,46 b	4,07 b	10,66 a

Médias seguidas pela mesma letra na coluna não diferem significativamente a 5% de probabilidade, pelo teste de Scott-Knott.

Avaliação do enriquecimento de compostos orgânicos com sangue de bovinos e seu uso na cultura do milho verde

Douglas Borges Pichek[1]; Marisa Pereira Matt[1]; Ronaldo Willian da Silva[1]; Tiago Pauly Boni[1]; Odair Queiroz Lara[1]; Diego Boni[1]; Marlos de Oliveira Porto[2]; Jucilene Cavali[2]; Elvino Ferreira[3]

(1) Acadêmico de Agronomia da Fundação Universidade Federal de Rondônia, Rolim de Moura, RO. E-mail: douglasbpichek@hotmail.com; marisa_matt@hotmail.com; ronaldo_willian1@hotmail.com; tiago.bonieaf@hotmail.com; odair.queiroz.lara@hotmail.com; d.boni@hotmail.com (2) Professor do Departamento de Engenharia de Pesca e Aquicultura da Fundação Universidade Federal de Rondônia, Presidente Médici, RO. E-mail: mportoufv@pop.com.br; jcavali@unir.br (3) Professor do Departamento de Agronomia da Fundação Universidade Federal de Rondônia, Rolim de Moura, RO. E-mail: elvinoferreira@yahoo.com.br

RESUMO – Atualmente com o maior desenvolvimento da bovinocultura, muitos frigoríficos foram abertos no Brasil e com eles tem-se a geração de resíduos, naturais desta atividade, onde o sangue dos animais ao ser descartado no ambiente torna-se um material de elevado potencial poluente. O objetivo do trabalho foi avaliar o efeito de diferentes compostos enriquecidos com sangue bovino utilizado como fonte de adubo orgânico na cultura do milho verde. O estudo foi desenvolvido na fazenda experimental da Fundação Universidade Federal de Rondônia, *Campus* de Rolim de Moura. O delineamento experimental foi em blocos casualizados, com seis tratamentos e três repetições. Os tratamentos foram constituídos por palha de café; bagaço de cana; pó de serra fino e grosso, os quais foram enriquecidos na relação de 1,5 dm^3 de sangue para 3 kg de resíduo vegetal. Houve também um tratamento testemunha absoluto e outro com adubação NPK (testemunha positiva). As parcelas foram de 3 x 2,70 m, com espaçamento de 0,90 m entre linhas e 0,30 m entre plantas. As variáveis analisadas foram altura de planta, diâmetro do colmo, e altura da primeira espiga. Pode se observar que para as variáveis: altura de planta e altura de inserção da primeira espiga, não houve efeito significativo entre os tratamentos. Para o diâmetro do colmo o pó de serra grosso e a palha de café não diferiram do tratamento com NPK.

Palavras-chave: resíduo de frigorífico, adubação, compostagem, fertilidade.

INTRODUÇÃO – Atualmente com o maior desenvolvimento da bovinocultura muitos frigoríficos foram abertos no Brasil e com eles tem-se a geração de resíduos, naturais desta atividade. Dentre os resíduos pode ser destacado o sangue dos animais que por muitas vezes é utilizado para o fabrico da farinha de sangue. Contudo, tal processo é oneroso para a indústria e o descarte de sangue in natura no ambiente apresenta-se como material de elevado potencial poluente.

Estima-se que um bovino apresente um volume de sangue de 6,4 a 8,2 L por 100 kg de peso vivo (KOLB, 1984). Em uma boa sangria é removido cerca de 60 % do volume total de sangue, sendo que 10 % ficam retidos nos músculos e 20 % a 25 % nas vísceras (PISKE, 1982). Segundo Kolb (1984), o sangue tem um pH entre 7,35 a 7,45 e, devido ao alto valor proteico, tem uma rápida putrefação (MUCCIOLO, 1985). A composição do sangue bovino é de aproximadamente 81 % de água, 17 % de proteínas, 0,2 % de gordura, 0,07 % de carboidratos e 0,6 % de sais minerais. Sua composição é similar à da carne, com exceção para o ferro que tem concentração dez vezes maior (ALENCAR, 1983).

Em relação ao seu aproveitamento tem-se que a agricultura de cunho familiar emprega variados substratos orgânicos em seu processo de produção. E, muitos deles, não apresentam níveis adequados de nutrientes para as plantas cultivadas. O sangue poderia ser uma alternativa de enriquecimento uma vez que possui uma grande porcentagem de valor nutritivo (17 % PB). Isso pode representar uma forma de aumentar a autonomia do produtor no sentido de fabricar seu próprio composto e reduzir custos com a fertilização das culturas. Em função da presença de elementos nutritivos o sangue poderá estimular a atividade microbiana do solo, responsável pela ciclagem dos nutrientes e pela formação dos constituintes, como o húmus (58 % C), da fração orgânica do solo (SILVA, 2008).

O uso continuado da adubação orgânica proporciona efeito residual na fertilidade do solo e, o mesmo, causa estabilidade na disponibilidade de nutrientes para as culturas. De uma forma geral os resíduos orgânicos também são considerados condicionadores do solo, tornando-o, a longo prazo, menos propenso aos efeitos depauperantes de cultivo intensivo (GALVÃO et al., 1999).

Em relação às culturas, o milho (*Zea mays* L.) é o segundo cereal em importância no mundo, após o trigo e seguido pelo arroz (LISBOA et al., 1999). Sua ampla distribuição é justificada por seu aspecto nutricional, elevada produtividade e armazenamento (ROMANO, 2005). Para a questão da agricultura familiar utilizam-se variedades de polinização aberta, o que permite ao produtor obter sua própria semente. Entretanto, adequações no manejo cultural são ainda necessárias para a melhoria da eficiência dos sistemas de produção de milho orgânico para seus diversos usos como milho verde, silagem e produção de grãos e como matéria-prima para criação de aves, suínos e bovinos em sistemas orgânicos (CRUZ et al., 2010).

No caso da exploração de milho para o consumo verde in natura, existem poucas informações, especialmente sobre o manejo da lavoura. Neste sistema de produção deve ser levado em conta que as espigas de milho verde serão colhidas antes que os grãos atinjam a maturidade fisiológica, e que o agricultor deverá estar atento a uma série de características peculiares do produto, para que tenha sucesso em sua atividade (CRUZ et al., 2010). Apesar do cultivo do milho verde ser bastante difundido nas principais regiões brasileiras, informações sobre o comportamento de cultivares e características de espigas de milho verde sob cultivo orgânico são escassas (ARAÚJO et al., 2000; CRUZ et al., 2010).

Alteração no manejo que visem o aproveitamento de resíduos e, ainda, promovem reflexo positivo na produção do milho para a agricultura familiar representa uma importante via de ciclagem de nutrientes e de sustentabilidade dos agroecossistemas. O presente trabalho teve por objetivo avaliar o efeito de diferentes compostos enriquecidos com sangue como fonte de adubo orgânico na cultura do milho verde.

MATERIAL E MÉTODOS – O estudo foi desenvolvido no período de 05/04/2014 a 27/06/2014 na fazenda experimental da Fundação Universidade Federal de Rondônia, *Campus* de Rolim de Moura, localizada na RO 479, Km 15, a 277 m acima do nível do mar, latitude 11° 43' S e longitude 61° 46' W. O clima segundo classificação de Köppen-Geiger é Tropical Quente e Úmido (Aw), com estação seca bem definida (maio/setembro), temperatura média de 28 °C, precipitação anual média de 2.250 mm e umidade relativa do ar elevada, oscilando em torno de 85 % (RONDÔNIA, 2010).

As unidades experimentais foram constituídas por parcelas marcadas no campo em solo classificado como Latossolo Vermelho-Amarelo distrófico, textura areia franca (59 % argila) e suas características químicas para fins de fertilidade estão apresentadas na tabela 1.

O trabalho constituiu do teste a campo dos compostos orgânicos enriquecidos com 1,5 dm^3

de sangue bovino, na forma líquida, oriundos de frigorifico local. Os diferentes substratos foram dispostos em bandejas com capacidade de armazenamento de aproximadamente 5 kg, no qual foi adicionado o sangue na relação de 1,5 para 3 kg de resíduo vegetal. Procedeu-se revolvimentos semanais para auxiliar o metabolismo aeróbico da massa. Após 90 dias uma amostra dos diferentes substratos foi enviada ao Instituto Mineiro de Agropecuária (IMA-MG) para análises estando os resultados apresentados na tabela 2.

O teste a campo foi realizado por meio da interpretação do desempenho da cultura do milho verde, cujas sementes utilizadas foram a do Hibrido AG 1051, da empresa Seminis, com 98 % de pureza e 85 % de germinação mínima. A área em que se realizou o experimento foi cultivada anteriormente com *Brachiaria brizantha*, onde para o preparo da área realizou-se a roçada da forrageira e dez dias depois de realizado duas gradagens aplicou-se calcário calcítico na proporção de 577 Kg ha^{-1} com PRNT de 86 %, sendo o plantio realizado vinte dias após essa atividade.

O delineamento experimental foi em blocos casualizados, com seis tratamentos e três repetições. Os tratamentos foram constituídos de quatro compostos enriquecidos com sangue bovino, sendo: palha de café; bagaço de cana; pó de serra fino e pó de serra grosso. Houve ainda um tratamento com adubação NPK (testemunha positiva) seguindo as recomendações de (FREIRE et al., 1999) e uma testemunha absoluta, sem adubação.

As parcelas tiveram o tamanho de 3 m x 2,70 m, constituída por um espaçamento de 0,90 m entre linhas e 0,30 m entre plantas, totalizando quatro linhas por parcela com dez plantas em cada uma das linhas. A parcela útil foi representada pelas duas linhas centrais. A parcela com adubação química recebeu 6 g de ureia, 19,56 g de superfosfato triplo e 6,21 g de cloreto de potássio por metro linear. Para melhor eficiência na adubação nitrogenada, realizou-se seu parcelamento sendo dividida no plantio e nas épocas de expansão da 4ª e 8ª folha da cultura do milho. E, para a adubação das parcelas com compostos, foram distribuídos 369 g de cada composto superficialmente.

Ao final do desenvolvimento da cultura avaliaram-se as seguintes variáveis: altura de planta, tomada do nível do solo até a inserção da última folha (folha-bandeira) em metros; diâmetro do colmo, valor este obtido em milímetro por meio de um paquímetro eletrônico e altura da primeira espiga, medida da base da planta até onde se encontra desenvolvida a primeira espiga, valor este obtido em metros. Posteriormente, os dados foram submetidos à análise de variância ($p \leq 0,05$). Quando as variáveis apresentam diferenças significativas pelo teste F da análise de variância, foi realizado o contraste de médias pelo teste de Dunnet a 5 % de probabilidade, utilizando-se o programa Assistat 7.6 (SILVA; AZEVEDO, 2004).

RESULTADOS E DISCUSSÃO – O uso de sangue, para o enriquecimento dos substratos orgânicos resultou, de forma geral, em aumento relativo no nível de seus nutrientes (Tabela 2).

Para a variável altura de planta, bem como, para a altura de inserção da primeira espiga não houve efeito significativo entre os tratamentos (Tabela 3).

Para o diâmetro do colmo, quando comparado os substratos enriquecidos com sangue bovino com a adubação química observa-se que o milho adubado com pó de serra grosso e palha de café não diferiu do tratamento NPK (testemunha positiva), o restante dos substratos utilizados apresentaram médias inferiores à adubação química, contudo, sem comprometimento no desenvolvimento da planta.

Mesmo havendo diferença significativa entre diâmetro de colmos em relação aos tratamentos estudados, no decorrer do período experimental não foi observado acamamento de plantas o que é importante uma vez que, sua ocorrência, relacionada com a relação inserção/estatura da planta, gera desequilíbrio de seu centro de gravidade levando a planta a se curvar e até mesmo acarretar quebra do colmo, com ruptura de tecidos e comprometimento produtivo (REPKE et al., 2012).

Os resultados obtidos neste estudo podem ser justificados pelo fato de que, a adubação orgânica depende da mineralização dos compostos pela microbiota do solo e isso promove lenta liberação de nitrogênio e fósforo se comparado a adubos minerais. Já o potássio ocorre na forma livre e esta prontamente disponível para a solução do solo (KIEHL, 1985).

CONCLUSÕES – O sangue bovino possui grande capacidade de enriquecimento em NPK para substratos orgânicos destinados a compostagem. O emprego de substratos enriquecidos não comprometeu o desenvolvimento da cultura do milho verde.

REFERÊNCIAS

ALENCAR, F.A. **Estudos da recuperação das proteínas do plasma bovino por complexação com fosfatos e a sua utilização em produtos cárneos**. 1983. Dissertação (Mestrado). Faculdade de Engenharia de Alimentos e Agrícola, Universidade Estadual de Campinas, Campinas. 1983.

ARAÚJO, P.C. de; PERIN, A.; MACHADO, A.T. de; ALMEIDA, D.L. de. **Avaliação de diferentes variedades de milho para o estádio de "verde" em sistemas orgânicos de produção**. In: CONGRESSO NACIONAL DE MILHO E SORGO, 23., 2003, Uberlândia. A inovação tecnológica e a competitividade no contexto dos mercados globalizados: [resumos expandidos]. Sete Lagoas: ABMS: Embrapa Milho e Sorgo; Uberlândia: Universidade Federal de Uberlândia, 2000. 1 CD-ROM.

CRUZ, J.C.; FILHO, I.A.P.; MOREIRA, J.A.A.; MATRANGOLO, W.J.R. **Resposta de Cultivares de Milho à Adubação Orgânica para Consumo Verde, Grãos e Forragem em Sistema Orgânico de Produção**. In: CONGRESSO NACIONAL DE MILHO E SORGO, 28., 2010, Goiânia, Goiás.

FREIRE, F.M.; FRANÇA, G.E.; VASCONCELLOS, C.A.; PEREIRA FILHO, I.A.; ALVES, V.M.C.; PITTA, G.V.E. Sugestões de adubação para as diferentes culturas em Minas Gerais: Milho verde. In: RIBEIRO, A.C.; GUIMARÃES, P.T.G.; ALVAREZ V., V.H. **Comissão de fertilidade do solo do estado de Minas Gerais – Recomendações para o uso de corretivos e fertilizantes em Minas Gerais – 5ª aproximação**. Viçosa, 1999. p.195-196.

GALVÃO, J.C.C.; MIRANDA, G.V.; SANTOS, I.C. Adubação orgânica: chance para os pequenos. **Cultivar**, v.9, p.38-41, 1999.

KIEHL, E.J. **Fertilizantes orgânicos**. Piracicaba: Agronômica Ceres, 1985. 492p.

KOLB, E. (Ed.). **Fisiologia veterinária**. 4. ed. Rio de Janeiro, RJ: Guanabara Koogan, 1984.

LISBOA, J.A.P.; SCOTEGAGNA, G.A. DN. Milho. **Revista Genótipo**, v.2, p.32-35, 1999.

MUCCIOLO, P. **Carnes**: estabelecimentos de matança e de industrialização. São Paulo, SP: Ícone, 1985.

PISKE, D. Aproveitamento de sangue de abate para alimentação humana: I. uma revisão. **Boletim do Instituto de Tecnologia de Alimentos**, Campinas, v.19, n.3, p.253-308, 1982.

REPKE, R.A.; CRUZ, S.J.S.; MARTINS, M.B.; SENNA, M.S.; FELIPE, J.S.; DUARTE, A.P.; BICUDO, S.J. Altura de planta, altura de inserção de espiga e numero de plantas acamadas de cinco híbridos de milho. In: CONGRESSO NACIONAL DE MILHO E SORGO, 29., 2012, Águas de Lindoia. **Anais...** Aguas de Lindoia, São Paulo, 2012. Disponível em: <http://www.abms.org.br/29cn_milho/07241.pdf>. Acesso em: 26 ago. 2014.

RONDÔNIA. **Ano 2007**. Porto Velho: SEDAM, 2010. 40p.

ROMANO, M.R. **Desempenho Fisiológico da Cultura de Milho com Plantas de Arquitetura Contrastante: Parâmetros para Modelo de Crescimento**. Tese (Doutorado em Fitotecnia) - Universidade de São Paulo, Piracicaba, São Paulo, Brasil, Janeiro, 2005.

SILVA, E.C.F. **Produção de Composto Orgânico**. Curso Superior de Tecnologia em Cafeicultura. Escola Agrotécnica Federal De Muzambinho, Outubro, 2008.

SILVA, F.A.S.; AZEVEDO, C.A.V. **Assistência Estatística**.
DEAG-CTRN-UFCG, Campina Grande, 2004.

Tabela 1. Atributos químicos do solo da área de cultivo do milho verde antes da aplicação do calcário. Análises feitas conforme metodologia descrita em Embrapa (1997).

Profundidade	pH_{H2O}	P	K	Ca	Mg	Al+H	Al	MO	V
cm		$mg\ dm^{-3}$	----------------------$mmol_c\ dm^{-3}$----------------------					$g\ kg^{-1}$	%
0-20	4,9	2,20	0,15	0,32	0,16	5,50	0,44	21,0	24

Tabela 2. Enriquecimento relativo (R) de substratos orgânicos com adição de sangue fresco de bovinos oriundo de frigorífico na relação de 1,5 dm^3 para 3 kg de resíduo vegetal.

Substratos	Nutrientes (%)	Sem adição	Com adição	Diferença	R=(Com adição/sem adição)*100
Pó de serra (grosso)	N	0,300	1,20	0,90	400
	P_2O_5	0,001	0,014	0,013	1400
	K_2O	0,190	0,36	0,17	189,7
Pó de serra (fino)	N	0,270	0,96	0,69	355,5
	P_2O_5	0,004	0,013	0,009	325
	K_2O	0,150	0,19	0,04	126,7
Bagaço de cana	N	0,390	1,60	1,21	410,2
	P_2O_5	0,060	0,11	0,05	183,3
	K_2O	0,730	0,95	0,22	130,2
Palha de café	N	2,100	1,80	-0,30	-85,7
	P_2O_5	0,130	1,14	0,01	107,7
	K_2O	0,860	0,93	0,07	108,2

Tabela 3. Altura de planta (AP), altura de inserção da primeira espiga (AIPE) e diâmetro do colmo (DC) do milho verde cultivado com diferentes tipos de substratos orgânicos enriquecidos com sangue bovino.

Tratamentos	AP (m)	AIPE (m)	DC (mm)
Testemunha	1,738	0,993	12,28 Bb
NPK	2,035	1,218	15,87 Aa
Pó de serra (fino)	1,750	1,013	11,87 Bb
Pó de serra (grosso)	1,738	0,976	13,78 Ab
Bagaço de cana	1,731	0,977	11,89 Bb
Palha de café	1,820	1,054	13,16 Ab
F	ns	ns	*
Média	1,802	1,038	13,143
CV (%)	8,63	9,67	10,51

Médias seguidas pela mesma letra maiúscula não diferem do tratamento NPK e médias seguidas pela mesma letra minúscula não diferem da Testemunha pelo teste de Dunnett ao nível de 5 % de probabilidade. (ns) não significativo pelo teste de F. * significativo ao nível de 5 % de probabilidade pelo teste de F.

Avaliação do método da Distribuição Normal Reduzida na obtenção de valores de referência para a diagnose nutricional das plantas na cafeicultura

Edilaine Istéfani Franklin Traspadini[1]; Paulo Guilherme Salvador Wadt[2]; Raquel Schmidt[3]; Jairo Rafael Machado Dias[4]; Carolina Augusto de Souza[1]; Ronaldo Willian da Silva[1]; Daniel Vidal Perez[2]

(1) Acadêmicos do curso de agronomia na universidade Federal de Rondônia - Rolim de Moura CEP 76940-000. E-mail: agroedilaine@hotmail.com; carolina_augusto@hotmail.com; ronaldo_willian1@hotmail.com (2) Pesquisadores na Empresa Brasileira de Pesquisa Agropecuária. Porto Velho -RO CEP 76815-800 e Rio de Janeiro – RJ CEP 22460-000. E-mail: paulogswadt@dris.com.br; daniel.perez@embrapa.br (3) Acadêmica do curso de Mestrado na Universidade Federal do Acre - Rio Branco CEP 69900-000. E-mail: schmidt_raquel@hotmail.com (4) Professor Dr. na Universidade Federal de Rondônia - Rolim de Moura CEP 76940-000. E-mail: jairorafaelmdias@hotmail.com

RESUMO – A eficiência nos diagnósticos nutricionais realizados pelo método do nível crítico depende de valores de referência para cada região, e para isto estão sendo desenvolvimentos métodos alternativos para obtenção desses valores, como o método da distribuição normal reduzida. O objetivo deste trabalho foi verificar a utilização do método da distribuição normal reduzida comparativamente aos níveis críticos na literatura. Foi realizado o monitoramento nutricional de 122 lavouras quantos aos teores totais de N, P, K, Ca, Mg, Cu, Fe, Mn, Zn e B. Estes teores em cada classe produtiva das lavouras foram diagnosticados por três conjuntos de valores de referência, sendo um proposto por Traspadini et al. (2014b) e baseado na distribuição normal reduzida e outros dois propostos na literatura (BRAGANÇA et al., 2007; DIAS et al., 2014). Os valores de referência propostos por Bragança et al. (2007) foram maiores que os encontrados por Traspadini et al. (2014) e aqueles propostos por Dias et al.(2014); consequentemente o número de lavouras identificadas como deficientes foram elevados quando se adotou os valores propostos por Bragança et al. (2007), chegando a 100 % de lavouras sendo consideradas deficientes para Ca, Fe e Zn. Por outro lado, o método da distribuição normal reduzida e o de Dias et al. (2014) apresentaram valores de referência semelhantes, implicando em porcentagem de lavouras deficientes também próximos. Por outro lado, o método da distribuição normal reduzida resultou em menor porcentagem de lavouras deficientes entre aquelas de alta produtividade. Esses resultados indicam que o método da distribuição normal reduzida pode ser útil na obtenção de valores de referência para a diagnose nutricional das plantas pelo método do nível crítico.

INTRODUÇÃO – A cafeicultura rondoniense está se tornando um importante mercado produtor a nível nacional, principalmente porque a produtividade de suas lavouras vem aumentando significativamente nos últimos anos. Apesar das estimativas demonstrarem valores defasados sobre a produtividade média do estado, em torno de 16 sacas ha^{-1} (CONAB, 2014) algumas lavouras clonais vem apresentando altas produtividades, que variam de 67 a 111 sacas ha^{-1} (BAZONI, 2014) demonstrando essa desproporção de valores.

Diversos fatores contribuem para estes resultados, como o manejo adequado de poda, irrigação, o material genético introduzido e a adubação (PARTELLI et al., 2013).

Para manter a produtividade alcançada ou mesmo aumentá-la, a adubação adequada é essencial. A correta diagnose nutricional de uma planta possibilita essa adequação, por melhor identificar as deficiências e excessos dos nutrientes, suprindo-os de forma correta.

O nível crítico (NC), o método mais utilizado para diagnose nutricional, vem se tornando menos usual, por necessitar de calibração local para a obtenção dos valores de referência. Essa calibração, feita por meio de ensaios de campo, apresenta-se dispendiosa em relação ao tempo e recursos.

Adicionalmente, nem sempre os valores obtidos são representativos das lavouras comerciais, o que tem levado diversos autores a desenvolverem métodos de determinação de NC que não necessitassem de calibração local, como o método da Distribuição Normal Reduzida – DiNoR (MAIA et al., 2001).

O objetivo deste trabalho foi comparar níveis críticos determinados pelo DiNoR com níveis críticos disponibilizados na literatura.

MATERIAL E MÉTODOS – Para diagnose foliar, foram utilizados teores foliares para os nutrientes N, P, K, Ca, Mg, Cu, Fe, Mn, Zn e B de 122 lavouras de café comerciais na Zona da Mata rondoniense. A amostragem foliar ocorreu no mês de novembro de 2013, no estádio fenológico da planta de grão "chumbinho".

Consistiu na retirada de quatro folhas por planta, na terceira ou quarta posição de par de folhas no ramo plagiotrópico, sempre no terço médio e na face dos quatro pontos cadeias da planta, sendo amostrada por lavoura 20 plantas.

O material vegetal coletado foi acondicionado em sacos de papel e transportado para o laboratório, onde foi lavado, seco, moído e submetido à análise quanto aos teores totais de N, P, K, Ca, Mg, Cu, Fe, Mn, Zn e B (CARMO et al., 2000).

Foram feitas comparações dos níveis críticos determinado pelo método de Distribuição Normal Reduzida – DiNoR (MAIA et al., 2001), adaptada para planilha eletrônica (TRASPADINI et al., 2014a) e determinados por Traspadini et al. (2014b), com níveis críticos disponibilizados na literatura (DIAS et al., 2014; BRAGANÇA et al., 2007), determinados pelas normas DRIS multivariadas e método convencional, respectivamente.

Além disso, foi estimada a percentagem de lavouras deficientes a cada nutriente avaliado para todos os conjuntos de níveis críticos já comentados e em cada classe produtiva. Para isso foram utilizadas o conjunto de lavouras e seus respectivos teores foliar de N, P, K, Ca, Mg, Cu, Fe, Mn, Zn e B fornecidos por Traspadini et al. (2014a) que foram diagnosticadas deficientes ou equilibradas em razão do NC de todos os autores.

Foi considerada deficiente ou equilibrado o teor do nutriente que mostrou-se abaixo ou acima do NC utilizado, respectivamente.

As classes produtivas baixa, média e alta foram representadas por 16, 61 e 15 das lavouras, respectivamente. Sendo considerada as lavouras de baixa, média e alta as lavouras com produtividade abaixo de 49, de 49 a 101 e acima de 101 sacas ha^{-1}. Das lavouras, 8 % não apresentaram valores de produtividades, por não ter sido possível realizar a colheita.

RESULTADOS E DISCUSSÃO – Os valores de referência para o método do nível crítico sugeridos por Bragança et al. (2007) foram superiores aos propostos por Dias et al. (2014) e aqueles propostos neste trabalho. A diferença foi quase sempre superior a 10 % para a maioria dos nutrientes, à exceção de P e Cu, este último o único nutriente cujo valor de referência foi menor (Tabela 1).

Por outro lado, os valores sugeridos por Traspadini et al. (2014b) e Dias et. al (2014) foram semelhantes entre si (Tabela 1), embora, em geral, os valores de referência sugeridos por Dias et al. (2014) tenham sido superiores em até 1 %, com exceção somente do B, que foi maior com aquele sugerido por Traspadini et al. (2014).

Quanto maior o nível crítico (Tabela 1) maior foi o número de lavouras deficientes (Tabela 2).

Bragança et al. (2007) apresentou os maiores níveis críticos, consequentemente obteve elevado número de lavouras deficientes, com mais de 90 % e 100 % dessas lavouras deficientes em N e K, e para Ca, Fe e Zn, respectivamente, para todas as classes produtivas. Em contrapartida o Cu apresentou menos de 10 % de lavouras deficientes.

Esses valores sugerem que estes NC não devem ser recomendados para diagnose foliar das lavouras de conilon da Zona da Mata rondoniense, por haver uma distorção de valores. Já que 15 % das lavouras monitoradas apresentaram alta produtividade (acima de 101 sacas ha^{-1}), não seria possível que essas lavouras fossem deficientes em todos os nutrientes avaliados.

O número de lavouras deficientes também foi semelhante entre Traspadini et al. (2014) e Dias et al. (2014). Porém a classe de alta produtividade apresentou menor numero de lavouras deficientes para a maioria dos nutrientes quando diagnosticadas pelos valores de referência de Traspadini et al. (2014), com exceção somente do Ca, Zn e B, que foram superiores. Assim, é possível indicar o método da distribuição normal reduzida para a obtenção dos valores de referência para o método do NC.

CONCLUSÕES – Dentre os diferentes conjuntos de valores de referência sugeridos para a diagnose das lavouras cafeeiras pelo método do nível crítico, Bragança et al (2007) apresentou um maior número de lavouras deficientes, seguido por Dias et al. (2014) para lavouras de alta produtividade, finalizando por Traspadini et al. (2014), com menores lavouras deficientes, principalmente entre aquelas de alta produtividade, indicando o método da distribuição normal reduzida para a obtenção destes valores de referência.

REFERÊNCIAS

BAZONI, P.A. **Adubação organo-mineral em cafeeiro clonais em Nova Brasilândia D'Oeste**. Trabalho de Conclusão de Curso (Graduação em Agronomia). Universidade Federal de Rondônia, 2013. 35p.

BEAUFILS, E.R. **Diagnosis and recommendation integrated system (DRIS)**. Bloemfontein: University of Natal, 1973. 132p.

CARMO, C.A.F. de S. do; ARAÚJO, W.S. de; BERNARDI, A.C.de C.; SALDANHA, M.F.C. **Métodos de análise de tecidos vegetais utilizados pela Embrapa Solos**. Rio de Janeiro: Embrapa Solos, 2000. 41p. (Embrapa Solos. Circular técnica, 6).

CONAB - COMPANHIA NACIONAL DE ABASTECIMENTO. **Acompanhamento da safra brasileira**: café, safra 2014, segundo levantamento. Brasília: CONAB,2014, p. 67.

DIAS, J.R.M.; SCHMIDT, R.; DUBERSTEIN, D.; WADT, P.G.S.; ESPINDULA, M.C.; PARTELLI, F. L. & PEREZ, D.V. Manejo nutricional de cafeeiros clonais na Amazônia Ocidental. In: WADT, P.G.S.; MARCOLAN, A. L.; MATOSO, S.C.G.; PEREIRA, M.G. (Ed.). **Manejo dos solos e a sustentabilidade da produção agrícola na Amazônia Ocidental**. Porto Velho: Núcleo Regional Amazônia Ocidental da SBCS. 2014. p. 129-143. (no prelo)

BRAGANÇA, S.M.; PREZOTTI, L.C.; LANI, J.A.. Nutrição do cafeeiro Conilon. In: FERRÃO, R.G.; FONSECA, A.F.A. da; BRAGANÇA, S.M.; FERRÃO, M.A.G.; MUNER, L.H. de. **Café conilon**. Vitória: Incaper, 2007. p. 297-327.

MAIA, C.E.; MORAIS, E.R.C.; OLIVEIRA, M. Nível crítico pelo critério da distribuição normal reduzida: uma nova proposta para interpretação de análise foliar. **Revista Brasileira de Engenharia Agrícola e Ambiental**, v.5, n.2, p.235-238, 2001.

PARTELLI, F.L.; OLIVEIRA, M.G.; COVRE, A.M.; DIAS, J.R.M.; ESPINDULA, M.C. Normas Foliares Para Café Conilon Em Pré-Florada No Sul Da Bahia. In: SIMPÓSIO DE PESQUISA DOS CAFÉS DO BRASIL, 8., 2013, Salvador. **Anais**... Brasília, DF: Embrapa Café, 2013.

TRASPADINI, E.I.F.; WADT, P.G.S.; DIAS, J.R.M.; SCHMIDT, R.; PEREZ, D.V. **Aplicação da Distribuição Normal Reduzida na Definição de Nível Crítico**. 1. ed. Porto Velho: NRAOc - SBCS, 2014a. v.1. 47p.

TRASPADINI, E.I.F; WADT, P.G.S.; SCHMIDT, R.; DIAS, J.R.M.; AUGUSTO, C.S.; SILVA, R.W.; PEREZ, D.V. Distribuição normal reduzida para obtenção de nível crítico: influência da normatização dos dados. In: REUNIÃO DE CIÊNCIA DO SOLO DA AMAZÔNIA OCIDENTAL, 2., 2014, Porto Velho. **Anais...** Porto Velho: SBCS, 2014b.

Tabela 1. Níveis críticos determinados por Traspadini et al. (2014), Dias et al. (2014) e Bragança et al. (2007) para cafeeiros canéfora.

Nutrientes		Níveis críticos		
		Traspadini et al. (2014)	Dias et al. (2014)	Bragança et al. (2007)*
N		23,9	24,0	30,0
P		1,1	1,1	1,2
K	g kg^{-1}	14,3	15,0	21,0
Ca		9,3	9,0	14,0
Mg		1,8	1,9	3,2
Cu		13,6	15,0	11,0
Fe		50,9	52,0	131,0
Mn	mg kg^{-1}	34,6	51,0	69,0
Zn		5,0	4,9	12,0
B		39,9	38,0	48,0

(*) Nível crítico determinado a partir de lavouras de cafeeiros connilon no estado do Espirito Santo.

Tabela 2. Porcentagem de lavouras deficientes para cada classe produtividade (B = baixa; M = média e A = alta) a partir da diagnose nutricional utilizando níveis críticos de Traspadini et al. (2014), Dias et al. (2014) e Bragança et al. (2007).

Nutrientes	Traspadini et al. (2014)				Dias et al. (2014)				Bragança et al. (2007)			
	B	M	A	Total	B	M	A	Total	B	M	A	Total
N	53	35	44	39	53	39	50	43	95	97	94	97
P	37	39	28	35	32	33	28	30	63	55	33	51
K	16	29	50	31	16	41	61	40	95	93	94	94
Ca	58	47	28	44	53	40	17	37	100	100	100	99
Mg	47	33	28	34	53	37	28	37	95	87	83	86
Cu	11	28	44	27	16	43	56	39	0	4	6	3
Fe	74	47	56	51	74	47	56	51	100	100	100	100
Mn	37	24	39	30	63	45	56	52	68	65	61	66
Zn	32	49	56	43	32	43	50	39	100	100	100	100
B	53	45	33	45	47	32	28	34	79	84	78	84

(*) Nível crítico determinado a partir de lavouras de cafeeiros conilon no estado do Espirito Santo.

Características de crescimento de abacaxizeiro em função da adubação fosfatada em sistema irrigado

Ueliton Oliveira de Almeida[1]; Romeu de Carvalho Andrade Neto[2]; Aureny Maria Pereira Lunz[2]; Romário Rodrigues Gomes[3]; Ana Paula Moreno Mesquita[4]; Laura Vanessa Marques Gonçalves[5]; Anderson Andrey Gama Barbosa[3]

(1) Mestrando em Agronomia/Produção Vegetal da Universidade Federal do Acre, Rio Branco, AC. E-mail: uelitonhonda5@hotmail.com (2) Pesquisador da Embrapa Acre. E-mai: romeu.andrade@embrapa.br; aureny.lunz@embrapa.br (3) Graduando em Engenharia Agronômica pela Universidade Federal do Acre. E-mail: romario_rg@hotmail.com; anderson.andrey27@hotmail.com (4) Graduanda em Gestão Ambiental na Uninorte. E-mail: catias_sk8@hotmail.com (5) Graduanda em Ciências Biológicas na Uninorte, AC. E-mail: alaura.marques@gmail.com

RESUMO – O estado do Acre possui grande potencial de mercado devido a grande demanda por abacaxis e a produção insuficiente, tornando-se uma cultura que vem ganhando importância econômica e social. A falta ou o pouco uso de tecnologias de produção é um dos fatores responsáveis pela baixa produção no estado. Assim, o objetivo do estudo foi avaliar o crescimento vegetativo de abacaxizeiro em sistema irrigado submetido à adubação fosfatada. O experimento foi instalado na colônia Bom Jesus, no município de Senador Guiomard, Acre. Os tratamentos foram: T1 (0 kg ha^{-1} de P); T2 (40 kg ha^{-1} de P); T3 (60 kg ha^{-1} de P); T4 (80 kg ha^{-1} de P); T5 (100 kg ha^{-1} de P) e T6 (120 kg ha^{-1} de P), sendo que todos receberam adubações nitrogenadas e potássicas sem variação, com exceção para a testemunha (T1), que não foi aplicado fertilizantes. O delineamento foi de blocos casualizados completos com seis tratamentos e três repetições, sendo utilizadas três plantas por parcela. As adubações de P foram aplicadas no plantio e as de NK foram parceladas em quatro vezes. Aos 300 dias após o plantio avaliou-se a altura das plantas, o número de folhas, o diâmetro do caule e a largura da folha 'D'. A análise de regressão não mostrou efeito significativo com a aplicação de fósforo para todas as características avaliadas. A adubação fosfatada não influencia no crescimento vegetativo de abacaxizeiro nas condições estudadas.

Palavras-chave: *Ananas comosus* L., nutrição, fósforo.

INTRODUÇÃO – O abacaxizeiro (*Ananas comosus* L. Merril) é uma planta pertencente à família das bromeliáceas de porte herbáceo e perene, de clima tropical com origem em regiões caracterizadas por dias quentes e secos ou com distribuição pluviométrica irregular. Os abacaxis são utilizados para consumo *in natura* e industrializados, tais como pedaços em calda, sucos e geleias.

A cultura do abacaxi é cultivada em todas as regiões brasileiras contribuindo para que o país seja um dos maiores produtores mundiais. Em 2013, o Brasil produziu 1.638.718 abacaxis, com rendimento de 26.452 frutos ha^{-1}, destacando-se os estados da Paraíba, Pará e Minas Gerais como maiores produtores (IBGE, 2014).

O estado do Acre tem grande potencial para expansão da abacaxicultura, uma vez que se adapta bem as condições edafoclimáticas da região. Apesar de condições favoráveis ao cultivo, a produção de abacaxis no estado ainda é baixa e com produtividade bastante inferior à média nacional em virtude da falta investimento em tecnologia, como adubação e calagem, aplicação de defensivos, espaçamentos inadequados, entre outros.

A demanda de abacaxis no estado é grande e a produção não é suficiente para abastecer o mercado sendo que grande parte dos frutos são provenientes de outros estados, como São Paulo e Rondônia (ANDRADE NETO et al., 2011).

Para aumentar a produção no estado do Acre é fundamental o uso de irrigação e adubação na cultura, podendo ser escalonado em várias épocas do ano. Períodos de déficit hídrico, com precipitação inferior a 60 mm mensal, podem prejudicar o crescimento das plantas e interferir na produtividade. Almeida (2000) relata que a faixa ideal de precipitação anual para o melhor desenvolvimento da cultura, situa-se entre 1.000 mm e 1.500 mm bem distribuídos, tornando-se necessária a irrigação nos locais onde tal situação não é alcançada.

Quanto a adubação, o abacaxizeiro é uma cultura exigente e demanda grandes quantidades de nutrientes, principalmente, nitrogênio, potássio e cálcio. Segundo Malavota (1982) a planta obedece à seguinte ordem decrescente de acúmulo de macronutrientes: K>N>Ca> Mg> S>P.

A cultura é pouco exigente em fósforo, mas os solos do estado do Acre, em geral, apresentam baixas reservas minerais desse elemento, o que se torna indispensável a adubação fosfatada para suprir as demandas da cultura.

O fósforo é um nutriente mineral essencial importante para o abacaxizeiro, já que a planta exige certas quantidades na diferenciação floral e no desenvolvimento dos frutos (RESENDE; KLUGE, 1998). Assim, este trabalho teve como objetivo, avaliar as características de crescimento de abacaxizeiro em sistema irrigado submetido à adubação fosfatada.

MATERIAL E MÉTODOS – O experimento foi implantado e conduzido na Colônia Bom Jesus, situada no município de Senador Guiomard, a aproximadamente 30 km de Rio Branco, Acre. A região apresenta temperaturas máxima de 30,9 °C e mínima de e 20,8 °C, umidade relativa de 83 %, precipitação anual de 1.648 mm, e com estações seca e chuvosa bem definidas.

Os tratamentos foram constituídos pela aplicação de doses crescentes de fósforo da seguinte forma: T1 (0 kg ha^{-1} de P); T2 (40 kg ha^{-1} de P); T3 (60 kg ha^{-1} de P); T4 (80 kg ha^{-1} de P); T5 (100 kg ha^{-1} de P) e T6 (120 kg ha^{-1} de P). Em todos os tratamentos, exceto o T1, foram realizadas adubações nitrogenadas e potássicas, com 320 e 480 kg.ha^{-1}, respectivamente. O delineamento experimental foi de blocos casualizados completos com seis tratamentos e três repetições, sendo avaliadas três plantas centrais de cada parcela.

A correção do solo foi realizada antes do plantio de acordo com os resultados da análise de solo. O N foi fornecido com ureia, o P com superfosfato simples e o K com cloreto de potássio. O fósforo foi incorporado ao solo no momento do plantio, enquanto que o nitrogênio e o potássio foram parcelados em quatro vezes (60, 120, 180 e 240 dias após o plantio).

A área foi preparada com uma aração e duas gradagens e o plantio foi feito com mudas tipo filhote no espaçamento de 90 x 30 cm, totalizando-se 37.037 plantas ha^{-1}. A cultivar utilizada foi a RBR-1 (Rio Branco) lançada pela Embrapa Acre e mais cultivada no estado.

A indução floral foi realizada aos 300 dias após o plantio com produto comercial Ethrel a base de etefon. Para maior eficiência e uniformidade, realizou-se a indução às 6 horas da manhã e a irrigação foi suspensa por 24 horas.

A irrigação foi realizada por aspersão, sendo realizada de acordo com a evapotranspiração da cultura acumulada que foi estabelecida de acordo com as características do solo. A evapotranspiração de referência foi determinada de acordo com a metodologia de Hargreaves e Samani (1985), e os coeficientes de cultivo (K_c) durante o ciclo da cultura foram utilizados conforme Bernardo (1989).

Os tratos culturais foram realizados conforme recomendações técnicas para a cultura. Durante a condução do experimento ocorreu a podridão do olho (*Phytophthora nicotianae* var. *parasitica*) e percevejo do abacaxi (*Thlastocoris laetus*), sendo controladas com produtos químicos recomendados para a cultura.

Antes da indução floral foram coletadas plantas para a avaliação de crescimento, sendo analisadas as seguintes características: número de folhas, altura da planta (cm), comprimento da folha 'D' (cm) e diâmetro do caule (mm). Os dados foram submetidos à análise de regressão após verificação de homogeneidade de variâncias e normalidade dos erros.

RESULTADOS E DISCUSSÃO – As diferentes doses de fósforo aplicados no plantio do abacaxizeiro cv. RBR-1 (Rio Branco) em sistema irrigado, nas condições edafoclimáticas do estado do Acre, não apresentou efeito significativo para o número de folhas, altura da planta, diâmetro do caule e largura da folha 'D' aos 300 dias após o estabelecimento em campo (Tabela 1 e 2). O desenvolvimento vegetativo das plantas foi semelhantes em todos os tratamentos avaliados. Choairy e Fernandes (1986) observaram que a aplicação fosfatada não influênciou nos rendimentos de abacaxizeiro Smooth Cayenne em condições de sequeiro, demonstrando assim, a pouca influência deste nutriente no desenvolvimento da cultura. Caetano et al. (2013) e Spironello et al. (2004) também não encontraram efeito significativo das doses de P para o abacaxizeiro.

A falta de resposta da adubação fosfatada neste experimento pode esta relacionada com a pouca demanda da cultura por este macronutriente (MALAVOLTA, 1982; PAULA et al., 1991). Além disso, as condições favoráveis de clima e solo, irrigação e práticas culturais realizadas durante a execução dos experimento podem ter contribuído para a insignificância das doses de P aplicadas. Outro fator, pode ser segundo Guarçoni e Ventura (2011), a associação dos fungos micorrízicos arbusculares ao sistema radicular do abacaxizeiro que contribuem para maior absorção de P existente no solo.

Apesar de ser um dos elementos menos exigidos pelo abacaxizeiro, a aplicação de fósforo é fundamental no desenvolvimento das plantas, uma vez que este nutriente tem função importante no processo fotossintético, na formação inicial e desenvolvimento do sistema radicular, o que proporciona melhor eficiência no uso da água, absorção de outros nutrientes (MALAVOLTA et al., 1997), além ser indispensável na diferenciação floral e desenvolvimento dos frutos (RESENDE; KLUGE, 1998).

A adubação fosfatada na quantidade adequada para as plantas reduzem os custos de produção, resultando em maiores rendimentos financeiros para o abacaxicultor.

CONCLUSÕES – O desempenho vegetativo de abacaxizeiros até o 300º dia após o plantio não é influenciado pelas adubações fosfatadas em sistema irrigado.

AGRADECIMENTOS – Aos funcionários da Embrapa Acre e estagiários pelo apoio no desenvolvimento do experimento.

REFERÊNCIAS

ALMEIDA, O.A. Irrigação, In: REINHARDT, D.H.; SOUZA, L.F. da S.; CABRAL, J.R.S. (Org). **Abacaxi produção:** aspectos técnicos. Brasília, DF: Embrapa Comunicação para Transferência de Tecnologia, 2000, 77 p.

ANDRADE NETO, R.C.; NEGREIROS, J.R.; ARAÚJO NETO, S.E.; CAVALCANTE, M.J.B.; ALECIO, M.R.; SANTOS, R.S. **Diagnóstico da potencialidade da fruticultura no Acre**. Rio Branco, AC: Embrapa Acre, 2011, 52 p. (Documentos, 125).

BERNARDO, S. **Manual de irrigação**. 5. ed, Viçosa, MG: Universidade Federal de Viçosa, 1989. 596p.

CAETANO, L.C.S.; VENTURA, J.A.; COSTA, A. de F.S. da; GUARÇONI, R.C. Efeito da adubação com nitrogênio, fósforo e potássio no desenvolvimento, na produção e na qualidade de frutos do abacaxi 'vitória'. **Revista Brasileira de Fruticultura,** v.35, n.3, p.883-890, set. 2013.

CHOAIRY, S.A.; FERNANDES, P.D. Adubação fosfatada para produção de abacaxi 'smooth cayenne' na região de Sapê, Paraíba. **Pesquisa Agropecuária Brasileira,** Brasília, DF, v.21, n.2, p.105-109, fev. 1986.

GUARÇONI M.A.; VENTURA, J.A. Adubação N-P-K e o desenvolvimento, produtividade e qualidade dos frutos do abacaxi 'Gold' (MD-2). **Revista Brasileira de Ciência do Solo,** Viçosa, MG, v.35, p.1367-1376, 2011.

HARGREAVES, G.H.; SAMANI, Z.A. Refence crop evapotranspitation from temperature. **Applied Engineering Agriculture,** v.1, n.2, p.96-99, 1985.

IBGE. **Dados de previsão de safra.** Disponível em: <http://www.sidra.ibge.gov.br/bda/prevsaf/default.asp?t=1&z=t&o=26&u1=1&u2=1&u3=1&u4=1>. Acesso em: 09 ago. 2014.

MALAVOLTA, E. Nutrição mineral e adubacão do abacaxizeiro. In: SIMPOSIO BRASILEIRO SOBRE ABACAXICULTURA, 1., 1982. Jaboticabal. **Anais...** Jaboticabal: Faculdade de Ciencias Agrárias e Veterinárias, 1982.

MALAVOLTA, E.; VITTI, G.C.; OLIVEIRA, S.A. **Avaliação do estado nutricional das plantas:** princípios e aplicações. Piracicaba: POTAFOS, 1997. 319p.

PAULA, M.B. de; CARVALHO, V.D. de; NOGUEIRA F.D; SOUZA, L.F. da S. Efeito da calagem, potássio e nitrogênio na produção e qualidade do fruto do abacaxizeiro. **Pesquisa Agropecuária Brasileira,** vol.26, n.9, p.1338-1343,1991.

RESENDE, G.O.; KLUGE, R.A. Abacaxizeiro. In: CASRTO, P.C.; KLUGE, R.A. (Ed). **Ecofisiologia de fruteiras tropicais:** Abacaxizeiro, maracujazeiro, mangueira, bananeira, cacaueiro. São Paulo: Nobel, 1998.

SPIRONELLO, A.; QUAGGIO, J.A.; TEIXEIRA, L.A.J.; FURLANI, P.R.; SIGRIST, J.M.M. Pineapple yield and fruit quality effected by NPK fertilization in a tropical soil. **Revista Brasileira de Fruticultura,** Jaboticabal, v.26, n.1, p.155-159, 2004

Tabela 1. Valores dos quadrados médios do número de folhas, altura da planta, diâmetro do caule e largura da folha "D" de abacaxizeiro em diferentes doses de fósforo.

Fonte de variação	GL	Quadrados médios			
		Número de Folhas	Altura da Planta (cm)	Diâmetro do Caule (mm)	Largura da Folha 'D'(cm)
Regressão linear	1	5,5949^{ns}	6,6960^{ns}	40,4472^{ns}	0,0756^{ns}
Regressão quadrática	1	3,4909^{ns}	10,9917^{ns}	10,1160^{ns}	0,02662^{ns}
Regressão cúbica	1	0,0284^{ns}	0,8600^{ns}	8,4193^{ns}	0,000219^{ns}
Desvios de regressão	2	60,7469^{ns}	60,0661^{ns}	18,2129^{ns}	0,01949^{ns}
Doses P_2O_5	5	26,1216--	27,7360--	19,0817--	0,0283--
Bloco	2	62,3737^{ns}	400,5015*	7,8181^{ns}	0,2332^{ns}
Resíduo	10	38,3082	61,1572	13,1305	0,05452
CV (%)	-	11,93	6,67	8,02	4,72

Tabela 2. Valores médios do número de folhas, altura da planta, diâmetro do caule e largura da folha 'D' em diferentes doses de fósforo.

Doses P	Número de Folhas	Altura da Planta (cm)	Diâmetro do Caule (mm)	Largura da Folha 'D'(cm)
0	50,22	114,67	41,15	4,79
40	53,33	120,80	46,86	4,94
60	48,45	112,99	43,49	4,98
80	56,67	120,01	47,71	5,00
100	50,00	118,18	44,83	5,00
120	52,56	116,70	47,01	4,98
Média geral	51,87	117,22	45,17	4,95

Compostos orgânicos enriquecidos de sangue bovino para produção de milho verde

Douglas Borges Pichek[1]; Marisa Pereira Matt[1]; Odair Queiroz Lara[1]; Diego Boni[1]; Carolina Augusto de Souza[1]; Tiago Pauly Boni[1]; Ronaldo Willian da Silva[1]; Marlos Oliveira Porto[2]; Jucilene Cavali[2]; Elvino Ferreira[3]

(1) Acadêmico de Agronomia da Fundação Universidade Federal de Rondônia, Rolim de Moura, RO. E-mail: douglasbpichek@hotmail.com; marisa_matt@hotmail.com; odair.queiroz.lara@hotmail.com; d.boni@hotmail.com; carolina_augusto@hotmail.com; tiago.bonieaf@hotmail.com; ronaldo_willian1@hotmail.com (2) Professor do Departamento de Engenharia de Pesca e Aquicultura da Fundação Universidade Federal de Rondônia, Presidente Médici, RO. E-mail: mportoufv@pop.com.br; jcavali@unir.br (3) Professor do Departamento de Agronomia da Fundação Universidade Federal de Rondônia, Rolim de Moura, RO. E-mail: elvinoferreira@yahoo.com.br

RESUMO – A adubação orgânica é uma prática de manejo do solo, produz inúmeros benefícios se utilizada de forma correta, especialmente para as pequenas propriedades, onde o aumento da eficiência no uso dos recursos é crucial. O objetivo do trabalho foi avaliar o desempenho da cultura do milho verde submetido à adubação com diferentes compostos orgânicos enriquecidos com sangue bovino. O estudo foi desenvolvido na fazenda experimental da Fundação Universidade Federal de Rondônia, *Campus* de Rolim de Moura em Latossolo Vermelho-Amarelo distrófico. O delineamento experimental foi em blocos casualizados, com seis tratamentos (palha de café, bagaço de cana, pó de serra fino e grosso) enriquecidos na relação de 1,5 dm^3 de sangue para 3 kg de resíduo vegetal, um tratamento com adubação química (NPK) e uma testemunha, em três repetições. O sangue foi oriundo da atividade frigorífica e aplicado na forma líquida superficialmente sobre os resíduos vegetais. Após a aplicação o material foi misturado e deixado compostar por 60 dias. Sua aplicação se deu em parcelas de 3 x 2,70 m, com espaçamento de 0,90 m entre linhas e 0,30 m entre plantas. As variáveis analisadas foram matéria fresca e matéria seca da planta e da espiga. Após a análise dos dados por meio do teste de Dunnet a 5 %, utilizando o programa Assistat 7.6, pôde se observar que para todas as variáveis analisadas não foram encontrados efeitos significativos da adição dos resíduos enriquecidos com sangue bovino, tendo suas médias equiparadas à testemunha e inferior ao tratamento NPK.

Palavras-chave: *Zea mays*, compostagem, palha de café, bagaço de cana, pó de serra.

INTRODUÇÃO – A adubação orgânica é uma prática de interesse no manejo do solo, devido a inúmeros benefícios gerados para as culturas tendo, a possibilidade de ser originado nas pequenas propriedades. Nesse aspecto, a contribuição da adubação orgânica relaciona-se à incorporação de matéria orgânica com o suprimento de nitrogênio ao sistema, aumento o teor de outros elementos, tais como fosfatos e micronutrientes (KIEHL, 1985; SILVA, 2004). A adubação orgânica é uma prática realizada há milênios como forma de manutenção e recuperação da fertilidade do solo (KIEHL, 1985), podendo ser incorporada ou mantida sobre a superfície do solo.

A adubação orgânica pode ser baseada na associação de compostos com o objetivo de aumento da concentração de nutrientes. Contudo, muito se tem a estudar a esse respeito devido nem sempre se obter os resultados pretendidos. Por exemplo, a adição de gesso (1 kg m^{-3}) ou superfosfato triplo (1 kg m^{-3}) associados a dejetos de suínos em bagaço de cana não proporcionaram aumentos significativos após 120 dias de compostagem. Comentam os autores que a falta de efeito pode ser atribuída à insuficiente quantidade desses produtos bem como a baixa solubilidade em se tratando do gesso (SEDIYAMA et al., 2000). Os mesmos autores afirmam que para a compostagem produzida com palha de café pode ser observado enriquecimento quanto ao K e aumento nos valores de pH sendo que para micronutrientes (Cu, Fe e Zn) não foi ultrapassado o limite de segurança para seu emprego no solo.

Em relação aos cultivos praticados em âmbito da agricultura familiar o milho se destaca. Esse cereal é o segundo em importância de cultivo no mundo, após o trigo e seguido pelo arroz (LISBOA et al., 1999). Sua ampla distribuição pode ser relacionada ao seu valor nutritivo, a sua alta produção por unidade de trabalho e unidade de área e também por possuir um período longo de colheita e permitir ser armazenado (ROMANO, 2005). Segundo Büll (1993), entre as tecnologias disponíveis no meio agrícola, a adubação tem sido considerada a mais limitante para o aumento da produtividade das lavouras de milho. Entretanto, somente com a utilização de adubo químico não é possível manter produtividade satisfatória por longo prazo. Existe a opção de o milho ser colhido antes que os grãos atinjam a maturidade fisiológica (milho verde) e isso representa mais uma opção para o agricultor quanto ao aporte de recursos para a propriedade (CRUZ et al., 2010). Apesar do cultivo do milho verde ser bastante difundido nas principais regiões brasileiras, informações sobre o comportamento produtivo de cultivares e características de espigas de milho verde sob cultivo orgânico são escassas (ARAÚJO et al., 2000; CARVALHO et al., 2003 apud CRUZ et al., 2010).

Os mais diversos subprodutos ou resíduos podem ser misturados a fim de ser obtida uma compostagem com melhores concentrações de nutrientes para as plantas, assim pode se citar o emprego de capim elefante associado à torta de mamona (LEAL et al., 2013) ou o emprego de esterco de poedeiras (SANTOS et al., 2010) e mesmo a utilização de carcaças de frangos de corte (CESTONARO et al., 2010). Com o desenvolvimento da bovinocultura de corte muitos frigoríficos não possuem porte suficiente para ter o maquinário necessário para fabricação de farinha de sangue, já que o processo é oneroso para a indústria, porém o descarte de sangue in natura no ambiente representa problema ambiental devido seu elevado potencial poluente. Assim pode ser pensado que tal recurso tem emprego na mistura com outros substratos orgânicos para geração de compostagem. Desta forma o presente trabalho teve por objetivo avaliar o desempenho da cultura do milho verde submetido à adubação com diferentes compostos orgânicos formados a partir de resíduos vegetais e sangue bovino, como fonte de nutrientes.

MATERIAL E MÉTODOS – O estudo foi desenvolvido no período de 05/04/2014 a 27/06/2014 na fazenda experimental da Fundação Universidade Federal de Rondônia, *Campus* de Rolim de Moura, localizada na RO 479, Km 15, a 277 m acima do nível do mar, latitude 11° 43' S e longitude 61° 46' W. O clima, segundo classificação de Köppen, é o Tropical Quente e Úmido (Aw), com estação seca bem definida (maio/setembro), temperatura média de 28 °C, precipitação anual média de 2.250 mm e umidade relativa do ar elevada, oscilando em torno de 85 %.

As unidades experimentais foram constituídas por parcelas marcadas no campo em solo classificado como Latossolo Vermelho-Amarelo distrófico, textura areia franca e apresentava os seguintes atributos químicos antes da implantação do ensaio: pH (H_2O) = 4,90; P= 2,20 mg dm^{-3}; K= 0,15 $cmol_c$ dm^{-3}; Ca= 0,32 $cmol_c$ dm^{-3}; Mg= 0,16 $cmol_c$ dm^{-3}; Al= 0,44 $cmol_c$ dm^{-3};

H+Al= 5,50cmol$_c$ dm^{-3}; M.O.= 21 g dm^{-3} e Argila= 59 %, para a camada de 0 - 20 cm.

O trabalho constituiu de avaliação, em campo, dos compostos enriquecidos com sangue bovino (relação 1,5: 3 de resíduo vegetal) realizado por meio da interpretação do desempenho da cultura do milho verde, Híbrido AG 1051/Seminis, com 98 % de pureza e 85 % de germinação mínima. A área em que se realizou o experimento estava cultivada com *Brachiaria brizantha*, sendo, portanto, realizado seu preparo através de roçada e dez dias após, duas gradagens aplicou-se calcário calcítico com PRNT de 86 % na proporção de 0,577 t ha^{-1}, sendo a semeadura realizada após 20 dias dessa prática.

O delineamento experimental foi em blocos casualizados, com seis tratamentos e três repetições. Os tratamentos foram constituídos por quatro compostos enriquecidos com sangue bovino (palha de café, bagaço de cana, pó de serra fino e grosso), um tratamento com adubação química (NPK) seguindo as recomendações de (FREIRE, et al., 1999) com 6 g de ureia, 19,56 g de superfosfato triplo e 6,21 g de cloreto de potássio por metro linear respectivamente e uma testemunha, sem adubação. As parcelas foram formadas por quatro linhas de três metros. O espaçamento foi de 0,90 m entre linhas e 0,30 m entre plantas totalizando 9,72 m^2 de área total por parcela. A área útil foi constituída pelas duas linhas centrais. Para melhor eficiência na adubação nitrogenada, realizou-se seu parcelamento sendo dividida no plantio e nas épocas de expansão da 4ª e 8ª folha da cultura. Para a adubação das parcelas com compostos, foram colocados 369 g de cada composto em área total superficialmente nas parcelas correspondente.

As variáveis analisadas foram: matéria fresca e matéria seca da planta (parte aérea) e da espiga do milho, tomado por meio da pesagem de ambos em balança semianalítica. As amostras foram levadas para estufa a 65 °C com ventilação forçada de ar e após 5 dias foi determinada suas massas secas. Posteriormente os dados foram submetidos à análise de variância e contraste de médias pelo teste de Dunnet a 5 % de probabilidade, utilizando-se o programa Assistat 7.6 (SILVA; AZEVEDO, 2004).

RESULTADOS E DISCUSSÃO – Os tratamentos estudados não influenciaram os valores de matéria fresca e matéria seca da planta e da espiga de milho verde (Tabela 1). Possivelmente ajustes quanto a relação C:N deve ser feitas no intuito de permitir eficiente mineralização para o aproveitamento da cultura. A falta de contraste entre tratamentos que utilizam associação de subprodutos para geração de compostagem enriquecidas é relatada por Sediyama et al. (2000), os quais atribuem a pequena quantidade de reagentes (gesso ou superfosfato triplo; 1 kg m^{-3}) bem como a aspectos relacionados a sua solubilidade. No caso em estudo, essa abordagem pode ser considerada uma vez que não se contou com os dados de C:N dos diferentes resíduos tratados com sangue de bovinos na compostagem. A falta de contraste em relação ao tratamento testemunha pode estar relacionada a semelhança nos níveis de mineralização da matéria orgânica local já que a área era anteriormente ocupada por *Brachiaria brizantha*. Outro fato que certamente contribuiu para esse resultado está na baixa precipitação pluvial ocorrida no final do experimento bem como o fracionamento das doses de N para o tratamento NPK. Para as questões de solubilidade em relação às formas com que os nutrientes foram aportados deve ser consideradas uma vez que as aplicações se deram de forma superficial e não incorporadas.

Em relação ao emprego do sangue bovino na produção de compostos tem-se que ele possui grande capacidade de enriquecimento nutricional, no entanto, fatores de estabilidade e dinâmica de estabilização da matéria orgânica podem mudar as repostas em relação ao emprego desse substrato para as culturas. Por exemplo, para milho cultivado em Argissolo Vermelho Amarelo distroférrico em dois cultivos sucessivos após a aplicação de lodo de curtume e sua compostagem com fosfato natural verificou-se efeito significativo do lodo in natura para o desenvolvimento do milho em relação aos tratamentos NPK e testemunha (ARAÚJO et al., 2008). Os autores relatam que o lodo não supriu a quantidade de potássio necessária para o desenvolvimento das plantas no segundo cultivo, mas o lodo de curtume promoveu maior acúmulo de N e P na planta e melhor desenvolvimento do milho no primeiro cultivo, o que não se repetiu no segundo cultivo. Ainda ressaltam que o lodo de curtume compostado apresentou maior acúmulo de N no segundo cultivo, representando também maior estabilização do N no resíduo compostado.

CONCLUSÕES – Para todas as variáveis analisadas o milho não respondeu a adição dos substratos enriquecidos com sangue bovino, tendo médias semelhantes à testemunha e inferior ao tratamento NPK.

REFERÊNCIAS

ARAÚJO, P.C. de; PERIN, A.; MACHADO, A.T. de; ALMEIDA, D.L. de. **Avaliação de diferentes variedades de milho para o estádio de "verde" em sistemas orgânicos de produção**. In: CONGRESSO NACIONAL DE MILHO E SORGO, 23., 2003, Uberlândia. A inovação tecnológica e a competitividade no contexto dos mercados globalizados: [resumos expandidos]. Sete Lagoas: ABMS: Embrapa Milho e Sorgo; Uberlândia: Universidade Federal de Uberlândia, 2000. 1 CD-ROM.

ARAÚJO, F.F.; TIRITAN, C.S.; PEREIRA, H.M.; CAETANO JÚNIOR, O. Desenvolvimento do milho e fertilidade do solo após aplicação de lodo de curtume e fosforita. **Revista Brasileira de Engenharia Agrícola e Ambiental**, v.12, n.5, out. 2008. Disponível em: <http://www.scielo.br/scielo.php?script=sci_arttext&pid=S1415-43662008000500011&lng=pt&nrm=iso>. Acesso em: 09 set. 2014.

BÜLL, L.T. Nutrição mineral do milho. In: BÜLL, L.T.; CANTARELLA, H. **Cultura do Milho**: fatores que afetam a produtividade. Piracicaba, SP: Potafós, 1993. p.147-196.

CESTONARO, T.; ABREU, P.G.; ABREU, V.M.; COLDEBELLA, A.; TOMAZELLI, I.; HASSEMER, M.J. Desempenho de diferentes substratos na decomposição de carcaça de frango de corte. **Revista Brasileira de Engenharia Agrícola e Ambiental**, v.14, n.12, dez. 2010. Disponível em: <http://www.scielo.br/scielo.php?script=sci_arttext&pid=S1415-43662010001200010&lng=pt&nrm=iso>. Acesso em: 09 set. 2014.

CRUZ, J.C.; FILHO, I.A.P.; MOREIRA, J.A.A.; MATRANGOLO, W.J.R. Resposta de Cultivares de Milho à Adubação Orgânica para Consumo Verde, Grãos e Forragem em Sistema Orgânico de Produção. In: CONGRESSO NACIONAL DE MILHO E SORGO, 28., 2010, Goiânia, Goiás.

FREIRE, F.M.; FRANÇA, G.E.; VASCONCELLOS, C.A.; PEREIRA FILHO, I.A.; ALVES, V.M.C.; PITTA, G.V.E. Sugestões de adubação para as diferentes culturas em Minas Gerais: Milho verde. In: RIBEIRO, A.C.; GUIMARÃES, P.T.G.; ALVAREZ V., V.H. **Comissão de fertilidade do solo do estado de Minas Gerais – Recomendações para o uso de corretivos e fertilizantes em Minas Gerais – 5ª aproximação**. Viçosa, 1999. p.195-196.

KIEHL, E.J. **Fertilizantes orgânicos**. Piracicaba: Ceres, 1985.

LEAL, M.A.A.; GUERRA, J.G.K.; ESPINDOLA, J.A.A; ARAÚJO, E.S. Compostagem de misturas de capim-elefante e torta de mamona com diferentes relações C:N. **Revista Brasileira de Engenharia Agrícola e Ambiental**, v.17, n.11, nov. 2013. Disponível em: <http://www.scielo.br/scielo.php?script=sci_arttext&pid=S1415-43662013001100010&lng=pt&nrm=iso>. Acesso em: 09 set. 2014.

LISBOA, J.A.P.; SCOTEGAGNA, G.A. DN. Milho. **Revista Genótipo**, v.2, p.32-35, 1999.

ROMANO, M.R. **Desempenho Fisiológico da Cultura de Milho com Plantas de Arquitetura Contrastante: Parâmetros para Modelo de Crescimento**. Tese (Doutorado em Fitotecnia) - Universidade de São Paulo, Piracicaba, São Paulo, Brasil, Janeiro, 2005.

SANTOS, F.G.; ESCOSTEGUY, P.A.V.; RODRIGUES, L.B. Qualidade de esterco de ave poedeira submetido a dois tipos de tratamentos de compostagem. **Revista Brasileira de Engenharia Agrícola e Ambiental**, v.14, n.10, out. 2010. Disponível em: <http://www.scielo.br/scielo.php?script=sci_arttext&pid=S1415-43662010001000012&lng=pt&nrm=iso>. Acesso em: 09 set. 2014.

SEDIYAMA, M.A.N.; GARCIA, N.C.P.; VIDIGAL, S.M.; MATOS, A.T. de. Nutrientes em compostos orgânicos de resíduos vegetais e dejeto de suínos. **Scientia Agricola**, v.57, n.1, mar. 2000. Disponível em: <http://www.scielo.br/scielo.php?script=sci_arttext&pid=S0103-90162000000100030&lng=pt&nrm=iso>. Acesso em: 09 set. 2014.

SILVA, F.A.S.; AZEVEDO, C.A.V. **Assistência Estatística**. DEAG-CTRN-UFCG, Campina Grande, 2004.

SILVA, J. da; LIMA E SILVA, P.S.; OLIVEIRA, M.; BARBOSA E SILVA, K.M. Efeito do esterco bovino sobre os rendimentos de espigas verdes e de grãos de milho. **Horticultura Brasileira**, Brasília, v.22, n.2, p.326-331, abril-junho, 2004.

Tabela 1. Matéria fresca (MF), matéria seca (MS) da parte aérea de planta, matéria fresca (MFE) e matéria seca da espiga (MSE) do milho cultivado com diferentes tipos de substratos enriquecidos com sangue bovino.

Tratamentos	MF (g)	MS (g)	MFE (g)	MSE (g)
Testemunha	154,93 Bb	51,20 Bb	63,73 Bb	17,06 Bb
NPK	268,80 Aa	88,80 Aa	127,06 Aa	47,20 Aa
Pó de Serra Fino	141,86 Bb	48,53 Bb	57,33 Bb	15,46 Bb
Pó de Serra Grosso	171,40 Bb	55,86 Bb	77,20 Bb	22,40 Bb
Bagaço de Cana	160,40 Bb	54,66 Bb	74,53 Bb	22,80 Bb
Palha de Café	178,13 Bb	56,40 Bb	68,33 Bb	18,80 Bb
Média	179,25	59,24	78,03	23,95
CV (%)	14,74	14,42	22,12	30,60

Médias seguidas por distintas letras maiúsculas diferem do tratamento NPK (testemunha positiva) e médias seguidas por distintas letras minúsculas, diferem entre si da Testemunha pelo teste de Dunnett ao nível de 5 % de probabilidade.

Constantes de umidade de um Argissolo Vermelho sob diferentes usos em Colorado do Oeste, Rondônia

José Vanor Felini Catânio[1]; Ana Carolina Pessoa da Silva[1]; Dhieimes Ribeiro de Souza [1]; Edcarlos A. Matias[1]; Igor Adriano Castro Oliveira[1]; Marcos Vinicius S. Ferreira[1]; Matheus Pereira Ruas[1]; Renato da Silva Duquesne[1]; Stella Cristiani Gonçalves Matoso[2]

(1) Estudante de Graduação em Engenharia Agronômica, Instituto Federal de Educação Ciência e Tecnologia de Rondônia, Rodovia RO 399, Km 5, Zona Rural, CEP 76993-000, Colorado do Oeste, RO. E-mail: ea112ifro@gmail.com (2) Professora, Instituto Federal de Educação Ciência e Tecnologia de Rondônia, Rodovia RO 399, Km 5, Zona Rural, CEP 76993-000, Colorado do Oeste, RO. E-mail: stella.matoso@ifro.edu.br

RESUMO – A capacidade de campo é a porcentagem de água que um solo pode reter em condições naturais e/ou a quantidade máxima que este pode reter, sendo a constante de umidade o teor de umidade presente na amostra de solo coletado. Estes atributos são importantes na avaliação físico-hídrica de um solo submetido a diferentes usos, pois pode dar inferências da sua capacidade de disponibilizar água às plantas. Deste modo, o presente trabalho teve por objetivo determinar a capacidade de campo e constantes de umidade de área de cultivo e área de floresta nativa em diferentes profundidades. O trabalho foi realizado no Instituto Federal de Ciência e Tecnologia de Rondônia, *Campus* Colorado do Oeste, em delineamento inteiramente casualizado e esquema fatorial 2x2, o que corresponde respectivamente a dois usos do solo (floresta nativa e cultivo anual) e duas profundidades (0,0-0,10 e 0,10-0,20 m), com 8 repetições, totalizando 32 parcelas. As variáveis consistiram na capacidade de campo, umidade gravimétrica e umidade volumétrica. A capacidade de campo não diferiu entre o solo com cultivo anual e com floresta nativa. Já, a umidade atual gravimétrica e volumétrica foi maior no solo com cultivo anual, provavelmente devido a maior quantidade de argila, em relação ao solo com floresta nativa.

Palavras-chave: capacidade de campo, avaliação físico-hídrica, disponibilidade de água.

INTRODUÇÃO – A água é essencial ao desenvolvimento das plantas e regula os demais fatores físicos do solo que influenciam diretamente o crescimento e a produtividade das culturas (FORSYTHE, 1967; LETEY, 1985). Então conhecer as relações que ocorrem entre água, solo e planta é de extrema importância para a agricultura, já que são essas relações que vão influenciar diretamente a produtividade de qualquer cultura que se deseja trabalhar.

A disponibilidade da água às plantas não está somente ligada à capacidade com que as plantas conseguem extraí-la do solo, mas também o quanto que aquele solo consegue reter, tendo em vista que em solos com altas taxas de drenagem, a água pode se tornar indisponível para as plantas muito rapidamente após ter ocorrido uma chuva, por exemplo. Veihmeyer e Hendrickson (1931) introduziram o conceito conhecido como capacidade de campo. Segundo esses autores, capacidade de campo é "a quantidade de água retida pelo solo depois que o excesso tenha drenado e a taxa de movimento descendente tenha decrescido acentuadamente, o que geralmente ocorre dois a três dias depois de uma chuva ou irrigação em solos permeáveis de estrutura e textura uniformes".

O valor da capacidade de campo é influenciado pelas propriedades hidráulicas do solo, pela sequência de seus horizontes e pelo teor inicial de água (POULOVASSILIS, 1983; BOEDT; VERHEYE, 1985).

Já se tratando de umidade, esta é uma variável muito importante, que necessita ser determinada para um correto manejo de irrigação das culturas. Além disso, é uma variável indispensável para o entendimento de muitos processos hidrológicos que estão envolvidos em uma grande variedade de processos naturais (geomorfológicos, climáticos, ecológicos, etc.) que atuam em diferentes escalas espacial e temporal (ENTIN et al., 2000).

Assim sendo, este trabalho teve por objetivo avaliar a capacidade de campo e constantes de umidade de área de cultivo e área de floresta nativa em diferentes profundidades.

MATERIAL E MÉTODOS – O experimento foi conduzido no Instituto Federal de Educação, Ciências e Tecnologia de Rondônia (IFRO), Campus Colorado do Oeste, localizado a 13° 07' 00" S, 60° 32' 30" W, a 460 m de altitude, durante o mês de novembro de 2013.

O clima da região é classificado, segundo a classificação de Köppen, como sendo do tipo Aw tropical quente, com estação seca de inverno, com temperatura anual em torno de 25,2 °C e precipitação média anual de até 2.400 mm (CARVALHO, 2014).

O solo analisado foi classificado como Argissolo Vermelho eutrófico típico (EMBRAPA, 2009). Foi realizada também a caracterização física e química do solo (Tabela 1).

Para a condução do experimento, foi utilizado o delineamento experimental inteiramente casualizado (DIC), sendo conduzido em esquema fatorial 2x2, sendo duas profundidades (0,0 – 0,10 e 0,10 – 0,20 m) e dois sistemas de uso do solo (área de cultivo anual e uma área de vegetação nativa) com 8 repetições, totalizando 32 parcelas.

A região estudada é uma área de transição entre os biomas Cerrado e Amazônia, sendo que a vegetação nativa é classificada floresta subperenifólia (SANTOS et al., 2005), arbórea densa com extrato arbóreo/arbustivo de 8-15 m e densidade de dossel de 50 a 95 % (RIBEIRO; WALTER, 1998).

A área antropizada foi preparada durante sete anos agrícolas com uma aração e de duas a três gradagens anuais para o cultivo de culturas olerícolas, como mandioca, quiabo, melancia, pepino, dentre outras. Há dois anos o solo foi deixado de ser mecanizado implantando-se o sistema plantio direto, com o cultivo de girassol, seguido de melancia.

A capacidade de campo (CC), umidade atual gravimétrica (UAG) e umidade atual volumétrica (UAV) foram determinadas conforme Embrapa (1997).

A análise estatística consistiu na análise de variância pelo teste F, a 5 % de probabilidade.

RESULTADOS E DISCUSSÃO – Não houve efeito ($p>0,05$) de interação entre os fatores avaliados, sendo que as variáveis foram influenciadas ($p<0,05$) apenas isoladamente.

A CC não foi afetada pelos usos e profundidades do solo (Tabela 2 e 3). Logo, poder-se-ia subentender que a capacidade do solo em disponibilizar água às plantas não seria influenciada pelos usos e profundidades avaliados. Entretanto, ao se analisar a UAG e UAV, percebe-se que a retenção de água pelos solos foi diferente ($p<0,05$) nos usos distintos. Sendo que o solo sob cultivo reteve mais água que o solo sob floresta.

Os dois solos encontravam-se sobre as mesmas condições de precipitação pluviométrica, como a umidade atual diferiu, foi o manejo imposto a esse solo que provocou mudanças em sua porosidade e, logo, em sua capacidade de reter água.

Por isso a CC sozinha não é um bom parâmetro para avaliar a influência do manejo no solo, bem como para calcular a lâmina de irrigação. É mais adequado trabalhar com o teor de água disponível (COSTA et al., 1997), que é calculado a partir da diferença entre o teor de água do solo em sua capacidade de campo e o teor de água no limite inferior de umidade ou ponto de murcha permanente (REICHARDT, 1985).

Alencar et al. (2009) recomendam, no caso de pastagens, considerar além da capacidade de campo e ponto de murcha permanente, a densidade do solo, profundidade efetiva do sistema radicular, fator de disponibilidade de água do solo e eficiência de aplicação.

Contudo, avaliação da umidade atual é suficiente para avaliar mudanças na relação físico-hídrica do solo em função das mudanças de uso. Nesse caso a retirada da vegetação nativa e uso agrícola do solo implicaram em aumento da retenção de água no mesmo, e logo se pode supor, que reduziu a infiltração de água no corpo do solo. Pois, a maior retenção de água no solo é provocada pela maior microporosidade que, por sua vez, implica em menor infiltração de água (SANTOS, 2008).

Somado a isso, o solo sob cultivo apresenta alto teor de argila (423 e 408 g kg^{-1} na profundidade de 0,0 a 0,1 e 0,1 a 0,2 m, respectivamente) e pertence à ordem dos Argissolos, que por suas características pedogenéticas, é altamente predisposto aos processos erosivos (OLIVEIRA, 2008). Com esses resultados, percebe-se a importância do monitoramento das condições físico-hídricas desse solo, bem como, a determinação de outras variáveis para acompanhar os efeitos do uso agrícola do mesmo.

Como o manejo atualmente adotado é o sistema plantio direto e nesse sistema, a ausência, ou revolvimento mínimo do solo, favorece a manutenção de teores de água mais elevados em virtude da manutenção dos resíduos culturais, bem como o tráfego de máquinas pode promover compactação na superfície do solo (TORMENA; ROLOFF, 1996), principalmente em solos com elevados teores de argila (SECCO et al., 2004). Essas alterações nas propriedades físicas do solo decorrentes da compactação afetam suas propriedades hídricas.

Os fatores preponderantes do solo que determinam seu comportamento, quando submetidos à compactação, são a granulometria, o teor de matéria orgânica e a umidade do solo (BODMAN; CONSTANTIN, 1966), além do estado de compactação inicial (SILVA et al., 2000). Como o manejo adotado foi apenas deixar de revolver o solo, sem romper as camadas compactadas pelo preparo convencional e o sistema plantio direto possui um adensamento natural. O estado de compactação inicial provavelmente já era mais elevado que o solo sob floresta. O teor de matéria orgânica e a granulometria (Tabela 1) também favorecem maior macroporosidade no solo sob floresta.

CONCLUSÕES – A capacidade de campo (CC) não diferiu entre o solo com cultivo anual e com floresta nativa. Já, a umidade atual gravimétrica (UAG) e volumétrica (UAV) foi maior no solo com cultivo anual, provavelmente devido à maior quantidade de argila, em relação ao solo com floresta nativa.

AGRADECIMENTOS – Ao técnico de Laboratório Leandro Dias pelo suporte na condução do experimento, a professora Stella Cristiani Gonçalves Matoso pela compreensão e auxilio no desenvolvimento das atividades.

REFERÊNCIAS

ALENCAR, C.A.B. de; CUNHA, F.F. da; MARTINS, C.E.; CÓSER, A.C.; ROCHA, W.S.D. da; ARAÚJO, R.A.S. Irrigação de pastagem: atualidade e recomendações para uso e manejo. **Revista Brasileira de Zootecnia**, v.38, p.98-108, 2009.

BODMAN, G.B.; CONSTANTIN, G.K. Influence of particle size distribution in soil compaction. **Hilgadia**, v.36, p.567-591, 1966.

BOEDT, L.; VERHEYE, W. Evaluation of profile available water capacity. 1. The conceptual approach. **Pedologie**, p.35, p.55-65, 1985.

CARVALHO, P.E.R. **Clima**. Brasília, Embrapa. Disponível em: <http://www.agencia.cnptia.embrapa.br/gestor/espe cies_arboreas_brasileiras/arvore/CONT000fuvfsv3x0 2wyiv80166sqfi5balq6.html>. Acesso em: 31 jul. 2014.

COSTA, A.C.S. da; NANNI, M.R.; JESKE, E. Determinação da umidade na capacidade de campo e ponto de murchamento permanente por diferentes metodologias. **Revista UNIMAR,** v.19, n.3, p.827-844, 1997.

EMPRESA BRASILEIRA DE PESQUISA AGROPECUARIA. **Manual de métodos de análises de solo.** Centro Nacional de Levantamento e Conservação do Solo. Rio de Janeiro, Embrapa Solos, 1997. 212p.

EMPRESA BRASILEIRA DE PESQUISA AGROPECUÁRIA. **Sistema brasileiro de classificação de solos.** 2. ed. Rio de Janeiro, Embrapa-SPI, 2009, 412p.

ENTIN, J.K.; ROBOCK, A.; VINNIKOV, K.Y.; HOLLINGER, S.E.; LIU, S.; NAMKHAI, A. Temporal and spatial scales of observed soil moisture variations in the extratropics. **Journal of Geophysical Research,** v.105, p. 11865-11877, 2000.

FORSYTHE, W.M. Las propriedades fisicas, los factores fisicos de crescimiento y la productividad del suelo. **Fitotecnia Latino Americana**, v. 4, p.165-176, 1967.

LETEY, J. Relationship between soil physical properties and crop productions. **Advances in Soil Science**, v.1, p.277-294, 1985.

OLIVEIRA, J.B. de. **Pedologia Aplicada.** Piracicaba, FEALQ, 2008, 592 p.

POULOVASSILIS, A. The influence of the initial water contenton the redistribution of soil water after infiltration. **Soil Science,** v.135, p.275-281, 1983.

REICHARDT, K. **Processos de transferência no sistema solo-planta-atmosfera.** Campinas: Fundação Cargill, 1985.

RIBEIRO, J.F.; WALTER, B.M.T. Fitofisionomia do Cerrado. In: SANO, S.M.; ALMEIDA, S.P. de. (Eds.). **Cerrado:** ambiente e flora. Brasília: EMBRAPA, 1998. p.89-166.

SANTOS, R.D. dos; LEMOS, R.C. de; SANTOS, H.G. dos; KER, J.C.; ANJOS, L.H.C. **Manual de descrição e coleta no campo.** Viçosa, MG, Sociedade Brasileira de Ciência do Solo, 2005, 92p.

SANTOS, R. dos. **Propriedades de retenção e condução de água em solos, sob condições de campo e em forma de agregados, submetidos aos plantios convencional e direto.** 2008. 102f. Dissertação (Mestrado em Ciências) – Universidade Estadual de Ponta Grossa, Ponta Grossa, 2008.

SECCO, D.; REINERT, D. J.; REICHERT, J. M.; DA ROS, C.O. Produtividade de soja e propriedades físicas de um Latossolo submetido a sistemas de manejo e compactação. **Revista Brasileira de Ciência do Solo,** v.28, p.797-804, 2004.

SILVA, V.R.; REINERT, D.J.; REICHERT, J.M. Densidade do solo, atributos químicos e sistema radicular do milho afetados pelo pastejo e manejo do solo. **Revista Brasileira de Ciência do Solo,** v.24, p.191-199, 2000.

TORMENA, C.A.; ROLOFF, G. Dinâmica da resistência à penetração de um solo sob plantio direto. **Revista Brasileira de Ciência do Solo,** v.20, p.333-339, 1996.

VEIHMEYER, F.J.; HENDRICKSON, A.H. The moisture equivalent as a measure of the field capacity of soils. **Soil Science,** v.32, p.181-193, 1931.

Tabela 1. Propriedades químicas e físicas de um Argissolo Vermelho eutrófico típico sob vegetação nativa e cultivo anual em Colorado do Oeste, RO, 2013.

Usos do solo	Profundidade	Propriedades químicas									
		pH_{H2O}	P	K	Ca	Mg	Al+H	Al	MO	CTC_{pH7}	V
	m		mg dm^{-3}	----------cmol$_c$ dm^{-3}----------					g dm^{-3}	cmol$_c$ dm^{-3}	%
Floresta nativa	0,0-0,1	7,1	62,0	0,35	8,22	1,60	2,75	0,0	47	12,90	78,7
Floresta nativa	0,1-0,2	6,5	26,4	0,17	3,50	0,99	2,25	0,0	16	6,90	67,4
Área de cultivo	0,0-0,1	7,2	134,5	0,62	8,69	1,89	2,25	0,0	33	13,50	83,3
Área de cultivo	0,1-0,2	7,2	63,5	0,39	8,48	1,74	1,63	0,0	24	12,20	86,7

Usos do solo	Profundidade	Areia	Silte	Argila
	m	------------------------------g kg^{-1}------------------------------		
Floresta nativa	0,0-0,1	600	128	272
Floresta nativa	0,1-0,2	630	143	227
Área de cultivo	0,0-0,1	384	193	423
Área de cultivo	0,1-0,2	399	193	408

Tabela 2. Capacidade de campo (CC), umidade atual gravimétrica (UAG) e volumétrica (UAV), nos diferentes usos de solo, em Colorado do Oeste, RO, 2013.

Usos do solo	CC	UAG	UAV
	cm^3 cm^{-3}	g g^{-1}	g cm^{-3}
Floresta nativa	0,46a	0,21b	0,26b
Cultivo anual	0,45a	0,24a	0,33a

Médias seguidas de mesma letra nas colunas não diferem estatisticamente entre si pelo teste F, ao nível de 5 % de probabilidade.

Tabela 3. Capacidade de campo (CC), e umidade atual, gravimétrica (UAG) e volumétrica (UAV), nas diferentes profundidades do solo, em Colorado do Oeste, RO, 2013

Profundidades do solo	CC	UAG	UAV
m	cm^3 cm^{-3}	g g^{-1}	g cm^{-3}
0,0-0,1	0,45a	0,24a	0,29a
0,1-0,2	0,46a	0,21b	0,29a

Médias seguidas de mesma letra nas colunas não diferem estatisticamente entre si pelo teste F, ao nível de 5 % de probabilidade.

Contribuição da incorporação de cama de frango semidecomposta e calcário para a fertilidade de solo arenoso na Amazônia Ocidental

Juliana Guimarães Gerola[1]; Juan Ricardo Rocha[2]; Stella Cristiani Gonçalves Matoso[3]

(1) Estudante, Instituto Federal de Educação, Ciência e Tecnologia de Rondônia, Campus Colorado do Oeste, Colorado do Oeste, Rondônia, Brasil. E-mail: ju_gerola@hotmail.com (2) juan_rocha4@Hotmail.com (3) Professora, Instituto Federal de Educação, Ciência e Tecnologia de Rondônia, Campus Colorado do Oeste. E-mail: stella.matoso@ifro.edu.br

RESUMO – Os solos arenosos apresentam limitações para o cultivo de plantas, pois, em geral, apresentam baixa fertilidade natural, presença de Al em forma tóxica e baixo teor de matéria orgânica, que é a responsável pela maior parte da capacidade de troca de cátions nesses solos. Atrelado a isso, os baixos teores de argila e a estrutura desses solos, com grande volume de macroporos, determinam sua baixa retenção de água. Uma alternativa é a incorporação de resíduos orgânicos combinada com a prática da calagem. Deste modo, objetivo do presente trabalho foi avaliar a contribuição da incorporação de cama de frango semidecomposta e de calcário na fertilidade de um solo arenoso na Amazônia Ocidental. O experimento foi conduzido em Colorado do Oeste, RO, em um Neossolo Quartzarênico em delineamento de blocos casualizado (DBC), em esquema fatorial de 4x4x2, correspondendo a quatro doses de cama de frango semidecomposta (0, 5, 10 e 15 t ha^{-1}), quatro tempos de incorporação (0, 75, 110 e 145 dias) e presença e ausência de 2 t ha^{-1} de calcário, com seis repetições. A incorporação de 15 t ha^{-1} de cama de frango semidecomposta combinada com 2 t ha^{-1} de calcário por 75 dias após a incorporação eleva diversos componentes da fertilidade do Neossolo Quartzarênico, principalmente o fósforo disponível.

Palavras-chave: Neossolo Quartzarênico, resíduos orgânicos, calagem.

INTRODUÇÃO – A região Cone Sul de Rondônia compreende a transição entre os Biomas Cerrado e Floresta Amazônica, ambos possuem, dentre outros, solos altamente intemperizados, profundos, pobres em fertilidade com elevada acidez. Somadas as essas características existem áreas nesta região de textura arenosa, o que do ponto de vista da agricultura ocasiona problemas quanto ao manejo e conservação destes solos e dos recursos hídricos locais (CRUZ, 2010; SEDAM, 2002).

Solos arenosos possuem a maior parte dos poros classificados como macroporos. Fato este que possibilita elevada infiltração e baixa capacidade de retenção água. Estes aspectos conferem a estes solos baixa capacidade produtiva em condições naturais, devendo-se, portanto, adotar práticas que elevem a qualidade do mesmo e a produtividade do sistema (VAN LIER, 2010).

Um plantio pode ser feito na época correta, com a escolha do genótipo adequado, empregando-se todos os tratos culturais recomendados, porém se o solo não for adequadamente manejado, não haverá resposta satisfatória em termos de produtividade, e desse modo o investimento realizado não será remunerado.

Neste contexto, a matéria orgânica (MO) se destaca como fator chave para a elevação e/ou manutenção da qualidade dos solos (LAL et al., 2004). A MO tem a capacidade de reter duas a três vezes maior o seu volume de água, que por sua vez, será fornecido para as plantas e para a fauna presente no solo, assim como manter a sua temperatura em condições adequadas à vida.

A utilização da cama de frango semidecomposta como fonte de resíduos orgânicos, além dos benefícios da própria matéria orgânica, eleva a produtividade das culturas devido ser fonte de fósforo e nitrogênio, dois macronutrientes primários requeridos em grandes quantidades (ÁVILA et al., 2007; MENEZES et al., 2004). A aplicação de calcário também é uma alternativa interessante para elevar a fertilidade desses solos, mas quando realizada em superfície tem demonstrado efeito de elevação do pH, dos teores de cálcio e magnésio disponíveis e diminuição do alumínio trocável apenas até os 5 cm de profundidade (RHEINHEIMER et al., 2000).

Diante do exposto, o presente trabalho objetiva avaliar a contribuição da incorporação de cama de frango semidecomposta e de calcário na fertilidade de um solo arenoso na Amazônia Ocidental.

MATERIAL E MÉTODOS – O experimento foi conduzido em Colorado do Oeste, município situado na região Cone Sul de Rondônia, na Amazônia Ocidental, na Linha 155, Gleba Corumbiara, Lote 96 – A, km 28. À latitude de -13° 00' 08,43" S e longitude 60° 34' 23,82" O. O clima regional, segundo a classificação de Köppen, é do tipo Aw tropical quente e úmido, com estação seca e chuvosa bem definida, com precipitação anual média de 2.400 mm (CARVALHO, 2014). A vegetação local foi classificada com cerradão tropical subperinifólio (SANTOS et al., 2005) e o solo como Neossolo Quartzarênico órtico típico (EMBRAPA, 2009a).

O delineamento do experimento foi de blocos casualizados (DBC), em esquema fatorial de 4x4x2, correspondendo a quatro doses de cama de frango semidecomposta (0, 5, 10 e 15 t ha^{-1}), quatro tempos de incorporação (0, 75, 110 e 145 dias) e presença e ausência de 2 t ha^{-1} de calcário, com seis repetições. Cada parcela experimental teve o tamanho de 3 m^2.

A cama de frango semidecomposta apresentou os seguintes atributos: pH de 7,01; 251,3 g kg^{-1} de carbono orgânico; 39,8 g kg^{-1} de cálcio; 10,5 g kg^{-1} de Mg; 6,9 g kg^{-1} de K; 33,8 g kg^{-1} de N e 31,2 g kg^{-1} de P.

Em dezembro de 2013 foi instalado o experimento com aplicação dos tratamentos. As amostras de solos nos diferentes tempos de incorporação foram coletadas em cada parcela no número de três amostras simples, de forma aleatória, e um caminhamento em zigue-zague para a formação de uma amostra composta. A partir dessas amostras foram determinadas as variáveis que consistiram em pH em CaCl$_2$, carbono orgânico total (COT), fósforo (P) e potássio (K) disponíveis, cálcio (Ca), magnésio (Mg) e alumínio (Al) trocáveis, hidrogênio (H), e determinadas por meio de cálculo a capacidade de troca catiônica (CTC), a saturação por bases (V%) e a saturação por alumínio (m%) (EMBRAPA, 2009b). Foram determinados também o carbono da biomassa microbiana do solo (CBM) (SILVA et al., 2007a), respiração basal do solo (RBS) (SILVA et al., 2007b), e por meio de cálculo o quociente microbiano (qMic) e quociente metabólico (qCO2). Durante o tempo de incorporação dos tratamentos a área foi conservada em pousio.

A análise estatística foi iniciada com a verificação de dados discrepantes pelo teste de Grubbs, seguida dos testes de Bartlett e de Shapiro-Wilk, a fim de testar a homogeneidade das variâncias e a normalidade dos resíduos, respectivamente. A partir de dados normais efetuou-se a análise de variância pelo teste F, seguindo-se a aplicação do teste de médias e Tukey, para as variáveis que apresentaram efeito isolado dos tratamentos ou de interação dupla, para aquelas que apresentaram efeito de interação tripla aplicou-se o teste de médias de Scott-Knott. Para as variáveis que não apresentaram distribuição normal dos dados foi efetuada a transformação dos mesmos. Para P, K, Ca, Mg e carbono da biomassa microbiana a transformação foi realizada pela equação x=√x. Para Al, saturação por alumínio e quociente microbiano transformaram-se os dados pela equação x=x+1. Para quociente metabólico a transformação foi feita pela equação x=x+10.

RESULTADOS E DISCUSSÃO – Com relação aos efeitos isolados dos tratamentos, a dose de 10 t ha^{-1} de cama de frango semidecomposta foi capaz de elevar o teor de Mg e CTC do solo e diminuir o m% (Tabela 1). Entretanto, o pH, K, CBM, qMic e RBS não foram afetados pelas diferentes doses de cama de frango incorporadas. O pH do solo e o Mg foram elevados aos 75 dias após a incorporação, enquanto que a saturação por Al diminuiu. O teor de K só aumentou aos 145 dias após a incorporação. A CTC efetiva foi maior no tempo 0. O CBM aumentou após 110 dias de incorporação, enquanto que a RBS diminuiu nessa mesma época (Tabela 2). A presença do calcário elevou o pH, o teor de Mg e a saturação por bases e a sua ausência proporcionou maior teor de K (Tabela 3).

Para fósforo a dose de 15 t ha^{-1} com presença de calcário foi superior, elevando (p<0,05) o teor de P para 54,05 mg dm^{-3}.

A aplicação de 5 t ha^{-1} de cama de frango semidecomposta seguida da incorporação de 75 dias elevou (p<0,05) o teor de Ca e V% e menores níveis de H e Al. Esta dose não diferiu de 10 e 15 t ha^{-1}. Os maiores níveis de qCO$_2$ foram obtidos com a aplicação das menores doses de cama de frango, 0 e 5 t ha^{-1}, e com o maior tempo de incorporação, 145 dias.

O COT foi influenciado (p<0,05) pela interação dos três fatores, sendo que a melhor combinação foi a aplicação de 15 t ha^{-1} de cama de frango semidecomposta com 75 dias de incorporação na presença de calcário.

Considerando os componentes da acidez potencial do solo, H e Al, a incorporação de 5 t ha^{-1} por um período de 75 dias, seria uma boa alternativa para diminuí-la, além do que, esta combinação elevou os teores de Ca e V% e o teor de alumínio trocável foi reduzido para 0,27 cmol$_c$ dm^{-3}, abaixo do nível tóxico para a maioria das culturas de 0,30 cmol$_c$ dm^{-3} (LIMA et al., 2007).

A incorporação de 2 t ha^{-1} de calcário foi capaz de elevar o pH, o Mg e a V%, apesar desta última não ter atingido níveis muito elevados (22,48 %), já constitui melhoria da fertilidade. Desse modo, combinar a incorporação da cama de frango com o calcário seria interessante.

Souza et al. (2006) afirmam que a adoção de sistemas de manejo do solo, visando ao aumento de MO, aumento do pH e maior atividade da microbiota do solo, podem reduzir a adsorção de P. Esses pressupostos são corroborados pelos resultados do presente trabalho.

A incorporação de calcário atingiu valores satisfatórios com a incorporação de 10 e 15 t ha^{-1} de cama de frango semidecomposta com 75 dias de incorporação, que foi eficaz para elevar (p<0,05) o teor de fósforo para 57,53 e 79,08 mg dm^{-3}, respectivamente, sem diferença estatística entre elas.

O COT foi a única variável influenciada pela interação dos três fatores, sendo que a melhor combinação foi a aplicação de 15 t ha^{-1} de cama de frango semidecomposta com 75 dias de incorporação na presença de calcário. Para uma melhoria significativa da microbiologia do solo, deve-se deixar decompor a MO por maior tempo (110-145), uma vez que as diferentes doses não foram significativas.

Segundo Benites et al. (2003) a importância da MO sobre as diversas propriedades do solo evidenciam-se, que solos com presença de macro e micro organismos afetam na formação dos agregados, pois em conjunto com raízes e filamentos de fungos, segregam e exudam mucilagens que colam as partículas do solo, e os agregados menores, formando assim, agregados maiores, o que promove que os solos ficam estáveis durante vários anos, evitando que ocorra a lixiviação e erosão.

Souza et al. (2006) afirmam que a adoção de sistemas de manejo do solo, visando ao aumento de MO, aumento do pH e maior atividade da microbiota do solo, podem reduzir a adsorção de P. Esses pressupostos são corroborados pelos resultados do presente trabalho.

A ação do C reduz a molhabilidade dos agregados, reduzindo as taxas de umedecimento e desestruturação, pela rápida expulsão do ar, e aumenta a coesão interna deles, tornando-os mais estáveis (Chenu et al., 2000). Agregados mais estáveis proporcionados pelo CT foram verificados por Barzegar et al. (2002) e Adeli et al. (2007). Estes últimos autores constataram contribuição da cama de frango na agregação do solo na ordem de 34 % após três anos de aplicação. A maior estabilidade de agregados em água e agregados de maior tamanho são propriedades desejáveis nos solos cultivados, uma vez que estão diretamente ligadas ao processo erosivo, podendo refletir em maior resistência do solo à erosão (CASTRO FILHO; LOGAN, 1991; CASTRO FILHO et al., 1998) em decorrência da maior resistência à desagregação e dispersão.

A ciclagem de nutrientes está inteiramente ligada à quantidade de microrganismos presentes no solo, e estes, à MO. O CBM é a fração viva do solo, composta por bactérias, fungos, actinomicetos, protozoários e algas, e pode ser usada como indicador biológico, ou como índice de adequação de sustentabilidade de sistema de produção (ANDERSON; DOMSCH, 1993). A microbiota do solo atua nos processos de decomposição da matéria orgânica, participando diretamente no ciclo biogeoquímico dos nutrientes e, consequentemente, mediando a sua disponibilidade no solo (BALOTA et al., 1998). Assim, elevar o teor de nutrientes disponíveis às plantas sem aumentar a biomassa microbiana, tende-se a rápida perda dessa fertilidade e a insustentabilidade do cultivo. O aumento do CBM é geralmente acompanhado de redução da atividade metabólica (INSAM et al., 1991), representada pela RBS e qCO_2, o que foi constatado por Balota et al. (1998) e também nesse trabalho. O CBM aumentou após 110 dias de incorporação dos tratamentos. Tendo em vista que o solo estudado é arenoso, a elevação da biomassa microbiana, corresponde à maior ciclagem de nutrientes e menor perda do sistema solo/planta.

Considerando que o aumento das doses de cama de frango semidecomposta não diminuiu o teor de nenhum componente da fertilidade (Tabela 1), e que a incorporação de 15 t ha^{-1} elevou o teor de P, aos 75 dias de incorporação e que 15 t ha^{-1} aumentou o teor de COT, também aos 75 dias de incorporação, recomenda-se aplicação da maior dose, desde que não seja inviável logisticamente, uma vez que seu custo é baixo e seus efeitos benéficos vão além da fertilidade do solo.

O tempo de 75 dias de incorporação foi eficaz para elevar o pH, Mg (Tabela 2), demonstrando o rápido efeito da mineralização da MO em ambientes tropicais. São necessários estudos com menor tempo de incorporação para recomendar o plantio das culturas anterior a esse período. Pois no início da decomposição da MO pode haver acidificação do solo e imobilização de nutrientes, havendo prejuízos a produtividade da cultura implantada.

A presença de calcário não demonstrou resultados expressivos na fertilidade, mas elevou pH, Mg e V% (Tabela 3), e teve ainda interação significativa com a disponibilidade de P, sendo então recomendável a sua aplicação.

Na propriedade estudada é realizado o cultivo de *Brachiaria decumbens* cv. Marandu, não foi realizada uma avaliação do efeito dos tratamentos na cultura da braquiária, apenas a pastagem foi eliminada e após a aplicação da cama de frango e calcário a área foi deixada em pousio.

CONCLUSÕES – A incorporação de 15 t ha^{-1} de cama de frango semidecomposta combinada com 2 t ha^{-1} de calcário por 75 dias após a incorporação eleva diversos componentes da fertilidade do Neossolo Quartzarênico, principalmente o fósforo disponível. Com esse manejo a ciclagem de nutrientes aumentará, tendo em vista que a biomassa microbiana do solo eleva-se aos 110 dias após a incorporação dos tratamentos.

REFERÊNCIAS

ADELI, A.; SISTANI, K.R.; ROWE, D.E.; TEWOLDE, H. Effects of broiler litter applied to no-till and tillage cotton on selected soil properties. **Soil Science Society of America Journal**, v.71, p.974-983, 2007.

BALOTA, E.L. ; COLOZZI-FILHO, A.; ANDRADE, D.S.; HUNGRIA, M. Biomassa microbiana e sua atividade em solos sob diferentes sistemas de preparo e sucessão de culturas. **Revista Brasileira de Ciência do Solo,**v.22, p.641-649, 1998.

BARZEGAR, A.R.; YOUSEFI, A.; DARYASHENAS, A. The effect of addition of different amounts and types of organic materials on soil physical properties and yield of wheat. **Plant Soil,** v.247, p.295-301, 2002.

CARVALHO, P.E.R. **Clima.** Brasília, Embrapa. Disponível em: <http://www.agencia.cnptia.embrapa.br/gestor/especies_arboreas_brasileiras/arvore/CONT000fuvfsv3x02wyiv80166sqfi5balq6.html>. Acesso em: 31 jul. 2014.

CASTRO FILHO, C.; LOGAN, T.J. Liming effects on the stability and erodibility of some Brazilian Oxisols. **Soil Science Society of America Journal**, v.55, p.1407-1413, 1991.

CASTRO FILHO, C.; MUZILLI, O.; PODANOSCHI, A.L. Estabilidade dos agregados e sua relação com o teor de carbono orgânico num Latossolo Roxo distrófico, em função de sistemas de plantio, rotações de culturas e métodos de preparo das amostras. **Revita Brasileira de Ciência do Solo**, v.22, p.527-538, 1998.

CHENU, C.; Le BISSONNAIS, Y.; ARROUAYS, D. Organic matter influence on clay wettability and soil aggregate stability. **Soil Science Society of America Journal**, v.64, p.1479-1486, 2000.

EMPRESA BRASILEIRA DE PESQUISA AGROPECUÁRIA. **Sistema brasileiro de classificação de solos.** 2. ed. Rio de Janeiro, Embrapa-SPI, 2009a, 412p.

EMPRESA BRASILEIRA DE PESQUISA AGROPECUÁRIA. **Manual de análises químicas de solos, plantas e fertilizantes.** 2. ed. Brasília, DF: Embrapa Informação Tecnológica, 2009b. 627p.

INSAM, H.; MITCHELL, C.C.; DORMAAR, J.F. Relationship of soil microbial biomass and activity with fertilization practice and crop yield of three ultisols. **Soil Biology and Biochemistry,** v.23, p.459-464, 1991.

LAL, R. Soil carbon sequestration impacts on global climate change and food security. **Science,** v.304, p.1623-1627, 2004.

LIMA, R. de L. S. de; SEVERINO, L.S.; FERREIRA, G.B.; SILVA, M.I.L. da; ALBUQUERQUE, R.C.A.; BELTRÃO, N.E. de M. Crescimento da mamoneira em solo com alto teor de alumínio na presença e ausência de matéria orgânica. Revista Brasileira de Oleaginosas e Fibrosas, v.11, n.1, p.15-21, 2007.

SANTOS, R.D. dos; LEMOS, R.C. de; SANTOS, H.G. dos; KER, J.C.; ANJOS, L.H.C. **Manual de descrição e coleta no campo.** Viçosa, MG, Sociedade Brasileira de Ciência do Solo, 2005, 92p.

SILVA, E.E. da; AZEVEDO, P.H.S. de; DE-POLLI, H. **Determinação do carbono da biomassa microbiana (BMS-C).** Seropédica: Embrapa Agrobiologia, 2007a. 6p. (Comunicado Técnico, 98).

SILVA, E.E. da; AZEVEDO, P.H.S. de; DE-POLLI, H. **Determinação da respiração basal (RBS) e quociente metabólico do solo (qCO$_2$).** Seropedica: Embrapa Agrobiologia, 2007b. 4p. (Comunicado Técnico, 99).

SOUZA, R.F. de; FAQUIN, F.; TORRES, P.R.F.; BALIZA, D.P. Calagem e adubação orgânica: influência na adsorção de fósforo em solos. **Revista Brasileira de Ciência do Solo**, v.30, p.975-983, 2006.

Tabela 1. Médias dos atributos químicos e microbiológicos de um Neossolo Quartzarênico em função do efeito de diferentes doses de cama de frango semidecomposta, obtidas em Colorado do Oeste, RO, 2014.

Doses de cama de frango semidecomposta	pH (CaCl$_2$)	K	Mg	CTC	m%	CBM	qMic	RBS
t ha^{-1}		mg dm^{-3}	--------cmol$_c$dm^{-3}--------		%	mg kg^{-1}	%	*
0	4,13a	5,95a	0,28b	6,36a	12,87b	79,21a	0,71a	2,35a
5	4,25a	7,88a	0,29b	5,53b	7,91ab	91,78a	0,96a	2,42a
10	4,19a	7,00a	0,45a	6,03ab	8,79ab	92,31a	0,88a	2,25a
15	4,33a	9,69a	0,41ab	5,87ab	6,98a	77,43a	0,79a	2,33a

Médias seguidas de mesma letra nas colunas não diferem estatisticamente entre si pelo teste de Tukey, ao nível de 5 % de probabilidade.* mg C-CO$_2$ kg solo^{-1} h^{-1}.

Tabela 2. Médias dos atributos químicos e microbiológicos de um Neossolo Quartzarênico em função do efeito do tempo de incorporação da cama de frango semidecomposta, obtidas em Colorado do Oeste, RO, 2014.

Tempo de incorporação	pH (CaCl$_2$)	K	Mg	CTC	m%	CBM	qMic	RBS
Dias		mg dm^{-3}	-------cmol$_c$dm^{-3}-------		%	mg kg^{-1}	%	*
0	3,83b	4,06c	0,06c	6,69a	18,95b	65,24b	0,76b	1,54b
75	4,33a	8,63b	0,44ab	6,03b	5,82a	71,33b	0,58b	1,94b
110	4,41a	2,70c	0,58a	5,94b	5,99a	124,95a	1,27a	0,30c
145	4,33a	15,13a	0,35b	5,14c	5,78a	79,22ab	0,73b	5,58a

Médias seguidas de mesma letra nas colunas não diferem estatisticamente entre si pelo teste de Tukey, ao nível de 5 % de probabilidade.* mg C-CO$_2$ kg solo^{-1} h^{-1}.

Tabela 3. Médias dos atributos químicos e microbiológicos de um Neossolo Quartzarênico em função do efeito da incorporação de 2 t ha^{-1} de calcário, obtidas em Colorado do Oeste, RO, 2014.

Calcário	pH (CaCl$_2$)	K	Ca	Mg	H	Al	CTC	V%	m%	CBM	qMic	RBS	qCO$_2$
		mg dm^{-3}	----------------cmol$_c$dm^{-3}------------------					-----%----		mg kg^{-1}	%	*	**
Ausência	4,09b	9,66a	0,66a	0,24a	4,38a	0,62a	5,92a	16,37b	9,89a	103,40a	1,00a	2,20b	45,17b
Presença	4,35a	5,60b	0,82a	0,48a	4,14a	0,53a	5,97a	22,48a	8,39a	66,96b	0,66b	2,47a	85,72a
CV(%)	7,12	28,56	20,36	24,81	11,66	16,85	10,30	37,78	28,44	41,58	19,11	37,33	20,34

CV: coeficiente de variação. Médias seguidas de mesma letra nas colunas não diferem estatisticamente entre si pelo teste de Tukey, ao nível de 5 % de probabilidade.* mg C-CO$_2$ kg solo^{-1} h^{-1}; ** mg C-CO$_2$ g^{-1} CBM h^{-1}.

Correlação entre teores de nutrientes do solo, foliar e produção da castanha-do-brasil na Amazônia Sul Ocidental

Marinete Flores da Silva[1]; Lucielio Manoel da Silva[1]; Karine Dias Batista [2]; Lúcia Helena de Oliveira Wadt[1]

(1) Embrapa Acre, BR 364, Km 14, BR465, 69970-180 – Rio Branco – AC. E-mail: lucielio.silva@embrapa.br; marineteflores@yahoo.com.br; lucia.wadt@embrapa.br (2) Embrapa Roraima, Embrapa Roraima, Rodovia BR 174, Km 8, Distrito Industrial, 69304-970 - Boa Vista – RR. E-mail: karine.batista@embrapa.br

RESUMO – O objetivo do trabalho foi verificar a existência de correlação entre os teores de nutrientes do solo com os teores da folha e produção de frutos da castanheira. Amostras de solo, folhas e frutos foram coletadas na Reserva Extrativista Chico Mendes, no estado do Acre entre os anos de 2009 e 2010. O solo foi coletado a uma profundidade de 0-10 cm e as folhas na porção mediana da copa. Nas amostras de solos foi quantificada, a concentração de fósforo, potássio, cálcio, magnésio, matéria orgânica e pH e nas folhas a concentração de nitrogênio, fosforo, potássio, cálcio e magnésio. Realizou-se a correlação de Pearson entre os teores de nutrientes de folhas e do solo, bem como solo com a produção de frutos. Entre os nutrientes analisados na relação solo: folhas observou-se correlação negativa entre o N na folha e o pH do solo (R^2 = -0,48). Essa fraca correlação é um indicativo de que a mineralização do N contido nas folhas pode estar interferindo no pH do solo. Correlações positivas foram observadas entre os teores de Ca na folha e a relação MO/P do solo (R^2 = 0,51) e do P na folha e a relação Ca/Mg do solo (R^2 = 0,48). Não se observou nenhuma correlação entre os teores de nutrientes do solo e a produção de frutos.

Palavras-chave: Floresta, nutrição mineral, *Bertholletia excelsa*.

INTRODUÇÃO – A castanheira (*Bertholletia excelsa* Bonpl.), pertencente à família Lecythidaceae, apresenta ocorrência natural na Amazônia, porém, se distribui por toda a região de modo desuniforme (PRANCE; MORI, 1979, YANG, 2009). Suas sementes comestíveis, conhecidas como castanha-do-brasil, representam grande importância econômica para as comunidades locais, pois configura uma das principais fontes de renda, especialmente na época chuvosa do ano (ORTIZ, 2002).

Além disso, apresenta-se como um dos principais produtos florestais não madeireiros de exportação da Amazônia, possuindo alto valor proteico e calórico, além de ser rica em selênio, substância que promove a redução do risco de cânceres e combate os radicais livres, agindo contra o envelhecimento, e fortalecendo o sistema imunológico (PAIVA, 2009).

Diante da importância dessa amêndoa tem-se observado, nos últimos anos, uma crescente demanda pelo produto, o que tem levado pesquisadores a buscar a domesticação da espécie para posteriores cultivos comerciais.

De acordo com Santos et al. (2013) muito pouco se sabe sobre os aspectos silviculturais e as exigências nutricionais das espécies florestais do Brasil. Estes autores avaliam a qualidade de mudas de castanheira quando submetidas a ausência de nutrientes no solo e verificaram que os nutrientes mais limitantes ao crescimento das mudas foram boro e fósforo e o menos limitante, o enxofre.

Diante desse cenário, estudos que contribuam para o entendimento da nutrição e fertilidade de solo bem como suas relações com a produção da castanheira se fazem necessários, já que o crescimento vegetal e produtividade adequada dependem de vários fatores e entre eles a disponibilidade de nutrientes no solo.

Assim o presente trabalho teve por objetivo avaliar as relações entre nutrientes do solo e das folhas e produção de frutos em castanheiras nativas.

MATERIAL E MÉTODOS – O estudo foi realizado no seringal Filipinas, Colocação Rio de Janeiro, localizado na Reserva Extrativista Chico Mendes, município de Epitaciolândia, Acre.

As amostras de solo foram coletadas a uma profundidade de 0-10 cm na projeção da copa de 22 castanheiras, sendo analisados o pH em água e os teores de fósforo, cálcio, magnésio, potássio e matéria orgânica. As folhas foram coletadas na porção mediana das plantas nas quais se determinou os teores de macronutrientes: nitrogênio, fósforo, potássio, cálcio e magnésio.

A quantificação da produção de frutos foi realizada pela contagem dos frutos caídos na projeção da copa das castanheiras, nos anos de 2009 e 2010. De posse dos dados analíticos foi realizada a análise de correlação, aplicando o teste de Pearson a 5 % de probabilidade de erro entre os teores de nutrientes do solo e a produção de frutos e os teores de nutrientes analisados no solo e os teores nas folhas. Para análises de correlação folhas x solo foram usados dados de 22 plantas e, para solo x produção, dados de 11 plantas.

RESULTADOS E DISCUSSÃO – Os resultados mostram que houve influência da deposição das folhas da castanheira nos atributos do solo (Tabela 1). Houve correlação negativa e significativa entre o teor do nitrogênio e o pH (Tabela 1). Esse resultado pode estar relacionado a mineralização do nitrogênio contido nas folhas da castanheira. Quanto mais nitrogênio nas folhas, mais é depositado no solo e após mineralizado pode causar maior acidez através do processo de amonificação, diminuindo assim o pH. Para os demais nutrientes analisados na folha e solo (Tabela 1) observou-se correlação positiva entre o P da folha e a relação Ca/Mg do solo e o Ca da folha e a relação MO/P do solo (dados não apresentados). Estudos de correlação entre a produção de frutos e os teores de nutrientes da folha e casca dos frutos da castanha do brasil foram realizados por Batista et al. (2014), os quais verificaram que a produção de frutos apresentou correlação positiva apenas com o Cu no fruto e correlações positivas também ocorreram entre os teores de Mg da folha e da casca do fruto.

Pavinato e Rosolem (2008), estudando a disponibilidade de nutrientes no solo, decomposição e liberação de compostos orgânicos de resíduos vegetais, verificaram que a adição de matéria orgânica no solo possibilitou maior solubilidade de Ca, Mg e K, pois os resíduos vegetais promoveram, a elevação do pH, complexando H e Al com compostos do resíduo vegetal. Também verificaram maior disponibilidade de P no solo com a adição de resíduos vegetais, tanto pelo P presente no resíduo como por competição de compostos orgânicos dos resíduos pelos sítios de troca no solo.

Embora no presente trabalho tenham sido usadas poucas plantas, os resultados indicam que estudos sobre nutrição mineral da castanheira devem dar maior atenção a esses nutrientes que apresentaram correlação significativa.

Com relação à produção de frutos não foi verificado correlação com os atributos químicos do solo (Tabela 2). Essa ausência de correlação entre os nutrientes do solo e a produção pode estar relacionada ao pequeno número de arvores usadas no estudo (11 árvores) e a grande variabilidade da produção entre as árvores estudadas (mínimo de 6 e máximo de 410 frutos).

Kainer et al. (2007) ao correlacionarem atributos químicos do solo com a produção de frutos da castanheira observaram correlação negativa entre o teor de P e a produção e correlação positiva da CTC com a produção, porém, os autores usaram dados de amostras de solos e produção de 140 arvores.

CONCLUSÃO – As correlações verificadas entre os nutrientes da folha e solo apresentam importância para estudos relacionados à nutrição da castanheira, especialmente para a domesticação da espécie.

REFERÊNCIAS

BATISTA, K.D.; SILVA, L.M. da; WADT, L.H.O. Correlações ente a produção de frutos e os teores de nutrientes em castanha do brasil. In: FERTBIO, 2014, Araxá, Mg. **Anais...**, 2014.

KAINER, K.A.; WADT, L.H.O.; STAUDHAMMER, C.L. Explaining variation in Brazil nut fruit production. **Forest Ecology and Management**, v.250, p.244-255, 2007.

ORTIZ, E.G. Brazil nuts (*Bertholletia excelsa*). In: SHANLEY, P.; PIERCE, A.R.; LAIRD, S.A.; GUILLEN, A. (Eds.). **Tapping the Green Market**: certification & management of non-timber forest products. London: Earthsan Publications Ltd, 2002. p.61-74.

PAIVA, S. O. **Benefícios da castanha do Brasil**. Disponível em: <http://simoneoliveirapaiva.blogspot.com.br/2009/09/beneficios-da-castanha-do-brasil.html>. Acesso em: 17 set. 2014.

PAVINATO, P.S.; ROSOLEM, C.A. Disponibilidade de nutrientes no solo-decomposição e liberação de compostos orgânicos de resíduos vegetais. **Revista Brasileira de Ciência do Solo**, v.32, p.911-920, 2008.

PRANCE, G.T.; MORI, S.A. Lecythidaceae. **Flora Neotropica**, v.21, n.1, p.1-270, 1979.

SANTOS, S.C. dos; VENTURIN, N.; TEIXEIRA, G.C.; CARLOS, L.; MACEDO, R.L.G. Avaliação da qualidade de mudas de castanha do Brasil submetidas à ausência de nutrientes. **Enciclopédia Biosfera**, Centro Científico do Saber, v.9, n.17, p.439, 2013.

YANG, J. Brazil nuts and associated health benefits: A review. LWT – **Food Science and Technology**, v.42, n.10, p.1573-1580, 2009.

Tabela 1. Correlações entre os teores de nutrientes das folhas de castanheira e do solo. Reserva extrativista Chico Mendes, Epitaciolândia-Ac.

Nutrientes das folhas	Atributos químicos do solo				
	pH (H$_2$O)	P	K	Ca	Mg
N	-0,48*	NS	NS	NS	NS
P	NS	NS	NS	0,48*	NS
K	NS	NS	NS	NS	NS
Ca	NS	0,51*	NS	NS	NS
Mg	NS	NS	NS	NS	NS

NS: Não significativo. *: Significativo a 5 % de probabilidade.

Tabela 2. Correlações entre a produção de frutos da castanheira e do solo. Reserva extrativista Chico Mendes, Epitaciolândia-Ac.

Variável	Atributos químicos do solo				
	pH (H$_2$O)	P	K	Ca	Mg
Número de frutos	NS	NS	NS	NS	NS

NS: Não significativo a 5 % de probabilidade.

Crescimento inicial de mudas de *Euterpe precatoria* em função da adubação nitrogenada

Ueliton Oliveira de Almeida[1]; Romeu de Carvalho Andrade Neto[2]; Aureny Maria Pereira Lunz[2]; Marinês Cades[1]; Nohelene Thandara Nogueira Fredenberg[1]; Ana Maria Alves de Souza Ribeiro[3]

(1) Mestrandos em Agronomia/Produção Vegetal da Universidade Federal do Acre, Rio Branco, AC. E-mail: uelitonhonda5@hotmail.com; marycades@hotmail.com; nohelene_thandara@hotmail.com (2) Pesquisador da Embrapa Acre. E-mail: romeu.andrade@embrapa.br; aureny.lunz@embrapa.br (3) Engenheira Agrônoma recém-formada pela Universidade Federal do Acre. E-mail: anamaria.acre@gmail.com

RESUMO – O açaizeiro é uma cultura que ganhou mercado nos últimos anos devido à importância pela qualidade nutricional da polpa dos frutos. O plantio de mudas de qualidade é fundamental para o estabelecimento no campo e para isso precisa ser conduzida adequadamente no viveiro realizando-se os tratos culturais recomendados. O objetivo deste estudo foi avaliar o crescimento inicial de mudas de açaizeiro em função de adubação nitrogenada. O experimento foi conduzido no viveiro da Embrapa Acre, em Rio Branco, AC. Obedeceu-se o delineamento inteiramente casualizado com cinco tratamentos e 20 repetições. Os tratamentos foram assim dispostos: T1 (0 g muda^{-1} de ureia); T2 (0,57 g muda^{-1} de ureia); T3 (1,15 g muda^{-1} de ureia); T4 (1,72 g muda^{-1} de ureia); T5 (2,30 g muda^{-1} de ureia). Foram utilizados sacos pretos com capacidade para 3,1 litros de substrato. Aos 120 dias após o transplantio realizou-se a contagem do número de folhas emitidas, a altura da planta e o diâmetro do estipe. Não houve resposta para o número de folhas e diâmetro do estipe, e a altura da planta sofreu decréscimo significativo quando se aumentou as doses de ureia. A adubação nitrogenada não promove incremento de crescimento em altura, número de folhas e diâmetro do estipe de açaizeiro aos 120 dias após o transplantio.

Palavras-chave: açaizeiro, nutrição.

INTRODUÇÃO – *Euterpe precatoria* Mart., conhecida como açaí solteiro ou solitário, é uma espécie nativa da Região Norte, sendo encontrada na parte central e ocidental da bacia amazônica e em áreas inundadas. É uma palmeira que apresenta estipe única, diferentemente da *Euterpe oleracea* Mart., que produz vários perfilhos.

Da planta é utilizado praticamente tudo, tais como alimentação, vermífugo, corante natural, artesanato, construção de casas, ração animal, sendo os frutos para produção da polpa e o palmito os de maior interesse econômico (OLIVEIRA; MULLER, 1998).

Nos últimos anos têm-se aumentado o consumo da polpa de açaí no Brasil e no exterior devido as suas qualidades como fonte de minerais (OLIVEIRA; FARIAS NETO et al., 2008), antocianinas e antioxidantes, ácidos graxos, além da importância energética (YUYAMA et al., 2011). No estado do Acre, o açaí tem grande potencial de mercado por ser consumido tradicionalmente pela população como "vinho".

O aumento da demanda pelo fruto tem levantado o interesse de cultivo do açaizeiro em terra firme, já que grande parte da produção é proveniente do extrativismo ou semi-extrativismo. Diante disso, é fundamental a realização de estudos que proporcionam a expansão da cultura. Segundo Lunz (2012) a importância do açaizeiro *Euterpe oleracea* tem motivado a realização de várias pesquisas, mas por outro lado existem poucas informações sobre a espécie *E. precatoria,* mesmo que seja amplamente consumida na Região Amazônica.

O sucesso de uma atividade frutícola depende de planejamentos, condução adequada dos cultivos, investimento em insumos necessários como calagem, adubação, controle de pragas e doenças e, sobretudo o uso de mudas sadias, bem vigorosas e com porte indicado para o plantio. No entanto, os estudos com mudas de açaizeiro *Euterpe precatoria* são escassos na literatura, principalmente com adubação. Em contrapartida, existem trabalhos com *E. oleracea* avaliando-se as omissões de macro e micronutrientes (VIÉGAS et al., 2004), crescimento das plantas submetidos a doses crescentes de nitrogênio e potássio (VIÉGAS; BOTELHO, 2007; OLIVEIRA et a., 2011;). Segundo Viégas et al. (2004), os macronutrientes de maior importância para o açaizeiro seguem a seguinte ordem, P>N>K>Mg, e o Mn é o micronutriente que mais limita o crescimento. Assim, o conhecimento do comportamento de açaizeiro em função de adubação é importante para indicar aos produtores a aplicação de fertilizantes na quantidade adequada para o bom crescimento e desenvolvimento das mudas em viveiro.

O objetivo desta pesquisa foi avaliar o crescimento inicial de açaizeiro solteiro em função de adubação nitrogenada tendo como fonte a ureia em condições de viveiro.

MATERIAL E MÉTODOS – O experimento foi conduzido no viveiro da Embrapa Acre, localizado em Rio Branco, AC. A região é constituída de temperaturas máxima de 30,90 °C e mínima de 20,80 °C, umidade relativa de 83 %, precipitação anual de 1.648 mm, e com estações seca e chuvosa bem definidas. O viveiro é telado e coberto com sombrite de 50 %.

O delineamento experimental foi o inteiramente casualizado com cinco tratamentos e três repetições. Os tratamentos foram constituídos por aplicação de doses crescentes de nitrogênio em forma de ureia da seguinte forma: T1 (0 g muda^{-1} de ureia); T2 (0,57 g muda^{-1} de ureia); T3 (1,15 g muda^{-1} de ureia); T4 (1,72 g muda^{-1} de ureia); T5 (2,30 g muda^{-1} de ureia). Em todos os tratamentos, exceto o T1, foram realizadas adubações de supersimples, cloreto de potássio e micronutrientes FTE-BR 12 com 12,92, 0,96 e 0,93 g muda^{-1}, respectivamente. Em todos os tratamentos foram aplicados 3 g l^{-1} de calcário dolomítico no momento do preparo dos substratos. O solo utilizado foi de barranco após a passagem em peneira para retirada dos restos vegetais e torrões. O fósforo foi parcelado em duas vezes, sendo uma parte na fundação e o restante aplicado em cobertura juntamente com o potássio e nitrogênio aos 75 dias após a repicagem das plântulas.

As sementes foram obtidas em agroindústria de processamento de frutos de açaí. Realizou-se todo o processo de limpeza para retirada dos restos de polpa e demais resíduos para posterior semeadura. Após a germinação em viveiro, transplantaram-se as plântulas para os sacos plásticos no formato de palito. Foram utilizados sacos pretos de polietileno com capacidade para 3,1 litros de substrato.

A irrigação foi realizada manualmente todos os dias pela manhã, sendo aplicado o volume de água necessário para elevar a capacidade de campo próxima a 100 % com base na massa de solo de cada muda. O controle de plantas daninhas foi realizado sempre que necessário pelo método manual. Durante o período de avaliação foram realizadas aplicações de fungicida Amistar para prevenção da antracnose, doença importante para o açaizeiro.

Aos 120 dias após o transplantio realizou-se a contagem do número de folhas emitidas, a altura da planta até a inserção da última folha totalmente aberta e o diâmetro do estipe medido a 2 cm do substrato com auxílio de paquímetro digital (0,01 mm). Os dados obtidos foram submetidos à análise de variância (ANAVA) e de regressão para comparar a influência das doses de ureia aplicadas em mudas de açaizeiro solteiro.

RESULTADOS E DISCUSSÃO – De acordo com a Tabela 1, observa-se que não houve efeito significativo das aplicações nas diferentes doses de ureia em açaizeiro solteiro (*Euterpe precatoria*) para o número de folhas emitidas e diâmetro do estipe, com exceção para a altura das mudas em condições de viveiro aos 120 dias após o transplantio para os sacos de polietileno.

Aos 120 dias, o açaizeiro apresentava em média 2,87 folhas emitidas (totalmente expandidas) e diâmetro do estipe com 3,89 mm nos diferentes tratamentos. As plantas lançaram em média uma folha a cada 42 dias, corroborando os resultados encontrados por Almeida et al. (2014) que avaliaram o crescimento inicial de açaizeiro *E. precatoria* em diferentes espaçamentos submetidos ao sombreamento e monocultivo, e verificaram que as plantas emitiram uma folha totalmente expandida a cada 83 dias em cultivo ensolarado e a cada 103 dias em consórcio com bananeira comprida cv. D'angola aos 120 dias após o plantio, diferença essa devido ao porte da planta que em condições de campo tem porte e folhas maiores. Esses autores demonstraram também que os açaizeiros apresentaram um crescimento do diâmetro do estipe de 5,83 mm aos 120 dias após o plantio, valores superiores aos encontrados neste trabalho.

O nitrogênio é um dos elementos mais exigidos pelo açaizeiro, sendo o segundo em termo de limitação para o crescimento da planta (VIÉGAS et al., 2004). Entretanto, as doses utilizadas na formação de mudas não promoveu incremento significativo em número de folhas lançadas e diâmetro do estipe de açaizeiro solteiro. O crescimento lento de espécie *Euterpe precatoria*, as condições de clima e irrigação necessárias e o pouco tempo de avaliação pode ser um dos fatores responsáveis pela insignificância das adubações nitrogenadas estudadas.

O crescimento em altura das mudas sofreu efeito linear negativo significativo, promovendo um decréscimo na medida em que se aumentava a dose de ureia nos açaizeiros (Tabela 1 e Figura 1). A dose de 2,30 g muda^{-1} de ureia foi a que mais interferiu ($p<0,01$) na altura das mudas ocasionando a redução de 17,47 % no crescimento em relação ao tratamento que não recebeu adubação (T1). Esse efeito inverso linear foi observado por Oliveira et al. (2011) ao avaliarem a influência dos açaizeiros submetidos a doses crescentes de ureia no solo, obtendo-se a menor altura da planta com a maior quantidade aplicada, além de observarem que área foliar também sofreu decréscimo com a aplicação da adubação nitrogenada. Viégas e Botelho (2007) também demonstraram que o açaizeiro apresentou altura média reduzida referente ao primeiro ano de avaliação ao serem submetidos à adubação nitrogenada crescente tendo como fonte a ureia.

A resposta negativa quanto à adubação nitrogenada pode estar relacionada com o período de avaliação das plantas. Santos e Veloso (2009) verificaram que o açaizeiro apresentou efeito negativo no primeiro ano de avaliação de forma linear, e no segundo ano respondeu de forma quadrática para a altura das plantas quanto às adubações com N.

CONCLUSÕES – A adubação nitrogenada não promove incremento para o número de folhas e diâmetro do estipe de açaizeiro solteiro e a altura das plantas é reduzida significativamente aos 120 dias após o transplantio para os sacos de polietileno.

AGRADECIMENTOS – À Embrapa Acre pelo apoio a pesquisa e a todos que de alguma forma contribuíram para a realização deste trabalho.

REFERÊNCIAS

ALMEIDA, U.O.; ANDRADE NETO, R. de C.; LUNZ, A.M.P.; CADES, M.; GOMES, R.R. Crescimento inicial de açaizeiro consorciado com bananeira comprida em diferentes espaçamentos. In: CONGRESSO BRASILEIRO DE FRUTICULTURA, 23., 2014, Cuiabá. **Resumos...** Cuiabá: Sociedade Brasileira de Fruticultura, 2014.

LUNZ, A.M.P. **Açaí solteiro, uma palmeira amazônica com grande potencial.** Disponível em: <http://www.diadecampo.com.br/zpublisher/materias/Newsletter.asp?data=27/04/2013&id=28185&secao=Artigos%20Especiais>. Acesso em: 10 ago. 2014.

OLIVEIRA, C.J. de; PEREIRA, W.E.; MESQUITA, F. de O.; MEDEIROS, J. dos S.; ALVES, A. de A. Crescimento inicial de mudas de açaizeiro em resposta a doses de nitrogênio e potássio. **Revista verde,** Mossoró, v.6, n.2, p.227-237, abr./jun. 2011.

OLIVEIRA, M. do S.P. de; FARIAS NETO, J.T. de. **Cultivar BRS-Pará:** Açaizeiro para produção de frutos em terra firme. Belém: Embrapa Amazônia Oriental, 2004. 3p. (Circular Técnica, 114).

OLIVEIRA, M. do S.P. de; MULLER, A.A. **Seleção de germoplasma de açaizeiro promissor para frutos.** Belém: Embrapa CPATU, 1998. 5p. (Pesquisa em andamento, 191).

SANTOS, D.M. dos; VELOSO, C.A.C. Comportamento de plantas de açaizeiro em relação a diferentes doses de NPK na fase de formação e produção. In: SEMINÁRIO DE INICIAÇÃO CIENTIFÍCA DA EMBRAPA, 13, 2009, Belém. **Anais...** Embrapa Amazônia Ocidental, 2009.

VIÉGAS, I. DE J.M.; BOTELHO, S.M. Açaizeiro. IN: CRAVO, M. DA S.; VIÉGAS, I DE J.M.; BRASIL, E.C. (Eds.). **Recomendações de Adubação e Calagem para o Estado do Pará.** Belém: Embrapa Amazônia Oriental, 2007. 262p.

VIÉGAS, L. de M.; FRAZÃO, D.A.C.; THOMAZ, M.A.A.; CONCEIÇÃO, H.E.O. da; PINHEIRO, E. Limitações nutricionais para o cultivo de açaizeiro em Latossolo Amarelo textura média, Estado do Pará. **Revista Brasileira de Fruticultura,** Jaboticabal, v.26, n.2, p. 382-384, ago. 2004.

YUYAMA, L.K.O.; AGUIAR, J.P.L.; SILVA FILHO, D.F.S.; YUYAMA, K.; VAREJÃO, M. de J.; FÁVARO, D.I.T.; VASCONCELOS, M.B.A.; PIMENTEL, S.A.; CARUSO, M.S.F. Caracterização físico-química do suco de açaí de *Euterpe precatoria* Mart. oriundo de diferentes ecossistemas amazônicos. **Acta Amazônica,** Manaus, v.41, n.4, p.545-552, out./dez. 2011.

Tabela 1. Valores do teste F da ANAVA para o número de folhas, altura da planta e diâmetro da estipe de açaizeiro aos 120 dias após o transplantio. Rio Branco, AC, 2014.

Fonte de variação	GL	Teste F		
		Número de folhas	Altura da planta (cm)	Diâmetro da estipe (mm)
Regressão linear	1	$0,9934^{ns}$	$10,4790^{**}$	$4,1898^{ns}$
Regressão quadrática	1	$0,4436^{ns}$	$0,0267^{ns}$	$0,9841^{ns}$
Regressão cúbica	1	$0,0666^{ns}$	$0,0275^{ns}$	$0,1901^{ns}$
Desvio de regressão	1	$2,8405^{ns}$	$0,3069^{ns}$	$0,1188^{ns}$
Tratamento	4	1,0860--	2,7100--	1,3707--
Resíduo	10	-	-	-
CV (%)	-	5,51	8,10	8,36
Média geral	-	2,87	3,53	3,89

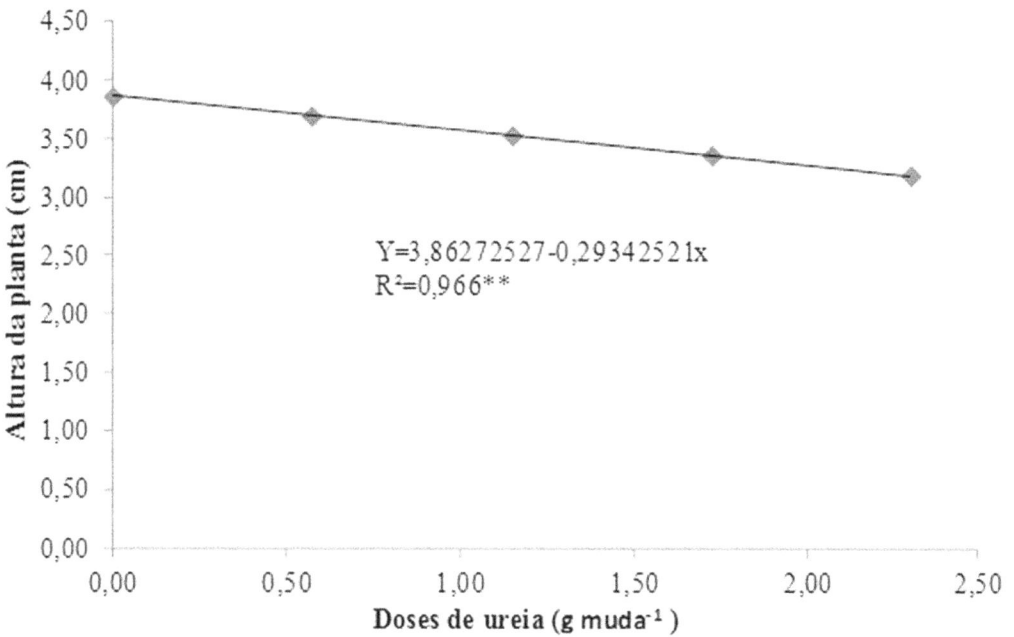

Figura 1. Altura da planta de açaizeiro solteiro em função da adubação nitrogenada com ureia em condições de viveiro. Rio Branco, AC, 2014.

Crescimento inicial de um eucalipto clonado sob diferentes adubações em Porto Velho, Rondônia

Henrique Nery Cipriani[(1)]; Abadio Hermes Vieira[(1)]; Angelo Mansur Mendes[(1)]; Alaerto Luiz Marcolan[(1)]; Jean Carlos Camelo[(2)]; Elis Regina do Nascimento Batista[(3)]

(1) Pesquisador, Embrapa Rondônia, BR 364 km 5,5, Cidade Jardim, CEP 76815-800, Porto Velho, RO. E-mail: henrique.cipriani@embrapa.br; abadio.vieira@embrapa.br; angelo.mansur@embrapa.br; alaerto.marcolan@embrapa.br (2) Acadêmico de Agronomia, Faculdades Integradas Aparício Carvalho (FIMCA), Rua Araras, 241, Jardim Eldorado, CEP 78912-640, Porto Velo, RO. E-mail: jean_carlos_gm@hotmail.com (3) Acadêmica de Ciências Biológicas, Faculdade São Lucas (FSL), Rua Alexandre Guimarães, 1927, Areal, CEP 78916-450, Porto Velho, RO. E-mail: elisregina_nb@hotmail.com

RESUMO – Rondônia, por suas condições climáticas, tem grande potencial para a eucaliptocultura. Boas produtividades dependem de adubação balanceada. O objetivo deste trabalho foi avaliar o crescimento inicial de um clone de eucalipto sob combinações de doses de P_2O_5 e K_2O no plantio e adubação de cobertura em Porto Velho, RO. O experimento foi instalado no Campo Experimental de Porto Velho, da Embrapa Rondônia, sobre um Plintossolo Argilúvico distrófico de textura média/argilosa. Foi avaliado o clone VM01 sob quatro doses de P_2O_5 (0, 50, 100 e 150 kg ha^{-1}) e três de K_2O (0, 50 e 100 kg ha^{-1}) no plantio, aplicadas na forma de superfosfato triplo e KCl, e duas doses de NPK 20-05-20 (0 e 200 kg ha^{-1}), aplicado aos 14 meses após o plantio. O delineamento utilizado foi o fatorial completo (4x3x2) com duas repetições em blocos casualizados. Foram utilizadas parcelas de 25 plantas (5x5), sendo nove plantas úteis. O espaçamento utilizado foi de 3x2 m. Após 41 meses de cultivo, foram avaliados o volume o DAP e a altura do povoamento. Houve efeito significativo somente para P_2O_5 ($p<0,01$), para as três variáveis. A análise de regressão mostrou resposta quadrática para a altura e o DAP e raiz quadrática para o volume em função da dose de P_2O_5. Conclui-se que a produtividade do VM01 foi maior na maior dose de fósforo e que não houve resposta à adubação de cobertura.

Palavras-chave: *Eucalyptus*, fertilização florestal, produção florestal, sustentabilidade, VM01.

INTRODUÇÃO – A exportação e o consumo interno de produtos madeireiros crescem ano a ano no Brasil (AMBIENTE BRASIL, 2012; ABRAF, 2013). Espera-se que o Brasil alcance a marca de 15 milhões de hectares de florestas plantadas no início dos anos 2020, o dobro da atual (SALOMON, 2011). A despeito das condições climáticas e topográficas propícias para o plantio de árvores, a área de florestas plantadas em Rondônia é inexpressiva frente à de outros estados (ABRAF, 2013). Isso é devido, provavelmente, à abundância de madeira nativa, principalmente a oriunda de desmatamento. Porém, a pressão para reduzir o desmatamento e a difusão de práticas agrícolas para diminuir a emissão de gases do efeito estufa devem mudar esse cenário (CNA, 2012).

O eucalipto é a essência florestal mais cultivada no Brasil, correspondendo a cerca de 70 % da área total de florestas plantadas (ABRAF, 2013). Além de possuir múltiplos usos, diversas espécies de eucaliptos se adaptaram satisfatoriamente às condições edafoclimáticas brasileiras, apresentando boa produtividade e rentabilidade (MOTTA et al., 2010).

A rentabilidade e a produtividade estão intimamente associadas. Boas produtividades são alcançadas quando são combinadas práticas silviculturais adequadas com material genético bem selecionado para a região (SCHÖNAU, 1984;

BARROS; COMERFORD, 2002). Dentre as práticas silviculturais, a adubação, especialmente a fosfatada, é a principal responsável pelo aumento da produtividade dos eucaliptais, de maneira geral (SCHÖNAU; HERBERT, 1989; BARROS; COMERFORD, 2002; BARROS et al., 2005).

O fósforo e o potássio estão entre os nutrientes requeridos em maior quantidade para o crescimento do eucalipto (SCHÖNAU; HERBERT, 1989; BARROS; COMERFORD, 2002; SANTANA et al., 2008). Portanto a escolha de doses adequadas de P_2O_5 e K_2O na adubação de plantio é determinante para a obtenção de elevadas produtividades.

Embora seja prática usual realizar adubação de cobertura nos eucaliptais até o 18º mês após o plantio, ainda há controversas quanto à resposta do plantio a essas adubações e quanto à dose a ser aplicada (GONÇALVES et al., 2004; BARROS et al., 2005; SILVA et al., 2013).

Destarte, o objetivo deste trabalho foi avaliar o crescimento inicial de VM01 sob diferentes combinações de doses de P_2O_5 e K_2O no plantio e de adubação de cobertura na cultura do eucalipto em Porto Velho, RO.

MATERIAL E MÉTODOS – O experimento foi desenvolvido no campo experimental de Porto Velho (CEPV), da Embrapa Rondônia, nas coordenadas geográficas 08° 47' 42" S e 63° 50' 45" W. O clima, segundo a classificação de Köppen, é do tipo Am, caracterizado como clima tropical de monções. A precipitação média anual é de 2.300 mm, a média anual de temperatura gira em torno de 25 ±1 °C com temperatura máxima entre 30 °C e 34 °C e mínima entre 17 °C e 23 °C. A média anual da umidade relativa do ar varia de 85 % a 90 % no verão, e em torno de 75 % no outono/inverno.

O solo da área experimental é um Plintossolo Argilúvico distrófico de textura média/argilosa, fortemente ácido e com teor moderado de matéria orgânica (Tabela 1). Dois meses antes do plantio, foram aplicados 4 Mg ha^{-1} de calcário dolomítico.

Como material genético, utilizou-se o clone VM01 (híbrido de *Eucalyptus urophylla* x *camaldulensis*). No plantio, foram aplicadas quatro doses de P_2O_5 (0, 50, 100 e 150 kg ha^{-1}) e três doses de K_2O (0, 50 e 100 kg ha^{-1}). A dose de N foi fixada em 40 kg ha^{-1}. Os fertilizantes (ureia, superfosfato triplo e KCl) foram aplicados em covetas laterais. O plantio foi finalizado na primeira metade de fevereiro de 2011. Adicionalmente, foram aplicados 12 g de FTE por planta. Aos 14 meses após o plantio foram aplicadas duas doses (0 e 200 kg ha^{-1}) de NPK 20-05-20 em cobertura. As operações de adubação e plantio foram manuais. O espaçamento adotado foi de 3 m entre linhas e 2 m entre plantas da mesma linha. Aos 41 meses de idade, foram avaliados o diâmetro a 1,30 m do solo (DAP), o volume e a altura do plantio. O volume foi calculado considerando-se um fator de forma igual a 0,5.

O delineamento utilizado foi o fatorial completo com dois blocos casualizados. Cada uma das 48 parcelas foi composta por cinco linhas de cinco plantas, sendo consideradas úteis as nove plantas centrais. Assim, os valores das variáveis medidas correspondem à média de nove plantas (ou menos, para as parcelas que apresentaram falhas).

Os dados foram submetidos à análise de variância (ANOVA) e de regressão para se avaliar o efeito dos tratamentos. Foram testados três modelos de regressão: linear simples, linear de segundo grau e raiz quadrático. As análises foram feitas com auxílio do programa estatístico Sisvar.

RESULTADOS E DISCUSSÃO – Os resultados mostraram que houve influência significativa (p<0,01) da adubação fosfatada no crescimento do VM01, para todas as variáveis. A Tabela 2 contém o resumo da ANOVA para o volume. A altura e o DAP, em função da dose de P_2O_5 se ajustaram ao modelo quadrático (Figuras 1 e 2), enquanto o volume se ajustou melhor ao modelo raiz quadrático (Figura 3).

O fósforo, de maneira geral, é o nutriente mais limitante para o crescimento inicial do eucalipto no Brasil (SCHÖNAU; HERBERT, 1989). Neste experimento, foi possível observar incremento de mais de 100 % no volume somente com a aplicação de 50 kg ha^{-1} de P_2O_5 (Figura 1). Na maior dose, o incremento foi superior a 200 % (Figura 1). CIPRIANI et al. (2012) verificaram que a dose ótima de P_2O_5 para este e outros clones de eucalipto na mesma área foi próxima à recomendada por Gonçalves et al. (1996), considerando o teor de P disponível no solo (Tabela 1).

O potássio é um dos nutrientes mais demandados pelo eucalipto (SANTANA et al., 2008), e a deficiência de potássio é uma das mais frequentes em eucaliptais (SILVEIRA et al. 1995 apud SILVEIRA et al. 2005). Contudo, a aplicação de K_2O não teve efeito significativo (p>0,05) sobre o crescimento do povoamento (Tabela 2 e Figura 2).

O resultados corroboram as observações de Cipriani et al. (2012), feitas na mesma área. Segundo os autores, a falta de resposta à adubação potássica, neste experimento, pode estar relacionada ao teor de K disponível no solo (Tabela 1), que era superior ao nível crítico de implantação proposto por NOVAIS et al. (1986), embora esse teor seja classificado como baixo segundo algumas tabelas de interpretação de fertilidade de solo (ERNANI et al., 2007). Adicionalmente, a elevada disponibilidade de água pode ter permitido o crescimento do eucalipto mesmo sem adição de KCl no plantio, pois o K é um nutriente intimamente relacionado como as relações hídricas da planta (ERNANI et al., 2007).

A despeito da baixa disponibilidade de potássio no solo, não houve resposta à adubação de cobertura (p>0,05). Possivelmente a falta de resposta se deva à elevada disponibilidade de água e ao elevado teor de matéria orgânica no solo (que é um indicativo de alta disponibilidade de N (BARROS; COMERFORD, 2002; BARROS et al., 2005). Outro motivo pode ser o baixo potencial de resposta do material genético utilizado à adubação de cobertura, ou à limitação de produtividade do plantio por outro fator que não a disponibilidade de N, P ou K, os nutrientes aplicados em cobertura. Os valores médios de altura, DAP e volume para cada tratamento de adubação de cobertura encontram-se na Tabela 3.

Este trabalho corrobora a importância da adubação fosfatada no plantio e a necessidade de se realizar análise de solo para subsidiar a adubação do eucalipto, prática ainda pouco utilizada em florestas plantadas de Rondônia (SABOGAL et al., 2006). Novas avaliações devem ser feitas com diferentes materiais genéticos, solos e adubações de cobertura para aprimorar a recomendação de adubação para eucaliptos em Rondônia.

CONCLUSÕES – Nas condições estudadas, aos 41 meses de idade, não há resposta do clone VM01 à adubação de cobertura com NPK 20-05-20. O VM01 apresenta resposta do tipo raiz quadrática à dose de P_2O_5 aplicada no plantio, refletindo o padrão de incrementos decrescentes. A inobservância de resposta à adubação potássica indica que o teor de potássio disponível no solo (36 mg kg^{-1}), antes do plantio, era superior ao nível crítico de implantação. A análise de solo e as tabelas de recomendação existentes para o eucalipto são valiosos subsídios para o programa de fertilização do povoamento.

AGRADECIMENTOS – Aos funcionários e estagiários do CPAFRO pelo suporte na condução do experimento.

REFERÊNCIAS

AMBIENTE BRASIL. **Consumo industrial de madeira no Brasil.** Disponível em: <http://ambientes.ambientebrasil.com.br/florestal/e

statisticas_e_economia/consumo_industrial_de_madeira_no_brasil.html>. Acesso em: 17 set. 2014.

ASSOCIAÇÃO BRASILEIRA DE PRODUTORES DE FLORESTAS PLANTADAS – ABRAF. **Anuário estatístico da ABRAF 2013 ano base 2012**. Brasília, ABRAF, 2012. 148p.

BARROS, N.F.; COMERFORD, N.B. Sustentabilidade da produção de florestas plantadas na região tropical. **Tópicos em Ciência do Solo**, v.2, p.487-592, 2002.

BARROS, N.F.; NEVES, J.C.L.; NOVAIS, R.F. Recomendação de fertilizantes em plantios de eucalipto. In: GONÇALVES, J.L.M.; BENEDETTI, V. (Eds.). **Nutrição e fertilização florestal**. Piracicaba, IPEF, 2005. p.269-286.

CIPRIANI, H.N.; VIEIRA, A.H.; MENDES, A.M.; MARCOLAN, A.L. Crescimento inicial de clones de eucalipto em função de doses de P e K em Porto Velho, Rondônia. In: SIMPÓSIO DE CIÊNCIA DO SOLO DA AMAZÔNIA OCIDENTAL, 1., 2012, Humaitá. **Anais...** Humaitá: SBCS, 2012.

CONFEDERAÇÃO DA AGRICULTURA E PECUÁRIA DO BRASIL – CNA. **Guia de financiamento para agricultura de baixo carbono**. Brasília, CNA, 2012. 44p.

EMPRESA BRASILEIRA DE PESQUISA AGROPECUÁRIA – EMBRAPA. **Manual de métodos de análise de solo**. 2. ed. rev. atual. Rio de Janeiro, CNPS, 2011, 230p. (EMBRAPA-CNPS. Documentos, 132)

ERNANI, P.R.; ALMEIDA, J.A.; SANTOS, F.C. Potássio. In: NOVAIS, R.F.; ALVAREZ V., V.H.; BARROS, N.F.; FONTES, R.L.F.; CANTARUTTI, R.B.; NEVES, J.C.L. (Eds.). **Fertilidade do Solo**, Viçosa, SBCS, 2007. p.551-594.

GONÇALVES, J.L.M.; RAIJ, B.; GONÇALVES, J.C. Florestais. In: CANTARELLA, H.; QUAGGIO, J.A.; FURLANI, A.M.C. (Eds.). **Recomendações de adubação e calagem para o Estado de São Paulo**. Campinas: IAC & Fundação IAC, 1996. p.245-259.

GONÇALVES, J.L.M.; STAPE, J.L.; LACLAU, J.-P.; SMETHURST, P.; GAVA, J.L. Silvicultural effects on the productivity and wood quality of eucalypt plantations. **Forest Ecology and Management**, v.193, n.1-2, p.45-61, 2004.

MOTTA, D.; SILVA, W.F.; DINIZ, E.N. Rentabilidade na plantação do eucalipto. In: SIMPÓSIO DE EXCELÊNCIA EM GESTÃO E TECNOLOGIA, 7., 2010, Resende. **Anais...** Resende, Associação Educacional Dom Bosco, 2010. Disponível em: <http://www.aedb.br/seget/artigos10/371_rentabilidade%20na%20plantacao%20de%20eucalipto.pdf>. Acesso em: 17 set. 2014.

NOVAIS, R.F.; BARROS, N.F.; NEVES, J.C.L. Interpretação de análise química do solo para o crescimento e desenvolvimento de *Eucalyptus* spp. Níveis críticos de implantação e de manutenção. **Revista Árvore**, v.10, p.105-111, 1986.

SABOGAL, C.; ALMEIDA, E.; MARMILLOD, D.; CARVALHO, J.O.P. **Silvicultura na Amazônia Brasileira**: avaliação de experiências e recomendações para implementação e melhoria dos sistemas. Belém: CIFOR, 2006. 190p.

SALOMON, M. Governo planeja duplicar área de florestas plantadas no país em 10 anos. **O Estado de São Paulo**, 20 mar. 2011. Disponível em: <http://www.estadao.com.br/noticias/impresso,governo-planeja-duplicar-area-de-florestas-plantadas-no-pais-em-10-anos,694459,0.htm>. Acesso em: 17 set. 2014.

SANTANA, R.C.; BARROS, N.F.; NOVAIS, R.F.; LEITE, H.G.; COMERFORD, N.B. Alocação de nutrientes em plantios de eucalipto no Brasil. **Revista Brasileira de Ciência do Solo**, v.32, p.2723-2733, 2008, Número Especial.

SCHÖNAU, A.P.G. Silvicultural considerations for high productivity of *Eucalyptus grandis*. **Forest Ecology and Management**, v.9, p.295-314, 1984.

SCHÖNAU, A.P.G.; HERBERT, M.A. Fertilizing eucalypts at plantation establishment. **Forest Ecology and Management**, v.29, p.221-244, 1989.

SILVA, P.H.M.; POGGIANI, F.; LIBARDI, P.L.; GONÇALVES, A.N. Fertilizer management of eucalypt plantations on sandy soil in Brazil: Initial growth and nutrient cycling. **Forest Ecology and Management**, v.301, p.67-78, 2013.

SILVEIRA, R.L.V.A.; HIGASHI, E.N.; GONÇALVES, A.N.; MOREIRA, A. Avaliação do estado nutricional do *Eucalyptus*: Diagnose visual, foliar e suas interpretações. In: GONÇALVES, J.L.M.; BENEDETTI, V. (Eds.). **Nutrição e fertilização florestal**. Piracicaba, IPEF, 2005. p.79-104.

Tabela 1. Propriedades químicas do solo da área de cultivo antes da aplicação de calcário. Análises feitas conforme metodologia descrita em Embrapa (2011).

Profundidade	pH_{H2O}	P	K	Ca	Mg	Al+H	Al	MO	V
cm		mg dm^{-3}				mmol$_c$ dm^{-3}		g kg^{-1}	%
0-10	5,2	4	0,95	18,8	7,9	87,5	9,7	27,9	24
10-20	5,1	3	0,88	14,1	6,8	85,8	14,4	22,7	20
20-40	4,9	1	0,52	3,6	2,4	77,0	27,1	9,8	8

Tabela 2. Resumo da análise de variância para o volume (m³) das plantas.

Fonte de Variação	Graus de Liberdade	Soma de quadrados	Pr>Fc
Bloco	1	0,000060	0,6487
P_2O_5	3	0,010092	0,0001
K_2O	2	0,000015	0,9747
Adubação de cobertura	1	0,000374	0,2626
P_2O_5 x K_2O	6	0,000709	0,8606
P_2O_5 x Adubação de cobertura	3	0,000053	0,9791
K_2O x Adubação de cobertura	2	0,000714	0,3031
P_2O_5 x K_2O x Adubação de cobertura	6	0,000850	0,8020
Erro	23	0,006525	
Total	47	0,019392	
Média geral = 0,0425104		CV (%) = 39,62	

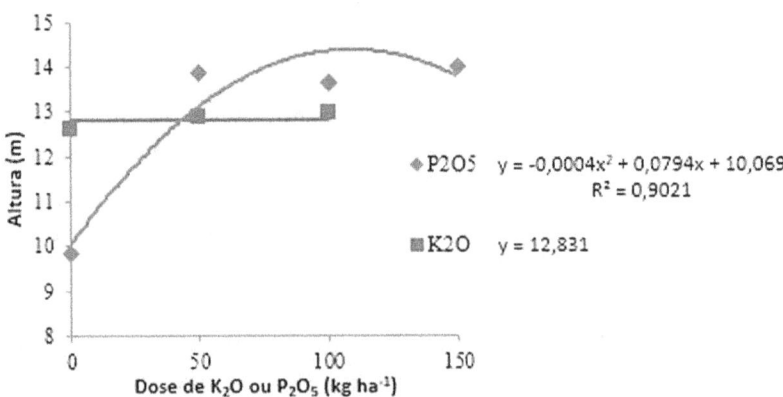

Figura 1. Altura das plantas em função da dose de P_2O_5 e K_2O.

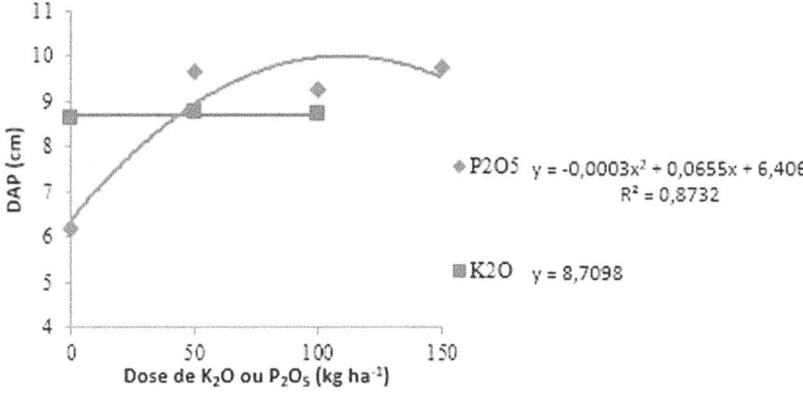

Figura 2. Diâmetro a 1,30 m do solo (DAP) das plantas em função da dose de P_2O_5 e K_2O.

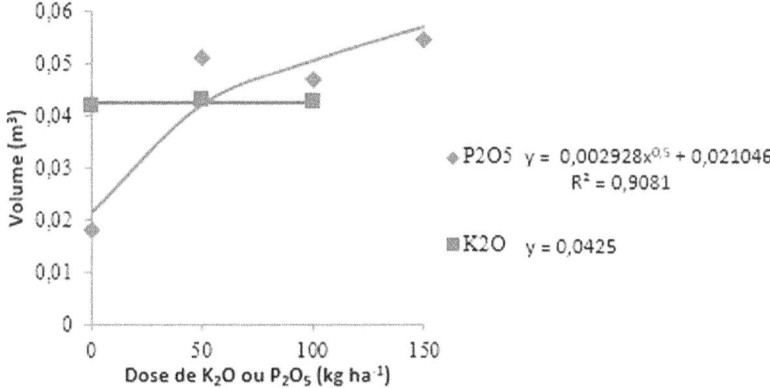

Figura 3. Volume das plantas em função da dose de P_2O_5 e K_2O.

Tabela 3. Altura (H), diâmetro a 1,30 m do solo (DAP) e volume do clone VM01, aos 41 meses de idade, em função dos tratamentos de adubação de cobertura.

Tratamento	H (m)	DAP (cm)	Volume (m³)
Com adubação de cobertura	12,98 a	8,93 a	0,0453 a
Sem adubação de cobertura	12,68 a	8,49 a	0,0397 a

Médias seguidas pela mesma letra não diferem entre si pelo teste F a 5 % de significância.

Núcleo Regional Amazônia Ocidental da Sociedade Brasileira de Ciência do Solo

Crescimento vegetativo de cafeeiro canéfora em diferentes manejo de adubação

Danielly Dubberstein[1]; Jairo Rafael Machado Dias[2]; Fábio Luiz Partelli[3]; Raquel Schmidt[4]; Danilo Diego dos Santos Coelho[5]; Cleyton Gonçalves Domingues[5]

(1) Mestranda, Universidade federal do Espírito Santo, BR 101 Norte, Km 60, Bairro Litorâneo, CEP: 29932-540, São Mateus, ES. E-mail: dany_dubberstein@hotmail.com (2) Professor adjunto, Universidade Federal de Rondônia, Av. Norte Sul, Nova Morada,CEP: 78987-000, Rolim de Moura-RO. E-mail: jairorafaelmdias@hotmail.com (3) Professor adjunto, Universidade Federal do Espírito Santo, BR 101 Norte, Km 60, Bairro Litorâneo, CEP: 29.932-540, São Mateus, ES. E-mail: partelli@yahoo.com.br (4) Mestranda, Universidade Federal do Acre, BR 364, Distrito Industrial, CEP:69920-900 Rio Branco, AC. E-mail: schmidt_raquel@hotmail.com (5) Acadêmicos, Universidade Federal de Rondônia, Av. Norte sul, Nova Morada, CEP: 78987-000, Rolim de Moura-RO. E-mail: danilo_kegua@hotmail.com; cleyton.domingues@hotmail.com

RESUMO – Este trabalho teve como objetivo avaliar o crescimento vegetativo de ramos de cafeeiro *Coffea canephora* em condições adubadas e não adubadas. O experimento foi realizado no município de Rolim de Moura-RO em lavoura clonal com 2,5 anos de idade. A área de estudo foi composta por dois tratamentos: plantas adubadas e não adubadas. A adubação foi empregada de acordo com a recomendação para a cultura em função da produtividade esperada. Cada tratamento foi composto por três blocos, contendo onze plantas úteis (repetições) com marcação de um ramo ortotrópico e um plagiotrópico para avaliação do crescimento, fazendo-se a medição em intervalo de 14 dias durante um ano. O delineamento experimental empregado foi blocos casualizados em esquema de parcelas subdivididas. A partir dos dados obtidos foi calculada a taxa diária de crescimento vegetativo. Os dados de crescimento foram submetidos à análise de variância (P > 0,05) e regressão. As taxas de crescimento de ramos não diferiram em função dos distintos manejos nutricionais, no entanto em alguns períodos houve interação significativa para as plantas adubadas. Os ramos plagiotrópicos crescem mais do que ortotrópico. Constataram-se variações sazonais durante o período avaliativo e menores taxas de crescimento foram verificadas de maio ao final de agosto e as maiores de setembro a abril, coincidindo com estiagem e o período chuvoso, respectivamente.

Palavras-chave: *Coffea canephora*, manejo da adubação, sazonalidade de crescimento.

INTRODUÇÃO – Rondônia se destaca como sexto maior produtor de café a nível nacional e segundo maior produtor da espécie *C. canephora* que inclui os grupos botânicos 'Conilon' e 'Robusta'. A cafeicultura esta presente em cerca de 21.500 propriedades rurais, maioria constituinte de agricultura familiar. Estima-se que a produção de 2014 é de cerca de 1.624.968 sacas (CONAB, 2014). Apesar do atraso, em relação a outros estados do país, partes dos agricultores já estão adotando tecnologias e práticas culturais como podas, irrigação e a adubação mineral.

O crescimento vegetativo do cafeeiro influi diretamente na produtividade da lavoura, pois através do alongamento da haste principal (ortotrópico) há a emissão de novos ramos laterais produtivos (plagiotrópicos), nestes ramos se formam as gemas florais que originam as inflorescências e, posteriormente produzem frutos.

No entanto, o crescimento vegetativo torna-se complexo devido à periodicidade sazonal de crescimento, possuindo duas fases separadas por épocas ao longo do ano. Normalmente entre os meses de setembro a abril o crescimento é rápido e nos meses de maio a agosto o crescimento é lento (FERREIRA et al., 2013; PARTELLI et al., 2013). Ramos et al. (2010) e Amaral et al. (2007) relata que umas das principais causa são as variações sazonais do clima. Além disso, a frutificação (AMARAL et al., 2006), diferentes altitudes de plantio (LAVIOLA et al., 2008), diferente genótipos e idade dos ramos, estado nutricional da planta, manejo da adubação mineral influem no crescimento do cafeeiro (PARTELLI et al., 2013).

O conhecimento e compreensão do crescimento vegetativo do cafeeiro, pode ser utilizado tanto na avaliação do estado fisiológico das plantas, bem como nas práticas de manejo da cultura (PARTELLI et al., 2010) como a adubação mineral, que ainda se caracteriza como grande entrave para a obtenção de altas produtividades.

O padrão das curvas de absorção de nutrientes para o cafeeiro não possuem uniformidade durante o ciclo vegetativo e reprodutivo completo. Há variações na velocidade de absorção nos diferentes estados fisiológicos da planta (BRAGANÇA et al., 2007), isto pode ser dependente da demanda que a planta esta tendo em certo período, como a fase de frutificação altamente exigente.

Além disso, durante a fase reprodutiva devido a exigência dos frutos (AMARAL et al. 2006, 2007), a fim de atender a demanda do mesmo estes podem translocar nutrientes das folhas. Assim, as quantidades de nutrientes minerais fornecidas para o cafeeiro devem ser suficientes para atender a exigência dos frutos, bem como para o crescimento dos órgãos vegetativos da planta (LAVIOLA et al., 2006, 2008).

Diante do exposto, objetivou-se avaliar o comportamento do crescimento vegetativo de ramo ortotrópico e plagiotrópico de cafeeiro canéfora em condições adubadas e não adubadas na região da zona da mata do estado de Rondônia.

MATERIAL E MÉTODOS – O experimento foi realizado no município de Rolim de Moura, localizado na zona da mata do estado de Rondônia, em propriedade particular, estabelecida na Linha 180, km 11 sul, com altitude média de 277 metros, latitude de 11° 49' 43" S e longitude 61° 48' 24" O.

O clima predominante na região é Tropical Úmido Chuvoso - Am (Köppen), com temperatura média anual de 25,2 °C e precipitação média de 1800 mm ano^{-1}. O período chuvoso está compreendido entre os meses de outubro até abril. O primeiro trimestre do ano apresenta o maior acúmulo de chuvas. O período mais quente fica compreendido entre os meses de agosto a outubro (RONDÔNIA, 2012). Durante a condução da pesquisa, os valores médios de temperatura mínima, média e máxima e precipitação foram coletados na estação meteorológica da Universidade Federal de Rondônia, localizado no mesmo município.

O experimento foi conduzido em lavoura de cafeeiro canéfora com dois anos e meio de idade, em espaçamento de quatro metros entre linhas e um (4x1) metro entre plantas. O solo do local é classificado em Latossolo Vermelho Amarelo eutrófico, textura argilosa, com relevo plano, cujas características são descritas na Tabela 1.

O delineamento experimental utilizado foi em blocos casualizados em esquema de parcelas subdivididas no tempo, tendo nas parcelas os manejos de adubação (plantas adubadas e não adubadas) e nas subparcelas as épocas de avaliação. A adubação foi realizada de acordo com a recomendação para a cultura. As fontes minerais de nitrogênio, fósforo e potássio foram ureia (45 % de N), superfosfato simples (18 % de P_2O_5) e cloreto de potássio (60 % de K_2O), respectivamente nas doses de 400, 180 e 35 g de fertilizante por planta. O fósforo foi fornecido em uma única aplicação no mês de julho, nitrogênio e potássio parcelado em quatro vezes (julho, outubro, janeiro e fevereiro). Em períodos de estiagem a irrigação por meio de aspersão convencional foi utilizada.

Cada tratamento foi composto por três blocos, contendo onze plantas úteis (repetições). Nestas plantas foi realizada a marcação do ramo ortotrópico e plagiotrópico. O ramo ortotrópico foi marcado a partir da base do ramo plagiotrópico, utilizando como critério, ramos novos em extrema atividade de crescimento vegetativo. As medições foram realizadas em intervalo de quatorze dias, durante o período avaliativo de um ano (22 de maio de 2013 a 29 de maio de 2014).

A partir dos dados obtidos foi calculada a taxa diária de crescimento vegetativo dos ramos plagiotrópicos e ortotrópicos. Os dados foram submetidos à análise de variância ($P > 0,05$) para tratamento qualitativo (manejo da adubação) e regressão para tratamento quantitativo (épocas avaliadas) mostrados em tabela e figura, respectivamente. Os dados climáticos foram correlacionados com as taxas de crescimento.

RESULTADOS E DISCUSSÃO – Por meio da análise de variância verificou-se que não houve diferença estatística para as taxas de crescimento vegetativo dos ramos ao longo do período avaliado em função do manejo da adubação. No entanto, verifica-se interação entre os tratamentos no período de 23 de outubro a 03 de dezembro de 2013 para o ramo ortotrópico e 23 de outubro a 06 de novembro de 2013 e 14 a 27 de fevereiro de 2014 para o ramo plagiotrópico, obtendo crescimento superior de plantas adubadas em comparativo as não adubadas, aumentando as taxas até mais de 1 mm diariamente nestes períodos. Estes resultados confirmam os benefícios da adubação nitrogenada para manutenção do crescimento vegetativo da cultura (Tabela 2, Figura 1).

Nazareno et al. (2003) avaliando o crescimento inicial de plantas de café arábica, verificou que doses de N e K afetaram significativamente o número de ramos plagiotrópicos e número de nós com gemas por planta, justificando tais resultados devido a essencialidade destes elementos no crescimento das plantas.

Os ramos avaliados apresentaram um padrão de crescimento distinto, sendo que o ramo plagiotrópico cresce em maior proporção do que ortotrópico. Foram constatadas variações sazonais durante o período avaliativo (Figura 1). Esses resultados concordam com aqueles verificados por Amaral et al. (2006, 2007), Partelli et al. (2010, 2013) e Ferreira et al. (2013) em suas pesquisas com cafeeiro conilon e arábica, constatando a periodicidade estacional do crescimento vegetativo do cafeeiro ao longo do ano.

As menores taxas de crescimento foram constatadas no período inicial das avaliações, do final de maio ao final de agosto de 2013 e metade de abril ao final de maio de 2014 (últimas avaliações). Neste período ocorre a estiagem típica da região e taxas máximas de temperatura (34 °C).

Amaral et al. (2007) verificaram menores taxas de crescimento vegetativo de cafeeiro conilon na região sul do Espírito Santo quando a temperatura máxima esteve a cima de 32 °C, salientando que as folhas de café quando exposta ao sol aumentam de 10 a 15 °C acima da temperatura do ar, podendo ocasionar decréscimos nas taxas fotossintéticas líquidas.

Quando correlacionado as taxas de crescimento com as médias de precipitação ocorreu efeito positivo e significativo para os ramos avaliados nos dois tratamentos (adubado e não adubado), confirmando a influência desta condição climática sobre o crescimento vegetativo do café canéfora para a região (Tabela 3).

O déficit hídrico no solo interfere negativamente sobre o sistema radicular do cafeeiro, particularmente sobre as raízes absorventes que prejudicam a absorção de água e minerais, e, consequentemente, comprometem o crescimento da parte aérea e a produção da planta (MARTINS et al., 2006). Comprovando tal fato, Ferreira et al. (2013) verificaram menores taxas de crescimento de café arábica no período de estiagem típico do cerrado goiano (abril/maio a setembro/outubro) até mesmo em plantas que receberam irrigação.

Do início ao meio de setembro o crescimento vegetativo acelerou estendendo ate o mês de janeiro e as maiores taxas de crescimento foram verificadas neste período, coincidindo justamente com a ocorrência da precipitação que concentra grande proporção nessa época do ano na região.

Ferreira et al. (2013) constatou condição propícia para o crescimento do cafeeiro a partir dos meses de agosto e setembro, caracterizado com início do período chuvoso, aumentando consideravelmente as taxas de crescimento de ramos ortotrópicos e plagiotrópicos de cafeeiro arábica.

Quedas gradativas de crescimento iniciaram-se no mês de janeiro estendendo ao início do mês de abril. Este fato pode ser consequência da granação e maturação dos frutos, uma vez que estes funcionam como dreno preferencial por fotoassimilados neste período (LAVIOLA et al., 2008). Amaral et al. (2006) e Partelli et al. (2013) afirmam que taxas de crescimento de ramos primários são significativamente maiores em plantas sem frutos. Atrelando ao fato a causa da concorrência ocorrida durante o período de desenvolvimento dos frutos, devido à maior mobilização de assimilados para os órgãos reprodutivos das folhas e até mesmo de órgãos mais distantes.

Fundamentando-se nestes resultados sugere-se que o cafeeiro demanda maiores quantidades de nutrientes do final de setembro ao início do mês de abril, devido às maiores taxas de crescimento e a demanda nutricional para formação dos frutos.

CONCLUSÕES – A taxa de crescimento do ramo ortotrópico e plagiotrópico do cafeeiro sofre variação sazonal de crescimento durante todo o ano. As maiores taxas ocorrem no período de outubro a janeiro. A adubação mineral deve ser concentrada em maior proporção de setembro a abril.

AGRADECIMENTOS – À Capes pelo fornecimento da bolsa estudantil. Ao Consórcio Pesquisa Café pelo financiamento parcial do projeto.

REFERÊNCIAS

AMARAL, J.A.T do.; RENA, A.B.; AMARAL, J.F.T do. Crescimento vegetativo sazonal do cafeeiro e sua relação com fotoperíodo, frutificação, resistência estomática e fotossíntese. **Pesquisa Agropecuária Brasileira**, Brasília, v.41, n.3, p.377-384, 2006.

AMARAL, J.A.T do.; LOPES, J.C.; AMARAL, J.F.T do; SARAIVA, S.H.; JESUS JR, W.C de. Crescimento vegetativo e produtividade de cafeeiros conilon propagados por estacas em tubetes. **Ciência e Agrotecnologia**, Lavras, v.31, n.6, p.1624-1629, 2007.

BRAGANÇA, S.M.; MARTINEZ, H.E.P.; LEITE, H.G.; SANTOS, L.P.; SEDIYAMA, C.S.; ALVAREZ V, V.H.; LANI, J.A. Acúmulo de B, Cu, Fe, Mn e Zn pelo cafeeiro conilon. **Revista Ceres**, v.54, n.314, p.398-404, 2007.

CONAB – Companhia Nacional de Abastecimento. **Acompanhamento da safra brasileira**: café. v. 1, Segundo Levantamento, maio 2014.

FERREIRA, E.P.B.; PARTELLI, F.L.; DIDONET, A.D.; MARRA, G.E.R.; BRAUN, H. Crescimento vegetativo de *Coffea arábica* L. influenciado por irrigação e fatores climáticos no Cerrado Goiano. **Semina: Ciências Agrárias**, Londrina, v.34, n.6, p.3235-3244, 2013.

LAVIOLA, B.G.; MARTINEZ, H.E.P.; SOUZA, R.B de.; VENEGAS, V.H.A. Dinâmica de N e K em folhas, flores e frutos de cafeeiro arábico em três níveis de adubação. **Bioscience Journal**, Uberlândia, v.22, n.3, p.33-47, 2006.

LAVIOLA, B.G.; MARTINEZ, H.E.P.; SALOMÃO, L.C.C.; CRUZ, C.D.; MENDONÇA, S.M.; ROSADO, L. Acúmulo em frutos e variação na concentração foliar de NPK em cafeeiro cultivado em quatro altitudes. **Bioscience Journal**, Uberlândia, v.24, n.1, p.19-31, 2008.

MARTINS, C.C.; REIS, E.F.; BUSATO, C.; PEZZOPANE, J.E.M. Crescimento inicial do café conilon (*Coffea canephora*PierreexFroehner) sob diferentes lâminas de irrigação. **Engenharia na Agricultura**, Viçosa, v.14, n.3, p. 193-201, 2006.

NAZARENO, R.B.; OLIVEIRA, C.A.S.; SANZONOWICZ, C.; SAMPAIO, J.B.R.; SILVA, J.CP.; GUERRA, A.F. Crescimento inicial do cafeeiro Rubi em resposta a doses de nitrogênio, fósforo e potássio e a regimes hídricos. **Pesquisa Agropecuária Brasileira**, Brasília, v.38, n.8, p.903-910, 2003.

PARTELLI, F.L.; VIEIRA, H.D.; SILVA, M.G.; RAMALHO, J.C. Seasonal vegetative growth of different age branches of conilon coffee tree. **Ciências Agrárias**, Londrina, v.31, n.3, p.619-626, 2010.

PARTELLI, F.L.; MARRÉ, W.B.; FALQUETO, A.R.; VIEIRA, H.D.; CAVATTI, P.C. Seasonal Vegetative Growth in Genotypes of *Coffea canephora*, as Related to Climatic Factors. **Journal of Agricultural Science**, v.5, n.8; p.108-116, 2013.

RAMOS, R.A.; RAFAEL.; RIBEIRO, R.V.; MACHADO, E.C.; MACHADO, R.S. Variação sazonal do crescimento vegetativo de laranjeiras Hamlin enxertadas em citrumeleiro Swingleno município de Limeira, Estado de São Paulo. **Acta Scientiarum. Agronomy**, Maringá, v.32, n.3, p.539-545, 2010.

RONDONIA. SECRETARIA DE ESTADO DO DESENVOLVIMENTO AMBIELTAL. **Boletim Climatológico de Rondônia**, ano 2010. Porto Velho: SEDAM, 2012.

Tabela 1. Resultados da análise química de solo na área experimental em diferentes profundidades.

Amostra	pH em água	P mg dm^{-3}	K	Ca	Mg mmol$_c$ dm^{-3}	Al+H	Al	MO g kg	V %
00-10 cm	7,2	86	19,23	66,1	17,2	18,2	0,0	34,5	85
10-20 cm	6,9	13	5,03	41,8	7,6	24,8	0,0	17,8	69
20-40 cm	7,3	45	8,21	69,7	8,4	11,6	0,0	17,8	87
40-60 cm	6,7	3	6,41	26,2	6,6	16,5	0,0	16,1	70

Tabela 2. Resumo da análise de variância (ANOVA) para crescimento vegetativo de ramos ortotrópico e plagiotrópico.

Fonte de Variação	Graus de Liberdade	Soma de quadrados	F
Ortotrópico			
Manejo adubação (a)	1	6,09	3,30^{ns}
Épocas avaliadas (b)	13	23,20	77,16 --
Interação AxB	13	1,31	4,36**
Plagiotrópico			
Manejo adubação (a)	1	4,45	5,35^{ns}
Épocas avaliadas (b)	13	535,58	136,72--
Interação AxB	13	10,82	2,76**

ns, **, --: não significativo, significativo a 1 % e tratamentos quantitativos, respectivamente.

Tabela 3. Correlação entre a média da precipitação e a taxa de crescimento vegetativo do ramo ortotrópico e plagiotrópico do cafeeiro ao longo do período avaliativo em função dos manejos da adubação.

Correlação	Coef.de correlação (r)	Significativo
Ortotrópico		
Precipitação x Tx adubado	0,63	**
Precipitação x Tx não adub.	0,74	**
Plagiotrópico		
Precipitação x Tx adubado	0,52	**
Precipitação x Tx não adub.	0,54	**

** Significativo a 1 % de probabilidade.

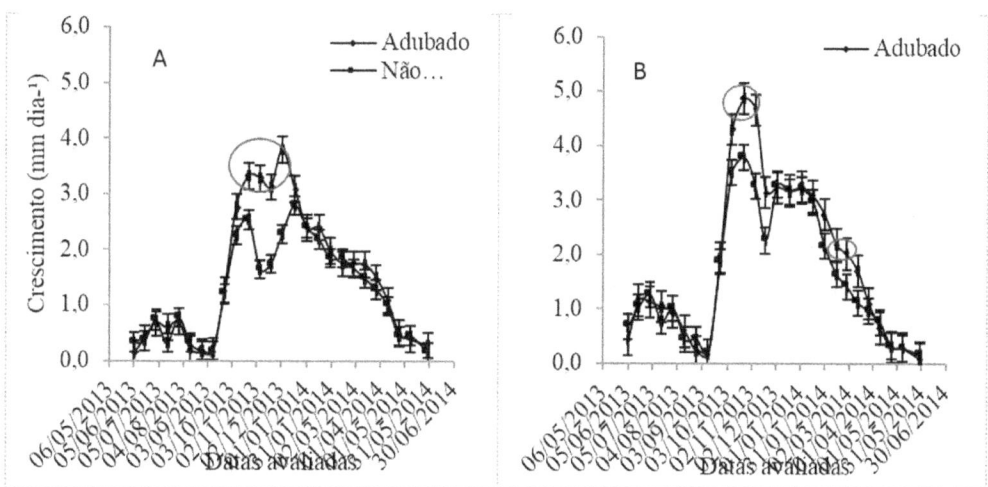

Figura 1. Taxas diárias de crescimento vegetativo (mm dia^{-1}) de ramo ortotrópico (A) e plagiotrópico (B), de cafeeirovcanéfora ao longo do período avaliativo nos diferentes manejos de adubação. As barras representam o erro padrão da média e os círculos em vermelho representam a interação manejo x época de avaliação.

Densidade e porosidade de um Argissolo Vermelho eutrófico típico sob vegetação nativa e cultivo anual

Otávio Fernandes de Souza Filho[1]; Gean Rafael Boton Bravin[1]; Marina Lacerda de Almeida[1]; Layane Eluane de Assis Santos[1]; Rogério Gonçalves Teixeira[1]; Stella Cristiani Gonçalves Matoso[2]

(1) Estudante de Graduação em Engenharia Agronômica, Instituto Federal de Educação Ciência e Tecnologia de Rondônia, Rodovia RO 399, Km 5, Zona Rural, CEP 76993-000, Colorado do Oeste, RO. E-mail: ea112ifro@gmail.com (2) Professora, Instituto Federal de Educação Ciência e Tecnologia de Rondônia, Rodovia RO 399, Km 5, Zona Rural, CEP 76993-000, Colorado do Oeste, RO. E-mail: stella.matoso@ifro.edu.br

RESUMO – É comum a degradação física dos solos com o uso contínuo para a agricultura. Portanto avaliações de atributos físicos do solo passam e ser importantes indicadores da qualidade do solo sob o uso agrícola. Com isso, objetivou-se neste trabalho avaliar a densidade do solo, densidade de partículas e a porosidade total em um Argissolo Vermelho eutrófico típico sob vegetação nativa e cultivo anual. O experimento foi conduzido no Laboratório de Solos do Instituto Federal de Educação, Ciência e Tecnologia de Rondônia (IFRO), *Campus* Colorado do Oeste. As amostras foram coletadas na área experimental do próprio IFRO, em delineamento inteiramente casualizado e esquema fatorial 2x2, o que corresponde respectivamente a duas coberturas vegetais e duas profundidades (0,0-0,10 e 0,10-0,20 m), com 8 repetições, totalizando 32 parcelas. As variáveis consistiram em densidade do solo (Ds), densidade de partículas (Dp), macro (Ma) e microporosidade (Mi) e porosidade total do solo (PT). A densidade do solo sob cultivo anual foi maior e a porosidade total menor, em relação ao solo com vegetação nativa. Sem, entretanto, alcançar valores críticos ao desenvolvimento radicular das plantas e a aeração do solo.

Palavras-chave: atributos físicos do solo, manejo do solo, qualidade física.

INTRODUÇÃO – O uso agrícola provoca alteração nos atributos físicos do solo, que normalmente induz a uma deterioração de sua qualidade. Deterioração esta que decorre da retirada da cobertura vegetal e o excessivo uso da mecanização. A relação entre o manejo e a qualidade do solo pode ser avaliada pelo comportamento das propriedades físicas, químicas e biológicas do solo (SILVA et al., 2005).

A densidade do solo é uma das características importantes na avaliação física dos solos. Essa característica está associada à estrutura, à densidade de partículas e à porosidade do solo, podendo ser usada como uma indicadora de processos de degradação da estrutura do solo, que pode mudar em função do uso e do manejo do solo (EMBRAPA, 2009a).

O uso e manejo do solo têm grande influência na grandeza dos valores da densidade. Os solos superficiais sob mata e pastagens, de maneira geral, apresentam valores de densidade baixos em comparação aos que estão submetidos aos cultivos contínuos (SILVA et al., 2003).

A movimentação de máquinas e implementos agrícolas durante as várias etapas do sistema produtivo eleva a densidade do solo (BONFIM-SILVA et al., 2010) e, por consequência reduz a porosidade total que, por sua vez, exercerá influência nas características físico-hídricas do solo (RIBEIRO et al., 2007), afetando assim, a produtividade das culturas.

Os impactos do manejo sobre a estrutura do solo são percebidos mais fortemente até os 15 cm de profundidade, sendo, portanto, a avaliação das propriedades físicas das camadas superficiais do solo uma importante ferramenta no monitoramento da qualidade ambiental, considerando-se as características e finalidade do uso de determinado agroecossistema (BORGES et al., 2009).

Deste modo, objetivou-se neste trabalho avaliar a densidade e a porosidade de um Argissolo Vermelho eutrófico típico sob vegetação nativa e cultivo anual.

MATERIAL E MÉTODOS – O experimento foi conduzido no Instituto Federal de Educação, Ciências e Tecnologia de Rondônia (IFRO), *Campus* Colorado do Oeste, localizado a 13º 07' 00" S, 60º 32' 30" W, a 460 m de altitude, durante o mês de novembro de 2013.

O clima da região é classificado, segundo a classificação de Köppen, como sendo do tipo Aw tropical quente, com estação seca de inverno, com temperatura anual em torno de 25,2 °C e precipitação média anual de até 2.400 mm (CARVALHO, 2014).

O solo analisado foi classificado como Argissolo Vermelho eutrófico típico (EMBRAPA, 2009b). Foi realizada também a caracterização física e química do solo (Tabela 1).

Para a condução do experimento, foi utilizado o delineamento experimental inteiramente casualizado (DIC), sendo conduzido em esquema fatorial 2x2, sendo duas profundidades (0,0 – 0,10 e 0,10 – 0,20 m) e dois sistemas de uso do solo (área de cultivo anual e uma área de vegetação nativa) com 8 repetições, totalizando 32 parcelas.

A região estudada é uma área de transição entre os biomas Cerrado e Amazônia, sendo que a vegetação nativa é classificada floresta subperenifólia (SANTOS et al., 2005), arbórea densa com extrato arbóreo/arbustivo de 8-15 m e densidade de dossel de 50 a 95 % (RIBEIRO; WALTER, 1998).

A área antropizada foi preparada durante sete anos agrícolas com uma aração e de duas a três gradagens anuais para o cultivo de culturas olerícolas, como mandioca, quiabo, melancia, pepino, dentre outras. Há dois anos o solo foi deixado de ser mecanizado implantando-se o sistema plantio direto, com o cultivo de girassol, seguido de melancia.

A coleta de amostras de solo com estrutura indeformada para a determinação da densidade do solo (Ds) foi realizada em minitrincheiras, com profundidade de 0,10 m e 0,20 m, com auxílio de um enxadão, marreta e anéis de aço (Kopecky) de bordas cortantes e volume interno conhecido (Método do anel volumétrico) (EMBRAPA, 1997).

Foram retiradas também amostras deformadas nas profundidades de 0,0 a 0,10 m e 0,10 a 0,20 m, para determinação da densidade de partículas (Dp) pelo método do balão volumétrico conforme preconizado pela Embrapa (1997). Para o cálculo da porosidade total foi usada a expressão $P = 100 (a - b) / a$, onde (a) é a densidade de partículas e (b) é a densidade do solo (EMBRAPA, 1997).

A partir dos dados de Ds, Dp e fração areia foi determinada a macroporosidade (Ma) pela equação ($Ma = 0,693 - 0,465 Ds + 0.212$ areia) desenvolvida por Stolf (2011). A microporosidade (Mi) foi obtida pela diferença entre a PT e Ma.

A análise estatística consistiu na análise de variância pelo teste F, seguida da comparação das médias pelo teste de Tukey a 5% de probabilidade.

RESULTADOS E DISCUSSÃO – Não houve efeito ($p > 0,05$) de interação entre os usos de solo e as profundidades analisadas, apenas dos fatores isolados.

A Dp não foi influenciada ($p > 0,05$) pelos diferentes usos do solo, tampouco pelas profundidades avaliadas (Tabelas 2 e 3). O solo sob vegetação nativa apresentou menor Ds, maior PT e Ma e menor Mi (Tabela 2), em relação ao solo com cultivo anual. Na camada superficial do solo, 0-0,10 m, verificou-se menor Ds, maior PT e Ma e menor Mi, em relação à camada de 0,10-0,20 m (Tabela 3).

É comum verificar a tendência de aumento da densidade do solo quando os mesmos são submetidos a diferentes sistemas de manejo em relação ao seu estado natural, principalmente nas duas primeiras camadas (0-0,10 e 0,10-0,20 m) (TRINDADE, 2012). Entretanto, mesmo havendo diferença entre os tratamentos, os valores de Ds observados estão abaixo do nível considerado crítico por Reichert et al. (2003), permitindo um bom desenvolvimento do sistema radicular das plantas.

Como os maiores valores de Ds foram verificados no solo da área de cultivo e na profundidade de 0,0-0,10 m, esse fato explica os menores valores de PT e Ma.

Segundo Dias Júnior (2000) o processo de compactação refere-se à compressão do solo não saturado promovendo o aumento da sua densidade e redução do seu volume, resultante da expulsão do ar dos poros do solo, diminuindo a porosidade total, principalmente a macroporosidade. Neste caso, pode haver um impedimento ao desenvolvimento radicular e ao movimento de água no perfil.

Segundo Ribeiro et al. (2007) a distribuição dos poros no solo condiciona o comportamento físico-hídrico do mesmo, influenciando o seu potencial agrícola. Neste contexto, Baver et al. (1972) apontam o limite mínimo de 10 % de macroporos para que o solo mantenha a aeração adequada. Mais uma vez o solo avaliado está de acordo com o nível considerado crítico.

Com esses resultados, observa-se a importância da adoção de um sistema de manejo eficaz na conservação da qualidade do solo e o constante monitoramento de suas condições. Pois, apesar dos valores de densidade e porosidade apresentarem bons indicadores físicos, como o solo antropizado difere do solo sob vegetação nativa, isso indica a sua perda de qualidade físico-hídrica, pois a elevação de densidade e redução de porosidade, principalmente a macroporosidade deixam esse solo mais sujeito aos efeitos da erosão. Fato este agravado por este solo pertencer à ordem dos Argissolos, que por suas características pedogenéticas, é altamente predisposto aos processos erosivos (OLIVEIRA, 2008).

CONCLUSÕES – A densidade do solo sob cultivo anual foi maior e a porosidade total menor, em relação ao solo com vegetação nativa. Sem, entretanto, alcançar valores críticos ao desenvolvimento radicular das plantas e a aeração do solo.

AGRADECIMENTOS – Ao técnico de Laboratório Leandro Dias pelo suporte na condução do experimento.

REFERÊNCIAS

BAVER, L.D.; GARDNER, W.H.; GARDNER, W.R. **Soil physics**. New York: J. Wiley, 1972. 498p.

BONFIM-SILVA, E.M.; SILVA, T.J.A. DA; KAZAMA, E.H. Densidade do solo e água disponível em sistemas de manejo de recuperação de pastagem. **Enciclopédia Biosfera**, v.6, p.1-8, 2010.

BORGES, T.A.; OLIVEIRA, F.A.; SILVA, E.M. DA; GOEDERT, W.J. Avaliação de parâmetros fisico-hídricos de Latossolo Vermelho sob pastejo e sob cerrado. **Revista Brasileira de Engenharia Agrícola e Ambiental**, v.13, p.18-25, 2009.

CARVALHO, P.E.R. **Clima**. Brasília, Embrapa. Disponível em: <http://www.agencia.cnptia.embrapa.br/gestor/espe cies_arboreas_brasileiras/arvore/CONT000fuvfsv3x0 2wyiv80166sqfi5balq6.html>. Acesso em: 31 jul. 2014.

DIAS JUNIOR, M.S. Compactação do solo. In: NOVAIS, R.F., ALVARES, V.H.; SCHAEFER, C.E.G.R. (Eds.). **Tópicos em ciência do solo**. Viçosa: SBCS, 2000. v.1, p.55-94.

EMPRESA BRASILEIRA DE PESQUISA AGROPECUARIA. **Determinação da densidade de solos e de horizontes cascalhentos**. Sete Lagoas, MG: EMBRAPA, 2009a. (Comunicado Técnico, 154).

EMPRESA BRASILEIRA DE PESQUISA AGROPECUARIA. **Manual de métodos de análises de solo**. Centro Nacional de Levantamento e Conservação do Solo. Rio de Janeiro, Embrapa Solos, 1997. 212p.

EMPRESA BRASILEIRA DE PESQUISA AGROPECUÁRIA. **Sistema brasileiro de classificação de solos.** 2. ed. Rio de Janeiro, Embrapa-SPI, 2009b, 412p.

OLIVEIRA, J.B. de. **Pedologia Aplicada.** Piracicaba, FEALQ, 2008, 592p.

REICHERT, J.M.; REINERT, D.J.; BRAIDA, J.A. Qualidade do solo e sustentabilidade de sistemas agrícolas. **Revista de Ciências Ambientais**, v.27, p.29-48, 2003.

RIBEIRO, J.F.; WALTER, B.M.T. Fitofisionomia do Cerrado. In: SANO, S.M.; ALMEIDA, S.P. de. (Eds.). **Cerrado: ambiente e flora.** Brasília: EMBRAPA, 1998. p.89-166.

RIBEIRO, K.D.; MENEZES, S.M.; MESQUITA, M. DA G.B. DE F.; SAMPAIO, F. DE M.T. Propriedades físicas do solo, influenciadas pela distribuição de poros, de seis classes de solos da região de Lavras-MG. **Ciência e Agrotecnologia**, v.31, p.1167-1175, 2007.

SANTOS, R.D. dos; LEMOS, R.C. de; SANTOS, H.G. dos; KER, J.C.; ANJOS, L.H.C. **Manual de descrição e coleta no campo.** Viçosa, MG, Sociedade Brasileira de Ciência do Solo, 2005, 92p.

SILVA, E.M.B.; SILVA, T.J.A.; OLIVEIRA, L.B.; MELO, R.F.; JACOMINE, P.K.T. Utilização de cera de abelhas na determinação da densidade do solo. **Revista Brasileira de Ciência do Solo**, v.27, p.955-959, 2003.

SILVA, R.R da; SILVA, M.L.N.; FERREIRA, M.M. Atributos físicos indicadores da qualidade do solo sob sistemas de manejo na bacia do alto do Rio Grande – MG. **Ciência e Agrotecnologia**, v.29, p.719-730, 2005.

STOLF, R.; THURLER, A. de M.; BACCHI, O.O.S.; REICHARDT, K. Method to estimate soil macroporosity and microporosity based on sand content and bulk density. **Revista Brasileira de Ciência do Solo**, v.35, p.447-459, 2011.

TRINDADE, E.F. da S.; VALENTE, M.A.; MOURÃO JÚNIOR, M. Propriedades físicas do solo sob diferentes sistemas de manejo da capoeira no nordeste paraense. **Agroecossistemas,** v.4, p.50-67, 2012.

Tabela 2. Propriedades químicas e físicas de um Argissolo Vermelho eutrófico típico sob vegetação nativa e cultivo anual em Colorado do Oeste, RO, 2013.

Usos do solo	Profundidade	Propriedades químicas									
		pH_{H2O}	P	K	Ca	Mg	Al+H	Al	MO	CTC_{pH7}	V
	m		$mg\,dm^{-3}$	$cmol_c\,dm^{-3}$					$g\,dm^{-3}$	$cmol_c\,dm^{-3}$	%
Vegetação nativa	0,0-0,1	7,1	62,0	0,35	8,22	1,60	2,75	0,0	47,00	12,90	78,7
Vegetação nativa	0,1-0,2	6,5	26,4	0,17	3,50	0,99	2,25	0,0	16,00	6,90	67,4
Área de cultivo	0,0-0,1	7,2	134,5	0,62	8,69	1,89	2,25	0,0	33,00	13,50	83,3
Área de cultivo	0,1-0,2	7,2	63,5	0,39	8,48	1,74	1,63	0,0	24,00	12,20	86,7

Usos do solo	Profundidade	areia	Silte	Argila
	m		$g\,kg^{-1}$	
Vegetação nativa	0,0-0,1	600	128	272
Vegetação nativa	0,1-0,2	630	143	227
Área de cultivo	0,0-0,1	384	193	423
Área de cultivo	0,1-0,2	399	193	408

Tabela 2. Densidade de partículas (Dp), densidade do solo (Ds), macroporosidade (Ma), microporosidade (Mi) e porosidade total (Pt) nos diferentes usos de solo em Colorado do Oeste, RO, 2013.

Usos do solo	Dp	Ds	Ma	Mi	Pt
	$g\,cm^{-3}$		%		
Vegetação nativa	2,60a	1,24a	33a	0,19b	52,36a
Cultivo anual	2,58a	1,38b	25b	0,21a	46,37b

Médias seguidas de mesma letra nas colunas não diferem estatisticamente entre si pelo teste F, ao nível de 5 % de probabilidade.

Tabela 3. Densidade de partículas (Dp), densidade do solo (Ds), macroporosidade (Ma), microporosidade (Mi) e porosidade total (Pt) nas diferentes profundidades do solo em Colorado do Oeste, RO, 2013.

Profundidades do solo	Dp	Ds	Ma	Mi	Pt
m	----------g cm^{-3}----------		----------------%----------------		
0,0-0,1	2,58a	1,24a	33a	0,19b	51,83a
0,1-0,2	2,60a	1,38b	26b	0,21a	46,91b

Médias seguidas de mesma letra nas colunas não diferem estatisticamente entre si pelo teste F, ao nível de 5 % de probabilidade.

Desenvolvimento inicial do arroz de sequeiro submetido a doses de nitrogênio em Rolim de Moura - RO

João Witor Zani Furlan[1]; Jurandyr José Ton Giuriatto Júnior[1]; Paulo Henrique Andrade Silva[1]; Gabriel Lima Duarta[1]; Anderson Cristian Bergamin[2]

(1) Acadêmicos do curso de Agronomia, Universidade Federal de Rondônia – UNIR, Campus Rolim de Moura, Avenida norte sul 7300, Bairro Nova morada, CEP 76940-000, Rolim de Moura, RO. E-mail: joaowitorzf@hotmail.com; jrgiuriatto@gmail.com; paulo_henriqueagro@hotmail.com; gabrielbioagronomia@gmail.com (2) Professor do Departamento de Agronomia, UNIR Campus Rolim de Moura, Avenida norte sul 7300, Bairro Nova morada, CEP 76940-000, Rolim de Moura, RO, anderson.bergamin@unir.br

RESUMO – A cultura do arroz está entre as mais difundidas no mundo, a gramínea é a base alimentar de quase metade da população mundial. Uma das características que favorece a alta difusão do arroz é o fato da maior tolerância a acidez. Este trabalho teve como objetivo avaliar o desempenho inicial do arroz sob o efeito da adubação nitrogenada na altura de plantas, número médio de perfilhos por planta e número médio de folhas por planta. O experimento foi realizado na Universidade Federal de Rondônia, no município de Rolim de Moura, RO no ano de 2014, sendo utilizados vasos com capacidade de 3,8 dm³. O solo utilizado foi um Latossolo Vermelho-Amarelo distrófico. O delineamento experimental foi inteiramente casualizado com cinco tratamentos e cinco repetições, totalizando 25 parcelas (vasos). Os tratamentos consistiram das seguintes doses de N: 0, 30, 60, 120 e 240 kg ha^{-1}. Com intuito de avaliar as respostas da cultura do arroz em função das doses de N. Com os dados obtidos no experimento observou-se que a cultura do arroz de sequeiro respondeu à adubação nitrogenada até a dose de 240 kg ha^{-1}. Nas condições de realização deste experimento pode-se concluir que: o desenvolvimento inicial da cultura do arroz de sequeiro é influenciado pela adubação nitrogenada.

Palavras-Chave: ureia, adubação, número de perfilhos.

INTRODUÇÃO – O arroz (*Oriza sativa* L.) é uma gramínea, classificada no grupo de plantas C-3, e está entre os principais cereais consumidos do mundo. O arroz é cultivado e consumido em todos os continentes, constituindo-se no alimento básico para quase metade da população mundial. É considerado o cultivo alimentar de maior importância de muitos países em desenvolvimento, sendo que a cultura se sobrepõe sobre alguns outros cereais pelo fato de maior tolerância a acidez.

O Brasil é o nono maior produtor de arroz mundial, com uma produção aproximada de 12 milhões de toneladas de grãos na safra 2013/2014 (IBGE, 2014), sendo esta produção distribuída principalmente nos estados do Mato Grosso, Santa Catarina e Rio Grande do Sul. O estado de Rondônia cultivou, na safra 2012/2013, uma área de 52,6 mil hectares de arroz com uma produção de 128,1 mil toneladas, conforme dados do levantamento da CONAB (2013).

Atualmente torna-se necessário o aumento da produtividade dessa cultura, visto que, as áreas agricultáveis estão cada vez mais escassas e ainda existe a preocupação com desmatamento ocorrente na região amazônica.

Para Nascente et al. (2011) o manejo adequado do solo e a identificação da época de aplicação de nitrogênio (N) podem aumentar, significativamente, a produtividade do arroz de terras altas. A cultura do arroz, como nas mais diversas culturas é limitada pela exigência do N na composição química do solo. Segundo Veloso et al. (2009) e Ávilla et al. (2010), na maior parte dos solos onde é cultivado, o N é o principal fator limitante à produtividade do arroz.

A eficiência deste N oriundo de fertilizantes minerais é bastante variável, entretanto, raramente excede 50 % da quantidade aplicada (FILLERY et al., 1984). Além disto, a dinâmica do N também depende de outros fatores, especialmente relacionado às condições climáticas. Esses fatores atuando conjuntamente podem representar diferentes possibilidades de perda de N, que podem se refletir na eficiência do fertilizante aplicado e, consequentemente, na produtividade da cultura (DUARTE, 2006). O nitrogênio é o elemento que apresenta maior possibilidade de perdas. A deficiência de N no solo é causada por vários fatores, entre os quais se destaca o baixo teor no solo, em geral provocado pela lixiviação, volatilização, desnitrificação, erosão e pelo baixo teor de matéria orgânica.

Os sintomas de deficiência de nitrogênio em arroz se caracterizam por amarelecimento generalizado da planta, crescimento atrofiado, perfilhamento fraco e colmos finos. Os sintomas aparecem primeiro nas folhas mais velhas, devido à mobilidade na planta (VELOSO et al., 2009).

Sobre os benefícios da adubação nitrogenada em arroz, Veloso et al. (2009) citam que o N é responsável pelo aumento da área foliar da planta, melhorando, assim, a eficiência de intercepção da radiação solar e a taxa fotossintética. Onde também se observa o aumento no tamanho e número de grãos e teor de proteína. Para a adubação da cultura em cultivo de sequeiro, Ribeiro et al. (1999) recomendam o uso de 50 a 60 kg ha^{-1} de N.

Observando a importância tanto agrícola quanto alimentar da produção de arroz de sequeiro, verifica-se a necessidade da correta adubação nitrogenada no cultivo, para suprir a necessidade da cultura e obter uma maior produtividade de grãos, evitando a falta e o excesso na adubação, visando o melhor desempenho econômico. Assim, o objetivo desse trabalho foi avaliar desenvolvimento inicial da cultura do arroz de sequeiro submetida a diferentes doses de N na região da Zona da Mata de Rondônia.

MATERIAL E MÉTODOS – O experimento foi realizado na Universidade Federal de Rondônia, Campus de Rolim de Moura, RO, localizado à latitude de 11° 48' 13" S, longitude de 61º 48' 12" O e altitude de 290 m. O clima segundo classificação de Köppen é do tipo Aw, com estação seca bem definida, temperatura mínima de 24 °C, máxima de 32 °C e média de 28 °C, precipitação anual média de 2.250 mm, com umidade relativa do ar elevada na época das chuvas, oscilando em torno de 85 % (MARIALVA, 1999).

O experimento foi realizado em vasos com capacidade de 3,8 dm^3, sendo utilizado solo peneirado em malha de 2,0 mm de diâmetro, provindo da camada de 0-20 cm de um Latossolo Vermelho-Amarelo distrófico. Nesta mesma camada, foi realizada a análise química do solo, a fim de se calcular as doses de adubação, apresentando os seguintes resultados: pH (CaCl$_2$) = 5,1; pH Tampão (SMP) = 6,2; M.O. = 41 g dm^{-3}; P$_{resina}$ = 43 mg dm^{-3}; K$^+$ = 2,4 mmol$_c$ dm^{-3}; Ca^{2+} = 14 mmol$_c$ dm^{-3}; Mg^{2+} = 14 mmol$_c$ dm^{-3} e H+Al = 34 mmol$_c$ dm^{-3}.

O delineamento experimental foi inteiramente casualizado com cinco tratamentos e cinco repetições, totalizando 25 parcelas (vasos). Os tratamentos consistiram das seguintes doses de N: 0, 30, 60, 120 e 240 kg ha^{-1}, aplicadas na forma de ureia.

A semeadura da cultura do arroz foi realizada manualmente no dia 15 de maio de 2014, utilizando cinco sementes por vaso a uma profundidade de 3 cm. Após a emergência foi realizado o desbaste deixando apenas duas plantas por vaso.

A adubação na semeadura consistiu da aplicação de 50 kg ha^{-1} de P_2O_5 na forma de superfosfato triplo e 20 kg ha^{-1} de K_2O na forma de cloreto de potássio. O nitrogênio foi aplicado conforme os tratamentos, sendo na semeadura aplicado 1/5 da dose de N para cada tratamento. O restante da aplicação de N para os tratamentos 30 e 60 kg ha^{-1} de N foi realizado em uma única aplicação de cobertura aos 40 dias após a semeadura. Já para os tratamentos com aplicação de 120 e 240 kg ha^{-1} de N a adubação foi realizada em cobertura e parcelada em duas épocas, uma aos 20 e a outra aos 40 dias após a semeadura.

Os vasos foram irrigados todos os dias e as plantas conduzidas de forma a estarem livres de ataque de pragas e doenças, e também da competição com plantas daninhas.

O desempenho das plantas sob o efeito dos diferentes tratamentos foi avaliado por meio da altura das plantas, número de perfilhos e número de folhas determinados aos 65 dias após a semeadura. Para a avaliação da altura foi realizada a medição do colo até a última folha expandida com o auxílio de uma trena em todas as plantas de cada vaso. O número de perfilhos foi determinado pela contagem direta do número de perfilhos por planta. O número de folhas por planta também foi determinado pela contagem direta das mesmas.

Os dados encontrados foram submetidos à análise de variância, e posterior regressão utilizando software Assistat 7.7 (SOUZA; AZEVEDO, 2002).

RESULTADOS E DISCUSSÃO – Avaliando a curva de crescimento da cultura do arroz em função das doses de N pode-se observar diferentes respostas da cultura (Figura 1).

Observou-se que com a dose de 0 kg ha^{-1} de N o arroz apresentou um menor desenvolvimento em altura, o que afirma que o N é um nutriente fundamental para o crescimento das plantas, deste modo, relata-se que na falta deste nutriente a planta sofreria a uma diminuição significativa no seu porte final. Isto está de acordo com os resultados obtidos por Stone e Silva (1998) que devido à ausência de N, se obteve menor número de panículas por m². Nas doses mais elevadas de N, houve maior crescimento do arroz. As maiores médias de altura foram obtidas entre as doses de 60 e 240 kg ha^{-1} de N. Entretanto Stone et al. (1998) citam que doses de 40 kg ha^{-1} são suficientes para o arroz de sequeiro.

A altura de plantas aos 65 dias após a semeadura apresentou resposta linear e positiva à adubação nitrogenada (Figura 2).

Também foi avaliado o número de perfilhos médio das plantas, sendo os dados apresentados na Figura 3, após 65 dias da semeadura, observando-se uma resposta linear e positiva dos mesmos. O que aponta o N como um nutriente de grande importância no aumento da produtividade devido ao incremento no número de perfilhos da cultura. Corroborando, Stone e Steinmetz (1979) citam que o N estimula o incremento do número de perfilhos e tamanho das folhas do arroz.

O número médio de folhas por plantas obtidos aos 65 dias após a semeadura, também obteve resposta linear e positiva de acordo com a dose de N aplicada (Figura 4). Desta maneira, estima-se que o aumento na dose de N favoreça o aumento da atividade fotossintética da planta devido ao maior número de folhas.

Com os dados obtidos no experimento observou-se que a cultura do arroz de sequeiro respondeu à adubação nitrogenada até a dose de 240 kg ha^{-1}, vale salientar que neste trabalho só foram avaliados os parâmetros vegetativos da cultura, ou seja, quando a planta estava em desenvolvimento inicial, sendo necessário tomar alguns cuidados quanto a esta recomendação de adubação, pois a cultura normalmente sofre sérios problemas de acamamento devido ao porte maior ocasionado pelo uso em excesso do N. Segundo Buzetti et al. (2006) a utilização de doses cada vez mais elevadas de N na cultura do arroz, com o intuito de aumentar a produtividade, acarreta em elevado desenvolvimento vegetativo, o que causa acamamento de plantas e interfere negativamente na produtividade e na qualidade dos grãos.

CONCLUSÕES – Nas condições de realização deste experimento pode-se concluir que: o crescimento inicial da cultura do arroz de sequeiro é influenciado pela adubação nitrogenada, apresentando maiores alturas, números de perfilhos e folhas com o fornecimento de até 240 kg ha^{-1} de N.

AGRADECIMENTOS – Ao departamento de Agronomia da Universidade Federal de Rondônia *campus* de Rolim de Moura – RO pelo apoio no desenvolvimento desta pesquisa.

REFERÊNCIAS

ÁVILLA, F.W.; BALIZA D.P.; FRAQUIN, V.; ARAÚJO, J.L., RAMOS S.J. Interação entre silício e nitrogênio em arroz cultivado sob solução nutritiva. **Revista Ciência Agronômica**, Fortaleza, CE, v.41, n.2, p.184-190, 2010.

BUZETTI, S.; BAZANI, G.C.; FREITAS, J.G.; ANDREOTTI, M.; ARF, O.; SÁ, M.E.; MEIRA, F.A. Resposta de cultivares de arroz a doses de nitrogênio e do regulador de crescimento cloreto de clormequat. **Pesquisa Agropecuária Brasileira**, Brasília, v.41, n.12, p.1731-1737, 2006.

CONAB – COMPANHIA NACIONAL DE ABASTECIMENTO. **Acompanhamento da Safra Brasileira:** Grãos, Safra Oitavo Levantamento, Maio/2013. Disponível em: <http://www.conab.gov.br/OlalaCMS/uploads/arquivos/13_06_03_15_28_45_boletim_maio_2013.pdf>. Acesso em: 28 maio 2014.

DUARTE, F.M. **Perdas de nitrogênio por volatilização de amônia e Eficiência da adubação nitrogenada na cultura do Arroz irrigado.** 2006. 87f. Dissertação (Mestrado em Ciência do Solo) – Universidade Federal de Santa Maria (UFMS, RS). Santa Maria. 2006.

FILLERY, I.R.P.; SIMPSON, J.R.; DE DATTA, S.K. Influence of field environment and fertilizer management on ammonia loss from flooded rice. **Soil Science Society of America Journal**, v.48, p.914-920, 1984.

IBGE – INSTITUTO BRASILEIRO DE GEOGRAFIA E ESTATISTICA. **Levantamento Sistemático da Produção Agrícola:** Confronto das Safras de 2013 e 2014 – Brasil – Abril 2014. Disponível em: <http://www.ibge.gov.br/home/estatistica/indicadores/agropecuaria/lspa/lspa_201404_5.shtm>. Acesso em: 28 maio 2014.

MARIALVA, V.G. **Diagnóstico socioeconômico: Ji-Paraná.** Porto Velho: SEBRAE-RO, 1999. 76p.

NASCENTE, A.S.; KLUTHCOUSKI, J.; RABELO, R.R.; OLIVEIRA, P.; COBUCCI, T.; CRUSCIOL, C.A.C. Produtividade do arroz de terras altas em função do manejo do solo e da época de aplicação de nitrogênio. **Pesquisa Agropecuária Tropical**, Goiânia, v.41, n.1, p.60-65, 2011.

RIBEIRO, A.C., GUIMARÃES, P.T.G., ALVAREZ V., V. H. **Recomendações para o Uso de Corretivos e Fertilizantes em Minas Gerais.** SBCS - Sociedade Brasileira de Ciência do Solo. Viçosa, MG, 199, 281-284p.

STONE, L.F.; SILVA, J. G. Resposta do arroz de sequeiro à profundidade de aração, adubação nitrogenada e condições hídricas do solo. **Pesquisa Agropecuária Brasileira**, Brasília, v.33, n.6, p.891-897, 1998.

STONE, L.F.; STEINMETZ, S. Índice de área foliar e adubação nitrogenada em arroz. **Pesquisa Agropecuária Brasileira**, Brasília, v.14, n.1, p.25-28, 1979.

SOUZA, F.A.S.; AZEVEDO, C.A.V. Versão do programa computacional assistat para o sistema operacional windows. **Revista Brasileira de Produtos Agroindustriais,** Campina Grande, v.4, n.1, p.71-78, 2002.

VELOSO, C.A.C.; BOTELHO, S.M.; LOPES, A.M.; CARVALHO E.J.M. **Nutrição Mineral e Adubação da Cultura do Arroz de Sequeiro.** Belém, PA: Embrapa Amazônia Oriental, 2009. 29p. (Embrapa Amazônia Oriental. Documentos; 360).

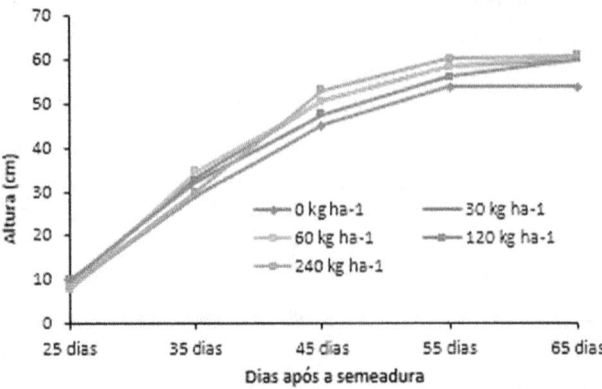

Figura 1. Curva de crescimento do arroz de sequeiro em função de doses de nitrogênio em Rolim de Moura, RO.

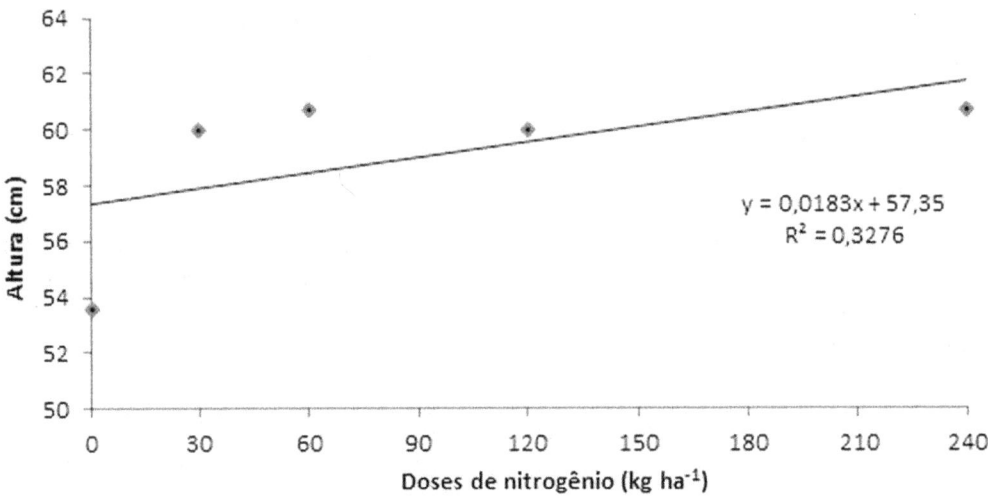

Figura 2. Altura média de plantas do arroz de sequeiro aos 65 dias após a semeadura em função de diferentes doses de nitrogênio em Rolim de Moura, RO.

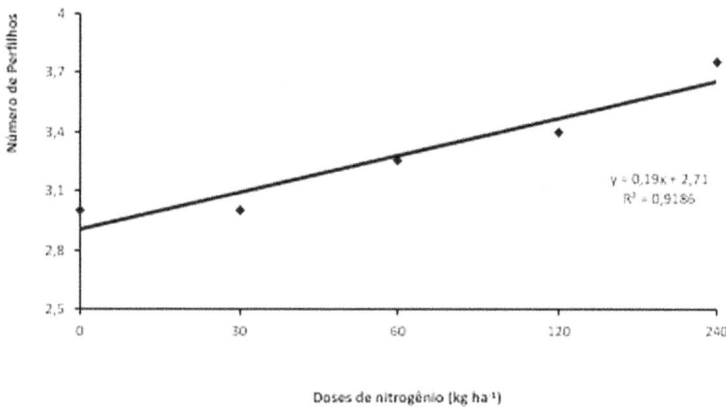

Figura 3. Número médio de perfilhos da planta de arroz de sequeiro em função de doses de nitrogênio em Rolim de Moura, RO.

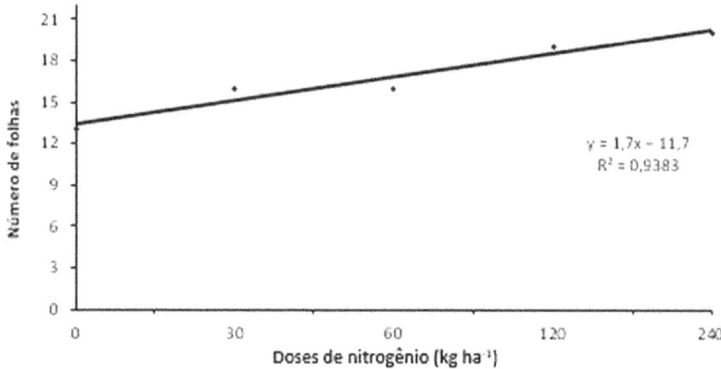

Figura 4. Número médio de folhas por planta de arroz de sequeiro em função de diferentes doses de nitrogênio em Rolim de Moura, RO.

Distribuição normal reduzida para obtenção de nível crítico: influência da normatização dos dados

Edilaine Istéfani Franklin Traspadini[1]; Paulo Guilherme Salvador Wadt[2]; Raquel Schmidt[3]; Jairo Rafael Machado Dias[4]; Carolina Augusto de Souza[1]; Ronaldo Willian da Silva[1]; Daniel Vidal Perez[2]

(1) Acadêmicos do curso de agronomia na universidade Federal de Rondônia - Rolim de Moura CEP 76940-000. E-mail: agroedilaine@hotmail.com; carolina_augusto@hotmail.com; e ronaldo_willian1@hotmail.com (2) Pesquisadores na Empresa Brasileira de Pesquisa Agropecuária. Porto Velho -RO CEP 76815-800 e Rio de Janeiro – RJ CEP 22460-000. E-mail: paulogswadt@dris.com.br; daniel.perez@embrapa.br (3) Acadêmica do curso de Mestrado na Universidade Federal do Acre - Rio Branco CEP 69900-000. E-mail: schmidt_raquel@hotmail.com (4) Professor Dr. na Universidade Federal de Rondônia - Rolim de Moura CEP 76940-000. E-mail: jairorafaelmdias@hotmail.com

RESUMO – O método da Distribuição Normal Reduzida permite usar lavouras comerciais para obtenção dos níveis críticos, sem a necessidade da instalação de ensaios de calibração, porém necessita que haja normalidade dos dados, que é possibilitada pela transformação destes dados em logaritmo neperiano ou em raiz quadrada. O objetivo deste trabalho foi verificar o efeito dos métodos de normatização na obtenção dos níveis críticos. Para isso foi feito o monitoramento nutricional de 124 lavouras comercias de cafeeiros canéforas selecionadas na zona da mata rondoniense, que serviram de referência para a determinação dos níveis críticos para o N, P, K, Ca, Mg, Cu, Fe, Mn, Zn e B, tanto a partir da normatização, como a não normatização dos dados. Os resultados mostraram que a normatização dos dados não se mostrou essencial para a obtenção dos níveis críticos dos nutrientes avaliados. Indica-se a transformação em logaritmo neperiano como forma de garantir maior rigor estatístico na obtenção dos valores de referência pelo método da Distribuição Normal Reduzida.

Palavras-chaves: logaritmo neperiano, raiz quadrada e monitoramento nutricional.

INTRODUÇÃO – A introdução de materiais genéticos mais produtivos e o uso crescente da adubação nas culturas são fatores que explicam a maior produtividade por unidade de área nos cultivos agrícolas modernos, uma vez que possibilitam o crescimento da produção agrícola a taxas maiores que aquelas constadas pela expansão das áreas cultivadas (BOARETTO et al., 2014).

No futuro próximo, embora ainda havendo possibilidade de se introduzir materiais genéticos mais produtivos, a oferta de fertilizantes tenderá a ser escassa pela possibilidade do esgotamento das reservas minerais. Esse cenário conduz a necessidade de se avançar em técnicas que permitam o uso mais equilibrado e racional dos fertilizantes minerais, e dentre essas técnicas, destaca-se o monitoramento do estado nutricional das culturas.

A avaliação do estado nutricional das plantas possibilita que se identifiquem quais nutrientes estão sendo fornecidos em quantidades adequadas para o pleno desenvolvimento da cultura, e quais estão em condições limitantes, principalmente por deficiência. Essa informação possibilita recomendar adubações mais equilibradas para cada cultura.

Nas últimas décadas, esforços têm sido feitos para desenvolver métodos de diagnósticos do estado nutricional das plantas que sejam mais confiáveis. O método do Nível Crítico (NC) é um dos mais usados, porém, devido à dificuldade de se obter os valores de referência, os quais exigem grande quantidade de recursos para instalação de ensaios de calibração em vários locais e anos, tem sido preterido por outros métodos como o Sistema Integrado de Diagnose e Recomendação.

Todavia, Maia et al. (2001) desenvolveram um método alternativo para a obtenção dos valores de referência para o NC, denominado método da Distribuição Normal Reduzida - DiNoR, que permite usar lavouras comerciais para obtenção dos NC, sem a necessidade da instalação de ensaios de calibração.

Para aplicar o método DiNoR faz-se necessário que os dados apresentem distribuição normal, caso contrário, é necessário normatiza-los. A normatização pode ser de dois modos: a transformação logaritmo neperiano e a transformação em raiz quadrada.

Diante disso, o objetivo deste trabalho foi verificar o efeito dos métodos de normatização na obtenção dos níveis críticos.

MATERIAL E MÉTODOS – Foi realizado o monitoramento nutricional de 124 lavouras comerciais de cafeeiros canéfora na zona da mata Rondoniense. Em cada lavoura foram selecionadas 20 plantas para amostragem foliar, que consistiu na retirada de quatro folhas sempre no terço médio da planta, na terceira ou quarta posição do par de folhas do ramo plagiotrópico, nas faces das plantas que correspondem aos quatro pontos cardeais.

A amostragem foliar ocorreu com a cultura no estádio fenológico de grão chumbinho (novembro de 2013).

O material vegetal coletado foi acondicionado em sacos de papel e transportado para o laboratório, onde foi lavado, seco, moído e submetido à análise quanto aos teores totais de N, P, K, Ca, Mg, Cu, Fe, Mn, Zn e B (CARMO et al., 2000).

Após obtenção dos dados analíticos das concentrações foliares, estes valores foram inseridos em planilha eletrônica do Excel for Windows, onde foram realizados os cálculos para o Nível crítico pelo critério da distribuição normal reduzida proposto por Maia et al. (2001), e adaptado para planilha eletrônica (TRASPADINI et al., 2014).

O nível crítico de cada nutriente (n_i) foi estimado pela expressão $n_i = (1,281552 s_1 + x_1) / (1,281552 s_2 + x_2)$. Onde, s_1 e x_1 representam, respectivamente, o desvio padrão e a média aritmética da produtividade das lavouras; e s_2 e x_2 representam, respectivamente, o desvio padrão e a média aritmética do quociente Q de cada nutriente, em que Q, obtido independentemente para cada nutriente, consiste no quociente entre a produtividade e o teor de cada nutriente (MAIA et al., 2001).

Essa expressão foi aplicada para os dados de produtividade e quociente Q, sem transformação, e também para aqueles transformados pela função log neperiana ou pela raiz quadrada, conforme descrito em Traspadini et al. (2014).

Os diferentes níveis críticos obtidos foram comparados entre si e com o valor sugerido para a intepretação do estado nutricional de cafeeiros canéfora por Bragança et al. (2007).

RESULTADOS E DISCUSSÃO – A normatização dos dados em ambos os métodos não demonstraram discrepância nos níveis críticos determinados em relação aos dados não normatizados (Tabela 1). Evidenciando que qualquer um dos métodos de normatização (transformação log neperiana ou raiz quadrada) pode ser utilizado, podendo aplicar um ou outro sem a necessidade de aplicar o teste de normalidade.

Os níveis críticos encontrados para N, P, K, Ca, Mg, Fe, Mn, Zn e B pelos três procedimentos de cálculo utilizados (dados não transformados, dados log transformados e dados raiz transformados) foram menores que os valores sugeridos por Bragança et al. (2007). A única exceção foi o nível crítico de Cu que apresentou valores acima daquele proposto por Bragança et al. (2007) (Tabela 1).

Os menores valores para o NC podem ser

explicados por diferentes motivos. É sabido que variáveis ambientais afetam os teores dos nutrientes por diferentes processos (WADT; DIAS, 2012) e, portanto, o fato das lavouras testadas neste trabalho serem do estado de Rondônia, e os valores sugeridos por Bragança et al. (2007) serem para o estado do Espírito Santo, pode ser que diferenças nas condições edafoclimáticas contribuam para diferenças nas taxas de acumulação de nutrientes, de acumulação de biomassa e também na partição entre biomassa dos diferentes órgãos das plantas do cafeeiro.

CONCLUSÕES – A normatização dos dados não se mostrou essencial para a obtenção dos níveis críticos de todos os nutrientes avaliados. A transformação log neperiana pode ser recomenda para ser sempre utilizada, como forma de garantir maior rigor estatístico na obtenção dos valores de referência pelo método da Distribuição Normal Reduzida.

REFERÊNCIAS

BOARETTO, A.E.; LAVRES JUNIOR, J; ABREU-JUNIOR, C. H. Os desafios da nutrição mineral de plantas. In: PRADO, R. M.; WADT, P.G.S. (Org.). **Nutrição e adubação de espécies florestais e palmeiras**. Jaboticabal: FCAV/CAPES, 2014. p.27-53.

BRAGANÇA, S.M.; PREZOTTI, L.C.; LANI, J.A. Nutrição do cafeeiro Conilon. In: FERRÃO, R.G.; FONSECA, A.F.A. da; BRAGANÇA, S.M.; FERRÃO, M.A.G.; MUNER, L.H. de (Ed.). **Café conilon**. Vitória: Incaper, 2007. p.297-327.

CARMO, C.A.F. de S. do; ARAÚJO, W.S. de; BERNARDI, A.C.de C.; SALDANHA, M.F.C. **Métodos de análise de tecidos vegetais utilizados pela Embrapa Solos**. Rio de Janeiro: Embrapa Solos, 2000. 41p. (Embrapa Solos. Circular técnica, 6).

MAIA, C.E.; MORAIS, E.R.C.; OLIVEIRA, M. Nível crítico pelo critério da distribuição normal reduzida: uma nova proposta para interpretação de análise foliar. **Revista Brasileira de Engenharia Agrícola e Ambiental**, v.5, n.2, p.235-238, 2001.

TRASPADINI, E.I.F.; WADT, P.G.S.; DIAS, J.R.M.; SCHMIDT, R.; PEREZ, D.V. Aplicação da Distribuição Normal Reduzida na Definição de Nível Crítico. 1. ed. Porto Velho: NRAOc - SBCS, 2014. v.1. 47p.

WADT, P.G.S.; DIAS, J.R.M. Premissas para a aplicação do DRIS em espécies florestais e palmeiras. In: PRADO, R.M.; WADT, P.G.S. (Org.). **Nutrição e Adubação de Espécies Florestais e Palmeiras**. 1. ed. Jaboticabal: FUNEP, 2014, v. 1. p. 277-298.

Tabela 1. Níveis críticos determinados para os nutrientes N, P, K, Ca, Mg, Cu, Fe, Mn, Zn e B utilizando dados não transformados, dados log transformados, raiz transformados e propostos por BRAGANÇA et al. (2007).

Nutrientes		Dados não transformados	Dados log. transformados	Dados raiz transformados	BRAGANÇA et al. (2007)
N		23,8	23,9	23,9	30
P		1,1	1,1	1,1	1,2
K	g kg^{-1}	14,2	14,3	14,3	21
Ca		9,1	9,3	9,2	14
Mg		1,8	1,8	1,8	3,2
Cu		13,7	13,6	13,7	11
Fe		49,0	50,9	49,9	131
Mn	mg kg^{-1}	33,2	34,5	34,4	69
Zn		5,0	5,0	5,0	12
B		39,9	39,9	40,0	48

Doses de boro no desempenho produtivo de brócolos na Amazônia Ocidental

Clauton Eferson Cordeiro Fernandes[1]; Marisa Pereira Matt[1]; Angela Schimidt[1]; Emily Lopes Olive[1]; Denner Manthay Potin[1]; Fábio Régis de Souza[2]

(1) Acadêmico de Agronomia da Fundação Universidade Federal de Rondônia, Rolim de Moura, RO. E-mail: clautoneferson10@hotmail.com; marisa_matt@hotmail.com; angela_schimidt@hotmail.com; emilyyy_3@hotmail.com; dennerpotin@gmail.com (2) Professor do Departamento de Agronomia da Fundação Universidade Federal de Rondônia, Rolim de Moura, RO. E-mail: fabioagronomo@yahoo.com.br

RESUMO – Objetivou-se com esta pesquisa avaliar cinco doses de boro no desempenho produtivo de brócolos, no município de Rolim de Moura, Rondônia. O experimento foi conduzido em blocos ao acaso com cinco tratamentos e quatro repetições. Os tratamentos consistiram da aplicação de 0, 5, 10, 15 e 20 kg ha^{-1} de ácido bórico. Avaliaram-se as características referentes à massa fresca da cabeça, diâmetro da cabeça e produtividade. Os dados das variáveis avaliadas foram submetidos à análise de variância pelo teste F, utilizando o programa estatístico Assistat 7.7. As variáveis analisadas não apresentaram diferenças estatísticas frente às doses de boro estudadas, no entanto a dose de 15 kg ha^{-1} de ácido bórico apresentou os maiores valores de produção de massa fresca da cabeça, diâmetro da cabeça e produtividade do brócolos nas condições da região estudada.

Palavras-chave: adubação borácica, nutrição, produtividade.

INTRODUÇÃO – A couve-brócolos ou brócolos (*Brassica oleracea* var. *italica*) é uma planta cultivada em diversas regiões do mundo, principalmente naquelas com temperaturas mais amenas. Em geral, a parte consumida é a inflorescência, que pode ser do tipo ramoso, líder de mercado in natura ou do tipo cabeça única, que vem ganhando espaço no mercado in natura, embora tenha sido desenvolvido originalmente para industrialização (LALLA et al., 2010).

O boro é um dos micronutrientes que mais limita o rendimento das culturas no Brasil, principalmente nas espécies exigentes e cultivadas em solos de textura arenosa, nos quais o micronutriente, tendo alta mobilidade pode ser perdido por lixiviação (BLEVINS; LUKASZEWSKI, 1998 apud ALVES, 2009).

As brássicas são hortaliças exigentes em boro. Para atender à exigência nutricional dessas hortaliças em boro, o seu fornecimento pode ser via semente, solo e foliar. A aplicação do boro via foliar é amplamente utilizada pelos produtores de hortaliças. Assim, para garantir maior eficiência da adubação foliar com boro nas brássicas, é importante conhecer aspectos básicos da nutrição das plantas, desde as desordens nutricionais, até a absorção e mobilidade na planta (ALVES, 2009).

O brócolos, assim como outras brássicas, está entre as culturas mais exigentes em boro, no entanto são escassas as pesquisas relacionadas a este nutriente na cultura, não havendo recomendação técnica para a cultura na região. Diante disso o objetivo deste trabalho foi avaliar o efeito de diferentes doses de boro na produção de brócolos na Amazônia Ocidental.

MATERIAL E MÉTODOS – O experimento foi conduzido na fazenda experimental da Fundação Universidade Federal de Rondônia, Campus Rolim de Moura localizada à RO-479 Norte, Km 15 a 277 m acima do nível do mar, latitude 11° 43' S e longitude 61° 46' W, no período de abril a julho de 2014. O clima predominante na região é

Aw (Tropical Quente e Úmido) segundo Köppen, caracterizado por inverno seco e chuvas máximas no verão. Apresenta precipitação média anual entre 2.000 mm, com temperatura média anual de 25 °C. O período chuvoso está compreendido entre os meses de outubro-novembro até abril-maio, sendo o primeiro trimestre do ano com maior volume de chuvas. O período mais quente compreendido entre os meses de agosto a outubro (RONDÔNIA, 2010).

As unidades experimentais foram constituídas por parcelas marcadas no campo em solo classificado como Latossolo Vermelho-Amarelo distrófico e suas características químicas para fins de fertilidade estão apresentadas na Tabela 1.

Cada parcela foi constituída por três linhas de 3,5 m de comprimento, com espaçamento nas entrelinhas de 1,00 m e entre plantas de 0,50 m, totalizando 15 plantas; a linha útil foi formada por três plantas centrais, desprezando-se duas plantas de cada extremidade (cinco plantas na linha útil) e a cultura estuda foi o brócolos.

O delineamento experimental foi em blocos ao acaso com quatro repetições e cinco tratamentos. A dose de 10 kg ha^{-1} de bórax (11 % de Boro) e a recomendada para a cultura, o que equivale a 1,1 kg ha^{-1} de Boro (CFSEMG, 1999). Neste trabalho foi utilizado como fonte de boro o ácido bórico (17 % de boro). Os tratamentos constaram da aplicação de 0, 5, 10, 15 e 20 kg ha^{-1} de ácido bórico (17 % de boro), o que e equivale a 0, 0,85, 1,7, 2,55, 3,4 kg ha^{-1} de Boro respectivamente.

A semeadura foi realizada em bandejas plásticas de 98 células com substrato a base de terra vegetal, esterco bovino e substrato de musgo na proporção de 2:1:1. A cultivar de brócolos utilizada foi a Brócolos Híbrido BRO 68 do tipo cabeça única, porte médio e ciclo precoce (85-90 dias). Aos 23 dias, quando as mudas atingiram de quatro a seis folhas definitivas, foram transplantadas no campo.

Nos sulcos de plantio, a 15 cm de profundidade, foram aplicadas 400 kg ha^{-1} de P_2O_5, 150 kg ha^{-1} de N e 180 kg ha^{-1} de K_2O, utilizando-se como fontes o superfosfato simples, ureia e cloreto de potássio respectivamente. Para a adubação de boro utilizou-se o ácido bórico (17 % de boro). A adubação de fósforo foi realizada no momento de plantio e os demais foram parcelados em quatro vezes, sendo a primeira no momento de plantio e posteriormente a cada 20 dias após o transplantio (DAT). Na adubação de plantio, o boro foi aplicado via sólido e na adubação de cobertura esta foi realizada via foliar a cada 20 DAT.

A colheita foi realizada aos 68 dias após o transplante das mudas. Foram analisadas as seguintes variáveis: massa fresca da cabeça, diâmetro da cabeça e produtividade. Os dados foram submetidos à análise de variância sendo aplicado o teste T para os testes de comparação de médias. Para auxiliar nas análises estatísticas, utilizou-se o programa Assistat 7.7.

RESULTADOS E DISCUSSÃO – Não houve variação significativa pelo teste de Tukey ao nível de 5 % de probabilidade, na média geral de produção de massa fresca e diâmetro de cabeça. No entanto a dose de 15 kg ha^{-1} de ácido bórico promoveu maiores valores para a produção de massa fresca e diâmetro de cabeça (Tabela 2).

Para a variável produtividade foi observado valores de 639,16 kg m^{-2} para o tratamento com 0 kg ha^{-1} de ácido bórico, 831,13 kg m^{-2} com 5 kg ha^{-1} de ácido bórico, 841,29 kg m^{-2} com 10 kg ha^{-1}, 1061,93 kg m^{-2} com 15 kg ha^{-1} e 848,32 kg m^{-2} com 20 kg ha^{-1} de ácido bórico, mostrando que a dose de 15 kg ha^{-1} de ácido bórico proporcionou a maior produtividade.

As doses de boro não tiveram grande influência na produtividade do brócolos devido a este elemento não influenciar diretamente na produtividade da mesma, mas sim na participação de vários processos metabólicos, tais como: síntese da parede e alongamento celular, integridade estrutural da parede celular, transporte de carboidratos, fertilidade dos grãos de pólen e alongamento do tubo polínico.

CONCLUSÕES – Não houve influência das doses de boro no desempenho produtivo do brócolos.

REFERÊNCIAS

ALVES, A.U. **Absorção e mobilidade do boro em plantas de repolho e de couve-flor**. 2009, 64f. Tese (Doutorado) - Faculdade de Ciências Agrárias e Veterinárias, Jaboticabal, 2009.

CFSEMG. COMISSÃO DE FERTILIDADE DO SOLO DO ESTADO DE MINAS GERAIS. **Recomendações para o uso de corretivos e fertilizantes em Minas Gerais**. 5ª aproximação. Minas Gerais, Lavras, 1999. 280p.

LALLA, J.G.; LAURA, V.A.; RODRIGUES, A.P.D.C; SEABRA JÚNIOR, S.; SILVEIRA, D.S.; ZAGO, V.H.; DORNAS, M.F. Competição de cultivares de brócolos tipo cabeça única em Campo Grande. **Horticultura Brasileira**, Brasília, v.28, n.3, 2010.

RONDÔNIA, ano 2007. Porto Velho: SEDAM, 2010. 40p.

Tabela 1. Propriedades químicas do solo da área de cultivo do brócolos antes da implantação do experimento.

Profundidade	pH_{H2O}	$P_{Mehlich}$	$K_{Mehlich}$	Ca	Mg	Al+H	Al	MO	Boro	V
cm		$mg\ dm^{-3}$	------------------$mmol_c\ dm^{-3}$------------------					$g\ kg^{-1}$	$mg\ dm^{-3}$	%
0-20	5,1	3,0	0,14	0,6	0,3	2,9	0,24	33,8	0,14	41

Tabela 2. Valores médios de massa fresca (g) e diâmetro de cabeça (cm) do brócolos em função das doses de ácido bórico.

Doses ($kg\ ha^{-1}$)	Massa Fresca (g)	Diâmetro de Cabeça (cm)
0	319,58 b	13,62 b
5	415,56 ab	15,12 ab
10	420,65 ab	15,04 ab
15	532,48 a	16,87 a
20	424,16 ab	14,83 ab
CV (%)	22,53	11,16

Médias seguidas pelas mesmas letras na coluna não diferem pelo teste T ($p<0,05$).

Efeitos de diferentes doses de herbicidas na cultura do milho em consórcio com *Brachiaria brizantha* cv. Marandu

Half Weinberg Corrêa Jordão[1]; Vairton Radman[2]; Ramylle Junior Lourenço Ramos[3]; Tiago Brambilla Leonardi[3]; José Carlos Moraes da Silva[3]; Renildo Melo de Freitas[3]

(1) Estudante do curso de Agronomia – Bolsista PIBIC/FAPEAM; Instituto de Educação Agricultura e Ambiente IEAA/Universidade Federal do Amazonas – UFAM; Humaitá, Amazonas. E-mail: halfwberg@gmail.com (2) Eng. Agron., Doutorando do Programa de Pós-Graduação em Manejo e Conservação do Solo e da Água, FAEM/UFPel; Campus Universitário Capão do Leão, Capão do Leão-RS. E-mail: vairtonhumaita@bol.com.br (3) Estudante do curso de Agronomia; IEAA/UFAM. E-mail: ramyllejunior@gmail.com; tiagobrambilla@hotmail.com; jcmoraessilva@gmail.com; renildo.adv7@hotmail.com

RESUMO – O consórcio milho-braquiária tem se apresentado como importante alternativa para o manejo de plantas invasoras e aumento da produção de grãos. O trabalho teve como objetivo avaliar efeitos de diferentes doses de nicosulfuron, com e sem atrazina, sobre o potencial produtivo de milho e *Brachiaria brizantha* em consórcio. O experimento foi realizado no município de Humaitá-AM, em área de campo natural. O delineamento experimental foi de blocos ao acaso com quatro repetições em arranjo fatorial 2x4. Os tratamentos consistiram em doses crescentes (0; 0,15; 0,30 e 0,45 l ha^{-1}) de herbicida nicosulfuron com e sem atrazina numa dose fixa de 3,0 l ha^{-1}. A semeadura foi realizada no dia 19 de fevereiro de 2013, utilizando semeadora mecânica, com densidade de 7,2 sementes de milho m^{-1}. Os tratamentos foram aplicados nas culturas no dia 20 de março de 2013 (25 DAE). Cada parcela foi constituída por 4 fileiras, com espaçamento de 0,90 m entre linhas de milho. Avaliou-se biomassa seca total e altura das plantas da *Brachiaria brizantha*, massa de mil grãos e produtividade de grãos de milho. Em todas as variáveis analisadas não houve diferença significativa para doses de nicosulfuron. A utilização dos herbicidas nicosulfuron e atrazina no cultivo consorciado de milho com a *Brachiaria brizantha* cv. Marandu não afetou a produtividade de milho e biomassa seca da forrageira.

Palavras-chave: nicosulfuron, atrazina, manejo de plantas invasoras.

INTRODUÇÃO – O milho é uma das principais culturas da agricultura brasileira, não somente no aspecto quantitativo, como também no que diz respeito à sua importância estratégica, por ser a base da alimentação animal e, consequentemente, humana (LÓPEZ-OVEJERO et al., 2003).

No Brasil, a cultura ocupa posição significativa na economia, em decorrência do valor da produção agropecuária, da área cultivada e do volume produzido, especialmente nas regiões Sul, Sudeste e Centro-Oeste (JAKELAITIS et al., 2004).

De acordo com Silva et al. (2004) o milho é considerado um ótimo competidor com plantas de menor porte, como é o caso das braquiárias, devido, principalmente, à sua expressiva vantagem sobre a forrageira, evidenciada pela maior taxa de acúmulo de massa seca produzida nos estádios iniciais de desenvolvimento.

O estabelecimento da forrageira em integração com a cultura anual pode ocorrer sob condições de competição, principalmente, em plantio simultâneo, ou seja, quando as sementes das forrageiras são misturadas ao fertilizante aplicado no sulco de semeadura da cultura anual, ou até quando semeadas a lanço nas entrelinhas do milho (FREITAS et al., 2005).

Segundo Cobucci (2001), em vários experimentos de campo sobre o consórcio de *B. brizantha* com o milho, a presença da forrageira não afetou esta cultura, e em outros ensaios foi necessário o uso do herbicida nicosulfuron em subdoses, como regulador de crescimento da forrageira e, com isso, assegurar o bom rendimento do milho.

Dentre os herbicidas aplicados em pós-emergência das plantas daninhas na cultura do milho, merecem destaque o atrazine e alguns herbicidas do grupo químico das sulfonilureias, como o nicosulfuron, foramsulfuron e iodosulfuron methyl sodium (ZAGONEL, 2002). No entanto, plântulas de espécies do gênero *Brachiaria* são consideradas suscetíveis em aplicações pós-iniciais de herbicidas do grupo químico das sulfoniluréias nas doses comerciais recomendadas (LORENZI, 2000).

Em função do exposto o trabalho teve como objetivo avaliar efeitos de diferentes doses de herbicida nicosulfuron, com e sem atrazine, sobre o potencial produtivo de milho e *Brachiaria brizantha* em consórcio.

MATERIAL E MÉTODOS – O experimento foi realizado na Escola Agrícola do município de Humaitá-AM, localizada na BR 230 km 7, sentido Humaitá-Lábrea em Cambissolo Háplico alítico plíntico (CAMPOS, 2009), em área de campo natural, cultivada anteriormente com a cultura do arroz. O clima da região é do tipo tropical chuvoso, segundo classificação de Köppen, com temperaturas variando entre 25 °C e 27 °C e com precipitações pluviométricas entre 2.250 e 2.750 mm.

A análise de solo a uma profundidade de 0,20 m apresentou os seguintes resultados: pH (H_2O) = 5,40; P = 1,60 mg dm^{-3}; K = 35 mg dm^{-3}; Ca = 1,44 $cmol_c$ dm^{-3}; Mg = 0,94 cml_c dm^{-3}; Al = 0,75 cml_c dm^{-3}; H+Al = 3,50 $cmol_c$ dm^{-3}; M.O. = 17,00 g dm^{-3}; SB = 2,50 $cmol_c$ dm^{-3}; T = 6,00 $cmol_c$ dm^{-3}; V = 41,40 %; m = 12,60 %; Fe = 137 mg dm^{-3}; Zn = 1,20 mg dm^{-3}; Mn = 1,60 mg dm^{-3} e Cu = 0,90 mg dm^{-3}. A vegetação de plantas daninhas presentes na área antes da semeadura das culturas foi dessecada utilizando uma dose de 3,0 l ha^{-1} de glyphosate.

A semeadura das culturas foi realizada no dia 19 de fevereiro de 2013, utilizando semeadora mecânica, com densidade de 7,2 sementes m^{-1} do hibrido de milho Pioneer BG 7049, disponibilizadas por produtor rural, com espaçamento de 0,90 m entre linha. Na ocasião foram semeadas também as sementes de *Brachiaria brizantha* cv. Marandu, numa densidade de 12 kg ha^{-1}, tendo 80 % de sementes viáveis, que se encontravam misturadas ao adubo na semeadora. A semeadura da *B. brizantha* na entre linha foi realizada manualmente no dia seguinte (20/02/2013) utilizando um espaçamento de 0,45 m entre fileiras, sendo duas desta na entrelinha do milho. A emergência das plântulas de milho deu-se por volta de 4 dias após a semeadura (DAS), enquanto a emergência da *B. brizantha* na linha e entre linha de milho foi observada aos 5 DAS. No entanto a emergência das plântulas de *B. brizantha* não ocorreu de forma uniforme na área de plantio.

A adubação utilizada na semeadura foi de 315 kg ha^{-1} da formulação 04-25-16. Realizaram-se duas adubações de cobertura, a primeira utilizando 200 kg ha^{-1} de sulfato de amônio e 100 kg ha^{-1} de KCl, quando as plantas de milho apresentavam 5 folhas abertas, a segunda foi realizada quando as plantas de milho apresentavam em torno de 8 folhas abertas, utilizando 200 kg ha^{-1} de sulfato de amônio e 33,4 kg ha^{-1} de KCl. Não foi realizada calagem, pois o solo havia sido corrigido dois anos antes com aplicação de 1,24 ton ha^{-1} de calcário dolomítico (PRNT=84 %).

O delineamento experimental foi de blocos ao acaso com quatro repetições em arranjo fatorial 2x4, correspondente a dois níveis de aplicação de herbicida atrazina (com e sem) e quatro doses de herbicida nicosulfuron. Cada parcela foi constituída por 4 fileiras, com espaçamento de 0,90 m entre linhas de milho. A área útil foi composta pelas duas linhas centrais, desprezando 0,50 m em ambas as extremidades de cada linha. Os tratamentos consistiram em doses crescentes (0; 0,15; 0,30 e 0,45 l ha^{-1}) de herbicida nicosulfuron (Sanson 40 SC) com e sem atrazina numa dose fixa de 3,0 l ha^{-1}.

Os tratamentos foram aplicados nas culturas no dia 20 de março de 2013, ou seja, 25 dias após a emergência das plântulas de milho, que estavam em estágio fenológico de 11 folhas abertas. O ambiente foi favorável, sem ocorrência de chuva e ventos fortes. Para as pulverizações foi utilizado o pulverizador costal pressurizado, equipado com um bico do tipo leque, tendo uma faixa de aplicação de 0,90 m, calibrado para aplicar 130 l ha^{-1} de calda.

A colheita da cultura do milho foi realizada manualmente no dia 15 de junho de 2013, ou seja, 113 dias após a emergência das plântulas de milho (DAE). Na ocasião determinou-se a altura de plantas e foi realizado o corte das plantas de *B. brizantha* para determinação da biomassa seca.

As variáveis respostas avaliadas no trabalho foram: Biomassa seca total da *Brachiária brizantha*, coletando-se as plantas em três amostras aleatórias de 0,25 m² em cada parcela, na época de colheita da cultura do milho, com posterior secagem, em estufa à 65 °C por 72 horas, e por final pesagem em balança de precisão; altura de plantas de *B. brizantha*, medindo aleatoriamente, ao nível do solo até a extremidade da ultima folha, comprimento de três plantas nas mesmas amostras de 0,25 m² utilizadas para o corte da *B. brizantha*.

Avaliou-se ainda a massa de mil grãos e produtividade do milho, sendo feita a contagem e pesagem de mil grãos em laboratório, e a produtividade de grãos foi estimada para um hectare em função da massa de grãos colhidos na área útil de cada parcela. A massa de grãos foi corrigida para 13 % de umidade.

Os dados foram submetidos à analise de variância por meio do teste F a 5 % de probabilidade no programa estatístico Sisvar (FERREIRA, 2007).

RESULTADOS E DISCUSSÃO – Os resultados apresentados na Tabela 1 mostram que em todas as variáveis analisadas não houve diferença significativa para doses de nicosulfuron. Quanto ao fator atrazina com dois níveis, foi significativo apenas para a variável massa de mil grãos. Para a produtividade de grãos não houve diferença significativa em nenhum dos fatores.

Neste estudo verificou-se que, na média, com o uso de atrazina houve maior produção de biomassa seca de *B. brizantha*, no entanto não diferiu significativamente. Jakelaitis et al. (2005), pesquisando os efeitos de herbicidas no consórcio de milho com *Brachiaria brizantha*, observaram que, com o uso de atrazina e na testemunha sem capina, a produção da forragem atingiu em média 7 t ha^{-1}. Os mesmos autores citam ainda que ao se comparar o uso do herbicida nicosulfuron com o acúmulo de biomassa seca de *B. brizantha*, a aplicação de dose crescente deste herbicida em mistura com atrazina, proporcionou redução no acréscimo de biomassa seca produzida em relação à aplicação de atrazina isolada, confirmando o efeito tóxico do nicosulfuron sobre a forrageira.

Em relação à altura de plantas de *B. brizantha*, não foi observado efeito significativo em nenhum dos fatores estudados. Logo, as doses de nicosulfuron, com ou sem atrazina, não afetaram diretamente o crescimento da forrageira.

A massa de mil grãos, em média, apresentou aumento significativo para o tratamento com atrazina, sendo assim, superior estatisticamente ao tratamento sem atrazina. Segundo López-Ovejero, et al. (2003), a massa de mil grãos de milho pode ser associada ao número de fileiras por espiga e ao número de grãos por fileira.

Andrade et al. (1996), avaliando ecofisiologia da cultura do milho, evidenciaram que a diminuição de 70 a 80 % do número de grãos proporcionou 30 % de aumento de massa nos grãos remanescentes, demonstrando que o milho não apresenta a capacidade de compensar a perda de grãos pelo incremento em massa.

Quanto à produtividade de grãos de milho, não houve efeito significativo pra nenhum dos níveis de nicosulfuron e atrazina. Trabalhos como o de Cobucci (2001) e Jakelaitis et al. (2006), corroboram os resultados encontrado para a produtividade de grãos de milho, pois estes estudos mostraram que não houve interferência significativa da *Brachiaria brizantha*, assim como do manejo com doses de nicosulfuron + atrazina, no rendimento de grãos da cultura do milho.

CONCLUSÕES – A utilização dos herbicidas nicosulfuron e atrazina no cultivo consorciado de milho com a *Brachiaria brizantha* cv. Marandu não afetou a produtividade de milho e biomassa seca da forrageira.

AGRADECIMENTOS – Ao IEAA/UFAM e ao produtor rural Edgar Gorgen, pelo apoio e disponibilização das sementes de milho respectivamente, contribuindo assim para o desenvolvimento da pesquisa.

REFERÊNCIAS

ANDRADE, F. et al. **Ecofisiologia del cultivo de maíz**. Balcarce, La Barrosa, 1996. 292p.

CAMPOS, M.C.C. **Pedogeomorfologia aplicada á ambientes amazônicos do médio Rio Madeira**. 2009. 242f. Tese (Doutorado em Ciência do Solo) - Universidade Federal Rural de Pernambuco, Pernambuco, 2009.

COBUCCI, T. Manejo integrado de plantas daninhas em sistema de plantio direto. In: ZAMBOLIN, L. (Ed.). **Manejo Integrado Fitossanidade**: cultivo protegido, pivô central e plantio direto. Viçosa: UFV, 2001. p.583-624.

FERREIRA, D.F. **Sisvar**: versão 5.3. Lavras: UFLA, 2007.

FREITAS, F.C.L.; FERREIRA, L.R.; FERREIRA, F.A.; SANTOS, M.V.; AGNES, E.L.; CARDOSO, A.A.; JAKELAITIS, A. Formação de pastagem via consórcio de *Brachiaria brizantha* com o milho para silagem no sistema plantio direto. **Planta Daninha**, Viçosa, v.23, n.1, p.49-58, 2005.

JAKELAITIS, A.; SILVA, A.A. da; SILVA, A.F. da; SILVA, L.L. da; FERREIRA, L.R.; RAFAEL V. Efeitos de Herbicidas no Controle de Plantas Daninhas, Crescimento e Produção de Milho e *Brachiaria brizantha* em Consórcio. **Pesquisa Agropecuária Tropical**, v.36, n.1, p.53-60, 2006.

JAKELAITIS, A.; SILVA, A.A.; FERREIRA, L.R.; SILVA, A.F.; FREITAS, F.C.L. Manejo de plantas daninhas no consórcio de milho com capim-braquiária (*Brachiaria decumbens*). **Planta Daninha**, Viçosa-MG, v.22, n.4, p.553-560, 2004.

JAKELAITIS, A.; SILVA, A.A.; FERREIRA, L.R.; SILVA, A.F.; PEREIRA, J.L.; VIANA, R.G. Efeitos de Herbicidas no Consórcio de Milho com *Brachiaria brizantha*. **Planta Daninha**, Viçosa-MG, v.23, n.1, p.69-78, 2005.

LÓPEZ-OVEJERO, R.F.; FANCELLI, A.L.; DOURADO-NETO, D.; GARCÍA y GARCÍA, A.; CHRISTOFFOLETI, P.J. Seletividade de Herbicidas para a Cultura de Milho (*Zea mays*) Aplicados em Diferentes Estádios Fenológicos da Cultura. **Planta Daninha**, Viçosa-MG, v.21, n.3, p.413-419, 2003.

LORENZI, H. **Manual de identificação e controle de plantas daninhas**. 5. ed. Nova Odessa: Instituto Plantarum, 2000. 385p.

SILVA, A.A.; JAKELAITIS. A.; FERREIRA, L.R. Manejo de plantas daninhas no sistema integrado agricultura-pecuária. In: ZAMBOLIM, L.; FERREIRA, A.A.; AGNES, E.L. **Manejo integrado**: integração agricultura pecuária. Viçosa, MG: 2004. p.117-169.

ZAGONEL, J. Eficácia do Equip Plus no controle de plantas daninhas na cultura do milho em plantio direto. **Boletim Informativo SBCPD**, v.8, n.2, p.27-32, 2002.

Tabela 1. Produção de biomassa seca e altura de planta de B. brizantha, massa de mil grãos e produtividade da cultura do milho em função de diferentes doses de nicosulfuron, com e sem atrazina.

Dose de nicosulfuron (L ha^{-1})	Biomassa seca (kg ha^{-1})		Alt. de plantas de B. brizantha (m)	
	Com atrazina	Sem atrazina	Com atrazina	Sem atrazina
0	3654,95 aA	2339,69 aA	1,72 aA	1,45 aA
0,15	2593,33 aA	2700,61 aA	1,41 aA	1,57 aA
0,30	2456,73 aA	4336,89 aA	1,59 aA	1,67 aA
0,45	3705,93 aA	2544,73 aA	1,49 aA	1,52 aA
Média	3102,73 A	2980,48 A	1,556 A	1,553 A
CV (%)	46,07		12,94	
	Massa de mil grãos (g)		Produtividade de grãos (Kg ha^{-1})	
0	252,11 aA	250,80 aA	3866,09 aA	4616,10 aA
0,15	252,36 aA	239,08 aA	4889,37 aA	3221,57 aA
0,30	252,52 aA	253,68 aA	4482,21 aA	3911,75 aA
0,45	268, 71 aA	244,71 aB	4355,46 aA	4256,22 aA
Média	256,43 A	246,89 B	4398,28 A	4001,41 A
CV (%)	4,85		21,09	

Médias seguidas de mesma letra minúscula nas colunas e maiúscula nas linhas não diferem significativamente entre si por meio do teste F ao nível de 5 % de probabilidade.

Efeitos de doses de nitrogênio e fósforo em mudas clonais de cafeeiro (*Coffea canephora*)

Thiago TeixeiraXimendes[1]; Wagner Walker de Albuquerque Alves[2]; Andréia Lopes de Morais[3]; Jéssica Rodrigues Dalazen[3]; Márcia Fernanda Carneiro[4]

(1) Engenheiro Agrônomo, caixa postal 271, 76.907-438, Ji-Paraná – RO. E-mail: thiago_ximendes@hotmail.com (2) Prof. Dr. Depto. de Engenharia Florestal, Universidade Federal de Rondônia, Avenida Norte e Sul, 7300, CEP 76940-000, Rolim de Moura, RO. E-mail: wagnerwaa@gmail.com (3) Acadêmica do curso de Agronomia, Universidade Federal De Rondônia, Avenida Norte e Sul, 7300, CEP 76940-000, Rolim de Moura, RO. E-mail: jessica_dalazen@hotmail.com; andreia-lopes02@hotmail.com (4) Acadêmica do Curso de Engenharia Florestal, Universidade Federal De Rondônia, Avenida Norte e Sul, 7300, CEP 76940-000, Rolim de Moura, RO. E-mail: marciaengflorestal@hotmail.com

RESUMO – O trabalho foi conduzido no município de Ji-Paraná/RO, no campo experimental do Centro Universitário Luterano de Ji-paraná- CEULJI/ULBRA, nos meses de julho a novembro de 2011. Para execução do experimento, foram utilizadas mudas clonais de cafeiros (*Coffea canephora*), adquiridas em uma propriedade rural localizada no município de Nova Brasilândia/RO. O delineamento estatístico utilizado foi o inteiramente ao acaso com 16 tratamentos com três repetições em esquema fatorial 4 x 4, cujos fatores foram quatro doses de nitrogênio (0, 80, 160 e 240 kg ha^{-1}) e quatro doses de P$_2$O$_5$ (0, 60, 120 e 180 kg ha^{-1}), totalizando assim 48 parcelas experimentais. Conforme os resultados obtidos das variáveis estudadas, a altura máxima do cafeeiro aos 100 dias após o transplantio para o efeito isolado de nitrogênio foi de 40,2 cm sendo encontrada com a dose estimada de 92,5 kg ha^{-1}. Em relação às doses de fósforo, a altura máxima foi de 43,7 cm encontrada com uma dose de 156 kg ha^{-1} de P$_2$O$_5$.

Palavras-chave: adubação, nutrição, área foliar.

INTRODUÇÃO – O Brasil é maior exportador e produtor mundial de café, com uma produção média de 46 milhões de saca de 60 kg na safra de 2007/08 distribuída em 2,7 milhões de hectares (CONAB, 2009). A cultura envolve diretamente e indiretamente aproximadamente dez milhões de pessoas, desde a produção até a industrialização e comercialização. O cafeeiro é uma planta perene, de porte arbustivo ou arbóreo, com sistema radicular pivotante; as raízes finas são superficiais, localizando-se, em sua maioria, até 30 a 40 cm de profundidade do solo. O café é a cultura perene mais difundida no estado de Rondônia, compondo uma das principais fontes de renda de inúmeras famílias da zona rural.

Cerca de 90 % da área cafeeira é plantada com a espécie *Coffea canephora*, especialmente dos grupos botânicos 'Conilon' e 'Robusta'. As possíveis causas da baixa produtividade dos cafezais rondonienses são: existência de lavouras velhas ou decadentes; podas inadequadas ou faltas dessas; falta ou inadequação da adubação e calagem (adubação insuficiente; proporção de nutrientes inadequada; omissão ou aplicação indevida de calcário; mau emprego ou omissão de micronutrientes) (EMBRAPA, 2005). A tecnologia cafeeira busca continuamente maior produtividade, melhor qualidade dos grãos, redução dos custos e estabilidade de produção, visando um sistema produtivo eficiente, competitivo e, consequentemente sustentável. A nutrição é um dos requisitos importantes para que as plantas possam expressar o seu potencial produtivo (GUERRA et al., 2007).

A adubação é uma ferramenta complementar no conjunto solo-planta-clima. A otimização da eficiência nutricional é fundamental para melhorar a produtividade e reduzir os custos de produção. Algumas interações entre N e P na nutrição de plantas são comumente encontradas, principalmente na cultura do milho onde existem vários casos mostrando a maior absorção quando o P é empregado junto ao N amoniacal no sulco de semeadura (HANWAY; OLSON, 1980 apud CANTARELLA, 2007). A adição de fertilizante nitrogenado promove o aumento da absorção P mesmo em solos ricos, onde a adubação com P surte pouco efeito (FAQUIN, 2005). Dados de Lopes (1998) mostram que quando falta N ou P para as plantas há redução dos teores de ambos na parte aérea. Barros et al. (2000) relatam a importância do P no plantio do cafeeiro, onde o P não foi aplicado houve diferença significativa na produtividade das plantas. No entanto, poucos têm sido os trabalhos realizados com P na cafeicultura, visando avaliar quais as melhores fontes e doses dos fertilizantes fosfatados, assim como os efeitos que eles exercem sobre o desenvolvimento e produção do cafeeiro (MELO et al. 2005). O objetivo da pesquisa foi avaliar os efeitos de diferentes doses de nitrogênio e fósforo sob o crescimento vegetativo de mudas clonal de cafeeiros (*Coffea canephora*).

MATERIAL E MÉTODOS – O trabalho foi conduzido no campo experimental do Centro Universitário Luterano de Ji-Paraná (CEULJI/ULBRA), no município de Ji-Paraná/RO, nos meses de julho a novembro de 2011. Ji-Paraná/RO, está situado em uma latitude 10° 53' 07" Sul e a uma longitude 61° 57' 06" Oeste, situada a uma altitude de 170 metros. Seu clima segundo a classificação de Köppen é Aw - Clima Tropical Chuvoso, com um período seco bem definido durante a estação de inverno, quando ocorre na região um moderado déficit hídrico, com índices pluviométricos inferiores a 50 mm mês^{-1} (SEDAM, 2011). Para execução do experimento, foram utilizadas mudas clonais de cafeelros (*Coffeacanephora*), adquiridas em uma propriedade rural localizada no município de Nova Brasilândia/RO.

Para o enchimento dos vasos de 18 kg, o substrato utilizado foi material de solo de superfície retirado do campo experimental do CEULJI/ULBRA, na profundidade de 0 – 80 cm. A muda foi plantada em vasos em ambiente protegido, onde receberam as doses crescentes da adubação química de nitrogênio e fósforo nos diferentes tratamentos. A irrigação foi realizada manualmente e controlada, sendo fornecidos 300 mm de água a cada dois dias. Para a correção do solo foi adiciobnado 8 g de carbonato de cálcio em cada vaso.O delineamento estatístico foi inteiramente ao acaso com 16 tratamentos com três repetições em esquema fatorial 4 x 4, cujos fatores foram quatro doses de nitrogênio (0, 80, 160 e 240 kg ha^{-1}) (0; 3,5; 6,5 e 9,5 g kg^{-1}) e quatro doses de P$_2$O$_5$ (0, 60, 120 e 180 kg ha^{-1}) (0; 5,5; 10,5 e 16 g kg^{-1}), totalizando assim 48 parcelas experimentais.

Para a adubação foram utilizadosKCl na dose de 60 kg ha^{-1}, super fosfato simples e ureia. Durante a condução do ensaio foi avaliada, a cada 20 dias, a altura de plantas determinada com trena (em cm) do colo da planta até o ápice do caule. Os dados coletados foram submetidos à análise de variância, com desdobramento dos efeitos quantitativos em polinômios ortogonais, segundo sua significância pelo Teste F. A escolha do modelo de regressão foi feita com base no modelo de maior grau significativo pelo Teste F, cujo desvio da regressão tenha sido não significativo (GUEDES, 2001).

Para a análise estatística e a análise de regressão para as variáveis quantitativas das doses de nitrogênio e fósforo foi utilizado o software estatístico SISVAR, conforme FERREIRA (2000), ao nível de probabilidade de 5 %.

RESULTADOS E DISCUSSÃO – Conforme os resultados da análise de variância (Tabela 1), a altura das mudas durante os 20, 40, 60, 80 e 100 dias após o transplantio (DAT) sob doses de nitrogênio e fósforo, observou-se que, aos 20 e 40 dias, as doses de nitrogênio e fósforo não causaram efeitos significativos sobre a altura. No entanto, houve efeito ($p \leq 0,05$) das doses de nitrogênios aos 60 e 100 dias. Houve efeito significativo somente das doses de fósforo a partir dos 80 e 100 dias, não havendo interação das doses de nitrogênio e fósforo durante os 20, 40, 60, 80 e 100 dias.

Aos 60 DAT observou-se através da equação da análise de regressão polinomial do 2° grau o efeito isolado das doses de nitrogênio sobre altura de plantas máxima de 33,79 cm, estimando-se uma dose ideal de 95,16 kg ha^{-1} de nitrogênio. Pode-se verificar que aos 60 dias o efeito isolado das doses de fósforo não causou efeito significativo sobre altura, com média de 27,68 cm. Quanto ao efeito isolado das doses de fósforo, também aos 80 dias, verifica-se através da equação de regressão polinomial do 2° grau sobre altura de planta máxima de 41,95 cm, estimando-se uma dose ideal de 122,4 kg ha^{-1} de P_2O_5. É possível verificar através da equação de análise de regressão polinomial que aos 100 DAT o efeito isolado das doses de nitrogênio foi significativo sobre uma altura máxima de 40,26 cm estimando uma dose ideal de 92,5 kg ha^{-1} de nitrogênio. Quanto às doses isoaldas de fósforo sobre altura, máxima de 43,70 cm, estimando-se uma dose ideal de 156 kg ha^{-1} de P_2O_5.

CONCLUSÕES – Conforme os resultados das variáveis estudadas a altura máxima do cafeeiro aos 100 dias após o transplantio para o efeito isolado de nitrogênio foi de 40,2 cm, sendo a dose estimada de 92,5 kg ha^{-1}. Em relação às doses de fósforo, a altura máxima foi de 43,7 cm com uma dose de 156 kg ha^{-1} de P_2O_5.

REFERÊNCIAS

BARROS, R.S.; MAESTRI, M.; VIEIRA, M.; BRAGAFILHO, L.J. Determinação de área de folhas do café (*Coffea arábica* L. cv. 'Bourbon Amarelo'). **Revista Ceres**, Viçosa, v.20, n.107, p.44-52, 1973.

CANTARELLA, H. Nitrogênio. In: NOVAIS, R.F.; ALVAREZ V., V.H.; BARROS, N.F. de; FONTES, R.L.F.; CANTARUTTI, R.B.; NEVES, J.C.L. **Fertilidade do solo**. Viçosa: Sociedade Brasileira de Ciência do Solo, 2007. p.375-470.

CONAB, COMPANHIA NACIONAL DE ABASTECIMENTO. **Café Safra 2009**. Brasília, 2009. 17p. (Primeira Estimativa, janeiro/2009).

EMBRAPA, Empresa Brasileira de Pesquisa Agropecuária. **Cultivo do Café Orgânico 2005**. Disponível em: <http://sistemasdeproducao.cnptia.embrapa.br/FontesHTML/Cafe/CafeOrganico_2ed/adubacao.htm>. Acesso em: 11 ago. 2011.

FAQUIN, V. **Nutrição Mineral de Plantas**. Lavras: UFLA/FAEPE, 2005. 183p.

GUEDES, G.A.A. **Fertilidade do solo**. Lavras: UFLA/FAEPE, 2001. 252p.

GUERRA, A.F.; ROCHA, O.C.; RODRIGUES, G.C.; SANZONOWICZ, C.; RIBEIRO FILHO, G.C.; TOLEDO, P.M.R.; RIBEIRO, L.F. Sistema de produção de café irrigado: um novo enfoque. **Irrigação & Tecnologia Moderna**, Brasília, n.73, 2007, p.52 61.

MELO, B. et al. Fontes e doses de fósforo no desenvolvimento e produção do cafeeiro, em um solo originalmente sob vegetação de cerrado de Patrocínio – MG. **Ciência e Agrotecnologia**, Lavras, v.29, n.2. p.315-321, mar/abr., 2005.

SEDAM – Secretaria de Estado do Meio Ambiente, **Climatologia do Estado de Rondônia** [2011]. Disponível em: <http://www.sedam.ro.gov.br/web/guest/Meteorologia/Climatologia>. Acesso em: 11 ago. 2011.

YAMADA, T.; ABDALLA, S.R.S. **Informações Agronômicas**. Piracicaba: POTAFÓS, n. 102, junho de 2003. 20p.

Tabela 1. Análise de variância de altura de mudas clonais de café conilon aos 20, 40, 60, 80 e 100 dias após tratamentos, sob doses de nitrogênio e fósforo, Ji-Paraná, 2011.

Fonte de Variação	GL	Quadrado médio				
		Altura 20 dias	Altura 40 dias	Altura 60 dias	Altura 80 dias	Altura 100 dias
Nitrogênio	3	7,74^{ns}	100,69^{ns}	178,57**	95,66^{ns}	269,24**
Fósforo	3	30,24^{ns}	21,36^{ns}	78,96^{ns}	134,72**	175,07**
Nitrog. x Fósforo	9	33,98^{ns}	25,60^{ns}	41,83^{ns}	45,90^{ns}	60,74^{ns}
Resíduo	32	24,14	43,79	53,79	44,64	43,20
Total	47					
CV (%)		26,96	29,36	26,26	21,04	19,16

*, **, ns. Significativo para 5 %, 1 % e não significativo, respectivamente, pelo Teste F.

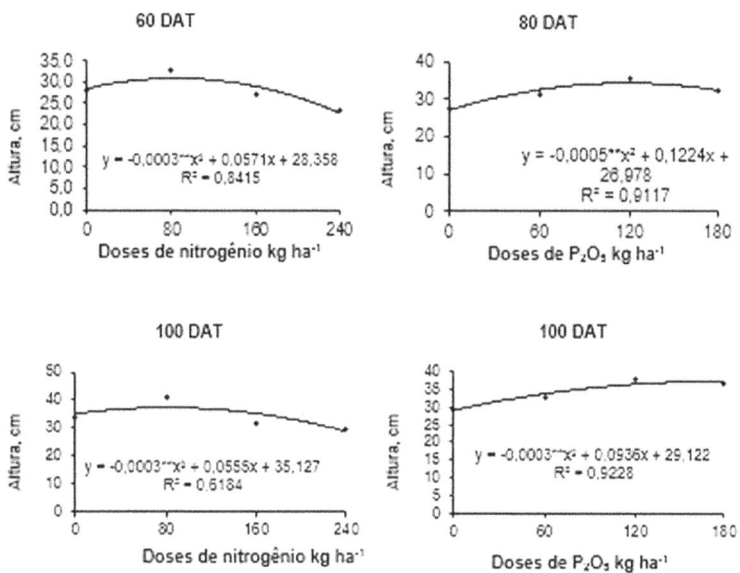

Figura 1. Altura de plantas de café aos 60, 80 e 100 dias em função de doses de Nitrogênio e Fósforo.

Espaçamento, monocultivo e consórcio no cultivo de rabanete e rúcula na Amazônia Ocidental

Angela Schimidt[1]; Eleone Rodrigues de Souza[1]; Clauton Eferson Cordeiro Fernandes[1]; Fábio Régis de Souza[2]

(1) Acadêmico de Agronomia da Fundação Universidade Federal de Rondônia, Rolim de Moura, RO. E-mail: angela_schimidt@hotmail.com; eleonerodri@hotmail.com; clautoneferson10@hotmail.com (2) Professor do Departamento de Agronomia da Fundação Universidade Federal de Rondônia, Rolim de Moura, RO. E-mail: fabioagronomo@yahoo.com.br

RESUMO – Este trabalho teve como objetivo avaliar o espaçamento e o sistema de cultivo solteiro e consorciado no desempenho produtivo do rabanete e rúcula, no município de Rolim de Moura, Rondônia. O experimento foi conduzido em blocos ao acaso, com seis tratamentos e três repetições. Os tratamentos constavam em cultivo solteiro e consorciado com dois tipos de espaçamentos, sendo: T1 = duas fileiras de rabanete espaçadas de 0,20 m; T2 = duas fileiras de rabanete no espaçamento de 0,40 m; T3 = duas fileiras de rúcula espaçadas de 0,20 m; T4 = duas fileiras de rúcula espaçadas de 0,40 m; T5 = duas fileiras de rabanete alternadas com duas fileiras de rúcula no espaçamento de 0,20 m; T6 = duas fileiras de rabanete alternadas com duas fileiras de rúcula no espaçamento de 0,40 m. Avaliou-se o diâmetro de rabanete, número de rabanete rachados, número de folhas de rúcula, altura de plantas e massa fresca de rabanete e rúcula. Os dados das variáveis avaliadas foram submetidos à análise de variância pelo teste F, utilizando o programa estatístico Assistat 7.7. Os espaçamentos e os sistemas de cultivo não apresentaram interação significativa, sendo que o espaçamento de 0,20 m foi o mais indicado, tanto em sistema de monocultivo ou em consórcio.

Palavras-chave: uso eficiente da área, sistema de cultivo, produtividade.

INTRODUÇÃO – A produção de hortaliças é uma atividade presente em quase todas as pequenas propriedades familiares, seja como atividade de subsistência ou com a finalidade da comercialização do excedente agrícola em pequena escala. A pequena propriedade rural possui uma produção agrícola diversificada, caracterizada pela limitação de área e baixa fertilidade dos solos, porém, o agricultor é dotado de imensa preocupação com a preservação dos recursos naturais e a qualidade de vida (MONTEZANO; PEIL, 2006).

Dentre as práticas alternativas de produção enquadram-se os consórcios, que são definidos como sistemas de cultivo em que há o crescimento simultâneo de duas ou mais espécies de plantas na mesma área, com o fim de permitir interação biológica benéfica entre elas (VANDERMEER, 1989 apud CARVALHO et al., 2009). O aumento da produção por unidade de área cultivada é uma das razões mais importante para o emprego de consórcios de culturas (MONTEZANO; PEIL, 2006).

Neste, além da maior produção de alimentos por unidade de área, proporciona maior diversidade biológica, maior proteção do solo, maior eficiência de uso da terra e maior aproveitamento de recursos e insumos utilizados nos cultivos (REZENDE et al., 2005).

A eficiência do consórcio depende diretamente do sistema e das culturas envolvidas, havendo a necessidade da complementação entre essas (BEZERRA NETO et al., 2003). No entanto na região amazônica são escassas as pesquisas realizadas sobre o consórcio de hortaliças, sendo amplas as possibilidades de estudo. Neste sentido, objetivou-se avaliar o desempenho produtivo do rabanete e rúcula em função do espaçamento e do cultivo solteiro e consorciado.

MATERIAL E MÉTODOS – O experimento foi realizado na fazenda experimental da Fundação Universidade Federal de Rondônia, Campus Rolim de Moura localizada à RO-479 Norte, Km 15 a 277 m acima do nível do mar, latitude 11° 43' S e longitude 61° 46' W, no período de junho a julho de 2014. O clima predominante na região é Aw (Tropical Quente e Úmido) segundo Köppen, caracterizado por inverno seco e chuvas máximas no verão. Apresenta precipitação média anual entre 2.000 mm, com temperatura média anual de 25 °C. O período chuvoso está compreendido entre os meses de outubro-novembro até abril-maio, sendo o primeiro trimestre do ano com maior volume de chuvas. O período mais quente compreendido entre os meses de agosto a outubro (RONDÔNIA, 2010).

Os tratamentos incluíram o cultivo solteiro e consorciado de rabanete e rúcula, culturas amplamente utilizadas na agricultura familiar. Foram estudadas a variedade de rúcula Folha Larga e o rabanete Híbrido Mercury F1.

O delineamento experimental foi em blocos ao acaso, com seis tratamentos e três repetições. A análise estatística foi realizada isoladamente para cada espécie, utilizando dois tratamentos (cultivo solteiro e consorciado). As parcelas tiveram área total de 7 m^2 de área total (1 m de largura x 7 m de comprimento). As parcelas tanto em cultivo solteiro como no consorciado, apresentavam 4 linhas de plantio, sendo 2 úteis, na qual foram avaliadas 5 plantas de cada linha útil.

Os tratamentos constavam em cultivo solteiro e consorciado com dois tipos de espaçamentos, sendo: T1 = duas fileiras de rabanete espaçadas de 0,20 m; T2 = duas fileiras de rabanete no espaçamento de 0,40 m; T3 = duas fileiras de rúcula espaçadas de 0,20 m; T4 = duas fileiras de rúcula espaçadas de 0,40 m; T5 = duas fileiras de rabanete alternadas com duas fileiras de rúcula no espaçamento de 0,20 m; T6 = duas fileiras de rabanete alternadas com duas fileiras de rúcula no espaçamento de 0,40 m. Utilizou-se o espaçamento de 0,05 m entra plantas para ambas as culturas.

Em todas as parcelas foram realizadas adubações de acordo com a análise de solo e a necessidade das culturas.

Aos 33 dias após a semeadura, na ocasião da colheita avaliou-se o diâmetro de rabanete, número de rabanete rachados, número de folhas de rúcula, altura de plantas e massa fresca de rabanete e rúcula.

Os dados foram submetidos à análise de variância sendo aplicado o teste t para comparação das médias, utilizando-se o programa Assistat 7.7.

RESULTADOS E DISCUSSÃO – Não houve interação significativa entre os espaçamentos e os sistemas de cultivo utilizados no cultivo do rabanete e da rúcula, para as variáveis analisadas (Tabelas 1 e 2).

A altura da planta do rabanete foi aumentada no consórcio com espaçamento de 0,20 m em relação ao monocultivo, em razão do maior espaço para expansão de folhas e a não competição por luz. No entanto na cultura da rúcula o espaçamento e o sistema de cultivo não influenciaram na altura de plantas e o número de folhas por planta.

Para massa fresca da rúcula e rabanete não houve interação significativa entre os tratamentos, assim como para o diâmetro e o número de rabanetes rachados.

O espaçamento de 0,20 m foi o mais indicado em sistema de monocultivo ou em consórcio, em razão do maior aproveitamento da área e do solo, sem que haja interferência entres as culturas, no caso do consórcio, proporcionando assim, uma maior produtividade em função do adensamento das culturas.

CONCLUSÕES – Nas condições estudadas não houve diferença significativa entre arranjo, ou seja, no cultivo solteiro e em consórcio e entre espaçamentos. Cultivo consorciado do rabanete com rúcula foi adequado do ponto de vista agronômico, pois a presença das duas culturas não prejudicou a produção de ambas, com possibilidade concreta de gerar renda extra para o agricultor em uma mesma área física, além do maior aproveitamento da área.

REFERÊNCIAS

BEZERRA NETO, F.; ANDRADE, F.V.; NEGREIROS, M.Z.; SANTOS JÚNIOR, J.J. Desempenho agroeconômico do consórcio cenoura x alface lisa em dois sistemas de cultivo em faixa. **Horticultura Brasileira**, Brasília, v.21, n.4, 2003.

CARVALHO, L.M.; NUNES, M.U.C.; OLIVEIRA, I.R.; LEAL, M.L.S. Produtividade do tomateiro em cultivo solteiro e consorciação com espécies aromáticas e medicinais. **Horticultura Brasileira**, Brasília, v.27, n.4, 2009.

MONTEZANO, E.M.; PEIL, R.M.N. Sistemas de consórcio na produção de hortaliças. **Revista Brasileira de Agrociência**, v. 12, n. 2, 2006.

REZENDE, B.L.A.; COSTA, C.C.; CECÍLIO FILHO, A.B.; MARTINS, M.I.E.G.; SILVA, G.S. Análise econômica de cultivos consorciados de alface e americana x rabanete: um estudo de caso. **Horticultura Brasileira**, Brasília, v.23, n.3, 2005.

RONDÔNIA, ano 2007. Porto Velho: SEDAM, 2010. 40p.

Tabela 1. Massa fresca e altura de plantas de rabanete e rúcula em função de espaçamento de plantio e consórcio.

Culturas/Espaçamento	Massa Fresca (g)	Altura de plantas (cm)
Rabanete 20 cm	41,97667 a	22,20000 a
Rabanete 40 cm	56,42333 a	22,60000 a
Consórcio Rabanete 20 cm	47,66667 a	19,63333 b
Consórcio Rabanete 40 cm	51,84333 a	22,13333 ab
CV (%)	17,16	11,32
Rúcula 20 cm	24,79300 a	18,83333 a
Rúcula 40 cm	20,72833 a	19,03333 a
Consórcio Rúcula 20 cm	31,87567 a	19,23333 a
Consórcio Rúcula 40 cm	25,87367 a	19,30000 a
CV (%)	16,22	9,52

Médias seguidas pelas mesmas letras na coluna não diferem pelo teste t (p<0,05).

Tabela 2. Diâmetro de rabanete e número de folhas de rúcula função de espaçamento de plantio e consórcio.

Culturas/Espaçamento	Diâmetro de rabanete (mm)	Número de folhas rúcula
Rabanete 20 cm	38,76667 a	9,50000 a
Rabanete 40 cm	41,16667 a	10,70000 a
Consórcio Rabanete 20 cm	40,00000 a	8,46667 a
Consórcio Rabanete 40 cm	41,60000 a	10,33333 a
CV (%)	5,98	13,17

Médias seguidas pelas mesmas letras na coluna não diferem pelo teste t ($p<0,05$).

Estoque de carbono no solo sob diferentes coberturas vegetais – reflorestamento, pastagem, cana de açúcar e floresta nativa em Ariquemes, Rondônia

Márcia Bay[1]; Eliomar Pereira da Silva Filho[2]; Fernanda Bay Hurtado[3]

(1) Mestranda em Geografia, Professora no Instituto Federal de Rondônia (IFRO) Campus Ariquemes - RO, Brasil. E-mail: marcia.bay@ifro.edu.br (2) Doutor, Programa de Pós-Graduação em Geografia, Universidade Federal de Rondônia, Porto Velho – RO, Brasil. E-mail: eliomarfilho@uol.com.br (3) Doutora, Departamento de Engenharia de Pesca, Universidade Federal de Rondônia, Presidente Médici - RO, Brasil. E-mail: fernandabay@unir.br

RESUMO – Atualmente, uma das preocupações mundiais está ligada ao aquecimento global e suas formas de mitigação. Os plantios florestais se destacam como estratégia para mitigação do aquecimento global, por meio do sequestro de carbono, na forma de madeira, biomassa e no solo. O solo se destaca como um dos principais reservatórios ativos de C na biosfera, porém sua dinâmica é complexa, sendo necessários estudos mais aprofundados de manejos adequados para aperfeiçoar o processo. O objetivo desse estudo é avaliar o estoque de COS sob diferente tipo de uso da terra que são de fácil cultivo na região e que podem ser implantas na agricultura familiar em áreas já degradadas anteriormente e produzir uma fonte de renda para o pequeno agricultor. Foram selecionadas áreas de *Tectona grandis* - Teca, *Saccharum sp.* - cana-de-açúcar, *Brachiaria brizantha* - pastagem degradada pelo uso, e floresta nativa como referência, onde foram feitas coletas nas profundidades 0-20, 20-40 cm de profundidade. Foram realizadas análises físicas para identificar o tipo de solo e química para determinar o teor de COS. Sendo o mesmo caracterizado como Latossolo Vermelho-Amarelo. Foram observados teores no estoque COS de 48,72 mg ha^{-1} para floresta; 41,37, 42,03 e 39,97 mg ha^{-1} respectivamente para cana de açúcar, pastagem e teca na profundidade de 0-20 cm. Na profundidade de 20-40 cm 27,23 mg ha^{-1} para floresta, 32,91 para cana, 29,58 pastagem e 27,38 mg ha^{-1} no reflorestamento de teca. Em todos os usos da terra o teor de carbono diminuiu com a profundidade, este decréscimo é frequentemente observado em solos úmidos brasileiros.

Palavras-chave: uso do solo, carbono no solo, manejo de solo, avaliação do estoque de carbono.

INTRODUÇÃO – Recentemente, o sequestro de carbono foi lançado na Convenção do Clima da ONU como um instrumento de flexibilização dos compromissos de redução das emissões de Gases Efeito Estufa (GEE) dos países com metas de redução destes. Sendo este compromisso uma das modalidades dentro do Mecanismo de Desenvolvimento Limpo (MDL) do Protocolo de Kyoto para mitigar o aquecimento Global (YU, 2004).

Segundo Júnior (2004), a conservação de estoques de carbono nos solos, florestas e outros tipos de vegetação, a preservação de florestas nativas, a implantação de florestas e sistemas agroflorestais e a recuperação de áreas degradadas são algumas ações que contribuem para a redução da concentração do CO_2 na atmosfera.

As florestas, os sistemas agroflorestais e os solos podem ser tanto reservatórios como fontes de carbono dependendo de como e com que motivo é manejado e, como são utilizados seus produtos (AREVALO et al., 2002).

Dada à importância dos estoques do carbono, existe a necessidade de conhecer as quantidades de carbono sequestrado no solo e na biomassa de florestas existentes dentro do país bem como a sua viabilidade econômica. Ao conhecer o potencial do sequestro de carbono no país, permitirá gerir de forma racional e adequada, minimizando os prejuízos ambientais, socioeconómicos e culturais que provêm do uso insustentável praticado.

MATERIAL E MÉTODOS – A área de estudo está localizada no Instituto Federal de Rondônia-IFRO, no município de Ariquemes cujas coordenadas são 09° 54' 48" S e 63° 02' 27" W e com altitude de 142 m.

A seleção dos usos da terra, para o levantamento do estoque de carbono na área da pesquisa, foi a primeira etapa da metodologia (Figura 1). As amostras foram coletadas em áreas de: Teca, pastagem degradada pelo uso, cana-de-açúcar e floresta (mata natural).

O solo com teca e pastagem encontra-se com 28 anos de uso, os com cana de cana-de-açúcar possuem 3 anos de uso, a floresta da mata natural não sofreu alterações antrópicas servindo como referência.

Sabendo que o teor de carbono no solo varia em função da declividade do terreno e do tipo de solo, foi tomado o cuidado em realizar as coletas em áreas que apresentam declividade e tipo de solos similares. Todas as coletas foram efetuadas em solos do tipo Latossolo Vermelho-Amarelo (EMBRAPA, 2006).

As amostras de solo foram obtidas nas camadas de 0-20 e 20-40 cm de profundidade totalizando 40 amostras para analise do COT. Para cada uso da terra definido, as coletas foram realizadas em 20 pontos alocados respeitando a distância entre eles de 1 metro entre estas (Figura 1), sendo obtidas, as amostras de solo, com trado holandês, coletadas cinco amostras simples para cada profundidade, para perfazer uma amostra composta (Figuras 2 e 3) por dois motivos: o primeiro deles é que grande quantidade de carbono é armazenado nessas camadas; o segundo está relacionado ao fato de que as atividades agrícolas têm forte influência nessas profundidades.

O trabalho de campo foi efetivado durante os dias 14-16/dez./2013 e 07/jan./2014. As amostras de solo foram acondicionadas em sacos plásticos identificados com o local e a profundidade da coleta, posteriormente secas ao ar, peneiradas, pesadas em torno de 400 gramas e enviadas ao Laboratório Agrotécnico de Piracicaba Ltda. – PIRASOLO em São Paulo.

RESULTADOS E DISCUSSÃO – De modo geral verifica-se um comportamento característico para o tipo de solo estudado, com maiores concentrações do teor de carbono nas camadas superficiais e diminuição dos teores com o aumento da profundidade, em todas as áreas estudadas, visto que a camada superficial do solo é onde a deposição de material orgânico ocorre com maior intensidade, contribuindo com os resultados encontrados. É na camada superficial que ocorre maior acúmulo de matéria orgânica do solo pela deposição de material vegetal da parte aérea das plantas ou cobertura morta, além do efeito das raízes (ANDRADE, 2003).

Não foram verificadas diferenças do teor de COS quando comparados os diferentes usos de solo em relação à mata nativa para as camadas estudadas. Um fato interessante foi a queda na floresta nativa da profundidade de 0-20 cm para 20-40 cm com uma variação de 8,35 mg ha^{-1}. Quanto à profundidade de coleta das amostras de solo, observou-se que os teores de carbono (C) na camada de 20-40 cm foram substancialmente menores que aqueles obtidos nas camadas de 0-20 cm de profundidade (Figuras 3 e 4), as quais não apresentaram diferenças muito significativas nos teores deste elemento nessa profundidade. Contudo, verificou-se tendência de maior teor de C na camada de 0-20 cm de profundidade O estoque de C da camada de 0-20 cm de profundidade foi significativamente maior do que aquele presente na camada inferior. Esses resultados corroboram com (SKAZACS, 2003) de que existe uma tendência descrente de carbono em relação à profundidade. O maior acúmulo de CO na superfície do solo era esperado e pode ser explicado pela adição de material orgânico proveniente, principalmente, da serapilheira a medida que vai sendo humificada. Os teores de carbono orgânico total (COT) de um modo geral diminuíram com a profundidade em todas as áreas estudadas. Pode-se levar em conta também que o sistema radicular contribui substancialmente para a adição de COS em sub superfície, denotando que a mata nativa possui uma grande heterogeneidade de espécies vegetais, o que torna a distribuição da deposição de material orgânico através de raízes mais heterogêneas ao longo do perfil de monoculturas, principalmente no caso da cana de açúcar que forma um grande aporte da camada de serapilheira no solo.

O fato de a pastagem ter um valor considerável em relação a floresta na profundidade de 20-40 cm (Figura 5) estoque de pode ser atribuído ao sistema radicular mais desenvolvido e bem distribuído das gramíneas com pastagem, o que favorece a elevada deposição de C ao solo na forma de raízes.

CONCLUSÕES – Os tipos de uso da terra estudados podem promover incrementos ou manutenção dos níveis de matéria orgânica no solo e devem ser indicadas não somente como um meio de aumentar a produtividade dos cultivos no caso da cana de açúcar, mas também como uma forma de reduzir os impactos adversos causados pela elevada concentração de GEE na atmosfera. Sendo assim uma maneira de sequestrar CO_2 de forma lucrativa para os pequenos agricultores sem tornar o sequestro de carbono em commodities crédito de carbono e aproveitar áreas já degradadas que estão inutilizadas.

AGRADECIMENTOS – Aos estagiários do IFRO pelo suporte na condução do experimento.

REFERÊNCIAS

ANDRADE, A.G. de; TAVARES, S.R. de L.; COUTINHO, H.L. da C. Contribuição da serrapilheira para recuperação de áreas degradadas e para manutenção da sustentabilidade de sistemas agroecológicos. **Informe Agropecuário**, Belo Horizonte, v.24, n.220, p.55-63, 2003.

AREVALO, L.A.; ALEGRE, J.C.; VILCAHUAMAN, L.J.M. Metodologia para estimar o estoque de carbono em diferentes sistemas de uso da terra. Colombo. 1ª edição. 2002.

EMBRAPA. Centro Nacional de Pesquisa de Solos (Rio de Janeiro, RJ). **Sistema brasileiro de classificação de solos**. 2. ed. – Rio de Janeiro : EMBRAPA-SPI, 2006.

JÚNIOR, H.A. de O. O sequestro de carbono para o combate ao efeito estufa. Uberaba: Ferlagos, 2004.

YU, C.M. Sequestro florestal de carbono no Brasil – dimensões políticas, socioeconómicas e ecológicas. Cutiriba. Brasil. 2004. 278p.

SZAKACS, G. Sequestro de carbono nos solos: avaliação das potencialidades dos solos arenosos sob pastagens. Anhembi, Piracicaba, SP. 2003.102 p. Dissertação (Mestrado em Energia Nuclear na Agricultura) – Universidade de São Paulo. Piracicaba. 2003.

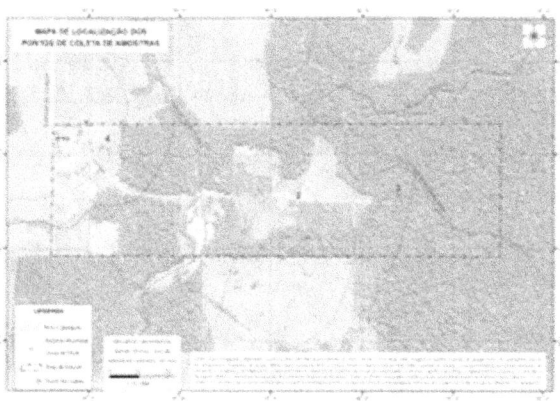

Figura 1. Mapa de localização dos pontos de coletas de amostras no Instituto Federal de Rondônia - Campus Ariquemes.

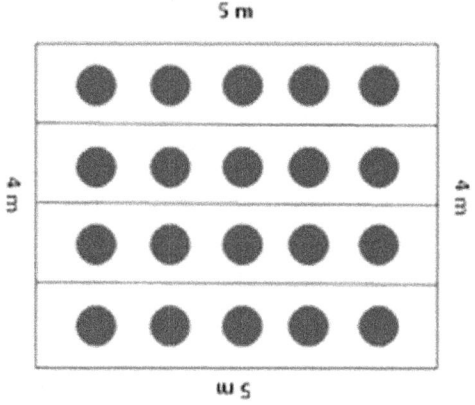

Figura 2. Representação das áreas de coletas de cada uso da terra.

Figura 3. Vista da área de pastagem no momento da coleta com trado holandês.

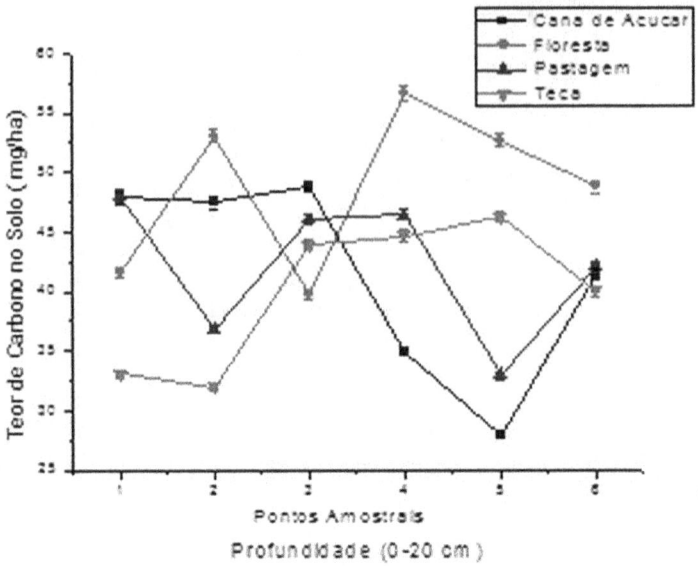

Figura 4. Média dos valores de teor de carbono nas profundidades de 0-20 cm.

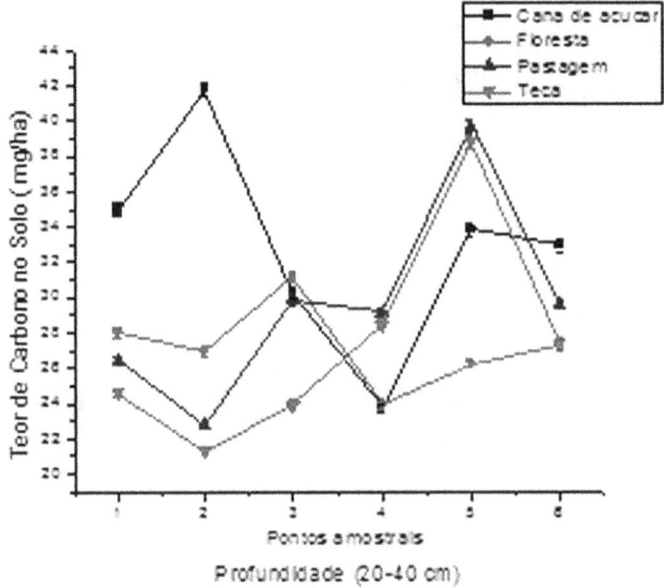

Figura 5. Média dos valores de teor de carbono nas profundidades de 20-40 cm.

Faixa de suficiência e nível crítico para cafeeiros clonais em duas épocas de amostragem na Amazônia Sul-Ocidental

Raquel Schmidt[1]; Jairo Rafael Machado Dias[2]; Marcelo Curitiba Espindula[3]; Paulo Guilherme Salvador Wadt[3]; Edilaine Istéfani Franklin Traspadini[4]; Douglas Revesse da Silva[4]; Gleice Fernanda Bento[1]; Danielly Dubberstein[5]

(1) Mestranda em Produção Vegetal, Universidade Federal do Acre, BR 364, Distrito Industrial, CEP: 69920-900 Rio Branco – AC. E-mail: schmidt_raquel@hotmail.com (2) Professor, Dr. Adjunto a, Universidade Federal de Rondônia, Av. Norte Sul, Nova Morada,CEP: 78987-000, Rolim de Moura-RO. E-mail: jairorafaelmdias@hotmail.com (3) Pesquisador, Embrapa Rondônia, BR 364 km 5,5, Cidade Jardim, CEP 76815-800, Porto Velho – RO. E-mail: paulo.wadt@embrapa.br; marcelo.espindula@embrapa.br (4) Acadêmico de Agronomia, Universidade Federal de Rondônia, Av. Norte Sul, Nova Morada,CEP: 78987-000, Rolim de Moura-RO. E-mail: agroedilaine@hotmail.com; douglasrevesse@gmail.com (5) Mestranda em Agricultura tropical, Universidade federal do Espírito Santo, BR 101 Norte, Km 60, Bairro Litorâneo, CEP: 29932-540, São Mateus – ES. E-mail: dany_dubberstein@hotmail.com

RESUMO – A cafeicultura clonal tem como característica o aumento da produtividade, entretanto, práticas como o manejo de adubação devem ser eficazes para o sucesso da lavoura. A análise foliar e a interpretação dos resultados a através das faixas de suficiência é um método simples e bastante aplicado nas demais regiões produtora de café. Tendo em vista os desafios da cafeicultura moderna e principalmente o manejo racional dos recursos naturais e o uso intenso de fertilizantes químicos, objetivou-se com esse trabalho obter faixas de suficiência e nível crítico das lavouras clonais no período da floração e na época padrão "grão chumbinho" através das normas DRIS com médias multivariadas. Foram monitoradas 122 lavouras comerciais de cafeeiro canéfora clonal na zona da mata de Rondônia, e realizada coleta em dois períodos distintos (floração e "grão chumbinho"), foram estabelecidas normas DRIS paras as duas épocas, e através delas as faixas de suficiência paras as lavouras. Foram estabelecidas as faixas de suficiência e o nível crítico para o Estado.

Palavras-chave: *Coffea canephora*, diagnose foliar, monitoramento nutricional.

INTRODUÇÃO – Em Rondônia a cafeicultura é bastante expressiva, sendo o maior produtor da região Norte, o segundo em nível nacional. A produtividade vem aumentando ao longo dos anos sendo em 2012 (10,8 sacas ha^{-1}), 2013 (13,2 sacas ha^{-1}), 2014 (16,4 sacas ha^{-1}), no entanto, são umas das menores médias do país, esse progresso se constitui devido às técnicas de condução como podas e desbrotas, uso irrigação e manejo da adubação em lavouras clonais (CONAB, 2012; 2013; 2014).

A cafeicultura moderna dispõe de vários artifícios para garantir altas produtividades e uso racional dos sistemas. O manejo de adubação é um dos principais para garantir o sucesso da lavoura, no entanto, uma recomendação inadequada pode gerar uso excessivo de produtos químicos induzindo ao desperdício e contaminação do meio ambiente (BRAGANÇA et al., 2009). O diagnóstico através da análise química foliar permite averiguação do estado nutricional das lavouras atuando como ferramenta imprescindível para o uso racional dos recursos naturais e fertilizantes químicos (DIAS et al., 2011). Para a lavoura cafeeira normalmente realiza-se a coleta na fase fenológica de "grão chumbinho" aproximadamente duas a seis semanas após a antese (RONCHI; DAMATA, 2007). No entanto, para o manejo de adubação essa fase se torna tardia, pois o fracionamento da adubação deve ocorrer logo após a florada, pois há necessidade nutricional para a emissão dos chumbinhos

(GOMES, 2013; PARTELLI, et al., 2014).

Para o diagnóstico comumente utiliza-se o método do nível crítico e faixa de suficiência, que apresenta vantagens como facilidade na interpretação dos resultados, no entanto, a desvantagens como a necessidade de um controle local, pois esses métodos podem ser influenciados por vários fatores, como o ambiente eo tipo de material genético (DIAS et al., 2013; PRADO et al., 2008).

O nível crítico (NC) é denominado quando a cultura atingir 90 % da produtividade máxima, com este método avalia-se os nutrientes de forma singular, desconsiderando os valores dos demais nutrientes. De forma semelhante ao adotar uma amplitude de valores com nível produtivo igual ou superior a 90 % da produtividade máxima esperada esses valores são denominados faixas de suficiência (FS) (DIAS et al., 2013; KURIHARA et al. 2005).

Tendo em vista a escassez de informações sobre os padrões nutricionais das lavouras cafeeiras do Estado e visando otimizar o manejo de adubação através da diagnose foliar objetivou-se com esse trabalho obter faixas de suficiência e nível crítico das lavouras clonais no período da floração e na época padrão "grão chumbinho" através das normas DRIS com relações multivariadas.

MATERIAL E MÉTODOS – Foram monitoradas 122 lavouras comerciais de cafeeiros canéforas clonais, nos municípios da Zona da Mata de Rondônia (Alta Floresta D'Oeste, Alto Alegre dos Parecis e Nova Brasilândia D'Oeste). Nesta região predomina o clima Tropical Chuvoso – (Am Köppen), com temperatura média anual de 26 °C e precipitação média de 1.850 mm ano^{-1}. O período chuvoso está compreendido entre os meses de outubro até abril (RONDÔNIA, 2012).

As coletas antecipadas a época padrão ("grão chumbinho") foram realizadas em agosto de 2013, período de maior intensidade de florescimento do cafeeiro, as lavouras apresentavam manejos distintos quanto a espaçamento, irrigação, adubação, a idade variou entre 3 e 11 anos. Foram coletas de 20 plantas quatro folhas amadurecidas no segundo ou terceiro par de folhas do ápice para base do ramo plagiotrópico, no terço médio da planta em talhões homogêneos.

O material vegetal coletado foi mantido em caixas térmicas para cessar a respiração, e depois acondicionado em sacos de papel e transportado para o laboratório, onde foi lavado, seco, moído e submetido à análise quanto aos teores totais de N, P, K, Ca, Mg, B, Cu, Fe, Mn e Zn.

A concentração foliar dos nutrientes, em todas as lavouras, foi ajustada para uma mesma unidade de medida (dag kg^{-1}). Em sequência, calculou-se o valor do complemento dos nutrientes para o total da biomassa foliar (valor R), conforme a expressão: R = 100 - (vN + vP + vK + vCa + vMg + vB + vCu + vFe + vMn + vZn), em que R é o valor do complemento para 100 dag kg^{-1} de matéria seca em relação à soma dos teores dos nutrientes vi (i = N,..., Zn), em dag kg^{-1}; e vN, vP, vK, vCa, vMg, vB, vCu, vFe, vMn e vZn representam os teores de N, P, K, Ca, Mg, B, Cu, Fe, Mn e Zn, respectivamente. De posse da média geométrica (mGeo) calculada para os valores de cada amostra (PARENT, 2011), obteve-se a variável multinutriente (zX) a partir da expressão: zX = ln (vX/mGeo), em que zX representa o valor da relação multivariada de cada um dos nutrientes avaliados (vX). Com os valores de zX em cada lavoura, calcularam-se os parâmetros descritivos – média aritmética (mX) e desvio-padrão (sX) – e as normas CND para cada lavoura de café canéfora clonal.

Obtidas as normas, os índices CND foram calculados pela relação multivariada log-centrada (PARENT, 2011): I_X = (zX -mX)/sX, em que I_X representa o índice CND; mX é a norma média; e sX é a norma do desvio-padrão, para cada um dos nutrientes avaliados.

O somatório, em módulo, dos índices CND dos nutrientes, em cada lavoura comercial de café canéfora clonal, constituiu o índice de balanço nutricional (IBN) dos pomares. O índice de balanço nutricional médio (IBNm) foi obtido dividindo-se o valor do IBN pelo número de nutrientes avaliados. O nutriente foi considerado nutricionalmente equilibrado quando o IBN foi menor que o IBNm; insuficiente, quando o foi maior que o IBNm e o índice CND menor que zero; e excessivo, ou na fase de consumo de luxo, quando o IBN foi maior que o IBNm e o índice CND maior que zero (DIAS, et al., 2013; WADT, 2005). Os cálculos das normas CND, IBNm foram realizados em planilha eletrônica. Foram estabelecidas as normas DRIS (Tabela 1).

As faixas de suficiência foram obtidas depois de estabelecidas as normas DRIS através da análise descritiva dos teores indicando o limite inferior e superior de cada nutriente.

RESULTADOS E DISCUSSÃO – As faixas de suficiência e o nível crítico foram obtidas através das normas DRIS de relações multivariadas (Tabela 1) e podem ser utilizadas como ferramenta auxiliar para o diagnóstico nutricional no estado. Os teores nutricionais das épocas avaliadas foram distintos para N, P, Ca, Zn e B (Tabela 2).

Foram observados valores distintos para as faixas de suficiência e o nível crítico para as épocas da floração e grão chumbinho (Tabela 3). Nesse caso, ficou evidente a necessidade de faixas distintas para as fases fenológicas do cafeeiro. Partelli et al. (2013) sugerem que as faixas de suficiência sejam por região e de acordo com a época monitorada, uma vez que os resultados encontrados em seus experimentos diferiram daqueles observados na literatura. Também observados no presente trabalho onde os valores das faixas foram distintos dos observados na literatura para cafeeiro conilon (PARTELLI et al., 2006; WADT; DIAS, 2012; PARTELLI, et al., 2013).

As faixas de suficiência e o nível crítico foram estabelecidos para o estado de Rondônia.

CONCLUSÕES – Foram estabelecidas as faixas de suficiência para os dois estádios fenológicos do cafeeiro, floração e "grão chumbinho". Sugere-se o uso das faixas de acordo com o período avaliado para realização do diagnóstico nutricional.

AGRADECIMENTOS – Universidade Federal do Acre, Universidade Federal de Rondônia, Embrapa Acre, Embrapa Rondônia, CNPq, Sítio Ouro Verde, pelo apoio financeiro e logístico, e aos colegas da Agronomia-UNIR pelo apoio em campo.

REFERÊNCIAS

BRAGANÇA, S.M.; SILVA, E.B.; MARTINS, A.G.; SANTOS, L.P.; LANI, J.A.; VOLPI, P.S. Resposta do cafeeiro conilon à adubação de NPK em sistema de plantio adensado. **Coffee Science**, Lavras, v.4, n.1, p.67-75, jan./jun. 2009.

CONAB - COMPANHIA NACIONAL DE ABASTECIMENTO. **Acompanhamento da safra Brasileira.** Café safra 2012, quarto levantamento. Companhia Nacional de Abastecimento. Brasília: Conab. 2012. 16p.

CONAB - COMPANHIA NACIONAL DE ABASTECIMENTO. **Acompanhamento da safra Brasileira.** Café safra 2013, quarto levantamento. Companhia Nacional de Abastecimento. Brasília: CONAB, 2013. 25p.

CONAB - COMPANHIA NACIONAL DE ABASTECIMENTO. **Acompanhamento da safra brasileira:** café, safra 2014, segundo levantamento. Companhia Nacional de Abastecimento Brasília: CONAB, 2014. 67p.

DIAS, J.R.M.; WADT, P.G.S.;PEREZ, D.V.;LEMOS, C. de O.; SILVA, L.M. DRIS formulas for the evaluation of the nutritional status of cupuaçu trees. **Revista Brasileira de Ciência do Solo**, Viçosa., v.35, n.6, p.2088-2091, 2011.

DIAS, J.R.M.; TUCCI, C.A.F.; WADT, P.G.S.; SILVA, A.M.; SANTOS, J.Z.L. Níveis críticos e faixas de suficiência em laranjeira-pera na Amazônia central obtidos pelo método DRIS. **Acta Amazônica,** Manaus, v.43, n.1, p.239-246, 2013.

GOMES, W.R. **Padrões foliares para cafeeiro conilon no norte do Espírito Santo: pré-florada e granação.** 60f. Dissertação (Mestrado em Agricultura Tropical) –

Universidade Federal do Espírito Santo, Centro Universitário Norte do Espírito Santo, São Mateus, Espírito Santo, 2013.

KURIHARA, C.H.; MAEDA, S.; ALVAREZ V., V.H. **Interpretação de resultados de análise foliar.** Dourados: Embrapa Agropecuária Oeste; Colombo; Embrapa Florestas, 2005. 42p. (Documentos, 74).

PARENT, L.E. Diagnosis of the nutrient compositional space of fruit crops. **Revista Brasileira de Fruticultura,** Jaboticabal, v.33, n.1, p.321-334, 2011.

PARTELLI, F.L.; ESPÍNDULA, M.C.; MARRÉ, W.B.; VIEIRA, H.D. Dry matter and macronutrient accumulation in fruits of conilon coffee with different ripening cycles. **Revista Brasileira de Ciência do Solo**, Viçosa, v.38, n.1, p.214-222, 2014.

PARTELLI, F.L.; VIEIRA, H.D.; MONNERAT, P.H.; VIANA, A.P. Estabelecimento de normas DRIS em cafeeiro Conilon orgânico e convencional no Estado do Espírito Santo. **Revista Brasileira de Ciência do Solo**, v.30, p.443-451, 2006.

PARTELLI, F.L.; GOMES, W.R.; OLIVEIRA, M.G.; DIAS, J.R.M. Normas Dris para o cafeeiro conilon na região norte do Espírito Santo: pré-florada e granação. In: SIMPÓSIO DE PESQUISA DOS CAFÉS DO BRASIL, 8., Salvador, 2013. **Resumo expandido...** p.1-5.

PRADO, R. de M.; ROZANE, D.E.; VALE, D.W. do; CORREIA, M.A.R.; SOUZA, H.A. de. **Nutrição de plantas:** diagnose foliar em grandes culturas. Jaboticabal: FCAV, Capes/Fundunesp, 2008. 301p.

RONCHI, C.P.; DAMATA, F.N. Aspectos fisiológicos do café conilon. In: FERRÃO, R.G.; FONSECA, A.F.A.; BRAGANÇA, S.M.; FERRÃO, M.A.G.; DE MUNER, L.H. (Eds.). **Café conilon.** Vitória: Incaper, 2007. p.93-119.

RONDÔNIA. SECRETARIA DE ESTADO DO DESENVOLVIMENTO AMBIENTAL. **Boletim climatológico de Rondônia, ano 2010.** Porto Velho: SEDAM, 2012. 34p.

WADT, P.G.S. Relationships between soil class and nutritional status of coffee crops. **Revista Brasileira de Ciência do Solo,** Viçosa, v.29, n.2, p.227-234, 2005.

WADT, P.G.S.; DIAS, J.R.M. Normas DRIS regionais e inter-regionais na avaliação nutricional de café conilon. **Pesquisa Agropecuária Brasileira**, Brasília. v.47, n.6, p.822-830, 2012.

Tabela 1. Média e desvio padrão para as normas de diagnose da composição nutricional (CND) para *Coffea canephora* dos estádios fenológicos floração e grão chumbinho.

Parâmetros	N	P	K	Ca	Mg	Cu	Fe	Mn	Zn	B
Floração										
Média	3,18	0,36	2,85	2,55	0,93	-4,19	-1,82	-2,42	-5,29	-3,24
Desvio padrão	0,26	0,24	0,24	0,21	0,36	0,53	0,37	0,44	0,21	0,24
Grão chumbinho										
Média	3,42	0,44	2,98	2,47	0,99	-3,93	-2,67	-2,74	-5,05	-2,99
Desvio padrão	0,13	0,23	0,21	0,19	0,29	0,25	0,34	0,55	0,09	0,20

Tabela 2. Médias dos teores foliares *Coffea canephora* em dois períodos de amostragem na época da floração e na época do "grão chumbinho"[1].

Épocas	N	P	K	Ca	Mg	Cu	Fe	Mn	Zn	B
	----------------(g kg^{-1})----------------					--------------(mg kg^{-1})--------------				
Floração	19,26a	1,16a	13,99a	10,28a	2,12a	14,84a	138,45a	76,87a	4,06a	32,02a
Chumbinho	24,32b	1,25b	15,74a	9,62b	2,24a	16,23a	54,19a	59,64b	5,09b	40,89b
CV	12,89	26,18	21,12	21,07	36,23	69,06	53,97	51,93	25,86	24,33

[1] Médias seguidas de letras distintas diferem entre si pelo teste de Dunnett ao nível de 5 % de probabilidade.

Tabela 3. Valores máximos, mínimos, desvios padrões (DP), níveis críticos (NC) e faixas de suficiência (FS) dos teores foliares de N, P, K, Ca, Mg, Cu, Fe, Mn, Zn e B em lavouras cafeeiras clonais pelo uso do DRIS de relações multivariadas (n=números de lavouras envolvidas).

Nutriente	Máximo	Mínimo	DP	n	NC	FS
Floração						
N (g kg^{-1})	26	14	2,02	98	19	19-20
P (g kg^{-1})	1	0,7	0,15	62	1,0	1,0-1,10
K (g kg^{-1})	18	9	2,03	71	13	13-14
Ca (g kg^{-1})	12	6	1,33	60	10	10-11
Mg (g kg^{-1})	3	1,3	0,41	60	1,0	1,0-2,0
Cu (mg kg^{-1})	21	6	3,67	66	12	12-14
Fe (mg kg^{-1})	187	87	20,73	58	120	120-130
Mn (mg kg^{-1})	135	44	18,45	51	63	63-74
Zn (mg kg^{-1})	4	2	0,41	85	3,0	3,0-4,0
B (mg kg^{-1})	40	22	4,21	53	29	29-32
Grão chumbinho						
N (g kg^{-1})	30	19	2,03	73	24	24-25
P (g kg^{-1})	1	0,8	0,13	66	1,1	1,1-1,2
K (g kg^{-1})	19	12	1,71	62	15	15-16
Ca (g kg^{-1})	1	6	1,36	63	9	9-10
Mg (g kg^{-1})	3	1	0,42	64	2,0	2,0-,21
Cu (mg kg^{-1})	20	11	1,70	62	15	15-16
Fe (mg kg^{-1})	66	39	6,52	57	15	15-16
Mn (mg kg^{-1})	96	30	17,64	49	52	52-62
Zn (mg kg^{-1})	6	4	0,42	58	5,0	5,0-5,2
B (mg kg^{-1})	49	29	4,18	67	40	40-42

Fontes de adubação e espaçamento do rabanete para a região da Zona da Mata do estado de Rondônia

Ronaldo willian da Silva[1]; Tiago Pauly Boni[1]; Douglas Borges Pichek[1]; Odair Queiroz Lara[1]; Diego Boni[1]; Marisa Pereira Matt[1]; Carlos Dalazem[1]; Edilaine Istéfani Franklin Traspadini[1]; Fabio Regis de Souza[2]

(1) Acadêmicos do curso de Agronomia da Universidade Federal de Rondônia – UNIR, Rolim de Moura – RO. E-mail: ronaldo_willian1@hotmail.com; tiago.bonieaf@hotmail.com; douglasbpichek@hotmail.com; odair.queiroz.lara@hotmail.com; diego.eaf@hotmail.com; marisa_matt@hotmail.com; carlosdalazen@yahoo.com.br; agroedilaine@hotmail.com (2) Professor do departamento de Agronomia da Universidade Federal de Rondônia – UNIR, Rolim de Moura – RO. E-mail: fabioagronomo@yahoo.com.br

RESUMO – Com o objetivo de avaliar o efeito de fontes de adubação e espaçamentos entre linhas e entre plantas na cultura de rabanete (*Raphanus sativus L.*), variedade, Vip Crimson, instalou-se ensaio na área experimental do Departamento de Agronomia da Fundação Universidade Federal de Rondônia – campus Rolim de Moura RO, com semeadura em 10 de junho de 2014 e colheita aos 25 dias após a semeadura. Utilizaram-se doze tratamentos, sendo duas fontes de adubação (químico e orgânico), três espaçamentos entre linhas (15, 20 e 25 cm) combinados com dois espaçamentos entre plantas (5 e 10 cm), três repetições, com parcelas de 1 m², em um delineamento em blocos casualizados com parcelas subsubdivididas. Avaliaram-se diâmetro da raiz, altura de plantas, massa fresca da parte aérea, massa fresca da raiz e produtividade. A fonte de adubo orgânico não diferiu da adubação química. O maior espaçamento entre plantas 10 cm proporcionou maiores médias de acúmulo de massa fresca radicular, porém, a maior produtividade foi alcançada com o menor espaçamento entre linhas e entre plantas 15 cm e 5 cm respectivamente.

Palavras-chave: *Raphanus sativus*, arranjo espacial, produtividade.

INTRODUÇÃO – O rabanete (*Raphanus sativus L.*) é uma hortaliça pertencente à família Brassicaceae, na fase vegetativa tem o crescimento das folhas em forma de tufo e a raiz é globular de coloração rosa, brilhante e polpa branca nas cultivares de aceitação comercial (FILGUEIRA, 2003). Apresenta propriedades medicinais, como expectorante natural e estimulante do sistema digestivo, contendo vitaminas A, B1, B2, potássio, cálcio, fósforo e enxofre (MINAMI & NETTO, 1997).

O cultivo de rabanete na região Norte apresenta uma série de dificuldades, como as altas temperaturas e umidade de ar durante quase todo o ano, solos com elevada acidez, baixos teores de matéria orgânica, e baixa fertilidade (AMARO et al.,2007).

O rabanete não é uma cultura exigente quanto ao tipo de solo, desde que seja rico em húmus e ligeiramente úmido (CECÍLIO FILHO et al., 1998). Tendo o tamanho da raiz depende, dentre outros fatores, da fertilidade do solo (CAMARGO, 1984). Respostas da cultura vêm sendo averiguadas com o emprego de adubos orgânicos, com o intuito de se descobrir formas de utilização desses materiais em seu benefício.

Buscando a otimização da produção, um dos primeiros pontos a considerar é o espaçamento ideal, pois uma maneira óbvia de tentar aumentar a produtividade de uma cultura é plantar um número maior de plantas por unidade de área. Entretanto, em geral, o aumento de produtividade por esse método tem um limite, considerando que, com o aumento na densidade de população, cresce a competição entre plantas, sendo o desenvolvimento individual prejudicado, podendo, inclusive, ocorrer queda no rendimento e/ou na qualidade (MINAMI et al., 1998).

Um dos fatores do meio que pode influenciar na produtividade final, tanto em qualidade como em quantidade, a densidade de plantio é dos mais importantes e decisivos. A competição pelo espaço de solo que a planta tem para explorar vai influir na quantidade de luminosidade, de água e nutrientes que a planta vai necessitar para o seu desenvolvimento normal, tanto da parte aérea quanto da subterrânea (LUCCHESI et al., 1976).

Poucos trabalhos têm sido desenvolvidos com a cultura do rabanete, havendo carência de informações sobre seu cultivo, principalmente na região Norte. Assim, este trabalho tem como objetivo avaliar o efeito de duas fontes de adubação (química e orgânica) e diferentes espaçamentos sobre o desenvolvimento de plantas de rabanete, mediante parâmetros produtivos.

MATERIAL E MÉTODOS – O experimento foi conduzido no Campus Experimental da Fundação Universidade Federal de Rondônia, localizado na linha 184 norte Km 15 no município de Rolim de Moura – RO, no período de junho a julho de 2014. O solo da área experimental foi submetido à análise química observando as seguintes características: pH em H_2O = 5,1; P = 3 mg dm^{-3}, K = 56 mg dm^{-3}, Ca = 1,6 $cmol_c\ dm^3$, Mg = 0,3 $cmol_c\ dm^3$, Al = 0,24 $cmol_c\ dm^3$, H+Al = 2,9 $cmol_c\ dm^3$, matéria orgânica = 33,8 g kg^{-1}, areia = 375 g kg^{-1}, silte = 110 g kg^{-1}, argila = 516 g Kg^{-1}.

O delineamento experimental utilizado foi o de blocos casualizados com parcelas subsubdivididas e esquema (2x3x2), sendo duas fontes de adubação (orgânica e química), três espaçamentos entre linhas (15, 20 e 25 cm) e dois espaçamentos entre plantas (5 e 10 cm) com três repetições. O preparo do solo foi realizado com duas gradagem e foram utilizadas enxadas para o levantamento dos canteiros com dimensões de 5,0m x 1,20m e 0,25m de altura.

Foi realizada calagem em aera total do canteiro com objetivo de elevar a saturação de bases a 80 %, utilizou-se calcário Filler (PRNT = 100 %) sendo incorporado nos canteiros 15 dias antes da semeadura. Foi utilizada adubação orgânica (cama de frango) e química (NPK) segundo recomendação de (TEDESCO et al., 2004). O adubo orgânico foi incorporado em área total dos canteiros e os fertilizantes químicos foram aplicados na linha de plantio sete dias antes da semeadura há uma profundidade de 4 cm, utilizou-se as seguintes fontes: ureia 45 %, superfosfato triplo 41 % e cloreto de potássio 58 %.

Foi realizado no dia 10 de junho de 2014 a semeadura diretamente nos canteiros, utilizando-se sementes da variedade Vip Crimson. Dez dias após a semeadura (DAS) realizou-se o desbaste de plântulas. A irrigação foi realizada manualmente com o objetivo de se atingir a capacidade de campo do solo. As plantas daninhas foram controladas manualmente.

As parcelas foram constituídas de canteiros com 6 m^2, cada tratamento era formado por quatro linhas transversais aos canteiros, considerando as linhas das extremidades como bordadura, sendo avaliado aleatoriamente dez plantas das duas linhas centrais. A colheita foi realizada aos 25 dias após a DAS sendo analisadas as seguintes características agronômicas: diâmetro da raiz, altura de plantas, massa fresca da parte aérea, massa fresca da raiz e produtividade. Os dados foram submetidos à análise de variância ($p \leq 0,05$) realizada de acordo com o método para experimentos em parcelas subdivididas. Utilizou-se o teste de Scott-Knott ao nível de 5 % de probabilidade para a comparação de médias quando houve efeito significativo pelo teste F. As análises foram realizadas com o auxílio do programa estatístico Assistat Versão Beta 7.6.

RESULTADOS E DISCUSSÃO – Mediante análise estatística não houve interação entre as fontes de adubos e os espaçamentos entre linhas e entre plantas testados, assim como não se observou interação entre os espaçamentos entre linhas e entre plantas. Por essa razão, as médias foram comparadas separadamente para as fontes de adubação, espaçamento entre linha e espaçamento entre plantas.

A fonte de adubo orgânico não diferiu das fontes de adubos químicos em nenhum dos parâmetros avaliados (Tabela 1), este fato torna a adubação com cama de frango uma opção viável na produção de rabanete por melhorar as condições físico químicas do solo, ter um baixo custo de aquisição além de ser uma forma ecologicamente correta de aproveitamento de um resíduo da produção frangos que causaria prejuízos ao meio ambiente se descartado de forma incorreta.

Os espaçamentos entre linhas e entre plantas avaliadas não provocaram efeitos significativos para o diâmetro de raiz e massa fresca da parte aérea (Tabela 1). Para a altura de plantas a maior altura média foi observada para o menor espaçamento entre linha 15 cm e no menor espaço entre plantas 5 cm. Esta maior altura tratamentos mais adensados pode ser atribuída ao estiolamento de plantas devido ao maior estande de plantas proporcionada pelo tratamento, visto que este efeito não foi notado na massa fresca da parte aérea.

A maior média de massa fresca de raízes foi obtida no espaçamento entre plantas de 10 cm e observado médias mais elevadas nos maiores espaçamentos entre linhas. Resultados semelhantes foram encontrados por Minami et al. (1998), onde plantas mais espaçadas produziram raízes maiores e, portanto, de maior valor comercial. Este resultado pode ser atribuído ao menor estande de plantas nestes tratamentos, o que proporciona menor competição por água, luz, espaço e nutrientes favorecendo o aumento da massa radicular.

A maior produtividade de massa fresca radicular foi obtida no espaçamento entre linhas de 15 cm e entre plantas de 5 cm. Este resultado é atribuído ao maior adensamento de plantas o qual mesmo obtendo-se menor média de massa fresca por raiz proporcionou maior produtividade devido ao maior número de plantas por área de plantio.

CONCLUSÕES – A fonte de adubo orgânico não diferiu da adubação química. O maior espaçamento entre plantas 10 cm proporcionou maiores médias de acúmulo de massa fresca radicular, porém, a maior produtividade foi alcançada com o menor espaçamento entre linhas e entre plantas 15 cm e 5 cm respectivamente.

REFERÊNCIAS

AMARO, G.B.; SILVA, D.M.; MARINHO, A.G.; NASCIMENTO, W.M.; **Recomendações técnicas para o cultivo de hortaliças em agricultura familiar.** Brasília: Embrapa Hortaliças, 2007. (Embrapa Hortaliças. Circular Técnica, 47).

CAMARGO, L.S. **As hortaliças e seu cultivo.** 2. ed. Campinas: Fundação Cargill, 1984. 448p.

CECÍLIO FILHO, A.B.F.; FAQUIN, V.; FURTINI NETO, A.E.; SOUZA, R.J. Deficiência nutricional e seu efeito na produção de rabanete. **Científica**, Jaboticabal, v.26, n.1-2, p.231-241, 1998.

FILGUEIRA F.A.R. **Novo manual de olericultura;** Agrotecnologia moderna na produção e comercialização de hortaliças. 2. ed. Viçosa: UFV. 2003. 412p.

LUCCHESI, A.A.; KALIL FILHO, A.N.; KIRYU, J.N.; PERRI JUNIOR, J. Produtividade do rabanete (*Raphanus sativus* L.) relacionado com a densidade de população. **Anais da Escola Superior de Agricultura Luiz de Queiroz**, v.33, p.577-583, 1976.

MINAMI, K.; NETTO, J.T. **Rabanete: cultura rápida, para temperaturas amenas e solos areno-argilosos.** Piracicaba: ESALQ, 1997. 27p. (Produtor Rural, 4). Disponível em: <http://www.esalq.usp.br/biblioteca/PUBLICACAO/SP04/4.pdf>. Acesso em: 10 ago. 2014.

MINAMI, K; CARDOSO, A.I.I.; COSTA, F.; DUARTE, F.R.; Efeito do espaçamento sobre a produção em rabanete. **Bragantia,** v.57, n.1, Campinas, 1998.

TEDESCO, M.J.; GIANELLO, C.; ANGHINONI, I.; BISSANI, C.A.; CAMARGO, F.A.O.; WIETHÖLTER, S. **Manual de adubação e calagem para os Estados do Rio Grande do Sul e Santa Catarina.** Porto Alegre: CQFS-RS/SC, 2004. 394p.

Tabela 1. Médias dos parâmetros produtivos do rabanete: diâmetro de raízes (DR), altura de plantas (AP), massa fresca da parte aérea (MFPA), massa fresca de raiz (MFR) e produtividade em relação às fontes de adubação e aos espaçamentos testados.

Tratamentos	DR (mm)	AP (cm)	MFPA (g planta^{-1})	MFR (g planta^{-1})	Produtividade (t ha^{-1})
Fonte de adubação					
Orgânico	35,20 a	15,87 a	16,68 a	28,16 a	21,30 a
Químico	36,27a	17,17 a	15,98 a	29,69 a	22,19 a
CV %	10,81	9,67	16,62	20,32	21,47
Espaçamento entre linhas (cm)					
15	35,37a	18,20 a	16,56 a	27,70 a	27,09 a
20	35,32 a	16,11 b	16,03 a	28,12 a	20,11 b
25	36,51 a	15,26 b	16,24 a	30,95 a	18,03 b
CV %	5,12	9,45	15,75	14,16	12,05
Espaçamento entre plantas (cm)					
5	35,24 a	17,82 a	16,42 a	26,11 b	27,09 a
10	36,23 a	15,82 b	16,24 a	31,74 a	16, 39 b
CV %	4,23	10,98	15,72	11,26	10,53

As médias seguidas pela mesma letra nas colunas não diferem estatisticamente entre si. Foi aplicado o Teste de Scott-Knott ao nível de 5 % de probabilidade.

Formação de cafeeiros clonais submetidos a diferentes doses de adubação orgânica

Cleiton Gonçalves Domingues[1]; Douglas Revesse da Silva[1]; Cleidson Alves da Silva[1]; Jhonny Kelvin Dias Martins[1]; João Batista Dias Damasceno[1]; Jairo Rafael Machado Dias[2]

(1) Acadêmico, Universidade Federal de Rondônia, Av. Norte sul, Nova Morada, CEP: 78987-000, Rolim de Moura-RO. E-mail: cleyton.domingues@hotmail.com; douglasrevesse@gmail.com; cleydson91@gmail.com; jhonny.jkdm@gmail.com; joaodiasrm@gmail.com; (2) Professores adjunto, Universidade Federal de Rondônia, Av. Norte Sul, Nova Morada,CEP: 78987-000, Rolim de Moura-RO. E-mail: jairorafaelmdias@hotmail.com

RESUMO – Em Rondônia a cafeicultura é uma das principais atividades agrícolas. A adubação é uma das práticas necessárias para o sucesso dessa atividade. Neste sentido, objetivou-se avaliar o estabelecimento em campo de mudas de cafeeiros submetidas a diferentes doses de adubação orgânica. O delineamento experimental foi em blocos casualizados com quatro repetições e cinco plantas por parcela, tendo como área útil as três plantas centrais. Os tratamentos foram cinco doses do composto orgânico comercial (OrganoSuper®), sendo: 1,25; 2,5; 3,75; 5 e 6,25 kg por cova. Aos 18 meses após aplicação dos tratamentos, avaliaram-se: altura de planta, número de ramos plagiotrópicos por planta, comprimento do primeiro par de ramos plagiotrópicos, diâmetros do caule e da copa. Os dados foram submetidos ao teste de Shapiro-Wilk (p≤0,05), a fim de aferir sua normalidade e quando apresentaram significância pelo teste F da ANOVA ao nível de 95 % de probabilidade foram ajustado modelos de regressão para as doses de adubo orgânico. Todos os dados seguiram distribuição normal. Não houve efeito significativo para as doses de adubação orgânica para todas as características biométricas avaliadas no cafeeiro (p≥0,05). Os valores médios para altura de planta, número de ramos plagiotrópicos por planta, comprimento de ramos plagiotrópicos, diâmetros do caule e da copa foram 89 cm, 48, 76 cm, 48 mm e 138 cm, respectivamente. As doses testadas não alteram o crescimento do cafeeiro clonal.

Palavras chave: *Coffea canephora*, manejo da adubação, crescimento vegetativo.

INTRODUÇÃO – A cultura do cafeeiro ocupa papel de elevada importância na agricultura e na economia brasileira, sendo o país o maior produtor e exportador deste produto. Em Rondônia, a cafeicultura (*Coffea canephora* Pierre ex Floehner) é amplamente difundida, compondo uma das principais fontes de renda de inúmeras famílias da zona rural que conta com 21.500 produtores, a maioria constituída de integrantes da agricultura familiar, sendo o sexto maior produtor de café do Brasil e o segundo maior produtor de café canéfora, com uma produção de aproximadamente 1,3 milhão de sacas (CONAB, 2014). Sendo também o principal produtor da região Amazônica.

Entretanto, a produtividade média no estado é uma das menores do país, cerca de 16,4 sacas ha^{-1} (CONAB, 2014), Um fato relevante é que normalmente o cultivo é realizado por pequenos agricultores, utilizando-se mão-de-obra familiar com baixo nível tecnológico, sendo a variedade conilon presente em aproximadamente 95 % das propriedades rurais do estado (MARCOLAN et al., 2009).

Nas principais regiões produtoras de café no mundo, tem sido constante a preocupação com a renovação do parque cafeeiro, buscando alternativas, principalmente para redução de custos de produção e aumento da produtividade, onde o manejo da adubação tem um papel destacado neste desafio (ARIZALETA et al., 2002; ARBOLEDA et al., 1988; BARBOSA et al., 2006).

A importância do manejo da adubação decorre do cafeeiro apresentar elevadas taxas de exportação de nutrientes do solo, necessitando de uma adequada aplicação de nutrientes para alcançar produtividades elevadas (FARNEZI et al., 2009). Além da exportação de nutrientes, os preços elevados dos fertilizantes minerais tornam a adubação orgânica uma prática essencial para prover recomendações de adubação mais balanceadas e de maior eficácia econômica (SILVA et al., 2011).

Neste sentido, alternativas que visam à redução dos custos na fase de formação do cafeeiro, apresentam grande relevância, principalmente na região central do estado de Rondônia, que reúne condições edafoclimaticas adequadas para esta cultura (MARCOLAN et al., 2009).

Objetivou-se com esse trabalho avaliar o estabelecimento em campo de mudas cafeeiras submetidas a diferentes doses de adubação orgânica na implantação da lavoura, determinar a melhor dose de adubação orgânica a ser aplicada para o estabelecimento do cafeeiro e verificar a correlação entre as características biométricas do cafeeiro e as doses aplicadas.

MATERIAL E METODOS – O experimento foi implantado em campo em janeiro de 2013. As mudas foram implantadas sob condições irrigadas no sítio Ouro Verde, Nova Brasilândia D'Oeste – RO, na altitude de 271 m, latitude de 11° 43' 51,34" S e longitude 62° 12' 42,97" W, onde predomina clima Tropical Úmido Chuvoso - Am (Köppen), com temperatura media anual de 26 °C e precipitação media de 1.900 mm ano^{-1} (SILVA, 2000). Os atributos químicos do solo estão descritos na (Tabela 1).

Os tratamentos, 1,25; 2,5; 3,75; 5 e 6,25 kg/cova, foram distribuídos em quatro blocos, que representam lavouras contíguas de cafeeiro canéfora, sob densidade de plantio de 2.777 plantas por hectare, espaçamento 3 x 1,20 metros. Todos os tratos culturais sempre que necessário, foram realizados seguindo as recomendações para a cultura (FERRÃO et al., 2007; MARCOLAN et al., 2009).

A cada três meses a partir da implantação do experimento foram avaliados: altura de planta, número de ramos plagiotrópicos por planta, comprimento do primeiro par de ramos plagiotrópicos, diâmetros do caule e da copa.

Os dados foram submetidos ao teste de Shapiro-Wilk (p≤0,05), a fim de aferir sua normalidade, posteriormente à análise de variância, e foram ajustados modelos de regressão para as doses do adubo orgânico para cada intervalo de tempo, quando as variáveis apresentaram diferenças significativas pelo teste F da analise de variância, ao nível de 5 % de probabilidade.

RESULTADOS E DISCUSSÃO – Todos os dados seguiram distribuição normal. Não houve efeito significativo de doses de adubação orgânica para todas as características biométricas do cafeeiro mensuradas aos 18 meses após o transplantio (Tabela 2).

A adubação orgânica, além de fornecer nutrientes para o cafeeiro, promove outros efeitos benéficos, como a melhor estruturação do solo e a maior capacidade de retenção de água, criando condições mais favoráveis ao desenvolvimento da planta e da microbiota do solo (BARROS et al., 2001). No entanto, neste trabalho, as doses de adubo orgânico utilizadas não promoveram nenhum efeito na fase de formação de cafeeiros canéfora.

Dessa forma, o adubo não apresentou diferença da menor para a maior dose utilizada, comparando cada uma das variáveis avaliadas durante os 18 meses de crescimento da planta. A adubação orgânica é definida pela qualidade do produto, assim como sua composição nutricional, tendo como referência qualitativa sua procedência e o material de origem.

Resultados semelhantes foram observados por, Teixeira et al. (2012) avaliando diferentes combinações de nitrogênio, fósforo e potássio na formação de cafeeiros canéfora em condições semelhantes, onde também não observaram diferença significativa entre os tratamentos, e atribuíram tal efeito as características químicas do solo antes da aplicação dos tratamentos.

Segundo Fernandes et al. (2000) a aplicação dos resíduos orgânicos no cafeeiro exerce grande importância na medida em que ocorre a mineralização do material com o fornecimento de nutrientes, além da melhoria das condições físicas do solo. Assim, podemos concluir que as diferentes doses de adubação orgânica utilizadas, não forneceram nutrientes necessários para conferir crescimento diferenciado às plantas.

Com relação aos valores biométricos alcançados pelo cafeeiro aos 18 meses após o transplantio com adição da adubação orgânica, observaram-se valores médios superiores a 85, 40, 70, 45 e 135 para altura de plantas (cm), diâmetro do caule (mm), comprimento de ramos plagiotrópicos (cm), número de ramos plagiotrópicos e diâmetro da copa (cm), respectivamente (Tabela 3).

Martinez et al. (2007), com uso de adubação organomineral, observaram que o crescimento dos valores biométricos como altura de planta, diâmetro de copa, diâmetro do caule e número de ramos plagiotrópicos foi abaixo de 47 cm, 54 cm, 14 mm e 27, respectivamente.

Com isso observa-se que apesar das diferentes doses de adubo orgânico não terem se diferenciado em relação aos valores biométricos, as plantas apresentaram bom crescimento. Tal efeito pode ser caracterizado pelos fatores climáticos, pelo solo e pela boa condução do cafeeiro, que favoreceu o bom desempenho nos primeiros meses após o plantio.

CONCLUSÕES – As doses testadas não alteram o crescimento do cafeeiro clonal. Mais estudos são necessários para avaliar o efeito do poder residual da adubação orgânica na fase de formação da lavoura de cafeeiros canéfora.

REFERÊNCIAS

BARROS, U.V.; GARÇOM, C.L.P.; SANTINATO, R.; MATIELLO, J.B. Doses e modo de aplicação de palha de café e esterco de gado associado ao adubo químico, na formação produção do cafeeiro, solo LVAh, na zona da mata de Minas Gerais. In: SIMPÓSIO DE PESQUISA DOS CAFÉS DO BRASIL, 2., 2001, Marília. **Anais...**, 2001. p.43-44.

CONAB - COMPANHIA NACIONAL DE ABASTECIMENTO. **Acompanhamento da safra brasileira:** café, safra 2014, segunda estimativa. Brasília: CONAB, maio/2014.

FERNANDES, A.L. T.; SANTINATO, R.; DRUMOND, L. C. D.; SILVA, R. P.; OLIVEIRA, C. B. Estudo de fontes e doses de matéria orgânica para adubação do cafeeiro cultivo no cerrado. In: SIMPÓSIO DE PESQUISA DOS CAFÉS DO BRASIL, 1., 2000, Poços de caldas. **Resumos expandidos**. Brasília, DF: Embrapa café, 2000. V. 2, p. 1024-1027.

FERRÃO, R.G.; FONSECA, A.F.A. da; BRAGANÇA, S.M.; FERRÃO, M.A.G.; MUNER, L.H. de. **Café conilon**. Vitoria: Incaper, 2007. 702 p.

MARTINEZ, H.E.P.; AUGUSTO H.S.; CRUZ, C.D.; PEDROSA, A.W.; SAMPAIO, N.F. Crescimento vegetativo de cultivares de café (*Coffea arábica* L.) e sua correlação com a produção em espaçamentos adensados. **Acta Scientiarum. Agronomy,** Maringá, v.29, n.4, p.481-489, 2007.

MARCOLAN, A.L.; RAMALHO, A.R.; MENDES, A.M.; TEIXEIRA, C.A.D.; FERNANDES, C.F.; COSTA, J.N.M.; JUNIOR, J.R.V.; OLIVEIRA, S.J. de M.; FERNANDES, S.R.; VENEZIANO, W. **Cultivo dos Cafeeiros Conilon e Robusta para Rondônia**. 3.ed. Porto Velho: Embrapa Rondônia, 2009. (Embrap Rondônia. Sistema de Produção, 33).

SILVA, M.J.G. da. **Boletim climatológico de Rondônia, ano 1999.** 2000. v.2. Secretaria de Estado do Desenvolvimento Ambiental, Porto Velho, Rondônia. 20 p.

TEIXEIRA, R.G.P.; AQUINO, L.P de.; BAZONI, P.A.; COSTA, K.V.S. da; BALBINO, T.J.; DIAS, J.R.M. Análise de crescimento de cafeeiros conilon submetidos a adubação de NPK na Amazônia sul Ocidental. In: FERTIBO, 2012, Maceió. **Resumos...** Maceió: SBCS, 2012. p.111.

Tabela 1. Resultados da análise química de solo na área experimental.

pH em Água	MO (g kg^{-1})	P (rem) (mg dm^{-3})	K	Ca	Mg	H+Al	Al
			----------(cmol$_c$ dm^{-3})----------				
5,4	14	3	0,29	2,53	0,90	4,29	0,00

Tabela 2. Resumo da análise de variância para altura de plantas (AP), diâmetro de caule (DCaule), comprimento de ramo plagiotrópico (CRP), número de ramos plagiotrópicos (NRP) e diâmetro de copa (DCopa) de cafeeiros (*Coffea canephora*) aos 18 meses submetidos a doses de adubação orgânica no transplantio.

Fonte de Variação		Quadrados médios				
	GL	AP	DCaule	CRP	NRP	DCopa
Reg. Linear	1	89,13^{ns}	134,15^{ns}	15,07^{ns}	91,84^{ns}	107,23^{ns}
Reg. Quadrática	1	39,77^{ns}	58,74^{ns}	15,66^{ns}	16,00^{ns}	702,05^{ns}
Tratamentos	4	42,49	55,73	28,54	36,96	468,45
Blocos	3	98,87^{ns}	90,93^{ns}	35,45^{ns}	47,77^{ns}	581,66^{ns}
Resíduo	12	240,52	51,11	94,07	29,63	238,94

Tabela 3. Altura de plantas, diâmetro de caule, comprimento de ramos plagiotrópicos, número de ramos plagiotrópicos e diâmetro de copa de cafeeiros (*Coffea canephora*) aos 18 meses submetidos a doses de adubação orgânica no transplantio.

Característica	CV (%)	Equação de regressão	R^2
Altura de plantas (cm)	17,46	$\hat{Y} = 88,83$	-
Diâmetro de caule (mm)	15,78	$\hat{Y} = 45,30$	-
Comprimento de ramos plagiotrópicos (cm)	12,78	$\hat{Y} = 75,87$	-
Número de ramos plagiotrópicos (unid.)	11,22	$\hat{Y} = 48,50$	-
Diâmetro de copa (cm)	11,19	$\hat{Y} = 138,09$	-

Incremento da área foliar e matéria seca na cultura do arroz em Latossolo Vermelho-Amarelo distrófico na Amazônia Ocidental

Douglas Revesse da Silva[1]; Alexjunio Vital Henrique[1]; Diego de Jesus Fermiano de Laia[1]; Reginaldo Andrade de Almeida[1]

(1) Acadêmicos do curso de Engenharia Agronômica, Fundação Universidade Federal de Rondônia, Av. Norte Sul, 7300, Bairro Nova Morada, CEP 76940-000, Rolim de Moura, RO. E-mail: douglasrevesse@gmail.com; alexjunior74@hotmail.com; diego.firmiano@hotmail.com; regiandradept@hotmail.com

RESUMO – O objetivo deste trabalho foi avaliar o incremento da área foliar (AF) e de matéria seca (MS) na cultura do arroz (*Oryza sativa*) na Amazônia Ocidental. O experimento foi instalado no campo experimental da Fundação Universidade Federal de Rondônia, sobre um Latossolo Vermelho-Amarelo distrófico. As variáveis avaliadas foram a área foliar e a matéria seca em relação aos dias após a emergência (DAE), em intervalos de 20 dias até o fechamento do ciclo da cultura (20 DAE, 40 DAE, 60 DAE, 80DAE e 100 DAE). O delineamento utilizado foi o de blocos casualizados com três repetições. O espaçamento utilizado foi de 0,30 m entre linhas com 60 plantas por metro linear. Foram utilizadas duas plantas úteis por repetição, usadas para analise de área foliar e depois colocadas em estufa de circulação forçada a 65 °C por 72 horas para determinação da matéria seca. Não houve diferença significativa pelo teste de Tukey a 5 % de significância. A análise de regressão mostrou crescimento quadrático para o Índice de área foliar e de forma linear para a produção de matéria seca.

Palavras-chave: *Oryza sativa*, área foliar, dias após a emergência, matéria seca.

INTRODUÇÃO – O arroz (*Oryza sativa*) é uma gramínea anual, classificada no grupo de plantas C-3, com ciclo anual variando de 100 a 140 dias dependendo da cultivar, da época de semeadura, região de cultivo e das condições de fertilidade do solo. É uma espécie adaptada a ambientes aquáticos, esta adaptação é devido à presença de aerênquima no colmo e nas raízes das plantas, possibilitando a passagem de oxigênio do ar para a camada da rizosfera (SOSBAI, 2005).

A manutenção da área foliar esta relacionada com a atividade fotossintética da planta e a produção de fotoassimilados, estes proporcionam o enchimento de grãos e estão relacionados com a produtividade da cultura do arroz (GELANG et al., 2000; OOKAWA et al., 2003; YANG et al., 2008).

A área foliar de uma planta depende da quantidade e do tamanho de folhas, onde a unidade de área de um terreno define o índice de área foliar (MONTEIRO et al., 2005). Sendo muito utilizada para análise de crescimento das plantas, pois a taxa fotossintética depende dela (PIRES et al., 1999).

Algumas variáveis fisiológicas são descritas para descrever e/ou explicar o comportamento de espécies vegetais, sendo a mais comum a AF, que mensura a competição por luz, de plantas de uma mesma população (TAIZ; ZEIGER, 2009).

Segundo Monteiro et al. (2005) a fotossíntese é responsável por fornecer energia para a planta, onde influencia o crescimento e o desenvolvimento da planta e a área foliar, assim quanto maior tempo a área foliar permanecer ativa, maior será sua produtividade biológica.

A área foliar tem relação com o desenvolvimento das plantas, além de ter grande influencia na competitividade com as plantas daninhas além de estar relacionada com o enchimento de grãos e, consequentemente, a produtividade, além de que estudos relacionados indicam que a área foliar pode estar relacionada à sua adaptação a novos ambientes e competição por luz com outras espécies (GELANG et al., 2000; MONTEIRO et al., 2005; GALON et al., 2007).

MATERIAL E MÉTODOS – O experimento foi desenvolvido no campo experimental da Fundação Universidade Federal de Rondônia no município de Rolim de Moura, Rondônia, nas coordenadas geográficas 08° 47' 42" S e 63° 50' 45" W. O clima, segundo a classificação de Köppen, é do tipo Aw caracterizado por clima tropical úmido, com precipitação média do mês mais seco inferior a 10 mm e uma precipitação média anual de 2.300 mm. A média anual de temperatura gira em torno de 25 ±1 °C com temperatura máxima entre 30 °C e 34 °C e mínima entre 17 °C e 23 °C. A média anual da umidade relativa do ar varia de 85 % a 90 % no verão, e em torno de 75 % no outono/inverno.

Foi utilizado o delineamento em blocos casualizados com três repetições, e os tratamentos foram a mensuração do incremento de área foliar e acúmulo da matéria seca aos 20 DAE, 40 DAE, 60 DAE, 80 DAE, e 100DAE.

O solo da área experimental é um Latossolo Vermelho-Amarelo distrófico de textura média/argilosa, pH em água = 5,4; P=2,3 mg.dm^{-3}, K;C a, Mg, Al e [Al+H] = 0,17, 1,3, 0,5, 0,3 e 3,5 cmol$_c$ dm^{-3} ,respectivamente; matéria orgânica = 20,6 g dm^{-3}, saturação por bases V =36 %.

O preparo inicial do solo ocorreu de forma convencional, com uma aração e duas gradagens.

Foi utilizada a cultivar BRS Primavera. A adubação seguiu conforme interpretação da análise do solo e recomendações de Ribeiro et al. (1999), de tal forma que foram aplicados 60 kg ha^{-1}, 75 kg ha^{-1} e 45 kg ha^{-1} de N, P$_2$O$_5$ e K$_2$O, respectivamente. Os fertilizantes usados foram ureia, superfosfato simples e cloreto de potássio, sendo feito o parcelamento nas doses de ureia e cloreto de potássio. O plantio foi feito em sulco de 12 metros, onde foram mantidos de 40 a 60 plantas por metro linear, com espaçamento de 0,30 m entre linhas, somando-se sete linhas de plantio. A cada 20 dias após a emergência (DAE) foi feita a determinação de AF pelo método de usos de áreas conhecidas de lâminas, proposto por Cairo et al. (2008), e logo após colocada em estufa de circulação forçada de ar a 65 °C por 72 horas para determinação da MS. Para determinação de AF e MS utilizaram-se duas plantas por parcela experimental.

Os dados foram submetidos à análise de variância (ANOVA) e de regressão para se avaliar o efeito dos tratamentos, com auxílio do programa ASSISTAT. A AF e a MS foram comparados pelo teste de Tukey, a 5 % de significância.

RESULTADOS E DISCUSSÃO – Em relação à AF encontrada em funções dos DAE, apresentada na Figura 1, é notório observar que o maior pico de crescimento da área foliar foi aos 60 dias após a emergência. Já Garcia (2002) observou o máximo de crescimento foliar aos 93 DAE, destacando que a condição edafoclimáticas da região do seu trabalho eram diferentes das condições propostas pelo fim trabalho. Já Jesus et al. (2007), a partir dos 90 DAE, não observaram resultados significativos na avaliação da AF em cultivo de arroz em sucessão com leguminosas. A partir dos 60 DAE ouve um decréscimo bem acentuado na AF (Figura 1), observado por Alvarez et al. (2012) a partir dos 90 DAE. Quanto à queda brusca de AF dos 60 aos 80 DAE, possivelmente ocorreu pela alta incidência de doenças que incidiram sobre a cultura, como afirmam Bethenod et al. (2005), que alta incidência de brusone, mancha parda e escaldadura pode minimizar o real potencial de AF que a cultura pode apresentar.

Na MS (Figura 2) não foi observado um decréscimo acentuado em relação aos DAE, mostrando que a AF não teve impacto direto sobre a matéria seca a partir do período reprodutivo, que ocorreu aos 63 DAE, assim como observado por Bethonod et al. (2005).

Outro fator que explica os dados apresentados (Figura 1) é explicado por Pereira e Machado (1987), que retratam que o crescimento e o desenvolvimento das culturas anuais, que incluem o arroz pode ser expresso em três partes: inicial, caracterizado pelo crescimento lento; intermediário, caracterizado pelo crescimento rápido; e final, caracterizado pelo crescimento reduzido ou nulo.

A produtividade estimada do arroz chegou a 1 t ha^{-1} de grãos já beneficiados e corrigida a umidade a 13 %. Essa queda se deu principalmente pelo déficit hídrico na fase de enchimento de grãos. Castro et al. (2013) observaram uma má formação dos grãos, menos porcentagem de grãos cheios, atraso no florescimento, aumento de ciclo e, consequentemente, baixa produtividade na cultura do arroz devido ao déficit hídrico, o que corrobora os dados obtidos neste trabalho. Silva (2012) afirma que, dentre as fases do desenvolvimento do arroz, se houver déficit hídrico, a produtividade da cultura além se ser baixa, ocasionará um grande prejuízo na produtividade de grãos, além de que esse efeito drástico vai depender da tolerância e do período de ocorrência na planta.

Quanto à possibilidade do decréscimo de AF após os 60 DAE ter influenciado na produtividade, Pinheiro et al. (1990) relatam que, quando a planta é submetida a um déficit hídrico, um alto índice de área foliar não é garantia de produtividade, reafirmando-se assim que o déficit hídrico foi um dos principais responsáveis por apresentar um baixo potencial produtivo da cultura.

CONCLUSÕES – Os valores de matéria seca variaram de forma linear. A área foliar apresentou comportamento quadrático ao longo do tempo. A área foliar foi crescente até os 60 DAE, quando se verificou um decréscimo acentuado.

REFERÊNCIAS

ALVAREZ, R.C.F.; C.A.C.; NASCENTE, A.S. Análise de crescimento e produtividade de cultivares de arroz de terras altas dos tipos tradicional, intermediário e moderno. **Pesquisa Agropecuária Tropical**, Goiânia, v.42, n.4, p.397-406, 2012.

SOSBAI – SOCIEDADE SUL-BRASILEIRA DE ARROZ IRRIGADO. **Arroz Irrigado**: Recomendações da pesquisa para o Sul do Brasil, Santa Maria: SOSBAI, 2005, p.89-92. Disponível em: <http://www.sosbai.com.br/admin/artigos/bk20120309154748.pdf>. Acesso em: 21 fev. 2014.

BETHENOD, O.; Le CORRE, M.; HUBER, L.; SACHE, I. Modelling the impact of brown rust on wheat crop photosynthesis after flowering. **Agricultural and Forest Meteorology**, Amsterdam, v.131, 2005, p.41-53.

CAIRO, P.A.R.; OLIVEIRA, L.E.M.; MESQUITA, A.C. **Análise de crescimento de plantas**. Vitória da Conquista: Edições UESB, 2008, p.72.

CASTRO, G.P.R. de; GUIMARÃES, C.M.; STONE, L.F.; COLOMBARI FILHO, J.M.; VIEIRA, H.V. Avaliação da tolerância à deficiência hídrica de genótipos de arroz de terras altas. In: SEMINÁRIO JOVENS TALENTOS, 2013, Santo Antônio de Goiás, Embrapa Arroz e Feijão, 2013. p. 69.

FERREIRA, C.M.; SANTIAGO, C.M. **Informações Técnicas Sobre o Arroz de Terras Altas: Estados de Mato Grosso e Rondônia** - Safras 2010/2011 e 2011/2012, Documentos 268, Jun. 2012.

GALON, L.; AGOSTINETTO, D.; MORAES, P.V.D.; TIRONI, S.P.; DAL MAGRO, T. Estimativa das perdas de produtividade de grãos em cultivares de arroz (*Oryza sativa*) pela interferência do capim-arroz (*Echinochloa* spp.). **Planta daninha**, Viçosa, v.25, n.4, 2007.

GARCIA, A.X. **Modelos para Área Foliar, Fitomassa e extração de Nutrientes na Cultura de Arroz**, 2002, 90p. Tese (Doutorado) Escola Superior da Agricultura Luiz de Queiroz, 2002.

GELANG, J.; PLEIJEB, H.; SILD, E. et al. Rate and duration of grain filling in relation to flag leaf senescence and grain yield in spring wheat (*Triticum aestivum*) exposed to different concentrations of ozone. **Physiologia plantarum**, Copenhagen, v.110, p.366-375, 2000.

JESUS,R.P.; CORCIOLI, G.; DIDONET, A.D.;BORGES, J.D.; MOREIRA, J.A.A.; SILVA, N.F. Plantas de cobertura de solo e seus efeitos no desenvolvimento da cultura do arroz de Terras altas em cultivo orgânico. **Pesquisa Agropecuária Tropical**, Goiânia, p.214-220, 2007.

MONTEIRO, J.E.B.A; SENTELHAS, P.C.; CHIAVEGATO, E.J.; GUISELINI, C.; SANTIAGO, A.V.; PRELA, A. Estimação da área foliar do algodoeiro por meio de dimensões e massa das folhas. **Bragantia**, Campinas, v.64, n.1, 2005.

OOKAWA, T.; NARUOKA, Y.; YAMAZAKI, T. et al. A comparasion of the accumulation and partitioning of nitrogen in plants between two rice cultivares, Akenohoshi and Nipponbare, at the ripening stage. **Plant Production Science**, Shinkawa, v.6, n.3, p.172-178, 2003.

PEREIRA, A.R.; MACHADO, E.C. **Análise quantitativa do crescimento de comunidades vegetais.** Campinas: IAC, 1987. 33p. (Boletim Técnico, 114).

PINHEIRO, B.S.; MARTINS, J.F.S.; ZIMMERMANN, F.J.P. Índice de área foliar e produtividade do arroz de sequeiro. II. Manifestação através dos componentes da produção, **Pesquisa Agropecuária Brasileira**, v.25, p.873-879, 1990.

PIRES, R.C.M.; FOLEGATTI, M.V.; PASSOS, F.A. Estimativa da área foliar de morangueiro. **Horticultura Brasileira**. Vitoria da Conquista, v.17, n.2, 1999.

RIBEIRO, A.C; GUIMARÃES, P.T.G.; ALVAREZ V., V.H. **Recomendações para o uso de corretivos e fertilizantes em minas gerais**: 5ª aproximação. Viçosa: CFSEMG, 1999, p.281-285.

SILVA, A.C.L. **Alterações bioquímicas, morfofisiológicas e produtivas em genótipos de arroz em dois regimes hídricos**. 2012. 92f. Dissertação de Mestrado - Faculdade de Ciências Agronômicas, Universidade Estadual Paulista "Júlio de Mesquita Filho", Botucatu – SP, 2012.

SILVA, F.A.S. **Assistat Versão 7.7Beta(pt).**Assistência estatística. Campina Grande, PB, v.4, n.1, 2014.

TAIZ, L.; ZEIGER, E. **Fisiologia vegetal**. 4. ed. Porto Alegre: Artmed, 2009.

YANG, W.; PENG, S.; DIONISIO-SESE; M.L. et al. Grain filling duration, a crucial determinant of genotypic variation of grain yield in field-grown tropical irrigated rice. **Field Crops Research**, Amsterdam, v.105, 2008, p.221-227.

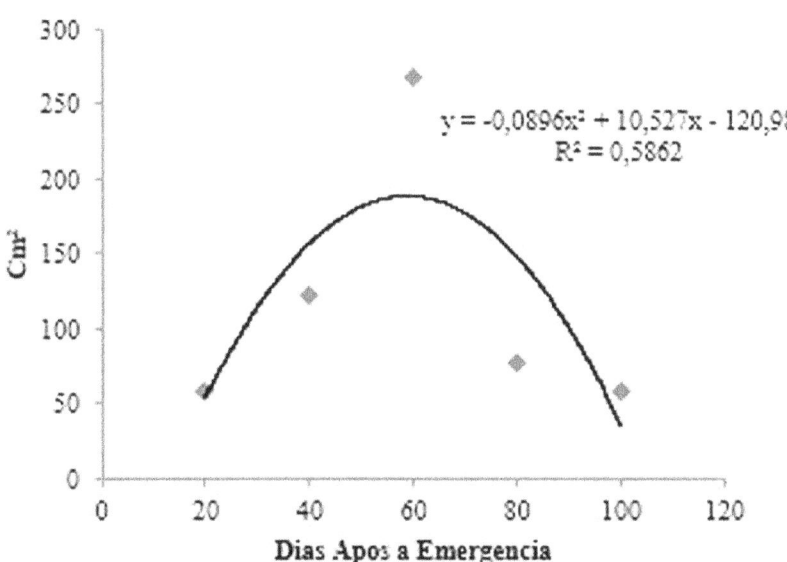

Figura 1. Área foliar na cultura do arroz em função dos dias após a emergência.

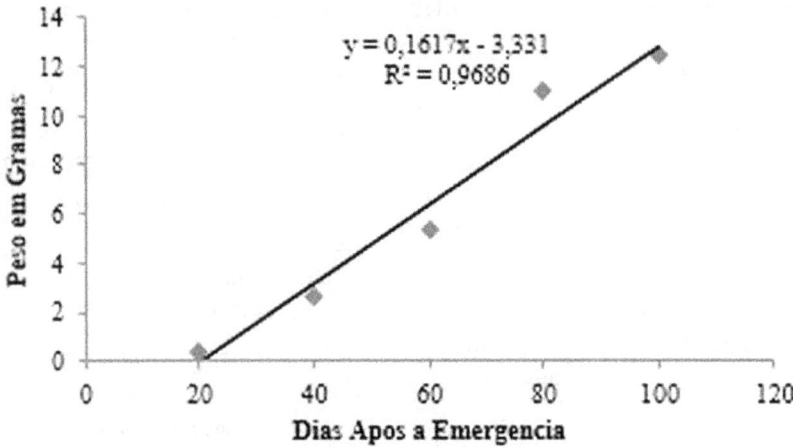

Figura 2. Matéria seca na cultura do arroz em função dos dias após a emergência.

Incremento de área foliar e acúmulo de massa seca em plantas de soja cultivada sob plantio convencional na Zona da Mata rondoniense

Reginaldo Almeida Andrade[1]; Adriano Reis Prazeres Mascarenhas[2]; Alexjunio Vital Henrique[1]; Douglas Revesse da Silva[1]; Jairo Rafael Machado Dias[3]; João Antunes de Souza[1]

(1) Acadêmicos do Curso de Agronomia, Fundação Universidade Federal de Rondônia, Av. Norte Sul, 7300, Bairro Nova Morada, CEP 76940-000, Rolim de Moura, RO. E-mail: reginaldo.andrade@unir.br; alexjunio74@hotmail.com; douglasrevesse@gmail.com; neidelmann@yahoo.com.br (2) Técnico de Laboratório, Fundação Universidade Federal de Rondônia, Av. Norte Sul, 7300, Bairro Nova Morada, CEP 76940-000, Rolim de Moura, RO. E-mail: arpmascarenhas@gmail.com (3) Professor Dr. em Agronomia Tropical, Fundação Universidade Federal de Rondônia, Av. Norte Sul, 7300, Bairro Nova Morada, CEP 76940-000, Rolim de Moura, RO. E-mail: jairorafaelmdias@hotmail.com

RESUMO – O incremento de área foliar (AF) e o acúmulo de massa seca (MS) em plantas de soja pode ser determinante para o máximo rendimento da cultura, sendo diretamente afetada pelas condições edafoclimáticas do local de cultivo. Neste sentido, objetivou-se avaliar o acúmulo de massa seca e o incremento da área foliar em plantas de soja cultivadas sob plantio convencional na zona da mata rondoniense. O delineamento experimental utilizado foi em blocos casualizados com três repetições e quatro tratamentos. Os tratamentos foram compostos pela mensuração da AF e MS das plantas aos 20, 40, 60 e 80 dias após a emergência (DAE). Houve comportamento quadrático tanto para o incremento de área foliar quanto para o acúmulo de massa seca das plantas. O maior pico de incremento na AF e de acúmulo de MS deu-se no estádio R6 (45 DAE) e aos 75 dias após a emergências da cultura, respectivamente.

Palavras-chave: *Glicine max*, estádio fenológico, crescimento vegetativo.

INTRODUÇÃO – Durante os estádios vegetativos e reprodutivos da cultura da soja a otimização da capacidade da planta de interceptar a luz, associado as condições meteorológicas, data de semeadura, genótipo, fertilidade do solo, população de plantas e densidade de plantio pode ser determinante para o acúmulo de massa seca e máximo rendimento da cultura (WELLS, 1991, 1993).

Brandelero et al. (2002) e Benicasa (2003) afirmam que a estrutura dos vegetais sofre variações constantes durante seu ciclo reprodutivo e seu crescimento baseia-se na quantidade de massa seca acumulada e em sua área foliar. Esta última responsável pelo processo de fotossíntese. Os referidos autores afirmam que a quantificação da matéria seca e a análise de incremento da área-foliar é uma importante forma de entender o comportamento dos diversos materiais, considerando que vários processos fisiológicos que afetam seu desenvolvimento estão relacionados com a superfície foliar.

De acordo com Richie et al. (1997) o incremento de massa seca na planta de soja é pequeno inicialmente, aumentando acentuadamente durante os estádios vegetativos de desenvolvimento até o R1, quando incrementam a quantidade de folhas constantemente até a fase de enchimento de grãos, estádio em que a planta começa a acumular gradativamente a matéria seca nas sementes, destinando seus fotoassimilados para estas estruturas. A partir dos estádios V4 e V5 a planta começa a diminuir sua área foliar devido ao processo de abscisão, progredindo lentamente até o estádio R6 e a partir deste estádio a perda de folhas segue rápida até o estádio R8 quando praticamente todas as folhas e pecíolos caem.

Desta forma, objetivou-se avaliar o acúmulo de massa seca e o incremento da área foliar em plantas de soja cultivadas sob plantio convencional na Zona da Mata rondoniense.

MATERIAL E MÉTODOS – O experimento foi conduzido entre março e junho de 2014 no campo experimental da Fundação Universidade Federal de Rondônia (UNIR), município de Rolim de Moura-RO, nas coordenadas geográficas 11° 43' 18" S e 61° 46' 00" W. O clima, segundo a classificação de Köppen, é do tipo Aw, caracterizado como clima quente e úmido, com precipitação média anual variando entre 1.800 a 2.400 mm. A temperatura média anual gira em torno de 28 °C com temperatura máxima entre 32 ºC e 34 ºC e mínima entre 17 °C e 24 °C. A média anual da umidade relativa do ar varia de 75 a 85 % (FIERO, 1999).

O solo da área experimental é caracterizado como Latossolo Vermelho-Amarelo distrófico com textura média/argilosa (Tabela 1).

O preparo do solo foi realizado de forma convencional com uma aração seguido de duas gradagens. Utilizou-se o genótipo *Glicine max* cv. BRS Valiosa, de ciclo precoce e hábito de crescimento determinado. O espaçamento utilizado foi de 0,50 m entre linhas e 12 plantas por metro linear. A adubação de plantio foi realizado em sulco, 5 cm ao lado e abaixo do nível da semente e as doses seguiram as recomendações do sistema de produção de soja da EMBRAPA para a região do cerrado sendo 120 e 80 kg.ha^{-1} de P_2O_5 e K_2O, respectivamente. A adubação mineral foi feita com os produtos comerciais superfosfato simples e cloreto de potássio. O controle de plantas daninhas foi realizado através de capinas manuais até o total fechamento das entrelinhas.

O delineamento experimental utilizado foi em blocos casualizados, com três repetições e quatro tratamentos. Os tratamentos foram compostos pela mensuração da área foliar e massa seca das plantas, aos aos 20, 40, 60 e 80 dias após a emergência (DAE). A parcela experimental foi constituída por dez plantas úteis. A área foliar foi quantificada com auxílio do software ImageJ e a massa seca das plantas, após a passagem pela estufa com ventilação forçada de ar, sob temperatura de 65 °C por 72 horas.

Os dados foram submetidos à análise de variância (ANOVA), seguido pela análise de regressão polinomial quando houve efeito significativo pelo teste F da ANOVA. As análises foram realizadas com auxílio do programa estatístico Sisvar.

RESULTADOS E DISCUSSÃO – O incremento da área foliar foi crescente ascendente até o estádio fenológico R5 com pico máximo aos 48 DAE (Figura 1). A partir desta fase verificou-se redução na atividade vegetativa da planta marcando o início da fase de enchimento de grãos. A análise de AF aos 80 DAE apontou resultado zero, explicado pela total abscisão das folhas que ocorreu no fim de ciclo da cultura. Este processo se iniciou no estádio R7 (65 DAE) com o surgimento das primeiras folhas amarelas prolongando até o final do ciclo reprodutivo da cultura quando todas as folhas caíram. Richie et al.(1997) afirma que em plantas de soja com hábito de crescimento determinado a atividade vegetativa pode ser encerrada entre os estádios R5 e R6 e que estas fases podem se alongar ou encurtar dependendo das condições de temperatura, fotoperíodo, condições de estresse a que a planta é submetida e ao ataque de pragas e doenças. Os resultados obtidos no experimento corroboram os dados encontrados por Richie et al. (1997).

O acúmulo de matéria seca (MS) se deu de forma quadrática, com pico máximo de acúmulo aos 75 DAE (Figura 2). As médias analisadas pelo teste de Tukey a 5% demonstraram que não houve diferenças significativas entre os tratamentos 60 DAE e 80 DAE. Este fato pode ser explicado por meio das análises de incremento de área foliar, nas quais verificou-se que aos 60

DAE iniciou-se o processo de abscisão das folhas que ocorreram concomitantemente com a fase de enchimento de grãos. Richie et al. (1997) afirma que após o estádio R6 é natural o processo de decréscimo de acúmulo de matéria seca devido à relação fonte e dreno, ocorrendo translocação de carboidratos das folhas para as vagens e grãos em formação.

CONCLUSÕES – Nas condições edafoclimáticas da Zona da Mata rondoniense ocorre incremento na área foliar em plantas de soja até o início de maturação dos grãos. A massa seca das plantas é acumulada até a fase final de enchimento dos grãos.

AGRADECIMENTOS – À Fundação Universidade Federal de Rondônia pela dedicação a seus acadêmicos e ao Professor da Disciplina de Agricultura I, Dr.Sc. Jairo Rafael Machado Dias pelo incentivo no desenvolvimento do projeto.

REFERÊNCIAS

BRANDELERO E.; PEIXOTO, C.P.; SANTOS, J. M. B.; MORAES, J.C.C.; PEIXOTO, M.F.S.P.; SILVA, V. Índices fisiológicos e rendimento de cultivares de soja no Recôncavo Baiano. **Magistra**, v.14, p.77-78, 2002.

EMPRESA BRASILEIRA DE PESQUISA AGROPECUÁRIA – EMBRAPA. Centro Nacional de Pesquisa de Solos. **Manual de métodos de análise de solos**. 2. ed. Rio de Janeiro: Editora EMBRAPA 1997. 212p.

EMBRAPA. Sistemas de produção. Tecnologias de produção de soja região central do Brasil 2011. Londrina: Embrapa Soja: Embrapa Cerrados: Embrapa Agropecuária Oeste, 2010. 255p.

FIERO - FEDERAÇÃO DAS INDÚSTRIAS DO ESTADO DE RONDÔNIA. **Projeção para nova dimensão econômica e integração comercial**: Rondônia/Bolívia/Peru. Porto Velho: SEBRAE, 1999.

RICHIE, S.W; THOMSON, H.E.; BENSON, G.O. **Como a planta de soja se desenvolve**. BIBLIOTECA: EMBRAPA CERRADOS, Piracicaba-SP, 1997. p.21.

WELLS, R. Dynamics of soybean growth in variable planting patterns. **Agronomy Journal**, Madison, v.1, n.81, p.44-48, 1993.

Tabela 1. Propriedades físicas e químicas do solo da área de cultivo na altura do plantio. Análises feitas conforme metodologia descrita em Embrapa (1997).

Profundidade	pH_{H2O}	P	K	Ca	Mg	Al+H	Al	MO	V
cm		$mg\ dm^{-3}$	-------------------- $cmol_c\ dm^{-3}$--------------------					$g\ kg^{-1}$	%
0-20	5,4	2,3	0,17	1,3	0,5	3,5	0,3	20,6	36

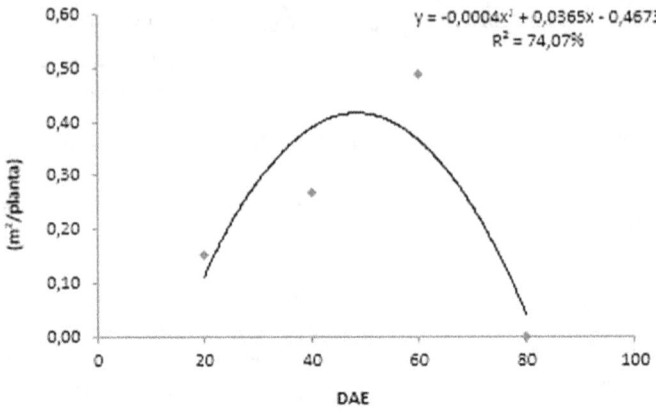

Figura 1. Incremento de área foliar em função do tempo (dias após emergência) na cultura da soja (*Glycine max* L. Merrill).

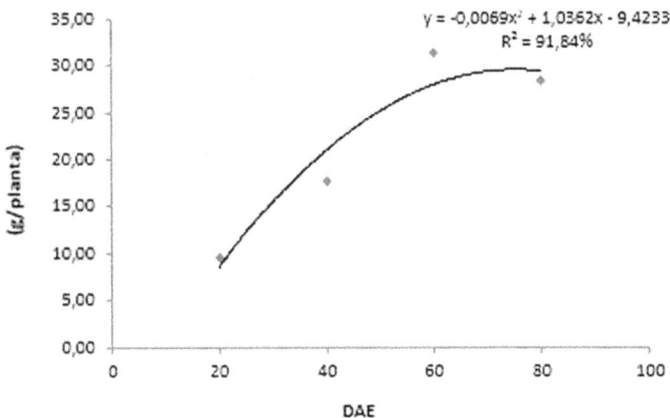

Figura 2. Acúmulo de massa seca ao longo do tempo (dias após emergência) na cultura da soja (*Glycine max* L. Merrill).

Índice de Clorofila Falker (ICF) em feijoeiro comum na Zona da Mata rondoniense

Larissa Cristina Torrezani Starling[1]; Jairo Rafael Machado Dias[2]; João Marcelo Silva do Nascimento[2]; Tyago Matheus Reinicke[3]

(1) Acadêmica do curso de Agronomia, Universidade Federal de Rondônia, Avenida Norte Sul, 7300 – Nova Morada, CEP 76940-000, Rolim de Moura, RO. E-mail: larystarling@gmail.com (2) Professor do Departamento de Agronomia, Universidade Federal de Rondônia, Avenida Norte Sul, 7300 – Nova Morada, CEP 76940-000, Rolim de Moura, RO. E-mail: jairorafaelmdias@hotmail.com; jmarcelo.unir@gmail.com (3) Engenheiro Agrônomo, Rolim de Moura, RO. Email: tyagoreinicke@gmail.com

RESUMO – O nitrogênio (N) é essencial ao desenvolvimento do feijoeiro, pois é importante componente da molécula de clorofila, estando, portanto, ligado à fotossíntese. Dentre as maneiras de suprir essa demanda pela planta está a adubação nitrogenada e a fixação biológica de nitrogênio que pode ser limitada pelo suprimento de molibdênio. Assim, baixos teores de N refletem em baixos teores de clorofila, logo o clorofilômetro portátil torna-se importante ferramenta para avaliar o estado nutricional desse elemento essencial, principalmente no que diz respeito ao parcelamento da adubação visando aumento da eficiência de absorção deste pelas plantas. Assim, objetivou-se avaliar o Índice de Clorofila Falker (ICF) antes do parcelamento das adubações molíbdica e nitrogenada no feijoeiro. Foram avaliados dois experimentos, o experimento 1 foi em blocos casualizados, sendo 5 tratamentos com quatro repetições, constituídos por 4 diferentes parcelamentos da adubação nitrogenada (aos 15 DAE; 15 e 20 DAE; 15, 20 e 25 DAE; e 15, 20, 25 e 45 DAE) e um tratamento adicional que não recebeu adubação nitrogenada, no experimento 2 o delineamento experimental foi em blocos casualizados, sendo 5 tratamentos com quatro repetições, constituídos por 4 diferentes parcelamentos da adubação molíbdica (aos 15 DAE; 15 e 20 DAE; 15, 20 e 25 DAE; e 15, 20, 25 e 45 DAE) e um tratamento adicional que não recebeu adubação molíbdica. Não houve diferença significativa para nenhum dos parcelamentos acima citados, o que pode ter ocorrido pelo correto suprimento pela matéria orgânica, e/ou a ação das bactérias fixadoras de N nativas do solo.

Palavras-chave: clorofilômetro, nitrogênio, molibdênio, feijão, produtividade.

INTRODUÇÃO – O nitrogênio é o elemento mineral que as plantas exigem em maiores quantidades (TAIZ; ZEIGER, 2009), Esse nutriente serve como constituinte de muitos componentes da célula vegetal, como clorofila, aminoácidos e ácidos nucleicos, portanto, a deficiência de nitrogênio rapidamente inibe o crescimento vegetal, além de refletir em baixas concentrações de clorofilas (MAIA, 2011).

Se não for adotado um manejo apropriado, poderá ocorrer deficiência de nitrogênio, o que resulta em plantas com baixa fitomassa e senescência prematura, evidenciada pelo amarelecimento das folhas mais velhas (FAGERIA; BALIGAR, 2005 apud SANTOS; FAGERIA, 2007).

Apesar de muito abundante na atmosfera, o N_2 não é diretamente utilizável pelas plantas, apenas uma porção de organismos eucariotos são capazes de converter ou reduzir enzimaticamente o nitrogênio atmosférico em amônia, que pode ser incorporada para o crescimento e manutenção das células. Tais organismos são denominados diazotróficos e o mecanismo que utilizam para tal incorporação é chamado fixação biológica de nitrogênio, FBN (MARIN et al.,2007).

Estudos têm sido realizados visando reduzir os custos de produção e o impacto ambiental decorrente da prática de adubação nitrogenada, principalmente envolvendo a FBN. É possível, por meio do manejo nutricional, aumentar a capacidade da FBN nesta cultura, como por exemplo, o fornecimento de micronutrientes. Entre estes, o molibdênio se destaca por ser constituinte estrutural de pelo menos duas enzimas relacionadas ao metabolismo do N, a nitrogenase e a nitrato redutase (OLIVEIRA et al., 1996).

Não há, porém, informações concretas sobre o parcelamento da dose aplicada. Esse parcelamento pode melhorar a eficiência da absorção e do uso do nutriente pela planta, contribuindo, assim, para o aumento da produtividade do feijoeiro (PIRES et al., 2005). Nesse sentido objetivou-se avaliar o Índice de Clorofila Falker (ICF) diante do parcelamento das adubações molíbdica e nitrogenada no feijoeiro.

MATERIAL E MÉTODOS – Os dados foram obtidos através de leituras realizadas em dois experimentos implantados em uma área experimental pertencente à Fundação Universidade Federal de Rondônia (UNIR), localizada na linha 184 km 15 no município de Rolim de Moura (RO), com coordenadas geográficas: latitude 11° 34' 54" S e longitude 61° 46' 25" O e 252 metros de altitude.

Ambos experimentos receberam adubação de plantio à lanço com base em análise química do solo na profundidade de 0-20cm (Tabela 1) no momento da semeadura, com 70 kg ha^{-1} de P_2O_5 e 20 kg ha^{-1} de K_2O na forma de superfosfato simples e cloreto de potássio, respectivamente e, ainda, 40 kg ha^{-1} de N na forma de sulfato de amônio no experimento 1.

A semeadura de ambos foi realizada com auxílio de plantadeira manual, com sementes de feijão (*Phaseolus vulgaris* cv. Pérola) do grupo comercial Carioca, em uma média de 12 plantas por metro linear de sulco, para se obter um *stand* de 240.000 plantas ha^{-1}.

O delineamento experimental utilizado no experimento 1 foi em blocos casualizados, sendo 5 tratamentos com quatro repetições, constituídos por 4 diferentes parcelamentos da adubação nitrogenada (aos 15 DAE; 15 e 20 DAE; 15, 20 e 25 DAE; e 15, 20, 25 e 45 DAE), que foi realizada à lanço tendo como fonte o sulfato de amônio (20 % de N) na dosagem de 60 kg ha^{-1} e um tratamento adicional que não recebeu adubação nitrogenada.

No experimento 2 o delineamento experimental utilizado foi em blocos casualizado, sendo 5 tratamentos com quatro repetições, constituídos por 4 diferentes parcelamentos da adubação molíbdica (aos 15 DAE; 15 e 20 DAE; 15, 20 e 25 DAE; e 15, 20, 25 e 45 DAE), que foi realizada via foliar com auxílio de pulverizador costal tendo como fonte o molibdato de amônio (54 % de Mo) na dosagem de 80 g ha^{-1} e um tratamento adicional que não recebeu adubação molíbdica.

As parcelas experimentais foram constituídas de seis linhas de cinco metros de comprimento espaçadas entre si a 0,5 m, totalizando 360 plantas por parcela. A área útil de cada parcela era constituída pelas quatro linhas centrais, descartando-se 0,5m em cada uma das extremidades com uma área de 8 m².

Quando as parcelas apresentaram mais de 50 % de flores abertas realizaram-se as leituras com o clorofilômetro ClorofiLOG, modelo CFL 1030, operado de acordo com as especificações do fabricante (FALKER, 2008); as leituras foram realizadas em 4 plantas de cada uma das parcelas no terço médio da folha central do terceiro trifólio totalmente expandido. Os resultados obtidos foram submetidos à análise de variância (ANOVA) e, quando significativos, ao teste de Tukey.

RESULTADOS E DISCUSSÃO – Os resultados

mostram que não houve efeito significativo de nenhum dos tratamentos avaliados sobre os índices de clorofila A, B e Total (Tabela 2). Esses resultados diferem daqueles obtidos por Barbosa Filho et al. (2007), que encontraram valores diferenciados de Índice de Clorofila para os diferentes parcelamentos de adubação nitrogenada e por Pires et al. (2004) com diferentes parcelamentos de adubação molíbdica que, também, observaram valores diferenciados.

A não significância dos tratamentos pode ter ocorrido devido ao alto teor de matéria orgânica observado no solo da área experimental. Segundo Cantarella et al. (2008 apud CHIODINI et al., 2013) mais de 90 % do N do solo encontra-se no compartimento orgânico, o que torna inevitável a associação de sua disponibilidade com o teor de matéria orgânica do solo, logo, esse fator contribuiu grandemente, aliado à fixação biológica de nitrogênio nativas do solo para suprir a demanda desse nutriente e não ocasionar alterações no Índice de Clorofila Falker dos tratamentos avaliados.

CONCLUSÕES – O parcelamento das adubações não alterou o Índice de Clorofila Falker das folhas do feijoeiro.

AGRADECIMENTOS – Aos amigos pelo auxílio na condução e avaliação do experimento.

REFERÊNCIAS

BARBOSA FILHO, M.P.; COBUCCI, T.; FAGERIA, N.K.; MENDES, P.N. **Utilização do Medidor do Teor de Clorofila para Recomendação da Adubação Nitrogenada de Cobertura do Feijoeiro Irrigado**. Santo Antônio de Goiás: EMBRAPA-CNPAF, 2007. 8p. (EMBRAPA-CNPAF. Comunicado Técnico, 142).

CHIODINI, B.M.; SILVA, A.G. da; NEGREIROS, A.B.; MAGALHÃES, L.B. Matéria orgânica e sua influência na nutrição de plantas. **Cultivando o saber**, Cascável, v.6, p.181-190, 2013.

FALKER AUTOMAÇÃO AGRÍCOLA Ltda. **Manual do medidor eletrônico de teor clorofila (ClorofiLOG / CFL 1030)**. Porto Alegre, Falker Automação Agrícola. Ver. B. 2008. 33p.

MAIA, S.C.M. **Uso do clorofilômetro portátil na determinação da adubação nitrogenada de cobertura em cultivares de feijoeiro**. 2011. 96f. Dissertação (Mestrado em Agronomia)-Faculdade de Ciências Agronômicas, Universidade Estadual Paulista "Júlio de Mesquita Filho", Botucatu, 2011.

OLIVEIRA, P.I.; ARAÚJO, R. S.; DUTRA, L.G. A Planta: nutrição mineral e fixação biológica de nitrogênio. In: ARAÚJO, R. S.; RAVA, C. A.; STONE, L. F., ZIMMERMANN, M. J. O. (Editores). **Cultura do feijoeiro comum no Brasil**. Piracicaba: Potafós, 1996.

PIRES, A.A.; ARAÚJO, A. de A.; LEITE, U.T.; ZAMPIROLLI, P.D.; RIBEIRO, J.M.O.; MEIRELES, R.C. Parcelamento e época de aplicação foliar do molibdênio na composição mineral das folhas do feijoeiro. **Acta Scientiarum. Agronomy**, Maringá, v.27, p.25-31, 2005.

PIRES, A.A.; ARAÚJO, G.A. de; MIRANDA, G.V.; BERGER, P.G.; FERREIRA, A.C. de B.; ZAMPIROLLI, P.D.; LEITE, U.T. Rendimento de grãos, componentes do rendimento e índice spad do feijoeiro (*Phaseolus vulgaris* L.) em função da época de aplicação foliar de molibdênio. **Ciência e Agrotecnologia**, Lavras, v.28, p.1092-1098, 2004.

SANTOS, A.B. dos; FAGERIA, N.K. Manejo do nitrogênio para eficiência de uso por cultivares de feijoeiro em várzea tropical. **Pesquisa Agropecuária Brasileira**, Brasília, v.42, p.1237-1248, 2007.

TAIZ, L.; ZEIGER, E. **Fisiologia vegetal**. 4. ed. Porto Alegre: Artmed, 2009. 819p.

Tabela 1. Atributos químicos do solo, classificado como Latossolo Vermelho-Amarelo distrófico, da área experimental da Fundação Universidade de Rondônia (UNIR), em Rolim de Moura.

pH(CaCl$_2$)	P (Resina)	K	Ca	Mg	Al+H	Al	MO	V
	mg dm^{-3}	----------------------mmol$_c$ dm^{-3}----------------------					g dm^{-3}	%
5,6	60	5,3	26,0	22,0	17,0	9,7	31,0	76

Tabela 2. Índice de Clorofila Falker (ICF) médio A (Clo A), B (Clo B) e Total (CloTotal) obtidos para os experimentos adubados com Molibdênio (Mo) e Nitrogênio (N).

Parcelamentos	Nutriente	Clo A	Clo B	Clo Total
0	N	33,02	12,01	45,02
1	N	32,17	13,08	45,26
2	N	33,63	12,44	46,07
3	N	32,22	12,84	45,06
4	N	32,04	11,84	43,88
CV(%)	-	9,45	11,86	9,69
0	Mo	33,02	12,07	45,02
1	Mo	31,10	12,38	43,48
2	Mo	31,18	12,24	43,42
3	Mo	30,36	11,96	42,32
4	Mo	31,02	11,71	42,73
CV(%)	-	5,77	12,48	7,54

Índices de clorofila em *Brachiaria brizantha* submetida à adubação orgânica e mineral na zona da mata rondoniense

Odair Queiroz Lara[1]; Diego Boni[1]; Douglas Borges Pichek[1]; Marisa Pereira Matt[1]; Carolina Augusto de Souza[1]; Marlos de Oliveira Porto[2]; Jucilene Cavali[2]; Elvino Ferreira[2]

(1) Acadêmico, Fundação Universidade Federal de Rondônia – UNIR. E-mail: odair.lara.queiroz@hotmail.com; d.boni@hotmail.com; douglasbpichek@hotmail.com; marisa_matt@hotmail.com; carolina_augusto@hotmail.com (2) Professor, Fundação Universidade Federal de Rondônia-UNIR, Av. Norte- sul, 7300, Nova Morada, CEP 78987-000, Rolim de Moura, RO. E-mail: marlosufv@pop.com.br; jucilene@unir.br; elvinoferreira@yahoo.com.br

RESUMO – Dentre as técnicas mais recentes com potencial para avaliar o estado de nitrogênio da planta em tempo real destaca-se a análise da intensidade do verde das folhas, por existir correlação significativa entre a intensidade do verde e o teor de clorofila com a concentração de N na folha. O objetivo deste trabalho foi avaliar os índices de clorofila da pastagem de *Brachiaria brizantha* submetida à adubação orgânica e mineral na zona da mata rondoniense. O experimento foi desenvolvido na Fazenda Experimental da Universidade Federal de Rondônia, Campus Rolim de Moura-RO. O delineamento experimental utilizado foi de blocos casualizados, com sete tratamentos e três repetições. Os tratamentos constavam de adubação com cinco doses de esterco de poedeira (5, 10, 20, 40 e 80 t ha^{-1}), adução química com NPK (60, 100 e 60 kg ha^{-1}, respectivamente) e a testemunha absoluta. As variáveis analisadas foram o índice de clorofila (A, B e total). O teor de clorofila aumentou com as doses de esterco aplicadas. As dosagens de 40 e 80 t ha^{-1} proporcionaram índices de clorofila total 21,2 e 25,0 % maior que o tratamento NPK, respectivamente. O índice de clorofila total na média dos três cortes em relação às doses de esterco de poedeira é representada por uma regressão quadrática. Conclui-se que os teores de clorofila aumentam em relação às crescentes doses de N aplicada ao solo.

Palavras-chave: esterco de poedeira, NPK, pastagens, manejo nutricional de plantas.

INTRODUÇÃO – Segundo o censo agropecuário IBGE (2006), as áreas de pastagens ocupam no país 172,3 milhões de hectares, constituindo no principal uso da terra. De acordo com BARBOSA (2006) apud GIMENES (2010) cerca de 70 % desta área é constituída por pastagens cultivadas, a maior parte ocupada por gramíneas do gênero *Brachiaria*. Estimativas recentes têm sugerido que pelo menos a metade das áreas de pastagens em regiões ecologicamente importantes, como a Amazônia e o Brasil Central estaria em processo de degradação ou degradadas (DIAS-FILHO, 2007). No aspecto nutricional, segundo LIMA et al., (2007) a deficiência de nitrogênio tem sido apontada como uma das principais causas da degradação das pastagens.

A recuperação da produtividade dessas áreas é de extrema importância vindo a se tornar prioridade, uma vez que restrições ambientais tendem a reduzir as possibilidades de contínua incorporação de áreas ainda inalteradas para a formação de novas pastagens (DIAS-FILHO, 2006). Entre as diversas formas de recuperação de pastagens existentes, uma delas é a fertilização, a qual pode ser realizada com uso de fontes minerais ou fertilizantes orgânicos (SILVA, 2005). Neste contexto há o interesse no aproveitamento de resíduos provenientes da criação intensiva de galinhas poedeiras, denominado de esterco de poedeira. Esse material é considerado um adubo orgânico rico em nutrientes e está disponível nas propriedades a um baixo custo; viabilizando a adubação das culturas comerciais, sendo uma das alternativas para recuperação do solo e pastagens degradadas nas propriedades de cunho familiar.

Andrade e Valentin (2004) e Lima et al, (2007), estudaram o potencial da adubação nitrogenada para restauração da capacidade produtiva de uma pastagem de *Brachiaria brizantha* cv. Marandu, a qual vinha apresentando queda progressiva de capacidade de suporte, e concluíram que a adubação nitrogenada possui grande potencial para restauração da capacidade produtiva de pastagens exclusivas de gramíneas.

Dentre as técnicas mais recentes, com potencial para avaliar o estado de nitrogênio da planta em tempo real, destaca-se a análise da intensidade do verde das folhas, pelo fato de haver correlação significativa entre a intensidade do verde e o teor de clorofila com a concentração de N na folha (GIL et al., 2002). O uso do teor de clorofila na avaliação do estado nutricional das plantas em relação ao N demostra grande potencial, se apresentando eficaz para predizer a necessidade desse elemento para as culturas (PAULA, 2014).

Este trabalho teve como objetivo avaliar os índices de clorofila da pastagem de *Brachiaria brizantha* submetida à adubação orgânica e mineral.

MATERIAL E MÉTODOS – O experimento foi desenvolvido na Fazenda Experimental da Universidade Federal de Rondônia, Campus Rolim de Moura-RO na linha 184 lado norte KM 15. O clima da região é Aw segundo a classificação de Köppen-Geiger sendo, portanto um clima equatorial com variação para o tropical quente e úmido, com estação seca bem definida, junho/setembro, temperatura mínima de 24 °C, máxima 32 °C, com precipitação anual média de 2.250 mm ano^{-1} e com umidade relativa do ar alta, em torno de 85 % (RONDÔNIA, 2010).

O solo da área experimental foi classificado como Latossolo Vermelho Amarelo distrófico (EMBRAPA, 2006) e apresentava os seguintes atributos químicos e físicos: pH em água = 5,97; matéria orgânica = 2,67 g dm^{-3}; P = 0,46 mg dm^{-3}; K = 0,35 cmol$_c$ dm^{-3}; Ca = 2,00 cmol$_c$ dm^{-3}; Mg = 1,36 cmol$_c$ dm^{-3}; Al = 0,30 cmol$_c$ dm^{-3}; H + Al = 3,30 cmol$_c$ dm^{-3}; areia = 33,37 %; silte = 48,63 %; argila = 18 %. Foi realizada calagem superficial com 1,8 t ha^{-1} de calcário calcítico de PRNT 100 %.

O delineamento experimental utilizado foi de blocos casualizados, com sete tratamentos e três repetições. Os tratamentos constituíam de adubação com cinco doses de esterco de poedeira (EP) (5, 10, 20, 40 e 80 t ha^{-1}), adução química com NPK (60 kg ha^{-1} de N, 100 Kg ha^{-1} de P$_2$O$_5$ e 60 Kg ha^{-1} de K$_2$O), de acordo com Costa (2004), e a testemunha absoluta, que não recebeu adubação.

O EP foi aplicado na instalação do experimento em cobertura a lanço nas parcelas referentes à adubação orgânica. Quanto à adubação química utilizou-se como fonte de NPK, respectivamente ureia, superfosfato simples e cloreto de potássio. As adubações com fósforo e potássio referentes ao tratamento com NPK foram realizadas na implantação do experimento a lanço e a adubação nitrogenada foi parcelada três vezes, sendo realizada na implantação, no primeiro e segundo cortes. O EP apresentava as seguintes características químicas: Nitrogênio Total = 3,1 %; P$_2$O$_5$ total = 10,1 %; K$_2$O solúvel em H$_2$O = 4,9 %.

As unidades experimentais foram delimitadas por uma área de 9 m^2. O manejo da pastagem se deu por cortes em intervalos de 25 dias, a altura de 15 cm do solo, após os cortes de amostragem a vegetação era cortada e todo o material vegetal era retirado da área. Foram realizados três cortes no período de janeiro a março de 2014.

As variáveis analisadas na forrageira foram o índice de clorofila (A, B e total), o mesmo foi obtido com auxílio do ClorofiLOG CFL1030, sendo coletado cinco medições aleatoriamente em cada parcela em folhas completamente expandidas. Os dados obtidos foram submetidos à análise de variância e regressão. Também foi aplicado o Teste de Dunnett (p<0,05) para comparação da adubação orgânica (EP) com a adubação química (NPK), usando-se o programa ASSISTAT (SILVA; AZEVEDO, 2002).

RESULTADOS E DISCUSSÃO – De forma geral tanto a comparação entre os tratamentos com esterco de poedeiras (EP) com o NPK e com o tratamento testemunha, pode ser destacado os níveis de dosagens de 40 e 80 EP.

Analisando as médias a cada corte observa-se que no 1º corte as doses de 40 e 80 t ha^{-1} EP foram superiores ao NPK em 27,1 e 20,5 %, respectivamente (Tabela 1). Já no 2º corte as doses de 20, 40 e 80 t ha^{-1} de EP diferiram estatisticamente do NPK, tendo média 10,2; 18,7; 24,0 % superior, respectivamente. Houve diferença estatística em nível de 5 % de probabilidade pelo teste de Dunnett das dosagens de 40 e 80 t ha^{-1} de EP em comparação com o tratamento NPK, para as médias dos três cortes nos índices de clorofila A, B e total (Tabela 2). As dosagens de 40 e 80 t ha^{-1} proporcionaram índices de clorofila total 21,2 e 25,0 % maior que o tratamento NPK, respectivamente.

A falta de contraste entre as doses estudadas pode ser atribuída ao ponto de maturidade fotossintético. Segundo Costa et al., (2008) tal fenômeno se manifesta quando o aumento dos níveis de clorofila da folha atinge um patamar no qual se mantém invariável, mesmo com aumento dos teores de N no tecido de planta. Os mesmos autores relatam terem obtido tal comportamento na dose de 200 kg ha^{-1} de N, na forma de ureia ou sulfato de amônio, correlacionados com níveis de 44 a 46 unidades SPAD, com o uso do clorofilômetro SPAD-502 (COSTA et al., 2008).

Neste estudo, níveis muito elevados de N (equivalentes a 2480 kg ha^{-1} de N com o tratamento 80 EP) foram aportados ao solo na forma de esterco de poedeiras que, mesmo estabilizado, permitiram expressões contrastantes nos índices de clorofila Falker em suas maiores doses (40 e 80 EP). Contudo nas menores dosagens equivalentes de EP e nos tratamentos com NPK e testemunha, a falta de contraste estatístico pode ser atribuída a dinâmica já estabelecida entre as raízes no ambiente solo, apesar de seu baixo nível de matéria orgânica. Deve ser considerado neste caso, que a área em questão não era usada para pastejo e que há diferença entre solubilidade (NPK) e na dinâmica de mineralização (esterco de poedeiras) nas formas de N aplicadas superficialmente ao solo.

Para o tratamento testemunha certamente a translocação de nitrogênio entre as folhas mais velhas e as mais novas pode ter gerado concentração de clorofila em níveis semelhantes ao tratamento NPK, ainda mais em se tratando do período das águas (janeiro-fevereiro 2014) em uma região onde umidade, temperatura e radiação não foram limitantes (Aw/Köppen-Geiger) para a forrageira. Neste caso tem-se uma interpretação pontual do sistema. No aspecto dinâmico deve ser considerado que o N promove o desenvolvimento da forragem favorecendo a recuperação do aparato fotossintético após a desfolhação (corte) e reduz o tempo para o aparecimento de duas folhas consecutivas. Também pode ser considerado que as plantas, na ausência de N (testemunha em relação à aplicação de N) permanecem mais tempo com suas folhas vivas em detrimento da expansão de folhas novas (MARTUSCELLO et al., 2005).

Em relação à descrição matemática, o índice de clorofila total na média dos três cortes em relação às doses de EP pode ser representada por uma regressão quadrática, obtendo ponto de máxima na dose de 80 t ha^{-1} com um índice de clorofila foliar de 46 (Figura 1). Os teores de clorofila A em relação às dosagens de EP tiveram um crescimento linear na média dos três cortes, tendo como ponto de máxima a dose de 80 t ha^{-1} e um teor de clorofila A de 34. Os valores de clorofila B são representados pelo modelo quadrático de regressão em relação as doses de EP, com ponto máximo na dose de 80 t ha^{-1} com índice de 12. Mira (2014) testando doses de nitrogênio no capim Mombaça observou que o índice de clorofila Falker (ICF) aumentou linearmente com o incremento nas doses de N aplicadas, evidenciando o importante papel da adubação nitrogenada no potencial fotossintético das plantas e, consequentemente, na produção.

Estes resultados evidenciam que os índices de clorofila na planta estão diretamente relacionados com a adubação que ela recebe. Várias pesquisas têm mostrado correlação entre o aumento no teor de clorofila da folha com o incremento de adubação nitrogenada em *Brachiaria* (COSTA et al., 2008). Assim, o monitoramento desses índices proporciona uma ferramenta de gestão para o manejo da adubação nitrogenada no pasto. Barbieri Junior et al., (2012), verificando o desempenho do clorofilômetro, comparando com as leituras dos teores de clorofila extraídos diretamente para a utilização do mesmo no manejo de adubação nitrogenada em Tifton 85, observaram que o ClorofiLOG constitui um instrumento adequado para a determinação indireta dos teores relativos das clorofilas A, B e total na gramínea forrageira Tifton 85. Além disso, tal fato se dá à medida que seu desempenho é sensível às variações espaciais e temporais, induzidas por disponibilidades diferenciadas de N no solo.

CONCLUSÕES – O acréscimo nos teores de clorofila ocorreu conforme as quantidades crescentes de doses de N aplicadas ao solo. As doses de 40 e 80 t ha^{-1} de EP obtiveram índices de clorofila A, B e total superior ao tratamento NPK. As condições nutricionais das plantas não permitiram verificar contraste entre os tratamentos NPK e o testemunha.

REFERÊNCIAS

ANDRADE, C.M.S.; VALENTIM, J.F. Recuperação da produtividade de pastagem de "Brachiaria brizantha" cv. Marandu com adubação nitrogenada e fosfatada. In: REUNIÃO ANUAL DA SOCIEDADE BRASILEIRA DE ZOOTECNIA, 41., 2004. Campo Grande. **Anais...** Campo Grande: SBZ, 2004. CD-Rom.

BARBIERI JUNIOR, E.; ROSSIELLO, R.O.P.; SILVA, R.V.M.M.; RIBEIRO, R.C.; MORENZ, M.J.F.; Um novo clorofilômetro para estimar os teores de clorofila em folhas do capim Tifton 85. **Ciência Rural**, Santa Maria, v.42, n.12, p.2242-2245, 2012.

BARBOSA, R.A. (Ed.). **Morte de pastos de braquiária.** Campo Grande: EMBRAPA Gado de Corte, 2006. 206p. (EMBRAPA Gado de Corte, Workshop).

COSTA, N. de L.; **Formação, Manejo e Recuperação de Pastagens em Rondônia.** Embrapa Rondônia, 219p., 2004. Disponível em: <http://www.infoteca.cnptia.embrapa.br/bitstream/doc/706944/1/livropastagens.pdf>. Acesso em: 09 abr. 2014.

COSTA, K.A. de P.; FAQUIN, V.; OLIVEIRA, I.P. de; ARAÚJO, J.L.; RODRIGUES, R.B. Doses e fontes de nitrogênio em pastagem de capim-marandu: II - nutrição nitrogenada da planta. **Revista Brasileira de Ciência do Solo**, Viçosa, v.32, n.4, 2008.

DIAS FILHO, M.B.; **Sistemas Silvipastoris na Recuperação de Pastagens Degradadas.** Embrapa Amazônia Oriental. Documentos 258, Belém, 2006. Disponível em: <http://www.infoteca.cnptia.embrapa.br/bitstream/doc/409785/1/Doc258.pdf>. Acesso em: 26 mar. 2014.

DIAS-FILHO, M.B. **Degradação de pastagens: processos, causas e estratégias de recuperação.** 3. Ed. Belém: Embrapa Amazônia Oriental, 2007. 190p.

EMBRAPA. **Sistema brasileiro de classificação de solos.** 2. Ed. Rio de Janeiro, 2006. 306p. Disponível em: <http://ainfo.cnptia.embrapa.br/digital/bitstream/item/93143/1/sistema-brasileiro-de-classificacao-dos-solos2006.pdf>. Acesso em: 03 de abr. 2014.

GIL, P.T; FONTES, P.C.R.; CECON, P.R.; FERREIRA, F.A.; Índice SPAD para o diagnóstico da produtividade da batata. **Horticultura Brasileira**, v.20, p.611-615, 2002.

GIMENES, F.M.A. **Produção e produtividade animal em capim-marandu submetido a estratégias de pastejo rotativo e adubação nitrogenada**. 2010. 109p. Tese (Doutorado em Ciência Animal e Pastagens) – Escola Superior de Agricultura "Luiz de Queiroz", Universidade de São Paulo, Piracicaba, 2010.

IBGE. ISTITUTO BRASILEIRO DE GEOGRAFIA E ESTATÍSTICA; **Censo Agropecuário – Brasil, 1970/2006**. Disponível em: <http://www.ibge.gov.br/home/estatistica/economia/agropecuaria/censoagro/2006/tabela1_1.pdf>. Acesso em: 01 abr. 2014.

LIMA, J.J.; MATA, J.D.V.; NETO, R.P.; SCAPIM, C.A. Influência da adubação orgânica nas propriedades químicas de um Latossolo Vermelho distrófico e na produção de matéria seca de *Brachiaria brizantha* cv. Marandu. **Acta Scientiarum Agronomy**, Maringá, v.29, supl., p.715-719, 2007.

MARTUSCELLO, J.A. et al. Características morfogênicas e estruturais do capim-xaraés submetido à adubação nitrogenada e desfolhação. **Revista Brasileira de Zootecnia**, Viçosa, v.34, n.5, out. 2005.

MIRA, A.B. **Doses e fontes de nitrogênio na produção de Capim Mombaça irrigado na Amazônia Ocidental**. Monografia (Graduação em Agronomia), Universidade Federal de Rondônia-UNIR, Rolim de Moura, 2014.

PAULA, R. **Doses de nitrogênio e fósforo no desempenho produtivo da alface cultivada em Latossolos Vermelho-Amarelo com diferentes tipos de horizontes A**. Monografia (Graduação em Agronomia), Universidade Federal de Rondônia – UNIR, Rolim de Moura, 2014.

RONDÔNIA, ano 2007. Porto Velho: SEDAM, 2010. 40p.

SILVA, F.A.S.; AZEVEDO, C.A.V. Versão do programa computacional Assistat para o sistema operacional Windows. **Revista Brasileira de Produtos Agroindustriais**, Campina Grande, v.4, n.1, p.71-78, 2002.

SILVA, A.A. **Potencialidade da recuperação de pastagem de *Brachiaria decumbens* fertilizada com cama de aviário e fontes minerais**. 2005. 152f. Dissertação (Mestrado Ciências Veterinárias) – Faculdade de Medicina Veterinária – UFU, Uberlândia, 2005.

Tabela 1. Índice de clorofila A (CL A), clorofila B (CF B) e clorofila total (CF T) em *Brachiaria brizantha* submetida a doses de esterco de poedeira (EP) e adubação química (NPK) no 1º e 2º corte.

Tratamentos	1º corte (25 dias)			2º corte (50 dias)		
	CL A	CL B	CL T	CL A	CL B	CL T
Testemunha	27,17 Bb	07,57 Bb	34,73 Bb	30,47 Bb	08,57 Bb	39,03 Bb
EP 5	28,40 Bb	07,83 Bb	36,23 Bb	31,33 Bb	08,90 Bb	40,23 Bb
EP 10	29,93 Bb	08,67 Bb	38,60 Bb	29,60 Bb	08,03 Bb	37,63 Bb
EP 20	31,77 Bb	10,10 Ba	41,87 Ba	32,27 Aa	09,50 Bb	41,77 Ab
EP 40	35,10 Aa	12,17 Aa	47,27 Aa	33,33 Aa	11,67 Aa	45,00 Aa
EP 80	33,37 Ba	11,17 Aa	44,80 Aa	34,80 Aa	12,20 Aa	47,00 Aa
NPK	28,97 Bb	08,20 Bb	37,17 Bb	29,90 Bb	08,00 Bb	37,90 Bb
F	**	**	**	**	**	**
Média	30,67	9,42	40,10	30,67	9,55	41,22
CV (%)	6,26	10,35	7,12	2,26	7,09	2,92

Médias seguidas por letras maiúsculas diferentes diferem entre si em relação ao tratamento NPK e médias seguidas por letras minúsculas diferentes diferem entre si em relação ao Testemunha pelo teste de Dunnett ao nível de 5 % de probabilidade. ** significativo ao nível de 1 % de probabilidade pelo teste de F.

Tabela 2. Índice de clorofila A (CL A), clorofila B (CF B) e clorofila total (CF T) em *Brachiaria brizantha* submetida a doses de esterco de poedeira (EP) e adubação química (NPK) no 3º corte e na média dos três cortes.

Tratamentos	3º corte (75 dias)			Média dos Três Cortes		
	CL A	CL B	CL T	CL A	CL B	CL T
Testemunha	27,27 Bb	07,30 Bb	34,57 Bb	28,30 Bb	07,81 Bb	36,11 Bb
EP 5	28,17 Bb	07,73 Bb	35,90 Bb	29,30 Bb	08,15 Bb	37,45 Bb
EP 10	27,47 Bb	07,70 Bb	35,17 Bb	29,00 Bb	08,13 Bb	37,13 Bb
EP 20	29,17 Bb	08,27 Bb	37,43 Bb	31,06 Ba	09,29 Ba	40,36 Ba
EP 40	31,73 Ba	10,03 Aa	41,77 Aa	33,39 Aa	11,29 Aa	44,68 Aa
EP 80	34,37 Aa	12,07 Aa	46,43 Aa	34,18 Aa	11,90 Aa	46,08 Aa
NPK	27,60 Bb	07,90 Bb	35,50 Bb	28,82 Bb	08,03 Bb	36,86 Bb
F	**	**	**	**	**	**
Média	29,40	8,71	38,11	30,6	9,2	39,8
CV (%)	5,92	9,82	6,62	3,23	6,34	3,76

Médias seguidas por letras maiúsculas diferentes diferem entre si do tratamento NPK e médias seguidas por letras minúsculas diferentes diferem entre si da Testemunha pelo teste de Dunnett ao nível de 5 % de probabilidade. ** significativo ao nível de 1 % de probabilidade pelo teste de F.

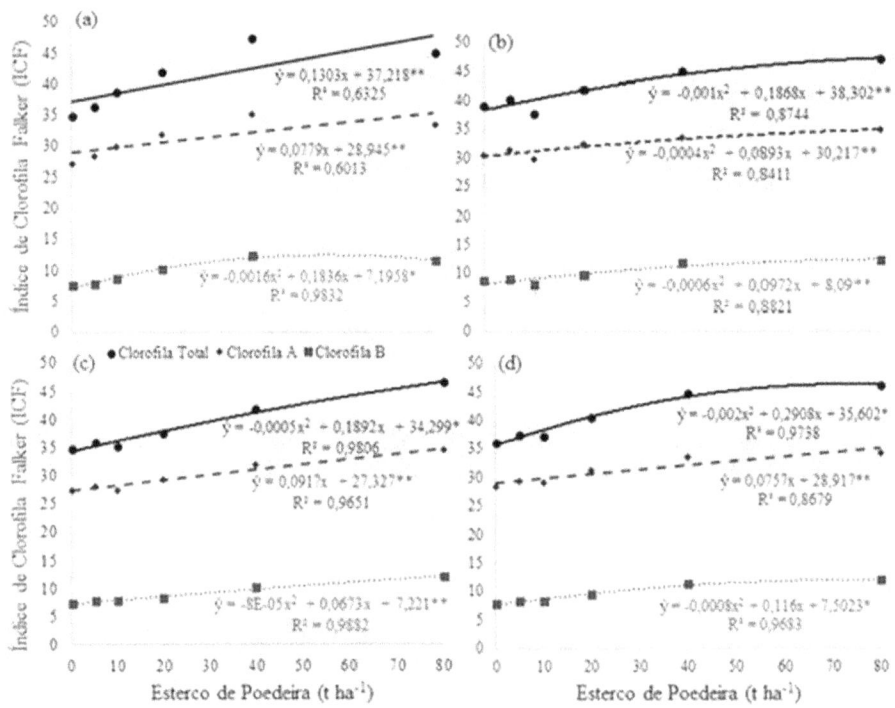

Figura 1. Efeito das doses de esterco de poedeira sobre o índice de clorofila falker (ICF) no 1º corte (a), 2º corte (b), 3º corte (c) e na média dos três cortes (d) de *Brachiaria brizantha* na zona da mata rondoniense no período de janeiro a março de 2014. *, ** significativo pelo teste F aos níveis de 5 % e 1 % de probabilidade, respectivamente.

Índices de crescimento em plantas de soja sob preparo convencional do solo em Rolim de Moura, Rondônia

Adriano Reis Prazeres Mascarenhas[1]; Alexjunio Vital Henrique[2]; Diego de Jesus Fermiano de Laia[2]; Reginaldo Almeida Andrade[2]

(1) Técnico de Laboratório, Fundação Universidade Federal de Rondônia, Avenida Norte Sul, 7300 – Bairro Nova Morada, Rolim de Moura, RO. CEP 76.940–000. E-mail: arpmascarenhas@gmail.com (2) Acadêmicos do Curso de Agronomia, Fundação Universidade Federal de Rondônia, Avenida Norte Sul, 7300 – Bairro Nova Morada, Rolim de Moura, RO. CEP 76.940–000. E-mail: alexjunio74@hotmail.com; diego.firmiano@hotmail.com; regiandradept@hotmail.com

RESUMO – *Glycine max* L. Merr. é mundialmente uma das culturas mais presentes nas lavouras e tem sido grande destaque no estado de Rondônia devido a boa produtividade e rápida expansão de novas áreas cultivadas. A análise do crescimento das plantas é uma esplêndida ferramenta para uso no manejo desta cultura, pois permite, por meio de índices fisiológicos, caracterizar e entender o crescimento da planta. O presente trabalho objetivou realizar a análise de crescimento da soja aos 20, 40, 60 e 80 dias após a emergência (DAE). O delineamento experimental foi em blocos casualisados. As variáveis analisadas foram Taxa de Crescimento Absoluta (TCA), Taxa de Crescimento Relativa (TCR) e Razão de Área Foliar (RAF). Não houveram diferenças significativas entre as médias de TCA e RAF, embora esses índices tenham se comportado de forma semelhantes a outras regiões do país. A TCR apresentou diferenças significativas entre suas médias, seu valor máximo foi aos 20 DAE e seu declínio próximo aos 60 DAE, alinhando-se aos casos encontrados na literatura.

Palavras-chave: taxas de crescimento, eficiência fisiológica, *Glycine max* L.Merr..

INTRODUÇÃO – O cultivo da soja (*Glycine max* L. Merr.) no estado de Rondônia demonstra desenvolvimento considerável em relação a expansão de áreas cultivadas, que na safra 2012/2013 totalizaram 167,7 mil hectares. Outro ponto que merece destaque trata-se da produtividade média, equivalente a 3.216 kg ha^{-1}, a qual ultrapassou a média nacional que foi de 2.651 kg ha^{-1} na mesma safra de referência (CARVALHO et al., 2013).

Nesse contexto, levando em conta a grande importância econômica desta cultura para a região, surge a necessidade de se implantar tecnologias de manejo e cultivo, de forma que se garanta a sustentabilidade da atividade.

Estudos e informações referentes ao manejo da soja para o Brasil são inúmeros, entretanto quando se trata da Amazônia Ocidental tornam-se escassos, ou seja, por muitas vezes são adotadas metodologias utilizadas em outras regiões do país, fato que pode acarretar em equívocos e fracassos nas lavouras. Por conta disso, estudos considerando as peculiaridades da região amazônica são fundamentais para realizar um manejo adequado desta cultura frente às condições locais.

Uma maneira de se alcançar este objetivo é através da análise do crescimento da planta, pois permite caracterizar e entender o crescimento da cultura, uma vez que, trata-se de uma técnica que detalha as mudanças morfofisiológicas da planta, em função do tempo, avaliando, também, a produção fotossintética, por meio do acúmulo de matéria seca (FALQUETO et al., 2009; CONCENÇO et al., 2011)

Deste modo, considerando os aspectos citados, o presente trabalho teve por objetivo realizar a análise de crescimento da soja por meio dos índices fisiológicos taxa de crescimento absoluta (TCA), taxa de crescimento relativa (TCR) e razão de área foliar (RAF) em *Glycine max*

L. Merr. durante o seu ciclo, sob sistema de preparo convencional do solo no município de Rolim de Moura – RO, sul da Amazônia Ocidental.

MATERIAL E MÉTODOS – O experimento foi desenvolvido no Campus experimental da Universidade Federal de Rondônia, em Rolim de Moura, nas coordenadas geográficas 11° 34' 57,19" S e 61° 46' 34,05" O. O clima, segundo a classificação de Köppen, é do tipo Aw, caracterizado como clima tropical úmido, com precipitação média do mês mais seco inferior a 10 mm e uma precipitação média anual de 2.300 mm. A média anual de temperatura gira em torno de 25 ±1 °C com temperatura máxima entre 30 °C e 34 °C e mínima entre 17 °C e 23 °C. A média anual da umidade relativa do ar varia de 85 % a 90 % no verão, e em torno de 75 % no outono/inverno.

O solo da área experimental é caracterizado como Latossolo Vermelho-Amarelo distrófico com textura média/argilosa, cujas propriedades químicas estão na Tabela 1.

O preparo do solo foi realizado de forma convencional com uma aração seguido de duas gradagens. Utilizou-se o genótipo *Glycine max* cv. BRS Valiosa, de ciclo precoce e hábito de crescimento determinado. O espaçamento utilizado foi de 0,50 m entre linhas e 12 plantas por metro linear. A adubação de plantio foi realizada em sulco, 5 cm ao lado e abaixo do nível da semente e as doses seguiram as recomendações do sistema de produção de soja da EMBRAPA para a região do cerrado sendo 120 e 80 kg ha^{-1} de P_2O_5 e K_2O, respectivamente. A adubação mineral foi feita com os produtos comerciais superfosfato simples e cloreto de potássio. O controle de plantas daninhas foi realizado através de capinas manual até o total fechamento das entrelinhas.

O delineamento experimental utilizado foi em blocos casualizados, com três repetições e quatro tratamentos. Os tratamentos foram compostos pela mensuração da área foliar e massa seca das plantas, aos 20, 40, 60 e 80 dias após a emergência (DAE). A parcela experimental foi constituída por dez plantas úteis. A área foliar foi quantificada com auxílio do software ImageJ e a massa seca das plantas, após a passagem pela estufa com ventilação forçada de ar, sob temperatura de 65 °C por 72 horas.

As variáveis analisadas neste trabalho foram: taxa de crescimento absoluto (TCA), taxa de crescimento relativa (TCR) e razão de área foliar (RAF) calculadas utilizando-se as equações 1, 2 e 3.

$$(1) \quad TCA = \frac{MS_2 - MS_1}{DAE_2 - DAE_1} \ (g\ dia^{-1})$$

$$(2) \quad TCR = \frac{Ln(MS_2) - Ln(MS_1)}{DAE_2 - DAE_1} \ (g\ g^{-1} dia^{-1})$$

$$(3) \quad RAF = \frac{AF}{MSf} \ (dm^2 g^{-1})$$

Onde: MS = massa da matéria seca, DAE = dias após emergência e AF = área foliar.

Os dados foram submetidos à análise de variância (ANOVA), seguido pela análise de regressão polinomial quando houve efeito significativo pelo teste F da ANOVA. As análises foram realizadas com auxílio do programa estatístico Sisvar.

RESULTADOS E DISCUSSÃO – A análise de variância não apontou diferenças entre os valores de Taxa de Crescimento Absoluto (TCA) e Razão de Área Foliar (RAF) em função dos DAE, como pode ser observado na Tabela 2.

Contudo notou-se aos 20 DAE que o valor de TCA foi ligeiramente superior ao encontrado por Maciel et al. (2003) para o mesmo período, em Botucatu – SP sob diferentes tipos de cobertura do solo. Essa observação permite inferir sobre um possível favorecimento na velocidade de crescimento para a soja na Amazônia Ocidental.

O valor máximo observado para TCA foi próximo aos 40 DAE e a apresentou valores próximos de zero ao findar o ciclo.

Já as médias de RAF aos 20 DAE foram inferiores as obtidas pelos autores e permaneceram praticamente constantes durante o período vegetativo, antecedendo a senescência foliar, variando de um período para outro em média 0,03 dm^2 g^{-1}, esse comportamento da variável é explicado por Cruz et al. (2011) em seu trabalho, no qual puderam observar que a RAF é máxima no período vegetativo e decresce posteriormente com o desenvolvimento da cultura, ou seja, quando atinge a fase reprodutiva.

Para a Taxa de Crescimento Relativa (TCR) (Tabela 2) ocorreram diferenças entre os períodos que se realizaram as avaliações, sendo o seu valor máximo alcançado aos 20 DAE, de forma mais tardia que no trabalho de Maciel et al (2003) que foi aos 15 DAE . O comportamento deste índice fisiológico alinhou-se a descrição apresentada por Alvarez et al. (2012) que relataram uma tendência na diminuição da TCR ao passo que se aumenta os DAE para a cultura do arroz. Diante disso notou-se que esse declínio tornou-se mais agudo na fase de senescência, a partir de 60 DAE.

CONCLUSÕES – Os índices TCA e RAF permaneceram constantes entre os intervalos, demonstrando que independentemente do estádio fenológico o ritmo de crescimento não se altera.

A taxa de crescimento relativa comportou-se de modo semelhante a outras regiões do país, esse desempenho se estende para os demais índices calculados, mesmo não manifestando diferenças entre os DAE.

Os índices apresentam-se ligeiramente superiores em relação àquelas observadas em outras regiões do Brasil, sendo assim os resultados sugerem indícios sobre a aptidão da Amazônia Ocidental para o cultivo de soja nas condições desse estudo.

REFERÊNCIAS

ALVAREZ, R.C.; CRUSCIOL, C.A.C; NASCENTE, A.S. Análise de crescimento e produtividade de cultivares arroz de terras altas dos tipos tradicional, intermediário e moderno. **Pesquisa Agropecuária Tropical**, Goiânia, v.42, n.4, p.397-406, out/dez. 2012.

CARVALHO, C.; KIST, B.B; SANTOS, C.E.; REETZ, E.R. POLL, H. A**nuário brasileiro da soja 2013**. Gazeta, Santa Cruz, 2013, 144p.

CRUZ, T.V. da; PEIXOTO, C.P.; MARTINS, M.C.; BRUGNERA, A.; LOPES, P.V.L. Índices fisiológicos de cultivares de soja em diferentes épocas de semeadura no oeste da Bahia. **Enciclopédia Biosfera,** Goiânia, vol.7, n.13, p. 663-679, 2011.

CONCENÇO, G.; ASPIAZÚ, I.; GALON, L.; FERREIRA, E.A.; FREITAS, M.A.M.; FIALHO, C.M.T.; SCHWANKE, A.M.L.; FERREIRA, F.A.; SILVA, A.A. Photosynthetic characteristics of hybrid and conventional rice plants as a function of plant competition. **Planta Daninha**, Viçosa, v.29, n.4, p.803-809, 2011.

EMPRESA BRASILEIRA DE PESQUISA AGROPECUÁRIA – EMBRAPA. Centro Nacional de Pesquisa de Solos. **Manual de métodos de análise de solos**. 2. ed. Rio de Janeiro: Editora EMBRAPA 1997. 212p.

FALQUETO, A.R.; CASSOL, D.; MAGALHÃES JÚNIOR, A.M. de; OLIVEIRA, A.C. de; BACARIN, M.A. Partição de assimilados em cultivares de arroz diferindo no potencial de produtividade de grãos. **Bragantia**, Campinas, v.68, n.3, p.453-461, 2009.

MACIEL, C.D.G.; CORRÊA, M.R.; ALVES, E.; NEGRISOLI, E.; VELINI, E.D.; RODRIGUES,J.D.; ONO, E.O.; BOARO, C.S.F. Influência do manejo da palhada de capim-braquiária (*Brachiaria decumbens*) sobre o desenvolvimento inicial de soja (*Glycine max*) e Amendoim-bravo (*Euphorbia heterophylla*). **Planta Daninha,** Viçosa, v.21, n.3, p.365-373, 2003.

Tabela 1. Propriedades químicas do solo da área de cultivo. Análises feitas conforme metodologia descrita em Embrapa (1997).

Profundidade	pH$_{H2O}$	P	K	Ca	Mg	Al+H	Al	MO	V
cm		mg dm^{-3}	----------------------cmol$_c$ dm^{-3}----------------------					g kg^{-1}	%
0-20	5,4	2,3	0,17	1,3	0,5	3,5	0,3	20,6	36

Tabela 2. Índices médios para análise quantitativa de crescimento de *Glycine max* L.Merr. em sistema de preparo convencional do solo na zona da mata rondoniense aos 20, 40, 60 e 80 DAE.

DAE	Índices fisiológicos		
	TCA (g dia^{-1})	TCR (g g^{-1} dia^{-1})	RAF (dm^2 g^{-1})
20	0,48*	0,215 b	1,57*
40	0,40*	0,030 a	1,51*
60	0,68*	0,027 a	1,56*
80	0	0	0

Médias seguidas de mesma letra minúscula não diferem entre si pelo teste de Tukey a 5 % de probabilidade. * Não significativo a 5 % de probabilidade.

Molibdênio via foliar em feijoeiro comum na Zona da Mata rondoniense

Larissa Cristina Torrezani Starling[1]; Jairo Rafael Machado Dias[2]; João Marcelo Silva do Nascimento[2]; Tyago Matheus Reinicke[3]

(1) Acadêmica do curso de Agronomia, Universidade Federal de Rondônia, Avenida Norte Sul, 7300 – Nova Morada, CEP 76940-000, Rolim de Moura, RO. E-mail: larystarling@gmail.com (2) Professor do Departamento de Agronomia, Universidade Federal de Rondônia, Avenida Norte Sul, 7300 – Nova Morada, CEP 76940-000, Rolim de Moura, RO. E-mail: jairorafaelmdias@hotmail.com; jmarcelo.unir@gmail.com (3) Engenheiro Agrônomo, Rolim de Moura, RO. E-mail: tyagoreinicke@gmail.com

RESUMO – Para que o feijão apresente altos rendimentos é necessário que seja corretamente suprida a demanda por nutrientes, dentre eles, o nitrogênio é aquele requerido em maiores quantidades. Dentre as formas de suprir essa demanda está a fixação biológica, feita por bactérias do gênero *Rhizobium*, que pode ser aumentada pelo suprimento da demanda de molibdênio, que faz parte de duas enzimas essenciais à fixação biológica, a nitrogenase e a nitrato redutase. Assim, objetivou-se avaliar o rendimento do feijoeiro ante ao parcelamento da adubação molíbdica. O delineamento experimental utilizado foi em blocos casualizado, sendo cinco tratamentos com quatro repetições, constituídos por quatro diferentes parcelamentos da adubação molíbdica (aos 15 DAE; 15 e 20 DAE; 15, 20 e 25 DAE; e 15, 20, 25 e 45 DAE), que foi realizada via foliar e um tratamento adicional que não recebeu adubação molíbdica. Não houve resultados significativos para nenhuma das variáveis analisadas, o que pode ter ocorrido pelo correto suprimento da demanda deste nutriente pelo solo e pelo conteúdo da semente ou pelo alto teor de matéria orgânica presente no solo que pode ter suprido a demanda de nitrogênio pela planta.

Palavras-chave: *Phaseolus vulgaris*, adubo, parcelamento, feijão, rendimento.

INTRODUÇÃO – O bom desenvolvimento do feijoeiro comum e a obtenção de altas produtividades de grãos dependem do emprego de tecnologias apropriadas, sendo que a suplementação adequada de nitrogênio (N) destaca-se (MAIA et al., 2013). Este é o nutriente mais requerido pela cultura, e, normalmente, é fornecido via adubação nitrogenada, porém esta é de alto custo. Observa-se a existência de diversos estudos que visam reduzir o uso da adubação nitrogenada na cultura do feijão através da fixação simbiótica, pois, a exemplo de outras leguminosas, o feijoeiro apresenta a propriedade de fixar o nitrogênio da atmosfera quando em simbiose com bactérias do gênero *Rhizobium*, o que pode contribuir para a redução no uso de fertilizantes nitrogenados. Estudos visando aumento da produtividade do feijoeiro, através da fixação simbiótica do nitrogênio atmosférico, têm mostrado a possibilidade de se obter rendimento de até 1600 kg ha^{-1}, na ausência de adubação nitrogenada (DÖBEREINER; DUQUE, 1980 apud FERREIRA et al., 2000). Diversos fatores externos podem interferir na fixação do nitrogênio, dentre eles merece destaque os micronutrientes, em particular o molibdênio. Apesar de ser requerido em menor quantidade pelos vegetais, Pires et al. (2004) destacam que o molibdênio é de suma importância, pois faz parte de duas enzimas, a nitrogenase que é básica para a fixação biológica do nitrogênio atmosférico e a nitrato redutase que é fundamental para o aproveitamento do N pela planta. Esses autores afirmam, ainda, que aumentos substanciais de produtividade poderão ser obtidos com o parcelamento da dose de adubo recomendada, já que esse procedimento promove maior eficiência de absorção e de uso do nutriente pela planta, contribuindo, desse modo, para ganhos em rendimento. Assim, este trabalho teve por objetivo avaliar o rendimento do feijoeiro ante ao parcelamento da adubação molíbdica.

MATERIAL E MÉTODOS – O experimento foi instalado em uma área experimental pertencente à Fundação Universidade Federal de Rondônia (UNIR), localizada na linha 184 km 15 no município de Rolim de Moura (RO); com coordenadas geográficas: latitude 11° 34' 54" S e longitude 61° 46' 25" O e 252 metros de altitude. A adubação de plantio foi realizada a lanço com base em análise química do solo (Tabela 1) no momento da semeadura, com 70 kg ha^{-1} de P$_2$O$_5$ e 20 kg ha^{-1} de K$_2$O na forma de superfosfato simples e cloreto de potássio, respectivamente. A semeadura foi realizada com auxílio de plantadeira manual no dia 22/03/2014 com sementes de feijão (*Phaseolus vulgaris* cv. Pérola) do grupo comercial Carioca, em uma média de 12 plantas por metro linear de sulco, para se obter um *stand* de 240.000 plantas ha^{-1}. O delineamento experimental utilizado foi em blocos casualizado, sendo cinco tratamentos com quatro repetições, constituídos por quatro diferentes parcelamentos da adubação molíbdica (aos 15 DAE; 15 e 20 DAE; 15, 20 e 25 DAE; e 15, 20, 25 e 45 DAE), que foi realizada via foliar com auxílio de pulverizador costal tendo como fonte o molibdato de amônio (54 % de Mo) na dosagem de 80 g ha^{-1} e um tratamento adicional que não recebeu adubação molíbdica. As parcelas experimentais foram constituídas de seis linhas de cinco metros de comprimento espaçadas entre si a 0,5 m, totalizando 360 plantas por parcela. A área útil de cada parcela era constituída pelas quatro linhas centrais, descartando-se 0,5 m em cada uma das extremidades com uma área de 8 m². Quando as plantas atingiram 50 % de flores abertas mediu-se a altura de quatro plantas por parcela. A colheita foi realizada aos 89 DAE após a lavoura atingir a maturação fisiológica. Foram coletadas e contabilizadas todas as plantas da área útil de cada parcela, suas vagens foram contadas e coletou-se uma amostra de 100 vagens, que foram secas em estufa de ventilação forçada a 65 ºC até atingirem massa constante, para determinação do número de vagens por planta, número de grãos por vagem, massa de cem grãos e rendimento de grãos convertido em kg ha^{-1}, a 13 % de umidade. Os dados foram submetidos à análise de variância (ANOVA) e comparados pelo teste de Tukey. As análises foram feitas com auxílio do programa estatístico ASSISTAT.

RESULTADOS E DISCUSSÃO – Não houve resultados significativos para nenhum dos componentes avaliados. Esses resultados evidenciam que, por se tratar de um micronutriente, o molibdênio presente no solo é capaz de suprir a demanda deste pelas plantas. Esses resultados corroboram com aqueles obtidos por outros autores (GRIS et al., 2005; MARCONDES; CAIRES, 2005; BARRETO et al., 2008; GUARESCHI; PERIN, 2009) que afirmam que na faixa de pH entre 5,0 e 7,0 há boa disponibilidade de molibdênio no solo, sendo suficiente para garantir o suprimento da demanda deste nutriente pelas plantas, além do conteúdo presente, também, na semente. Nota-se que a deficiência de Mo ou possibilidade de resposta à adubação com Mo só é encontrada em solos de média a baixa fertilidade e a calagem é o fator primordial para a correção da disponibilidade desse micronutriente às plantas (GUARESCHI; PERIN, 2009). Outro fator que também pode ter contribuído para a não significância dos tratamentos é o alto teor de matéria orgânica presente no solo da área experimental (Tabela 1). Barreto et al. (2008) relatam que a biomassa viva e a matéria orgânica do solo são importante fonte de carbono e nitrogênio para o solo, a ciclagem do nitrogênio ocorre de maneira rápida e a biomassa microbiana exerce a função tampão de nitrogênio, garantindo a sua disponibilidade por meio de processos de mineralização de imobilização, logo, altos teores de matéria orgânica podem ser suficientes para garantir o suprimento da demanda das plantas por esse nutriente. Assim, para recomendações a respeito da aplicação de molibdênio, bem como seu parcelamento é necessária a condução de experimentos dessa natureza em solos com diferentes níveis de matéria orgânica e fertilidade.

CONCLUSÕES – Não há resposta para a aplicação e para o parcelamento de molibdênio via foliar nas condições estudadas.

AGRADECIMENTOS – Aos amigos pelo auxílio na condução e avaliação do experimento.

REFERÊNCIAS

BARRETO, P.A.B.; GAMA-RODRIGUES, E.F. da; GAMA-RODRIGUES, A.C. da; BARROS, N.F. de; FONSECA, S. Atividade microbiana, carbono e nitrogênio da biomassa microbiana em plantações de eucalipto, em sequência de idades. **Revista Brasileira de Ciência do Solo**, v.32, p.611-619, 2008.

FERREIRA, A.N.; ARF, O.; CARVALHO, M.A.C. de; ARAÚJO, R.S.; SÁ, M.E. de; BUZETTI, S. Estirpes de *Rhizobium tropici* na inoculação do feijoeiro. **Scientia Agricola**, v.57, p.507-512, 2000.

GRIS, E.P.; CASTRO, A.M.C. e; OLIVEIRA, F.F. de. Produtividade da soja em resposta à aplicação de molibdênio e inoculação com *Bradyrhizobium japonicum*. **Revista Brasileira de Ciência do Solo**, v.29, p.151-155, 2005.

GUARESCHI, R.F.; PERIN, A. Efeito do molibdênio nas culturas da soja e do feijão via adubação foliar. **Global Science and Technology**, v.02, p.8-15, 2009.

MAIA, S.C.M.; SORATTO, R.P.; BIAZOTTO, F. de O.; ALMEIDA, A.Q. de. Estimativa de necessidade de nitrogênio em cobertura no feijoeiro IAC Alvorada com clorofilômetro portátil. Semina: **Ciências Agrárias**, Londrina, v.34, p.2229-2238, 2013.

MARCONDES, J.A.P.; CAIRES, E.F. Aplicação de molibdênio e cobalto na semente para cultivo da soja. **Bragantia**, v.64, p.687-694, 2005.

PIRES, A.A.; ARAÚJO, G.A. de; MIRANDA, G.V.; BERGER, P.G.; FERREIRA, A.C. de B.; ZAMPIROLLI, P.D.; LEITE, U.T. Rendimento de grãos, componentes do rendimento e índice spad do feijoeiro (*Phaseolus vulgaris* L.) em função da época de aplicação foliar de molibdênio. **Ciência e Agrotecnologia**, Lavras, v.28, p.1092-1098, 2004.

Tabela 1. Atributos químicos do solo, classificado como Latossolo Vermelho-Amarelo distrófico, da área experimental.

pH(CaCl$_2$)	P (Resina)	K	Ca	Mg	Al+H	Al	MO	V
	mg dm^{-3}	------------------mmol$_c$ dm^{-3}------------------					g dm^{-3}	%
5,6	60	5,3	26,0	22,0	17,0	9,7	31,0	76

Tabela 2. Resultados médios obtidos para os componentes primários do rendimento em função da quantidade de parcelamentos da adubação nitrogenada. Número de grãos por vagem (GPV), número de vagens por planta (VPP), massa de 100 grãos (M100), rendimento de grãos (REND) e altura de plantas (AP).

Parcelamentos	GPV	VPP	M100	REND	AP
			g	kg ha^{-1}	cm
0	3,925	13,94	31,20	4060,11	67,0
1	3,625	14,30	31,70	4007,63	52,44
2	3,750	13,18	32,24	3825,48	62,37
3	3,525	13,97	32,18	3778,96	58,06
4	3,750	13,80	31,40	3893,25	57,62
CV(%)	7,01	27,64	3,93	28,26	14,08

Normas DRIS para cafeeiros canéfora clonais na Amazônia Sul-Ocidental

Raquel Schmidt[1]; Jairo Rafael Machado Dias[2]; Paulo Salvador Guilherme Wadt[3]; Marcelo Curitiba Espindula[3]; Danilo Diego dos Santos Coêlho[4]; Cleyton Gonçalves Domingues[4]; Danielly Dubberstein[5]; Everson Massocatto[6]

(1) Mestranda em Produção Vegetal, Universidade Federal Federal do Acre, BR 364, Distrito Industrial, CEP: 69920-900 Rio Branco, AC. E-mail: schmidt_raquel@hotmail.com (2) Professor, Dr. Adjunto A, Universidade Federal de Rondônia, Av. Norte Sul, Nova Morada,CEP: 78987-000, Rolim de Moura-RO. E-mail: jairorafaelmdias@hotmail.com (3) Pesquisador, Embrapa Rondônia, BR 364 km 5,5, Cidade Jardim, CEP 76815-800, Porto Velho, RO. E-mail: paulo.wadt@embrapa.br; marcelo.espindula@embrapa.br (4) Acadêmico de Agronomia, Universidade Federal de Rondônia, Av. Norte Sul, Nova Morada,CEP: 78987-000, Rolim de Moura-RO. E-mail: danilo_kegua@hotmail.com; cleyton.domingues@hotmail.com (5) Mestranda em Agricultura tropical, Universidade federal do Espírito Santo, BR 101 Norte, Km 60, Bairro Litorâneo, CEP: 29932-540, São Mateus – ES. E-mail: dany_dubberstein@hotmail.com (6) Engenheiro Agrônomo, Universidade Federal de Rondônia, Av. Norte Sul, Nova Morada,CEP: 78987-000, Rolim de Moura-RO. E-mail thaimarodrigues@gmail.com

RESUMO – O café canéfora (*Coffea canephora*) é a cultura perene mais difundida do estado. A implantação de lavouras clonais é uma das técnicas mais difundidas para se obter lavouras de altas produtividades; no entanto, as mesmas são altamente exigente em fertilidade, necessitando um manejo de adubação adequado. A diagonse foliar através do método da diagnose da composição nutricional (CND) é uma alternativa viável para a otimização do manejo nutricional da lavoura cafeeira. Objetivou-se com esse trabalho estabelecer normas DRIS para cafeeiros canéforas clonais da Zona da Mata de Rondônia. Foram utilizadas amostras foliares de 122 lavouras nos municípios da zona da mata de Rondônia e as coletas foram realizadas na fase de "grão chumbinho" do cafeeiro em novembro de 2013. Foram estabelicidas normas DRIS de três municípios em conjunto (Normas regional) e para cada município (Normas específicas).

Palavras-chave: *Coffea canephora*, amostragem foliar, DRIS/CND, balanço nutricional.

INTRODUÇÃO – A cafeicultura em Rondônia destaca-se como a principal cultura perene. Atualmente 21.500 produtores, a maioria agricultores famialiares, estão distribuidos nos vários municípios do Estado. No entanto, a produtividade média ainda é baixa (16,39 sc ha^{-1}) sendo reflexo dos cafezais ainda antigos de reprodução sexuada e sem controles de podas, desbrotas e medidas fitossanitárias (CONAB, 2014). Em algumas regiões do Estados como a Zona da Mata essa realidade se distingue, a cafeicultura clonal se desenvolve a passos largos e o uso de irrigação e manejo de adubação vêm sendo utilizados (OLIVEIRA; HOLANDA FILHO, 2009).

A tecnologia cafeeira busca continuamente aumentar a produtividade; a implantação das lavouras clonais possibilita estabilidade de produção, visando sistema produtivo, eficiente, competitivo e sustentável. A nutrição é um dos requisitos importantes para que as plantas possam expressar o seu potencial produtivo.

A prática de avaliação nutricional através da diagnose foliar das lavouras, atua como ferramenta auxiliar para o manejo de adubação, podendo ressaltar possíveis deficiências ou excesso nutricional que através da análise de solo não é possível detectar (MALAVOLTA, 1997; DIAS et al., 2011). Para o cafeeiro, a coleta das folhas é realizada na fase de "grão chumbinho" período que já tem exigência de nutrientes pela planta (MALAVOLTA, 1997; RONCHI; DA MATA, 2007).

Existem diferentes métodos para a interpretação da análise química foliar. O Nível Crítico e a Faixa de Suficiência avaliam cada elemento separado dos demais (SOUZA et al., 2011). Já o Sistema Integrado de Diagnose e Recomendação (DRIS) que utiliza relações duais dos nutrientes para o diagnóstico, e comparativamente o método da Diagnose da Composição Nutricional (CND) que utiliza a média geométrica dos nutrientes (GUINDANI et al., 2009; PARENT; DAFIR, 1992; WADT, 1999; WADT, et al., 2013).

No entanto, para o estado ainda há um deficit de informações sobre os padrões nutricionais de lavouras cafeeiras canéforas clonais, uma vez que os diagnósticos realizados por Wadt e Dias (2012) são oriundos de cafeeiros seminíferos e com alta heterogeneidade, sendo classificados cafeeiros de baixa e média produtividades, em distinção com a realidade observada atualmente.

Objetivou-se com esse trabalho indicar conjunto de normas DRIS para o cafeeiro canéfora em lavouras clonais cultivadas na Zona da Mata de Rondônia, na Amazonia Sul-Ocidental.

MATERIAL E MÉTODOS – Foram monitoradas 122 lavouras comerciais de cafeeiros canéforas clonais, nos municípios da Zona da Mata de Rondônia (Alta Floresta D'Oeste, Alto Alegre dos Parecis e Nova Brasilândia D'Oeste). Nesta região predomina o clima Tropical Chuvoso – (Am Köppen), com temperatura média anual de 26 °C e precipitação média de 1.850 mm ano^{-1}. O período chuvoso está compreendido entre os meses de outubro até abril (RONDÔNIA, 2012).

As coletas foram realizadas na época padrão ("grão chumbinho") em novembro de 2013, as lavouras apresentavam manejos distintos quanto ao espaçamento, irrigação e adubação. A idade variou entre 3 e 11 anos. Foram coletadas de 20 plantas quatro folhas amadurecidas no segundo ou terceiro par de folhas do ápice para base do ramo plagiotrópico, no terço médio da planta em talhões homogêneos (espaçamento, idade, adubação e poda).

O material vegetal coletado foi mantido em caixas térmicas para cessar a respiração e depois acondicionados em sacos de papel e transportado para o laboratório onde foram secados em estufa de circulação de ar forçado em temperaura de 65 °C. Posteriormente, foram moídos e submetido à análise quanto aos teores totais de N, P, K, Ca, Mg, Cu, Fe, Mn ,Zn e B.

A concentração foliar dos nutrientes, em todas as lavouras, foi ajustada para uma mesma unidade de medida (dag kg^{-1}). Em seqüência, calculou-se o valor do complemento dos nutrientes para o total da biomassa foliar (valor R), conforme a expressão: R = 100 - (vN + vP + vK + vCa + vMg + vCu + vFe + vMn + vZn+ vB), em que R é o valor do complemento para 100 dag kg^{-1} de matéria seca em relação à soma dos teores dos nutrientes vi (i = N,..., Zn), em dag kg^{-1}; e vN, vP, vK, vCa, vMg, vCu, vFe, vMn, vZn e vB representam os teores de N, P, K, Ca, Mg, Cu, Fe, Mn, Zn e B, respectivamente. De posse da média geométrica (mGeo) calculada para os valores de cada amostra (PARENT, 2011), obteve-se a variável multinutriente (zX) a partir da expressão: zX = ln (vX/mGeo), em que zX representa o valor da relação multivariada de cada um dos nutrientes avaliados (vX). Com os valores de zX em cada lavoura, calcularam-se os parâmetros descritivos – média aritmética (mX) e desvio-padrão (sX) – e as normas CND para cada lavoura de café canéfora clonal.

Obtida as normas, os índices CND foram calculados pela relação multivariada log-centrada (PARENT, 2011): I_X = (zX -mX)/sX, em que I_X representa o índice CND; mX é a norma média; e sX é a norma do desvio-padrão, para cada um dos nutrientes avaliados.

O índice de balanço nutricional médio (IBNm) foi obtido através do somatório em módulo dos índices de cada nutriente dividindo-se pelo número de nutrientes avaliados. O nutriente foi considerado nutricionalmente equilibrado quando o valor do índice CND foi igual ao IBNm (zero), insuficiente quando o indice CND foi menor que o IBNm(-1); e excessivo quando o indíce CND maior que IBNm (1) (DIAS, et al., 2013; WADT, 2005). Os cálculos das normas CND, IBNm foram realizados em planilha eletrônica. Os teores foliares foram submetidos ao teste de Tukey ao nível de 95 % de probabilidade.

RESULTADOS E DISCUSSÃO – Foram estabelecidas normas DRIS com relações multivariadas para os múnicípios da Zona da Mata de Rondônia e a norma estadual. Para o estabelecimento das normas foram utilizadas 19 lavouras em Alto Alegre dos Parecis, 48 em Alta Floresta D'Oeste, 55 lavouras em Nova Brasilândia D'Oeste. Assim como os teores foliares variaram de acordo com o município (Tabela 01) as normas CND estabelecidas também variaram (Tabela 01).

Os teores foliares de N, Mg, Ca, Cu, Fe, ZN, B, não diferiram entre as normas municípais e a Estadual, podendo utilizar a norma para o diagnóstico. Para P, K, Mn, a norma estadual não se adequa aos valores obtidos (Tabela 02). Resultados distintos foram observados por Wadt e Dias, (2012) quando estabeleceram normas DRIS para N, P, K, Ca e Mg.

Os teores de P, K, foram inferiores em Nova Brasilandia D'Oeste em relação aos demais municípios e a norma estadual. Enquanto que para Alto Alegre dos Parecis e Alta Floresta D'Oeste os teores de Mn foram inferiores em relação a norma Estadual e de Nova Brasilândia D'Oeste (Tabela 02). Teores inferiores de K podem ser relacionados à ordem de exigência nutricional dos nutrientes onde ele se encontra na terceira posição, sendo um dos principais nutrientes exportado para o grão. Resultados semelhantes foram observados para a região Noroeste Fluminense (BARBOSA et al., 2006).

CONCLUSÃO – Foram estabelecidas normas DRIS estadual e para os municípios da Zona da Mata de Rondônia.

AGRADECIMENTOS – Ao CNPq pelo apoio financeiro (bolsa do mestrado), Universidade federal do Acre pela oportunidade de cursar o mestrado em Agronomia, à Universidade Federal de Rondônia pelo apoio logístico, à Embrapa Acre, Embrapa Rondônia e Embrapa Solos pelo apoio logístico, técnico e científico. Aos acadêmicos de Agronomia pelo apoio na execução do trabalho em campo e ao Sítio Ouro Verde apoio logístico.

REFERÊNCIAS

BARBOSA, D.H.S.G.; VIEIRA, H.D.; PARTELLI, F.L.; SOUZA. R.M. de. Estabelecimento de normas DRIS e diagnóstico nutricional do cafeeiro arábica na região noroeste do Estado do Rio de Janeiro. **Revista Ciência Rural**, Santa Maria. v.36, n.6, p.1717-1722, nov-dez 2006.

CONAB - COMPANHIA NACIONAL DE ABASTECIMENTO. **Acompanhamento da safra brasileira:** café, safra 2014, segundo levantamento. Brasília: CONAB, 2014. 67p.

DIAS, J.R.M.; WADT, P.G.S.; PEREZ, D.V.; LEMOS, C. de O.; SILVA, L.M. DRIS formulas for the evaluation of the nutritional status of cupuaçu trees. **Revista Brasileira de Ciência do Solo**, Viçosa. v.35, n.6, p.2088-2091, 2011.

DIAS, J.R.M.; TUCCI, C.A.F.; WADT, P.G.S.; SANTOS, J.Z.L.; SILVA, S.V. Normas DRIS multivariadas para avaliação do estado nutricional de laranjeira 'Pera' no Estado do Amazonas. **Revista Ciência Agronômica**, Fortaleza, v.44, n.2, p.251-259, 2013

GUINDANI, R.H.P.; ANGHINONI, I.; NACHTIGALL, G.R. DRIS na avaliação do estado nutricional do arroz irrigado por inundação. **Revista Brasileira de Ciência do Solo**, Viçosa, MG. v.33 p.109-118, 2009.

OLIVEIRA, S.J. de M.; HOLANDA FILHO, Z.F. **Aspectos econômicos, ambientais e sociais da produção cafeeira em diferentes sistemas em Rondônia.** Porto Velho: Embrapa Rondônia, 2009. 6 p. (Comunicado Técnico, 351).

MALAVOLTA, E; VITTI, G.C.; OLIVEIRA, S.A. de. **Avaliação do estado nutricional das plantas:** princípios e aplicações. Piracicaba: Potafos, 1997. 319p.

PARENT, L.E.; DAFIR, M.A. the oretical concept of compositional nutrient diagnosis. **Journal of the American Society of Horticultural Science**, Mount Vernon, v.117, n.2, p.239-242, 1992.

RONCHI, C.P.; DAMATA, F.N. Aspectos fisiológicos do café conilon. In: FERRÃO, R.G.; FONSECA, A.F.A.; BRAGANÇA, S.M.; FERRÃO, M.A.G.; DE MUNER, L.H. (Ed.). **Café conilon**. Vitória: Incaper, 2007. p.93-119.

RONDÔNIA. SECRETARIA DE ESTADO DO DESENVOLVIMENTO AMBIENTAL. **Boletim climatológico de Rondônia, ano 2010**. Porto Velho: SEDAM, 2012. 34p.

SOUZA, R.F.; LEANDRO, W.M.; SILVA, N.B.; CUNHA, P.C.R.& XIMENES, P.A. Diagnose nutricional pelos métodos DRIS e faixas de concentração para algodoeiros cultivados sob cerrado. **Pesquisa Agropecuária Tropical**, v.41, n.1, p.220-228, 2011.

WADT, P.G.S.; NOVAIS, R.F.; ALVAREZ, V.V.H.; BRANGANÇA, S.M. Alternativas de aplicação do "DRIS" à cultura do café conilon (*Coffea canephora* Pierre). **Scientia Agricola**, v.56, p.83-92, 1999.

WADT, P.G.S. Relationships between soil class and nutritional status of coffee crops. **Revista Brasileira de Ciência do Solo**, Viçosa, v.29, n.2, p.227-234, 2005.

Tabela 1. Médias e desvio padrão para as normas de diagnose da composição nutricional para lavouras cafeeiras canéforas clonais dos munícipios da Zona da Mata de Rondônia, em contraste com a norma estadual.

Parâmetros	N	P	K	Ca	Mg	Cu	Fe	Mn	Zn	B
Normas DRIS Alto Alegre dos Parecis (AA)										
Média	3,43	0,75	3,08	2,63	0,82	-3,87	-2,71	-3,25	-5,02	-2,97
Desvio padrão	0,07	0,10	0,09	0,14	0,15	0,14	0,19	0,19	0,25	0,062
Normas DRIS Alta Floresta D'Oeste (AFO)										
Média	3,47	0,51	2,95	2,52	1,08	-3,91	-2,73	-3,06	-4,99	-2,94
Desvio padrão	0,09	0,15	0,20	0,15	0,27	0,28	0,19	0,41	0,08	0,17
Normas DRIS Nova Brasilândia D'Oestte (NBO)										
Média	3,38	0,27	2,96	2,39	0,96	-3,94	-2,68	-2,29	-5,10	-3,02
Desvio padrão	0,16	0,14	0,23	0,15	0,32	0,21	0,20	0,33	0,09	0,17
Normas DRIS Estadual										
Média	3,42	0,44	2,98	2,47	0,99	-3,93	-2,67	-2,74	-5,05	-2,99
Desvio padrão	0,13	0,23	0,21	0,19	0,29	0,25	0,34	0,55	0,09	0,20

Tabela 2. Teores foliares de *Coffea Canephora* nos municípios produtivos Alto Alegre dos Parecis (AA), Alta Floresta D'Oeste (AFO) e Nova Brasilândia D'Oeste (NBO). Em amostras coletadas no período de grão chumbinho[1].

Região	N	P	K	Ca	Mg	Cu	Fe	Mn	Zn	B
	---------------- g kg^{-1} ----------------					---------------------------- mg kg^{-1} ----------------------------				
	"fase grão chumbinho"									
AA	23,98a	1,69a	17,10a	10,93a	1,79b	16,49a	52,86a	31,17c	5,16ab	40,24a
AFO	24,87a	1,29b	14,93b	9,79ab	2,41a	16,23a	51,05a	39,24c	5,25a	41,59a
NBO	23,96a	1,06c	15,98c	9,01b	2,25ab	16,16a	57,37a	87,27a	4,94b	40,51a
Estadual	24,32a	1,25b	15,74ab	9,62b	2,24ab	16,24a	54,18a	59,64b	5,09ab	40,89a
CV (%)	11,7	20,75	18,78	19,22	33,07	28,77	23,77	50,08	9,36	19,02

[1] Médias seguidas da mesma letras não diferem pelo teste de Tukey ao nível de 95 % de probabilidade.

Nutrição e desenvolvimento do jatobá (*Hymenaea courbaril* L. var. *stilbocarpa* (Hayne) Lee et Lang.) por meio da análise da omissão do potássio (K)

Romas Pereira da Silva[1]; Fabíola Ribeiro da Silva[2]; Suélenn Rossmann Pires[1]; Anderson Bergamin[3]

(1) Acadêmicos do curso de Engenharia Florestal da Universidade Federal de Rondônia – UNIR, campus Rolim de Moura. E-mail: romas.filho@gmail.com; suliicm@hotmail.com (2) Acadêmica do curso de Agronomia da Universidade Federal de Rondônia – UNIR, campus Rolim de Moura. E-mail: fabiolaagro21@hotmail.com (3) Professor Orientador do Departamento de agronomia da Universidade Federal de Rondônia – UNIR, campus Rolim de Moura. E-mail: anderson.bergamin@unir.com.br

RESUMO – A nutrição adequada da plântula durante a fase de viveiro é determinante para reduzir o tempo de transplantio e pegamento no campo. Entretanto, depende de um melhor conhecimento das exigências nutricionais das espécies a serem utilizadas. Portanto, objetivou-se com este trabalho avaliar o desenvolvimento inicial de mudas da espécie Jatobá (*Hymenaea courbaril* L. var. *stilbocarpa* (Hayne) Lee et Lang.), submetidas a diferentes doses de potássio. O experimento foi instalado no ano de 2014 na Universidade Federal de Rondônia, campus de Rolim de Moura. As mudas foram cultivadas em sacolas de polietileno de 1,5 dm³, utilizando como substrato solo proveniente da camada de 0-20 cm de Latossolo Vermelho-Amarelo. O delineamento experimental foi inteiramente casualizado, com cinco tratamentos e quatro repetições. Os tratamentos consistiram de cinco doses de potássio, sendo: 0, 50, 100, 200 e 400 mg dm^{-3} de K$_2$O. Foram avaliados aos 60 dias após a semeadura a altura da parte aérea (H); diâmetro do colo (DC); e o número de folhas (NF). Observando as curvas de respostas (equações de regressão) das plantas para os parâmetros avaliados, fica evidente que em média as doses de potássio deveriam ficar entre 150 a 250 mg dm^{-3} de K$_2$O. A altura de plantas do jatobá aos 60 dias após a semeadura é maior quando se aplica 200 mg dm^{-3} de K$_2$O, enquanto para o diâmetro do colo a dose de máxima eficiência técnica é de 263 mg dm^{-3} de K$_2$O.

Palavras-chave: adubação potássica, produção de mudas, *Hymenaea courbaril* L. var. *stilbocarpa* (Hayne) Lee et Lang.

INTRODUÇÃO – O jatobá (*Hymenaea courbaril* L.) é considerado como uma Leguminosae – Caesalpinioideae, distribuída por quase todo o Brasil, possuindo uma alta recomendação para recuperação de áreas degradadas, (FERNANDES et al., 2000). Para Silva et al. (1997) os plantios de jatobá têm sido destinado principalmente a programas de recuperação e conservação ambiental, pois a atividade humana constantemente tem causado distúrbios nas áreas remanescentes de vegetação nativa.

O conhecimento das exigências nutricionais da espécie é necessário ao estabelecimento da adubação apropriada. Segundo Carpanezzi et al. (1976), as informações sobre as exigências nutricionais de espécies florestais, em especial das espécies nativas, são escassas. Gurgel Filho et al. (1982), dizem que, embora ecologicamente se apresente em populações nativas de áreas de cerrado, o jatobá reage significativamente à fertilidade do solo. Por outro lado, Lorenzi (1992) afirma que, o jatobá é pouco exigente em fertilidade e umidade do solo.

O entendimento para as características das mudas desejáveis nas quais necessitam suportar as condições de campo compõe numa fase crítica do processo de produção vegetal. De acordo com Carneiro (1995), as características das mudas variam entre as espécies, sendo o objetivo principal alcançar qualidade adequada para que as mudas apresentem capacidade de oferecer resistência às condições adversas (pragas, doenças, baixa nutrição) as quais podem ocorrer após o plantio. O crescimento e a qualidade das mudas podem ser alcançados através da correção do solo, alta fertilidade do solo, manejo adequado, tendo reflexos na precocidade e em sua sobrevivência em campo posterior ao plantio.

As mudas só devem ser transplantadas quando atingirem acima de 30 cm de altura (MELO et al., 2005). Sendo que, para o seu desenvolvimento adequado é necessária uma fertilização do substrato na qual é considerada uma das fases mais importantes em um programa de produção de mudas de espécies arbóreas (MORAES NETO et al., 2003).

A disponibilidade de nutrientes está entre os fatores que condicionam o desenvolvimento, propagação e abundância das espécies florestais (SANTOS et al., 2008). Para Fonseca e Cruz et al. (2006) as espécies nativas da Mata Atlântica possuem exigências nutricionais bastante distintas entre si, notando-se grande repercussão sobre as diretrizes a serem adotadas no planejamento da fertilização a ser realizada.

Contudo, a fertilização tem sido de fundamental importância na produção de mudas de boa qualidade, influindo, assim, na capacidade de adaptação e crescimento, devido à grande dificuldade de se fazerem recomendações de fertilização específicas para cada espécie, ocasionada pela virtude da grande diversidade de espécies florestais existentes (FONSECA; CRUZ et al., 2006).

O potássio (K) é considerado o cátion mais abundante no citoplasma e no cloroplasto das células vegetais, o mesmo exerce funções reguladoras, está presente na síntese de proteínas e no processo fotossintético. Para Silveira et al. (2000) o fornecimento inadequado de K faz com que os estômatos não se abram regularmente, podendo ocorrer baixa assimilação de CO_2 nos cloroplastos, diminuindo consequentemente a taxa fotossintética.

Assim, objetivou-se com este trabalho avaliar a altura da parte aérea (H), diâmetro do colo (DC) e o número de folhas (NF) de mudas de jatobá (*Hymenaea courbaril* L.) submetidas a diferentes doses de K.

MATERIAL E MÉTODOS – O experimento foi realizado entre maio e julho de 2014 no *Campus* de Rolim de Moura, pelo Departamento de Engenharia Florestal da Universidade Federal de Rondônia-RO.

O experimento foi realizado em sacolas de polietileno de 1,5 dm^3, sendo utilizado solo peneirado em malha de 2,0 mm de diâmetro, proveniente da camada de 0-20 cm de um Latossolo Vermelho-Amarelo localizado na Fazenda Experimental da Universidade Federal de Rondônia, localizada no norte de Rolim de Moura, com latitude de 11° 34' 57" Sul e longitude 61° 46' 35" Oeste, na Linha 184, km 15.

O delineamento experimental foi inteiramente casualizado com cinco tratamentos e quatro repetições, totalizando 20 parcelas experimentais. Cada parcela foi composta por cinco mudas, totalizando 100 mudas. Os tratamentos consistiram das seguintes doses de K_2O: 0, 50, 100, 200 e 400 mg dm^{-3}, aplicadas na forma de cloreto de potássio.

Para a avaliação das doses de K foi utilizado a espécie florestal Jatobá (*Hymenaea courbaril* L. var. *stilbocarpa*) da subfamília Caesalpinioideae. As sementes de Jatobá foram doadas pela Ação Ecológica Guaporé – Ecoporé, através do Projeto Viveiro Cidadão, localizado no Município de Rolim de Moura – RO, e, posteriormente, obteve-se o tratamento das sementes pelo método de escarificação manual ocasionando o procedimento pré-germinativo, emergindo-as em água à temperatura ambiente por 48 horas. Em seguida houve o preenchimento das sacolas de polietileno com o solo que havia sido fertilizado com 6,7 mg dm³ de P_2O_5 e recebido as doses de K_2O respectivas para cada tratamento.

Após o tratamento das sementes e do preenchimento das sacolas de polietileno foi realizado a semeadura do jatobá alocando-se duas sementes por recipiente, sendo que após a sua emergência houve o desbaste deixando apenas uma planta por sacola.

O experimento foi conduzido utilizando irrigações diárias e sob a proteção da tela sombrite 50 %. Além disso, as mudas foram conduzidas sem apresentarem competições com plantas daninhas e também livres do ataque de pragas e doenças.

Na condução das mudas foram realizadas aplicações de nitrogênio a cada oito dias, na dose de 110 mg dm^{-3} de nitrogênio (N). Para isso foi realizado a abertura de um sulco próximo ao caule da planta, sendo assim depositado o N na forma de ureia e, posteriormente fechando-o, para que minimizasse a volatilização do mesmo.

Os parâmetros avaliados no decorrer do experimento foram: diâmetro do colo (mm), altura (cm) e quantidade de folhas (cm). Para o procedimento de tais avaliações foi utilizado um paquímetro, para a medição do colo das mudas e uma fita métrica para a obtenção das alturas. A contagem das folhas foi feita manualmente. As avaliações foram feitas a cada 15 dias e encerradas 67 dias após a semeadura.

Foram realizadas análises estatísticas por meio do teste de Tukey com nível de significância de 5 %, e estabelecidas as equações de regressão onde foram determinadas as máximas eficiências técnicas para cada avaliação.

RESULTADOS E DISCUSSÃO – Houve resposta quadrática para a altura de plantas, diâmetro do colo e número de folhas das mudas de jatobá aos 67 dias após a semeadura quando submetidas às doses de K (Figuras 1, 2 e 3).

Observando as curvas de respostas (equações de regressão) das plantas para os parâmetros avaliados, fica evidente que, em média, as doses de K_2O que mais beneficiaram as mudas de jatobá estão entre 150 a 250 mg dm^{-3}.

Analisando o diâmetro do colo das plantas de jatobá, observa-se que a máxima eficiência técnica ficou em 263 mg dm^{-3} de K_2O, sendo esta dose maior que as doses obtidas de máxima eficiência técnica para os parâmetros: altura de plantas (Figura 2) e número de folhas (Figura 3).

Para a altura de plantas do jatobá aos 67 dias após a semeadura foi observado que a máxima eficiência técnica da adubação potássica é quando se aplica 200 mg dm^{-3} de K_2O (Figura 2), enquanto para o número de folhas a dose de máxima eficiência técnica foi de 151 mg dm^{-3} de K_2O (Figura 3).

Analisando os parâmetros relativos a uma muda de boa qualidade, onde a mesma deve apresentar uma relação adequada entre a sua altura e o diâmetro do colo, visto que, mudas muito altas, mas sem uma boa sustentação podem sofrer tombamento, é de se relatar que com os dados deste experimento pode-se manejar as mudas de jatobá com aproximadamente 260 mg dm^{-3} de K_2O, almejando mudas com um maior diâmetro do caule.

O diâmetro de caule, em geral, é a característica mais observada para indicar o crescimento inicial e a capacidade de sobrevivência da muda no campo, bem como para auxiliar na definição das doses de fertilizantes a serem aplicadas na produção de mudas (DANIEL et al., 1997).

Para Prates et al. (2012) a altura da planta e o diâmetro do caule são importantes indicadores da capacidade de sobrevivência da muda, uma vez que refletem o desenvolvimento radicular e capacidade de adaptação às condições adversas de campo.

Desta forma observa-se que a espécie do jatobá exige aplicações de K para o seu desenvolvimento inicial, fazendo-se necessária a aplicação do mesmo quando o solo não é capaz de suprir este nutriente.

AGRADECIMENTOS – À Ecoporé – Projeto Viveiro Cidadão, ao Douglas Borges Pichek e Odair Queiroz Lara (acadêmicos do curso de Agronomia 9º Período da Universidade Federal de Rondônia, Campus Rolim de Moura), ao Floro Raviny Fagundes Nascimento, e Senhor Renive Pereira da Silva, os quais deram suporte na condução do experimento.

CONCLUSÕES – Nas condições de realização deste experimento pode-se concluir que: é necessária a aplicação de 260 mg dm^{-3} de K_2O para a produção de mudas de qualidade de jatobá (Hymenaea courbaril L. var. stilbocarpa).

REFERÊNCIAS

CARNEIRO, J.G.A. **Produção e controle de qualidade de mudas de espécies florestais.** Curitiba: UFPR/FUPEF, 1955, 451p.

CARPANEZZI, A.A.; BRITO J.O.; FERNANDES, P.; JARK FILHO, W. Teor de macro e micronutrientes em folhas de diferentes idades de algumas essências florestais nativas. In: **Anais da E.S.A. "Luiz de Queiroz"**. Piracicaba, 1976, v.23, p.225 - 232.

DANIEL, O; VITORINO, A.C.T.; ALOVISI, A.A.; MAZZOCHIN, L.; TOKURA, A.M.; PINEIRO, E.R.; SOUZA, E.F. Aplicação de fósforo em mudas de Acaácia mangium Willd. **Revista Árvore**, v.21, n.2, p.163-168, 1997

FERNANDES, L.A.; NETO, A.E.F.; FONSECA, F.C.; VALE, F.R. Crescimento inicial, níveis críticos de fósforo e frações fosfatadas em espécies florestais. **Pesquisa Agropecuária Brasileira**, Brasília, v.35, n.6, p.1191-1198, 2000. Disponível em: <http://www.unemat.br/revistas/rcaa/docs/vol5/1_artigo_v5.pdf>. Acesso em: 30 maio 2014.

CRUZ, C.A.F.; PAIVA, H.N. de; GUERRERO, C.R.A. Efeito da adubação nitrogenada na produção de mudas de sete-cascas (Samanea inopinata (Harms) Ducke). **Revista Árvore**, Viçosa-MG, v.30, n.4, p.537-546, 2006.

GURGEL FILHO, O.DAA.; MORAIS, J.L.; GURGEL GARRIDO, L.M.A. Silvicultura de essências indígenas sob povoamentos homóclitos coetâneos experimentais IV – Jatobá (Hymenaea stilbocarpa Hayne). **Silvicultura em São Paulo**, São Paulo, v.2, n.16A. p.957-861, 1982.

LORENZI, H. **Árvores Brasileiras**: manual de identificação e cultivo de plantas arbóreas nativas do Brasil. Nova Odessa: Editora Plantarum, 1992. 352p.

MELO, M. da G.G. de; MENDES, A.M. da S. Jatobá Hymenaea courbaril L. **Informativo Técnico Rede de Sementes da Amazônia**, n. 9, 2005. Disponível em <https://www.inpa.gov.br/sementes/iT/9_Jatoba.pdf>. Acesso em: 16 maio 2014.

MORAES NETO, S.P de; GONÇALVES, J.L. de M.; RODRIGUES, C.J.; GERES, W.L. de A.; DUCATTI, F.; AGUIRRE JR., J.H. de. Produção de mudas de espécies nativas arbóreas com combinações de adubos de liberação controlada e prontamente solúveis. **Revista Árvore**, Viçosa, v. 27, n. 6, 2003. Disponível em: <http://www.scielo.br/scielo.php?script=sci_arttext&pid=S0100-67622003000600004&lng=en&nrm=iso>. Acesso em: 5 maio 2014.

PRATES, F.B.S.; LUCAS, C.S.G.; SAMPAIO, R.A.; BRANDÃO JÚNIOR, D.S.; FERNANDES, L.A.; ZUBA JUNIO, G.R. Crescimento de mudas de pinhão-manso em resposta a adubação com superfosfato simples e pó-de-rocha. **Revista Ciência Agronômica**, v.43, n.2, p.207-213, 2012.

SANTOS, J.Z.L.; RESENDE, Á.V. de; FURTINI NETO, A.E.; CORTE, E.F. Crescimento, acúmulo de fósforo e frações fosfatadas em mudas de sete espécies arbóreas nativas. **Revista Árvore**, Viçosa, v.32, n.5, 2008. Disponivel em: <http://www.scielo.br/scielo.php?script=sci_arttext&pid=S0100-67622008000500003&lng=en&nrm=iso>. Acesso em: 1 jun. 2014.

SILVA, I.R. da; FURTINI NETO, A.E.; CURI, N.; VALE, F.R. do. Crescimento Inicial de Quatorze Espécies Florestais Nativas Em resposta à Adubação Potássica. **Pesquisa Agropecuária Brasileira**, Brasília, v.32, n.2, p.205-212, fev. 1997.

SILVEIRA, R.L.V.A.; MALAVOLTA, E. Nutrição e adubação Potássica em Eucalyptus. **Informações Agronômicas**, Piracicaba, n. 91, 2000.

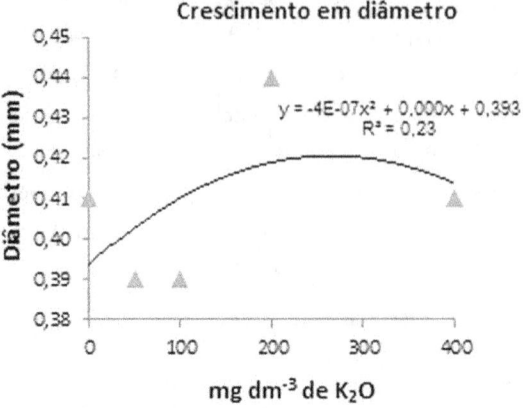

Figura 1. Diâmetros das plantas, 67 dias após a semeadura, em função da aplicação de K_2O.

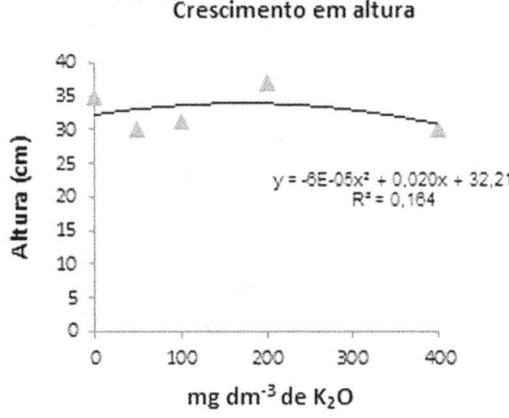

Figura 2. Altura das plantas, 60 dias após a semeadura, em função da aplicação de K_2O.

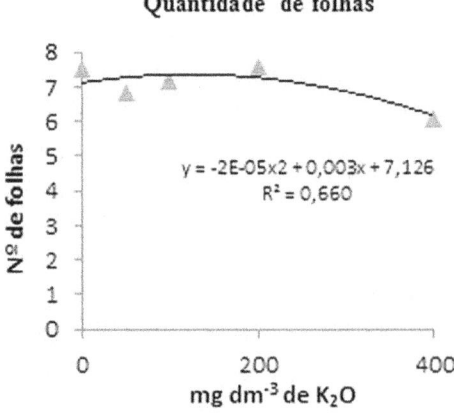

Figura 3. Quantidade de folhas, 60 dias após a semeadura em função da aplicação de K_2O.

Parcelamento da adubação nitrogenada em cobertura para feijoeiro comum na Zona da Mata rondoniense

Larissa Cristina Torrezani Starling[(1)]; Jairo Rafael Machado Dias[(2)]; João Marcelo Silva do Nascimento[(2)]; Tyago Matheus Reinicke[(3)]

(1) Acadêmica do curso de Agronomia, Universidade Federal de Rondônia, Avenida Norte Sul, 7300 – Nova Morada, CEP 76940-000, Rolim de Moura, RO. E-mail: larystarling@gmail.com (2) Professor do Departamento de Agronomia, Universidade Federal de Rondônia, Avenida Norte Sul, 7300 – Nova Morada, CEP 76940-000, Rolim de Moura, RO. E-mail: jairorafaelmdias@hotmail.com; jmarcelo.unir@gmail.com (3) Engenheiro Agrônomo, Rolim de Moura, RO. E-mail: tyagoreinicke@gmail.com

RESUMO – Dentre os nutrientes requeridos pela cultura do feijoeiro, o nitrogênio é aquele de maior exigência. Uma forma de evitar perdas de adubo é o parcelamento da dose recomendada em várias aplicações. Nesse sentido o objetivo do trabalho foi avaliar o rendimento do feijoeiro ante o parcelamento nitrogenado. O delineamento experimental foi em blocos casualizados, sendo 5 tratamentos com 4 repetições, constituídos por 4 diferentes parcelamentos da adubação nitrogenada (aos 15 DAE; 15 e 20 DAE; 15, 20 e 25 DAE; e 15, 20, 25 e 45 DAE) e um tratamento adicional que não recebeu adubação nitrogenada. Não houve efeito significativo dos parcelamentos para o número de vagens por planta, rendimento e altura de plantas. Já para o número de grãos por vagem, com duas aplicações houve queda no número de grãos por vagem; e para a massa de cem grãos três aplicações causaram diminuição nessa característica. Houve ocorrência de nematoides-das-galhas na área experimental, o que pode ter contribuído para a não significância dos tratamentos. Recomenda-se a repetição do experimento em local sem ocorrência de nematoides para verificar se persiste a não significância dos tratamentos.

Palavras-chave: *Phaseolus vulgaris*, adubo, feijão, rendimento.

INTRODUÇÃO – O feijão é um alimento que fornece nutrientes essenciais ao ser humano, como proteínas, ferro, cálcio, magnésio, zinco, vitaminas (principalmente do complexo B), carboidratos e fibras. Representa a principal fonte de proteína das populações de baixa renda e constitui um produto de destacada importância nutricional, econômica e social (MESQUITA et al., 2006).

O feijoeiro comum é largamente cultivado no Brasil. Com uma área de quase 3,5 milhões de hectares, o Brasil produziu cerca de 3,6 milhões de toneladas na safra 2013/2014 de acordo com a Conab (2014), totalizando uma média de produção de 1.058 kg ha^{-1}. Têm sido feitas inúmeras tentativas para lançar cultivares de feijão com alto potencial produtivo e aclimatadas a diferentes regiões, com diferentes regimes hídricos. No entanto, os resultados na lavoura mostram que tal potencial não tem sido realmente expresso. Para que isso seja possível é necessário que se adotem sistemas de cultivo visando aumentar a eficiência da adubação e o controle de doenças.

Para que se possa obter alto rendimento de grãos na cultura, é necessário que estejam disponíveis à planta os macro e micronutrientes necessários ao seu desenvolvimento em quantidades suficientes. De acordo com Canolego et al. (2010), dentre os macronutrientes, o nitrogênio é o mais exigido para o crescimento do feijoeiro. O nitrogênio é importante componente da molécula de clorofila, dos aminoácidos e dos hormônios vegetais, estando, portanto, diretamente associado à atividade fotossintética, aos processos de multiplicação e expansão celular, bem como à fixação de vagens e ao enchimento dos grãos.

Aumentos substanciais de produtividade poderão, ainda, ser obtidos com o parcelamento da dose recomendada, já que esse procedimento promove maior eficiência de absorção e de uso do nutriente pela planta, contribuindo, desse modo, para ganhos em rendimento (PIRES et al., 2004). Nesse sentido, objetivou-se avaliar o rendimento do feijoeiro ante o parcelamento da adubação nitrogenada.

MATERIAL E MÉTODOS – O experimento foi instalado em uma área experimental pertencente à Fundação Universidade Federal de Rondônia (UNIR), localizada na linha 184 km 15 no município de Rolim de Moura (RO); com coordenadas geográficas: latitude 11° 34' 54" S e longitude 61° 46' 25" O e 252 metros de altitude. A adubação de plantio foi realizada a lanço com base em análise química do solo (Tabela 1) no momento da semeadura, com 70 kg ha^{-1} de P_2O_5, 20 kg ha^{-1} de K_2O e 40 kgha^{-1} de N na forma de superfosfato simples, cloreto de potássio e sulfato de amônio, respectivamente.

A semeadura foi realizada com auxílio de plantadeira manual no dia 22/03/2014 com sementes de feijão (*Phaseolus vulgaris* cv. Pérola) do grupo comercial Carioca, em uma média de 12 plantas por metro linear de sulco, para se obter um *stand* de 240.000 plantas ha^{-1}. O delineamento experimental utilizado foi em blocos casualizados, sendo 5 tratamentos com quatro repetições, constituídos por 4 diferentes parcelamentos da adubação nitrogenada (aos 15 DAE; 15 e 20 DAE; 15, 20 e 25 DAE; e 15, 20, 25 e 45 DAE), que foi realizada à lanço tendo como fonte o sulfato de amônio (20 % de N) na dosagem de 60 kg ha^{-1} e um tratamento adicional que não recebeu adubação nitrogenada.

As parcelas experimentais foram constituídas de seis linhas de cinco metros de comprimento espaçadas entre si a 0,5m, totalizando 360 plantas por parcela. A área útil de cada parcela foi constituída pelas quatro linhas centrais, descartando-se 0,5 m em cada uma das extremidades com uma área de 8 m². Quando as plantas atingiram 50 % de flores abertas mediu-se a altura de 4 plantas por parcela.

A colheita foi realizada aos 89 DAE após a lavoura atingir a maturação fisiológica. Foram coletadas e contabilizadas todas as plantas da área útil de cada parcela, suas vagens foram contadas e coletou uma amostra de 100 vagens, que foram secas em estufa de ventilação forçada a 65 °C até atingirem massa constante, para determinação de número de vagens por planta, número de grãos por vagem, massa de cem grãos e rendimento de grãos convertido em kg ha^{-1}, a 13 % de umidade.

Os dados foram submetidos à análise de variância (ANOVA) e comparados pelo teste de Tukey. As análises foram feitas com auxílio do programa estatístico ASSISTAT.

RESULTADOS E DISCUSSÃO – Não houve resultados significativos para o número de vagens por planta, rendimento e para a altura de plantas (Tabela 2), o que pode ter ocorrido devido ao elevado teor de matéria orgânica presente no solo da área experimental que, anteriormente, havia sido utilizado para cultivo de olerícolas e, também, plantio direto, o que, segundo Pavinato e Rosolem (2008), exerce influência sobre a disponibilidade de nutrientes no solo. Essa influência está muito relacionada com a complexação ou adsorção de íons competidores, inibindo a ação dos grupos funcionais do solo, deixando, assim, os nutrientes mais livres em solução. A decomposição do material orgânico também deve ser considerada importante fonte de nutrientes no solo, pois sua decomposição resulta em mineralização dos nutrientes dos tecidos das plantas.

Já para o número de grãos por vagem, apenas o tratamento com dois parcelamentos foi inferior aos demais; e para a massa de 100 grãos quando realizadas três aplicações houve diminuição no peso dos grãos. Observa-se que esses valores não seguiram uma tendência de diminuição ou aumento, esse fato pode ter ocorrido devido à infestação por nematoides-das-galhas (*Meloidogyne* spp.) (Figura 1) observada na área, que somente foi constatada no momento da colheita. Segundo Machado (2011), a infestação por nematoides pode levar a perdas de 50 %. A autora destaca ainda que, na parte aérea das plantas, não é possível observar sintomas bem específicos, porém, no geral, as plantas ficam com tamanho reduzido e amarelecidas.

Dentre as maneiras de evitar o ataque de nematoides à cultura, destaca-se a utilização de cultivares resistentes. Ao avaliar o nível e infestação de nematóide-das-galhas em diferentes genótipos de feijoeiro Santos et al. (2009) e Simão et al. (2010) destacam que a cultivar Pérola comporta-se como susceptível à infestação, sofrendo grande impacto em sua produção quando há ocorrência deste em seu ciclo produtivo.

Devido a esse acontecimento não é possível afirmar sobre o efeito da adubação nitrogenada. Sendo assim, recomenda-se uma nova avaliação do efeito destes parcelamentos em área não infestada por nematoides.

CONCLUSÕES – O rendimento do feijoeiro não foi afetado pelo número de parcelamentos da adubação nitrogenada. Apenas o número de grãos por vagem e a massa de cem grãos foram afetados negativamente.

REFERÊNCIAS

CANOLEGO, J.C.; RAMOS JÚNIOR, E.U.; BARBOSA, R.D.; LEITE, G.H.P.; GRASSI FILHO, H. Adubação nitrogenada em cobertura no feijoeiro com suplementação de molibdênio via foliar. **Revista Ciência Agronômica**, v.41, p.334-340, 2010.

COMPANHIA NACIONAL DE ABASTECIMENTO - CONAB. **Acompanhamento de safra brasileira: grãos, oitavo levantamento, maio 2014**. Brasília: Conab, 2014.

MACHADO, A. **Nematóides em feijão: perdas de 10% podem chegar a 50%**. Sociedade Brasileira de Nematologia. 2011. Disponível em: <http://nematologia.com.br/2011/12/nematoides-em-feijao-perdas-de-10-podem-chegar-a-50/>. Acesso em 11 de julho de 2014.

MESQUITA, F.R.; CORRÊA, A.D.; ABREU, C.M.P. de; LIMA, R.A.Z.; ABREU, A. de F.B. Linhagens de feijão (*Phaseolus vulgaris* L.) : composição química e digestibilidade protéica. **Ciência e Agrotecnologia**, Lavras, v.31, p.1114-1121, 2007.

PAVINATO, P.S.; ROSOLEM, C.A. Disponibilidade de nutrientes no solo – decomposição e liberação de compostos orgânicos de resíduos vegetais. **Revista Brasileira de Ciência do Solo**, v.32, p.911-920, 2008.

PIRES, A.A.; ARAÚJO, G.A. de; MIRANDA, G.V.; BERGER, P.G.; FERREIRA, A.C. de B.; ZAMPIROLLI, P.D.; LEITE, U.T. Rendimento de grãos, componentes do rendimento e índice spad do feijoeiro (*Phaseolus vulgaris* L.) em função da época de aplicação foliar de molibdênio. **Ciência e Agrotecnologia**, Lavras, v.28, p.1092-1098, 2004.

SANTOS, L.N.S. dos; CABRAL, P.D.S.; MATTA, F. de P.; ALVES, F.R.; VALADARES JUNIOR, R.; DEL CARO, C.F.; BELAN, L.L. Comportamento de genótipos de feijão à *Meloidogyne incógnita* raça 3. In: CONGRESSO BRASILEIRO DE AGROECOLOGIA, 6., 2003, Londrina. **Anais...** Londrina: Universidade Estadual de Londrina, 2003. p.126.

SIMÃO, G.; ORSINI, I.P.; SUMIDA, C.H.; HOMECHIN, M.; SANTIAGO, D.C.; CIRINO, V.M. Reação de cultivares e linhagens de feijoeiro em relação a *Meloidogyne javanica* e *Fusarium oxysporum* f. sp. *Phaseoli*. **Ciência Rural**, Santa Maria, v.40, p.1003-1008, 2010.

Tabela 1. Atributos químicos do solo, classificado como Latossolo Vermelho-Amarelo distrófico, da área experimental.

pH (CaCl$_2$)	P (Resina)	K	Ca	Mg	H+Al	Al	MO	V
	mg dm^{-3}	----------------------mmol$_c$ dm^{-3}----------------------					g dm^{-3}	%
5,6	60	5,3	26,0	22,0	17,0	9,7	31,0	76

Tabela 2. Resultados médios obtidos para os componentes primários do rendimento em função da quantidade de parcelamentos da adubação nitrogenada. Número de grãos por vagem (GPV), número de vagens por planta (VPP), massa de 100 grãos (M100), rendimento de grãos (REND) e altura de plantas (AP).

Parcelamentos	GPV*	VPP	M100**	REND	AP
			g	Kgha^{-1}	Cm
0	3,925 a	13,94	31,2 a	4060,11	67,0
1	3,475 ab	17,85	30,45 a	4537,19	60,06
2	3,300 b	14,52	28,82 ab	3253,44	52,06
3	3,625 ab	14,31	27,86 b	3463,95	57,56
4	3,625 ab	15,83	30,09 ab	4152,91	50,12
CV(%)	7,63	19,63	3,73	18,33	11,68

Médias seguidas por letras iguais na coluna não diferem entre si pelo Teste de Tukey a 1 (**) e 5 (*) %.

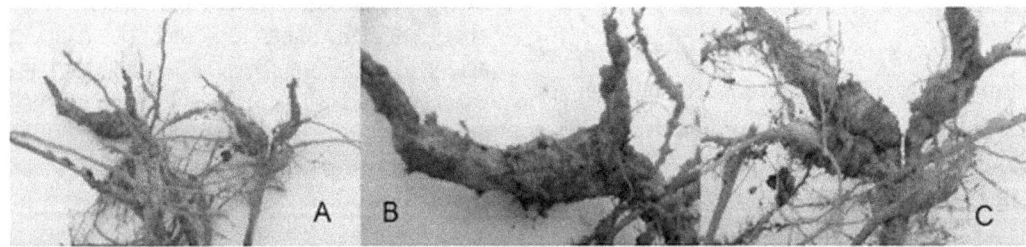

Figura 1. Raízes de plantas de feijão infestadas por nematoides-das-galhas (*Meloidogyne* spp.).

Persistência de fitomassa e ciclagem de nutrientes em resíduos de plantas cultivadas como cobertura de solo

Luciano dos Reis Venturoso[1]; Lenita Aparecida Conus Venturoso[1]; Antonio Carlos Tadeu Vitorino[2]; Angélica Gritti[3]; Antonio Rafael Farias[3]

(1) Professor, Dr. do IFRO, Campus Ariquemes, Rodovia RO, 257, km 13, Caixa Postal 130, CEP 76870-970, Ariquemes-RO. E-mail: lenita.conus@ifro.edu.br, luciano.venturoso@ifro.edu.br (2) Professor, Dr. da Universidade Federal da Grande Dourados. E-mail: antonio.vitorino@ufgd.edu.br (3) Técnico em Agropecuária. E-mail: angelicagritti@hotmail.com; rafael.f.agro@hotmail.com

RESUMO – O trabalho teve por objetivo avaliar a persistência da palhada e a quantidade de macronutrientes liberados de resíduos vegetais de diferentes espécies em região tropical. O experimento foi realizado no Instituto Federal de Rondônia, em Ariquemes, RO, no período de março a outubro de 2012. As culturas utilizadas como cobertura de solo, sorgo, milho, arroz, soja, girassol, crotalária e níger, foram manejadas no florescimento, e após a secagem acondicionadas em litter bags que retornaram ao campo. A fitomassa foi avaliada aos 0, 30, 60, 90, 120, 150 e 180 dias após o manejo dos resíduos. Adotou-se o delineamento inteiramente casualizado, em arranjo fatorial 7x7, com 3 repetições por avaliação. Foi determinada a quantidade de palha de cada material vegetal sobre o solo, o acúmulo de macronutrientes remanescentes e o tempo de meia-vida dos resíduos e dos nutrientes. Os resíduos das espécies foram decompostos rapidamente, sendo as taxas de decomposição e de liberação de nutrientes maiores no período de 0 a 30 dias após o manejo. A decomposição nesse período pode ter sido favorecida pelas condições climáticas, sendo esse fator um dos mais agravantes para a manutenção de cobertura vegetal em sistemas de plantio direto na região. As espécies demonstraram potencial para recuperar e disponibilizar os macronutrientes às culturas em sucessão, destacando-se o níger, que apresentou elevada persistência no solo e liberação de nutrientes, com grande potencial para a região.

Palavras-chave: cobertura vegetal, litter bags, tempo de meia-vida.

INTRODUÇÃO – A implantação de sistemas de manejo conservacionistas tem-se destacado como uma estratégia eficaz para aumentar a sustentabilidade dos sistemas agrícolas nas regiões tropicais e subtropicais (CAIRES et al., 2006). Para o sistema plantio direto, é indispensável que a palhada seja mantida sobre a superfície do solo de forma permanente, com quantidades de matéria seca suficientes para manter o solo coberto durante todo o ano. A eficácia desse sistema está relacionada, dentre outros fatores, com a quantidade e qualidade da fitomassa produzida pelas plantas de cobertura, a persistência desses resíduos sobre o solo, a taxa de decomposição e a liberação de nutrientes (LEITE et al., 2010).

Quando se considera o clima e o solo de regiões tropicais, o emprego do sistema plantio direto sugere o conhecimento e a definição de espécies para cobertura que sejam adaptadas a estas condições (CERETTA et al., 2002), pois o inverno seco limita o cultivo de culturas anuais, na entressafra, e acelera a decomposição da cobertura vegetal do solo (PACHECO et al., 2011). Nessas condições, as características mais importantes nas plantas de cobertura são a quantidade e a durabilidade da fitomassa produzida, bem como a sua capacidade de ciclagem de nutrientes (BOER et al., 2008).

Considerando a adoção cada vez mais frequente do sistema plantio direto em regiões tropicais, há a necessidade de informações mais consistentes sobre a dinâmica de decomposição dos resíduos vegetais que refletirá no estabelecimento de cobertura do solo, nos estoques de nutrientes e na produtividade das culturas sucessoras (SODRÉ FILHO et al., 2004). Nesse contexto, objetivou-se avaliar a persistência da palhada e a quantidade de macronutrientes liberados de resíduos vegetais de diferentes espécies em região de clima tropical.

MATERIAL E MÉTODOS – O experimento foi realizado no Instituto Federal de Rondônia, campus Ariquemes, no município de Ariquemes, RO, no período de março a outubro de 2012. As coordenadas do município são 9° 56' 56" de latitude Sul e 62° 57' 42" de longitude Oeste e altitude de 140 metros. O clima predominante da região é tropical úmido com estação seca bem definida entre junho e agosto, tipo Aw pela classificação de Köppen, com temperatura média em torno de 28 °C e precipitações médias anuais de aproximadamente 2.100 mm.

Na safra de verão foram conduzidas, em parcelas de 13x13 m, as culturas: crotalária (*Crotalaria juncea*), níger (*Guizotia abyssinica*), sorgo (*Sorghum bicolor* cv. BRS 330), milho (*Zea mays* cv. AL Bandeirante), arroz (*Oryza sativa* cv. Primavera), soja (*Glycine max* cv. BRS 7580) e girassol (*Helianthus annuus* cv. Helio 251). Foi adotado o espaçamento de 0,50 m entrelinhas para a soja, sorgo, arroz, crotalária e níger, e de 0,70 m para milho e girassol. A semeadura foi realizada manualmente, assim como a adubação, 450 kg ha^{-1} do formulado (NPK) 4-14-8.

No florescimento, as espécies foram cortadas e mantidas na área para dessecação, sendo posteriormente realizadas amostragens ao acaso em cada parcela, onde foram coletados os materiais para determinação da massa seca. O material vegetal foi levado ao laboratório, lavado e colocado em estufa de circulação forçada de ar a 60 °C até atingir massa constante.

Para determinar a decomposição das plantas de cobertura, quarenta gramas de massa seca de cada espécie, equivalente a 10.000 kg ha^{-1}, foram fracionadas em pedaços de aproximadamente 5 cm e colocadas em sacos de tela de náilon (litter bags) de malha de 2 mm e dimensões de 20x20 cm, conforme descrito por Espindola et al. (2006). As sacolas contendo os resíduos vegetais retornaram a área de cultivo e foram alocadas nas entrelinhas de um cultivo de girassol na safrinha, em contato direto com o solo.

As avaliações da fitomassa foram realizadas aos 0, 30, 60, 90, 120, 150 e 180 dias após o manejo dos resíduos do sorgo, milho, arroz, soja, girassol, crotalária e níger, compondo o delineamento inteiramente casualizado, em arranjo fatorial 7x7, com 3 repetições por avaliação.

Ao final de cada período, três litter bags de cada cultura foram recolhidos aleatoriamente, sendo posteriormente, lavados com água destilada e secos em estufa de circulação forçada de ar a 60°C, até massa constante, para determinação da massa seca. Com os resultados foi determinada a quantidade de palha remanescente sobre o solo, de cada material vegetal, pela diferença entre a massa original (40 g) e a massa determinada ao final de cada período de avaliação. Estimou-se ainda o tempo de meia-vida dos resíduos, ou seja, o tempo necessário para que 50 % do material vegetal seja decomposto.

As amostras de matéria seca obtidas foram moídas em moinho do tipo Willey e submetidas à análise química para determinação dos macronutrientes, nitrogênio (N), fósforo (P), potássio (K), cálcio (Ca), magnésio (Mg) e enxofre (S), conforme descrito por Malavolta et al. (1997). A quantidade de nutrientes remanescentes na palha foi determinada pelo produto da quantidade de matéria seca e os teores de nutrientes em cada resíduo vegetal.

Os dados foram submetidos à análise de

variância ao nível de 5 % de probabilidade, com o auxílio do programa SISVAR. No caso de interação significativa entre os fatores, procederam-se os necessários desdobramentos, sendo realizadas análises de regressão.

RESULTADOS E DISCUSSÃO – Foi constatado que as maiores perdas de matéria seca ocorreram no início das avaliações, chegando a apresentar 60 e 48 % de redução na matéria seca do girassol e crotalária, respectivamente. Mesmo em palhas com maior persistência como milho e níger, essa fase também merece destaque com perdas de 35 e 30 % de matéria seca, respectivamente. A decomposição nesse período pode ter sido favorecida pelas condições climáticas locais, no qual foi registrada precipitação pluviométrica em torno de 200 mm e temperatura em torno de 25 °C (Figura 1), o que favoreceu a rápida redução dos resíduos culturais, sendo esse fator um dos mais agravantes para a manutenção de cobertura vegetal em sistemas de plantio direto na região.

Dentre os materiais avaliados, o girassol e a crotalária apresentaram acelerado processo de decomposição, com metade do material decomposto aos 26 e 35 dias, respectivamente, e reduzida quantidade de matéria seca remanescente aos 180 dias após o manejo dos resíduos (DAM). A rápida decomposição relaciona-se aos baixos valores da relação carbono/nitrogênio (C/N), 19,85 no girassol e 20,46 na crotalária, evidenciando que essa característica influencia na decomposição, sendo mais rápida nos resíduos com menores valores.

Observou-se elevada persistência dos resíduos de milho ao final das avaliações, constatando-se meia-vida de 91 dias. Estudos demonstram que a elevada relação C/N de gramíneas favorece a maior permanência dos resíduos no solo, e desta forma, o valor de 56,37 encontrado para a cultura, foi considerado elevado quando comparado com os das demais palhas nesse estudo.

A persistência dos resíduos de níger merece destaque devido ao bom desenvolvimento da cultura na região, proporcionando elevada produção de fitomassa e adequada cobertura do solo. Mesmo com as condições climáticas favoráveis a decomposição e relação C/N de 23,63, a meia-vida da cultura foi de 99 dias, a maior entre as culturas avaliadas. Carneiro et al. (2008) avaliando a produção de fitomassa de espécies vegetais, entre elas o níger, na região de Jataí, GO, obtiveram, em média, 67 dias para a decomposição de metade da fitomassa, independentemente das espécies estudadas.

A meia-vida do sorgo, arroz e soja foi obtida aos 56, 66 e 79 dias. Apesar da soja ser uma leguminosa, com rápida decomposição, o grau de maturação das plantas foi um fator que determinou a maior permanência desse resíduo na superfície do solo. Segundo Bertol et al. (2004) o atraso no manejo das plantas de cobertura, permite que as mesmas acumulem maior quantidade de compostos ricos em carbono, como lignina, o que possibilita aumento da relação C/N na massa vegetal, e, consequentemente, aumento de sua persistência no solo. Assim, a relação C/N de 42,37 observada para soja, retardou a decomposição, ficando esse valor próximo aos encontrados para sorgo e arroz, 39,31 e 40,42, respectivamente.

A cinética de liberação de nutrientes dos resíduos culturais foi semelhante à dinâmica de decomposição da matéria seca, com um período inicial rápido e outro mais estável (Figura 2).

Verificou-se que o níger e a crotalária apresentaram acúmulos iniciais de 206,50 e 241,50 kg ha^{-1} de N, respectivamente (Figura 2A). A liberação de metade da quantidade inicial de N foi obtida com 31 dias para a crotalária, enquanto, os resíduos de níger liberaram metade do N com 53 dias. Carvalho et al. (2008) também encontraram maiores quantidades de N na crotalária, atribuindo esse fato a fixação biológica realizada por essa leguminosa. As gramíneas milho, sorgo e arroz estão entre os resíduos que menos acumularam N, mas disponibilizaram elevadas porcentagens do nutriente absorvido, liberando 92, 83 e 76 % de N, respectivamente, aos 180 DAM.

O fósforo foi o nutriente com menor teor encontrado nas espécies, pois o elemento fica adsorvido no solo, sendo absorvido em pequenas quantidades pelas plantas. Para esse nutriente, observou-se meia-vida de 53 dias para os resíduos de arroz e 24 dias para milho, com valor intermediário para os demais resíduos (Figura 2B). A rápida liberação de P no período inicial da decomposição está ligada à perda do P solúvel em água. A maior parte desse nutriente no tecido vegetal encontra-se no vacúolo da célula, na forma mineral, sendo liberado dos resíduos culturais quando o vacúolo é rompido (MARSCHNER, 2012).

O K foi o nutriente mais rapidamente mineralizado, apresentando valores próximos de zero na última avaliação (Figura 2C). Na primeira amostragem, realizada aos 30 DAM, cerca de 70 % do K dos resíduos vegetais já haviam sido liberados para o solo. A acelerada liberação do nutriente do tecido vegetal levou a obtenção de meia-vida entre 19 e 24 dias. Verificou-se que o girassol e o níger apresentaram acúmulos de 325,50 e 234,00 kg ha^{-1} de K inicialmente, sendo que 99 % desse elemento foi liberado para o solo no final das avaliações.

Constataram-se maiores acúmulos de Ca e Mg (Figura 2D e 2E) nos resíduos de girassol e níger, com uma liberação gradativa ao longo do tempo, em torno de 40 % de cada nutriente, no primeiro mês de avaliação. Atrelado a essa afirmação, o girassol e o níger foram as coberturas que mais tempo levaram para atingir a meia-vida, sendo respectivamente, 53 e 73 dias para o Ca e 54 e 49 dias para o Mg. De acordo com Teixeira et al. (2011), o Ca é um elemento que faz parte da composição estrutural das células, como parede celular, apresentando maior dificuldade de ser mineralizado e liberado para o solo.

O níger foi o tratamento com maior quantidade de S remanescente, seguido pela crotalária e o girassol (Figura 2F). A importância do S para as oleaginosas está ligada à formação de aminoácidos, que por sua vez são necessários para a formação das proteínas e para o metabolismo do N (MAUAD et al., 2013). Aos 180 DAM, os tratamentos níger, crotalária e girassol apresentaram 86, 82, 71 % de S liberado, respectivamente.

Verificou-se superioridade do girassol na liberação dos nutrientes, P, K, Ca e Mg, no entanto, salienta-se a menor proteção do solo proporcionada por esses resíduos, pois a cultura era constituída basicamente por caules, com rápida decomposição da matéria seca. O níger demonstrou bom desempenho, por apresentar elevado acúmulo de todos os nutrientes, com liberações superiores para N, Mg e S, e pela elevada produção de fitomassa, com decomposição mais lenta e maior proteção do solo.

CONCLUSÕES – Os resíduos das espécies são decompostos rapidamente, sendo as taxas de decomposição e de liberação de nutrientes maiores no período de 0 a 30 dias após o manejo. As espécies demonstram potencial para recuperar e disponibilizar os macronutrientes às culturas em sucessão, destacando-se o níger, com elevada persistência no solo e liberação de nutrientes, com grande potencial para a região.

AGRADECIMENTOS – Ao IFRO pelos recursos disponíveis para a realização da pesquisa.

REFERÊNCIAS

BERTOL, I.; LEITE, D.; ZOLDAN JUNIOR, W.A. Decomposição do resíduo de milho e variáveis relacionadas. **Revista Brasileira de Ciência do Solo**, v.28, p.369-375, 2004.

BOER, C.A.; ASSIS, R.L.; SILVA, G.P.; BRAZ, A.J.B.P.; BARROSO, A.L.L.; CARGNELUTTI FILHO, A.; PIRES, F.R. Biomassa, decomposição e cobertura do solo ocasionada por resíduos culturais de três espécies vegetais na região centro-oeste do Brasil. **Revista Brasileira de Ciência do Solo**, v.32, p.843-851, 2008.

CAIRES, E.F.; GARBUIO, F.J.; ALLEONI, L.R.F.; CAMBRI, M.A. Calagem superficial e cobertura de aveia preta antecedendo os cultivos de milho e soja em sistema plantio direto. **Revista Brasileira de Ciência do Solo**, v.30, p.87-98, 2006.

CARNEIRO, M.A.C.; CORDEIRO, M.A.S.; ASSIS, P.C.R.; MORAES, E.S.; PEREIRA, H.S.; PAULINO, H.B.; SOUZA, E.D. Produção de fitomassa de diferentes espécies de cobertura e suas alterações na atividade microbiana de solo de cerrado. **Bragantia**, v.67, p.455-462, 2008.

CARVALHO, A.M.; BUSTAMANTE, M.M.C.; SOUSA JUNIOR, J.G.A.; VIVALDI, L.J. Decomposição de resíduos vegetais em Latossolo sob cultivo de milho e plantas de cobertura. **Revista Brasileira de Ciência do Solo**, v.32, p.2831-2838, 2008.

CERETTA, C.A.; BASSO, C.J.; FLECHA, A.M.T.; PAVINATO, P.S.; VIEIRA, F.C.B.; MAI, M.E.M. Manejo da adubação nitrogenada na sucessão aveia preta/milho, no sistema plantio direto. **Revista Brasileira de Ciência do Solo**, v.26, p.163-171, 2002.

ESPINDOLA, J.A.A.; GUERRA, J.G.M.; ALMEIDA, D.L.; TEIXEIRA, M.G.; URQUIAGA, S. Decomposição e liberação de nutrientes acumulados em leguminosas herbáceas perenes consorciadas com bananeira. **Revista Brasileira de Ciência do Solo**, v.30, p.321-328, 2006.

LEITE, L.F.C.; FREITAS, R.C.A.; SAGRILO, E.; GALVÃO, S.R.S. Decomposição e liberação de nutrientes de resíduos vegetais depositados sobre Latossolo Amarelo no cerrado maranhense. **Revista Ciência Agronômica**, v.41; p.29-35, 2010.

MALAVOLTA, E.; VITTI, G.C.; OLIVEIRA, S.A. **Avaliação do estado nutricional de plantas: princípios e aplicações**. 2. ed. Piracicaba: POTAFOS, 1997. 319p.

MAUAD, M.; GARCIA, R.A.; VITORINO, A.C.T.; SILVA, R.M.M.F.; GARBIATE, M.V.; COELHO, L.C.F. Matéria seca e acúmulo de macronutrientes na parte aérea das plantas de crambe. **Ciência Rural**, v.43, p.771-778, 2013.

MARSCHNER, P. **Marschner's mineral nutrition of higher plants**. 3. ed. Amsterdam: Elsevier, 2012. 651p.

PACHECO, L.P.; LEANDRO, W.M.; MACHADO, P.L.O.A.; ASSIS, R.L.; COBUCCI, T.; MADARI, B.E.; PETTER, F.A. Produção de fitomassa e acúmulo e liberação de nutrientes por plantas de cobertura na safrinha. **Pesquisa Agropecuária Brasileira**, v.46, p.17-25, 2011.

SODRÉ FILHO, J.; CARDOSO, A.N.; CARMONA, R.; CARVALHO, A.M. Fitomassa e cobertura do solo de culturas de sucessão ao milho na região do cerrado. **Pesquisa Agropecuária Brasileira**, v.39, p.327-334, 2004.

TEIXEIRA, M.B.; LOSS, A.; PEREIRA, M.G.; PIMENTEL, C. Decomposição e liberação de nutrientes da parte aérea de plantas de milheto e sorgo. **Revista Brasileira de Ciência do Solo**, v.35, p.867-876, 2011.

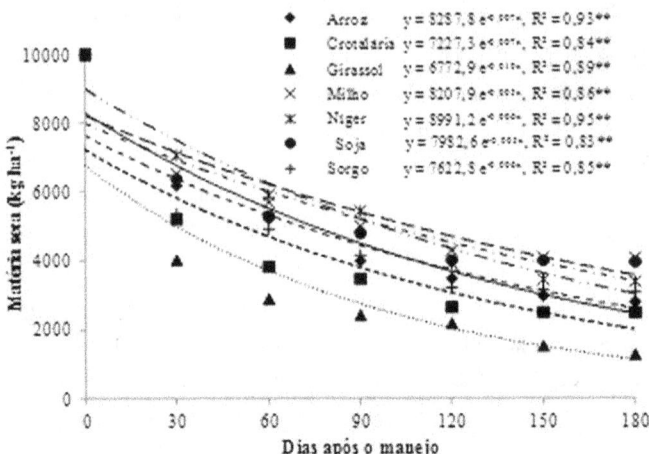

Figura 1. Quantidade de matéria seca remanescente das diferentes espécies em função do tempo após o manejo da fitomassa.

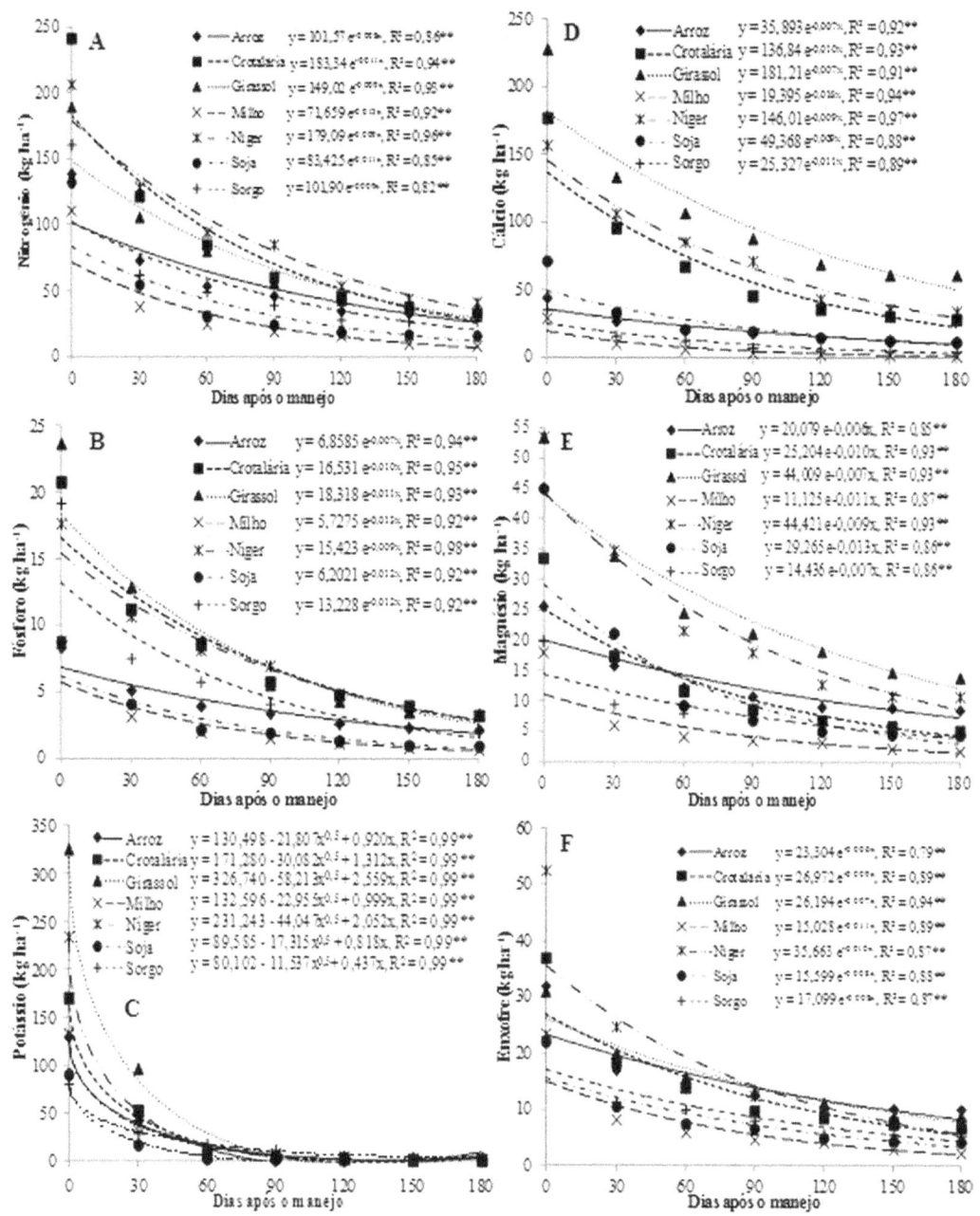

Figura 2. Macronutrientes remanescentes nos resíduos vegetais em função dos dias após o manejo da fitomassa.

Porcentagem de saturação em solo de área cultivada comparado ao solo de floresta no município de Colorado do Oeste, RO

Jhonathann W. F. da Silva[1]; Dieiny Amaral[1]; Josiel Faustino da Cruz[1]; Elvys Miranda Barbosa[1]; Jean Carlos Gorgen[1]; Priscila Karolina Silva[1]; Wagner Viana Andreatta[1]; Stella Cristiani Gonçalves Matoso[2]

(1) Estudante de Graduação em Engenharia Agronômica, IF de Rondônia, Rodovia RO 399, Km 5, Zona Rural, CEP 76993-000, Colorado do Oeste, RO. E-mail: jhonathannfurquin@hotmail.com; dieinymaral@hotmail.com; josielfaustino@gmail.com; elvysmirandabarbosa@gmail.com; jeangorgen16@hotmail.com; karoliny-pb@hotmail.com; tizil42@hotmail.com (2) Professora, Instituto Federal de Educação Ciência e Tecnologia de Rondônia, Rodovia RO 399, Km 5, Zona Rural, CEP 76993-000, Colorado do Oeste, RO. E-mail: stella.matoso@ifro.edu.br

RESUMO – O conhecimento da porcentagem de saturação de água no solo é importante na identificação dos agregados deste, além de estar relacionado com a porosidade que o solo apresenta. Objetivou-se comparar a capacidade de infiltração e retenção de água em solos de áreas de cultivo e de mata. O trabalho foi realizado no Instituto Federal de Educação Ciência e Tecnologia de Rondônia – Campus de Colorado do Oeste. No experimento utilizou-se o cálculo de saturação, realizando a embebição do solo e, posteriormente, a pesagem deste em intervalos de 24 h, num período de quatro dias consecutivos. Os solos de área de floresta e de área de cultivo apresentaram diferenças na porcentagem de saturação, sendo que o solo da área de cultivo retém maior quantidade de água devido a sua maior presença de microporos. Em função dessa maior retenção de água a infiltração pode ser afetada, fazendo com que a água escoe superficialmente levando consigo agregados do solo. Esse fator é agravante pelo solo estudado ter sido classificado como Argissolo, ordem de solo bastante suscetível à erosão.

Palavras-chave: retenção, infiltração, água.

INTRODUÇÃO - O conhecimento do percentual de saturação do solo se torna indispensável principalmente para o cultivo irrigado, pois o uso intensivo do solo e o manejo inadequado influenciam diretamente na fertilidade dos solos e na produtividade das culturas.

A saturação é a proporção dos poros do solo preenchidos com água em relação à porosidade total. Portanto a porcentagem de saturação é medida de acordo com a capacidade de infiltração e retenção de água que o solo apresenta.

Em um solo com todos com os poros cheios, a saturação será igual 100 %, conforme Klein (2012). Logo a saturação de um solo está intimamente ligada com a porosidade que esse solo apresenta no que diz respeito a macro e microporos, sendo que a percentagem de saturação de um solo será maior quando este apresentar mais micro do que macroporos, levando em consideração que estes retêm por maior tempo a água em seu interior.

Deste modo, objetivou-se neste trabalho avaliar a capacidade de infiltração e retenção de água das camadas superficiais de um Argissolo Vermelho eutrófico típico sob floresta nativa e cultivo anual, por medidas indiretas.

MATERIAL E MÉTODOS – O experimento foi conduzido no Instituto Federal de Educação, Ciências e Tecnologia de Rondônia (IFRO), *Campus* Colorado do Oeste, localizado a 13º 07' 00" S, 60º 32' 30" W, a 460 m de altitude, durante o mês de novembro de 2013.

O clima da região é classificado, segundo a classificação de Köppen, como sendo do tipo Aw tropical quente, com estação seca de inverno, com temperatura anual em torno de 25,2 °C e precipitação média anual de até 2.400 mm (CARVALHO, 2014).

O solo analisado foi classificado como Argissolo Vermelho eutrófico típico (EMBRAPA, 2009a). Foi realizada também a caracterização física e química do solo (Tabela 1).

Para a condução do experimento, foi utilizado o delineamento experimental inteiramente casualizado (DIC), sendo conduzido em esquema fatorial 2x2, sendo duas profundidades (0,0 – 0,10 e 0,10 – 0,20 m) e dois sistemas de uso do solo (área de cultivo anual e uma área de vegetação nativa) com oito repetições, totalizando 32 parcelas.

A região estudada é uma área de transição entre os biomas Cerrado e Amazônia, sendo que a vegetação nativa é classificada como floresta subperenifólia (SANTOS et al., 2005), arbórea densa com extrato arbóreo/arbustivo de 8-15 m e densidade de dossel de 50 a 95 % (RIBEIRO; WALTER, 1998).

A área antropizada foi preparada durante sete anos agrícolas com uma aração e de duas a três gradagens anuais para o cultivo de culturas olerícolas, como mandioca, quiabo, melancia, pepino, dentre outras. Há dois anos o solo foi deixado de ser mecanizado implantando-se o plantio direto, com o cultivo de girassol, seguido de melancia.

A coleta de amostras de solo com estrutura indeformada foi realizada em minitrincheiras, com profundidade de 0,10 m e 0,20 m, com auxílio de um enxadão, marreta e anéis de aço (Kopecky) de bordas cortantes e volume interno conhecido (EMBRAPA, 1997).

Após coletadas, as amostras foram levadas à estufa por 72 h a 105 °C e, em seguida, foram submetidas à embebição em água por capilaridade por aproximadamente 24 h. Depois de embebidas, as amostras foram pesadas em intervalos de 24 h, num período de quatro dias consecutivos (EMBRAPA, 1997). A capacidade de campo foi considerada como o solo saturado após 24 h.

O cálculo de porcentagem de saturação foi realizado a partir dos valores aferido nas pesagens, sendo que os valores encontrados nos segundo, terceiro e quarto dia de pesagens foram multiplicados por 100 (porcentagem de saturação do solo assim que é retirado da embebição) e divididos pelo valor encontrado no primeiro dia de pesagem, a massa do anel de aço foi subtraída, sendo consideradas apenas as amostras.

Foram retiradas também amostras deformadas nas profundidades de 0,0 a 0,10 m e 0,10 a 0,20 m, para sua caracterização química e granulométrica (EMBRAPA, 2009b) (Tabela 1) e para a determinação da densidade de partículas (Dp) pelo método do balão volumétrico conforme preconizado pela Embrapa (1997). A macro (Ma) e microporosidade (Mi) foram calculadas pelas equações desenvolvidas por Stolf et al. (2011).

A análise estatística consistiu na análise de variância pelo teste F, seguida da comparação de médias pelo teste de Tukey, a 5 % de probabilidade.

RESULTADOS E DISCUSSÃO – Para a capacidade de campo não houve diferença significativa (p>0,05) entre os tratamentos, sendo que as médias para o solo sob floresta nas profundidades de 0,0 a 0,1 m foram 0,45 e 0,46 $cm^3\ cm^{-3}$ e para o solo sob cultivo nas mesmas profundidades foram 0,44 e 0,45 $cm^3\ cm^{-3}$. Portanto o cultivo do solo ainda não interferiu na capacidade de armazenamento de água.

Entretanto, ao avaliar a macro e microporosidade do solo e a porcentagem de saturação, observa-se que a mudança de uso do solo implicou em alteração na retenção da água no solo. Mesmo havendo a mesma capacidade de saturação, a água ficará retida com intensidades e tempos diferentes.

A percentagem de saturação foi Influenciada

pela interação dos fatores usos e profundidades do solo, sendo que a menor (p<0,05) saturação foi obtida na profundidade de 0,0 a 0,1 do solo sob floresta (97,18 %) (Tabela 2). Contudo, área de floresta deveria apresentar índice mais elevado de saturação devido a seu maior percentual de matéria orgânica. Porém, tal fato pode ser explicado pela quantidade de macro e microporos que o solo de cada área apresenta, sendo que a área de floresta apresenta mais (p<0,05) macroporos e por tal motivo retém menor quantidade de água que a área de cultivo que tem mais microporos (Tabela 3).

Logo, a infiltração de água é provavelmente menor na área de cultivo, mas a retenção desta é maior, reafirmando os resultados obtidos por Portugal et al. (2010), segundo o qual, a maior retenção de água nos solos com sistemas agrícolas deve-se ao aumento da compactação, com redução de macroporos e aumento de microporos, gerando poros com dimensões e geometria que favorecem a retenção de água por capilaridade.

A retenção de água no solo pode influenciar fatores como capacidade de campo e ponto de murcha permanente da planta, que dizem respeito à água que pode ser armazenada no solo em relação à quantidade que a planta pode absorver conforme sua necessidade. Como a capacidade de campo não foi influenciada pelos tratamentos, seria interessante avaliar o ponto de murcha permanente desse solo para diversas culturas.

No dia em que foi aplicada a água ocorreu maior índice de saturação (100 %), sendo que nos primeiros e segundo dias após a aplicação de água não houve diferença significativa para a saturação. No terceiro dia após a aplicação da água se obteve o menor índice de saturação, fato que pode ser explicado pela percolação e evapotranspiração (Tabela 4). Entretanto, não atingiu índice menor que 75 % da capacidade de campo. Logo, quando ocorrem irrigações ou precipitações pluviométricas que saturam esse solo, a irrigação será desnecessária por pelo menos quatro dias.

Com esses resultados, observa-se a importância da adoção de um sistema de manejo eficaz na conservação da qualidade do solo e o constante monitoramento de suas condições. Pois, como o solo antropizado difere do solo sob floresta nativa, isso indica a sua perda de qualidade físico-hídrica, pois a elevação da microporosidade, aumento da retenção de água e provável diminuição da infiltração de água no perfil do solo tornam esse solo mais sujeito aos efeitos da erosão. Fato este agravado pelo solo estudado pertencer à ordem dos Argissolos, que por suas características pedogenéticas, são altamente predispostos aos processos erosivos (OLIVEIRA, 2008).

CONCLUSÕES – Os resultados apontam para maior compactação do solo sob cultivo e, logo, maior microporosidade, maior retenção de água e menor infiltração. Somado a isso, o solo estudado pertence à ordem dos Argissolos, portanto, deve ser monitorado quanto aos riscos de erosão, principalmente se irrigado.

AGRADECIMENTOS – Ao técnico de Laboratório Leandro Dias pelo suporte na condução do experimento.

REFERÊNCIAS

CARVALHO, P.E.R. **Clima.** Brasília, Embrapa. Disponível em: <http://www.agencia.cnptia.embrapa.br/gestor/espe cies_arboreas_brasileiras/arvore/CONT000fuvfsv3x0 2wyiv80166sqfi5balq6.html>. Acesso em: 31 jul. 2014.

EMPRESA BRASILEIRA DE PESQUISA AGROPECUÁRIA. **Sistema brasileiro de classificação de solos.** 2. ed. Rio de Janeiro, Embrapa-SPI, 2009a, 412 p.

EMPRESA BRASILEIRA DE PESQUISA AGROPECUÁRIA. **Manual de análises químicas de solos, plantas e fertilizantes.** 2. ed. Brasília, DF: Embrapa Informação Tecnológica, 2009b. 627p.

EMPRESA BRASILEIRA DE PESQUISA AGROPECUARIA. **Manual de métodos de análises de solo.** Centro

Nacional de Levantamento e Conservação do Solo. Rio de Janeiro, Embrapa Solos, 1997. 212 p.

KLEIN, A.V. **Física do Solo.** 2 ed. Passo Fundo: Universidade de Passo Fundo, 2012.

PORTUGAL, A.F.; COSTA, O.D. A.V.; COSTA, L.M. da. Propriedades físicas e químicas do solo em áreas com sistema produtivos e mata região da zona da mata mineira. **Revista Brasileira de Ciência do Solo,** v.34, p.575-585, 2010.

OLIVEIRA, J.B. de. **Pedologia Aplicada.** Piracicaba, FEALQ, 2008, 592p.

RIBEIRO, J.F.; WALTER, B.M.T. Fitofisionomia do Cerrado. In: SANO, S.M.; ALMEIDA, S.P. de. (Eds). **Cerrado: ambiente e flora.** Brasília: EMBRAPA, 1998. p.89-166.

SANTOS, R.D. dos; LEMOS, R.C. de; SANTOS, H.G. dos; KER, J.C.; ANJOS, L.H.C. **Manual de descrição e coleta no campo.** Viçosa, MG, Sociedade Brasileira de Ciência do Solo, 2005, 92p.

STOLF, R.; THURLER, A. DE M.; BACCHI, O.O.S.; REICHARDT, K. Method to estimate soil macroporosity and microporosity based on sand content and bulk density. **Revista Brasileira de Ciência do Solo**, v.35, p.447-459, 2011.

Tabela 1. Propriedades químicas e físicas de um Argissolo Vermelho eutrófico típico sob vegetação nativa e cultivo anual em Colorado do Oeste, RO, 2013.

Usos do solo	Profundidade	Propriedades químicas									
		pH_{H2O}	P	K	Ca	Mg	Al+H	Al	MO	CTC_{pH7}	V
	m		$mg\ dm^{-3}$	----------$cmol_c\ dm^{-3}$----------					$g\ dm^{-3}$	$cmol_c\ dm^{-3}$	%
Vegetação nativa	0,0-0,1	7,1	62,0	0,35	8,22	1,60	2,75	0,0	47,00	12,90	78,7
Vegetação nativa	0,1-0,2	6,5	26,4	0,17	3,50	0,99	2,25	0,0	16,00	6,90	67,4
Área de cultivo	0,0-0,1	7,2	134,5	0,62	8,69	1,89	2,25	0,0	33,00	13,50	83,3
Área de cultivo	0,1-0,2	7,2	63,5	0,39	8,48	1,74	1,63	0,0	24,00	12,20	86,7

Usos do solo	Profundidade	Areia	Silte	Argila
	m	----------------------------------$g\ kg^{-1}$----------------------------------		
Vegetação nativa	0,0-0,1	600	128	272
Vegetação nativa	0,1-0,2	630	143	227
Área de cultivo	0,0-0,1	384	193	423
Área de cultivo	0,1-0,2	399	193	408

Tabela 2. Percentagem de saturação (%) de um Argissolo Vermelho eutrófico típico em função da interação entre usos e profundidades do solo em Colorado do Oeste, RO, 2013.

Usos do solo	Profundidades do solo (m)	
	0,0-0,1	0,1-0,2
Floresta nativa	97,20bB	98,40aA
Cultivo anual	98,41aA	98,50aA

Letras minúsculas comparam colunas e letras maiúsculas linhas. Médias seguidas de letras distintas diferem entre si pelo teste de Tukey, ao nível de 5 % de probabilidade.

Tabela 3. Macroporosidade (Ma), microporosidade (Mi) e Porosidade total (Pt) nos diferentes usos e profundidades de um Argissolo Vermelho eutrófico típico em Colorado do Oeste, RO, 2013.

Usos do solo	Ma	Mi	Pt
	----------------------------------%----------------------------------		
Floresta nativa	24,69a	27,67b	52,36a
Cultivo anual	13,30b	33,07a	46,37b
Profundidades do solo	Ma	Mi	Pt
m	----------------------------------%----------------------------------		
0,0-0,1	21,99a	29,84b	51,83a
0,1-0,2	16,00b	30,91a	46,91b

Médias seguidas de mesma letra nas colunas não diferem estatisticamente entre si pelo teste F, ao nível de 5 % de probabilidade.

Tabela 4. Médias da percentagem de saturação (%), nos dias após a embebição, nos diferentes usos e profundidades de um Argissolo Vermelho eutrófico típico em Colorado do Oeste, RO, 2013.

Usos do solo	Profundidades (m)	Dia 0	Dia 1	Dia 2	Dia 3
Floresta nativa	0,0-0,1	100,00A	97,73A	96,52A	94,53B
Floresta nativa	0,1-0,2	100,00A	98,56A	98,15A	96,60B
Cultivo anual	0,0-0,1	100,00A	98,53A	98,24A	97,32B
Cultivo anual	0,1-0,2	100,00A	98,71A	98,27A	97,04B

Médias seguidas de mesma letra nas linhas não diferem estatisticamente entre si pelo teste de Tukey, ao nível de 5 % de probabilidade.

Produção de matéria seca anual de três espécies de gramíneas dos gêneros *Brachiaria*, *Panicum* e *Cynodon* sob diferentes níveis de adubação em Rondônia

Vanessa Lemos de Souza[1]; Elisa Köhler Osmari[2]; Denis Cesar Cararo[2]; Jucielton Hitalo da Silva[3]; Alaerto Luiz Marcolan[4]; Henrique Nery Cipriani[4]

(1) Graduanda em Zootecnia, Faculdades Integradas Aparício Carvalho – FIMCA. E-mail: lemos.vnssa@gmail.com (2) Analista, Transferência de Tecnologia EMBRAPA Rondônia, BR 364 km 5,5, Cidade Jardim, CEP 76815-800, Porto Velho, RO Rondônia. E-mail: elisa.osmari@embrapa.br; denis.cararo@embrapa.br (3) Graduando em Engenharia Agronômica, Faculdades Integradas Aparício Carvalho – FIMCA (4) Pesquisador, Embrapa Rondônia. E-mail: alaerto.marcolan@embrapa.br; henrique.cipriani@embrapa.br

RESUMO – O estado de Rondônia é importante no contexto da pecuária brasileira. Apesar disso, é necessário efetuar pesquisas buscando novas tecnologias na adubação para aumentar a produtividade das pastagens. O trabalho foi conduzido para analisar três espécies de forrageiras (ESP): *Brachiaria brizantha* cv. Piatã; *Panicum maximum* cv. Mombaça; *Cynodon* spp. Tifton 85; dois níveis de parcelamento anual (FRA): 4 vezes (março, abril, outubro e dezembro) e 6 vezes (março, abril, junho, agosto, outubro e dezembro) três níveis de adubação (DOSE): 200-160 kg N-K_2O ha^{-1}, 400-320 kg N-K_2O ha^{-1} e 600-480 kg N-K_2O ha^{-1}, em 2013. Utilizou-se o delineamento experimental de blocos casualisados em arranjo fatorial 3x2x3, em parcelas subdivididas, em 3 blocos. Os efeitos de ESP (P=0,0261) e DOSE (P=0,0002) foram significativos para a produção de matéria seca disponível acumulada (PMSDA). O FRA e as interações não foram significativos para a PMSDA. A média do Piatã (17942 kg MS ha^{-1} ano^{-1}), não diferiu da média de PMSDA do Mombaça (16558 kg MS ha^{-1} ano^{-1}), mas foi superior ao Tifton 85 (12804 kg MS ha^{-1} ano^{-1}). A média do Tifton 85 não diferiu da média do Mombaça. As médias dos níveis de 400-320 kg N-K_2O ha^{-1} e 600-480 kg N-K_2O ha^{-1} não diferiram entre si, mas foram superiores ao menor nível. Piatã e Mombaça produzem maiores quantidades de matéria seca disponível acumulada em relação ao Tifton 85. As produções de matéria seca acumulada, independente da espécie, são maiores para os níveis de 400-320 kg N-K_2O ha^{-1} e 600-480 kg N-K_2O ha^{-1}.

Palavras-chave: *Panicum maximum*, *Brachiaria brizantha*, *Cynodon* spp., adubação, pastagem.

INTRODUÇÃO – O estado de Rondônia exportou, em 2012, 208,2 mil toneladas de carne bovina e 35,3 mil toneladas de miúdos para 31 países, totalizando R$ 2,5 bilhões. Rondônia participa com uma fatia de 20 % de toda a carne bovina exportada pelo Brasil (MAPA, 2013) destacando-se como um estado produtor de leite e carne no contexto brasileiro. Apesar disso, a pecuária, de corte e de leite, ainda possui problemas tecnológicos a serem enfrentados. A produtividade da maioria das pastagens é baixa, reduzindo o potencial produtivo. Nesse sentido, há necessidade de melhorar a produção de bovinos no estado, buscando novas alternativas de forrageiras na alimentação dos animais. O aumento da produtividade das pastagens por meio da correção do solo e adubação pode proporcionar aumentos na capacidade de suporte do pasto e no desempenho animal.

O objetivo desse trabalho foi avaliar a produção anual da massa de forragem disponível das espécies forrageiras *Brachiaria brizantha* cv. Piatã, *Panicum maximum* cv. Mombaça e *Cynodon* spp. Tifton 85 sob o efeito de diferentes níveis de adubação N-K$_2$O e o parcelamento da adubação ao longo do ano.

MATERIAL E MÉTODOS – O experimento foi conduzido no Campo Experimental de Porto Velho, na Embrapa Rondônia, em Porto Velho, durante o ano de 2013. A área utilizada foi de 0,3 ha e o solo classificado como Latossolo Vermelho-Amarelo distrófico. O clima, segundo a classificação de Köppen é Aw, clima tropical úmido com precipitação média do mês mais seco inferior a 10 mm e uma precipitação média anual de 2300 mm. A média anual de temperatura gira em torno de 25 ±1 °C com temperatura máxima entre 30 °C e 34 °C e mínima entre 17 °C e 23 °C (SEDAM, 2012).

As gramíneas utilizadas foram o Piatã, o Mombaça e o Tifton 85, por serem espécies já utilizadas na região pelos pecuaristas, devido à sua produtividade e/ou qualidade. O estabelecimento das gramíneas foi realizado em novembro de 2012 após coletas de amostras de solo para análise a 0-20 cm de profundidade. No preparo do solo, foi realizada a incorporação do calcário por meio de aração, seguida de duas gradagens, segundo recomendação baseada na análise de solo (Tabela 1) para elevar a saturação por bases do solo a 60 %.

Para estabelecimento das gramíneas, foi utilizado fertilizante basal nas quantidades de 101 kg de P$_2$O$_5$ ha^{-1}, 33 kg ha^{-1}, 30 kg ha^{-1}, 30 kg de K$_2$O ha^{-1}, para todos os tratamentos. Para estimativa da forragem disponível, foram coletadas duas amostras da parte aérea na altura de corte a partir de fevereiro de 2013, acima de 20 cm para Piatã, de 40 cm para Mombaça e de 15 cm para Tifton 85, baseados na tecnologia da régua da Embrapa e outros (CECATO et al., 2000; PALHANO et al., 2005; VILELA et al., 2005; ANDRADE, 2008), a cada 28 dias, através do método do quadrado de 1 m^2 em uma área útil de pelo menos 20 m^2, totalizando 54 subparcelas com pelo menos 35 m^2.

As amostras foram secas em estufa de circulação de ar forçado a 65 °C, para obter peso constante e percentagem de matéria seca (MS %), adaptado de Silva e Queiroz (2002). Multiplicou-se a MS % pelo peso verde da amostra e somou-se a produção para obter produção acumulada ao longo de 2013. Após cada amostragem, cada espécie foi cortada mecanicamente no dia seguinte à coleta. Aplicou-se ureia e cloreto de potássio em cobertura, de acordo com o parcelamento anual.

O delineamento usado foi o de blocos casualizados em arranjo fatorial completo 3x2x3 com parcelas subdivididas em três blocos, sendo três espécies forrageiras (ESP): *Brachiaria Brizantha* cv. Piatã, *Panicum maximum* Jacq cv. Mombaça e *Cynodon* spp. Tifton 85; dois níveis de parcelamento anual (FRA) em quatro vezes (4X) em março, abril, outubro e dezembro ou seis vezes (6X) em março, abril, junho, agosto, outubro e dezembro de 2013; 3 níveis de adubação N- K$_2$O (DOSE): baixo (200 kg N ha^{-1} + 160 kg de K$_2$O ha^{-1}), médio (400 kg N ha^{-1} + 320 kg de K$_2$O ha^{-1}) e alto (600 kg N ha^{-1} + 480 kg de K$_2$O ha^{-1}). A adubação potássica consistiu da relação K$_2$O-N igual a 0,8, conforme recomendado por Alvim et al. (1999) e Vilela et al. (2005) para maiores produções de massa forrageira. Utilizou-se o software "Sisvar" para a análise estatística através da comparação entre médias pelos testes F e Tukey a 5 % de significância.

RESULTADOS E DISCUSSÃO – Os efeitos da espécie (P=0,0261) e níveis de fertilizante N-K$_2$O ha^{-1} (P=0,0002) foram significativos para produção de matéria seca disponível acumulada (Tabela 2) ao longo de 2013, enquanto que os efeitos do parcelamento e das interações não foram significativos.

Todas as gramíneas avaliadas tiveram comportamento semelhante em relação aos níveis de adubação, sendo que o aumento da aplicação, de 200-160 kg N-K$_2$O ha^{-1} para 400-320 kg N-K$_2$O ha^{-1}, resultou em aumento da produção de matéria seca disponível acumulada (PMSDA), que não diferiu da produção no nível de 600-480 kg N-K$_2$O ha^{-1} (Tabela 2; Figura 1).

Este resultado assemelha-se com o encontrado por Siewerdt et al. (1995), que ao testarem níveis até 700 kg de N ha^{-1} para campo nativo formado especialmente por gramíneas estivais, encontraram a eficiência mais adequada de produção de matéria seca até a dose de 300 kg ha^{-1}. Este resultado divergiu de Alvim et al (1999), que independentemente do intervalo entre cortes, observou aumentos progressivos na produção anual de matéria seca e nas produções estacionais (época das chuvas e das secas) ao elevar a dose anual de nitrogênio até 600 kg ha^{-1} para o Tifton 85.

A média de PMSDA obtida para o capim Piatã (17942 kg MS ha^{-1} ano^{-1}), não diferiu da média de PMSDA do capim Mombaça (16558 kg MS ha^{-1} ano^{-1}), mas foi superior ao capim Tifton 85 (12804 kg MS ha^{-1} ano^{-1}). Contudo, a média encontrada para o Tifton 85 não diferiu da média encontrada para o Mombaça. A menor produção acumulada do Tifton pode ter sido influenciada pelo difícil estabelecimento em função da alta ocorrência de ervas-daninhas.

Outro ponto a ser discutido seria a questão da altura de manejo de corte do Tifton 85 nas condições locais amazônicas, visto que visivelmente demorava mais para se recuperar do corte que as demais espécies, tanto que não apresentou altura suficiente para corte em março de 2013. Provavelmente, a altura de corte encontrada na literatura, que norteou o trabalho, entre 10-15 cm (VILELA et al., 2005), merece mais estudos devido ao forte calor e período de seca em Porto Velho, o que pode ter influenciado na adubação, mesmo o Tifton 85 tendo se recuperado antes do início da seca.

CONCLUSÕES – Os capins Piatã e Mombaça produzem maiores quantidades de matéria seca disponível acumulada do que o capim Tifton 85, nas condições de Porto Velho. A aplicação anual de 400-320 kg de K$_2$O ha^{-1} e 600-480 kg de K$_2$O ha^{-1} resulta em produção acumulada de matéria seca disponível superior à aplicação de 200-160 kg de K$_2$O ha^{-1}.

REFERÊNCIAS

ALVIM, M.J; XAVIER, D.F; VERNEQUE, R.S; BOTREL, M.A. Resposta do Tifton 85 a doses de nitrogênio e intervalos de cortes. **Pesquisa Agropecuária Brasileira,** Brasília, v.34. n.12, p.2345-2352, 1999.

ANDRADE, C.M.S. O capim estrela-roxa na pecuária do Acre. **Acre Rural**, Rio Branco, AC, ano 1, n.1, p.22-24, 2008.

BOLETIM CLIMATOLÓGICO DE RONDÔNIA - Ano 2010, COGEO - SEDAM/Coordenadoria de Geociências – Secretaria de Estado do Desenvolvimento Ambiental – v. 12, 2010 - Porto Velho: COGEO - SEDAM 2012. Anual.

CECATO, U.; MACHADO, E.N.; MARTINS, E.; PEREIRA, L.A.; BARBOSA, M.A.A.; SANTOS, G.T. Avaliação da produção e de algumas características fisiológicas de cultivares e acessos de Panicum maximum Jacq. sob duas alturas de corte. **Revista Brasileira de Zootecnia**, v.29, n.03, p.660-668, 2000.

IBGE – INSTITUTO BRASILEIRO DE GEOGRAFIA E ESTATÍSTICA. 2013-2014. **Indicadores IBGE. Estatística da produção pecuária.** Disponível em: <http://www.ibge.gov.br/home/estatistica/indicadores/agropecuaria/producaoagropecuaria/abate-leite-couro-ovos_201304_publ_completa.pdf...>. Acesso em: 11 set. 2014.

MINISTÉRIO DE AGRICULTURA PECUÁRIA E ABASTECIMENTO – MAPA. **Rondônia produz 20% da carne bovina exportada pelo país**. 19/11/2013. Disponível em: <http://www.agricultura.gov.br/animal/noticias/2013/11/rondonia-produz-20porcento-da-carne-bovina-exportada-pelo-pais. Acessado em 11 de setembro de 2014.

PALHANO, A.L.; CARVALHO, P.C.F.; DITTRICH, J.R.; MORAES, A.; BARRETO, M.Z.; SANTOS, M.C.F. Estrutura do Pasto e Padrões de Desfolhação em Capim-Mombaça em Diferentes Alturas do Dossel Forrageiro 1860. **Revista Brasileira de Zootecnia,** v.34, n.6, p.1860-1870, 2005.

SIEWERDT, L.; NUNES, A.P.; SILVEIRA JÚNIOR, P. Adubação Nitrogenada e Qualidade de Matéria Seca. **Revista Brasileira de Agrociência**, v.1, n.3, p.157-162, 1995.

SILVA, D.J.; QUEIROZ, A.C. **Análises de alimentos. Métodos químicos e biológicos.** 3. ed. Viçosa: UFV, 2002. 235p.

VILELA, D.; RESENDE, J.C.; LIMA, J. **Cynodon: Forrageiras que estão revolucionando a pecuária brasileira.** Juiz de Fora: Embrapa Gado de Leite, 2005, 250p.

Tabela 1. Propriedades químicas do solo da área de implantação do experimento com diferentes forrageiras, no Campo Experimental de Porto Velho. Coleta efetuada em 04/07/2012.

pH-H$_2$O	P	K	Ca	Mg	Al+H	Al	MO	V
	mg dm^{-3}	---------------------- mmol$_c$ dm^{-3} ----------------------					g kg^{-1}	%
5,4	8	2,15	19,6	11,4	156,8	3,0	81,1	17

Tabela 2. Produção de matéria seca disponível para diferentes forragens sob três níveis de adubação e dois parcelamentos anuais durante 2013

	Produtividade de matéria seca	N	CV %
Espécie (ESP)	kg ha^{-1} ano^{-1}		22,21
Piatã	17942 A	18	
Mombaça	16558 AB	18	
Tifton	12804 B	18	
Parcelamento anual (FRA)			9,71
4 parcelas anuais	15657 A	27	
6 parcelas anuais	15880 A	27	
Dose kg ha^{-1} de N-K$_2$O (DOSE)			11,22
200-160	14151 B	18	
400-320	16125 A	18	
600-480	17029 A	18	

*Letras diferentes indicam diferenças significativas pelo Teste de Tukey, a 5 %.

Fonte de variação	P	EP, kg MS ha^{-1} ano
ESP	0,0261 *	825,45
PAR	0,6119 NS	294,52
DOSE	0,0002 **	416,87
ESP X PAR	0,4361 NS	997,62
ESP X DOSE	0,4580 NS	1.239,57
PAR X DOSE	0,1373 NS	589,54
ESP x PAR X DOSE	0,7300 NS	958,37

Teste F, *=P<0,05; **=P<0,01, NS= Não significativo a 0,05.

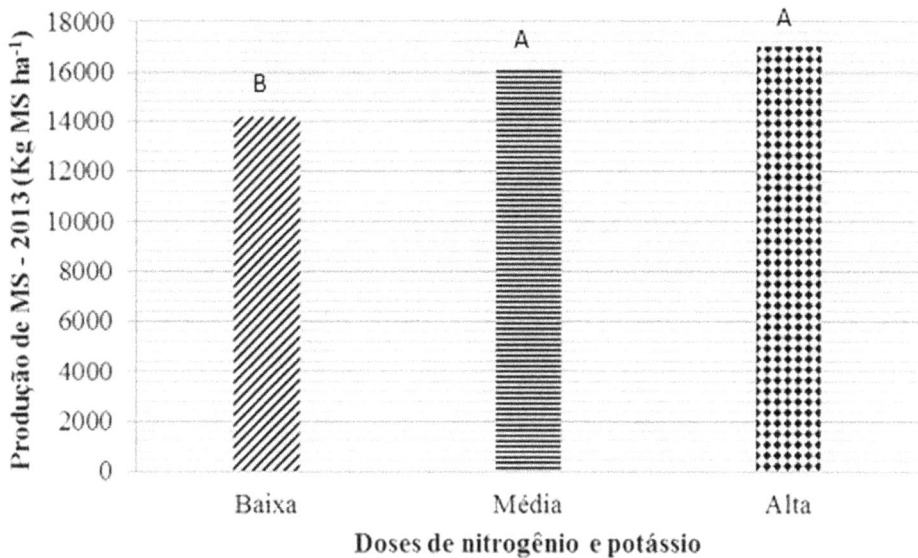

Figura 1. Produção de matéria seca disponível acumulada para diferentes forragens sob três níveis de adubação em 2013. Tratamentos identificados com a mesma letra sobre a coluna não diferem entre si pelo teste de Tukey a 5 % de significância.

Produtividade de amendoim cultivado em diferentes preparos do solos e doses de fósforo na Amazônia Ocidental

Clauton Eferson Cordeiro Fernandes[1]; Eleone Rodrigues de Souza[1]; Marisa Pereira Matt[1]; Odair Queiroz Lara[1]; Diego Boni[1]; Douglas Borges Pichek[1]; Jairo Rafael M. Dias[2]

(1) Acadêmicos de Agronomia da Fundação Universidade Federal de Rondônia, Rolim de Moura, RO. E-mail: clautoneferson10@hotmail.com; eleonerodri@hotmail.com; marisa_matt@hotmail.com; odair.queiroz.lara@hotmail.com; d.boni@hotmail.com; douglasbpichek@hotmail.com (2) Professor do Departamento de Agronomia da Fundação Universidade Federal de Rondônia, Rolim de Moura, RO. E-mail: jairorafaelmdias@hotmail.com

RESUMO – O presente trabalho teve como objetivo avaliar a produtividade de amendoim com aplicação de doses de fósforo e sistemas de preparos de solos no estado de Rondônia. O experimento foi conduzido em blocos ao acaso, em esquema de parcelas subdivididas com 16 tratamentos e três repetições, sendo quatro preparo de solo; Plantio direto, Preparo Sulcador, Preparo Convencional, Preparo Subsolador e quatro doses de fósforo (40, 80, 100, e 120 kg ha^{-1} P$_2$O$_5$ respectivamente). Foi avaliada a produtividade bruta com a retirada das vagens e correção a 8 % de umidade, sendo avaliados 15 pares de plantas por doses de fósforo, totalizando 120 plantas por preparo de solo nas quatro doses. Os resultados obtidos foram submetidos ao teste de Shapiro-Wilk (p≤0,05), a fim de aferir a normalidade dos dados, seguido pela análise de variância. Foram ajustados modelos de regressão para as doses de fósforo, utilizou-se o teste de Tukey (p≤0,05), para comparação entre médias de produção. As análises foram realizadas com o auxílio do programa computacional Assistat 7.7 (SILVA, 2002). Os preparos de solos não apresentaram incremento significativo na produtividade. Os manejos de solos e doses de fósforo aplicadas agiram de forma independente entre si. Das doses de fósforo aplicada a de 80 kg ha^{-1} foi a que apresentou a maior produtividade, sendo que, doses excessivas diminuem a produtividade.

Palavras–chaves: adubação química, produtividade, preparos de solo, rentabilidade econômica.

INTRODUÇÃO – O amendoim é uma planta dicotiledônea, anual, herbácea, ramificada, de porte ereto ou rasteiro, pertencente à família *Fabaceae* (*Leguminoseae*), à subfamília *Palpilionoideae* e à espécie *Arachis hypogaea* L. (REIS, 2010). O amendoim é considerado uma das mais importantes leguminosas, não só por sua expressão econômica, mas também por ser rico em proteínas (48 %), com valor energético de reconhecida qualidade, recomendado em programas de rotação de culturas, ciclo curto, relativamente resistente à seca e totalmente mecanizado (GROTTA et al, 2008).

Segundo Fachin et al. (2014), na maior parte do Brasil, os plantios de amendoim são realizados em sistema convencional de manejo do solo, porém, com o tempo o solo cultivado com preparo mecânico tende a ter sua estrutura alterada pelo fracionamento dos agregados com redução do volume de macroporos e promoção do aumento da densidade do solo.

Fachin et al. (2014) que avaliou a produtividade e grãos em Latossolo Vermelho eutroférrico de textura muito argilosa, não constatou diferença entre os sistemas de manejo conservacionista e convencional na produção de vagens e grãos, no número de estruturas reprodutivas nem no índice de rendimento de grãos do amendoim em ambos sistemas adotados. Com isso é necessário que seja realizados estudos que mostrem a viabilidades de diferentes técnicas de preparo do solo, tendo em vista a comprovação que os manejos conservacionistas mantêm o mesmo padrão produtivo, esse seria o mais indicado por reduzir custos de preparo do solo e estar de acordos com as práticas conservacionistas do solo.

Os argissolos de textura arenosa, são os mais indicados até então, pois a penetração do ginóforo é facilitada e o arranquio das plantas se faz com um mínimo de perdas de vagens, porém os tipos de solos variam, e assim, o manejo deve estar de acordo com os tipos de solo (TASSO JUNIOR et al., 2004).

Desta forma, o sistema de semeadura direta e cultivo mínimo, traz contribuição por ser um sistema conservacionista de manejo do solo, diminuindo a erosão em relação aos preparos convencionais uma vez que o revolvimento ocorre apenas na linha de semeadura mantendo os restos da cultura anterior na superfície, protegendo o solo contra os efeitos nocivos dos impactos das gotas da chuva, permitindo maior infiltração de água no perfil, desta forma traz vantagens econômicas e ambientais (FACHIN et al., 2014).

O fósforo e um macronutriente essencial para o desenvolvimento dos vegetais sendo de fundamental importância em todos os metabólitos relacionados com a aquisição, estocagem e utilização de energia. Compõe ácidos nucleicos, nucleotídeos, coenzimas e fosfoproteínas. Em casos de deficiência desse elemento, ocasiona em plantas crescimento reduzido, retardamento de floração, e em oleaginosas reduz a produção de fosfolipídios e consequentemente o rendimento de óleo e seu teor no grão (SOUZA et al. 2013).

O fósforo é considerado o principal fator de produtividade da cultura do amendoim (BOLONHEZI et al., 2007). De acordo com Lima (2011), mais de 70 % do fósforo absorvido pelo amendoim é acumulado nos frutos, o que mostra a importância deste elemento na formação e no desenvolvimento dos frutos.

O presente trabalho teve como objetivo avaliar a produtividade de amendoim com diferentes sistemas de preparos do solo e doses de fósforo no Estado de Rondônia.

MATERIAL E MÉTODOS – O experimento foi realizado na fazenda experimental da Fundação Universidade Federal de Rondônia localizado na região da zona da mata do estado de Rondônia. Sendo o experimento conduzido sob Latossolo Vermelho Amarelo distrófico, com altitude média de 277 metros, latitude de 11° 43' longitude de 61° 46' W, onde predomina o clima Tropical Chuvoso – Aw (Köppen), com temperatura média anual de 25 °C e 1.237 mm ano^{-1}. O período chuvoso está compreendido entre os meses de outubro-novembro até abril-maio, sendo o primeiro trimestre do ano com maior volume de chuvas (RONDÔNIA 2010).

O delineamento experimental utilizado foi em blocos ao acaso, em esquema de parcelas subdivididas com 16 tratamentos e três repetições. O fator um foi constituídos por quatro sistemas de preparo do solo: Convencional (uma aração a 35 cm de profundidade e duas gradagens), Plantio direto (dessecagem), Cultivo mínimo (com sulcador a 40 cm de profundidade), Subsolagem (a 40 cm de profundidade). No fator dois foi constituídos pelas doses de fósforo (40, 80, 100, e 120 kg ha^{-1} de P_2O_5 respectivamente). Foi adotada uma parcela de 6 m², sendo composta por quatro linhas com espaçamento de 0,50 m, tendo como área útil dois metros das duas linhas centrais, desprezando-se 1,0 m de cada extremidade tendo 2 metros das duas linhas centrais como área útil.

A semeadura foi realizada dia 23/03/2014, distribuindo-se 10 sementes por metro linear, o que representou uma população equivalente a

200.000,00 plantas ha^{-1}. A adubação mineral foi realizada em sua totalidade no plantio, utilizando como fonte de fósforo o Super Fosfato Triplo (41 % de P_2O_5) e de potássio o Cloreto de Potássio (60 % de K_2O).

A semente utilizada foi uma variedade de porte ereto (Grupo Valência) onde foi realizada a amontoa 30 dias após a germinação que alcançou sua totalidade sete dias após o plantio, no qual na ocasião também foi realizada a capina manual. Para controle de insetos-pragas, em especial a *Diabrotica ispeciosa,* utilizou-se o controle químico com uma aplicação de inseticida com os princípios ativos Imidaclopride e Beta-Cyfluthrina, 15 e 40 dias após a emergência respectivamente.

Na colheita 95 dias após a emergência, foi avaliada a produtividade, realizando a mesma com a retirada das vagens de 5 pares de plantas de forma casualizada por dose de fósforo aplicada, sendo avaliadas 10 plantas por repetição, totalizando 30 plantas nas três repetições por doses de fósforo e 120 plantas por preparo de solo somando as quatro doses aplicadas. Retirou-se todas as vagens, corrigiu-se a 8 % de umidade, após isso se realizou a pesagem para estimagem de rendimento bruto.

Os resultados obtidos foram submetidos ao teste de Shapiro-Wilk (p≤ 0,05), a fim de aferir a normalidade dos dados, seguido pela análise de variância. Foram ajustados modelos de regressão para as doses de fósforo, utilizou-se, também, o teste de Tukey (p≤0,05), para comparação entre médias de produção. As análises foram realizadas com o auxílio do programa computacional Assistat 7.7 (SILVA, 2002).

RESULTADOS E DISCUSSÃO – Não houve efeito significativo entre os manejos de solos adotados, mostrando que independente do manejo de solo adotado o incremento para aumento de produtividade é insignificante (Tabela 2).

Não houve interação significativa entre doses de fósforo e manejos de solos adotados, indicando que ambos os fatores agiram de forma independente entre si e que as doses de fósforo obteve o mesmo comportamento para todos os manejos de solos adotados, podendo assim, resumir em uma única curva de regressão para as doses uma vez que houve efeito entre as doses de fósforo aplicada (Figura 1).

Esses resultados estão de acordo ao encontrado por Bolonhezi et al. (2007) que relatam o fator da morfologia da planta de amendoim, cujas suas estruturas reprodutivas se desenvolvem de forma subterrânea, conduzem ao mito técnico de que o preparo do solo é essencial para viabilizar o cultivo, todavia, mesmo a escarificação da entrelinha ou a amontoa preconizada por muitos anos, não resulta em aumentos de produção.

Houve efeito significativo para as doses de fósforo. Entre as doses de fósforo aplicadas nesse trabalho, a dose de 80 kg ha^{-1} foi a que apresentou a maior produtividade, mostrando que em solos onde a disponibilidade desse elemento é baixa o amendoim responde bem à aplicação de fósforo e que a aplicação excessiva pode diminuir a produtividade como o ocorrido mostrando a essencialidade de uso da dose certa para maximizar a produtividade além de redução de custos aumentando a rentabilidade da cultura.

Lima (2011), observou efeitos favoráveis nas produções de vagens, sementes e ramas de amendoim em solos pobres neste elemento e respostas variáveis, quanto às doses, concluindo que, vagens e sementes tiveram suas produções influenciadas pelos adubos fosfatados em solos anteriormente não adubados e pobres em fósforo, sendo que os melhores resultados foram com as doses de 60 e 80 kg ha^{-1} de P_2O_5 respectivamente, e doses maiores ocasionaram na diminuição de produtividade.

CONSIDERAÇÕES FINAIS – Os manejos de solos adotados não oferecem incremento significativo de produção. Das doses adotadas, a de 80 kg ha^{-1} foi a que apresentou a melhor produtividade. Doses de fósforo excessiva causa diminuição da produtividade.

REFERÊNCIAS

BOLONHEZI, D.; MUTTON, M.A; MARTINS, A.L.M.; Sistemas conservacionistas de manejo do solo para amendoim cultivado em sucessão à cana crua. **Revista Pesquisa Agropecuária Brasileira**. v.42, n.7 Brasília, 2007.

FACHIN, G.M.; DUARTE JÚNIOR, J.B.; GLIER, C.A. da S.; MROZINSKI, C.R.; COSTA, A.C.T. da; GUIMARÃES, V.F. Características agronômicas de seis cultivares de amendoim cultivadas em sistema convencional e de semeadura direta. **Revista Brasileira de Engenharia Agrícola e Ambiental,** Campina Grande, v.18, n.2, p.165–172, 2014.

GROTTA, D.C.C.; FURLANI, C.E.A.; SILVA, R.P.; REIS, G.N. dos; CORTEZ, J.W.; ALVES, P.J. Influência da profundidade de semeadura e da compactação do solo sobre a semente na produtividade do amendoim. **Revista Ciência e Agrotecnologia**, Lavras, v.32, n.2, p.547-552, 2008.

LIMA, T.M. **Cultivo do amendoim submetido a diferentes níveis de adubação e condições edafoclimáticas no sudoeste de Goiás**. Dissertação de Mestre em Agronomia (Produção Vegetal), Universidade Federal de Goiás – UFG, Goiás, Jataí, 2011.

REIS, J.B.R.S. **Efeito de Variáveis Físicas do Ambiente na Cultura do Amendoim e na Dinâmica dos Íons Cálcio e Potássio no Solo, Aplicados via Fertirrigação**. USP – Universidade de São Paulo, Piracicaba. 101p., 2010.

RONDÔNIA. Secretaria de Estado do Desenvolvimento Ambiental. **Boletim climatológico de Rondônia**. Porto Velho, SEDAM, 40p., 2010.

SILVA, F.A.S. **Programa computacional Assistat 7.7,** Campina Grande, 2002.

SOUSA, G.G. de; AZEVEDO, B.M. de; OLIVEIRA, J.R.R. de; MESQUITA, T. de O.; VIANA, T.V. de A.; Ó, L.M.G. do. Adubação potássica aplicada por fertirrigação e pelo método convencional na cultura do amendoim. **Revista Brasileira de Engenharia Agrícola e Ambiental**, Campina Grande, PB v.17, n.10, p.1055–1060, 2013.

TASSO JUNIOR, L.C.; MARQUES, M.O.; NOGUEIRA, G.A. **A Cultura do Amendoim**. Jaboticabal SP, 2004. 220p.

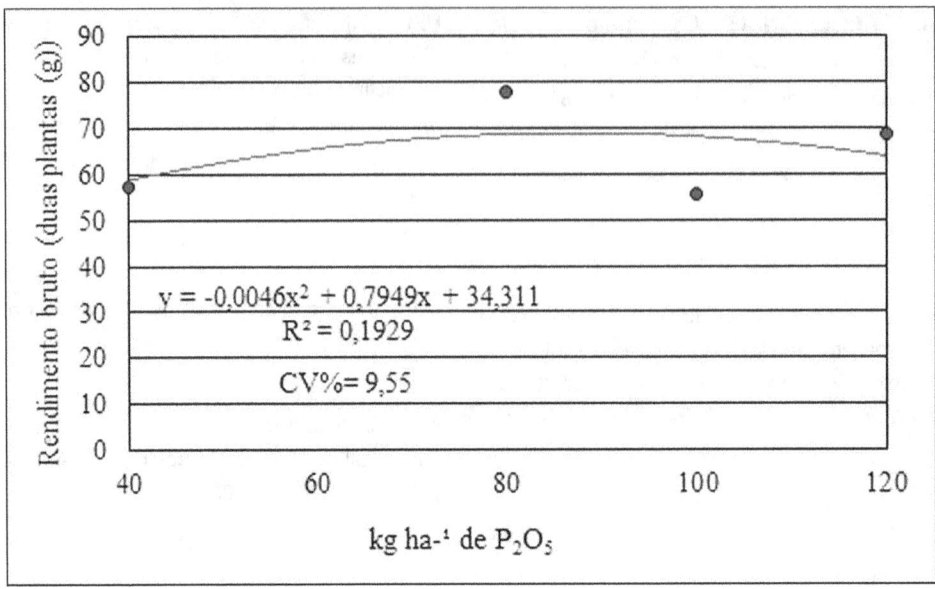

Figura 1. Produtividade de amendoim em função de doses de fósforo aplicada.

Tabela 1. Produtividade de amendoim em função de vários manejos de solos adotados.

Preparo de Solo	Produtividade
	Média de duas plantas (g)
Plantio Direto	55,33883 a
Preparo Sulcador	67,00787 a
Preparo Convencional	69,86684 a
Preparo Subsolador	63,82883 a
CV%	15,32

* As médias seguidas de mesma letras na coluna não diferem entre si pelo teste de Tukey ao nível de 5 % de probabilidade (p≤0,05).

Produtividade de amendoim cultivado em diferentes preparos do solos e doses de potássio na Amazônia Ocidental

Eleone Rodrigues de Souza[1]; Clauton Eferson Cordeiro Fernandes[1]; Marisa Pereira Matt[1]; Odair Queiroz Lara[1]; Diego Boni[1]; Douglas Borges Pichek[1]; Jairo Rafael M. Dias[2]

(1) Acadêmicos de Agronomia da Fundação Universidade Federal de Rondônia, Rolim de Moura, RO. E-mail: eleonerodri@hotmail.com; clautoneferson10@hotmail.com; marisa_matt@hotmail.com; odair.queiroz.lara@hotmail.com; d.boni@hotmail.com; douglasbpichek@hotmail.com (2) Professor do Departamento de Agronomia da Fundação Universidade Federal de Rondônia, Rolim de Moura, RO. E-mail: jairorafaelmdias@hotmail.com

RESUMO – Objetivou-se com este trabalho avaliar a produtividade de amendoim com doses de potássio e preparos de solos em Rolim de Moura – RO. O experimento foi conduzido em blocos ao acaso, em esquema de parcelas subdivididas com 16 tratamentos e três repetições, sendo o primeiro fator quatro preparo de solo (Plantio direto, Preparo Convencional, Preparo Sulcador, Preparo Subsolador) e o segundo fator quatro doses de K_2O (30, 60, 80, e 100 kg ha^{-1}). Foi avaliada a produtividade bruta, com a retirada das vagens e corrigida a 8 % de umidade, sendo avaliado 15 pares de plantas por doses de potássio no total das três repetições, totalizando 120 plantas por preparo de solo. Os resultados obtidos foram submetidos ao teste de Shapiro-Wilk ($p \leq 0,05$), a fim de aferir a normalidade dos dados, seguido pela análise de variância. Foram ajustados modelos de regressão para as doses de potássio, utilizou-se, também, o teste de Tukey ($p \leq 0,05$), para comparação entre médias de produção. As análises foram realizadas com o auxílio do programa computacional Assistat 7.7 (SILVA, 2002). Não houve interação significativa entre manejos de solos e doses de potássio. Houve efeito significativo entre os manejos de solos. As doses aplicadas que não apresentaram efeito significativo.

Palavras–chaves: adubação, desempenho produtivo, manejo do solo, viabilidade econômica.

INTRODUÇÃO – O amendoinzeiro (*Arachis hypogaea* L.) é uma dicotiledônea, da família Fabaceae, subfamília Papilionoidae, gênero *Arachis*. É uma cultura de relevante importância econômica, pelo seu alto valor nutritivo. Suas sementes podem ser processadas e utilizadas diretamente na alimentação humana, nas indústrias de conservas, nas confeitarias e no biodiesel (CHAGAS et al., 2012).

A quantidade de potássio pode variar de modo muito importante na planta. É o segundo elemento mais absorvido pela planta, sendo superado somente pelo nitrogênio. O potássio tem como função fisiológica de ativador enzimático e, uma vez absorvido, pode ser transferido das partes mais velhas da parte aérea para as novas (TASSO JÚNIOR et al., 2004). Segundo Bolonhezi et al. (2007) os níveis de potássio aplicados devem ser considerados em relação aos níveis de outros cátions, especialmente o cálcio, pois competem pela absorção para o desenvolvimento das vagens.

O cultivo do amendoim deve ser feito em solos que proporcionem um bom equilíbrio nutricional durante o ciclo, visando maximizar sua produtividade, sendo assim, a adubação com fertilizantes à base de potássio seria uma alternativa para aumentar a produtividade da cultura do amendoim, devido, este nutriente ser considerado essencial para o crescimento, desenvolvimento e qualidade de frutos dos vegetais. Para a cultura do amendoim, Tasso Júnior et al. (2004) informam que um suprimento inadequado de potássio pode ocasionar manchas amarelas próximo às margens dos folíolos nas folhas adultas, além de passíveis de provocar a formação de vagens com apenas uma semente. Por outro lado o excesso do potássio pode diminuir a absorção de Ca e Mg chegando a causar deficiência desses elementos (SOUSA et al., 2013), partindo daí a necessidade de estudos da dose ideal desse nutriente em cada região e tipo de solo.

Segundo Fachin et al. (2014), na maior parte do Brasil, os plantios de amendoim são realizados em sua maior parte em sistema convencional de manejo do solo, porém, com o tempo o solo cultivado com preparo mecânico tende a ter sua estrutura alterada pelo fracionamento dos agregados com redução do volume de macroporos e promoção do aumento da densidade do solo. Sabendo que o recomendado até então é o cultivo do amendoim em solos que não apresentem impedimentos físicos (SOUSA et al., 2013), torna necessário que seja realizados estudos que mostre a viabilidades de diferentes técnicas de preparo do solo, que é um fator muito importante para o cultivo do amendoim. Os argissolos de textura arenosa, são os mais indicados, pois a penetração do ginóforo é facilitada e o arranquio das plantas se faz com um mínimo de perdas de vagens, porém os tipos de solos variam, e assim o manejo deve estar de acordo com os tipos de solo (TASSO JÚNIOR et al. 2004).

Desta forma, o sistema de semeadura direta traz contribuição por ser um sistema conservacionista de manejo do solo, diminuição da erosão em relação aos preparos convencionais uma vez que o revolvimento ocorre apenas na linha de semeadura mantendo os restos da cultura anterior na superfície, protegendo o solo contra os efeitos nocivos dos impactos das gotas da chuva, permitindo maior infiltração de água no perfil, desta forma traz vantagens econômicas e ambientais (FACHIN et al. 2014).

O presente trabalho teve como objetivo avaliar a produtividade de amendoim com diferentes preparo de solo e doses de potássio em Rondônia.

MATERIAL E MÉTODOS – O experimento foi realizado na fazenda experimental da Fundação Universidade Federal de Rondônia localizado na região da zona da mata do Estado de Rondônia. Sendo o experimento conduzido em Latossolo Vermelho Amarelo distrófico, com altitude média de 277 metros, latitude de 11° 43' longitude de 61° 46' W, onde predomina o clima Tropical Chuvoso – Aw (Köppen), com temperatura média anual de 25 °C e 1.237,00 mm ano^{-1}. O período chuvoso está compreendido entre os meses de outubro-novembro até abril-maio, sendo o primeiro trimestre do ano com maior volume de chuvas (RONDÔNIA, 2010).

O delineamento experimental utilizado foi em blocos ao acaso, em esquema de parcelas subdivididas com 16 tratamentos e três repetições. As parcelas principais foram constituídos por quatro sistemas de preparo do solo: Convencional (uma aração 35 cm de profundidades e duas gradagens), Plantio direto (dessecagem), Preparo sulcador (com sulcador a 40 cm de profundidade), Subsolagem (a 40 cm de profundidade). Nas subparcelas foram dispostas as doses de potássio (30, 60, 80, e 100 kg ha^{-1}). Foi adotada uma parcela de 6 m², sendo composta por quatro linhas com espaçamento de 0,50 m, tendo como área útil as duas linhas centrais, desprezando-se 1,0 m de cada extremidade.

A semeadura foi realizada dia 23/03/2014, distribuindo-se 10 sementes por metro linear, o que representou uma população equivalente a 200.000,00 plantas ha^{-1}. A adubação mineral foi realizada em sua totalidade no plantio, utilizando como fonte de fósforo o superfosfato triplo (41 % de P_2O_5) e de potássio o cloreto de potássio (60 % de K_2O).

A semente utilizada foi uma variedade de porte ereto (Grupo Valência). Na colheita foi avaliada a produtividade, realizando a mesma, com a retirada das vagens de 5 pares de plantas por parcelas úteis, totalizando 30 plantas por doses de potássio e 120 plantas por manejos do solo. Retirou-se todas as vagens, corrigiu-se a 8 % de umidade, após isso se realizou a pesagem para rendimento bruto.

Os resultados obtidos foram submetidos ao teste de Shapiro-Wilk ($p \leq 0,05$), a fim de aferir a normalidade dos dados, seguido pela análise de variância. Foram ajustados modelos de regressão para as doses de potássio, utilizou-se, também, o teste de Tukey ($p \leq 0,05$), para comparação entre médias de produção. As análises foram realizadas com o auxílio do programa computacional Assistat 7.7 (SILVA, 2002).

RESULTADOS E DISCUSSÃO – Houve efeito significativo entre os manejos de solos adotados. O preparo convencional, sulcado e subsolado não apresentaram diferenças significativas entre si. O sistema de plantio direto foi o que apresentou menor produtividade mas não diferindo do preparo com subsolador (Tabela-1).

Mediante os resultados encontrados neste trabalho, e tendo em vista a preocupação de degradação ambiental e custos de produção, o uso do subsolador apresentou uma alternativa viável. O uso do subsolador utilizado isoladamente, pode ser considerado um sistema de preparo mínimo, e assim estar mais ecologicamente correto além de refletir diretamente na lucratividade e viabilidade da produção, sendo que, esta operação reduz a densidade do solo e a sua resistência mecânica à penetração das raízes e aumenta a permeabilidade do solo, através do rompimento de camadas compactadas do solo (ANDRÉ, 2009).

Não houve interação significativa entre manejos e doses de potássio, mostrando que o efeito entre manejos de solos agiu de forma independentemente das doses de potássio aplicada. Não houve efeito significativo entre as doses de potássio aplicada (Tabela 2). Com bases no resultados encontrados, onde a disponibilidade de potássio no solo e classificado como boa, o uso de 30 kg ha^{-1} é o suficiente para o desenvolvimento da cultura.

CONCLUSÃO – Há variações na produtividade de acordo com o manejo de solo adotado. O sistema de plantio direto apresentou a menor produtividade. Apesar de essencial para a planta, elevação das doses de potássio não promove aumento de produtividade.

REFERÊNCIAS

ANDRÉ, J.A. **Sistema de preparo de solo para cana-de-açúcar em sucessão com amendoim**. Universidade Estadual Paulista "Julio de Mesquita Filho" Faculdade de Ciências Agrárias e Veterinárias, Jaboticabal-SP, 2009. Disponível em: <http://www.fcav.unesp.br/download/pgtrabs/pv/m/3804.pdf>.

BOLONHEZI, D.; MUTTON, M.A; MARTINS, A.L.M.; Sistemas conservacionistas de manejo do solo para amendoim cultivado em sucessão à cana crua. **Revista Pesquisa Agropecuária Brasileira**. v.42, n.7 Brasília, 2007.

CHAGAS, K.L. et al. Produtividade do amendoim sob frequência de fertirrigação potássica. In: WINOTEC - WORKSHOP INTERNACIONAL DE INOVAÇÕES TECNOLÓGICAS NA IRRIGAÇÃO, 4., Fortaleza - CE, 2012. Disponível em: <http://www.inovagri.org.br/ >.

FACHIN, G.M.; DUARTE JÚNIOR, J.B.; GLIER, C.A. da S.; MROZINSKI, C.R.; COSTA, A.C.T. da; GUIMARÃES, V.F. Características agronômicas de seis cultivares de amendoim cultivadas em sistema convencional e de semeadura direta. **Revista Brasileira de Engenharia Agrícola e Ambiental**, Campina Grande, v.18, n.2, p.165–172, 2014.

RONDÔNIA. Secretaria de Estado do Desenvolvimento Ambiental. **Boletim climatológico de Rondônia**. Porto Velho, SEDAM, 40p., 2010.

SILVA, F.A.S. **Programa computacional Assistat 7.7**. Campina Grande, 2002.

SOUSA, G.G. de; AZEVEDO, B.M. de; OLIVEIRA, J.R.R. de; MESQUITA, T. de O.; VIANA, T.V. de A.; Ó, L.M.G. do. Adubação potássica aplicada por fertirrigação e pelo método convencional na cultura do amendoim. Revista Brasileira de Engenharia Agrícola e Ambiental, Campina Grande, PB v.17, n.10, p.1055–1060, 2013.

TASSO JUNIOR, L.C.; MARQUES, M.O.; NOGUEIRA, G.A. **A Cultura do Amendoim**. Jaboticabal SP, 220p., 2004.

Tabela 1. Produtividade de amendoim em vários manejos de solos adotados.

Preparo de Solo	Produtividade	
	Média de duas plantas (g)	
Plantio Direto	55,33883	b
Preparo Sulcador	67,00787	a
Preparo Convencional	69,86684	a
Preparo Subsolador	63,82883	ab
CV%	11,20	

* As médias seguidas de mesma letras na coluna não diferem entre si pelo teste de Tukey ao nível de 5 % de probabilidade ($p \leq 0,05$).

Tabela 2. Produtividade de amendoim em função de dose de potássio aplicada.

Dose de Potássio (kg ha^{-1})	Produtividade
	Média de duas plantas (g)
30	64.99422
60	68.50867
80	55.27158
100	67.26791
CV%	12,00

Rendimento de rúcula sob adubação mineral e orgânica no Município de Vilhena, Rondônia

Fabiano de Brito[1]; Jucilene Correa Martendal[2]; Paulo Francisco Regis[3]

(1) Engenheiro Agrônomo, Pós-Graduando em Ciência do Solo, Fama - Faculdade da Amazônia - Rua 743, 2043, Cristo Rei, CEP 76980-000, Vilhena, RO. E-mail: fabianodebritovha@hotmail.com (2) Graduanda em Agronomia - Fama - Faculdade da Amazônia - Bolsista da Embrapa Rondônia, Vilhena, RO Rua 743, 2043, Cristo Rei, CEP 76980-000, Vilhena, RO. E-mail: jucilene.cmartendal@gmail.com (3) Professor, Fama - Faculdade da Amazônia - Rua 743, 2043, Cristo Rei, CEP 76980-000, Vilhena, RO. E-mail: prof.paulo@fama-ro.com

RESUMO – Com o objetivo de avaliar a adubação orgânica com cama de aviário e adubação mineral na cultura da rúcula (*Eruca sativa* Mill.), instalou-se o presente experimento em uma propriedade rural localizada no município de Vilhena/RO. Foi utilizado o delineamento experimental em blocos ao acaso com 4 tratamentos e 4 repetições. Os tratamentos realizados foram: T1 (adubação mineral); T2 (adubação orgânica), T3 (adubação mineral + adubação orgânica) e T4 (sem adubação). A colheita foi realizada aos 46 dias após a semeadura para a coleta de dados, onde foram analisados a altura das plantas (AP), número de folhas (NF) e massa das plantas (PP). Os dados foram submetidos à análise de variância, sendo as médias comparadas pelo teste Tukey ao nível de 5 % de probabilidade. Os tratamentos T2 e T3, adubação orgânica e adubação mineral + adubação orgânica respectivamente foram os que obtiveram os melhores resultados em todas as variáveis estudadas. No entanto, a adubação orgânica (T2) é uma alternativa de adubação de menor custo, especialmente para os locais em que os adubos orgânicos são disponíveis.

Palavras-chave: *Eruca sativa* Mill., fontes de nutrientes, biometria, adubação orgânica, adubação mineral.

INTRODUÇÃO – A rúcula (*E. sativa*) é uma hortaliça folhosa que tem apresentado um aumento crescente de produção no Brasil, em razão da facilidade de seu cultivo e aceitação popular. A rúcula produz folhas ricas em vitaminas A e C e sais minerais, principalmente cálcio e ferro (HENZ, 2008).

No Brasil, segundo Silva (2010), a espécie mais cultivada é a *E. sativa* Miller, representado principalmente pelas cultivares Cultivada e Folha Larga. Porém, também se encontram cultivos em menor escala da espécie *Diplotaxis tenuifolia* L., conhecida como rúcula selvática.

O plantio de rúcula é justificado pelo seu rápido crescimento e fácil cultivo em canteiros, é uma ótima opção para pequenos produtores. Não exige muita água e adapta-se a diferentes regiões, embora locais com temperaturas amenas sejam os mais indicados para o seu cultivo.

A cama de aviário vem se destacando como insumo natural de baixo custo e de utilização acessível às condições técnica e econômica dos pequenos e médios produtores, com menor impacto sobre o meio ambiente.

A utilização de compostos orgânicos em complementação ou substituição à adubação mineral, ganha cada vez mais importância sob o ponto de vista econômico da conservação das propriedades físicas e químicas do solo e redução do uso de adubos químicos (SOUZA, 1998).

O aproveitamento de adubos orgânicos de

origem animal é de fundamental importância para o desenvolvimento e crescimento das culturas exploradas pelos pequenos produtores, em função dos seus baixos custos e dos benefícios destes na melhoria da fertilidade, conservação do solo e maior aproveitamento dos recursos existentes na propriedade.

Muitos estudos têm demonstrado efeitos positivos do uso de adubos orgânicos em sistemas agrícolas, principalmente quando associados a fertilizantes minerais, sendo que, ao serem empregados no sistema, podem proporcionar redução ou até mesmo eliminar a necessidade do uso de adubos minerais (MALAVOLTA, 1989).

Neste sentido, o objetivo desta pesquisa foi avaliar o rendimento da Rúcula (*Eruca sativa* Mill.) submetida à adubação orgânica com cama de aviário e adubação mineral.

MATERIAL E MÉTODOS – O experimento foi realizado em uma propriedade rural localizada no setor Vilhena, Rua Domingues Linhares, chácara 10 no Município de Vilhena/RO. Com coordenadas geográficas 12° 45' 25,01" S e 60°08' 20,22" O. O local é de clima equatorial quente e úmido com quedas de temperatura friagens no meio do ano que podem chegar a 9 °C e temperatura anual média de 23 °C. O período chuvoso varia de setembro a maio, com precipitações pluviométricas anuais que variam entre 1800 a 2400 mm. A altitude é de aproximadamente 600 m, apresentando solo arenoso Latossolo Vermelho-Escuro distrófico e álico (RADAMBRASIL, 1979).

A cultura utilizada no experimento foi a rúcula (*E. sativa* Mill.). O delineamento experimental foi constituído de blocos ao acaso com 4 tratamentos e 4 repetições. Os tratamentos realizados foram: T1 (adubação mineral); T2 (adubação orgânica), T3 (adubação mineral + adubação orgânica) e T4 (sem adubação). As parcelas experimentais foram constituídas de 16 canteiros medindo 2x1 m (2 m²) cada. Para a adubação mineral (T1) utilizaram-se 200 g por canteiro da formulação 4-14-08 (1 t ha^{-1}). A adubação Orgânica (T2) utilizada foi a cama de aviário na quantidade de 5 kg por canteiro (25 t ha^{-1}). No tratamento 3 (T3) foi realizada a mistura de 5 kg de cama de aviário + 200 g da formulação 4-14-8 por canteiro. Cada parcela experimental foi realizada com 4 linhas de plantio espaçadas entre si de 20 cm. Para a coleta de dados foram consideradas as duas linhas centrais e desprezou-se 0,5 metros de cada extremidade, constituindo 0,2 m² por canteiro de área útil.

O plantio foi realizado depositando 80 sementes por metro linear. Após 12 dias foi realizado o desbaste deixando 50 plantas por metro linear. A colheita foi realizada aos 46 dias após a semeadura para a coleta de dados. A irrigação foi realizada via gotejamento conforme a necessidade da cultura.

As variáveis analisadas foram: altura das plantas em cm (AP), número de folhas (NF), peso das plantas (PP) e rendimento em kg ha^{-1}. Os dados foram submetidos à análise de variância, sendo as médias comparadas pelo teste Tukey ao nível de 5 % de probabilidade, por meio do programa estatístico Sisvar versão 5.3 (2010).

RESULTADOS E DISCUSSÃO – Houve diferença significativa em relação ao peso, número de folhas e altura de planta para os tratamentos analisados. Os tratamentos T2 e T3, adubação orgânica e adubação mineral + adubação orgânica, respectivamente, foram os que obtiveram os melhores resultados em todas as variáveis estudadas (Tabela 1). Entre os tratamentos T2 e T3 não houve diferenças estatísticas ao nível de 5 % de probabilidade nos itens avaliados, no entanto o T3 foi um pouco acima do T2. Já os tratamentos T1 e T4, adubação mineral e sem adubação os resultados não foram satisfatórios ficando bem abaixo do potencial em produtividade da cultura.

Este fato evidencia que o uso de adubação

orgânica ou a mistura com a adubação mineral influenciou no rendimento em função do peso, altura e número de folhas na cultura da rúcula. No entanto, como não houve diferença significativa entre os tratamentos T2 e T3, a adubação com cama de aviário foi o que apresentou o melhor resultado nesse experimento.

Os efeitos do uso da cama de aviário associado ao adubo mineral obtidos neste ensaio podem ser observados também por outros autores. Blum (2003), avaliando a adubação com cama aviária nas culturas do pepino e moranga, concluíram que a incorporação de cama aviária ao solo aumentou o pH, reduziu os teores de Al trocável e aumentou a disponibilidade de macronutrientes (N,P, K e Ca) e micronutrientes (Zn e Mn) e, com isso, aumentando a produtividade das culturas avaliadas.

Ao analisar diferentes doses de cama aviária e adubação mineral na cultura do milho, Silva et al. (2011) concluíram que as doses de cama-de-frango foram superiores às do tratamento mineral, em todas as características (altura das plantas e biomassa seca de folhas e colmos). A utilização de cama de aviário em adubação orgânica possibilitou maior produtividade de tubérculos de beterraba que a adubação exclusivamente mineral (PEREIRA et al., 2010).

É sabido que a adubação orgânica influencia diretamente na melhoria das características químicas, físicas e biológicos do solo. Esta melhora influi no desenvolvimento vegetativo e rendimento das culturas.

CONCLUSÕES – O tratamento com a adubação orgânica (T2) é o mais recomendado de acordo com o experimento realizado. A adubação orgânica para o plantio de rúcula estabelece alternativas menos onerosas de adubação, especialmente para os locais em que os adubos orgânicos são disponíveis a baixos custos, como é o caso da cama de aviário disponivel no municipio de Vilhena/RO.

REFERÊNCIAS

BLUM, L.E.B.; AMARANTE, C.V.T.; GÜTTLER, G.; MACEDO, A.F.; KOTHE, D.; SIMMLER, A.; PRADO, G.; GUIMARÃES, L. Produção de moranga e pepino em solo com incorporação de cama aviária e casca de pinus. **Horticultura Brasileira**, Brasília, v.21, n.4, p.627-631, outubro/dezembro 2003.

HENZ, G.P.; MATTOS, L.M. **Manuseio pós-colheita de rúcula**. Brasília/DF: Embrapa Hortaliças, Jun. 2008. (Embrapa Hortaliças. Comunicado Técnico, 64).

MALAVOLTA, E. **ABC da adubação**. São Paulo: Agronômica Ceres, 1989. 292p.

PEREIRA, A.L.S.; JUNIOR, O.P.M.; MENDES, R.T.M.; NERI, S.C.M.; PELÁ, G.M.; PELÁ, A. Adubação Orgânica e Mineral na Cultura da Beterraba. Anais do VIII Seminário de Iniciação Científica e V Jornada de Pesquisa e Pós-Graduação UNIVERSIDADE ESTADUAL DE GOIÁS - 10 a 12 de novembro de 2010.

SILVA, T.R.; MENEZES, J.F.S.; SIMON, G.A.; ASSIS, R.L.; SANTOS, C.J.L.; GOMES, G.V. Cultivo do milho e disponibilidade de P sob adubação com cama-de-frango. **Revista Brasileira Engenharia Agrícola Ambient**al. v.15, n.9, Campina Grande, Sept.2011.

Tabela 1. Peso, número de folhas e altura de plantas em função dos tratamentos orgânico e mineral.

Tratamentos	Peso (g)	Nº de Folhas	Altura de Planta (cm)
T1 (adubação mineral)	12,83 b	7,11 b	16,88 b
T2 (adubação orgânica)	63,27 a	13,18 a	25,00 a
T3 (adubação mineral + orgânica)	73,19 a	18,34 a	28,53 a
T4 (sem adubação)	7,69 b	6,00 b	12,28 c

Médias seguidas de mesma letra não diferem entre si pelo teste de Tukey a 5 % de probabilidade.

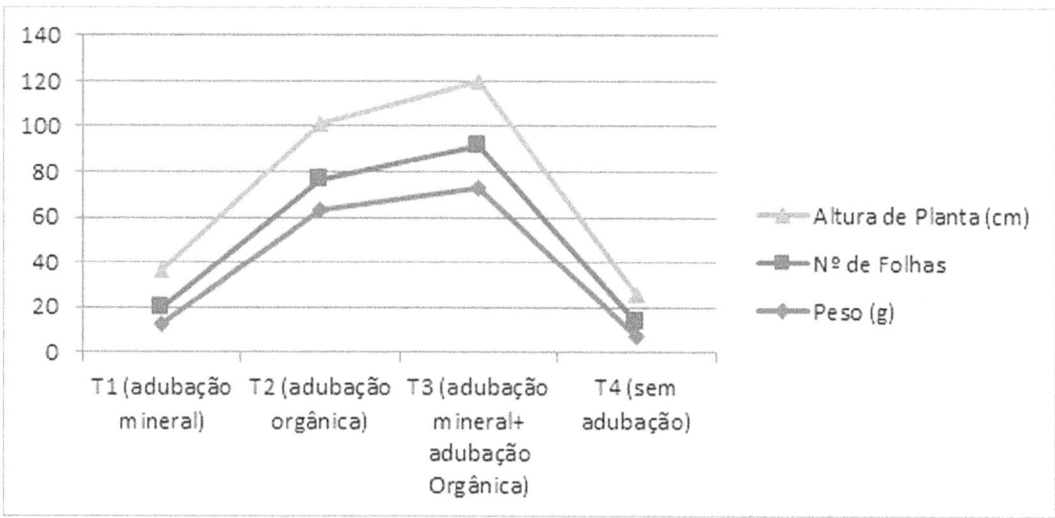

Figura 1. Altura de plantas (cm), número de folhas e peso (g) em função dos tratamentos orgânico e mineral.

Qualidade estrutural de solos em área cultivada e floresta nativa

Fernanda Schneberger dos Santos[1]; Cleuzenir França da Silva[1]; Cristieli Oliveira Mendes[1]; Eliana de Souza Andrade[1]; Fernanda Matias Cavalcante Bruno[1]; Rubens Nicola Louzada[1]; Ueberton Douglas Carvalho[1]; Stella Cristiani Gonçalves Matoso[2]

(1) Estudante de Graduação em Engenharia Agronômica, Instituto Federal de Educação Ciência e Tecnologia de Rondônia, Rodovia RO 399, Km 5, Zona Rural, CEP 76993-000, Colorado do Oeste, RO. E-mail: ea112ifro@gmail.com (2) Professora, Instituto Federal de Educação Ciência e Tecnologia de Rondônia, Rodovia RO 399, Km 5, Zona Rural, CEP 76993-000, Colorado do Oeste, RO. E-mail: stella.matoso@ifro.edu.br

RESUMO – Com a retirada da vegetação nativa e uso contínuo do solo na atividade agrícola é comum que ocorra a degradação física do mesmo. Portanto avaliações de atributos físicos do solo passam e ser importantes indicadores da qualidade do solo sob exploração agrícola. Neste contexto, o objetivo do presente trabalho foi caracterizar a qualidade estrutural de um Argissolo Vermelho eutrófico típico sob diferentes usos, cultivo agrícola e floresta nativa. O experimento foi realizado no Instituto Federal de Educação, Ciência e Tecnologia de Rondônia (IFRO), *Campus* Colorado do Oeste. A avaliação da estrutura apoiou-se na aparência, na resistência e nas características das unidades estruturais de blocos de solo e foi definida por cinco escores visuais de classificação de qualidade. Para tal foram coletadas 20 amostras, sendo 10 de área cultivada, e outras 10 da área de floresta. O método empregado permitiu distinguir a qualidade do solo de diferentes sistemas de uso. Conclui-se que o uso agrícola do solo altera negativamente a sua qualidade estrutural.

Palavras-chave: degradação física, escores visuais, sistemas de uso.

INTRODUÇÃO – A sustentabilidade dos sistemas agrícolas depende da avaliação e monitoramento do uso do solo, a fim de mitigar sua degradação do solo (GUIMARÃES et al., 2013). A estabilidade estrutural do solo varia com processos relacionados ao preparo do solo e tráfego de máquinas agrícolas, clima e crescimento de plantas, e passa, portanto, a constituir um bom indicador de qualidade do solo (WOHLENBERG et al., 2004).

A matéria orgânica do solo exerce grande influência na formação e estabilidade dos agregados. Todavia esse é um processo dinâmico, sendo necessário o acréscimo contínuo de material orgânico para manter a estrutura adequada ao desenvolvimento das plantas, pois a agregação do solo depende das transformações biológicas no solo (CAMPOS et al., 1995). Wohlenberg et al. (2004) indicam que sistemas que fornecem maior aporte de matéria orgânica melhoram a qualidade estrutural do solo.

A qualidade estrutural do solo pode ser identificada por meio de avaliação visual e tátil, realizadas e concluídas diretamente no campo (BATEY; MCKENZIE, 2007).

O método denominado Avaliação Visual da Qualidade da Estrutura do Solo (AVQE) desenvolvido por Ball et al. (2007) tem permitido distinguir, com simplicidade e agilidade, camadas com diferenças estruturais em solos de textura franco-arenosa de regiões temperadas. Entretanto, sua utilização tem sido testada com eficiência em solos de outras texturas e em outros ambientes (GIAROLA et al., 2009; GUIMARÃES et al., 2013).

Esse método possui precisão para avaliar a qualidade estrutural de solos tropicais de diferentes tipos e com usos distintos, e seus escores visuais possuem correlação com outros atributos do solo, tais como, densidade do solo, carbono orgânico e condutividade hidráulica (GUIMARÃES et al., 2013; MONCADA et al., 2014a).

Giarola et al. (2013) verificaram que a AVQE permite discriminar os procedimentos de redução da compactação do solo e não é influenciada pela textura do solo.

Moncada et al. (2014b) apontam que apesar de correlacionar-se com a qualidade estrutural do solo o teor de carbono orgânico não deve ser utilizado como indicador único. Portanto, passa a ser estratégia interessante a análise conjunta da AVQE e matéria orgânica do solo.

Desse modo, o objetivo do presente trabalho foi caracterizar a qualidade estrutural de um Argissolo Vermelho eutrófico típico sob diferentes usos, cultivo agrícola e floresta nativa.

MATERIAL E MÉTODOS – O experimento foi conduzido no Instituto Federal de Educação, Ciência e Tecnologia de Rondônia (IFRO), *Campus* Colorado do Oeste, localizado a 13º 07' 00" S, 60º 32' 30" W, a 460 m de altitude, durante o mês de novembro de 2013.

O clima da região é classificado, segundo a classificação de Köppen, como sendo do tipo Aw tropical quente, com estação seca de inverno, com temperatura anual em torno de 25,2 °C e precipitação média anual de até 2.400 mm (CARVALHO, 2014).

O solo analisado foi classificado como Argissolo Vermelho eutrófico típico (EMBRAPA, 2009). Foi realizada também a caracterização química e física do solo (Tabelas 1 e 2).

A região estudada é uma área de transição entre os biomas Cerrado e Amazônia, sendo que a vegetação nativa é classificada como floresta subperenifólia (SANTOS et al., 2005), arbórea densa com extrato arbóreo/arbustivo de 8-15 m e densidade de dossel de 50 a 95 % (RIBEIRO; WALTER, 1998).

A área antropizada foi preparada durante sete anos agrícolas com uma aração e de duas a três gradagens anuais para o cultivo de culturas olerícolas, como mandioca, quiabo, melancia, pepino, dentre outras. Há dois anos o solo foi deixado de ser mecanizado implantando-se o plantio direto, com o cultivo de girassol, seguido de melancia.

A amostragem foi conduzida no delineamento inteiramente casualizado, de forma aleatória com dez repetições. Os tratamentos consistiram nos usos do solo: floresta nativa e cultivo agrícola. As amostras foram coletadas em uma profundidade aproximada de 30 cm e foi aplicado o método de Avaliação Visual da Qualidade da Estrutura do Solo (BALL et al., 2007) (Tabela 3).

A análise estatística consistiu na análise de variância pelo teste F, ao nível de 5 % de probabilidade.

RESULTADOS E DISCUSSÃO – A retirada da floresta nativa implicou em perdas na qualidade estrutural do solo. Verificou-se mudança da estrutura do solo, destacando-se a presença de camadas com diferentes espessuras, formas e tamanhos dos agregados, que resultaram em um escore visual menor ($p<0,05$) no solo sob floresta nativa (Figura 1), indicando uma deterioração da qualidade da estrutura do solo ao ser agricultado.

No solo sob floresta, a variabilidade da estrutura das amostras foi muito pequena, indicando que a ausência de estresse mecânico manteve a homogeneidade estrutural e física do solo e o tempo sob plantio direto ainda não foi eficaz em recuperar a qualidade estrutural do mesmo.

As amostras coletadas nas áreas submetidas ao cultivo agrícola apresentaram agregados de menor tamanho e muito friáveis (escores visuais 1 e 2), situada na camada superficial, concordando com os resultados de outros estudos que comprovam que os solos sob vegetação natural são mais friáveis do que os solos cultivados (GUIMARÃES et al., 2013; MONCADA et al., 2014a). Na área de cultivo, em profundidade, apareceram agregados de maior tamanho, mais densos (escores visuais 2, 3 e 4), os quais sugerem a presença de uma camada compactada decorrente, provavelmente, do preparo convencional empregado nos anos anteriores (Figura 2).

O não revolvimento do solo ocasiona maior compactação de sua camada superficial, em comparação ao sistema de preparo convencional, enquanto que o revolvimento superficial do solo pela grade aradora propicia a formação de camada mais compactada abaixo da profundidade de atuação do implemento (STONE; SILVEIRA, 2001). Com isso, o manejo convencional seguido da adoção do plantio direto sem a quebra da camada compactada não contribui para elevação de sua qualidade física.

Em suma, cabe ressaltar que de acordo com Ball et al. (2007), os escore entre 1 e 3 indicam condições aceitáveis de manejo e qualidade física do solo. Como as médias dos tratamentos foram de 1,67 e 2,50 para floresta nativa e área de cultivo, respectivamente (Figura 1), nota-se uma qualidade média, e em níveis aceitáveis. Entretanto, como o uso do solo implicou em perda de sua qualidade é necessário continuar seu monitoramento. Giarola et al. (2009) encontraram resultados semelhantes para sistemas de integração lavoura-pecuária-floresta.

CONCLUSÕES – A mudança de uso do Argissolo implicou em alteração de sua qualidade estrutural. Entretanto ainda não atingiu estágios alarmantes de degradação. Sendo necessário acompanhamento contínuo de sua qualidade física.

AGRADECIMENTOS – Ao técnico de Laboratório Leandro Dias pelo suporte na condução do experimento.

REFERÊNCIAS

BALL. B.C.; BATEY, T.; MUNKHOLM, L.J. Field assessment of soil structural quality - a development of the Peerlkamp test. **Soil Use and Management**, v.23, p.329-337, 2007.

BATEY, T.; McKENZIE, D.C. Soil compaction: identification directly in the field. **Soil Use and Management**, v. 22, p. 123-131, 2006.

CAMPOS, B.C.; REINERT D.J.; NICOLODI, R.; RUEDELL, J.; PETRERE, C. Estabilidade estrutural de um Latossolo Vermelho-Escuro Distrófico após sete anos de rotação de culturas e sistemas de manejo de solo. **Revista Brasileira de Ciência do Solo**, v.19, p.121-126, 1995.

CARVALHO, P.E.R. **Clima**. Brasília, Embrapa. Disponível em: <http://www.agencia.cnptia.embrapa.br/gestor/espe cies_arboreas_brasileiras/arvore/CONT000fuvfsv3x0 2wyiv80166sqfi5balq6.html>. Acesso em: 31 jul. 2014.

EMPRESA BRASILEIRA DE PESQUISA AGROPECUÁRIA. **Sistema brasileiro de classificação de solos.** 2. ed. Rio de Janeiro, Embrapa-SPI, 2009, 412p.

GIAROLA, N.F.B.; TORMENA, C.A.; SILVA, A.P. da; BALL, B. Método de avaliação visual da qualidade da estrutura aplicado a Latossolo Vermelho Distroférrico sob diferentes sistemas de uso e manejo. **Ciência Rural**, v.39, p.2531-2534, 2009.

GIAROLA, N.F.B.; SILVA, A.P. da; TORMENA, C.A.; GUIMARÃES, R.M.L; BALL, B.C. On the Visual Evaluation of Soil Structure: The Brazilian experience in Oxisols under no-tillage. **Soil and Tillage Research**, v.127, p.60-64, 2013.

GUIMARÃES, R.M.L.; BALL, B.C.; TORMENA, C.A.; GIAROLA, N.F.B.; SILVA, I.P. da. Relating visual evaluation of soil structure to other physical properties in soils of contrasting texture and management. **Soil and Tillage Research**, v.127, p.92-99, 2013.

MONCADA, M.P.; GABRIELS, D.; LOBO, D.; REY, J.C.; CORNELIS, W.M. Visual field assessment of soil structural quality in tropical soils. **Soil and Tillage Research**, v.139, p.8-18, 2014a.

MONCADA, M.P.; PENNING, L.H.; TIMM, L.C.; GABRIELS, D.; CORNELIS, W.M.; Visual examinations and soil physical and hydraulic properties for assessing soil structural quality of soils with contrasting textures and land uses. **Soil and Tillage Research**, v.140, p.20-28, 2014b.

RIBEIRO, J.F.; WALTER, B.M.T. Fitofisionomia do Cerrado. In: SANO, S.M.; ALMEIDA, S.P. de (Eds.). **Cerrado:** ambiente e flora. Brasília: EMBRAPA, 1998. p.89-166.

SANTOS, R.D. dos; LEMOS, R.C. de; SANTOS, H.G. dos; KER, J.C.; ANJOS, L.H.C. **Manual de descrição e coleta no campo.** Viçosa, MG, Sociedade Brasileira de Ciência do Solo, 2005, 92p.

STONE, L.F.; SILVEIRA, P.M. Efeitos do sistema de preparo e da rotação de culturas na porosidade e densidade do solo. **Revista Brasileira de Ciência do Solo**, v.25, p.395-401, 2001

WOHLENBERG, E.V.; REICHERT, J.M.; REINERT, D. J.; BLUME, E. Dinâmica da agregação de um solo Franco-arenoso em cinco sistemas de Culturas em rotação e em sucessão. **Revista Brasileira de Ciência do Solo**, v.28, p.891-900, 2004.

Tabela 1. Propriedades químicas de um Argissolo Vermelho eutrófico típico sob floresta nativa e cultivo anual em Colorado do Oeste, RO, 2013.

Usos do solo	Profundidade	Propriedades químicas									
		pH_{H2O}	P	K	Ca	Mg	Al+H	Al	MO	CTC_{pH7}	V
	m		mg dm^{-3}	----------cmol$_c$ dm^{-3}----------					g dm^{-3}	cmol$_c$ dm^{-3}	%
Floresta nativa	0,0-0,1	7,1	62,0	0,35	8,22	1,60	2,75	0,0	47,00	12,90	78,7
Floresta nativa	0,1-0,2	6,5	26,4	0,17	3,50	0,99	2,25	0,0	16,00	6,90	67,4
Área de cultivo	0,0-0,1	7,2	134,5	0,62	8,69	1,89	2,25	0,0	33,00	13,50	83,3
Área de cultivo	0,1-0,2	7,2	63,5	0,39	8,48	1,74	1,63	0,0	24,00	12,20	86,7

Tabela 2. Propriedades físicas de um Argissolo Vermelho eutrófico típico sob vegetação nativa e cultivo anual em Colorado do Oeste, RO, 2013.

Usos do solo	Profundidade	Areia	Silte	Argila
	m	----------g kg^{-1}----------		
Floresta nativa	0,0-0,1	600	128	272
Floresta nativa	0,1-0,2	630	143	227
Área de cultivo	0,0-0,1	384	193	423
Área de cultivo	0,1-0,2	399	193	408

Tabela 3. Características dos escores visuais adotadas na Avaliação Visual da Qualidade da Estrutura do Solo

Escore visual	Qualidade estrutural	Facilidade de ruptura (solo úmido)	Tamanho e aparência agregados	Aparência do solo após destorroado
1	Friável (tende a cair da pá)	Agregados que desmoronam prontamente entre os dedos	Agregados < 6 mm após destorroamento	
2	Intacto (retido como um bloco na pá)	Agregados fáceis de quebrar com uma das mãos	Uma mistura porosa de agregados arredondados de 2-70 mm. Sem a presença de torrões	
3	Firme	Sem dificuldades para destorroar	Uma mistura porosa de agregados 2 milímetros - 10 cm; menos de 30% são < 1 cm. Alguns angulares; agregados não porosos (torrões) podem estar presentes	
4	Compacto	Com dificuldades para destorroar	Agregados predominantemente grandes > 10 cm cm e sub angulares, não porosos; também é possível, presença de menos de 30% de agregados < 7 cm	
5	Muito compacto	Torrões grandes, extremamente firmes	Agregados predominantemente grandes > 10 cm, muito poucos < 7 cm, angular e não poroso	

Tabela adaptada de Ball et al. (2007).

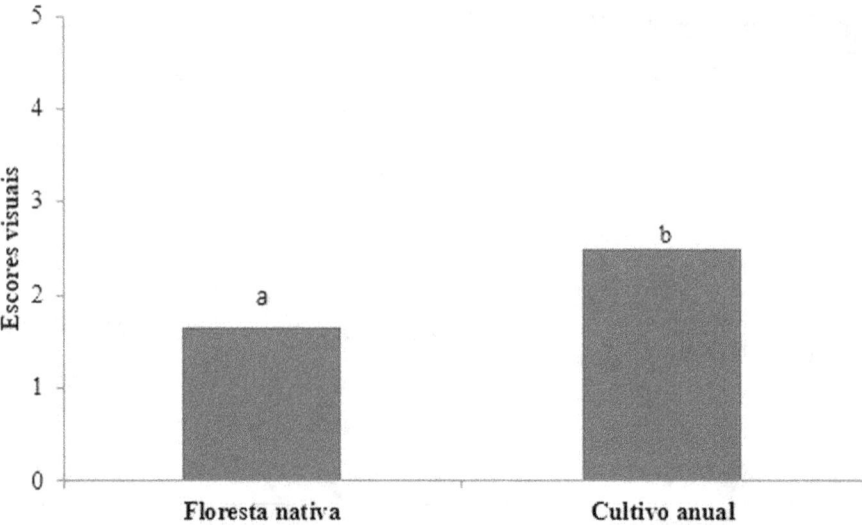

Figura 1. Valores médios dos escores visuais de qualidade estrutural do solo sob floresta nativa e área de cultivo, em Colorado do Oeste, RO, 2013. Letras distintas nas colunas indicam diferença significativa pelo teste F, em nível de 5 % de probabilidade.

Figura 2. Amostras representativas das áreas sob floresta nativa, à esquerda, e cultivo anual, à direita

Sistemas de manejo do solo e sucessão de culturas sobre os atributos agronômicos da cultura de soja (*Glycine max*) no Sudoeste Amazônico

Andréia Marcilane Aker[1]; Elaine Cosma Fiorelli-Pereira[2]; Alaerto Luiz Marcolan[3]; Alexandre Martins Abdão dos Passos[4]

(1) Engenheira agrônoma, mestranda em Ciências Ambientais pela Universidade Federal de Rondônia-UNIR e Empresa Brasileira de Pesquisa Agropecuária-EMBRAPA. E-mail: eng.aaker@gmail.com (2) Engenheira agrônoma, MSc. em Ciência do Solo, docente da Universidade Federal de Rondônia-UNIR, Campus, Rolim de Moura. E-mail: agroelaineper@hotmail.com (3) Engenheiro Agrônomo, D.Sc. em Ciência do Solo, pesquisador da Embrapa Rondônia, Porto Velho, RO. E-mail: alaerto.marcolan@embrapa.br (4) Engenheiro Agrônomo, D.Sc. em Fitotecnia, pesquisador da Embrapa Rondônia, Porto Velho, RO. E-mail: alexandre.abdao@embrapa.br

RESUMO – O sistema de manejo adotado influencia no agroecossistema, na qualidade do solo e principalmente em seus atributos químicos, físicos e biológicos. Nesta pesquisa buscou-se avaliar os atributos agronômicos da cultura da soja implantada sob sistemas de sucessão de culturas e diferentes manejos de solo na região sudoeste da Amazônia. O experimento foi instalado em um Latossolo Vermelho-Amarelo, na fazenda experimental da Universidade Federal de Rondônia - UNIR. Adotando delineamento de blocos ao acaso, com esquema de parcelas subdivididas, sendo o primeiro o fator preparo de solo com diferentes níveis de mobilização (preparo tradicional; preparo alternativo; plantio direto com preparo alternativo a cada quatro anos e plantio direto contínuo) e o segundo fator sequência de culturas (SF: soja - feijão e SM: soja – milho). Foram avaliados os seguintes atributos agronômicos: produtividade de grãos (umidade corrigida para 13 %), altura de planta (cm), altura de inserção do primeiro legume (cm), e número de legumes por planta. Apesar de apresentar uma tendência à maior produtividade, o Sistema Plantio Direto Contínuo, não diferiu dos demais manejos de solo. Os sistemas de sucessão não influenciaram as variáveis avaliadas.

Palavras-chave: *Glycine max*, Sistema plantio Direto, Rondônia.

INTRODUÇÃO – De acordo com as condições em que o solo se encontra e o nível de tecnologia adotado existem práticas agrícolas que elevam a qualidade do solo, influenciando na resposta das culturas (OKUMURA, 2011).

Diante desse fato, pesquisas buscam manejos que visam a maximização da produtividade, com redução nos custos de produção, e minimização dos impactos ambientais (OTSUBO et al., 2008; DERPSCH et al., 2014).

Embora ainda predomine o sistema de preparo convencional com intenso revolvimento do solo entre os pequenos produtores, o sistema de plantio direto vem adquirindo espaço no Brasil e em Rondônia para o cultivo de grãos, principalmente nas médias e grandes áreas (CONAB, 2013).

A cobertura vegetal garante maior umidade do solo e protege do impacto das chuvas, evitando a erosão. A decomposição da biomassa vegetal aumenta o conteúdo de matéria orgânica, reduzindo perdas de nutrientes e favorecendo o incremento na atividade biológica do solo. Ocorre ainda a liberação lenta de nutrientes que são utilizados pelas culturas de forma gradativa e adequada, expressando ao longo do tempo o uso dos recursos com quantidades e qualidade suficientes para a manutenção de níveis satisfatórios de produtividade (CRUSCIOL et al., 2005).

O presente estudo tem como objetivo avaliar a produtividade e outros atributos agronômicos da cultura da soja sob sistemas de sucessão de lavouras e diferentes manejos de solo na região sudoeste da Amazônia.

MATERIAL E MÉTODOS – O presente trabalho foi realizado na área experimental da Universidade Federal de Rondônia – UNIR, localizada no município de Rolim de Moura, Rondônia (11° 35,01' 20" S e 61° 46' 22,94" W, a altitude é de 246 metros).

O clima da região, de acordo com a classificação de Koppen é do tipo Aw, tropical quente e úmido com estações seca bem definida (junho a setembro). A precipitação média anual é de 2.250 mm, umidade relativa do ar elevada, no período chuvoso, em torno de 85 %, com temperaturas médias anuais em torno de 28 °C, sendo que as temperaturas médias mínimas são de 24 °C e máximas de 32 °C.

A área experimental, de aproximadamente, 0,28 há, é cultivada desde 2007, anteriormente constituída por capoeira, e solo classificado como Latossolo Vermelho-Amarelo distrófico.

Para análise dos dados atuais foi adotado um delineamento em blocos casualizado - DBC, em esquema de parcelas subdivididas. O experimento completo é constituído por 16 tratamentos, considerando quatro métodos de preparo de solo (parcelas), quatro sucessões de culturas (subparcelas), com três repetições cada. Como se avaliou somente a soja, considera-se somente dois sistemas de sucessão, no qual a cultura está presente. O experimento é composto por 24 subparcelas que medem 59,4 m² (5,4 m X 11,0 m) cada, totalizando uma área de 1425,6 m².

O método de preparo de solo é constituído de diferentes níveis de mobilização: PRT - preparo tradicional (uma operação com grade aradora e mais duas com grade niveladora anualmente), PRA - preparo alternativo (uma operação de subsolagem e uma com grade niveladora anualmente), PDA - plantio direto com um preparo alternativo a cada quatro anos e PDC - plantio direto contínuo.

O fator sequência de culturas visa a obtenção de tratamentos com diferentes quantidades de produção de biomassa, na safra/safrinha, compreendendo a sequência: 1) S/F: soja - feijão; 2) S/M: soja – milho. A semeadura, o controle de plantas daninhas e os tratamentos fitossanitários foram realizados de acordo com as indicações técnicas para a cultura.

A colheita foi realizada manualmente com o auxílio de um cutelo, cuidando para que o corte fosse realizado na base do caule da planta de forma que a raiz permanecesse no solo, não alterando assim a estrutura do mesmo. Além disso, os resíduos vegetais obtidos foram devolvidos à área do experimento.

Foram avaliados os seguintes atributos agronômicos: produtividade de grãos (umidade corrigida para 13 %), altura de planta (cm), altura de inserção do primeiro legume (cm) e número de legumes por planta.

Para análise dos dados, estes foram submetidos à análise de variância com auxílio do software Sisvar® (FERREIRA, 2011), utilizando-se o teste F.

RESULTADOS E DISCUSSÃO – Os sistemas de manejo do solo não diferiram estatisticamente entre si, sobre os atributos avaliados. Contudo nota-se uma tendência de superioridade do plantio direto (4101,27 kgha^{-1}) sobre os demais sistemas de manejo (Tabela 1).

A maior parte dos trabalhos desenvolvidos com esta cultura tem mostrado tendência semelhante aos resultados obtidas na experimentação com pequena vantagem para o plantio direto.

Santos et al. (2004) relataram que o plantio direto e o cultivo mínimo oferecem as melhores alternativas ao agricultor, por apresentarem maior lucratividade, quando comparadas com o preparo convencional de solo com arado de discos e o preparo convencional de solo com arado de aivecas.

Estudos realizados por Calonego e Rosolem (2010) revelam que após quatro anos de implantação do plantio direto houve influência do manejo do solo na produtividade da soja, devido às melhorias ocorridas no sistema.

Em sistema tradicional de cultivo o aumento da produtividade da soja é associado ao revolvimento das camadas do solo, reduzindo as camadas compactadas (PIVETA et al., 2014), dentre outros fatores. Quando a cultura apresenta maiores rendimentos nos solos disturbados, principalmente em manejos que romperam a camada adensada como a aração e a escarificação. Estes manejos facilitam maior desenvolvimento do sistema radicular e disponibilização de nutrientes.

Também a sucessão de culturas tem vantagens e é destacada por promover aumento da capacidade de reciclagem e mobilização de nutrientes lixiviados ou pouco solúveis em camadas mais profundas do solo (TEIXEIRA et al., 2014).

O sistema plantio direto promove a decomposição mais lenta do material orgânico, tendo como consequência a melhoria das condições físicas, químicas e biológicas no solo, que vão repercutir em sua fertilidade e na produtividade das culturas (CALONEGO et al., 2012).

CONCLUSÕES – O manejo de solo e a sucessão de culturas não influenciaram no rendimento da cultura da soja e demais atributos da planta.

REFERÊNCIAS

CALONEGO, J.C.; GIL, F.C.; ROCCO, V.F.; SANTOS, E.A. Persistência e liberação de nutrientes da palha de milho, braquiária e labe-labe. **Bioscience Journal**, v.28, n.5, p.770-781, 2012.

CALONEGO, J.C.; ROSOLEM, C.A. Soybean root growth and yield in rotation with cover crops under chiseling and no-till. **European Journal of Agronomy**, v.33, p.242-249, 2010.

CARVALHO, J.J.; SILVA, N.F. da; ALVES, D.M.; MORAIS, W.A.; CUNHA, F.N.; TEIXEIRA, M.B. Produtividade e teores de nutrientes em grãos de feijão sob diferentes manejo do solo e da irrigação. **Revista Brasileira de Agricultura Irrigada**, v.8, n.3, p.296-307, 2014.

COMPANHIA NACIONAL DE ABASTECIMENTO. **Acompanhamento de safra brasileira**: grãos, nono levantamento, julho 2013 / Companhia Nacional de Abastecimento. – Brasília: Conab, 2013.

CRUSCIOL, C.A.C.; COTTICA, R.L.; LIMA, E.V.; ANDREOTTI, M.; MORO, E; MARCON, E. Persistência de palhada e liberação de nutrientes do nabo forrageiro no plantio direto. **Pesquisa Agropecuária Brasileira,** v.40, n.2, p.161-168, 2005.

DERPSCH, R.; FRANZLUEBBERS, A.J.; DUIKER, S.W.; REICOSKY, D.C.; KOELLER, K. Why do we need to standardize no-tillage research? **Soil and Tillage Research**, v. 137, p. 16–22, 2014.

FERREIRA, D.F. Sisvar: a computer statistical analysis system. **Ciência e Agrotecnologia**, v.35, n.6, p.1039-1042, 2011.

OKUMURA, R.S.; MARIANO, D. de C.; ZACCHEO, P.V.C. Uso de fertilizante nitrogenado na cultura do milho: uma revisão. **Revista Brasileira de Tecnologia Aplicada nas Ciências Agrárias,** v.4, n.2, p.226-244, 2011.

OTSUBO, A.A.; MERCANTE, F.M.; SILVA, R.F.; BORGES, C.D. Sistemas de preparo do solo, plantas de cobertura e produtividade da cultura da mandioca. **Pesquisa Agropecuária Brasileira**, v.43, n.3, p.327-332, 2008.

PIVETA, L.A.; CASTOLDI, G.; SANTOS, G.P. dos; ROSOLEM, C.A. Crescimento e atividade de raízes de soja em função do sistema de produção. **Pesquisa Agropecuária Brasileira**, v.46, n.11, p.1547-1554, 2011.

SANTOS, H.P.; AMBROSI, I. LHAMBY, J.C.B.; CARMO, C. Lucratividade e risco de sistemas de manejo de solo e de rotação e sucessão de culturas. **Ciência Rural**, v.34, n.1, p.97-103, 2004.

TEIXEIRA, M.B.; LOSS, A.; PEREIRA, M.G.; PIMENTEL, C. Decomposição e liberação de nutrientes da parte aérea de plantas de milheto e sorgo. **Revista Brasileira de Ciência do Solo,** v.35, p.867-876, 2014.

Tabela 1. Atributos agronômicos da cultura da soja: produtividade de grãos (PG), altura de planta (AP), altura de inserção do primeiro legume (AI) e número de legumes por planta (NL) no município de Rolim de Moura, Rondônia, na safra de 2013/2014.

Tratamentos	PG (kg ha^{-1})	AP (cm)	AI (cm)	NL
PDC	4101,27 a	61,87 a	16,22 a	53,13 a
PRT	3960,57 a	66,48 a	17,30 a	41,60 a
PDA	3771,79 a	81,51 a	17,17 a	66,10 a
PRA	3487,77 a	83,12 a	18,91 a	50,68 a
SF	3943,65 a	72,95 a	16,84 a	57,08 a
SM	3717,05 a	73,54 a	17,95 a	48,68 a
CV 1 (%)	13,18	18,88	4,19	32,69
CV 2 (%)	8,97	10,52	15,10	27,54
Média geral	3830,35	73,25	17,40	52,88

Medias seguidas da mesma letra na coluna, não diferenciam entre si, pelo Teste Scott-Knott a 5 % de probabilidade.

Substratos a base de coprólitos de minhocas no desempenho produtivo de rabanete

Ueliton Oliveira de Almeida[1]; João Carlos Ribeiro[1]; José Adcarlos Neles Ferreira[1]; Jorge Ferreira Kusdra[2]; Nohelene Thandara Nogueira Fredenberg[1]

(1) Mestrando em Agronomia/Produção Vegetal da Universidade Federal do Acre, BR 364 km 4, Distrito Industrial, CEP 69.915-900, Rio Branco, AC. E-mail: uelitonhonda5@hotmail.com; joao.carlos.10@live.com; nelestoo@gmail.com; nohelene_thandara@hotmail.com (2) Docente Dr. da Universidade Federal do Acre - UFAC, BR 364 km 4, Distrito Industrial, CEP 69.915-900, Rio Branco, AC. E-mail: kusdra@globo.com

RESUMO – No estado do Acre, existe em determinados locais grande quantidade de minhocas *Chibui bari*, as quais produzem muitos excrementos na superfície do solo, sendo que podem ser utilizados pelos produtores em preparação de substratos. O objetivo deste trabalho foi avaliar o desempenho produtivo de rabanetes com substratos obtidos a partir de misturas de coprólitos de minhocas *Chibui bari* com solo distrófico. O experimento foi realizado em casa de vegetação na Universidade Federal do Acre – UFAC – obedecendo ao delineamento inteiramente casualizado com quatro tratamentos e cinco repetições. Os tratamentos foram formulados por volumetria da seguinte forma: T1 (100 % coprólito); T2 (100 % solo); T3 (50 % solo com 50 % de coprólito); T4 (50 % de substrato comercial com 50 % de solo); T5 (100 % substrato comercial). Aos 37 dias após a semeadura fez-se a colheita e avaliou-se o número de folhas, massa fresca da raiz, massa fresca total e massa seca total. Os resultados foram significativos, sendo que o rabanete apresentou melhor desempenho produtivo com os tratamentos T5 e T4 para o número de folhas e massa seca total. Em relação à massa fresca da raiz e massa fresca total o T5 foi superior. Os substratos preparados a partir de coprólitos de *Chibui bari* não foram suficientes para suprir as necessidades nutricionais dos rabanetes para obter produção em relação aos tratamentos compostos com substrato comercial.

Palavras-chave: adubação orgânica, *Raphanus sativus*.

INTRODUÇÃO – O rabanete (*Raphanus sativus*) é uma brassicácea de origem na região mediterrânea que apresenta porte reduzido, sendo que nas cultivares de maior preferência pelos consumidores produzem raízes globulares de coloração avermelhada e sabor picante (FILGUEIRA, 2008). Os tubérculos apresentam boa fonte de nutrientes essenciais para a saúde como o cálcio, magnésio, ferro, fósforo, potássio, além ter em sua constituição vitaminas A e do complexo B (CARDOSO; HIRAKI, 2001).

A cultura é de pouca importância em termos de área plantada, ocorrendo cultivos em propriedades relativamente pequenas nos cinturões verdes das metrópoles brasileiras com produção diversificada de hortaliças. É uma espécie que apresenta ciclo curto, o que constitui aspecto importante quanto ao planejamento e uso da área para produção, contribuindo com a renda dos produtores em curto prazo (MARCOS FILHO; KIKUTI, 2006).

A espécie é relativamente rústica e pouco exigente quanto ao tipo de solo, mas é fundamental a presença de húmus e que seja ligeiramente úmido (CECÍLIO FILHO et al., 1998). Entretanto, para produzir raízes com tamanho e qualidade satisfatórias ao consumo é indispensável que o solo tenha boa fertilidade (CAMARGO, 1984). Além disso, existem outros fatores que podem influenciar na qualidade das raízes, como o tipo de cultivar, tratos fitossanitários e culturais.

Em todo o mundo vem aumentando a necessidade de se produzir alimentos de qualidade e saudáveis, garantindo a segurança alimentar aos consumidores. Além disso, surgiu a preocupação com os impactos ambientais resultantes do uso intensivo de mecanização, agrotóxicos e fertilizantes na agricultura moderna. Diante disso, a produção orgânica de hortaliças são fundamentais para a população, visto que não se utiliza substâncias nocivas à saúde humana como no cultivo convencional e ainda minimiza a contaminação ambiental.

Os compostos orgânicos são amplamente utilizados como fontes de nutrientes e por melhorar as condições físicas, químicas do solo permitindo bom desenvolvimento das hortaliças em cultivos orgânicos. Na literatura existem trabalhos com o uso de húmus de minhocas (vermicompostos) na produção orgânica de olerículas (CASTOLDI et al., 2014; BERGAMIN et al., 2005; MANTOVANI et al., 2003; SILVA et al., 2006). A adubação com húmus de minhocas é importante na nutrição de rabanete, pois se pode aumentar a massa fresca das raízes (SILVA et al., 2006).

Uma outra alternativa que vem sendo estudada recentemente é o uso de coprólitos de minhocas na produção orgânica, como para mudas de alface (SOUZA et al., 2008) e de mamão (GALVÃO et al., 2007). Existe naturalmente em determinados locais no estado do Acre grande quantidade de coprólitos de minhocas, os quais podem ser utilizados pelos agricultores para esta finalidade.

As minhocas *Chibui bari* depositam os coprólitos na forma de montículos na superfície do solo com altura que pode ultrapassar os 30 cm com composição organomineral resultantes das excreções, sendo característica importante para esta espécie (FIUZA, 2009).

O objetivo deste trabalho foi avaliar características agronômicas de rabanete sob influência de substratos a base de coprólitos de minhocas *Chibui bari* com solo.

MATERIAL E MÉTODOS – O experimento foi realizado em casa de vegetação na área experimental do Centro de Ciências Biológicas e da Natureza da Universidade Federal do Acre localizada em Rio Branco, Acre. O delineamento foi inteiramente casualizado com quatro tratamentos e cinco repetições.

Na formulação dos tratamentos foram utilizados coprólitos de minhocas (*Chibui bari*), substrato comercial Subras Hortaliças e solo distrófico coletado em área de seringal cultivado. Os substratos foram compostos da seguinte forma: T1 (100 % coprólito); T2 (100 % solo); T3 (50 % solo com 50 % de coprólito); T4 (100 % coprólito); T5 (50 % de substrato comercial com 50 % de solo).

Os coprólitos foram coletados na superfície do solo entre área de pastagem e de seringal cultivado com ocorrência natural de minhocas no campo experimental da Universidade Federal do Acre. Após a coleta do solo e dos coprólitos realizou-se a limpeza através do peneiramento para retirada de excesso de raízes e minhocas. Os tratamentos foram obtidos por volumetria, sendo que foram separados as amostras para determinação da análises físico-químicas (Tabela 1) e posteriormente colocados nos devidos recipientes para semeadura.

As unidades experimentais utilizadas foram com tubos de PVC, medindo 30 cm de altura e 20 cm de diâmetro, com capacidade de 9,4 L. A parte inferior dos tubos foi vedada com TNT à base de prolipropileno e viscose.

A semeadura de rabanetes da cultivar Redondo Vermelho Gigante foi realizada diretamente nos tubos à profundidade de 1 cm utilizando-se quatro sementes com poder germinativo de 85 % e pureza de 99 %. Após oito dias da semeadura fez-se o desbaste, deixando apenas a planta com maior vigor por tubo.

As plantas foram irrigadas diariamente pela manhã, sendo aplicado volume de água suficiente para elevar a capacidade de campo próxima a 100 % com base na massa do substrato de cada parcela experimental.

As plantas foram colhidas aos 37 dias após a semeadura. No momento da colheita foram avaliados o número de folhas das plantas e logo após levou-se ao laboratório para obtenção da massa fresca do caule e massa fresca total dos rabanetes em balança analítica (0,01 g). A massa seca total foi obtida após secagem em estufa de circulação de ar forçada a 60 °C.

Os dados foram submetidos ao teste F após verificação da homogeneidade de variâncias e normalidade dos erros. As médias dos tratamentos foram comparadas pelo teste de Tukey ao nível de 5 % de probabilidade.

RESULTADOS E DISCUSSÃO – Na Tabela 2, pode-se observar que houve diferença significativa no desempenho produtivo de rabanete cultivado com substratos preparados a base de coprólitos de minhocas *Chibui bari* para as variáveis de número de folhas, massa fresca da raiz, massa fresca total e massa seca total.

O substrato T4 (50 % de solo com 50 % de substrato comercial) e T5 (100 % substrato comercial) apresentaram maior (p<0,05) número de folhas e massa seca total em relação aos demais. O substrato T5 foi o mais eficiente na produção de raízes de rabanete, pois obteve a maior (p<0,05) massa fresca com 63 g e massa fresca total, com 140,59 g (Tabela 2). As maiores quantidades de folhas nestes substratos contribuíram para aumentar a massa fresca das raízes e total devido à área fotossintética ser mais explorada favorecendo a melhor captura de luz.

A maior disponibilidade de nutrientes essenciais, como o cálcio, fósforo, potássio e grande quantidade de matéria orgânica contribuíram para que os substratos T4 e T5 apresentassem maior fertilidade que os demais (Tabela 1). O teor de matéria orgânica em bons níveis permite obter maiores disponibilidades de nitrogênio para a cultura durante o ciclo produtivo.

Segundo Haag e Minami (1987) a cultura do rabanete é considerada exigente quanto à fertilidade e necessita de grandes quantidades de nutrientes em um período relativamente curto. As fertilizações nitrogenadas promovem maior quantidade de matéria seca translocada e alocada nas raízes do que nas folhas, devido as menores razões de massa foliar (PEDÓ et al., 2014). Cecílio Filho et al. (1998) demonstraram que a deficiência de nitrogênio pode prejudicar a produtividade da cultura, chegando a reduzir a massa seca da parte aérea em 28 % e no tamanho das raízes em 23 %. Cardoso e Hiraki (2001) também observaram que a adubação nitrogenada é importante para se aumentar a produção de raízes de rabanete.

Quanto à quantidade de potássio nos substrato, o T4 e T5 apresentaram teor muito maior que os demais tratamentos contribuindo para melhor desempenho das plantas (Tabela 1). O crescimento meristemático e a expansão celular dos vegetais dependem de níveis adequados de K^+, pois há uma relação entre o alongamento celular e a concentração deste elemento nas folhas (CAKMAK, 2005). No entanto, o efeito deste elemento tem sido mais pronunciado na produção de raízes de rabanete do que na matéria seca da parte aérea (CECÍLIO FILHO et al., 1998).

A adubação potássica permite obter maior quantidade de matéria seca e fresca da parte aérea das plantas de rabanetes, por responderem as aplicações desse nutriente (COUTINHO NETO et al., 2010; MAIA et al., 2011), confirmando o melhor desempenho da cultura no substrato T4 e T5, que apresentaram maiores teores de potássio (Tabela 1).

Os substratos a base de coprólitos de minhocas (T1 e T3) não diferiram quando comparado com o tratamento composto apenas com solo (Tabela 2). Apesar dos coprólitos terem proporcionado uma pequena melhoria nas condições químicas dos substratos devido ao aumento da mineralização e disponibilidade dos nutrientes (FIUZA et al., 2011), não foram suficientes para o desenvolvimento dos rabanetes para produção comercial. Uma grande parte dos coprólitos foi coletada bem envelhecida e misturada com solo distrófico, o que pode ter contribuído para o baixo desenvolvimento das plantas.

O T4 (50 % de solo com 50 % de substrato comercial) proporcionou desenvolvimento satisfatório em relação ao T5 (100 % substrato comercial) com a mesma quantidade de folhas e massa seca total, entretanto, produziu raiz de rabanetes com massa fresca inferior ($p<0,05$) ao T5.

CONCLUSÕES – Os substratos com coprólitos de minhocas não são suficientes para produção de massa fresca das raízes no padrão aceitável para consumo. Os tratamentos compostos com substratos comerciais são mais eficientes no desempenho produtivo do rabanete nas características avaliadas em condições de casa de vegetação.

AGRADECIMENTOS – À Universidade Federal do Acre - UFAC, pelo apoio ao desenvolvimento desta pesquisa.

REFERÊNCIAS

BERGAMIN, L.G.; CRUZ, M.C.P. da; FERREIRA, M.E.; BARBOSA, J.C. Produção de repolho em função da aplicação de boro associada a adubo orgânico. **Horticultura Brasileira**, Brasília, DF, v.23, n.2, p.311-315, abr./jun. 2005.

CAKMAK, I. Protection of plants detriment effects of environmental stress factors. In: YAMADA, T; ROBERTS, T.L. (Ed.). **Potássio na agricultura brasileira**. Piracicaba: Associação Brasileira para Pesquisa da Potassa e do Fosfato. 41p. 2005.

CAMARGO, L.S. **As hortaliças e seu cultivo**. 2. ed. Campinas: Fundação Cargill, 1984. 448p.

CARDOSO, A.I.I.; HIRAKI, H. Avaliação de doses e épocas de aplicação de nitrato de cálcio em cobertura na cultura do rabanete. **Horticulura Brasileira**, Brasília, DF, v.19, n.3, p.196-199, nov. 2001.

CASTOLDI, G.; FREIBERGER, M.B.; PIVETTA, L.A.; PIVETTA, L.G.; ECHER, M. de M. Substratos alternativos na produção de mudas de alface e sua produtividade a campo. **Revista Ciência Agronômica**, Fortaleza, v.45, n.2, p.299-304, abr./jun. 2014.

CECÍLIO FILHO, A.B.F.; FAQUIN, V.; FURTINI NETO, A.E.; SOUZA, R.J. Deficiência nutricional e seu efeito na produção de rabanete. **Revista Científica**, Jaboticabal, v.26, n. 1-2, p.231-241, 1998.

COUTINHO NETO, A.M.; ORIOLI JÚNIOR, V.; CARDOSO, S.S. COUTINHO, E.L.M. Produção de matéria seca e estado nutricional do rabanete em função da adubação nitrogenada e potássica. **Revista Nucleus**, v.7, n.1. p.105-114, out. 2010.

FILGUEIRA, F.A.R. **Novo manual de olericultura: agrotecnologia moderna na produção e comercialização de hortaliças**. Viçosa: UFV. 2008, 402p.

FIUZA, S. da S. **Ecologia de *Chibui bari* (Annelida: Oligochaeta) e atributos físicos, químicos e biológicos de seus coprólitos**. 2009. 113f. Dissertação (Mestrado em Agronomia) – Centro de Ciências Biológicas e da Natureza, Universidade Federal do Acre, Rio Branco, AC, 2009.

FIUZA, S. da S.; KUSDRA, J.F.; FURTADO, D.T. Caracterização química e atividade microbiana de coprólitos de *Chibui bari* (Oligochaeta) e do solo adjacente. **Revista Brasileira de Ciência do Solo**, Viçosa, MG, v.35, n.3, p.723-728, jun. 2011.

GALVÃO, R. de O.; ARAÚJO NETO, S.E. de; SANTOS, F.C.B. dos; SILVA, S.S. da. Desempenho de mudas de mamoeiro cv. Sunrise Solo sob diferentes substratos orgânicos. **Revista Caatinga**, Mossoró, v.20, n.3, p.144-151, jul./set. 2007.

HAAG, H.P.; MINAMI, K. Nutrição mineral de hortaliças. LXXIV. Marcha de absorção de nutrients pela cultura do rabanete. **Anais da Escola Superior de Agricultura "Luiz de Queiros"**, v.44, p.409-418, 1987.

MANTOVANI, J.R.; FERREIRA, M.E.; CRUZ, M.C.P.D.; CHIBA, M.K.; BRAZ, L.T. Calagem e adubação com vermicomposto de lixo urbano na produção e nos teores de metais pesados em alface. **Horticultura Brasileira,** Brasília, DF, v.21, n.3, p.494-500, jul./set. 2003.

MARCOS FILHO, J.; KIKUTI, A.L.P. Vigor de sementes de rabanete e desempenho de plantas em campo. **Revista Brasileira de Sementes,** Londrina, v.28, n.3, p.44-51, 2006.

PEDÓ, T.; AUMONDE, T.Z.; MARTINAZZO, E.G.; VILLELA, F.A.; LOPES, N.F.; MAUCH, C.R. Análise crescimento de plantas de rabanete submetidas a doses de adubação nitrogenada. **Bioscience Journal,** Uberlândia, v.30, n.1, p.1-7, jan./fev. 2014.

SILVA, C.J. da; CACIANA, C.C.; DUDA, C.; TIMOSSI, P.C.; LEITE, I.C. Crescimento e produção de rabanete cultivado com diferentes doses de húmus de minhoca e esterco bovino. **Revista Ceres,** Viçosa, MG, v.53, n.305, p.25-30, jan./fev. 2006.

SOUZA, S.R. de; FONTINELE, Y. da R.; SALDANHA, C.S.; ARAÚJO NETO, S.E. de; KUSDRA, J.F. Produção de alface com o uso de substrato preparado com coprólitos de minhoca. **Revista Ciência e Agrotecnologia,** Lavras, v.32, n.1, p.115-121, jan./fev. 2008.

Tabela 1. Características físico-químicas dos tratamentos utilizados no desempenho produtivo de rabanete.

Substratos	pH (H_2O)	Ca	Ca+Mg	Mg	Al	H+Al	M.O	K	Na	P	V	Ar	Arg	Sil
		---------------- cmolc dm^{-3} ----------------					g kg^{-1}	----- mg dm^{-3} -----			---------------% ---------------			
T1	5,0	0,70	0,85	0,15	0,60	6,30	46,90	57	8	8,5	14,11	39,7	12,2	48,1
T2	4,5	0,20	0,40	0,20	1,65	4,36	10,04	25	6	2,8	10,03	45,0	12,0	43,0
T3	4,8	0,45	0,90	0,45	0,90	4,85	24,11	43	7	5,1	17,67	41,0	13,1	45,9
T4	4,6	4,70	6,45	1,75	0,20	7,76	80,41	322	40	124	48,95	49,2	10,0	40,8
T5	4,5	9,70	12,45	2,75	0,10	12,8	251,3	720	96	332	53,47	12,1	1,60	86,3

Tabela 2. Avaliação agronômica de rabanete pelo uso de substratos a base de coprólitos de minhocas. Rio Branco-AC, 2014.

Substratos	Número de folhas	Massa fresca da raiz (g)	Massa fresca total (g)	Massa seca total (g)
T1	5,60b	0,31c	3,52c	0,38b
T2	3,60b	0,05c	0,45c	0,06b
T3	5,20b	0,41c	3,03c	0,34b
T4	11,60a	34,00b	100,15b	8,21a
T5	10,80a	63,00a	140,59a	8,25a
CV (%)	15,25	14,40	11,23	16,91

Teores de nutrientes em mudas clonais de *Coffea canephora* BRS Ouro Preto em diferentes volumes de tubetes

Giovana Menoncin[1]; Rutinéia Jaraceski [2]; Marcelo Curitiba Espindula[1]; Marcela Campanharo[3]; Alexsandro Lara Teixeira[1]; Jairo Rafael Machado Dias[3]

(1) Embrapa Rondônia, BR 364 km 5,5, Cidade Jardim, CEP 76815-800, Porto Velho, RO. E-mail: giovana_menoncin@hotmail.com; marcelo.espindula@embrapa.br; alexsandro.teixeira@embrapa.br (2) Faculdades Integradas Aparício Carvalho, Rua Araras 241, Jardim Eldorado, 78912-640, Porto Velho, RO. E-mail: ruti.jaraceski@gmail.com (3) Universidade Federal de Rondônia, Departamento de Agronomia, Avenida Norte Sul, n° 7.300, Nova Morada, CEP 76940-000 Rolim de Moura, RO. E-mail: marcelacampanharo@gmail.com; jairorafaelmdias@hotmail.com

RESUMO – Objetivou-se com este trabalho avaliar o desenvolvimento de mudas de cafeeiros *C. canephora* 'Conilon – BRS Ouro Preto' em diferentes volumes de tubetes. o experimento foi instalado no Campo Experimental da Embrapa Rondônia, no município de Ouro Preto do Oeste. o experimento foi conduzido com cinco tratamentos e uma testemunha adicional. os tratamentos foram constituídos por cinco volumes de tubetes (50, 100, 170, 280 e 400 cm³). o delineamento experimental foi o inteiramente casualizado com quinze repetições. cada repetição foi formada por um dos 15 clones, que compõem a variedade 'Conilon – BRS Ouro Preto' com seis plantas por parcela. Foram determinados teores de macronutries na parte aérea das plantas. Os dados foram submetidos à análise de variância e, quando detectados efeitos significativos, foram efetuadas análises de regressão. Os dados também foram submetidos ao teste de Dunnet (p≤0,05) para comparação dos tratamentos com a testemunha. O aumento do volume dos tubetes promove aumento nos teores de macronutrientes de mudas de *C. canephora* 'BRS Ouro Preto' até um ponto de máximo, acima do qual, o aumento no volume do recipiente não promove incremento significativo.

Palavras-chave: propagação vegetativa, estaquia, qualidade de mudas.

INTRODUÇÃO – A propagação vegetativa do café, *Coffea canephora,* foi uma das tecnologias que favoreceram o aumento na produtividade da cultura, possibilitando manter as características genéticas da planta matriz, garantindo homogeneidade da lavoura e permitindo precocidade de produção (BRAGANÇA et al., 2001; PARTELLI et al., 2006), altas produtividades, maior tamanho e qualidade de grãos, maior uniformidade de maturação dos grãos e escalonamento da colheita dividindo-a em ciclo precoce, médio e tardio (FONSECA et al., 2008). Em lavouras clonais torna-se, também, mais fácil a realização dos tratos culturais, especialmente se plantadas no sistema 'clone em linha'.

No Brasil, a estaquia é o método de multiplicação comercial mais utilizado para *C. canephora* por ser uma técnica simples (FERRÃO et al., 2007). Essa metodologia foi difundida no país na década de 80 (PAULINO et al., 1985) e ajustada por Silveira e Fonseca (1995), mas, pouco evoluiu em relação aos recipientes e substrato utilizados.

Para produção comercial de mudas de *C. canephora*, normalmente são empregados sacos de polietileno e uma mistura de terra de barranco e esterco bovino complementada com fertilizantes químicos (DIAS; MELO, 2009). Esta forma de produção acarreta inconvenientes, pois, aumenta os custos com transportes, tratos culturais e a possibilidade de propagação de patógenos de solo, especialmente nematoides

(CARNEIRO et al., 2009). Além disso, provoca degradação do meio ambiente pela grande movimentação de solo (VILLAIN et al., 2010). Hoje, existem vários trabalhos relacionados ao desenvolvimento de mudas seminíferas de café em tubetes utilizando substratos comerciais (MELO et al., 2003; MARANA et al., 2008). Entretanto, são escassos os estudos científicos associados à produção de mudas por estaquia com esta metodologia. Para o estado do Espírito Santo, o padrão de mudas de *C. canephora* (BRASIL, 2010) não determina nenhuma metodologia quanto à forma de produção em relação a substratos, mas faz referência à isenção de patógenos e plantas daninhas. Em relação aos recipientes, também poderá ficar a critério do produtor podendo ocorrer em sacos de polietileno ou em tubetes.

A Embrapa Rondônia desenvolveu uma variedade clonal composta por 15 clones, adaptados às condições do estado. A variedade foi registrada junto ao Registro Nacional de Cultivares do Ministério da Agricultura como Conilon 'BRS Ouro Preto'. Caracteriza-se por ser tolerante aos principais estresses (baixa altitude, alta umidade, alta temperatura média do ar e déficit hídrico moderado) dos polos cafeeiros da Amazônia Ocidental, possui produtividade de aproximadamente 70 sacas ha^{-1} e alta frequência de plantas tolerantes à ferrugem.

Atualmente, é imprescindível aprimorar o processo de produção de mudas de cafeeiros visando melhor qualidade das mudas e diminuição de impactos ambientais com a retirada de solos subsuperficiais. Portanto, é importante encontrar formas alternativas de recipientes e substratos que proporcionem crescimento adequado às mudas a um baixo custo e de maneira sustentável.

MATERIAL E MÉTODOS – O experimento foi instalado no Campo Experimental da Embrapa Rondônia, no município de Ouro Preto do Oeste – RO. As estacas foram plantadas em 01 de julho de 2013 e conduzidas no viveiro até outubro de 2013. O clima da região, pela classificação de Köppen, é o Aw (tropical chuvoso) com verão chuvoso (outubro a maio) e inverno seco (junho a setembro). A precipitação média anual é de 2.000 mm e a temperatura média anual é de 25 °C.

O estudo foi conduzido com cinco tratamentos e uma testemunha adicional. Os tratamentos foram constituídos por cinco volumes de tubetes (50, 100, 170, 280 e 400 cm^3). As testemunhas foram plantadas em sacos de polietileno, com dimensões de 11 x 20 cm e capacidade para 770 cm^3. O delineamento experimental foi o inteiramente casualizado com quinze repetições. Cada repetição foi composta por um dos 15 clones que compõe a variedade 'Conilon' BRS Ouro Preto. A parcela experimental foi constituída por seis plantas.

Os tubetes foram preenchidos com uma mistura dos substratos comerciais Bioplant® e Vivatto Plus® na proporção de 2,5:1 (Tabela 1). À mistura de substrato foi adicionado o fertilizante comercial Basacote Plus® na proporção de 6 kg m^{-3}. Os sacos de polietileno foram preenchidos com a mistura de 210 kg de solo, 35 kg de areia, 1000 g de calcário, 1000 g de superfosfato simples, 200 g de cloreto de potássio e 80 g de FTE- BR12.

As características químicas dos substratos (Tabela 1) foram obtidas por meio de análise química em laboratório.

A matéria prima principal do substrato Bioplant® é constituída por casca de pinus e os agregantes são fibra de coco, vermiculita, casca de arroz e nutrientes. O Vivatto Plus® é constituído por moinha de carvão vegetal, casca de pinus e turfa. O fertilizante Basacote Plus® apresenta 16 % de N, 8 % de P$_2$O$_5$ e 12 % de K$_2$O que são disponibilizados de forma controlada. Ele é composto por nutrientes encapsulados em uma resina orgânica biodegradável, formando grãos uniformes, portanto, desta forma não há lixiviação, nem volatilização dos nutrientes. Esta tecnologia fornece, também, os macronutrientes Mg (2 %) e S (5 %). Quanto aos micronutrientes, são disponibilizados 0,4 % de Fe, 0,02 % de B, 0,02 % de Zn, 0,05 % de Cu, 0,06 % de Mn e 0,015 % de Mo.

Os recipientes foram preenchidos com substrato 20 dias antes do plantio das estacas. Em cada recipiente, preenchido com substrato, foi inserido um segmento de ramo ortotrópico (estaca) com 5 cm de comprimento. Para padronizar a maturidade do propágulo foi utilizado apenas o terceiro nó, do ápice para a base, de cada haste ortotrópica. Os recipientes foram acondicionados no viveiro, irrigados por sistemas de microaspersão, por nebulização, associado a temporizador automatizado programado para manter a umidade em aproximadamente 90 %, nos primeiros 30 dias após o plantio das estacas.

A adubação e os tratos culturais foram feitos de acordo com a necessidade da cultura. A partir da emissão completa do 2° par de folhas definitivas, foram aplicados 5 g de ureia dissolvidos em 10 L de água a cada 15 dias.

O controle fitossanitário também ocorreu a cada 15 dias, alternando a aplicação de fungicida sistêmico a base de tebuconazol (200g L^{-1}) e um protetor a base de sulfato de cobre. O tebuconazol foi preparado na concentração de 50 mL para 20 L de água e o sulfato de cobre foi preparado na proporção de 100 g para 20 L de água. Aos 98 dias após do plantio das estacas foi aplicado o inseticida deltametrina para controle de insetos na concentração de 20 ml para 220 L de água.

As mudas permaneceram em crescimento durante o período de 130 dias, apresentando quatro pares de folhas completamente expandidas. Após o qual foram extraídas do substrato, lavadas e conduzidas ao laboratório para determinação das características vegetativas.

Na parte aérea foram avaliados os teores dos macronutrientes N, K, P, Ca, Mg, e S os quais foram determinados segundo a metodologia descrita por Tedesco et al. (1995), após secagem em estufa com circulação forçada de ar a 65 °C.

Os dados foram submetidos à análise de variância e, quando detectados efeitos significativos, foram efetuadas análises de regressão. Os dados também foram submetidos ao teste de Dunnet (p≤0,05) para comparação dos tratamentos com a testemunha.

RESULTADOS E DISCUSSÃO – Os teores de N, K e Ca da parte aérea das plantas de café aumentaram linearmente com o incremento do volume de substrato (volume de tubetes). No entanto, os teores de P, Mg e S não foram influenciados pelos diferentes volumes de substratos (Figura 1).

Nos volumes de tubetes 50 e 100 cm^3 o teor de N na parte aérea das plantas não apresentou diferença quando comparado à testemunha, os volumes 170, 280 e 400 cm^3 apresentaram diferença a 5 %, e maiores teores de N. Para os nutrientes P, Ca e Mg a diferença foi detectada em todos volumes. K e S não apresentaram diferença em relação ao volume dos tubetes comparados a testemunha (Tabela 2).

Exceto K e S, todos os nutrientes avaliados apresentaram tendência de maior acúmulo de teores na medida em que aumenta o volume dos tubetes. Recipientes de maior volume, normalmente, disponibilizam maiores quantidades de nutrientes e água retida (GOMES et al., 2003).

Com o aumento do volume dos tubetes as plantas tendem a crescer mais, ter maior absorção de nutrientes e acúmulo maior na parte aérea (BRACHTVOGEL E MALAVASI, 2010).

CONCLUSÕES – O aumento do volume dos tubetes promove aumento nos teores de macronutrientes de mudas de *C. canephora* 'BRS Ouro Preto' até um ponto de máximo, acima do qual, o aumento no volume do recipiente não promove incremento significativo.

REFERÊNCIAS

BRACHTVOGEL, E.L.; MALAVASI, U.C. Volume do recipiente, adubação e sua forma de mistura ao substrato no crescimento inicial de *Peltophorum dubium* (Sprengel) Taubert em viveiro. **Revista Árvore**, v.34, n.2, p.223-232, 2010.

BRAGANÇA, S.M.; CARVALHO, C.H.S.; FONSECA, A.F.A.; FERRÃO, R.G. 'Encapa 8111', 'Encapa 8121' 'Encapa 8131': variedades clonais de café conilon lançadas para o estado do Espírito Santo. **Pesquisa Agropecuária Brasileira**, v.36, n.5, p.765-770, 2001.

BRASIL. Ministério da Agricultura. Portaria n. 338, de 30 de novembro de 2010. Estabelece os critérios mínimos para produção e comercialização de sementes e mudas de café conilon (*Coffea canephora* Pierre ex Froehner.) no Estado do Espírito Santo. **Diário Oficial da União**, 03 de dezembro de 2010.

CARNEIRO, R.M.D.G.; COSTA, S.B.; SOUSA, F.R.; SANTOS, D.F.; ALMEIDA, M.R.A.; SANTOS, M.F.A.; SIQUEIRA, K.M.S.; TIGANO, M.S.; FONSECA, A.F.A. Reação de cafeeiros conilon a diferentes populações de meloidogyne spp. In: SIMPÓSIO DOS CAFÉS DO BRASIL, 6., Vitória, 2009. **Anais do VI Simpósio dos cafés do Brasil. Brasília**, DF: Consorcio Pesquisa-Café, 2009. v. 6.

DIAS, R.; MELO, B. Proporção de material orgânico no substrato artificial para a produção de mudas de cafeeiro em tubetes. **Ciência e Agrotecnologia**, v.33, n.1, p.144-152, 2009.

FERRÃO, R.G.; FONSECA, A.F.A.; FERRÃO, M.A.G.; BRAGANÇA, S.M.; VERDIN FILHO, A.C.; VOLPI, P.S. Cultivares de café conilon. In: FERRÃO, R.G.; FONSECA, A.F.A.; BRAGANÇA, S.M.; FERRÃO, M.A.G.; DE MUNER, L.H. **Café Conilon**. Vitória: Incaper, 2007. p.203-225.

FONSECA, A.F.A.; FERRÃO R.G.; FERRÃO, M.A.G.; VOLPI, P.S.; VERDIN FILHO, A.C.; FAZUOLI, L.C. Cultivares de café robusta. In: CARVALHO, C.H. (Ed.). **Cultivares de café:** origem, características e recomendações. Embrapa Café, 2008. Cap. 11, p.255-279.

GOMES, J.M..; COUTO, L.; LEITE, H.G.; XAVIER, A.; GARCIA, S.L.R. Crescimento de mudas de *Eucalyptus grandis* em diferentes tamanhos de tubetes e fertilização N-P-K. **Revista Árvore**, v.27, n.2, p.113-127, 2003.

MARANA, J.P.; MIGLIORANZA, E.; FONSECA, E.P. Índices de qualidade e crescimento de mudas de café produzidas em tubetes. **Ciência Rural**, v.38, p.39-45, 2008.

MELO, B.; MENDES, A.N.G.; GUIMARÃES, P.T.G. Tipos de fertilizações e diferentes substratos na produção de mudas de cafeeiro (*Coffea arabica* L.) em tubetes. **Bioscience Journal**, v.19, n.1, p.33-42, 2003.

PARTELLI, F.L.; VIEIRA, H.D.; SANTIAGO, A.R.; BARROSO, D.G. Produção e desenvolvimento radicular de plantas de café 'Conilon' propagadas por sementes e por estacas. **Pesquisa Agropecuária Brasileira**, v.41, n.6, p.949-954, 2006.

PAULINO, A.J.; MATIELLO, J.B.; PAULINI, A.E. **Produção de mudas de café conilon por estacas**. Rio de Janeiro, RJ: MIC/IBC/GERCA. Instruções técnicas sobre a cultura de café no Brasil, n.18, 1985. 12p.

SILVEIRA, J.S.M.; FONSECA, A.F.A. **Produção de mudas clonais de café conilon em câmara úmida sobcobertura de folhas de palmeira**. Vitória: EMCAPA, 1995. 15p. (Documentos, 85).

TEDESCO, M.J.; GIANELLO, C.; BISSANI, C.A.; BOHNEN, H.; VOLKWEISS, S.J. **Análise de solo, plantas e outros materiais**. 2. ed. Porto Alegre: Departamento de solos, Universidade Federal do Rio Grande do Sul, 1995. 174p. (Boletim Técnico, 5).

VILLAIN, L.; ARIBI, J.; RÉVERSAT, G.; ANTHONY, F. A high-throughput method for early screening of coffee (*Coffea* spp.) genotypes for resistance to root-knot nematodes (*Meloidogyne* spp.). **European Journal Plant Pathology**, v.128, p.451-458, 2010.

Tabela 1. Atributos químicos dos substratos formado pela mistura de substrato comercial e solo utilizados no experimento.

	pH em água	P mg dm^{-3}	K	Ca	Mg	Al+H	Al	MO g kg^{-1}	V %
			cmol$_c$ dm^{-3}						
Substrato	5,6	890	3,1	15,38	7,42	11,55	0	99,7	69
Solo	6,2	4	3,72	37,1	10,1	29,7	0	16,5	63

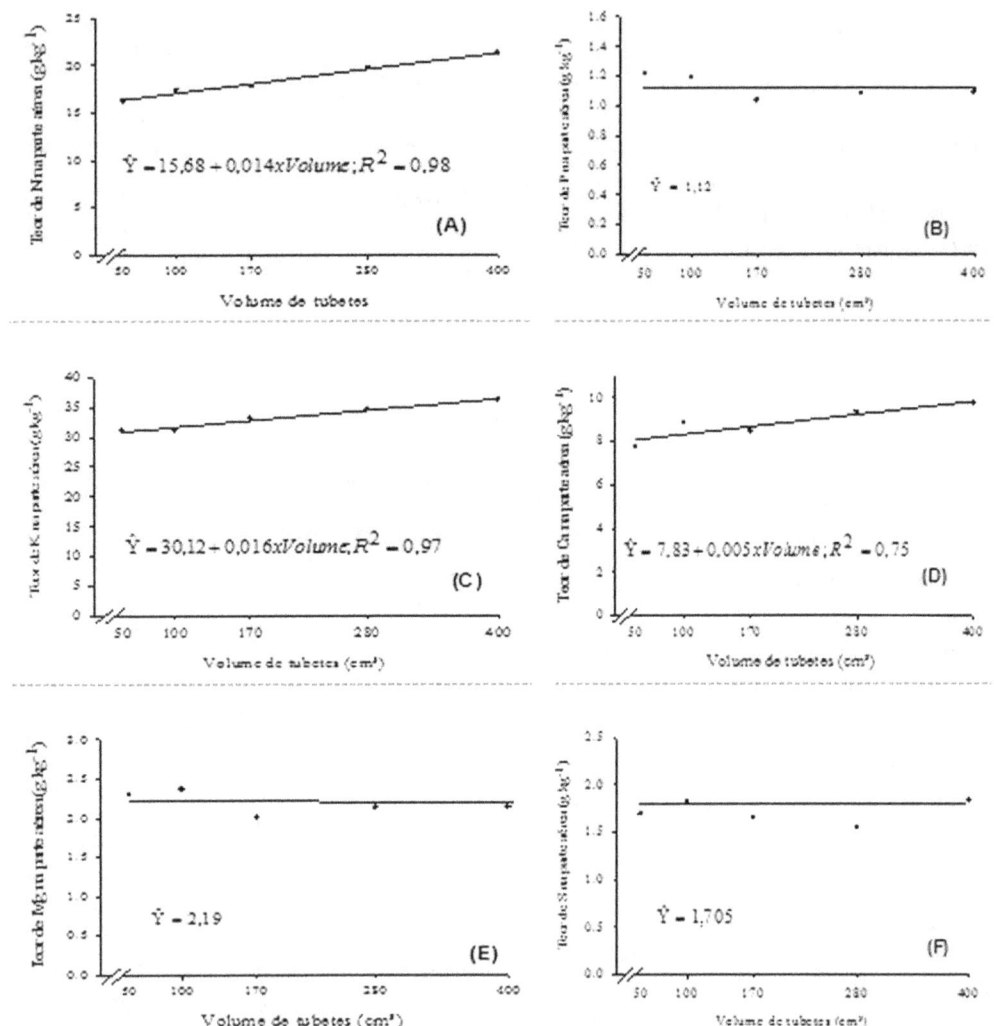

Figura 1. Teor de nitrogênio (A), fósforo (B), potássio (C), cálcio (D), magnésio (E) e enxofre (F), na parte aérea de mudas de café *C. canephora* cultivadas em diferentes volumes de substratos.

Tabela 2. Teor de N, P, K, Ca, Mg e S na parte aérea de mudas clonais de *Coffea canephora* cultivadas em diferentes volumes de substrato.

Volume de tubetes (cm³)	N	P	K	Ca	Mg	S
	---g kg^{-1}---					
50	16,27^{ns}	1,21*	31,04^{ns}	7,73*	2,30*	1,69^{ns}
100	17,40^{ns}	1,19*	31,18^{ns}	8,84*	2,36*	1,82^{ns}
170	17,75*	1,04*	33,14^{ns}	8,46*	2,00*	1,65^{ns}
280	19,74*	1,08*	34,52^{ns}	9,33*	2,13*	1,55^{ns}
400	21,24*	1,09*	36,22^{ns}	9,74*	2,14*	1,83^{ns}
Testemunha	15,13	1,73	32,16	12,26	2,88	2,14
CV (%)	13,91	17,24	12,44	13,16	15,53	50,40

* Difere da testemunha e ^{ns} não difere da testemunha pelo teste de Dunnett (p≤0,05).

4. SOLO, AMBIENTE E SOCIEDADE

Análise do potencial agrícola das terras dos projetos de assentamento no estado de Rondônia

Moacir André Horn[1]; Samir Freires de Medeiros[1]; Izabela de Lima Feitosa[2]

(1) Eng. Agrônomo, Perito Federal Agrário, Ministério do Desenvolvimento Agrário – MDA/INCRA-RO, Avenida Lauro Sodré, 6500 – Aeroporto, CEP 76803-260 Porto Velho – RO. E-mail: moacir.horn@pvo.incra.gov.br; samir.medeiros@pvo.incra.gov.br (2) Engª. Florestal, Instituto Nacional de Pesquisas da Amazônia – INPA, Núcleo de Apoio à Pesquisa em Rondônia (NAPRO), BR 364, km 9.5 – Campus UNIR, CEP 76801-059, Porto Velho/RO. E-mail: izabela.lima@inpa.gov.br

RESUMO – A criação de projetos de assentamento (PAs) é fundamentada na promoção da viabilidade econômica, segurança alimentar e da sustentabilidade ambiental de forma a garantir o acesso aos direitos e à promoção da igualdade no meio rural. O objetivo deste trabalho foi observar o enquadramento das áreas utilizadas para PAs no estado de Rondônia, quanto ao potencial agrícola e grupos de solos. Para as análises de cruzamentos de 118 PAs foram utilizados dados vetoriais de potencial agrícola e solos. Foi verificado que 77 % das áreas analisadas estão classificados na classe 4 (Regular), com abrangência em 94 PAs, sendo o PA Machadinho o mais representativo. Também observou-se que 188.996,3860 ha estão inseridos na classe 8 (Desaconselhável) e que 24 PAs possuem terras com potencial agrícola na classe 1 (Boa), sendo o PA Urupá e Tancredo Neves com as maiores áreas. Quanto aos solos em PAs, foram verificados 12 grupos de solos, sendo o Latossolo Vermelho-Amarelo presente em 55 % da área total dos PAs analisados, e o Argissolo Vermelho-Amarelo com 41 % da área total dos PAs analisados. A partir desses dados constatou-se que o sistema utilizado pelo INCRA para avaliação de imóveis rurais com fins de implantação de PAs não se aplica ao perfil de produção do assentado rural no estado (agricultura familiar), havendo necessidade da adequação para um sistema de aptidão agrícola mais preciso.

Palavras-chave: uso sustentável do solo, INCRA, SAAT.

INTRODUÇÃO – A estrutura fundiária do estado de Rondônia está fortemente marcada pela presença de projetos de assentamento (PAs), implantados desde o ano de 1980 (PERDIGÃO; BASSEGIO, 1992). A criação de muitos desses assentamentos em Rondônia, como acontece em outras regiões do País, se deu em consequência de pressões sociais, sem um planejamento prévio ou mecanismo de apoio (SILVA et al., 2010).

O perfil desse público-alvo da reforma agrária é formado por trabalhadores sem terras, posseiros, populações ribeirinhas, comunidades quilombolas, agricultores que ocupam terras indígenas, extrativistas, agricultores atingidos por barragens, juventude rural e mulheres trabalhadoras rurais, que têm, no acesso, à terra, sua base econômica e social (MDA, 2003).

Schneider et al. (2007) ratificam que, sem planejamento adequado, o uso das terras agrícolas geram consequências ambientais negativas, além da insustentabilidade econômica dos empreendimentos rurais.

Um estudo feito pelo INCRA, em convênio com a FAO (BITTENCOURT et al., 1998), sobre os principais fatores que afetam o desenvolvimento dos assentamentos da reforma agrária no Brasil, salienta que as áreas destinadas à reforma agrária não são totalmente homogêneas, dessa forma, sua distribuição pode ter efeitos potencializadores ou restritivos no interior do assentamento. O estudo aponta como fatores limitantes o relevo acidentado, a falta d'água e solos com baixa fertilidade, como principais fatores restritivos dos PAs com menor nível de desenvolvimento. Devido a essa situação, a sua capacidade produtiva é reduzida.

Segundo Buol et al. (2002), existem diversas metodologias interpretativas do potencial agrícola das terras, uma para cada uso particular, todas baseando-se em suas limitações ambientais, e para que sejam úteis devem apresentar metodologia quantitativa e limites de classes fundamentadas nos fatores que influenciam no comportamento do solo.

Em Rondônia, a análise das condições produtivas dos projetos assentamento considerando sua vocação agrícola ainda é incipiente e as informações existentes são fragmentadas. Isso reforça a necessidade de promoção de um diagnóstico mais preciso e completo que busque estimar e quantificar as principais limitações de recursos naturais, possibilitando a comparação dos tipos de usos da terra.

O objetivo deste trabalho foi identificar o potencial agrícola das terras destinadas a projetos de assentamento no estado de Rondônia, com base no Sistema de Avaliação da Aptidão Agrícola das Terras (SAAT), para inferir sobre a metodologia utilizada pelo INCRA, visando a observar se estas áreas correspondem às classes de aptidão agrícola mais adequadas à agricultura familiar.

MATERIAL E MÉTODOS – A área de estudo compreende 118 PAs localizados no estado de Rondônia, que abrangem uma área total de 1.735.135,0019 ha, localizados entre as coordenadas geográficas 08° 30' 13,30" S de latitude e 65° 30' 60,00" W de longitude. As análises de cruzamentos dos dados foram realizadas no software livre Qgis 2.4. Foram utilizados dados vetoriais referentes ao Potencial Agrícola oriundo do IBGE – 2013, Projetos de Assentamento do INCRA – 2014 e Solos da Embrapa/IBGE – 2001.

RESULTADOS E DISCUSSÃO – Após análise, foram observadas cinco classes de potencial agrícola das terras nas áreas de PAs (Figura 1), sendo estas: 1 - Boa, 4 - Regular, 6 - Restrita, 7 - Restrita a Desfavorável e 8 - Desaconselhável. A classe 1 - Boa, refere-se a solos de alta fertilidade, com topografia plana a suavemente ondulada, não tendo praticamente limitações, perfazendo uma área total de 185.583,2526 ha (10,7 % da área total dos PAs analisados).

Na classe 4 (Regular), os solos são de baixa fertilidade, podendo ter topografia plana a suavemente ondulada, cuja a maior limitação para uso agrícola é a baixa disponibilidade de nutrientes e excesso de alumínio, com área de 1.347.732,3564 ha (77,7 % da área total dos PAs analisados).

A classe 6 (Restrita), possui solos de média a alta fertilidade, com topografia fortemente ondulada, nos quais a limitação é o declive acentuado, com área total de 11.041,7136 ha (0,6 % da área total dos PAs analisados).

A classe 7 (Restrita à Desfavorável) representa solos de baixa fertilidade, com topografia plana a suavemente ondulada, tendo como limitação o risco de inundação, com área total de 1.791,2933 ha (0,10 % da área total dos PAs analisados).

Os solos da classe 8 (Desaconselhável), possuem fertilidade muito baixa, com topografia montanhosa a escarpada, cuja limitação é a reduzida profundidade, pedregosidade ou rochosidade e textura arenosa, com área total de 188.996,3860 ha (25 % da área total dos PAs analisados).

Na Figura 2 podem ser verificados os PAs que apresentaram as maiores áreas dentro de cada classe de potencial agrícola, expressas em porcentagem. Dentre os 24 PAs que possuem terras com potencial agrícola na classe 1 – Boa, cinco representaram 64,2 % da área nesta classe, sendo estes: o PA Urupá, com área de

32.441,8971 ha (77 % do PA) e 1.124 beneficiários; o PA Tancredo Neves com área de 29.593,8895 ha (10 % do PA) e 1.200 beneficiários; o PA D'jaru Uaru, com área de 26.320,6618 ha (91 % do PA) e 567 beneficiários; o PA Colina Verde, com área de 18.799,9546 ha (66 % do PA) e 492 beneficiários; e o PA Margarida Alves, com área de 12.048,6845 ha (100 % do PA) e 253 beneficiários.

Dos 94 PAs com terras com potencial agrícola na classe 4 – Regular, sete representaram 40 % da área nesta classe, sendo estes: o PA Machadinho, com área de 215.786,1033 ha (100 % do PA) e 2.606 beneficiários; o PA Bom Princípio, com área de 85.225,3926 ha (100 % do PA) e 1.305 beneficiários; o PA Lajes, com área de 63.254,8942 ha (100 % do PA) e 1.301 beneficiários; o PA Vale do Jamari, com área de 52.030,0582 ha (100 % do PA) e 821 beneficiários; o PA Cujubim, com área de 42.580,8464 ha (100 % do PA) e 490 beneficiários; o PA Jatuarana, com área de 41.671,5208 ha (100 % do PA) e 429 beneficiários; e o PA Santa Maria II, com área de 38.809,5115 ha (100 %) e 569 beneficiários.

Foram observados três PAs com áreas incidentes na classe 6 – Restrita, sendo estes: o PA Adriana, com área de 1.961,2105 ha (100 % do PA) e 79 beneficiários; o PA Verde Seringal, com área de 6.963,9355 ha (48 % do PA) e 234 beneficiários; e o PA Nova Conquista, com área de 2.116,5676 (10 % do PA) e 19.001,6910 ha (90 % do PA) na classe 8 – Desaconselhável, tendo o total de 385 beneficiários.

Na classe 7 – Restrita a Desfavorável foram observados dois PAs, sendo estes: o PA Marcos Freire com área de 652,7904 ha (6 % do PA) e 255 beneficiários, e o PA Zeferino, com área de 1.138,5029 ha (15 % do PA) e 242 beneficiários.

Dentre os 25 PAs com áreas de potencial agrícola na classe 8 – Desaconselhável, sete PAs representaram 67 % da área nesta classe, sendo estes: o PA Santa Cruz, com área de 29.639,0374 ha (53 % do PA) e 681 beneficiários; o PA Massangana, com área de 21.704,9503 ha (71 % do PA) e 362 beneficiários; o PA Joana D'arc III, com área de 18.698,1670 ha (76 % do PA) e 385 beneficiários; o PA Joana D'arc I, com área de 15.913,5333 ha (84 % do PA) e 281 beneficiários; o PA Joana D'arc II, com área de 11.000,2118 ha (74 % do PA) e 211 beneficiários; e o PA Rio Alto, com área de 10.616,5375 ha (24 % do PA) e 585 beneficiários.

Na Figura 3 observam-se os grupos de solos encontrados nas áreas dos PAs. Foram verificados 12 grupos de solos, sendo os mais representativos: o Latossolo Vermelho-Amarelo, presente em 55 % da área total dos PAs analisados, o Argissolo Vermelho-Amarelo, com 41 % e o Latossolo Amarelo, com 28 %.

As áreas na classe 1 – Boa podem ser utilizadas com uma vasta diversidade de cultivos em todos os níveis de manejo. Quanto aos aspectos de solo, encontram-se cobertas na sua maioria por Argissolo Vermelho (78 %) e Argissolo Vermelho-Amarelo (11 %), com fertilidade alta, não havendo problemas nesta classe. Apesar do alto teor de nutrientes, em geral esses solos podem apresentar susceptibilidade a erosão dependendo da declividade e regime hídrico. Observa-se que as condições ambientais que resultam nesta classe estão presentes em áreas heterogêneas, pois mesmo um PA com área pequena é enquadrado em mais de uma classe de potencial agrícola.

A classe 4 – Regular, comum em grandes áreas de PAs, possui características químicas que reduzem sua fertilidade, apesar de bem drenados e com relevo favorável a mecanização. Essas áreas podem gerar bons rendimentos com uso agrícola, mediante a aplicação de tecnologias e de assistência técnica, como forma de superar as limitações. Nesta classe são verificados os seguintes grupos de solos: Latossolo Vermelho-Amarelo (45 %), Argissolo Vermelho-Amarelo (30 %) e Latossolo Amarelo (22 %). O Argissolo Vermelho-Amarelo é susceptível a erosão e sua utilização deve estar condicionada a práticas conservacionistas.

Nas áreas inseridas na classe 6 – Restrita predominam os seguintes solos: Nitossolo Vermelho (73 %) e Argissolo Vermelho (27 %). Devido às suas características podem ter boa aptidão para cultivo no sistema de manejo A (primitivo), com algumas culturas associadas a práticas conservacionistas. As áreas enquadradas na *classe* 7 – Restrita a Desfavorável, possuem 99 % de Cambissolo Háplico, com limitações associadas ao tipo de relevo.

Na classe 8 – Desaconselhável ocorrem solos com limitações severas, que em alguns casos impedem o uso agrícola. Encontram-se nesta classe Neossolos Litólicos (30 %) que, de acordo com Oliveira (2008), deveriam ser mantidos como reserva natural. Outro grupo importante são os Argissolos Vermelho-Amarelos (16 %), podendo suas limitações estarem associadas à fertilidade muito baixa e/ou às condições de relevo. Nesta classe aparecem ainda os Neossolos Quartzarênico (15 %) que apresentam, além da baixa fertilidade, uma textura arenosa como limitantes, podendo ser agravada pelo deficit hídrico.

Com intuito de orientar as ações voltadas para a obtenção de imóveis rurais, visando à criação de projetos de assentamento, o INCRA define, por meio do Manual de Obtenção de Terras e Perícia Judicial, que o Sistema de Capacidade de Uso de Lepsh (1983) é o instrumento mais indicado para análise de implantação de um projeto de assentamento e valoração de imóvel rural. Caso o técnico necessite de mais parâmetros para consolidação da análise de viabilidade do imóvel, faculta a utilização do Sistema de Aptidão Agrícola das Terras – SAAT (INCRA, 2006).

Schneider et al. (2007) afirmam que o Sistema de Classificação da Capacidade de Uso de Lepsch (1983), pressupõe o uso de um nível tecnológico avançado por parte dos agricultores, com uso de motomecanização, pois considera a topografia o fator limitante principal para o uso agrícola da terra, dando menor ênfase à fertilidade do solo, fator que dificulta o uso por agricultores com nível de manejo mais primitivo.

Bittencourt et al. (1998) observaram que os principais fatores restritivos dos PAs com menor nível de desenvolvimento em Rondônia são marcados pela presença de solos ruins, infraestrutura precária, erros no planejamento dos investimentos pela assistência técnica e na ineficiência da organização dos assentados.

CONCLUSÕES – O conhecimento da qualidade dos recursos naturais que influenciam no uso agrícola do solo podem dar indicações mais adequadas à sua utilização. Nesse sentido o INCRA tem ainda utilizado como método o Sistema de Classificação da Capacidade de Uso para fundamentar a aquisição e criação de projetos de assentamento.

Com base nos resultados verificou-se que esse método não seria o mais adequado aos PAs encontrados no estado, visto que a topografia, em geral, não é o fator mais limitante para os agricultores assentados, sendo a baixa fertilidade natural dos solos o fator mais restritivo.

REFERÊNCIAS

BITTENCOURT, G.A.; CASTILHOS, D.S.B.; BIANCHINI, V.; SILVA, H.B.C. **Principais fatores que afetam o desenvolvimento dos assentamentos de reforma agrária no Brasil.** Brasília: Convênio FAO/Incra. 1998. 67p.

BUOL, S.W.; SOUTHARD, R.J.; GRAHAM, R.C.; McDANIEL, P.A. **Soil Genesis and classification.** 5. ed. Iowa: Iowa State Press, 2002. 494p.

INCRA – INSTITUTO NACIONAL DE COLONIZAÇÃO E REFORMA AGRÁRIA. **Manual de Obtenção de Terras e Perícia Judicial.** 2006. 140p.

LEPSCH, I.F. **Manual para Levantamento Utilitário do Meio Físico e Classificação de Terras no Sistema de Capacidade de Uso.** Campinas: Sociedade Brasileira de Ciência do Solo, 1983. 175p.

MDA – MINISTÉRIO DO DESENVOLVIMENTO AGRÁRIO. 2003. **II Plano Nacional de Reforma Agrária** – Paz, Produção e Qualidade de Vida no Meio Rural. INCRA/MDA, 40p.

OLIVEIRA, J.B. Pedologia aplicada. 3. ed. Piracicaba: FEALQ, 2008. 592p.

PERDIGÃO, F.; BASSEGIO, L. **Imigrantes Amazônicos Rondônia**: A Trajetória da Ilusão. Ed. Loyola 1992, 218 p.

SILVA, E.; NOGUEIRA, R.; UBERTI, A. Avaliação da aptidão agrícola das terras como subsídio ao assentamento de famílias rurais, utilizando sistemas de informações geográficas. **Revista Brasileira de Ciência do Solo**, Viçosa, n.3, p.1977–1990, 2010.

SCHNEIDER, P.; GIASSON, E.; KLAMT, E. **Classificação de aptidão agrícola das terras**: um sistema alternativo. Guaíba: Agrolivros, 2007. 72p.

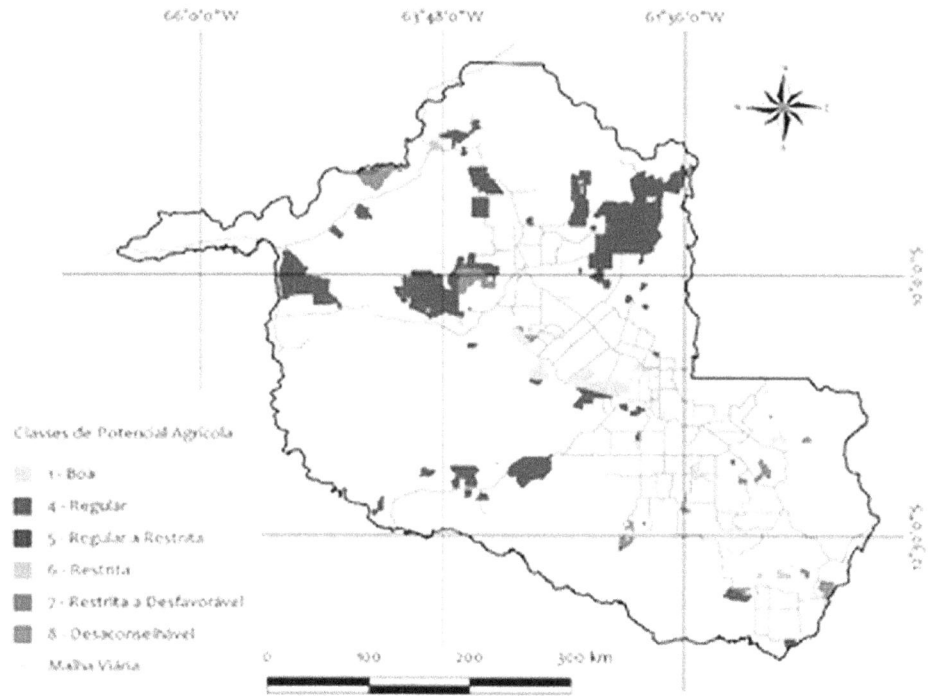

Figura 1. Potencial agrícola de terras em Projetos de Assentamento de Rondônia.

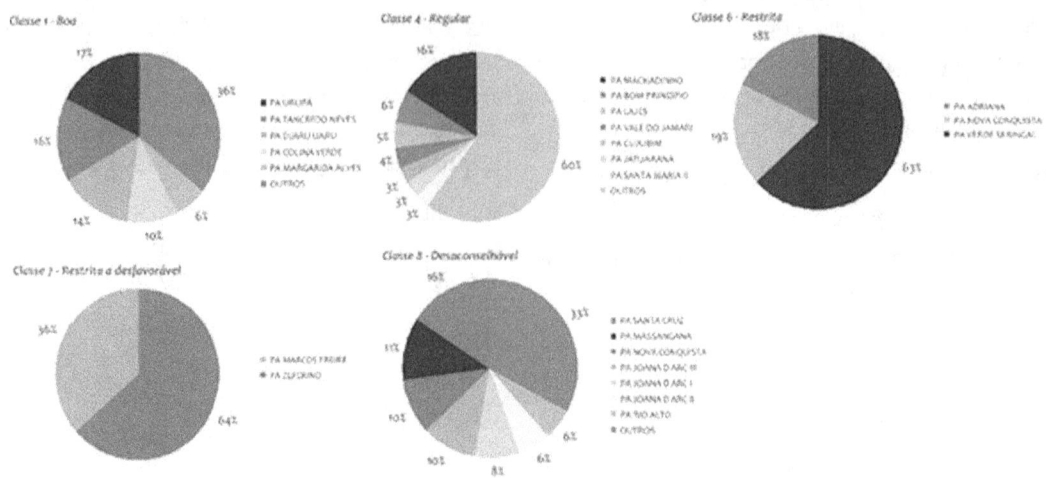

Figura 2. Projetos de assentamento (PAs) mais representativos nas cinco classes de potencial agrícola.

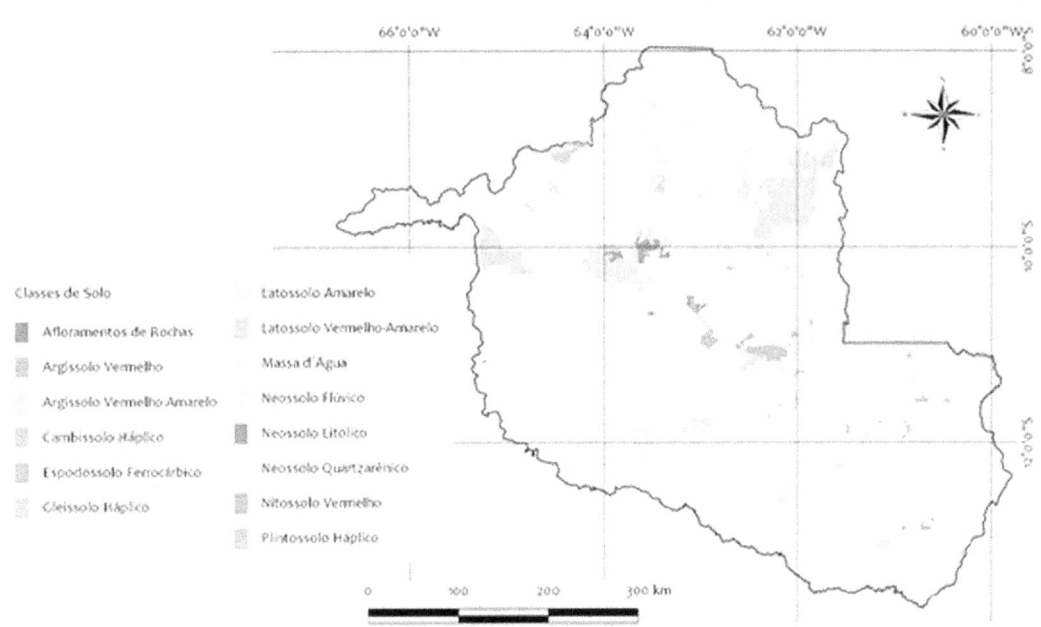

Figura 3. Grupos de solos das áreas de projetos de assentamento de Rondônia.

O impacto da atividade sucroalcooleira sobre as nascentes do Rio Iquiri

Shyrlene Oliveira da Silva[1]; Jônatas Sampaio Nogueira[1]; Josiane Moura do Nascimento[1]; Luís Pedro de Melo Plese[2]

(1) Engenheiro(a) agrônomo(a) e Pós-graduando União Educacional do Norte - UNINORTE, Rodovia BR 364, Km 04, nº 6637 - Distrito Industrial. E-mail: jsn.agro@hotmail.com; josianemouran@hotmail.com; shyrlenemonnerat@hotmail.com (2) Professor Doutor do Instituto Federal de Educação, Ciência e Tecnologia do Acre - Campus Rio Branco. E-mail: pedro.plese@ifac.edu.br

RESUMO – Na região de Capixaba encontra-se a usina de beneficiamento de cana-de-açúcar, Álcool Verde. Para garantir a produção de etanol, a usina necessita implantar áreas de cultivo em suas proximidades. Esse cultivo ocorre próximo às águas do rio Iquiri, que sofre também com a atividade da pecuária. Esta cultura poderá abranger uma dimensão cada vez maior, visto que no ano de 2012 foram produzidos 70 mil toneladas de cana e 2013, 100 mil toneladas. A meta é chegar a 500 mil toneladas em 2015 e iniciar também a produção de açúcar, podendo assim atingir além de Capixaba, os municípios de Senador Guiomard e Plácido de Castro. Portanto, o objetivo do trabalho foi a avaliar o impacto ambiental do cultivo de cana-de-açúcar sobre o rio Iquiri. Foram realizadas visitas técnicas para monitoramento, em dez pontos de coleta do rio com aplicação de questionário de avaliação rápida, sendo observado em cada nascente, o tipo de ocupação das margens, oleosidade, odor, transparência das águas, extensão da mata ciliar e as mais variadas alterações antrópicas. Os resultados obtidos indicam que 90 % das nascentes e corredeiras apresentam suas margens descobertas, sendo estas ocupadas com moradias, comércios e com a presença da rodovia às margens, água com coloração opaca, presença de lixo e esgoto e ausência de lâmina de água em alguns pontos pré-estabelecidos. Desta forma, é necessário que seja realizado monitoramento ambiental constante sobre as áreas onde se encontram as nascentes e reflorestamento nas margens descobertas.

Palavras-chave: Impacto ambiental, cana-de-açúcar, rio Iquiri.

INTRODUÇÃO – Brasil possui um domínio do processo de produção de álcool, tem abundância de terra e disponibilidade de mão-de-obra. É o país que tem menor custo de produção de álcool; desta forma, seu potencial é diferenciado e com capacidade para se tornar o líder nesse meio em que os combustíveis renováveis são utilizados com maior frequência pela população, decorrente do menor custo, quando comparado ao preço da gasolina. Para que isso aconteça é necessária uma interação entre as pessoas que trabalham nesse setor e o governo para expandir o programa. Para isto é necessário adotar medidas preventivas de possíveis problemas com o emprego do setor sucroalcooleiro. (MICHELLON et al., 2008).

Qualquer que seja a atividade agrícola que emprega algum recurso natural estará passível de algum impacto ambiental, porém, é possível reduzir o impacto com o planejamento, ocupação com critérios de uso do solo e adotando medidas preventivas através de técnicas para conservação da cultura de acordo com a região implantada. (RAMOS; LUCHIARI, 2008). O impacto ambiental gerado na região onde a cultura é implantada pode ser de ordem econômica, social ou ambiental. A instalação da usina de processamento da cana-de-açúcar não é diferente de outras atividades agrícolas que estão sujeitas a ter algum impacto como consequência. A cultura canavieira pode gerar vários impactos devido aos altos investimentos no setor sucroalcooleiro e isso tende a aumentar (DIAS et al., 2013).

No estado do Acre, a usina Alcolbrás (Álcool Brasileiro S.A.) foi estabelecida em 1989, desativada até 2005 e foi retomada com a criação da empresa Álcool Verde S.A. onde teve iniciativa privada juntamente com o governo do estado. Os objetivos destacados pela empresa foram relacionados ao desenvolvimento local com a intensificação da agricultura, tendo importância econômica com a geração de emprego e renda além de abastecer o mercado regional e de alguma forma, reduzir as pressões de desmatamento (EMBRAPA ACRE, 2011).

Desta forma, o objetivo deste trabalho é a avaliação dos impactos ambientais causados na implantação do setor sucroalcooleiro no estado do Acre sobre as nascentes do Rio Iquiri.

MATERIAL E MÉTODOS – O estudo foi realizado em uma área caracterizada pela ausência de vegetação original e ocupada por gramíneas, cultivo de cana-de-açúcar e pastagens, ao longo da nascente e corredeiras do rio Iquiri. O rio Iquiri, que pertence à bacia hidrográfica do rio Acre, o qual possui cinco nascentes próximas a uma área de assentamento rural e da usina de álcool (Álcool Verde) no município de Capixaba (AC) e deságua no estado do Amazonas, no município de Labras, onde passa a ser chamado de Ituxi. Além dos pontos das nascentes, foram determinados mais cinco pontos ao longo do rio Iquiri, perfazendo um total de 10 pontos de coletas.

Todos os pontos foram demarcados com GPS 1 (10° 21' 47,04" S e 67° 42' 16,79" O), 2 (10° 21' 53,51" S e 67° 42' 35,80" O), 3 (10° 23' 2,21" S e 67° 42' 28,00" O), 4 (10° 25' 28,29" S e 67° 43' 50,80" O), 5 (10° 25' 39,89" S e 67° 43' 14,17" O), 6 (10° 26' 30,86" S e 67° 42' 41,37" O), 7 (10° 26' 58,78" S e 67° 42' 25,09" O), 8 (10° 26' 25,61" S e 67° 43' 23,91" O), 9 (10° 25' 51,29" S e 67° 42' 57,80" O), 10 (10° 25' 59,08" S e 67° 42' 44,07" O), onde foram medidos a largura e o comprimento das nascentes e corredeiras; foi obtida também a temperatura da água, no qual foi utilizado termômetro simples de mercúrio, que serviu avaliar as condições naturais da água.

A avaliação ambiental foi feita através da determinação rápida da diversidade de habitat, segundo metodologia desenvolvida por Callisto et al. (2002). Esse protocolo consistiu de uma pontuação (0 a 4) para cada parâmetro de habitat, sendo estes: natural, alterado e impactado. Quanto maior a pontuação, melhor é a qualidade da água e das margens das nascentes. As avaliações foram realizadas no mês de agosto e setembro, seguindo questionário de avaliação rápida.

RESULTADOS E DISCUSSÃO – A aplicação do protocolo ao longo das nascentes do Rio Iquiri variou de natural a impactada, levando em conta todos os aspectos que caracterizam como normal para nascentes, nascentes de seus afluentes e pontos de corredeiras do rio. As análises foram realizadas em dias ensolarados (agosto e setembro) com temperatura variando de 30 a 35 °C.

Os resultados obtidos com o somatório da avaliação dos parâmetros classificam como naturais as nascentes cujo somatório é superior a 61 pontos; trechos que variam entre 41 a 60 pontos são classificados como alterados e de 0 a 40 pontos como trechos impactados. Os parâmetros que mais variaram foram: tipo de ocupação das margens, presença de erosão nas margens e depósitos de sedimentos.

O ponto que conserva suas características naturais, elevada diversidade de habitats, foi considerado: velocidades das águas, tipos de ocupação das margens, oleosidade, tipos de fundos, sinais de erosão ausente e mata ciliar acima de 13 m; foi classificado como natural, sendo o ponto 8. Neste local de observações as águas não apresentam odor nem oleosidade, são transparentes e apresentam pequenas macrófitas aquáticas.

Somente o ponto 8 foi classificado como natural, pois apresenta um remanescente de floresta no entorno, não demonstrando presença marcante de ações antrópicas.

Na categoria alterada encontram-se as nascentes e corredeiras que apresentam mata ciliar menor que 50 %, ou seja, menores que 6 m, sendo as mesmas ocupadas por pastagem e lavouras de cana. As águas com coloração de chá-forte ou turva, sinais de oleosidade e espuma de origem doméstica, provavelmente, originadas do uso de sabão em pó, decorrentes das atividades realizadas próximas às margens do rio pelos moradores. Dentro desta categoria encontram-se os pontos 1, 2, 5 e 10, estes apresentam alterações antrópicas acompanhadas de lixo e esgotos. Estas atividades ocorrem sem nenhum controle e acabam contaminando a água superficial, obtendo assim maior poluição do ambiente. Foram encontrados materiais de origem doméstica dos mais variados tipos (embalagens plásticas de alimentos e enlatados, garrafas pet e resíduos de material de limpeza).

Na categoria impactadas enquadram-se as nascentes do rio Iquiri, nascentes de seus afluentes e corredeiras cujos pontos são 3, 4 e 6 que estão sendo afetados pelas atividades antrópicas (criação de gado e cana-de-açúcar), que estão sendo desenvolvidas em Capixaba. Estes pontos apresentam ausência da mata ciliar, sendo de grande importância o reflorestamento dessas margens com espécies nativas da região. Assim, evitam-se maiores danos como ocorre no verão por falta de chuva que geralmente acontece no estado nos meses de junho, julho e agosto ou que no período do inverno, onde ocorrem altas precipitações, ocasionando assoreamento dos rios, muito comum em áreas desprotegidas; em função de suas margens serem ocupadas com moradias.

Contudo, o rio Iquiri tem importância direta na alimentação da população de Capixaba, pois, além da geração de renda, com a atividade de pesca, também é fonte direta de proteína. Além da pesca, as águas do rio Iquiri são muito utilizadas para a realização das atividades domésticas, irrigação das lavouras, consumo humano e animal.

O rio Iquiri, é afluente também para o igarapé Pirã de Rã, que abastece parte da população do município de Senador Guiomard. Caso essas nascentes continuem sofrendo com o impacto do cultivo da cana-de-açúcar e pecuária, a bacia do Iquiri ficará comprometida e a população será prejudicada pelo desabastecimento.

CONCLUSÕES – É notável que a agropecuária vem apresentando grandes modificações nas nascentes do rio Iquiri.

A participação da sociedade é importante para a disseminação de boas práticas, recuperação das áreas e o uso sustentável dos recursos naturais.

É necessário que haja um controle rígido sobre as áreas onde se encontram as nascentes e um reflorestamento nas margens alteradas e impactadas.

REFERÊNCIAS

BARDALES, N.G.; PEREIRA, J.B.M.; DUARTE, A.F.; ARAÚJO, E.A. de; OLIVEIRA, T.K. de; LANI, J.L. **Zoneamento agroclimático para o cultivo da cana-de-açúcar em três municípios da regional do baixo acre, estado do Acre, Brasil**. Rio Branco-Ac: Embrapa Acre, 2011. 29p. (Documentos 124).

CALLISTO, M.; FERREIRA, W.R.; MORENO, P.; GOULART, M.; PETRUCIO, M. Aplicação de um protocolo de avaliação rápida da diversidade de habitats em atividades de ensino e pesquisa (MG-RJ). **Acta Limnologia Brasileira**, v.14, n.1, p.91-98, 2002.

DIAS, L.S.; GUIMARÃES, E.M.A.; GUIMARÃES, R.B. Reflexões dos impactos ambientais na paisagem causadas pela cultura da cana-de-açúcar no oeste paulista, São Paulo, Brasil In: REENCUENTRO DE SABERES TERRITORIALES LATINOAMERICANOS, 14., 2013, Lima. **Resumo...** Lima: União Geográfica Internacional e Colégio de Geógrafos do Perú. 2013.

MICHELLON, E.; SANTOS, A.A.L.; RODRIGUES, J.R.A. Breve descrição do Proálcool e perspectivas futuras para o etanol produzido no Brasil. In: CONGRESSO DA SOCIEDADE BRASILEIRA DE ECONOMIA, ADMINISTRAÇÃO E SOCIOLOGIA RURAL, 46., 2008, Rio Branco-Ac. **Resumos...** Rio Branco-Ac: Sociedade Brasileira de Economia, Administração e Sociologia rural, 2008. p.12.

RAMOS, N.P.; LUCHIARI JÚNIOR, A. **Árvore do conhecimento cana-de-açúcar**. Disponível em: <http://www.agencia.cnptia.embrapa.br/gestor/cana-de-acucar/arvore/ CONT1.html>. Acesso em: 20 ago. 2014.

5. II REUNIÃO DE CIÊNCIA DO SOLO DA AMAZÔNIA OCIDENTAL

Programação e atividades desenvolvidas

Dia 14 de outubro de 2014 – Período Noturno

Cerimonialista: Dulcineia Conceição de Souza (Embrapa Rondônia)
19:00 as 19:40: Abertura Oficial (Diretora da FIMCA, Chefe Geral da Embrapa Rondônia, Secretário Executivo da Sociedade Brasileira de Ciência do Solo, Diretor do Núcleo Regional Amazônia Ocidental; Pró-Reitora de Graduação da Universidade Federal de Rondônia, Coordenadora do Curso de Agronomia da FIMCA)
19:40 as 20:20: Palestra - A pesquisa agropecuária no noroeste brasileiro. D.Sci. Cesar Augusto Domingues Teixeira. Chefe Geral da Embrapa Rondônia.
20:20 as 21:00: Palestra - A SBCS na Amazônia Ocidental: desafios e oportunidades. D.Sci. Alaerto Luiz Marcolan. Diretor Regional SBCS

Dia 15 de outubro de 2014 – Período Vespertino

13:00 as 22:00: Trabalhos Selecionados - Sessão de Pôsteres (1 a 23)
Moderador: M.Sci. Davi Melo de Oliveira. Embrapa Rondônia.
14:10 as 14:50: Palestra - Métodos de Análise de Fertilidade para a Amazônia Ocidental. M.Sci. Lucielio Manoel Da Silva. Embrapa Acre
14:50 as 15:30: Palestra - Distribuição e caracterização das terras aptas para agricultura no Estado de Rondônia. M.Sci. Angelo Mansur Mendes. Embrapa Rondônia
15:30 as 15:40: Debate
15:40 as 16:10: Intervalo
16:10 as 17:00: Palestra - Pastagens na Amazônia Ocidental: Cenário e Manejo. D.Sci. Jucilene Cavali. Universidade Federal de Rondônia (UNIR).
17:00 as 17:50: Palestra - Manejo nutricional de cafeeiros clonais na Amazônia Ocidental. D.Sci. Jairo Rafael Machado Dias. UNIR.
17:50 as 18:00: Debate.

Dia 15 de outubro de 2014 – Período Noturno

Moderador: D.Sci. Alexandre Martins Abdão Dos Passos. Embrapa Rondônia
19:40 as 20:20: Conferência - Mineralogia dos solos da Amazônia. PhD. Valdomiro Severino de Souza Júnior. Universidade Federal Rural de Pernambuco.
20:20 as 21:00: Palestra - Fertilidade e adubação de grãos no cone sul de Rondônia. D.Sci. Vicente de Paulo Campos Godinho. Embrapa Rondônia
21:00 as 21:40: Palestra - Manejo do solo em sistemas de plantio direto e convencional na produção de grãos em solos tropicais. D.Sci. Anderson Bergamin. UNIR
21:40 as 21:50. Debate

Dia 16 de outubro de 2014 – Período Vespertino

13:00 as 22:00: Trabalhos Selecionados - Sessão de Pôsteres (24 a 46)
Moderador: M.Sci. Frederico José Evangelista Botelho. Embrapa Rondônia.
14:10 as 14:50: Palestra - Variabilidade genética entre acessos de amendoim forrageiro quanto a associação a fungos micorrízicos arbusculares. M.Sci. José Marlo Araújo Azevedo. Instituto Federal do Acre (IFAC)
14:50 as 15:30: Palestra - Utilização de resíduos na agricultura: farinha de ossos calcinada.

D.Sci. Elvino Ferreira. UNIR
15:30 as 15:40: Debate
15:40 as 16:10: Intervalo
16:10 as 17:00: Palestra - A fertilidade do solo em sistemas agroflorestais no estado de Rondônia. D.Sci. Marília Locatelli. Embrapa Rondônia.
17:00 as 17:50: Palestra - Erosividade da chuva e erodibilidade do solo no Estado de Rondônia - Primeira aproximação. D.Sci. Fabio Régis de Souza. UNIR
17:50 as 18:00. Debate

Dia 16 de outubro de 2014 – Período Noturno

Moderador: M.Sci. Henrique Nery Cipriani. Embrapa Rondônia
19:40 as 20:20: Conferência - Estado atual do conhecimento dos solos na região amazônica. PhD. Lúcia Helena Cunha dos Anjos. Universidade Federal Rural do Rio de Janeiro
20:20 as 21:00: Conferência - Adubação, Produtividade das Culturas e Segurança Alimentar. PhD. Eros Francisco. Instituto Internacional de Nutrição de Plantas.
21:00 as 21:40: Palestra - Diversidade de solos e ambientes na Amazônia Ocidental. D.Sci. Milton César Costa Campos. Universidade Federal do Amazonas.
21:40 as 21:50: Debate.

Dia 17 de outubro de 2014 – Período Matutino

09:15 as 09:30: Assembleia Geral de Sócios da SBCS vinculados ao Núcleo Regional Amazônia Ocidental (1a. Convocação).
09:30 as 11:00: Assembleia Geral de Sócios da SBCS vinculados ao Núcleo Regional Amazônia Ocidental (2a. Convocação).

Dia 17 de outubro de 2014 – Período Vespertino

13:00 as 22:00: Trabalhos Selecionados - Sessão de Pôsteres (47 a 69)
Moderador: D.Sci. Marcelo Curitiba Espíndula. Embrapa Rondônia.
14:10 as 14:50: Palestra - Extração e exportação de nutrientes do solo em áreas destinadas à produção de forragem e silagem. D.Sci. Rafael Henrique P dos Reis. Instituto Federal de Educação, Ciência e Tecnologia de Rondônia (IFRO).
14:50 as 15:30: Palestra - Variabilidade espacial da qualidade de culturas agrícolas. D.Sci. Enrique Anastacio Alves. Embrapa Rondônia
15:30 as 15:40: Debate
15:40 as 16:00: Intervalo.
16:10 as 17:00: Palestra -Extensão rural e ciência do solo: Relações e desafios em pequenas propriedades da Amazônia. M.Sci. Elizio Ferreira Frade Junior. Universidade Federal do Acre.
17:00 as 17:50: Palestra - Atualizações em calagem de solos em Rondônia. D.Sci. Jairo André Schlindwein. UNIR
17:50 as 18:30: Debate

Dia 17 de outubro de 2014 – Período Noturno

Moderador: D.Sci. Rogério Sebastião Correa da Costa. Embrapa Rondônia
19:40 as 20:20: Conferência - Biodiversidade dos solos na Amazônia: recursos genéticos para a produção vegetal sustentável e qualidade ambiental. PhD. Fatima Maria de Souza Moreira.

Universidade Federal de Lavras
20:20 as 21:00: Palestra - Biocarvão: possibilidades e implicações de uso na agricultura. M.Sci. Stella Cristiani Gonçalves Matoso. IFRO.
21:00 as 21:10: Debate
21:00 as 21:30: Encerrramento. Diretor do Núcleo Regional Amazônia Ocidental. Coordenadora do Curso de Agronomia da FIMCA.

Atas das Assembleias Gerais Ordinárias

Ata de Assembleia Geral do Núcleo Regional Amazônia Ocidental, realizada em 17 de outubro de 2014, no auditório da Embrapa Rondônia durante a II Reunião de Ciência do Solo da Amazônia Ocidental.

No décimo sétimo dia do mês de outubro de dois mil e quatorze, no auditório da Embrapa Rondônia, em Porto Velho-RO, em primeira convocação as 9:00 horas e depois em segunda convocação, as 9:30 horas, durante a realização da II Reunião de Ciência do Solo da Amazônia Ocidental, foi instalada a IV Assembleia Geral de Sócios do Núcleo Regional Amazônia Ocidental da Sociedade Brasileira de Ciência do Solo, com os informes e a seguinte pauta: 1. Estatuto do Núcleo Regional Amazônia Ocidental da SBCS; 2. Regimento Interno do NRAOc-SBCS; 3. Sede definitiva; 4. Recondução da diretoria atual; 5. Planejamento de atividades até julho de 2015 E 6. Outros assuntos. A assembleia foi conduzida pelo Diretor, Alaerto Luiz Marcolan e secretariada por Paulo Guilherme Salvador Wadt, com a presença dos seguintes sócios: Alan da Silva Sampaio, Alexandre Martins Abdão Dos Passos, Anderson Cristian Bergamin, Elizio Ferreira Frade Junior, Henrique Nery Cipriani, Jairo André Schlindwein, Jackson Silva Martins, Jorge Luiz Heráclito de Mattos, Fábio Régis de Souza, Marília Locatelli, Marcelo Curitiba Espíndula, Milton Cesar Costa Campos e Stella Cristiani Gonçalves Matoso e os convidados, sem direito a voto, Elvino Ferreira, Jairo Rafael Machado Dias, Leonardo Ventura de Araújo, e os convidados, professores Valdomiro Severino de Souza Júnior, Fatima Maria de Souza Moreira e Lúcia Helena Cunha dos Anjos. Na abertura dos trabalhos, o diretor Alaerto Luiz Marcolan propôs a inversão dos itens de pauta, para incluir como primeiro assunto a divisão do Núcleo Regional Amazônia Ocidental e dois novos núcleos: um incluindo os sócios do Amazonas e Roraima, e outro, incluindo os sócios do Acre e Rondônia, deixando a discussão do Regimento Interno e do Estatuto para ser discutido apenas caso não houvesse a divisão territorial do Núcleo. A seguir, os sócios presentes deliberaram por unanimidade para colocar o assunto da divisão do Núcleo como prioridade e, portanto, aprovaram a inversão da pauta. Aberta a discussão sobre a divisão do Núcleo, o diretor Alaerto Luiz Marcolan e o secretário do Núcleo, Paulo Guilherme Salvador Wadt argumentaram a favor da divisão do Núcleo como estratégia para o fortalecimento da Sociedade Brasileira de Ciência do Solo nesta região da Amazônia, colocando como pontos fundamentais a necessidade de intensificar a participação da maioria dos sócios nos eventos regionais, o que se torna inviável diante das enormes distâncias entre as regiões e o isolamento logístico que existe entre a região norte e sul da Amazônia Ocidental; o diretor Alaerto defendeu que o novo Núcleo Regional a ser criado deveria incluir os estados do Acre e de Rondônia, ficando o Núcleo Regional Amazônia Ocidental com os Estados do Amazonas e de Roraima; ambos também apresentaram como argumentos para a divisão do Núcleo a importância da intensificação de eventos da SBCS em ambas as regiões (norte e sul da Amazônia Ocidental), que a divisão possibilitaria melhor planejamento e liberdade de atuação para os sócios dos estados do Amazonas e Roraima que, por motivos alheios a própria vontade, ficam isolados das discussões que ocorrem no Acre e Rondônia, da necessidade de desenvolver publicações técnicas da SBCS sobre manejo do solo e recomendação de fertilizantes que reflitam situações mais homogêneas (o que é impossibilitado devido à grande diversidade de ambientes edáficos e de ecossistemas existe na Amazônia Ocidental) e de que não havendo a divisão, haveria a partir de 2016 o isolamento dos sócios residentes no Acre e em Rondônia em relação a atividades que deveriam ser programadas nos próximos quatro anos para ocorrer em Roraima e no norte do Amazonas (Manaus); Paulo Wadt defendeu que o novo Núcleo deveria incluir Acre, Rondônia e a região sul do Estado do Amazonas que possui ligação rodoviária permanente com Acre ou Rondônia, mas sem ligação rodoviária com Manaus, como municípios de Humaitá, Boca do Acre e Guajará no Amazonas. O sócio Jairo Schlindwein argumentou que a discussão da divisão do Núcleo seria prematura e não poderia ser deliberada devido à ausência da maioria dos sócios do Estado do Amazonas e de Roraima; o sócio Milton César C. Campos argumentou que sendo deliberada pela divisão do Núcleo, os sócios vinculados ao município de Humaitá deveriam permanecer com os demais sócios do Amazonas e de Roraima; o sócio Henrique Nery Cipriani argumentou que a divisão do Núcleo seria uma medida precipitada e que deveria ser melhor discutida com os sócios não presentes na Assembleia Geral, e que também haviam grandes distâncias envolvendo as instituições de outros núcleos regionais, como ocorre no Núcleo Nordeste e Centro-Oeste. O sócio Alexandre M. Abdão dos Passos propôs que em havendo a divisão dos núcleos, Humaitá deveria permanecer com o Amazonas, como uma estratégia para o fortalecimento dos vínculos institucionais dos sócios do Estado do Amazonas. A sócia da SBCS, Lúcia Helena Cunha dos Anjos, na condição de convidada, solicitou a palavra e explicou como ocorreu a formação dos núcleos nas outras regiões brasileiras e apresentou considerações que na formação dos núcleos, havia pouco conhecimento sobre a realidade local, e por isto, o Núcleo Amazônia Ocidental foi criado sem levar em consideração a logística de transporte dentro da região, mas somente o pequeno número de sócios efetivos na região. A sócia Stella Cristiani G. Matoso solicitou a palavra e sugeriu que fosse colocada em votação a questão da divisão ou não Núcleo, e somente depois, fosse discutida a situação dos sócios da região sul do Amazonas. O diretor Alaerto Luiz Marcolan argumentou que mesmo havendo a ausência da maioria dos sócios de Roraima e do Amazonas, esta ausência não impediria a decisão, dado que a Assembleia era soberana e foi convocada antecipadamente, ocorrendo ainda durante o evento bianual do Núcleo (II Reunião de Ciência do Solo da Amazônia Ocidental); lembrou ainda que a distância entre as cidades e instituições regionais impedia que houvesse participação mais efetiva dos demais sócios; o sócio Marcelo Curitiba Espíndula argumentou que a divisão deveria ser discutida em outro fórum que possibilitasse a participação de todos os sócios não presentes à Assembleia; Paulo Wadt argumentou que isto seria impossível de implementar e que mesmo a discussão via e-mail historicamente tem recebido poucas contribuições, dado que a maioria dos sócios se abstém da discussão, como tem ocorrido deste o início da implantação do Núcleo. A convidada Lúcia Helena Cunha dos Anjos solicitou a palavra e reafirmou a posição defendida pelo diretor Alaerto Luiz Marcolan, que a Assembleia Geral seria soberana para tomar da decisão sobre os destinos do Núcleo e que a decisão deveria ser encaminhada depois para o Conselho Diretor da SBCS, a quem caberia acatar a decisão desta Assembleia ou propor nova discussão e deliberação sobre o tema. Paulo Wadt argumentou também que questão sobre os sócios do sul do Amazonas deveriam ficar para depois de decidida pela divisão ou não do Núcleo Regional. O diretor Alaerto Luiz Marcolan colocou então em votação a divisão do Núcleo, sendo contabilizados nove votos favoráveis a divisão do Núcleo, um voto contrário e três abstenções. O secretário Paulo Wadt anotou então os votos computados, aprovando-se por unanimidade a divisão do Núcleo Regional Amazônia Ocidental. A seguir, a convidada Lúcia Helena Cunha dos Anjos sugeriu que se deveria discutir a situação de Humaitá. Neste momento, foi colocado em votação se o nome do Núcleo Amazônia Ocidental deveria permanecer com Acre/Rondônia ou com Amazonas/Roraima e também, se Humaitá deveria permanecer obrigatoriamente com o Amazonas ou poderia obter por Amazonas/Roraima ou pelo Núcleo Rondônia/Acre. O diretor Alaerto Luiz Marcolan colocou novamente em discussão e foi aprovado, com dez votos favoráveis, um voto contrário e duas abstenções, que o nome Núcleo Amazônia Ocidental poderia ficar para uso dos sócios do Amazonas e Roraima, e que o novo Núcleo deveria buscar outra denominação; sendo também aprovado, pelo mesmo placar, que os sócios do município de Humaitá-AM deverão manifestar-se, oportunamente, se pretendem vincular-se ao Núcleo Regional Amazônia Ocidental, que será representado pelos sócios de Roraima e Amazonas (parte ou totalidade) ou pelo novo Núcleo que está sendo criado. O sócio Milton César C. Campos lembrou que a maioria dos sócios do Estado do Amazonas estão vinculados ao município de Humaitá-AM, e que a decisão a ser tomada por esses sócios é que seja no benefício do fortalecimento da SBCS. Concluída as discussões, o diretor Alaerto Luiz Marcolan propôs como próximas medidas a serem tomadas pelo novo Núcleo: (a) discutir a proposta para um novo estatuto e novo regimento interno no prazo de 30 dias, apresentando inclusive a nova denominação para o Núcleo e definição de uma sede definitiva; (b) apresentar ao Conselho Diretor da Sociedade Brasileira de Ciência do Solo a deliberação desta Assembleia pela divisão do antigo Núcleo da Amazônia Ocidental e demais deliberações pertinentes; (c) fixar o prazo de 120 dias para que candidaturas de cidades sede para a realização da próxima reunião de Reunião de Ciência do Solo do novo Núcleo Regional sejam apresentadas, fixando-se a data de realização do Congresso Brasileiro de Ciência do Solo em Natal, em 2015, como data limite para escolha e aprovação do local da próxima reunião, que deverá ser realizada prioritariamente no primeiro semestre de 2016; (d) planejar e incluir atividades e eventos do novo Núcleo para o Ano Internacional do Solo; (e) por sugestão da convidada Lúcia Helena Cunha dos Anjos, incluir representantes do Núcleo no evento sobre Governança em Solos, planejado para abril de 2015; (f) necessidade de priorizar a estruturação do novo Núcleo regional para que possa ter maior articulação política com fundações de pesquisa e instituições regionais. A seguir, o diretor Alaerto Luiz Marcolan anunciou novos sócios que aderiram a SBCS durante a realização da II Reunião de Ciência do Solo da Amazônia Ocidental (Alan da Silva Sampaio; Andréa Lacerda Bitencourt de Souza; Clauton Eferson Cordeiro Fernandes; Débora Borile; Denis Borges Tomio; Dhielson Navas Martins; Elaine Cosma Fiorelli Pereira; Fernanda Schneberger dos Santos, Fernando Machado Pfeifer; Giovana Menoncin; Jackson Silva Martins; Jorge Luiz Heraclito de Mattos; Lenita Aparecida Conus Venturoso; Luis Antonio Pereira dos Santos; Marcela Campanharo; Paulo Tadashi Utumi Godinho; Reginaldo Almeida Andrade e Rhayra Zanol Pereira), dando boas-vindas a todos os novos sócios. Não havendo mais assuntos a tratar, a Assembleia Geral de sócios do Núcleo Regional Amazônia Ocidental foi encerrada, a qual foi transcrita pelo secretário Paulo Guilherme Salvador Wadt.

Ata de Assembleia Geral do Núcleo Regional Amazônia Ocidental, realizada em 29 de julho de 2013, na sala Santa Maria II no XXXIV Congresso Brasileiro de Ciencia do Solo.

No vigésimo nono dia do mês de julho de dois mil e treze, na sala Santa Maria II, as 18:45 horas, durante o XXXIV Congresso Brasileiro de Ciência do Solo, em Florianópolis, Santa Catarina, foram realizada a III Assembleia Geral de Sócios do Núcleo Regional Amazônia

Ocidental da Sociedade Brasileira de Ciência do Solo, com os informes e a seguinte pauta: 1. Posse da nova diretoria; 2. Local e data para a segunda reunião do Núcleo Amazônia Ocidental; 3. Planejamento, objetivos e resultados a serem alcançados com a segunda reunião do Núcleo Amazônia Ocidental; 4. Andamento do Programa de Qualidade dos Laboratórios de Solos da Amazônia Ocidental; 5. Andamento do Processo de Organização do Livro "Estado da Ciência do Solo na Amazônia Ocidental"; 6. Andamento do Processo de Organização do Livro "Recomendação de Adubação e Calagem para a Amazônia Ocidental"; 7. Andamento do Processo de Organização dos Livros "Guia de Campo" e "Pesquisas Coligadas" da "IX Reunião Brasileira de Classificação e Correlação de Solos"; 8. Andamento do Processo de Organização dos Resumos das Palestras Proferidas na I Reunião do Núcleo Regional da Amazônia Ocidental; 9. RCC na Amazônia; 10. Outros informes e 11. Outros assuntos. A assembleia foi conduzida pelo primeiro vice-diretor, Elizio Frade Júnior, secretariada pelo secretário Paulo Guilherme Salvador Wadt e com a presença dos seguintes sócios: Valdinar Melo, Milton César C. Campos; Hugo Mota, Newton Falcão, Lydia Mota, Anderson Cristian Bergamin, Stella Cristiani Matoso, José Zilton Lopes Santos e José Frutuoso Vale Jr. Como informes foi apresentado que a próxima Fertbio de 2014 será em Araxá, MG e o CBCS DE 2015 em Natal, RN, não estando ainda definida local e data para o CBCS de 2017. Foi relatado os informes do Congresso Mundial de Solos sob a presidência de Flavio Camargo. O relatório técnico e financeiro da secretaria executiva na gestão de 2011 a 2013 foi distribuída aos sócios para apreciação, e informado que a sede da sociedade permanecerá em Viçosa-MG, bem como o Sr. Gonçalo Faria como presidente da sociedade para o próximo biênio. Foi realizada a homologação dos novos diretores de todos os núcleos regionais e sugerido que a reunião da nova diretoria dos núcleos seja com três meses de antecedência do próximo CBCS. Alertou-se para a importância do núcleo quanto a mudança de coordenação/tesoureiro, para se evitar bloqueio de conta bancaria. Foi apresentada a necessidade de reestruturação de eventos da SBCS: proposta de extinção FERTBIO e RBMCSA, o que deve ser discutido amplamente na SBCS e nos núcleos regionais. Como pauta, NO PRIMEIRO ASSUNTO, foi apresentado a nova diretoria eleita, composta por Diretor: Alaerto Marcolan (Embrapa Rondônia); Vice-Diretor: Elizio Ferreira Frade Junior (UFAC); Vice-Diretor: Valdinar Ferreira Melo (UFRR); Secretário: Paulo Guilherme Salvador Wadt (Embrapa Acre) e Tesoureiro: Milton César Campos (UFAM). Os coordenadores de divisão, foram discutidos e definidos os nomes para – Divisão: 1- Solo no Espaço e no Tempo - Hugo Mota Ferreira Leite (UFAC); 2 - Processos e Propriedades do Solo - Anderson Cristian Bergamin (UFAM); 3 - Uso e Manejo do Solo - Lydia Helena da Silva de Oliveira Mota (IFRO) e 4 - Solos, Ambiente e Sociedade - José Frutuoso Vale Jr. (UFRR). NO SEGUNDO ASSUNTO DA PAUTA, foi proposta a segunda reunião regional para o Estado de Rondônia, a ser realizada entre setembro e outubro de 2014, sobre a coordenação do Instituto Federal de Rondônia, campus de Ji-Paraná, e ficando os coordenadores de divisão responsáveis pela condução do processo temático da reunião, junto com a diretoria do núcleo. NO TERCEIRO ASSUNTO DA PAUTA, ficou decidido que a comissão organizadora terá três meses para apresentar a programação do evento e a logística. NO QUARTO ASSUNTO DA PAUTA, ficou decidido que os laboratórios da região devem se incorporar aos programas nacionais de qualidade laboratorial e o núcleo poderá listar os laboratórios que estão atuando e a qual sistema de qualidade estão vinculados, sem que seja feita um programa próprio de qualidade; NO QUINTO ASSUNTO DA PAUTA, o colega José Zilton se comprometeu a apresentar um primeiro documento sobre a situação da ciência do solo na Amazônia

Ocidental, para ser divulgado na reunião técnica do núcleo, em 2014; NO SEXTO ASSUNTO DA PAUTA, foi devido que o livro "Recomendação de Adubação e Calagem para a Amazônia Ocidental" deverá ser concluído no período de três anos, ficando como editores responsáveis os colegas Alaerto Luiz Marcolan e Paulo G. S. Wadt; NO SÉTIMO ASSUNTO DA PAUTA, foi apresentado o "Guia de Campo" da IX RCC, a qual todos os sócios da SBCS vinculados ao Núcleo terão direito a uma cópia gratuita e o "Pesquisas Coligadas" da "IX Reunião Brasileira de Classificação e Correlação de Solos" deverá ser concluído nos próximos dois anos. NO OITAVO ASSUNTO DA PAUTA, foi reforçada a necessidade das palestras da I Reunião do Núcleo Regional da Amazônia Ocidental (os palestrantes haviam ficado comprometidos, em um prazo de até a próxima reunião ter publicado um livro texto com as palestras do evento, sob a responsabilidade do Prof. Milton César C. Campos. NO NONO ASSUNTO DA PAUTA, ficou compromissado que o Núcleo Amazônia Ocidental irá apoiar a XI RCC, a qual poderá ser em Rondônia ou Roraima, a ser decidida pelo Divisão I da SBCS, sendo que se for em Roraima deverá ser realizada em 2014 e se for em Rondônia, deverá ser realizada em 2015. Não houve outros assuntos. Todos os temas foram discutidos e aprovados por unanimidade dos presentes na Assembleia Geral, a qual foi transcrita pelo secretário Paulo Guilherme Salvador Wadt.

Participantes da II Reunião de Ciência do Solo da Amazônia Ocidental

Abimar Oliveira de Almeida
Adalberto Alves da Silva
Adriano Reis Prazeres Mascarenhas
Alan da Silva Sampaio
Alana Kristin Fernandes Pereira
Alessandro Hydalgo
Alexandre Bueno de Moura
Altair Mafra Gomes Júnior
Altair Rogério Nunes da Silva
Amanda Caroline Granemann de Oliveira
Ana Paula de Almeida Costa
Ana Paula Silva de Oliveira
André de Paulo Evaristo
Andréia Marcilane Aker
Andressa Gregolin Moreira
Angel Brenda Bueno dos Santos
Babiane Domingas Venancio Cordeiro
Bárbarah Ferreira Amorim
Camila Simões
Camila Stefany A. da Silva
Carolina Augusto de Souza
Carolina Barros de Aguiar
Caroline Vivian Smozinski
Cemilla Cristina Alves do Carmo
Cíntia Araújo Ribeiro Bilio
Claudevan Camargo Costa
Claudia Carolina Da Silva
Clauton Eferson Cordeiro Fernandes
Cléber Rodrigo Silva
Cleiton Gonçalves Domingues
Cleiton Rodrigues Nascimento Silva
Cleuzenir França da Silva
Cristiano Nogueira Santos
Daiane Maia Zeferino
Daniela Dos Santos Sales
Danielly Dubberstein
Dario Campana de Moraes
Débora Borile
Dedilani Viana de A. Oliveira
Dhielson Navas Martins
Diego da Costa Teixeira
Douglas Revesse da Silva
Douglas Soares da Cunha

Dvany Mamedes da Silva
Ederson José da Silva
Edielsom Almeida da Silva
Edilaine Istéfani Franklin Traspadini
Eduardo Barros Rocha
Edvânia Armini da Silva
Elaine Cosma Fiorelli Pereira
Eleone Rodrigues de Souza
Elessandro Milan
Eliandra Donato Pereira
Eliane Mazorana de Campos
Eliani Carlos da Silva
Elise Francisca Mendes dos Anjos
Elizabete Soares de Queiroz
Elize Franscisca Mendes dos Anjos
Eliziani Tosta Moreira
Emília Jacob Silva
Fabio Alves Candido
Fabio Laurir de Melo
Fabricio da Silva Pereira
Faihuci Martins Amaral Mustafá
Felipe Nascimento de Miranda
Fernanda Fernandes Valentino
Fernanda Matias Cavalcante Bruno
Fernanda Schneberger dos Santos
Geane Brandão Duarte
Genis dos Santos e Silva
Giovana Menoncin
Giovanni Braga Passos
Gisele Renata de Castro
Gleice Gomes Costa
Guilherme Peiter Pires
Half Weinberg Corrêa Jordão
Henrique Mitsuharu Suganuma
Henrique Pagno
Hugo Vieira Garcia
Inacio Lucas
Italo Franco de Almeida
Ivair Miguel da Costa
Izabela de Lima Feitosa
Jackson S. Martins
Jair Floresta Andrade
Jairo Santos Nascimento
Janilene Carneiro Duarte
Jean Carlos da Silva Ribeiro
Jefferson Castro Casseano Furtado

Jessica Fernandes Dias
Jéssica Gonçalves de Souza
Jéssica Raniele Reis Carvalho
Jéssica Rodrigues Dalazen
Jhonathann Willian Furquin da Silva
João Pedro de Melo Ribeiro
João Witor Zani Furlan
Jorge Luiz Heraclito de Mattos
Jose Alexcksandro Filgueiras de Lima
José Guilherme da Silva
José Ricardo Nespoli
José Teixeira de Farias Netto
José Vanor Felini Catânio
Josuel Gren Pereira
Juan Ricardo Rocha
Juarez Ramos Xavier Junior
Jucilene Correa Martendal
Juliana Guimarães Gerola
Jurandyr José Ton Giuriatto Júnior
Kapila Pâmela Pereira Santos
Karen Cristina Chaves Oliveira
Karine Marques Rodrigues
Kellynildo Anttelyo F. Santiago
Ketlen Araujo do Santos
Larissa Cristina Torrezani Starling
Lenita Aparecida Conus Venturoso
Léo da Silva Sampaio
Letícia Soares Butzske
Luan Wendel Martins Costa
Luciano dos Reis Venturoso
Lucinéia Lara da Silva
Luis Antonio Pereira dos Santos
Maiara da Silva Freitas
Marcela Campanharo
Márcia Bay
Marciana Oliveira da Cruz
Marcio Janio Hoffmann Gomes
Marco Antonio Gonçales Ribeiro
Marcos Rogerio da Silva Almeida
Marcos Santana Moraes
Maria da Penha Cardoso
Mariana Countrim Santos
Mariana Zamparoni
Marinete Flores da Silva
Marivaldo de Menezes Carvalho
Márlon Fmerick

Marta de Souza da Silva
Maúcha Fernanda Mota de Lima
Mauricio Krugel
Maurício Portel
Maycon Henrique Sobreira Germano
Mayra Costa dos Reis
Michele Roberta da Silva Caetano
Moacir André Horn
Naiara Pires Ramos
Naiely da Silva Alves
Nattan Guylherme Vasconcelos da Silva
Nayara de Souza Silva
Nayara Souza de Amorim
Niki Laudo Rodrigues Castro
Nivea Ribeiro de Santana
Osmar Jonsson Filho
Otávio Fernandes de Souza Filho
Pablo Cunha da Silva
Patrícia Orlando Royer
Patrícia Silva de Oliveira Kanarski
Paula Santos de Afonso
Paulo Henrique Andrade Silva
Paulo Humberto Marcante
Paulo Ricardo Reis Souza
Paulo Tadashi Utumi Godinho
Pedro Henrique Coelho Gonçalves
Priscila Karoliny Silva
Rafael Raenger
Raquel Geike Luxinger
Raquel Schmidt
Rayana Monteiro Gomes
Regiane Araújo Pacheco
Reginaldo Almeida Andrade
Renan Mello Frey
Rhayra Zanol Pereira
Ritielli Guimarães Ferrari
Rodrigo Gabriel Martins Jardim
Rodrigo Garcia Magalhães
Rodrigo Trajano de Oliveira
Romas Pereira da Silva
Romulo Silva
Ronaldo da Mota Ramos
Ronaldo Willian da Silva
Ronicley Souza da Silva
Rosielly Havila Kaminski
Rosinalda Barbosa Araújo

Ruan Carlos Lima Broseghini
Rubens Chavito Rodrigues
Ruberlei Júnior de Lima
Rubia Emanuela C de Freitas
Samir Freires de Medeiros
Shyrlene Monnerat da Silva
Silvania Ferreira Fenimam
Solange Aparecida Rodrigues
Suzana R. dos Santos
Tallys Oliveira Manzoni
Taynara Veiga Duarte
Thaimã Cristina Jesus Rodrigues
Thaina de Souza Lima
Thaís Ponhês dos Santos
Tiago Renan Weber
Ueliton Oliveira de Almeida
Uéliton Pinheiro Januário
Valter Rodrigo da Silva Volpi
Vanderleia Soares Silva Pereira
Vanessa Ferreira De Menezes
Vanessa Lemos de Souza
Wagner Viana Andreatta
Waldiane Araújo de Almeida
Walmir de Jesus Pereira
Wanessa Gabryella Monteiro de Bairros
Welington Leite Gomes
Willian Duarte Botelho
Zislani Fernandes Bortoluzzo

Sócios da Sociedade Brasileira de Ciência do Solo vinculados ao Núcleo Regional Amazônia Ocidental

Afranio Ferreira Neves Junior
Alaerto Luiz Marcolan
Alan da Silva Sampaio
Aldilane Mendonca da Silva
Alexandre Martins Abdao dos Passos
Anderson Cristian Bergamin
Andréa Lacerda Bitencourt de Souza
Armando Jose da Silva
Clauton Eferson Cordeiro Fernandes
Débora Borile
Denis Borges Tomio
Dhielson Navas Martins
Douglas Marcelo Pinheiro da Silva
Elaine Cosma Fiorelli Pereira
Elizio Ferreira Frade Júnior
Fabio Regis de Souza
Fernanda Schneberger dos Santos
Fernando Machado Pfeifer
Giovana Menoncin
Helio José Medeiros Santos
Henrique Nery Cipriani
Jackson Silva Martins
Jairo Andre Schlindwein
Joiada Moreira da Silva Linhares
Jorge Luiz Heraclito de Mattos
Jose Frutuoso do Vale Junior
José Maurício da Cunha
Kelen Mendes Almeida
Laís de Brito Carvalho
Lenita Aparecida Conus Venturoso
Lucielio Manoel da Silva
Luis Antonio Pereira dos Santos
Marcela Campanharo
Marcelo Curitiba Espindula
Marilia Locatelli
Matheus da Silva Ferreira
Milton Cesar Costa Campos
Newton Paulo de Souza Falcao
Paulo Guilherme Salvador Wadt
Paulo Tadashi Utumi Godinho
Reginaldo Almeida Andrade
Rhayra Zanol Pereira

Romário Pimenta Gomes
Sandra Catia Pereira Uchoa
Silvio Vieira Da Silva
Stella Cristiani Goncalves Matoso
Teresinha Costa Silveira de Albuquerque
Uilson Franciscon
Vairton Radmann
Valdinar Ferreira Melo

Comissão Organizadora

Coordenador Geral
Alaerto Luiz Marcolan (Diretor do Núcleo Regional Amazônia Ocidental da SBCS/Embrapa Rondônia)

Vice coordenação de Infra-estrutura
Andréa Lacerda Bitencourt de Souza (SBCS/Faculdades Integradas Aparício Carvalho - FIMCA)

Vice coordenaçao de Apoio Operacional, Comunicação e Logística
Davi Melo de Oliveira (Embrapa Rondônia)

Vice coordenação Financeira:
Paulo Guilherme Salvador Wadt (Secretário do Núcleo Regional Amazônia Ocidental da SBCS/Embrapa Rondônia)

Vice coordenação de Divulgação e Promoção do Evento:
Paulo Guilherme Salvador Wadt (SBCS/Embrapa Rondônia)

Coordenador do Comitê Editorial
Paulo Guilherme Salvador Wadt (SBCS/Embrapa Rondônia)

Vice Coordenadores do Comitê Editorial
Henrique Nery Cipriani (SBCS/Embrapa Rondônia)

Alaerto Luiz Marcolan (SBCS/Embrapa Rondônia)

Editor Chefe da Obra Anais da II Reunião de Ciência do Solo da Amazônia Ocidental
Henrique Nery Cipriani (SBCS/Embrapa)

Editores Assistentes da Obra Anais da II Reunião de Ciência do Solo da Amazônia Ocidental
Alaerto Luiz Marcolan (SBCS/Embrapa Rondônia)

Fernando Machado Pfeifer (SBCS/FIMCA)

Alexandre Martins Abdão dos Passos (SBCS/Embrapa)

Marcelo Curitiba Espindula (SBCS/Embrapa Rondônia)

Angelo Mansur Mendes (SBCS/Embrapa Rondônia)

Editor Chefe da Obra Manejo de Solos e a Sustentabilidade da Agricultura na Amazônia Ocidental

Paulo Guilherme Salvador Wadt (SBCS/Embrapa Rondônia)

Editores Assistentes da Obra Manejo de Solos e a Sustentabilidade da Agricultura na Amazônia Ocidental

Alaerto Luiz Marcolan (SBCS/Embrapa Rondônia)

Stella Cristiani Gonçalves Matoso (SBCS/IFRO)

Marcos Gervasio Pereira (SBCS/Universidade Federal Rural do Rio de Janeiro).

Equipe de Coordenação Geral

Alaerto Luiz Marcolan (SBCS/Embrapa Rondônia)

Andréa Lacerda Bitencourt de Souza (SBCS/FIMCA)

Davi Melo de Oliveira (Embrapa Rondônia)

Fernando Machado Pfeifer (FIMCA)

Paulo Guilherme Salvador Wadt (SBCS/Embrapa Rondônia)

Priscilla Neves de Santana (FIMCA)

Equipe de Apoio Operacional, Comunicação e Logística

Andréa Lacerda Bitencourt de Souza (SBCS/FIMCA)

Clarice da Silva Nunes (FIMCA)

Denis Cesar Cararo (Embrapa Rondônia)

Dulcineia Conceição de Souza (Embrapa Rondônia)

Elisa Köhler Osmari (Embrapa Rondônia)

Fernando Machado Pfeifer (SBCS/FIMCA)

Frederico José Evangelista Botelho (Embrapa Rondônia)

Janilene Reis (FIMCA)

Jardson Renan Suave (FIMCA)

Joceane Andressa Tomaz da Silva (FIMCA)

Jucielton Hitalo da Silva (FIMCA)

Karina Barbosa da Silva (FIMCA)

Logan Leudo Peixoto da Silva dos Santos Batista (Embrapa Rondônia)

Paulo da Silva Gomes (FIMCA)

Priscilla Neves de Santana (FIMCA)

Rafael Alves da Rocha (Embrapa Rondônia)

Rafael Pereira Muniz (FIMCA)

Renata Kelly da Silva (Embrapa Rondônia)

Rodrigo Mendes Zaqueo (FIMCA)

Sueli Borges de Castro (FIMCA)

Thiago Amaral Lima (FIMCA)

Vanessa Lemos de Souza (FIMCA)

Equipe de Divulgação e Promoção do Evento
Alexandre Martins Abdão dos Passos (SBCS/Embrapa)

Andréa Lacerda Bitencourt de Souza (SBCS/FIMCA)

Elizio Ferreira Frade Junior (SBCS/UFAC)

Fernando Machado Pfeifer (SBCS/FIMCA)

Henrique Nery Cipriani (SBCS/Embrapa Rondônia)

Jairo Rafael Machado Dias (UNIR)

Paulo Guilherme Salvador Wadt (SBCS/Embrapa Rondônia)

Priscilla Neves de Santana (FIMCA)

Stella Cristiani Matoso (SBCS/IFRO)

www.ingramcontent.com/pod-product-compliance
Lightning Source LLC
Chambersburg PA
CBHW081716170526
45167CB00009B/3600